《电梯政策法规文件汇编》（第二版）（下）

广告目录

鸣谢单位冠名权

威斯特电梯
400-822-3326

电梯政策法规文件汇编

（第二版）

（下）

中　国　标　准　出　版　社
国家电梯质量监督检验中心（重庆）　编

中国标准出版社
北　京

图书在版编目(CIP)数据

电梯政策法规文件汇编．下/中国标准出版社，国家电梯质量监督检验中心(重庆)编．—2版．—北京：中国标准出版社，2020．12

ISBN 978-7-5066-9708-8

Ⅰ．①电…　Ⅱ．①中…②国…　Ⅲ．①电梯-安全管理-政策-汇编-中国②电梯-安全管理-法规-汇编-中国　Ⅳ．①TU857②D922．297．9

中国版本图书馆CIP数据核字（2020）第098002号

中国标准出版社出版发行
北京市朝阳区和平里西街甲2号(100029)
北京市西城区三里河北街16号(100045)
网址 www．spc．net．cn
总编室：(010)68533533　发行中心：(010)51780238
读者服务部：(010)68523946
中国标准出版社秦皇岛印刷厂印刷
各地新华书店经销

*

开本 880×1230　1/16　印张 43　字数 1 301 千字
2020年12月第二版　2020年12月第四次印刷

*

定价 268.00 元

第二版出版说明

随着我国国民经济与城市建设的发展，电梯的使用量与日俱增，已经成为城市交通的重要组成部分。截至2019年年底，我国在用电梯达到700万台，当年新增电梯70余万台；电梯整机制造企业650家；电梯安装维保服务企业约1.3万家；我国电梯保有量、年产量、年增长量均为世界第一。

为了提高电梯产品质量，保障电梯运行安全，减少电梯事故，促进经济发展和社会稳定，特别是2018年国家机构改革以来，国家和各省市市场监管部门颁布并修订了一系列有关电梯的政策法规文件。为了方便从事电梯监督管理、设计制造、安装维修、检验检测等人员及时更新对电梯政策法规的学习与查阅，中国标准出版社和国家电梯质量监督检验中心（重庆）重新修编了《电梯政策法规文件汇编》。

《电梯政策法规文件汇编》（第二版）上册收集了《中华人民共和国特种设备安全法》以及与电梯有关的各项政策文件10项，选取近五年内北京、重庆、上海、广州、福建等11个地方性电梯安全管理办法，供读者阅读参考。

《电梯政策法规文件汇编》（第二版）下册收集了截至2019年5月底国家颁布的与电梯相关的TSG特种设备安全技术规范13项，其中，TSG T7001～T7006《电梯监督检验和定期检验规则》和TSG T7007《电梯型式试验规则》均附有修改单，供读者阅读参考。

编者

2020年5月

出版说明

随着我国国民经济与城市建设的发展，电梯的使用量与日俱增，已经成为城市交通的重要组成部分。截至2012年底，我国在用电梯达到245.3万台，当年新增电梯44万台；电梯整机制造企业477家，电梯安装改造维修企业6 558家。我国电梯保有量、年产量、年增长量均为世界第一。

为了提高电梯产品质量，保障电梯运行安全，抑制电梯事故，促进经济发展和社会稳定，我国已经颁布了一系列有关电梯的法规，包括法律法规、部门规章、安全技术规范等。为了方便从事电梯监督管理、设计制造、安装维修、检验检测等人员对电梯政策法规的学习与查阅，中国标准出版社和国家电梯质量监督检验中心（浙江）合编了《电梯政策法规文件汇编》（上、下）。

本书为下册，收集了2013年底前国家颁布的TSG特种设备安全技术规范13项，其中，“电梯监督检验和定期检验规则”TSG T7001～7006均附有修改单；以及上海、北京、杭州等10个地方电梯安全监督管理办法，供读者阅读参考。

编者

2014年2月

目　　录

TSG 特种设备安全技术规范 TSG 03—2015

特种设备事故报告和调查处理导则

Guideline of Report, Investigation and Handling for Special Equipment Accident

中华人民共和国国家质量监督检验检疫总局颁布
2015 年 11 月 20 日

前　言

2013 年 6 月，国家质量监督检验检疫总局特种设备安全监察局(以下简称国家质检总局特种设备局)下达了《特种设备事故调查处理导则》的修订任务书。2013 年 10 月，国家质检总局特种设备局组织有关专家成立修订组，并召开了修订组首次会议，确定了修订工作的原则、重点内容及需要解决的主要问题，对修订工作进行了具体分工，制定了修订工作时间表。2014 年 4 月 17 日，在北京召开了修订组第二次工作会议，经讨论修改，形成《特种设备事故调查处理导则(修订稿)》草案。

2014 年 1 月 1 日《中华人民共和国特种设备安全法》正式实施，根据《中华人民共和国特种设备安全法》和《特种设备安全监察条例》规定，以及近年执行《特种设备事故报告和调查处理规定》和《特种设备事故调查处理导则》的具体情况，2014 年 8 月、10 月，在北京分别召开修订组第三次、第四次工作会议，经讨论形成了修订征求意见稿并更名为《特种设备事故报告和调查处理导则》。2014 年 11 月，国家质检总局特种设备局以质检特函[2014]38 号文征求基层、有关部门、单位和专家及公民的意见，根据征求到的意见，再次修改并形成送审稿。2014 年 12 月，修订组将送审稿提交国家质检总局特种设备安全技术委员会审议，随后多次召开相关讨论会进行讨论修改，形成报批稿。2015 年 11 月 20 日，由国家质检总局批准颁布。

本导则依据《中华人民共和国特种设备安全法》《特种设备安全监察条例》和《特种设备事故报告和调查处理规定》，结合特种设备事故报告、调查处理和统计分析工作特点，进一步细化了特种设备事故报告、调查处理和统计分析工作程序与要求，增加了事故报告的程序与要求、事故报告内容、事故续报内容、报告形式以及相关事故信息收集等内容；按照《特种设备目录》，在保持特种设备事故定义的基础上，进一步明确了特种设备相关事故的范围，明确了事故调查报告批复送达、事故处理、整改落实与监督检查、结案报告、信息公开等工作程序，明确了事故调查工作结束的程序节点，明确了事故统计的范围、内容、上报的时限，明确了执法文书的应用，规范了工作表格，以指导和规范特种设备事故报告和调查处理工作，提高特种设备事故报告和调查工作质量，促进特种设备安全监察工作的有效落实。

本导则主要起草单位和人员如下：

国家质检总局特种设备局	何　毅　马　俊
中国特种设备检测研究院	吴旭正　王　辉
上海市特种设备监督检验技术研究院	黄文和　邱　郡
江苏省质量技术监督局	周国庆
浙江省质量技术监督局	冯维君
上海市质量技术监督局	王善江
山西省质量技术监督局	闫心宇
黑龙江省特种设备检验研究院	石少华

广东省特种设备检测研究院	罗伟坚
北京市特种设备事故调查处理事务中心	杨勇志
深圳市特种设备安全检验研究院	梁广炽
合肥通用机械研究院	艾志斌
神华国华(北京)电力研究院有限公司	梁　军
北京世纪华侨城实业有限公司欢乐谷分公司	周小三
鞍山钢铁集团公司工程质量生产监测管理中心	晏华祝
中国工业气体工业协会	洑春干
中国索道协会	甄正义
全国锅炉压力容器标准化技术委员会	戈兆文

特种设备事故报告和调查处理导则

1 总 则

1.1 目的

为了规范特种设备事故报告、调查处理和统计分析工作，提高事故报告、调查处理和统计分析工作的及时性、科学性与准确性，根据《中华人民共和国特种设备安全法》《特种设备安全监察条例》和《特种设备事故报告和调查处理规定》，制定本导则。

1.2 适用范围

本导则适用于《中华人民共和国特种设备安全法》《特种设备安全监察条例》和《特种设备事故报告和调查处理规定》范围内特种设备事故的报告、调查处理和统计分析等相关工作。

1.3 工作机构

国家质量监督检验检疫总局(以下简称国家质检总局)和地方人民政府负责特种设备安全监督管理的部门(以下简称特种设备安全监管部门)，依据本导则开展特种设备事故的报告、调查处理和统计分析工作，其委托的特种设备应急管理机构或者事故调查处理机构(以下简称为事故调查机构)，可以承担事故报告、调查和统计分析的具体工作。

2 事故定义、分级和调查范围

2.1 事故定义

特种设备事故定义按照《特种设备事故报告和调查处理规定》确定。其中，特种设备的不安全状态造成的特种设备事故，是指特种设备本体或者安全附件、安全保护装置失效或者损坏，具有爆炸、爆燃、泄漏、倾覆、变形、断裂、损伤、坠落、碰撞、剪切、挤压、失控或者故障等特征(现象)的事故；特种设备相关人员的不安全行为造成的特种设备事故，是指与特种设备作业活动相关的行为人违章指挥、违章操作或者操作失误等直接造成人员伤害或者特种设备损坏的事故。

2.2 事故分级

特种设备事故等级按照《特种设备安全监察条例》确定。

自事故发生之日起30日内，事故造成的伤亡人数或者直接经济损失发生变化的，应当按照变化后的伤亡人数或者直接经济损失重新确定事故等级。其中，事故中的死亡人员应当依据公安机关或者具有资质的医疗机构出具的证明材料进行确定；受伤人员依据具有资质的医疗机构出具的证明材料进行确定。

自事故发生之日起30日后，事故造成的伤亡人数或者直接经济损失发生变化的，按照原事故等级调查处理。

2.3 相关术语及含义

本导则相关术语及含义见附件 A。

2.4 伤亡与经济损失界定

2.4.1 伤亡

特种设备事故造成的人员死亡、重伤、轻伤分类按照 GB 6441《企业职工伤亡事故分类》和 GB/T 15499《事故伤害损失工作日标准》界定。

2.4.2 事故经济损失

特种设备事故造成的经济损失，有关含义见本导则附件 A，具体计算方法可参照 GB 6721《企业职工伤亡事故经济损失统计标准》。

2.5 相关事故

2.5.1 范围

以下事故不属于特种设备事故，但其涉及特种设备，应当将其作为特种设备相关事故：

(1) 自然灾害、战争等不可抗力引发的事故，例如发生超过设计防范范围的台风、地震等；

(2) 人为破坏或者利用特种设备实施违法犯罪、恐怖活动或者自杀的事故；

(3) 特种设备作业、检验、检测人员因劳动保护措施不当或者缺失而发生的人员伤害事故；

(4) 移动式压力容器、气瓶因交通事故且非本体原因导致撞击、倾覆及其引发爆炸、泄漏等特征的事故；

(5) 火灾引发的特种设备爆炸、爆燃、泄漏、倾覆、变形、断裂、损伤、坠落、碰撞、剪切、挤压等特征的事故；

(6) 起重机械、场(厂)内专用机动车辆非作业转移过程中发生的交通事故；

(7) 额定参数在《特种设备目录》规定范围之外的设备，非法作为特种设备使用而引发的事故；

(8) 因市政、建筑等土建施工或者交通运输破坏以及其他等外力导致压力管道破损而发生的事故；

(9) 因起重机械索具原因而引发被起吊物品坠落的事故。

2.5.2 调查处理

特种设备相关事故由对其负有安全监督管理职责的政府部门依据有关法律法规进行调查处理，或者由当地人民政府指定的部门进行调查处理。

房屋建筑工地和市政工程工地使用的起重机械和场(厂)内专用机动车辆，在其安装、使用过程中发生的事故，不属于特种设备安全监管部门组织调查处理的特种设备事故。

2.6 特殊情况

特种设备安全监管部门接到事故报告后，经过现场初步判断，无法确定为特种设备事故的，应当及时报告当地人民政府，由人民政府或者其指定的部门组织事故调查组进行调查。

3 事故报告

3.1 事故报告程序与要求

3.1.1 事故发生单位的报告

特种设备发生事故后，事故发生单位应当按照规定启动应急预案，采取措施组织抢救，防止事故扩大，减少人员伤亡和财产损失，履行保护事故现场和有关证据的义务；事故发生单位的负责人接到事故报告后，应当于1小时内向事故发生地特种设备安全监管部门和有关部门报告。

3.1.2 事故核实与上报

地方特种设备安全监管部门接到事故报告，应当尽快核实情况，立即向本级人民政府报告，并且逐级报告上级特种设备安全监管部门直至国家质检总局。各级特种设备安全监管部门每级上报的时间不得超过2小时；必要时，可以越级上报事故情况。

3.1.3 跨区域事故的通报

对事故发生地与事故发生单位所在地不在同一行政区域的，事故发生地的特种设备安全监管部门应当及时通报事故发生单位所在地特种设备安全监管部门。事故发生单位所在地特种设备安全监管部门应当做好事故调查处理的相关配合工作。

3.1.4 续报

报告事故后出现新情况以及对事故情况尚未报告清楚的，应当及时逐级续报。

3.2 事故报告内容

事故报告应当包括以下内容：

(1) 事故发生的时间、地点、单位概况以及特种设备种类；

(2) 事故发生初步情况，包括事故简要经过、现场破坏情况、已经造成或者可能造成的伤亡和涉险人数、初步估计的直接经济损失、初步确定的事故等级、初步判断的事故原因；

(3) 已经采取的措施；

(4) 报告人姓名、联系电话；

(5) 其他有必要报告的情况。

3.3 事故续报内容

续报内容应当包括事故发生单位详细情况、事故详细经过、设备失效形式和损坏程度、事故伤亡或者涉险人数变化情况、直接经济损失、防止发生次生灾害的应急处置措施和其他有必要报告的情况等。

在30日内受伤人员转为重伤的(因医疗事故而转为重伤的除外，但必须得到医疗事故鉴定部门的确认)，按照重伤进行报告、统计。超过30日的，不再补报和统计。

在30日内受伤人员死亡的(因医疗事故死亡的除外，但必须得到医疗事故鉴定部门的确认)，按照死亡进行报告、统计。超过30日死亡的，不再补报和统计。

失踪超过30日的，按照死亡进行统计。

3.4 报告形式

可以采用传真、电子邮件等方式进行事故报告、续报，并且在其后予以电话确认。格式应当满足本导则附件D的要求。

特殊情况下可以直接采用电话方式报告事故情况，但是应当在24小时内补报文字材料。

3.5 相关事故信息收集

本导则2.5规定的特种设备相关事故以及其他特种设备突发事件信息，事故发生地特种设备安全监管部门应当及时收集，并且参照本导则逐级上报直至国家质检总局。格式可以参照附件D的要求。

4 事故调查组织

4.1 调查组的成立

特种设备事故得到控制，事故场地安全秩序恢复后，特种设备安全监管部门应当根据事故调查处理权限，依法开展事故调查处理工作。

按照《中华人民共和国特种设备安全法》《特种设备安全监察条例》和《特种设备事故报告和调查处理规定》，由国家质检总局负责组织事故调查的，商有关部门组成调查组，并且报告国务院；由地方特种设备安全监管部门负责组织事故调查的，商有关部门组成调查组，并且报告本级人民政府。

根据事故调查处理工作需要，组织事故调查的特种设备安全监管部门，依法提请事故发生地人民政府及有关部门派员参加事故调查。有关部门和单位一般包括安全生产监管、监察、公安、工会等，必要时可邀请人民检察院派员参加。事故调查组可以聘请有关专家参与事故调查；调查组组长由组织事故调查的特种设备安全监管部门负责人或者由其指定的人员担任。

组织和参加事故调查的单位及其工作人员，在事故调查过程中不得擅自对外泄露事故调查情况和有关信息资料。

自事故发生30日内，因事故造成的伤亡人数或者直接经济损失发生变化导致事故等级发生变化的，事故调查组应立即向负责组织事故调查的特种设备安全监管部门报告。负责组织事故调查的特种设备安全监管部门应立即向上级特种设备安全监管部门报告，上级特种设备安全监管部门可以重新组织事故调查组开展事故调查，也可以派员指导下级特种设备安全监管部门继续进行事故调查。

4.2 调查组职责

事故调查组应当履行以下职责：

（1）查清事故发生前的特种设备状况；

（2）查明事故经过（含应急救援情况）和人员伤亡、设备损坏、经济损失情况以及其他后果；

（3）查找事故原因；

（4）认定事故性质和事故责任；

（5）提出对事故责任单位和责任人员（以下统称责任者）的处理建议；

（6）提出事故预防措施和整改建议；

（7）提交事故调查报告；

（8）整理并且向组织事故调查的特种设备安全监管部门移交有关事故调查的资料。

4.3 调查组的构成与职责分工

调查组根据需要，一般可设管理组、技术组、综合组等工作小组。各工作小组组长由事故调查组组长指定。各工作小组在工作中应当服从事故调查组组长的指挥，相互支持配合，及时完成调查工作。各工作小组职责如下：

（1）管理组，主要负责管理方面的原因调查、取证，查明导致事故发生的管理方面的原因、应急处置情况、相关人员活动情况、事故造成的人员伤亡和经济损失，认定事故相关责任，提出管理方面的事故分析意见或者报告，提出管理方面的事故预防措施和整改建议，汇总整理事故调查工作资料，完成事故调查报告初稿，整理移交事故调查资料；

（2）技术组，主要负责技术方面的原因调查、取证、分析工作，提出必要的鉴定需求，在技术分析的基础上查明事故发生过程，分析事故的技术原因，提出技术方面的事故分析意见或者报告，提出技术方面的事故预防措施和整改建议；

（3）综合组，主要负责事故调查过程中与各个部门单位的协调工作，负责与事故发生地人民政府沟通工作，按照规定发布事故信息，配合管理组、技术组开展事故调查，安排事故调查过程中的保障工作。

4.4 调查组成员一般要求

调查组成员（含调查组所聘请的专家）应当符合《特种设备事故报告和调查处理规定》的条件要求。

调查组成员在事故调查过程中，应当恪尽职守、客观公正、实事求是，遵守事故调查组的纪律，保守事故调查的秘密，不得擅自对外发表意见。

事故调查过程中，发现调查组成员与所调查的事故有直接利害关系时，调查组应当予以调整。

4.5 调查组各组长职责

调查组组长以及各工作小组组长职责如下：

（1）调查组组长，负责组织事故调查处理工作，确定调查组各工作小组组长、成员及其分工，组织召开调查组工作会议，督促、协调各工作小组的工作，在出现意见分歧时做出判定，确定事故信息发布的内容，召集调查组审核涉嫌犯罪的证据资料，负责落实技术鉴定和损失评估，负责向组织事故调查的特种设备安全监管部门汇报，按照规定期限组织完成事故调查工作；

（2）管理组组长，由具有安全管理工作经验的行政人员担任，负责管理组的工作，组织管理组对事故在管理等方面的原因调查、取证工作，提出管理方面的事故分析意见或者报告，结合技术组等方面的调查意见，组织起草事故调查报告；

（3）技术组组长，由具有特种设备专业技术工作经验的人员担任，负责技术组的工作，组织技术方面的原因调查、取证，提出必要的鉴定需求，提出技术方面的事故分析意见，提出技术方面的事故预防措施和整改建议，组织完成技术调查分析意见或者报告；

（4）综合组组长，由事故发生地人民政府委派的人员担任，负责综合组的工作，在事故调查过程中负责与相关部门协调，按照规定发布事故信息，安排事故调查过程中的后勤保障。

4.6 善后工作

事故的善后工作，由事故发生地人民政府依据有关法律法规的规定组织实施，保证事故调查工作不受影响。

4.7 简易程序

对无重大社会影响、无人员伤亡、事故原因明晰的特种设备事故，地方特种设备安全监管部门可以商有关部门，并且报同级人民政府批准后，在保证调查质量前提下，可以采用简易程序，单独组织事故调查处理。

4.8 调查工作协调

对于舆论关注和群众反响强烈、调查处理情形复杂、跨区域发生或者需要省级特种设备安全监管部门、国家质检总局协调指导的事故，下一级特种设备安全监管部门可以提请上级特种设备安全监管部门派员指导开展事故调查处理工作。

4.9 事故调查机构职责与人员条件

4.9.1 机构职责

特种设备事故调查机构，可以承担以下工作：

(1) 开展特种设备事故相关的技术分析工作；

(2) 协助委托部门进行特种设备事故的接报工作，并且做好事故报告、续报、结报工作的监督统计工作；

(3) 进行与事故调查有关部门沟通协调工作，做好事故调查前的准备、事故调查中的协调、指导或者参与事故调查处理工作，事故调查后的统计分析、资料归档等工作；

(4) 组织事故调查人员、专家的教育和培训，开展事故预防的专题调查研究；

(5) 协助委托部门开展事故档案的管理工作，建立事故数据库，定期做好事故情况统计分析，研究提出特种设备事故预防措施；

(6) 接受委托部门交办的其他事项。

4.9.2 人员条件

主要管理人员应当具有特种设备专业领域工作经验，主要技术人员应当具有工程师以上职称或者检验师以上资格。

5 事故调查程序和现场调查

5.1 调查程序

事故调查工作程序如下：

(1) 成立事故调查组；

(2) 明确各工作小组及其分工，确定调查工作计划；

(3) 查封与事故相关的设备、场地、财务等相关资料，提出监控事故责任人员、保护重要证人的建议；

(4) 开展事故现场调查工作；

(5) 分析事故发生的原因，认定事故性质；

(6) 认定事故责任，提出对事故责任者的处理建议；

(7) 提出事故预防措施和整改建议；

(8) 汇总调查资料，形成事故调查报告；

(9) 整理移交事故调查资料。

采取行政强制措施时，其程序应当符合《中华人民共和国行政强制法》。

5.2 现场调查

现场调查工作应当包括现场情况了解、现场询问、现场勘查和资料查阅，必要时进行相关技术鉴定。调查时应当做好记录，调查人员应当不少于2人。

5.2.1 现场情况了解

现场情况了解应当包含以下内容：

（1）现场基本情况，包括事故发生的单位、时间、地点，事故发生的经过情况，事故的应急处置情况，事故伤亡人员及相关人员情况；

（2）巡视现场，了解事故现场的整体情况；

（3）直接询问当事人和报案人，掌握重要现场知情人员，并且做好记录；

（4）听取有关人员的介绍，检查现场保护情况，做出标识、绘制现场简图、记录现场了解的有关情况，调阅现场影像资料。

5.2.2 现场询问

调查组开展现场询问工作，各工作小组应当准备现场询问工作计划与内容，并且注意相互之间的衔接与配合。

5.2.2.1 询问步骤

现场询问工作主要步骤如下：

（1）根据了解的事故初步状况，确定和落实调查的区域、对象、问题和询问顺序；

（2）了解被调查对象的基本情况，确定询问的方式方法；

（3）根据调查的目的和对象，拟定调查提纲，指定现场询问人员；

（4）按照提纲询问有关当事人，包括事故发生顺序、现场目击状况、现场人员情况、设备运行状况、异常变化情况以及与事故有关联的其他情况。

5.2.2.2 询问要求

现场询问过程中，做好相应笔录，询问结束，其笔录应当经过被询问人逐页核对，并且签字确认。

5.2.3 现场勘查

根据事故调查需要，现场勘查工作一般包含以下内容：

（1）事故现场破坏情况的调查，调查、测量并且记录设备及系统的总体损坏情况、周围建筑物及其他破坏情况与范围，以及可能被清除或者损坏的痕迹，绘制事故现场示意图、伤亡者位置图，对事故现场进行拍照摄像等取证工作，必要时还应当绘制模拟工艺流程图等；

（2）设备本体失效或者损坏情况（包括设备整体、失效部位、残骸）的检查，检查爆炸、爆燃、泄漏、变形、断裂、损伤、碰撞、剪切、挤压、故障等部位形状、尺寸、内外表面情况、故障代码等，测量并且记录其位置、方向等数据，同时做好关键部位、故障代码等保护和取证工作；

（3）安全附件、安全保护装置、附属设备失效或者损坏情况的调查，测量并且记录其位置、方向和失效或者损坏情况，同时做好重要部位的保护和拍照摄像等取证工作；

（4）现场伤亡人员情况的调查，调查死亡、重伤、轻伤人数，伤亡状况及其基本情况，受伤住院治疗人员病情变化情况，个人防护措施状况，事故发生前受害人、肇事者的身体状况等；

(5) 收集参与事故应急救援相关部门对事故现场处置的有关资料；

(6) 必要时，对当事人或者见证人员提供的情况进行现场比对核实。

5.2.4 资料查阅

5.2.4.1 安全管理资料

开展现场调查工作时，根据需要有权要求事故发生单位及其相关单位提供以下资料：

(1) 营业执照或者相关的法定资质文件；

(2) 特种设备生产(设计、制造、安装、改造、修理、充装等)许可证、使用登记证和相关资质证书；

(3) 特种设备安全管理制度、操作规程及其运行、操作记录，应急预案及演练情况；

(4) 单位负责人、特种设备安全管理人员、特种设备作业人员以及相关人员的教育培训情况及其有关资格的证书；

(5) 特种设备检验、检测报告；

(6) 工程、经营项目承发包合同以及安全生产管理协议书；

(7) 厂房、场所、设备租赁合同以及安全生产管理协议书；

(8) 施工组织设计或者方案；

(9) 伤亡者身份证明材料(含身份证)；

(10) 伤亡者医院诊断书、死亡证明书、医学鉴定报告或者尸检报告；

(11) 伤亡者劳动合同或者单位用工证明；

(12) 其他有助于开展事故调查处理的相关资料。

5.2.4.2 事故相关档案资料

查阅并且了解与事故相关特种设备生产、使用、充装、检验、检测、采购、租赁、经营管理等档案资料情况。根据事故调查需要，一般包含以下内容：

(1) 生产方面，设计文件、制造出厂资料和安装、改造、修理资料；

(2) 使用和充装方面，生产操作工艺文件资料、运行记录、自行检查记录(报告)、充装资料、维护保养记录、安全附件及仪表校验(检定)记录、使用登记证等；

(3) 检验、检测方面，监督检验和定期检验的报告与记录；

(4) 采购、租赁方面，设备及其相关主要零部件采购或者租赁合同、验收记录；

(5) 经营管理方面，岗位职责、应急预案等制度以及操作规程等方面的资料及其执行情况，作业人员的培训、教育、持证上岗以及现场安全防护等情况。

5.3 调查过程中的记录

调查过程中的记录，包括事故调查的会议记录、现场情况了解记录、现场询问记录、现场勘查记录、档案资料审查记录等。记录应当及时、规范、全面、客观、准确，并由调查人员、记录人员及相关人员签字确认。

6 技术鉴定和损失评估

6.1 技术鉴定

通过现场调查还不能确定事故原因，需要进一步技术分析来判定事故发生条件及原因的，应当进行技术检验、试验和鉴定(以下统称技术鉴定)。

6.1.1 现场取样

技术鉴定的现场取样，应当在专业人员的指导下进行，并且对样品予以保护处理。取样时必须有调查组的2名以上人员在现场监督并且做出标记，进行封存。

6.1.2 鉴定组织和委托

调查组提出技术鉴定项目、技术要求，组织专家(不少于3人)进行鉴定。必要时，调查组可以提出建议，由负责组织事故调查的特种设备安全监管部门书面委托有关单位进行鉴定。

6.2 经济损失评估

调查组可以根据相关技术资料和事故发生单位提供的事故经济损失情况报告确定事故经济损失，调查组认为需要对事故造成的经济损失进行评估的，应当提出委托的项目、要求和被委托单位，由负责组织事故调查的特种设备安全监管部门书面委托。

对有人员伤亡的事故，可参照GB 6721《企业职工伤亡事故经济损失统计标准》进行估算，并且还应当评估事故应急救援等费用。

6.3 资质要求

承担技术鉴定以及经济损失评估的单位应当按照国家规定具有相关专业资质，并且与事故各方无利害关系。

7 事故原因分析、责任认定与预防措施

7.1 事故调查结果汇总分析

调查组应当在技术组完成事故技术分析报告、管理组完成事故管理调查报告后，由调查组组长主持，召开调查组全体成员会议，分析事故原因、认定事故性质和事故责任，必要时邀请有关专家参加。调查组组长认为必要时，可以先行召开各小组组长会议，进行有关事项协商。

7.2 事故原因分析

调查事故时，可以采用技术鉴定、分析、论证等方法，通过对事故发生的征兆、时刻、位置、状态、痕迹、音像、询问笔录、生产过程记录等事实证据资料进行分析和确认，找出与事故有关的各种因素之间的因果关系和逻辑关系，确定事故的直接原因、间接原因以及主要原因、次要原因。

调查组成员对事故成因有不同意见，调查组长应当予以认真研究，必要时可以委托有关技术组织、技术机构或者专家进一步分析、论证。不同意见仍然需要保留时，在事故调查报告中应当如实陈述。

7.3 事故性质认定

事故性质分自然事故、技术事故和责任事故。

依据《特种设备安全监察条例》和《特种设备事故报告和调查处理规定》，根据事故调查的情况，认定事故性质。

7.4 事故责任认定

属于责任事故的，责任认定原则如下：

(1) 根据事故的直接原因和间接原因，找出事故的主要原因和次要原因，进而认定事故的全部责任者或者主要责任者、次要责任者；

(2) 故意破坏、伪造事故现场、毁灭证据资料或者未及时报告事故等导致事故原因不清、责任无法认定的，责任者应当承担事故全部责任。

7.5 事故责任追究

调查组按照《中华人民共和国特种设备安全法》《特种设备安全监察条例》和《特种设备事故报告和调查处理规定》，根据责任者应当承担的全部责任、主要责任、次要责任，提出以下事故责任追究建议：

(1) 刑事责任，责任者被认定为涉嫌犯罪的，应当移交司法部门依法追究刑事责任；

(2) 行政处罚，责任者被认定违反法律规范应当承担法律后果的，给予行政处罚；

(3) 行政处分，责任者被认定违反法律规范应当承担法律后果的，给予行政处分；

(4) 其他应当给予的处理措施。

7.6 防范措施

调查组应当在认定事故性质和事故责任的基础上，从技术、教育、管理等方面，针对事故责任单位和人员、监督管理机构和人员、社会公众以及法规、标准制定等方面提出有效的事故防范和整改措施建议，具体包括以下内容：

(1) 技术方面，针对设备的不安全因素，改善生产条件、生产工艺和技术措施等；

(2) 教育方面，针对人的不安全行为，强化日常宣传教育、培训演练，采取必要的方法和措施，提高安全意识和技能等；

(3) 管理方面，针对特种设备特点，完善特种设备安全管理制度，明确岗位责任，配置安全管理机构和人员，保证安全生产投入，落实安全检查机制、改进检验检测方法、制定或者修改相关标准法规等。

8 事故调查报告及相关资料

8.1 事故调查报告

8.1.1 调查报告内容

(1) 事故基本情况；

(2) 事故发生单位及设备概况；

(3) 事故发生过程及应急救援情况；

(4) 人员伤亡、设备损坏和直接经济损失情况；

(5) 事故原因及性质；

(6) 责任认定及处理建议；

(7) 事故防范和整改措施。

8.1.2 调查报告形成

调查组应当在原因分清、责任认定的基础上，由管理组汇总整理事故调查资料(必要时可由调查组长先行召开小组长会议，汇集各小组意见)，形成事故调查报告初稿后，召开调查组全体会议，对事故调查报告初稿进行讨论、修改，形成事故调查报告。

实施简易程序时，调查组也应当在原因分清、责任认定的基础上，召开调查组全体会议，对事故调查报告进行讨论、修改，形成事故调查报告。

事故调查报告具体格式和编写说明见本导则附件 B。

8.2 调查相关资料

8.2.1 资料内容

(1) 事故基本情况表；

(2) 调查组人员名单；

(3) 调查组成员的不同意见；

(4) 有关证据资料；

(5) 其他所必需的材料。

有关证据资料，包括现场勘查记录、技术鉴定报告，重大技术问题鉴定结论、检测检验报告、人员伤亡证明、调查笔录、物证和证人证言、直接经济损失文件、相关图纸照片、视听资料等有关资料和文函，事故调查重要会议纪要或者记录等。

8.2.2 资料形成

调查组应当整理事故调查过程中用于支持调查报告结论所必需的有关证据资料及其他材料。

调查组全体成员签名后形成专页，同时应当填写《事故基本情况表》并且由调查组长签名。

调查组成员的不同意见可以单独形成专页并由本人签名。

事故调查相关资料所包含的人员签名、有关证据资料和其他材料中有保密要求的，应当依法保密。

事故调查相关资料整理和收集的内容见本导则附件 C。

8.3 制作数量

事故调查报告及相关资料制作数量应当满足报批、送达和存档要求。

8.4 调查时限

按照《特种设备事故报告和调查处理规定》要求，特种设备事故调查期限为 60 日。特殊情况下，经过负责组织事故调查的特种设备安全监管部门批准可以延长，延长的期限最长不超过 60 日。计算调查期限时应当考虑以下几种情形：

(1) 因事故抢险救灾无法进行事故现场勘查的，事故调查期限从具备现场勘查条件之日起计算；

(2) 瞒报事故自查实之日起计算；

(3) 技术鉴定、损失评估时间不计入事故调查期限。

9 事故批复与处理

9.1 事故调查报告提交和报批

事故调查组向负责组织事故调查的特种设备安全监管部门提交事故调查报告后，事故调查工作即可以结束。根据工作需要，负责组织事故调查的特种设备安全监管部门也可以向事故调查组提出追加调查的要求。

负责组织事故调查的特种设备安全监管部门在接到事故调查报告后，应当及时向本级人民政府提出申请批复的报告。

报送批复的事故调查处理资料，一般包括负责组织事故调查的特种设备安全监管部门向本级人民政府提出申请批复的报告、事故调查报告，并且附具事故调查相关资料。

9.2 事故调查报告送达

负责组织事故调查的特种设备安全监管部门应当在接到事故报告批复之日起10日内，将事故调查报告及批复意见，主送有关地方人民政府及其有关部门，送达事故发生单位、责任单位和责任人员，并抄送事故调查组成员单位。

9.3 事故处理

特种设备安全监管部门及有关部门应当按照事故调查报告及批复意见，依照法律、行政法规规定的权限和程序，对事故责任单位和责任人员予以处罚。

事故发生单位应当按照事故调查报告及批复意见，对本单位负有事故责任的人员进行处理。

事故调查中发现涉嫌犯罪的，负责事故调查的特种设备安全监管部门应当核实涉嫌犯罪的证据资料，经过与有关部门和事故发生地人民政府协商后，形成书面报告，按照国务院《行政执法机关移送涉嫌犯罪案件的规定》及时将相关材料移送司法机关处理。

9.4 整改落实与监督检查

事故责任单位应当落实事故防范和整改措施。事故防范和整改措施的落实情况应当接受工会和职工的监督。

事故发生地特种设备安全监管部门应当对事故责任单位落实事故防范和整改措施的情况进行监督检查。

9.5 事故结案报告

负责组织事故调查的特种设备安全监管部门在接到事故调查报告批复后，自通报相关部门、有关单位之日起30日内，撰写事故结案报告，特殊情况可以适当延长，但是最长不得超过45日。

负责组织事故调查的特种设备安全监管部门应当及时将事故结案报告逐级上报直至国家质检总局。

事故结案报告，主要包括事故调查报告的批复意见、送达等情况。

9.6 信息公开

事故发生地政府或者负责组织事故调查的特种设备安全监管部门，应当根据政府信息公开的有关规定，适时向社会公布事故调查处理的情况（依法应当保密的除外）。

9.7 事故档案管理

9.7.1 档案建立

负责组织事故调查的特种设备安全监管部门应当按照相关规定，建立特种设备事故档案，将事故调查的有关资料及时归档，并且长期保存。事故档案应当适应信息化管理要求。

9.7.2 档案内容

事故档案包括以下内容：

（1）事故调查报告；

（2）调查相关资料；

(3) 结案资料，包括调查报告批复、送达情况、对相关人员处理、落实事故防范和整改措施情况、结案报告等；

(4) 影响较大的媒体报道等资料。

9.7.3 档案保存

负责事故档案管理工作的特种设备安全监管部门，应当具有符合档案管理要求的保存场所、保管条件，确保事故档案安全，并且由专人负责事故档案管理。

9.7.4 档案借阅

特种设备安全监管部门应当建立健全事故档案借阅制度，明确借阅范围和审批程序。

9.8 结案材料报送

负责事故调查的特种设备安全监管部门应当在政府批复调查报告后45日内，将事故调查报告、调查相关资料以及政府批复报告等资料通过信息报送系统，并且同时以纸质版(复印件形式)、电子版(光盘或者U盘)报送至国家质检总局。

10 调查文书与数据统计

10.1 执法文书

负责组织事故调查的特种设备安全监管部门在特种设备事故调查处理过程中所需要的立案、现场勘查、询问笔录、封存、委托技术鉴定、案件移交、结案审批、行政处罚等文书，可以采用统一的执法文书，也可以参照本导则附件D的内容。

10.2 事故统计

负责事故调查的特种设备安全监管部门，应当按照本节要求进行特种设备事故和相关事故的统计分析。

10.2.1 统计范围

特种设备事故统计工作包括特种设备事故、特种设备相关事故。其中特种设备相关事故不列入年度特种设备事故考核指标。

10.2.2 统计内容

特种设备事故统计应当按照事故性质进行分类统计，统计应当包含事故设备种类、事故等级、事故发生环节、事故特征、损坏程度、事故原因、直接经济损失、死亡人数、受伤人数、负责组织事故调查部门、事故调查处理结案情况等信息。

特种设备事故统计格式与内容，应当满足国家质检总局的相关要求。

10.2.3 统计上报时限

各省、自治区、直辖市特种设备安全监管部门应当在每月5日之前，按照国家质检总局要求完成上月辖区内的特种设备事故、相关事故和突发事件信息的确认与统计，并上报国家质检总局，当月因故未能及时纳入统计上报的，应当在下月补报。

10.3 统计划分

统计划分如下：

(1) 跨地区进行生产经营活动的单位发生特种设备事故后，由事故发生地的特种设备安全监管部门负责统计；

(2) 甲单位人员参加乙单位生产经营活动中发生的特种设备伤亡事故，纳入乙单位统计；

(3) 两个以上单位交叉作业时发生的特种设备事故，纳入主要责任单位统计；

(4) 分承包工程单位在施工过程中发生特种设备事故，凡分承包单位在经济上实行独立核算的，纳入分承包单位统计；没有实行独立核算的，纳入总承包单位统计；凡没有履行分包合同承包，不管经济上是否独立核算，都纳入总承包单位统计；

(5) 生产经营单位人员参加社会上的抢险救灾时发生伤亡事故，不纳入本单位事故统计；

(6) 因设备不合格造成使用单位发生事故的，不论其责任在哪一方，均纳入使用单位统计；

(7) 特种设备生产过程中检验、试验时发生事故的，列入事故发生单位统计；

(8) 拥有相关资质的专业救护队伍的救援人员参加事故抢险救援时发生的人员伤亡，列入次生事故另行统计。

10.4 统计分析与事故预防

特种设备安全监管部门应当定期对本行政区域内特种设备事故和相关事故的情况、特点、原因等信息进行统计分析。根据特种设备的管理和技术特点、事故情况，研究制定有针对性的工作措施，防止和减少事故的发生。

特种设备突发事件信息应当列入分析范畴。

11 附 则

11.1 解释

本导则由国家质检总局负责解释。

11.2 施行日期

本导则自 2016 年 6 月 1 日起施行。自施行之日起，《特种设备事故调查处理导则》(TSG Z0006—2009)同时废止。

附件 A

特种设备事故术语及含义

A1 事故特征分类

A1.1 事故特征

一般指与导致事故最严重后果所对应的设备失效形式或者致害方式。通常表现为事故特种设备的爆炸、爆燃、泄漏、倾覆、变形、断裂、损伤、坠落、碰撞、剪切、挤压、失控、故障或者受困(滞留)等特征。

A1.2 爆炸

承压类特种设备部件因物理或者化学变化而发生破裂,设备中的介质蓄积的能量迅速释放,内压瞬间降至外界大气压力的现象。

A1.3 爆燃(闪爆、闪燃)

锅炉炉膛、压力容器、压力管道内的可燃介质泄漏与空气(氧)混合达到一定浓度,遇火(或者能量)在空间迅速燃烧爆炸的现象。用煤粉、油、可燃气体等燃烧介质的锅炉,在点火或者燃烧不正常时,炉膛内积存的燃烧介质与空气形成混合物达到一定极限,遇明火快速燃烧爆炸的现象。

如锅炉、压力容器(含气瓶)、压力管道等主要承压部件及安全附件、安全保护装置、元器件损坏造成易燃、易爆介质外泄发生爆燃的现象。

A1.4 泄漏

承压类特种设备主体或者部件因变形、损伤、断裂失效或者安全附件、安全保护装置损坏等因素造成内部介质非正常外泄的现象。

A1.5 倾覆

特种设备在安装、改造、修理、使用和试验中,因特种设备主体或者构件的强度、刚度难以承受实际的载荷,发生局部、整体或者基础的失稳、坍塌或者倾覆事故。或者对有整体稳定性要求的特种设备,由于各种原因使得加载于设备上的力矩大于稳定力矩,导致特种设备整体倾倒事故。包含特种设备主体或者构件因载荷等外力影响,发生设备整体或者承载基础的失稳、坍塌的现象。

A1.6 变形

特种设备承载主体或者构件因受外部机械力、热作用,导致形状变化引起失效的现象。变形一般分为弹性变形和塑性变形。

A1.7 断裂

特种设备承载主体及部件因材质劣化或者受力超过强度极限而发生的失效现象。断裂一般分为韧塑性断裂、脆性断裂、疲劳断裂和蠕变断裂等。

A1.8 损伤

损伤是指特种设备在外部机械力、介质环境、热作用等单独或者共同作用下,造成的材料性能下降、结构不连续或者承载力下降。

A1.9 坠落

因特种设备本身部件、相关的工件或者失控以及违章操作、操作失误、使用不当等造成物体或者人员由高势能位置非正常落下的现象。

A1.10　碰撞

因特种设备故障或者失控以及违章操作、操作失误、使用不当时，造成的人、运动物体或者固定物相互之间短暂接触发生力作用的过程，如设备与固定或者运动物体相撞，人撞固定物体、运动物体撞人、人与人互撞等现象。

A1.11　剪切

因特种设备故障或者失控以及违章操作、操作失误、使用不当时，人或物体因承受一对相距很近、方向相反的外力作用，发生横截面沿外力方向发生错动变形的现象。

A1.12　挤压

因特种设备故障或者失控以及违章操作、操作失误、使用不当时，人或物体因承受外来压力被推挤压迫在运动物体或者固定物体之间的现象。

A1.13　失控

因特种设备控制系统失灵、安全保护系统功能缺失或者失效，导致设备不能被正常操作的现象。

A1.14　故障

因特种设备本体、部件或者安全装置发生意外，导致设备不能顺利运行，无法实现正常功能的现象。

A1.15　受困(滞留)

因特种设备本体、部件或者安全装置发生故障或者损坏，或者缺乏外部资源的情况下，导致设备停止或者不能顺利运转，人员被困(滞留)在特种设备之中不能出来的现象。

A2　损坏程度分类

A2.1　完全损坏

特种设备在安装、修理、运行、使用时，特种设备主要结构或者主要构件损坏，无法或者不宜修复再用的损坏。

A2.2　严重损坏

特种设备在生产(设计除外)、使用时，因主要受力构件、安全保护装置损坏，导致特种设备必须立即停止运行而进行修理的损坏。

A2.3　一般损坏

特种设备在生产(设计除外)、使用时，主要构件、主要受压部件轻微损坏不需要立即停止运行进行修理，并且未引起其他相关灾害的损坏。

A2.4　严重故障

特种设备在牛产(设计除外)、使用时，导致特种设备长时间不能正常运行或者可能造成人员伤亡的设备故障。

A3　现场调查

A3.1　痕迹和物证

证明事故发生经过、原因和性质的一切痕迹和物品，包括由于事故的发生和发展而使原有物品发生的一切变化和变动。

A3.2　现场勘查

事故调查人员为了查明事故的性质、经过及其原因，对于事故有关的地点、场所、事故设备及其残骸、人身、物品、尸体等进行实地勘验、现场访问和分析研究的活动。

A3.3　询问

事故调查人员为了查明事故情况和其他有关问题，收集人证，按照程序组织。以谈话形式对事故有关的当事人进行情况了解，并且进行鉴证记录的调查过程。询问是事故调查工作的主要方法之一。

A3.4　技术鉴定

对现场勘查中发现并收集的各种痕迹、物证进行的技术检验、试验和鉴定的活动。其目的是根据痕迹、物证的本质特征，分析它的形成条件及其与事故过程的联系，以便判定事故过程和分析事故原因。一般有物理检验、化学分析、模拟试验和直观分析等。

A3.5　技术检验

技术检验是指根据规定的质量标准、工艺规程和检验规范，对原材料、外购件、外协件、在制品和在用品进行测量、测试，并将测得的特性值与规定值进行比较、加以判断和评价，以确定对被测对象的符合性。

A3.6　技术分析

技术分析是以研究法规、标准、管理规定、操作要求以及人的行为等客观现象，以分析事故因果关系为主要目的，技术论证、论据、推演、推断分析的方法总和。

A4　事故原因类别

A4.1　事故原因

导致事故发生的多重因素、若干事件和情况的集合。

A4.2　直接原因

物的不安全状态、人的不安全行为或者不安全环境等因素对事故发生的作用程度，直接引起设备失控或者失效的因素。

A4.3　间接原因

形成事故直接原因的基础因素。形成事故直接原因也有一个或者多个不安全行为，或者不安全条件和管理缺陷等因素对事故发生的作用程度，这种不安全行为、不安全条件或者因素构成事故原因的第二个层次，即事故的间接原因，主要指社会环境、管理以及个人因素等。

A4.4　主要原因

对事故后果起主要作用的事件或者使事故不可逆转地发生的事件为事故的主要原因。

A4.5　次要原因

除事故的主要原因外，对事故后果起次要作用的其他影响事件为次要原因。一般事故的次要原因可能有若干个，按照其对事故后果作用的大小进行排序。

A5　事故性质类别

A5.1　非责任事故

A5.1.1　自然事故

由自然灾害引发的事故。系指受自然力影响超过特种设备设计规范而导致的特种设备失效，损坏或者造成其他损失的事故。

A5.1.2　技术事故

因技术不够完善或者设备自然损耗等原因引起并且是在人所不能预见或者不能避免的情况下所发生的事故。

A5.2　责任事故

（1）违规、违章、违纪造成的事故；

（2）可以预见、抵御和避免的事故，但是由于行为（责任）人或者管理者的原因，没有采取预防措施或者预防措施不力造成的事故。

A6　事故责任类别

A6.1　责任者

系指因违反法律法规而必须承担法律后果和责任的法人、组织和自然人，即责任单位或者责任人员，也称责任主体。

A6.2　事故责任

与事故原因有直接或者间接的联系，对事故后果有影响的行为和因素。

A6.3　全部责任者

对事故后果所起全部作用的人员或者单位。

A6.4　主要责任者

对事故后果起主要作用的人员或者单位，可以是一个也可以是多个。

A6.5　次要责任者

对事故后果起次要作用的人员或者单位，可以是一个也可以是多个。

A7　事故损失评估

A7.1　事故损失

造成生命与健康的丧失、物质或者财产的毁坏、时间的损失、环境的破坏。

A7.2　直接经济损失

与事故直接相联系并且能用货币直接估价的人员伤亡、财产损失、应急救援与善后处理费用总和。其中，人身伤亡后所支出的费用，包括护理费用在内的医疗费用、丧葬及抚恤费用、补助及救济费用、歇工工资；善后处理费用，包括事故处理的事务性费用和事故赔偿费用；财产损失价值，包括同定资产损失价值和流动资产损失价值。

A7.3　间接经济损失

与事故间接联系并且能用货币直接估价的产值减少、资源破坏和受事故影响而造成的其他损失的价值（含停产、停业的损失）。

A8　承压类特种设备和机电类特种设备

A8.1　承压类特种设备

特种设备中的锅炉、压力容器（含气瓶，下同）、压力管道及其附属的安全附件、安全保护装置和与安全保护装置相关的设施的统称。

A8.2　机电类特种设备

特种设备中的电梯、起重机械、客运索道、大型游乐设施和场（厂）内专用机动车辆及其附属的安全附件、安全保护装置和与安全保护装置相关的设施的统称。

A9　自然灾害

自然灾害是指给人类生存带来危害或者损害人类生活环境的自然现象，包括干旱、洪涝、台风、冰雹、雪、沙尘暴等气象灾害，火山、地震灾害，山体崩塌、滑坡、泥石流等地质灾害，风暴潮、海啸等海洋灾害，森林草原火灾和重大生物灾害等。

A10　房屋建筑工程和市政工程

房屋建筑工程是指有顶盖、梁柱、墙壁、基础以及能够形成内部空间，满足人们生产、生活、公共活动的工程实体，包括厂房、剧院、宾馆、商店、学校、医院和住宅等工程。

市政工程是指城市内的道路（公路、铁路、地铁及轻轨）、桥梁、给排水、燃气、垃圾处理等城市基础建设工程。

A11　起重机械索具

是指起重机械吊卸、移动物品时，系结在物品上承受载荷的挠性部件（含上、下端配件），如钢丝绳吊索、纤维绳吊索、吊链、纤维吊带等。

A12　特种设备突发事件

是指突然发生，造成或者可能造成严重社会危害，需要采取应急处置措施予以应对的特种设备事件。

附件 B

特种设备事故调查报告

（事故调查报告封面）

（格式）

（×××）事故调查报告

（×××）事故调查组

年　月　日

目 录

附件 b

特种设备事故调查报告编制说明

b1 封面

事故报告的封面包括三项内容，报告的名称和调查组的名称及形成报告日期，其中"×××"代表事故名称，由事故发生地点、发生时间、事故等级、设备种类、事故特征组成。发生地点包括事故发生所在的省和市；发生时间包括事故发生的月和日，用阿拉伯数字，并且月与日之间用"·"符号隔开，时间加""。如某省某市 2009 年 6 月 12 日发生锅炉爆炸的重大事故。则报告名称为：某省某市"6·1 2"重大锅炉爆炸事故调查报告。

b2 事故基本情况

事故基本情况，包括事故发生单位、地点、发生时间、设备种类、事故特征、伤亡人数、事故等级组成。所描述的内容应当与本导则附件 C 事故基本情况表对应内容一致。

b3 事故发生单位及设备概况

b3.1 事故发生单位情况

包括企业生产经营情况、安全管理情况，事故直接人员等。如事故涉及多家单位，应当逐一描述其具体情况，并且阐述其相互关系。

b3.2 发生事故设备的情况

包括设备的设计、制造、安装、改造、修理、充装单位、检验检测机构及其工作情况，事故发生前的设备基本状况(允许运行和实际的运行参数)等。

b4 事故发生过程及应急救援情况

b4.1 事故发生过程

包括事故发生的时间，具体地址及其位置、事故发生经过、现场情况、设备损坏情况、事故后果等。

b4.2 应急救援情况

包括事故报告、抢险救援等应急处置情况。调查组还应当对事故应急救援作出评估。

b5 人员伤亡、设备损坏和直接经济损失情况

包括伤亡人员、设备损坏和经济损失的数量及具体情况，列出死亡人员名单和各种损失的具体情况。

b6 事故原因及性质

b6.1 事故原因

具体描述事故的直接原因、间接原因、主要原因、次要原因。

b6.2 事故性质

根据事故调查的事实和原因分析，写明事故性质，属于特种设备责任事故或者非责任事故的，按照本导则附件 A5 的术语描述。

b7 责任认定及处理建议

按照全部责任、主要责任、次要责任分别列出事故责任者的基本情况(单位，人员的姓名、职务、主管工作等)、责任认定事实、责任追究的法律依据及处理建议，并且按照以下顺序排列：

（1）移送司法机关处理的责任人员。包括应当追究责任，因死亡而无法追究责任的人员和已经被司法机关采取措施的人员；

（2）对事故责任单位的处罚和相关人员的处分；

（3）给予相关单位或者人员行政处罚或者处分。

b8　事故防范和整改措施建议

提出防止同类事故重复发生的措施和建议。主要从技术、教育和管理等方面对地方政府、有关部门和事故责任单位提出整改建议，并且对国家有关部门在制定政策和法规、规章及标准等方面提出建议。

附件 C

事故调查相关资料

C1　事故基本情况表(格式)

事故基本情况表

事故发生单位			
事故发生单位地址			
法定代表人 (主要负责人)		安全(质量) 管理负责人	
单位性质		所属行业	
单位类别		统一社会信用码	
作业人员数量		持证人员数量	
设备种类		设备类别	
设备品种(名称)		设备代码	
产品编号		制造日期	
设备用途		施工日期	年　月　日
投用运行日期	年　月　日	使用登记日期	年　月　日
使用登记证编号		检验类别	
检验日期	年　月　日	检验结论意见	
事故发生时间	年　月　日　时　分		
事故特征			
事故发生地点			
事故等级		事故性质	
损坏程度		事故直接原因	
事故主要原因		直接经济损失	万元
死亡人数		受伤人数	
负责组织事故 调查部门			
技术鉴定机构			
损失评估机构			
说明: 调查组组长(签名):　　　日期:			

C2　调查组人员名单

列出调查组人员名单，包括工作单位、职称，以及在事故调查组中的职务（组长，某某组组长、某某组成员），由本人签名并注明签字时间。

C3　调查组成员的不同意见

经过调查组讨论仍存在的不同意见，应当将意见如实记录，由持不同意见者本人签注姓名和日期。无不同意见，此项可以省略。

C4　有关证据资料

特种设备事故的有关证据资料一般包括以下内容：

（1）伤亡人员基本情况，包括姓名、性别、民族、年龄、工作单位、住址、身份证号码、学历、职务职称、安全培训教育及个人持证情况；

（2）直接经济损失情况，包括人身伤亡后所支出的医疗费用、护理费用、丧葬及抚恤费用、补助及救济费用和歇工工资等费用，处理事故的事务性费用和事故赔偿费等善后处理费用，应急救援费用，特种设备在内的固定资产损失价值和流动资产损失价值等财产损失价值；

（3）现场勘查记录、技术鉴定报告，重大技术问题鉴定结论（报告）、检验检测报告、调查笔录、物证和证人证言、相关图纸照片、视听资料等有关资料和文函，事故调查重要会议纪要或者记录等，事故现场、事故设备损坏状况、痕迹以及有关物件的照片（音像资料）、绘制的事故现场示意图，事故发生时的工艺条件、操作或者作业状况相关的技术资料与记录等；

（4）规章制度及组织体系，事故单位特种设备安全管理机构和人员情况，有关规章制度及执行情况，事故伤亡人员以及责任者的职责情况；

（5）伤亡鉴定证明，事故中的死亡人员应当依据公安机关或者具有资质的医疗机构出具证明材料进行确定；受伤人员依据具有资质的医疗机构出具证明材料进行确定。

C5　其他所需的材料

根据需要编写或者收集。

附件 c

事故基本情况表的填写说明

c1 事故发生单位

填写事故发生单位的全称，应当与其工商注册的名称一致。公民填写个人姓名。

c2 事故发生单位地址

填写事故发生单位所注册地的法定资格地址，包括省（自治区、直辖市）、市（地）、区（县）、街（路、乡）、小区（村）、号等。

c3 法定代表人（主要负责人）

填写事故单位法定代表人（主要负责人）姓名或者个人企业的业主姓名。

c4 安全（质量）管理负责人

按照特种安全设备管理人员的有关规定，对特种设备使用（包括充装）单位，填写安全管理负责人；对特种设备生产单位，填写质量管理负责人。

c5 单位性质

按照企业、事业、政府机关、社会组织等性质填写。如果是企业，在企业前加其单位经济类型，如国有企业、集体企业、私有企业、外商企业等。

c6 所属行业

事故发生单位所属行业的填写，按照 GB/T 4754《国民经济行业分类》四位码填写进行分类。社会组织、公民个人等可以参考前款行业的分类填写。政府机关可以不填写。

c7 单位类别

也称经营范围、从事工作范围，对于企业、事业、社会组织、公民个人等事故发生的单位，填写特种设备的制造、安装、改造、修理、销售、使用、租赁、检验、检测等。

c8 统一社会信用码

填写工商管理部门所颁发的营业执照上，或者其他有关单位、机构、团体所颁发的证照上编排的“统一社会信用码”。

c9 作业人员数量、持证人员数量

作业人员数量是指发生事故单位该类事故设备（指设备种类，下同）的特种设备作业人员总的人员数量。持证人员数量是指发生事故单位取得特种设备安全监管部门颁发作业证件的该类设备作业人员数量。作业人员数量和持证人员数量如果相同也分别填写，如果没有，则填写“0”。

c10 设备种类、设备类别、设备品种（名称）

按照《特种设备目录》，填写发生事故的设备的种类、类别、品种，没有品种的可以填写设备名称。

c11 设备代码

填写发生事故的设备其制造单位按照安全技术规范（如《锅炉安全技术监察规程》《压力容器安全技术监察规程》《移动式压力容器安全技术监察规程》等）要求所编制的产品设备代码。如果该设备还没有进行设备代码的编制，可以不填写，划“—”。

c12　产品编号

填写发生事故的设备，其制造单位在产品合格证、质量证明书、铭牌上标注的产品编号，有的产品表述为制造编号或者出厂编号。

c13　制造日期

填写发生事故的设备，其制造单位在产品合格证、质量证明书、铭牌上标注的制造日期，有的产品表述为出厂日期。若该设备已经进行了改造，还应当填写改造单位在产品质量证明书、铭牌上标注的改造日期。

c14　设备用途

填写发生事故的没备是自用、租赁，并且在其前面加上生产、生活等。

c15　施工日期

施工日期，包括安装、改造、修理等日期，填写发生事故的设备最后一次施工类别的日期。并且可以在日期前加施工类别，其中修理应当为重大修理。

c16　投用运行日期

填写发生事故的设备正式投入运行的开始日期。

c17　使用登记日期、使用登记证编号

填写特种设备使用登记机关颁发使用登记证上的发证日期、登记证编号。

c18　检验类别、检验日期、检验结论意见

检验类别包括制造监督检验、安装监督检验、改造监督检验、重大修理监督检验和定期检验，填写发生事故的设备最后一次的检验类别、检验日期、检验结论意见。检验结论意见按照检验机构出具的检验报告的结论意见填写。

c19　事故发生时间

填写事故发生的具体时间，包括年、月、日、时、分。如果"分"无法确认，可以划"—"。

c20　事故特征

事故特征按照本导则附件 A1 的定义填写。

c21　事故发生地点

填写事故发生的设备所在的位置，包括省(自治区、直辖市)、市(地)、区(县)、街(路、乡)、小区(村)、号等。对于其具体位置，如企业的车间、楼房的楼层等在事故的发生过程等内容中具体表述。

c22　事故等级

事故等级按照《特种设备安全监察条例》《特种设备事故报告和调查处理规定》要求填写，即特别重大事故、重大事故、较大事故、一般事故。

c23　事故性质

按照事故调查结论填写。属于 A5.2 定义的责任事故，按照其定义，写明(1)或者(2)

c24　损坏程度

损坏程度按照本导则附件 A2 的定义填写。

c25　事故直接原因、事故主要原因

按照本导则附件 A4 的术语与定义，用简单术语表明其事故原因，以利于信息化对事故的统计和综合分析，在表中可以按照以下六个类别填写。

(1) 设备本身缺陷，包括因生产(设计、制造、安装、改造、修理)环节产生的缺陷；

(2) 操作不当,包括违章指挥、违章作业、操作失误等原因;

(3) 安全附件、安全保护装置失灵,包括在使用中没有按照规定设置(生产环节没有按照规定设置属于设备本身缺陷)和不能起到作用等原因;

(4) 使用管理缺失,包括不能按照规定进行维护保养、安全设施缺少或者有缺陷、生产场所环境不良、安全操作规程缺失或者不健全、劳动组织不合理、对现场工作缺乏检查或者指挥错误、教育培训不够缺乏安全操作知识、施救不当等;

(5) 违法行为,包括使用未取得特种设备行政许可的单位制造、安装、改造、修理的特种设备,违法充装气瓶和罐车,操作人员无证操作,超检验周期使用,以及非承压锅炉、非压力容器因其使用参数达到《特种设备安全监察条例》规定参数等;

(6) 其他原因,不能明确划分的。

填写时如果事故发生的直接原因、主要原因有两个或者两个以上时,只填写对事故发生后果起最主要作用的原因。

c26 直接经济损失

按照本导则附件 A7 的术语及含义填写。

c27 死亡人数、受伤人数

按照 GB 6441《企业职工伤亡事故分类》标准定义的死亡、受伤(含轻伤、重伤)核定相应人数。其中受伤人数为轻伤和重伤人数之和。

c28 负责组织事故调查部门

填写负责组织事故调查的政府部门。如某省(自治区、直辖市)质量技术监督局。

c29 技术鉴定机构、损失评估机构

填写接受委托进行事故技术鉴定和损失评估的专门机构名称。

c30 说明

填写需要说明的问题。如果调查组成员有不同意见,也应当在本栏中简单注明,详细内容另附页。

c31 调查组组长

调查组组长履行审核、确认签字手续。

c32 其他

所填写的内容,如果有的栏目无法填写,除已经有填写的明确要求外,则可以填写"不明"。

附件 D

事故报告和调查处理的一般表格和文书(格式)

(资料性文件)

附录 da

特种设备事故、相关事故信息报送表

<table>
<tr><td colspan="4">特种设备(□事故　□相关事故　□报告　□续报)</td></tr>
<tr><td>事故发生单位</td><td colspan="3"></td></tr>
<tr><td>事故发生时间</td><td></td><td>接报时间</td><td></td></tr>
<tr><td>事故发生地点</td><td colspan="3">[具体到县、区、街道(村)等]</td></tr>
<tr><td>设备种类</td><td></td><td>设备品种(名称)</td><td></td></tr>
<tr><td>设备参数</td><td></td><td>设备用途</td><td></td></tr>
<tr><td>事故特征</td><td></td><td>所属行业</td><td></td></tr>
<tr><td>伤亡情况</td><td colspan="3">死亡(　)人
受伤(　)人,其中重伤(　)人</td></tr>
<tr><td>预计直接经济损失
(万元)</td><td colspan="3"></td></tr>
<tr><td>事故等级</td><td colspan="2">□特别重大事故
□重大事故
□较大事故
□一般事故</td><td>□特种设备相关事故
□特种设备突发事件信息</td></tr>
<tr><td colspan="4">事故(事件)概况、初步原因判断和已经采取的措施:</td></tr>
</table>

填报单位(章):　　　　　　　　　　　　　　　　　　　省份:

填报人(签名):　　　　　　　　　　　　　　　　　　　填报日期:____年__月__日

电话:　　　　　　　　　　　传真:　　　　　　　　　　E-Mail:

附件 db

会议一般要求

1. 根据调查的进展，由事故调查组组长召集调查组成员召开会议，一般情况下，事故调查组需召开 3 次会议。

第一次时间为事故发生后首次会议，主要商讨内容：确定事故情况、组建事故调查组、明确工作分工、制定初步工作方案；

第二次为事故调查过程中，主要商讨内容：根据事故调查的需要，作出是否委托技术鉴定、经济损失评估项月的决定、商讨是否移送涉嫌犯罪人员、通报事故调查情况等；

第三次为形成事故报告时，主要内容：确定事故发生的原因、认定事故责任、提出对事故责任的处理建议、提出事故预防措施和整改建议，形成事故报告。

2. 集体讨论中，应当详细记载参加人员发表的意见。对不同意见和保留意见，应当专门记录。记录应当客观具体，尽量引用会议参加人的原话。

会议纪要（记录）

时间：××年×月×日××时××分至××年×月×日××时××分

地点：

参加人员：

主持人：

会议内容：

记录人：

注：文书说明和应用注意事项

1. 本文书用于记录事故调查组讨论有关事故调查处理会议的情况。

2. 本纪要（记录）作为事故调查处理过程的重要见证，应当妥善保管。

（本注实际在文书上可以不印制。说明：以下附录 dc 至 dp 的注，作为出具的文件，如果需要对方了解填写或者其他方面要求的，可以印制。）

附录 dc

会议签到表

会议时间		会议地点	
会议主题		主持人	
参会人员	工作单位	职务(职称)	联系电话

附录 dd

关于成立(事故名称)事故调查组的报告

省(直辖市)市(区、县)人民政府:

××年×月×日××时××分,本省(直辖市)　　市(区县)(地点)发生了一起(事故名称)事故,(死亡×人,伤×人)。根据《中华人民共和国特种设备安全法》《特种设备安全监察条例》《特种设备事故报告和调查处理规定》等规定,我局已经组织成立了(　　　)事故调查组,调查组组成人员如下:

组长:　　　　省(直辖市)或市(区县)质量技术监督局

副组长:

成员:　　　　省(直辖市)或市(区县)质监局

成员:　　　　省(直辖市)或市(区县)安监局

成员:　　　　省(直辖市)或市(区县)监察局

成员:　　　　省(直辖市)或市(区县)公安局

成员:　　　　省(直辖市)或市(区县)总工会

成员:

邀请　　　　省(直辖市)或市(区县)检察院参加

特此报告。

__________局(公章)

年　　月　　日

注:文书说明和应用注意事项

1. 本文书依据《特种设备事故报告和调查处理规定》第二十条、《特种设备事故报告和调查处理导则》。经过现场确认为特种设备事故的,负责事故调查的特种设备安全监管部门召集各有关部门成立事故调查组,并及时制作本文书报告至本级人民政府。

2. 根据规定本文书无需批复,属于备案性质。

附录 de

关于采用简易程序对(事故名称)事故进行调查的请示

省(直辖市)市(区、县)人民政府:

××年×月×日××时××分,本省(直辖市)　　市(区县)(地点)发生了一起(事故名称)事故,该起事故未造成人员伤亡,经过初步调查事故的主要原因是(　　　　),为了依法、高效处置该起事故,我局已经与　　省(直辖市)市(区、县)安监局、监察局、公安局、总工会等部门沟通,对该起事故拟采用简易程序,由我局单独负责组织事故调查。

妥否,请批示。

__________局(公章)

年　　月　　日

注:文书说明和应用注意事项

1. 本文书依据《特种设备事故报告和调查处理规定》第二十五条、《特种设备事故报告和调查处理导则》,对于无重大社会影响、无人员伤亡、事故原因明晰的特种设备事故,经过与相关部门商量后,负责特种设备事故调查处理的部门制作本文书上报本级人民政府。

2. 无重大社会影响,一般指仅发生在非公共场所出现的无人员伤亡的事故,事故未造成企业停产或停业的。

3. 无人员伤亡,未达到人身伤害司法鉴定标准之轻微伤的,可认定为无人员受伤。

4. 事故原因明晰:指通过简单的调查就能明确事故原因的。

附录 df

特种设备事故现场示意图

勘查时间	年　月　日　时　分至　月　日　时　分		
勘查地点		天气情况	

北

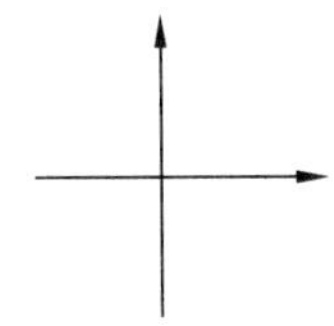

说明：

勘查人		绘制人	
校核		其他专业人员	

附录 dg

特种设备现场勘查记录

<table>
<tr><td>勘查时间</td><td colspan="3">年　月　日　时　分至　月　日　时　分</td></tr>
<tr><td>勘查地点</td><td></td><td>天气情况</td><td></td></tr>
<tr><td colspan="4">简要案情：</td></tr>
<tr><td colspan="4">勘查记录：</td></tr>
<tr><td>勘查人</td><td></td><td>记录人</td><td></td></tr>
<tr><td>校核</td><td></td><td>其他专业人员</td><td></td></tr>
</table>

注：文书说明和应用注意事项

1. 本文书依据《特种设备事故报告和调查处理导则》5.2.3，特种设备事故现场调查都应当制作本文书，事故现场示意图应当与现场勘查记录同时使用。

2. 勘查时间，应当具体到实际勘查的年、月、日、时、分。

3. 勘查地点，写明勘查的具体方位和具体地点。

4. 特种设备事故现场示意图，包括事故特种设备方位、周边环境、设备（爆炸碎片、散落物、残骸）位置，标注与固定参照物的相对位置与方向、伤亡人员位置。如果现场比较复杂，应当分别制作事故现场示意图、剖面图、工序（工艺）流程图、受害者位置图。

5. 天气情况，填写勘查当时天气情况，如晴、多云，阴等。

6. 简要案情，填写事故简要情况，包括死伤人数、事发设备情况。

7. 勘查人，参与勘查的人员，勘查必须由两名以上调查组人员共同进行。

8. 绘制（记录）人，填写绘制（记录）人员的名字。

9. 校核人员，能够在勘查现场见证勘查工作内容的人员，勘查人员制作事故现场示意图和勘查记录后，对勘查和记录情况进行校核签字确认。

10. 其他专业人员，必要时，有专业技术人员被邀请参与勘查的，专业技术人员也应当在事故现场示意图和勘查记录上签名。

11. 记载的顺序应当与现场勘查的实际顺序一致，记载的内容必须客观准确。

12. 现场勘查应当注意自身安全。

附录 dh

特种设备事故询问笔录

共　页第　页

询问时间：____年____月____日____时____分至____日____时____分　第____次询问

询问人员：______________________记录人员：______________________

询问地点：____

被询问人：________性别：________年龄：________职务：______________

证件名称：________编号：__________________电话：______________

地址(住址)：____

工作单位：____

告知：我们是__________事故调查人员(出示证件)现依据国家有关规定向你调查询问，请协助调查，如实回答并提供相应材料。询问情况将作如下记录，经过您校阅后签名或者押印。作为证据，您将对本《询问笔录》内容和自己书写内容的真实性承担法律责任。提供的材料如属复印件，请确认其与原件一致，并在复印件上盖章或者签字确认。您有如实回答问题的义务，也有陈述、申辩和申请回避的权利。以上内容是否清楚?

回避原则：

答：____

问：____

____

____

____

____

____

____

____

被询问人签署意见并签字：　　　　　　　　　　日期：

询问人员(签名)：　　　　　　　记录人员：　　　　日期：

续页

特种设备事故询问笔录

共　页第　页

被询问人签署意见并签字：　　　　　　　　　　　　日期：

询问人员(签名)：　　　　　　　　记录人员：　　　日期：

注：文书说明和应用注意事项

1. 对当事人的询问要个别进行，不能同时询问多人。

2. 询问内容一般限于与案件有关的人和事；紧紧围绕何人、何时、何地、何事、何情节五要素开展问答，允许被询问人辩解、更正。

3. 询问必须为调查组成员或者经调查组认可的特种设备安全监管部门的执法人员，询问应当有两人在场，询问完毕，询问人、记录人和被询问人要及时签名确认；如果被询问人隔日有情况需要补充的，应当另行作询问笔录。

4. 笔录一律使用钢笔、毛笔或者签字笔，不得使用铅笔或者圆珠笔，更正、修改、涂改的内容应当由被询问人按上指印确认；笔录每页注明被调查人认可的“以上记录看过，记录没有错误”，或者对没有阅读能力的当事人应当记录向其宣读笔录的文字说明等字样；笔录案情的被询问人应当逐页签名。

5. 笔录必须字迹清晰，标点正确；笔录要用第一人称记录被询问人原话；单位和地方的名称都要记录全称；对被询问人讲的模棱两可的话，如“大概”“可能”一定要核问出具体、确切情况后载入笔录；涉及到货币金额、面积或者重量时，其数额应当大写，并标明度量单位。

附录 dj

关于提供相关资料的通知

(特种设备事故发生单位及相关单位)：

根据国家有关规定，现将你单位需要提供的有关资料通知如下。

一、请于______年____月____日前提供以下材料(打钩)：

1. 营业执照□、____①____□；

2. 特种设备生产(设计、制造、安装改造维修、充装等)许可证□、相关资质证书(____②____)□；

3. (____③____)安全管理制度□，操作规程□，运行、维修保养操作记录□；

4. 单位负责人、特种设备安全管理人员和操作人员的教育培训及其资格的有关证书□；

5. 事发设备使用登记证□、检验检测报告□、____④____□；

6. 工程、经营项目承发包合同以及安全生产管理协议书□；

7. 厂房、场所、设备租赁合同以及安全生产管理协议书□；

8. 施工组织设计或者方案□；

9. 伤亡者身份证明材料(含身份证)□；

10. 伤亡者医院诊断或者死亡证明书□；

11. 伤亡者劳动合同或者单位用工证明□；

12. ____⑤____安全培训教育资料□；

13. 其他相关资料：____⑥____。

二、备注：

1. 以上提供资料未注明原件的只需要提供复印件，复印件需要加盖本单位公章注明“与原件一致”；

2. 在规定时间内不能提供的资料应当注明原因并以书面形式报事故调查组，未注明原因的视作无该项资料；

3. 单位对提交资料的真实性、有效性负责。

(事故名称)事故调查组组长：　　　日期：

接收人(联系人)　　　　日期：

联系电话：

注：文书说明和应用注意事项

1. 本文书根据《特种设备事故报告和调查处理导则》5.2.4.1，调查组开展调查时以本文书形式要求单位提供相应资料。

2. 提供的资料应当为打钩的，对于未打钩的即为无需提供。

3. 调查组根据实际情况确定需要提供资料的单位，一般包括事故发生单位、责任单位等。

4. 填写说明：

① 为其他相关的法定资格文件，如税务登记证等；

② 为其他相关资格证书，根据单位从事的业务，要求单位提供相应的许可证书。如安全生产经营证、消防安全合格证等；

③ 填写事发设备；

④ 可以填写出厂资料等其他与设备相关的资料；

⑤ 可以填写伤亡者和相关人员的姓名；

⑥ 其他相关资料，如应急预案等。

以上①②③④⑤⑥调查组可以根据实际情况填写。

5. 接收人（联系人）为事故发生单位或相关单位负责人员。

6. 本文书一式两份，一份送提交单位，一份审查单位留存。

附录 dk

技术档案资料审查记录表

<table>
<tr><td colspan="2">提交单位</td><td colspan="3"></td></tr>
<tr><td colspan="2">联系人</td><td></td><td>联系电话</td><td></td></tr>
<tr><td colspan="3">审查内容</td><td>提交情况②</td><td>审查记录③</td></tr>
<tr><td rowspan="3">生产</td><td colspan="2">设计文件</td><td></td><td></td></tr>
<tr><td colspan="2">制造出厂资料</td><td></td><td></td></tr>
<tr><td colspan="2">安装、改造、修理资料</td><td></td><td></td></tr>
<tr><td rowspan="7">使用和充装</td><td colspan="2">生产操作工艺文件资料</td><td></td><td></td></tr>
<tr><td colspan="2">运行记录</td><td></td><td></td></tr>
<tr><td colspan="2">自行检查资料(报告)</td><td></td><td></td></tr>
<tr><td colspan="2">充装资料</td><td></td><td></td></tr>
<tr><td colspan="2">维护保养记录</td><td></td><td></td></tr>
<tr><td colspan="2">安全附件及仪表校验(检定)记录</td><td></td><td></td></tr>
<tr><td colspan="2">使用登记</td><td></td><td></td></tr>
<tr><td>检验检测</td><td colspan="2">监督检验和定期检验、检测报告与记录</td><td></td><td></td></tr>
<tr><td>采购租赁</td><td colspan="2">设备及相关主要零部件采购或者租赁合同、验收记录</td><td></td><td></td></tr>
<tr><td rowspan="4">管理方面</td><td colspan="2">岗位职责</td><td></td><td></td></tr>
<tr><td colspan="2">操作规程</td><td></td><td></td></tr>
<tr><td colspan="2">应急预案</td><td></td><td></td></tr>
<tr><td colspan="2">作业人员的培训、教育、持证</td><td></td><td></td></tr>
<tr><td rowspan="2">其他</td><td colspan="2">现场安全防护</td><td></td><td></td></tr>
<tr><td colspan="2"></td><td></td><td></td></tr>
</table>

提交单位对审查记录的意见:①

提交单位负责人:　　　　　　　　　　　　日期:

审查人:　　　　　　　　　　　　　　　　日期:

注：文书说明和应用注意事项

1. 本文书依据《特种设备事故报告和调查处理导则》5.2.4.2 制作，通过对与事故有关联的文字、图纸等资料进行查阅，从中找出与事故有关联的因素。

2. 说明：

① 要求单位负责人对上述审查内容予以确认。可以写“同意”“无异议”；

② 记录提交情况，对未提交的资料应当写明未提交资料的名称，无需提交的写明无需提交，提交的写明已经提交；

③ 详细记录对资料的审查，对存在问题的项目应当予以说明。

3. 本文书一式两份，一份送提交单位，一份审查单位留存。

4. 应当由两名审查人员进行审查签字。

5. 查阅资料的主要任务：

(1) 通过设计、制造、安装、改造、维修文件排查：设备结构是否合理、强度是否足够、材料是否符合要求、设备及其安全部件的制造质量是否符合要求、型式试验是否合格、产品试验是否符合要求；安装、改造是否正确、修理质量对设备安全是否有影响等；有无非法设计、制造、安装、改造、维修情况等；

(2) 通过操作规程、操作记录排查：设备工艺条件是否有波动，有无超压、超温、超载情况，工艺介质条件是否发生变化、运行中有否违章或者误操作、是否发生过异常现象等；

(3) 通过有关文件和规章制度排查：企业安全管理机构和安全管理人员是否配备、安全规章制度和安全操作规程是否制定并得到贯彻落实等；

(4) 通过有关检修记录、单据、票据、检验报告和有关隐患整改文件排查：设备日常维护保养是否正常、设备是否超过检验期，定期检验时危及安全的缺陷是否漏检，安全附件是否定期检定等；

(5) 通过有关证件和培训记录排查：设备是否使用登记、作业人员是否持证上岗、作业人员是否经过专业培训等；

(6) 通过有关文件、记录排查：上级部门部署的安全规定是否得到贯彻、特种设备安全监察机构下达的安全监察指令书和检验机构下达的检验意见书是否得到整改等；

(7) 通过应急预案、演练记录和事故发生时应急处置记录等排查：企业应急工作机制是否建立，应急措施是否得当，事故报告是否及时等。

附录 dm

特种设备事故直接经济损失估算表

<table>
<tr><td colspan="2">事故发生单位</td><td colspan="3"></td></tr>
<tr><td colspan="2">事故单位地址</td><td colspan="3"></td></tr>
<tr><td colspan="2">事故发生地点</td><td></td><td>事故发生时间</td><td></td></tr>
<tr><td colspan="2">法定代表人</td><td></td><td>联系电话</td><td></td></tr>
<tr><td colspan="2">设备种类</td><td></td><td>损坏程度</td><td></td></tr>
<tr><td colspan="2">事故等级</td><td></td><td>事故特征</td><td></td></tr>
<tr><td colspan="2">事故伤亡</td><td colspan="3">死：　　　　伤：</td></tr>
<tr><td rowspan="9">预计直接经济损失</td><td rowspan="4">人身伤亡后所支出的费用</td><td colspan="2">医疗费用(含护理费用)</td><td>万元</td></tr>
<tr><td colspan="2">丧葬及抚恤费用</td><td>万元</td></tr>
<tr><td colspan="2">补助及救济费用</td><td>万元</td></tr>
<tr><td colspan="2">歇工工资</td><td>万元</td></tr>
<tr><td rowspan="2">善后处理费用</td><td colspan="2">处理事故的事务性费用</td><td>万元</td></tr>
<tr><td colspan="2">事故赔偿费用</td><td>万元</td></tr>
<tr><td rowspan="2">财产损失价值</td><td colspan="2">固定资产损失价值</td><td>万元</td></tr>
<tr><td colspan="2">流动资产损失价值</td><td>万元</td></tr>
<tr><td colspan="4">总计(大写)：　　　　(小写：　　　　万元)</td></tr>
</table>

填写人：　　　　时间：

事故发生单位意见：　　　　负责人：　　　　时间：

事故责任单位意见：　　　　负责人：　　　　时间：

注：文书说明和应用注意事项

1. 本文书依据《特种设备事故报告和调查处理导则》和 GB 6721《企业职工伤亡事故经济损失统计标准》，适用于事故调查组用于事故直接经济损失估算统计。

2. 事故发生单位：填写事故发生单位的全称。

3. 事故单位地址：填写事故发生单位所注册地的法定资格地址。

4. 事故发生时间：填写事故发生的具体时间，包括年、月、日、时、分。

5. 事故发生地点，填写事故发生的设备所在的位置。

6. 法定代表人，填写事故单位法定代表人。

7. 联系电话，填写事故单位法定代表人联系电话。

8. 设备种类，填写事故设备的种类。

9. 损坏程度、事故特征：按照《特种设备事故报告和调查处理导则》附件 A 的术语与定义填写。

10. 事故等级，填写特别重大事故、重大事故、较大事故或者一般事故。

11. 直接经济损失，可以按照 GB 6721 中进行计算。

12. 填写人，为事故调查人员（两名）。

13. 事故发生单位意见，填写事故发生单位对直接经济损失计算费用是否存有异议，无异议的填写同意。

14. 在直接经济损失计算时，应当注意收集有关票据（如受伤人员的医疗费收据）。

附录 dn

直接经济损失评估委托书

__________：

××年××月××日，　　　省(直辖市)　　　市(区、县)发生一起(　　　　　　　)事故。现根据《特种设备安全监察条例》《特种设备事故报告和调查处理规定》等规定，委托贵单位对该起事故直接经济损失进行评估。请于××年××月××日前提交评估报告。

联系人：

联系电话：

(事故名称)事故调查组　　　　　　　　　　　　　　　　____________________局(公章)

组长签名：　　　　　　　　　　　　　　　　　　　　　　　　　　　年　　月　　日

注：文书说明和应用注意事项

1. 本文书依据《特种设备事故报告和调查处理规定》第二十七条、《特种设备事故报告和调查处理导则》，以下情况应当考虑委托评估机构进行直接经济损失评估：

(1) 事故等级与直接经济损失挂钩的；

(2) 事故单位对直接经济损失有疑问的；

(3) 事故复杂，涉及多个责任单位的；

(4) 常规无法计算直接经济损失的，需要专业机构进行评估的。

2. 被委托单位应当为具有国家规定资质的评估机构。

3. 参与评估的单位和人员，应当与事故没有直接利害关系。

附录 dp

技术鉴定委托书

（被委托单位名称）：

××年××月××日，　　省（直辖市）　　市（区、县）发生一起××事故，为进一步判定事故发生的条件及原因，现委托贵单位对下列事项进行技术鉴定。具体内容如下：

一、鉴定项目

1.

2.

3.

二、鉴定要求

1.

2.

3.

请于××年××月××日前提交技术鉴定报告。

联系人：

联系电话：

（事故名称）事故调查组　　　　　　　　　　　　　　　　＿＿＿＿＿＿＿＿＿＿局（公章）

组长签名：　　　　　　　　　　　　　　　　　　　　　　　　年　　月　　日

注：文书说明及应用注意事项

1. 本文书依据《特种设备事故报告和调查处理规定》第二十六条、《特种设备事故报告和调查处理导则》，通过现场调查还不能确定事故性质，需要进一步进行技术分析来判断事故发生条件及原因的，可以使用本文书进行技术鉴定委托。

2. 被委托单位应当具有国家规定资质的技术机构，对于物品鉴定和技术原因分析可以分别委托有资质的技术机构。受委托对象为专家时，专家人数不应当少于 3 人，并应当指定其中 1 人为技术专家小组组长；当调查组直接聘请技术专家作为事故调查组的技术组成员时，可以不进行此项委托。

3. 参与技术鉴定的单位和人员，应当与事故没有直接利害关系。

4. 对于需要鉴定的物品，按照规定进行取样、包装、封存后移交被委托单位。

相关规章和规范历次制(修)订情况

1.《蒸汽锅炉受压容器事故报告办法(试行)》(国家劳动总局,1975 年 11 月 20 日公布,1981 年 3 月 16 日废止)。

2.《锅炉压力容器事故报告办法》(〔81〕劳总锅字 3 号,1981 年 3 月 16 日公布,公布之日起施行,1997 年 10 月 1 日废止)。

3.《锅炉压力容器压力管道设备事故处理规定》(劳动部令第 8 号,1997 年 7 月 18 日发布,1997 年 10 月 1 日起施行,2001 年 11 月 15 日废止)。

4.《锅炉压力容器压力管道特种设备事故处理规定》(国家质量监督检验检疫总局令第 2 号,2001 年 9 月 17 日公布,2001 年 11 月 15 日施行,2009 年 7 月 3 日废止)。

5.《特种设备事故报告和调查处理规定》(国家质量监督检验检疫总局令第 115 号,2009 年 7 月 3 日公布,公布之日起施行)。

6.《特种设备事故调查处理导则》(TSG Z0006—2009,国家质量监督检验检疫总局第 135 号公告,2009 年 12 月 29 日颁布)。

TSG 特种设备安全技术规范 TSG 08—2017

特种设备使用管理规则

Special Equipment Service Administration Regulation

中华人民共和国国家质量监督检验检疫总局颁布

2017 年 1 月 16 日

前　言

2013 年 12 月，国家质量监督检验检疫总局（以下简称国家质检总局）特种设备安全监察局（以下简称特种设备局）向中国特种设备检测研究院（以下简称中国特检院）下达《特种设备使用管理规则》的起草任务书。2014 年 1 月，中国特检院组织有关专家成立起草组，在北京召开工作会议，讨论本规则的制定原则、需要解决的主要问题和重点内容，以及结构（章节）框架，并且就起草工作进行分工，制定起草工作时间表，确定本规则的编制大纲。2014 年 9 月，起草组在江苏召开起草组工作会议，提出修改意见，形成征求意见稿。2014 年 12 月，国家质检总局以质检特函[2014]49 号文征求有关部门、单位、专家及公民的意见。2015 年 3 月和 6 月，根据征求到的意见，起草组在北京召开会议对征求意见稿进行修改并且形成送审稿。2015 年 11 月，特种设备局将送审稿提交国家质检总局特种设备安全与节能技术委员会审议，起草组修改后形成报批稿。2017 年 1 月 16 日，国家质检总局批准颁布。

本规则依据《中华人民共和国特种设备安全法》等法律、法规的规定，明确了特种设备使用单位的责任，整合了八大类特种设备使用管理的基本要求，统一了特种设备使用登记程序，是一部特种设备使用管理的综合规范。

本规则主要起草单位和人员如下：

中国特种设备安全与节能促进会　王晓雷
上海市特种设备监督检验技术研究院　汤晓英
江苏省特种设备安全监督检验研究院常熟分院　谭　伟
广东省惠州市质量技术监督局　潘向华
锦州市特种设备监督检验所　王文彬
上海三菱电梯有限公司　乔　强
中国特种设备检测研究院　沈　勇
山东省质量技术监督局　薛金明
上海石化股份有限公司　邢　丽
中国特种设备安全与节能促进会　王长明
福建漳州后石电厂　顾克宏
国家起重运输机械质量监督检验中心　陈瑞明
中国石油天然气股份有限公司大庆特种设备检验中心　单洪翔
福建省特种设备检验研究院　傅顶和
北京世纪华侨城欢乐谷分公司　周小三
湖南张家界天门山旅游股份有限公司　刘子龙
锦州市质量技术监督局　肖北雁

昆明市质量技术监督局	董晓霖
中国石油天然气管道局	赵忠刚
中国石油化工股份有限公司	康宝惠
北京华晶电梯维修有限公司	郑永立
鞍山钢铁集团公司工程质量生产监测管理中心	沈晓东
北京市热力集团有限责任公司	张立申

特种设备使用管理规则

1 总 则

1.1 目的

为规范特种设备使用管理，保障特种设备安全经济运行，根据《中华人民共和国特种设备安全法》《中华人民共和国安全生产法》《中华人民共和国节约能源法》和《特种设备安全监察条例》，制定本规则。

1.2 适用范围

本规则适用于《特种设备目录》范围内特种设备的安全与节能管理。

1.3 使用单位主体责任

特种设备使用单位应当按照本规则规定，负责特种设备安全与节能管理，承担特种设备使用安全与节能主体责任。

1.4 监督管理

1.4.1 职责分工

县级以上地方各级人民政府负责特种设备安全监督管理的部门（以下简称特种设备安全监管部门）对本行政区域内特种设备使用安全、高耗能特种设备节能实施监督管理。国家质检总局对全国特种设备使用安全、高耗能特种设备节能的监督管理工作进行监督和指导。

1.4.2 使用登记

特种设备安全监管部门依据法定职责，按照本规则的要求负责办理特种设备使用登记，本规则和其他特种设备安全技术规范（以下简称安全技术规范）明确不需要办理使用登记的特种设备除外。

1.4.3 监督检查

特种设备安全监管部门对已经使用登记的特种设备，根据风险状况，按照分类监管原则，确定监督检查重点，制订监督检查计划，对本行政区域内的特种设备使用安全、高耗能特种设备节能实施情况进行现场监督检查。

1.4.4 信息化和安全状况公布

负责办理使用登记的特种设备安全监管部门应当按照特种设备信息化管理的规定，建立特种设备管理信息系统，及时输入、更新有关数据。

国家质检总局和省级特种设备安全监管部门应当每年向社会公布特种设备安全总体状况，省级以下（不含省级）特种设备安全监管部门根据工作需要，适时公布本行政区域内的特种设备安全状况。

2 使用单位及其人员

2.1 使用单位含义

2.1.1 一般规定

本规则所指的使用单位，是指具有特种设备使用管理权的单位（注 2-1）或者具有完全民事行为能力的自然人，一般是特种设备的产权单位（产权所有人，下同），也可以是产权单位通过符合法律规定的合同关系确立的特种设备实际使用管理者。特种设备属于共有的，共有人可以委托物业服务单位或者其他管理人管理特种设备，受托人是使用单位；共有人未委托的，实际管理人是使用单位；没有实际管理人的，共有人是使用单位。

特种设备用于出租的，出租期间，出租单位是使用单位；法律另有规定或者当事人合同约定的，从其规定或者约定。

注 2-1：单位包括公司、子公司、机关事业单位、社会团体等具有法人资格的单位和具有营业执照的分公司、个体工商户等。

2.1.2 特别规定

新安装未移交业主的电梯，项目建设单位是使用单位；委托物业服务单位管理的电梯，物业服务单位是使用单位；产权单位自行管理的电梯，产权单位是使用单位。

气瓶的使用单位一般是指充装单位，车用气瓶、非重复充装气瓶、呼吸器用气瓶的使用单位是产权单位。

2.2 使用单位主要义务

特种设备使用单位主要义务如下：

（1）建立并且有效实施特种设备安全管理制度和高耗能特种设备节能管理制度，以及操作规程；

（2）采购、使用取得许可生产（含设计、制造、安装、改造、修理，下同），并且经检验合格的特种设备，不得采购超过设计使用年限的特种设备，禁止使用国家明令淘汰和已经报废的特种设备；

（3）设置特种设备安全管理机构，配备相应的安全管理人员和作业人员，建立人员管理台账，开展安全与节能培训教育，保存人员培训记录；

（4）办理使用登记，领取《特种设备使用登记证》（格式见附件 A，以下简称使用登记证），设备注销时交回使用登记证；

（5）建立特种设备台账及技术档案；

（6）对特种设备作业人员作业情况进行检查，及时纠正违章作业行为；

（7）对在用特种设备进行经常性维护保养和定期自行检查，及时排查和消除事故隐患，对在用特种设备的安全附件、安全保护装置及其附属仪器仪表进行定期校验（检定、校准，下同）、检修，及时提出定期检验和能效测试申请，接受定期检验和能效测试，并且做好相关配合工作；

（8）制定特种设备事故应急专项预案，定期进行应急演练；发生事故及时上报，配合事故调查处理等；

（9）保证特种设备安全、节能必要的投入；

(10) 法律、法规规定的其他义务。

使用单位应当接受特种设备安全监管部门依法实施的监督检查。

2.3 特种设备安全管理机构

2.3.1 职责

特种设备安全管理机构是指使用单位中承担特种设备安全管理职责的内设机构。高耗能特种设备使用单位可以将节能管理职责交由特种设备安全管理机构承担。

特种设备安全管理机构的职责是贯彻执行特种设备有关法律、法规和安全技术规范及相关标准，负责落实使用单位的主要义务；承担高耗能特种设备节能管理职责的机构，还应当负责开展日常节能检查，落实节能责任制。

2.3.2 机构设置

符合下列条件之一的特种设备使用单位，应当根据本单位特种设备的类别、品种、用途、数量等情况设置特种设备安全管理机构，逐台落实安全责任人：

(1) 使用电站锅炉或者石化与化工成套装置的；

(2) 使用为公众提供运营服务电梯的(注 2-2)，或者在公众聚集场所(注 2-3)使用 30 台以上(含 30 台)电梯的；

(3) 使用 10 台以上(含 10 台)大型游乐设施的，或者 10 台以上(含 10 台)为公众提供运营服务非公路用旅游观光车辆的；

(4) 使用客运架空索道，或者客运缆车的；

(5) 使用特种设备(不含气瓶)总量大于 50 台(含 50 台)的。

注 2-2：为公众提供运营服务的特种设备使用单位，是指以特种设备作为经营工具的使用单位。

注 2-3：公众聚集场所，是指学校、幼儿园以及医疗机构、车站、机场、客运码头、商场、餐饮场所、体育场馆、展览馆、公园、宾馆、影剧院、图书馆、儿童活动中心、公共浴池、养老机构等。

2.4 管理人员和作业人员

2.4.1 主要负责人

主要负责人是指特种设备使用单位的实际最高管理者，对其单位所使用的特种设备安全节能负总责。

2.4.2 安全管理人员

2.4.2.1 安全管理负责人

特种设备使用单位应当配备安全管理负责人。特种设备安全管理负责人是指使用单位最高管理层中主管本单位特种设备使用安全管理的人员。按照本规则要求设置安全管理机构的使用单位安全管理负责人，应当取得相应的特种设备安全管理人员资格证书。

安全管理负责人职责如下：

(1) 协助主要负责人履行本单位特种设备安全的领导职责，确保本单位特种设备的安全使用；

(2) 宣传、贯彻《中华人民共和国特种设备安全法》以及有关法律、法规、规章和安全技术规范；

(3) 组织制定本单位特种设备安全管理制度，落实特种设备安全管理机构设置、安全管理员配备；

(4) 组织制定特种设备事故应急专项预案，并且定期组织演练；

(5) 对本单位特种设备安全管理工作实施情况进行检查;

(6) 组织进行隐患排查,并且提出处理意见;

(7) 当安全管理员报告特种设备存在事故隐患应当停止使用时,立即作出停止使用特种设备的决定,并且及时报告本单位主要负责人。

2.4.2.2 安全管理员

2.4.2.2.1 安全管理员职责

特种设备安全管理员是指具体负责特种设备使用安全管理的人员。

安全管理员的主要职责如下:

(1) 组织建立特种设备安全技术档案;

(2) 办理特种设备使用登记;

(3) 组织制定特种设备操作规程;

(4) 组织开展特种设备安全教育和技能培训;

(5) 组织开展特种设备定期自行检查;

(6) 编制特种设备定期检验计划,督促落实定期检验和隐患治理工作;

(7) 按照规定报告特种设备事故,参加特种设备事故救援,协助进行事故调查和善后处理;

(8) 发现特种设备事故隐患,立即进行处理,情况紧急时,可以决定停止使用特种设备,并且及时报告本单位安全管理负责人;

(9) 纠正和制止特种设备作业人员的违章行为。

2.4.2.2.2 安全管理员配备

特种设备使用单位应当根据本单位特种设备的数量、特性等配备适当数量的安全管理员。按照本规则要求设置安全管理机构的使用单位以及符合下列条件之一的特种设备使用单位,应当配备专职安全管理员,并且取得相应的特种设备安全管理人员资格证书:

(1) 使用额定工作压力大于或者等于 2.5 MPa 锅炉的;

(2) 使用 5 台以上(含 5 台)第Ⅲ类固定式压力容器的;

(3) 从事移动式压力容器或者气瓶充装的;

(4) 使用 10 公里以上(含 10 公里)工业管道的;

(5) 使用移动式压力容器,或者客运拖牵索道,或者大型游乐设施的;

(6) 使用各类特种设备(不含气瓶)总量 20 台以上(含 20 台)的。

除前款规定以外的使用单位可以配备兼职安全管理员,也可以委托具有特种设备安全管理人员资格的人员负责使用管理,但是特种设备安全使用的责任主体仍然是使用单位。

2.4.3 节能管理人员

高耗能特种设备使用单位应当配备节能管理人员,负责宣传贯彻特种设备节能的法律法规。

锅炉使用单位的节能管理人员应当组织制定本单位锅炉节能制度,对锅炉节能管理工作实施情况进行检查;建立锅炉节能技术档案,组织开展锅炉节能教育培训;编制锅炉能效测试计划,督促落实锅炉定期能效测试工作。

2.4.4 作业人员

2.4.4.1　作业人员职责

特种设备作业人员应当取得相应的特种设备作业人员资格证书，其主要职责如下：

(1) 严格执行特种设备有关安全管理制度，并且按照操作规程进行操作；

(2) 按照规定填写作业、交接班等记录；

(3) 参加安全教育和技能培训；

(4) 进行经常性维护保养，对发现的异常情况及时处理，并且作出记录；

(5) 作业过程中发现事故隐患或者其他不安全因素，应当立即采取紧急措施，并且按照规定的程序向特种设备安全管理人员和单位有关负责人报告；

(6) 参加应急演练，掌握相应的应急处置技能。

锅炉作业人员应当严格执行锅炉节能管理制度，参加锅炉节能教育和技术培训。

2.4.4.2　作业人员配备

特种设备使用单位应当根据本单位特种设备数量、特性等配备相应持证的特种设备作业人员，并且在使用特种设备时应当保证每班至少有一名持证的作业人员在岗。有关安全技术规范对特种设备作业人员有特殊规定的，从其规定。

医院病床电梯、直接用于旅游观光的额定速度大于 2.5 m/s 的乘客电梯以及需要司机操作的电梯，应当由持有相应特种设备作业人员证的人员操作。

2.5　特种设备安全与节能技术档案

使用单位应当逐台建立特种设备安全与节能技术档案。

安全技术档案至少包括以下内容：

(1) 使用登记证；

(2)《特种设备使用登记表》(格式见附件 B，以下简称使用登记表)；

(3) 特种设备设计、制造技术资料和文件，包括设计文件、产品质量合格证明(含合格证及其数据表、质量证明书)、安装及使用维护保养说明、监督检验证书、型式试验证书等；

(4) 特种设备安装、改造和修理的方案、图样(注 2-4)、材料质量证明书和施工质量证明文件、安装改造修理监督检验报告、验收报告等技术资料；

(5) 特种设备定期自行检查记录和定期检验报告；

(6) 特种设备日常使用状况记录；

(7) 特种设备及其附属仪器仪表维护保养记录；

(8) 特种设备安全附件和安全保护装置校验、检修、更换记录和有关报告；

(9) 特种设备运行故障和事故记录及事故处理报告。

特种设备节能技术档案包括锅炉能效测试报告、高耗能特种设备节能改造技术资料等。

使用单位应当在设备使用地保存 2.5 中(1)、(2)、(5)、(6)、(7)、(8)、(9)规定的资料和特种设备节能技术档案的原件或者复印件，以便备查。

注 2-4：工业压力管道图样是指管道单线图(轴测图)。

2.6　安全节能管理制度和操作规程

2.6.1　安全节能管理制度

特种设备使用单位应当按照特种设备相关法律、法规、规章和安全技术规范的要求，建立健全特种设备使用安全节能管理制度。

管理制度至少包括以下内容：

(1) 特种设备安全管理机构(需要设置时)和相关人员岗位职责；

(2) 特种设备经常性维护保养、定期自行检查和有关记录制度；

(3) 特种设备使用登记、定期检验、锅炉能效测试申请实施管理制度；

(4) 特种设备隐患排查治理制度；

(5) 特种设备安全管理人员与作业人员管理和培训制度；

(6) 特种设备采购、安装、改造、修理、报废等管理制度；

(7) 特种设备应急救援管理制度；

(8) 特种设备事故报告和处理制度；

(9) 高耗能特种设备节能管理制度。

2.6.2 特种设备操作规程

使用单位应当根据所使用设备运行特点等，制定操作规程。操作规程一般包括设备运行参数、操作程序和方法、维护保养要求、安全注意事项、巡回检查和异常情况处置规定，以及相应记录等。

2.7 维护保养与检查

2.7.1 经常性维护保养

使用单位应当根据设备特点和使用状况对特种设备进行经常性维护保养。维护保养应当符合有关安全技术规范和产品使用维护保养说明的要求。对发现的异常情况及时处理，并且作出记录，保证在用特种设备始终处于正常使用状态。

法律对维护保养单位有专门资质要求的，使用单位应当选择具有相应资质的单位实施维护保养。鼓励其他特种设备使用单位选择具有相应能力的专业化、社会化维护保养单位进行维护保养。

2.7.2 定期自行检查

为保证特种设备的安全运行，特种设备使用单位应当根据所使用特种设备的类别、品种和特性进行定期自行检查。

定期自行检查的时间、内容和要求应当符合有关安全技术规范的规定及产品使用维护保养说明的要求。

2.7.3 试运行安全检查

客运索道、大型游乐设施在每日投入使用前，其运营使用单位应当按照有关安全技术规范和产品使用维护保养说明的要求，开展设备运营前的试运行检查和例行安全检查，对安全保护装置进行检查确认，并且作出记录。

2.8 水(介)质

锅炉以及以水为介质产生蒸汽的压力容器的使用单位，应当做好锅炉水(介)质、压力容器水质的处理和监测工作，保证水(介)质质量符合相关要求。

2.9 安全警示

电梯、客运索道、大型游乐设施的运营使用单位应当将安全使用说明、安全注意事项和警示标志置于易于引起乘客注意的位置。

除前款以外的其他特种设备应当根据设备特点和使用环境、场所，设置安全使用说明、安全注意事项和安全警示标志。

2.10 定期检验

(1) 使用单位应当在特种设备定期检验有效期届满前的1个月以内,向特种设备检验机构提出定期检验申请,并且做好相关的准备工作;

(2) 移动式(流动式)特种设备,如果无法返回使用登记地进行定期检验的,可以在异地(指不在使用登记地)进行,检验后,使用单位应当在收到检验报告之日起30日内将检验报告(复印件)报送使用登记机关;

(3) 定期检验完成后,使用单位应当组织进行特种设备管路连接、密封、附件(含零部件、安全附件、安全保护装置、仪器仪表等)和内件安装、试运行等工作,并且对其安全性负责;

(4) 检验结论为合格时(注2-5),使用单位应当按照检验结论确定的参数使用特种设备。

注2-5:有关安全技术规范中检验结论为"合格""复检合格""符合要求""基本符合要求""允许使用"统称为合格。

2.11 隐患排查与异常情况处理

2.11.1 隐患排查

使用单位应当按照隐患排查治理制度进行隐患排查,发现事故隐患应当及时消除,待隐患消除后,方可继续使用。

2.11.2 异常情况处理

特种设备在使用中发现异常情况的,作业人员或者维护保养人员应当立即采取应急措施,并且按照规定的程序向使用单位特种设备安全管理人员和单位有关负责人报告。

使用单位应当对出现故障或者发生异常情况的特种设备及时进行全面检查,查明故障和异常情况原因,并且及时采取有效措施,必要时停止运行,安排检验、检测,不得带病运行、冒险作业,待故障、异常情况消除后,方可继续使用。

2.12 应急预案与事故处置

2.12.1 应急预案

按照本规则要求设置特种设备安全管理机构和配备专职安全管理员的使用单位,应当制定特种设备事故应急专项预案,每年至少演练一次,并且作出记录;其他使用单位可以在综合应急预案中编制特种设备事故应急的内容,适时开展特种设备事故应急演练,并且作出记录。

2.12.2 事故处置

发生特种设备事故的使用单位,应当根据应急预案,立即采取应急措施,组织抢救,防止事故扩大,减少人员伤亡和财产损失,并且按照《特种设备事故报告和调查处理规定》的要求,向特种设备安全监管部门和有关部门报告,同时配合事故调查和做好善后处理工作。

发生自然灾害危及特种设备安全时,使用单位应当立即疏散、撤离有关人员,采取防止危害扩大的必要措施,同时向特种设备安全监管部门和有关部门报告。

2.13 移装

特种设备移装后,使用单位应当办理使用登记变更。整体移装的,使用单位应当进行自行检查;拆卸后移装的,使用单位应当选择取得相应许可的单位进行安装。按照有关安全技术规范要求，拆卸后移装需要进行检验的，应当向特种设备检验机构申请检验。

2.14 达到设计使用年限的特种设备

特种设备达到设计使用年限，使用单位认为可以继续使用的，应当按照安全技术规范及相关产品标准的要求，经检验或者安全评估合格，由使用单位安全管理负责人同意、主要负责人批准，办理使用登记变更后，方可继续使用。允许继续使用的，应当采取加强检验、检测和维护保养等措施，确保使用安全。

2.15 移动式压力容器和气瓶充装单位特别规定

(1) 移动式压力容器、气瓶充装单位，应当取得相应的充装许可资质，方可从事充装活动；

(2) 充装单位应当建立并且落实充装前、充装后的检查与记录制度，禁止对不符合安全技术规范要求的移动式压力容器和气瓶进行充装，不得错装、混装介质；

(3) 气瓶充装单位应当向气体使用者提供符合安全技术规范要求的气瓶(车用气瓶、非重复充装气瓶、呼吸器用气瓶除外)，并且对气体使用者进行气瓶安全使用指导，为自有气瓶和托管气瓶建立充装档案；

(4) 禁止充装永久性标记不清或者被修改、超期未检或者检验不合格、报废的移动式压力容器和气瓶；不得充装未在充装单位建立档案的气瓶(车用气瓶、非重复充装气瓶、呼吸器用气瓶除外)；

(5) 气瓶充装单位应当建立气瓶管理信息系统，对气瓶的数量、充装、检验以及流转进行动态管理；

(6) 鼓励气瓶充装单位利用二维码、电子标签等技术对气瓶进行信息化管理。

2.16 起重机使用单位特别规定

使用单位负责塔式起重机、施工升降机在使用过程中的顶升行为，并且对其安全性能负责。

3 使用登记

3.1 一般要求

(1) 特种设备在投入使用前或者投入使用后30日内，使用单位应当向特种设备所在地的直辖市或者设区的市的特种设备安全监管部门申请办理使用登记。办理使用登记的直辖市或者设区的市的特种设备安全监管部门，可以委托其下一级特种设备安全监管部门(以下简称登记机关)办理使用登记；对于整机出厂的特种设备，一般应当在投入使用前办理使用登记；

(2) 流动作业的特种设备，向产权单位所在地的登记机关申请办理使用登记；

(3) 移动式大型游乐设施每次重新安装后、投入使用前，使用单位应当向使用地的登记机关申请办理使用登记；

(4) 车用气瓶应当在投入使用前，向产权单位所在地的登记机关申请办理使用登记；

(5) 国家明令淘汰或者已经报废的特种设备，不符合安全性能或者能效指标要求的特种设备，不予办理使用登记。

3.2 登记方式

3.2.1 按台(套)办理使用登记的特种设备

锅炉、压力容器(气瓶除外)、电梯、起重机械、客运索道、大型游乐设施和场(厂)内专用机动车辆应当按台(套)向登记机关办理使用登记,车用气瓶以车为单位进行使用登记。

3.2.2 按单位办理使用登记的特种设备

气瓶(车用气瓶除外)、工业管道应当以使用单位为对象向登记机关办理使用登记。

3.3 不需要办理使用登记的特种设备

使用单位应当参照本规则及有关安全技术规范中使用管理的相应规定,对不需要办理使用登记的锅炉、压力容器实施安全管理。

3.3.1 锅炉

D级锅炉。

3.3.2 压力容器

(1) 深冷装置中非独立的压力容器、直燃型吸收式制冷装置中的压力容器、铝制板翅式热交换器、过程装置中冷箱内的压力容器;

(2) 盛装第二组介质的无壳体的套管热交换器;

(3) 超高压管式反应器;

(4) 移动式空气压缩机的储气罐;

(5) 水力自动补气气压给水(无塔上水)装置中的气压罐,消防装置中的气体或者气压给水(泡沫)压力罐;

(6) 水处理设备中的离子交换或者过滤用压力容器、热水锅炉用膨胀水箱;

(7) 蓄能器承压壳体;

(8) 简单压力容器;

(9) 消防灭火用气瓶、呼吸器用气瓶、非重复充装气瓶。

3.4 使用登记程序

使用登记程序,包括申请、受理、审查和颁发使用登记证。

3.4.1 申请

3.4.1.1 按台(套)办理

使用单位申请办理特种设备使用登记时,应当逐台(套)填写使用登记表,向登记机关提交以下相应资料,并且对其真实性负责:

(1) 使用登记表(一式两份);

(2) 含有使用单位统一社会信用代码的证明或者个人身份证明(适用于公民个人所有的特种设备);

(3) 特种设备产品合格证(含产品数据表、车用气瓶安装合格证明);

(4) 特种设备监督检验证明(安全技术规范要求进行使用前首次检验的特种设备,应当提交使用前的首次检验报告);

(5) 机动车行驶证(适用于与机动车固定的移动式压力容器)、机动车登记证书(适用于与机动车固定的车用气瓶);

(6) 锅炉能效证明文件。

锅炉房内的分汽(水)缸随锅炉一同办理使用登记;锅炉与用热设备之间的连接管道

总长小于或者等于 1 000 米时，压力管道随锅炉一同办理使用登记；包含压力容器的撬装式承压设备系统或者机械设备系统中的压力管道可以随其压力容器一同办理使用登记。登记时另提交分汽(水)缸、压力管道元件的产品合格证(含产品数据表)，但是不需要单独领取使用登记证。

没有产品数据表的特种设备，登记机关可以参照已有特种设备产品数据表的格式，制定其特种设备产品数据表，由使用单位根据产品出厂的相应资料填写。

可以采用网上申报系统进行使用登记。

3.4.1.2 按单位办理

使用单位申请办理特种设备使用登记时，应当向登记机关提交以下相应资料，并且对其真实性负责：

(1) 使用登记表(一式两份)；

(2) 含有使用单位统一社会信用代码的证明；

(3) 监督检验、定期检验证明(注 3-1)；

(4)《压力管道基本信息汇总表——工业管道》(格式见附件 C)，《气瓶基本信息汇总表》(格式见附件 D)。

注 3-1：新投入使用的气瓶应当提供制造监督检验证明，进行定期检验的气瓶应当同时提供定期检验证明。压力管道应当提供安装监督检验证明，达到定期检验周期的压力管道还应当提供定期检验证明；未进行安装监督检验的，应当提供定期检验证明。

3.4.2 受理

登记机关收到使用单位提交的申请资料后，能够当场办理的，应当当场作出受理或者不予受理的书面决定；不能当场办理的，应当在 5 个工作日内作出受理或者不予受理的书面决定。申请资料不齐或者不符合规定时，应当一次性告知需要补正的全部内容。

3.4.3 审查及发证

自受理之日起 15 个工作日内，登记机关应当完成审查、发证或者出具不予登记的决定，对于一次申请登记数量超过 50 台或者按单位办理使用登记的可以延长至 20 个工作日。不予登记的，出具不予登记的决定，并且书面告知不予登记的理由。

登记机关对申请资料有疑问的，可以对特种设备进行现场核查。进行现场核查的，办理使用登记日期可以延长至 20 个工作日。

准予登记的特种设备，登记机关应当按照《特种设备使用登记证编号编制方法》(见附录 a)编制使用登记证编号，签发使用登记证，并且在使用登记表最后一栏签署意见、盖章。

3.5 资料及信息

登记工作完成后，登记机关应当将特种设备基本信息录入特种设备管理信息系统，实施动态管理。

采用纸质申报方式进行使用登记的，登记机关应当将特种设备产品合格证及其产品数据表复印一份，与使用登记表一同存档，并且将使用单位申请登记时提交的资料交还使用单位。

3.6 定期检验日期的确定

首次定期检验的日期和实施改造、拆卸移装后的定期检验日期，由使用单位根据安全技术规范、监督检验报告和使用情况确定。

3.7 单位登记的设备信息报送

以单位登记的特种设备使用单位应当及时更新气瓶、压力管道技术档案及相应数据，每年一季度将上年度的气瓶、压力管道基本信息汇总表和年度安全状况报送登记机关。

3.8 变更登记

按台(套)登记的特种设备改造、移装、变更使用单位或者使用单位更名、达到设计使用年限继续使用的，按单位登记的特种设备变更使用单位或者使用单位更名的，相关单位应当向登记机关申请变更登记。登记机关按照本规则3.8.1至3.8.5的规定办理变更登记。

办理特种设备变更登记时，如果特种设备产品数据表中的有关数据发生变化，使用单位应当重新填写产品数据表。变更登记后的特种设备，其设备代码保持不变。

3.8.1 改造变更

特种设备改造完成后，使用单位应当在投入使用前或者投入使用后30日内向登记机关提交原使用登记证、重新填写的使用登记表(一式两份)、改造质量证明资料以及改造监督检验证书(需要监督检验的)，申请变更登记，领取新的使用登记证。登记机关应当在原使用登记证和原使用登记表上作注销标记。

3.8.2 移装变更

3.8.2.1 在登记机关行政区域内移装

在登记机关行政区域内移装的特种设备，使用单位应当在投入使用前向登记机关提交原使用登记证、重新填写的使用登记表(一式两份)和移装后的检验报告(拆卸移装的)，申请变更登记，领取新的使用登记证。登记机关应当在原使用登记证和原使用登记表上作注销标记。

3.8.2.2 跨登记机关行政区域移装

(1) 跨登记机关行政区域移装特种设备的，使用单位应当持原使用登记证和使用登记表向原登记机关申请办理注销；原登记机关应当注销使用登记证，并且在原使用登记证和原使用登记表上作注销标记，向使用单位签发《特种设备使用登记证变更证明》(格式见附件E)；

(2) 移装完成后，使用单位应当在投入使用前，持《特种设备使用登记证变更证明》、标有注销标记的原使用登记表和移装后的检验报告(拆卸移装的)，按照本规则3.4、3.5的规定向移装地登记机关重新申请使用登记。

3.8.3 单位变更

(1) 特种设备需要变更使用单位，原使用单位应当持原使用登记证、使用登记表和有效期内的定期检验报告到登记机关办理变更；或者产权单位凭产权证明文件，持原使用登记证、使用登记表和有效期内的定期检验报告到登记机关办理变更；登记机关应当在原使用登记证和原使用登记表上作注销标记，签发《特种设备使用登记证变更证明》；

(2) 新使用单位应当在投入使用前或者投入使用后30日内，持《特种设备使用登记证变更证明》、标有注销标记的原使用登记表和有效期内的定期检验报告，按照本规则3.4、3.5要求重新办理使用登记。

3.8.4 更名变更

使用单位或者产权单位名称变更时，使用单位或者产权单位应当持原使用登记证、单位名称变更的证明资料，重新填写使用登记表（一式两份），到登记机关办理更名变更，换领新的使用登记证。2 台以上批量变更的，可以简化处理。登记机关在原使用登记证和原使用登记表上作注销标记。

3.8.5 达到设计使用年限继续使用的变更

使用单位对达到设计使用年限继续使用的特种设备，使用单位应当持原使用登记证、按照本规则 2.14 的规定办理的相关证明材料，到登记机关申请变更登记。登记机关应当在原使用登记证右上方标注“超设计使用年限”字样。

3.8.6 不得申请办理移装变更、单位变更的情况

有下列情形之一的特种设备，不得申请办理移装变更、单位变更：

（1）已经报废或者国家明令淘汰的；

（2）进行过非法改造、修理的；

（3）无本规则 2.5 中（3）、（4）规定的技术资料的；

（4）达到设计使用年限的；

（5）检验结论为不合格或者能效测试结果不满足法规、标准要求的。

3.9 停用

特种设备拟停用 1 年以上的，使用单位应当采取有效的保护措施，并且设置停用标志，在停用后 30 日内填写《特种设备停用报废注销登记表》（格式见附件 F），告知登记机关。重新启用时，使用单位应当进行自行检查，到使用登记机关办理启用手续；超过定期检验有效期的，应当按照定期检验的有关要求进行检验。

3.10 报废

对存在严重事故隐患，无改造、修理价值的特种设备，或者达到安全技术规范规定的报废期限的，应当及时予以报废，产权单位应当采取必要措施消除该特种设备的使用功能。特种设备报废时，按台（套）登记的特种设备应当办理报废手续，填写《特种设备停用报废注销登记表》，向登记机关办理报废手续，并且将使用登记证交回登记机关。

非产权所有者的使用单位经产权单位授权办理特种设备报废注销手续时，需提供产权单位的书面委托或者授权文件。

使用单位和产权单位注销、倒闭、迁移或者失联，未办理特种设备注销手续的，使用登记机关可以采用公告的方式停用或者注销相关特种设备。

3.11 使用标志

（1）特种设备（车用气瓶除外）使用登记标志与定期检验标志合二为一，统一为《特种设备使用标志》（格式见附件 G 式样一、式样二）；

（2）场（厂）内专用机动车辆的使用单位应当将车牌照（格式见附件 H）固定在车辆前后悬挂车牌的部位；

（3）移动式压力容器使用单位应当将该移动式压力容器的电子秘钥或者使用登记时发放的 IC 卡随车携带；

（4）车用气瓶的使用标志格式见附件 G 式样三。

4 附　　则

4.1 其他要求

特种设备使用管理除满足本规则的要求外，还应当满足有关安全技术规范的专项要求。

不涉及公共安全的个人（家庭）自用的特种设备不属于本规则管辖范围。

4.2 长输管道、公用管道使用管理

长输管道、公用管道使用管理的相关规定另行制定。

4.3 解释权限

本规则由国家质检总局负责解释。

4.4 施行时间

本规则自2017年8月1日起施行，以下安全技术规范同时废止：

（1）2005年9月16日，国家质检总局颁布的《气瓶使用登记管理规则》（TSG R5001—2005）；

（2）2009年5月8日，国家质检总局颁布的《电梯使用管理与维护保养规则》（TSG T5001—2009）；

（3）2009年8月31日，国家质检总局颁布的《起重机械使用管理规则》（TSG Q5001—2009）；

（4）2009年8月31日，国家质检总局颁布的《压力管道使用登记管理规则》（TSG D5001—2009）；

（5）2013年1月16日，国家质检总局颁布的《压力容器使用管理规则》（TSG R5002—2013）；

（6）2014年9月5日，国家质检总局颁布的《锅炉使用管理规则》（TSG G5004—2014）。

附件 B

特种设备使用登记表（式样一）

登记类别：

<table>
<tr><td rowspan="6">设备基本情况</td><td>设备种类</td><td></td><td>设备类别</td><td></td></tr>
<tr><td>设备品种</td><td></td><td>产品名称</td><td></td></tr>
<tr><td>设备代码</td><td></td><td>型号（规格）</td><td></td></tr>
<tr><td>设计使用年限</td><td></td><td>设计单位名称</td><td></td></tr>
<tr><td>制造单位名称</td><td></td><td>施工单位名称</td><td></td></tr>
<tr><td>监督检验机构名称</td><td></td><td>型式试验机构名称</td><td></td></tr>
<tr><td rowspan="9">设备使用情况</td><td>使用单位名称</td><td colspan="3"></td></tr>
<tr><td>使用单位地址</td><td colspan="3"></td></tr>
<tr><td>使用单位统一社会信用代码</td><td></td><td>邮政编码</td><td></td></tr>
<tr><td>单位内编号</td><td></td><td>设备使用地点</td><td></td></tr>
<tr><td>投入使用日期</td><td>年 月 日</td><td>单位固定电话</td><td></td></tr>
<tr><td>安全管理员</td><td></td><td>移动电话</td><td></td></tr>
<tr><td>产权单位名称</td><td colspan="3"></td></tr>
<tr><td>产权单位统一社会信用代码</td><td></td><td>联系电话</td><td></td></tr>
<tr><td rowspan="4">设备检验情况</td><td>检验机构名称</td><td colspan="3"></td></tr>
<tr><td>检验类别</td><td></td><td>检验报告编号</td><td></td></tr>
<tr><td>检验日期</td><td></td><td>检验结论</td><td></td></tr>
<tr><td>下次检验日期</td><td></td><td colspan="2"></td></tr>
<tr><td colspan="5">在此申明：所申报的内容真实；在使用过程中，将严格执行《中华人民共和国特种设备安全法》及相关规定，并且接受特种设备安全监督管理部门的监督管理。
附：产品数据表
使用单位填表人员：　　　日期：
（使用单位公章）
使用单位安全管理人员：　　　日期：　　　年　月　日</td></tr>
<tr><td colspan="5">说明：
登记机关登记人员：　　　日期：
（登记机关专用章）
使用登记证编号：　　　年　月　日</td></tr>
</table>

注：本式样适用于按台（套）进行登记的特种设备。

车用气瓶使用登记表(式样二)

登记类别：

<table>
<tr><td rowspan="10">设备
基本
情况</td><td>设备品种</td><td colspan="2"></td><td colspan="2">产品名称</td><td colspan="2"></td></tr>
<tr><td>气瓶数量</td><td colspan="2"></td><td colspan="2">充装介质</td><td colspan="2"></td></tr>
<tr><td>气瓶公称工作压力</td><td colspan="2">MPa</td><td colspan="2">气瓶容积</td><td colspan="2">L</td></tr>
<tr><td colspan="2">制造单位名称</td><td colspan="2">制造日期</td><td colspan="2">产品编号</td><td>单位内编号</td></tr>
<tr><td colspan="2"></td><td colspan="2"></td><td colspan="2"></td><td></td></tr>
<tr><td colspan="2"></td><td colspan="2"></td><td colspan="2"></td><td></td></tr>
<tr><td colspan="2"></td><td colspan="2"></td><td colspan="2"></td><td></td></tr>
<tr><td colspan="2"></td><td colspan="2"></td><td colspan="2"></td><td></td></tr>
<tr><td>施工单位名称</td><td colspan="6"></td></tr>
<tr><td>监督检验机构名称</td><td colspan="6"></td></tr>
<tr><td rowspan="6">设备
使用
情况</td><td>使用单位名称</td><td colspan="6"></td></tr>
<tr><td>使用单位地址</td><td colspan="6"></td></tr>
<tr><td>使用单位统一社会
信用代码</td><td colspan="2"></td><td colspan="2">邮政编码</td><td colspan="2"></td></tr>
<tr><td>车牌号</td><td colspan="2"></td><td colspan="2">车辆 VIN 码</td><td colspan="2"></td></tr>
<tr><td>投入使用日期</td><td colspan="2">年　月　日</td><td colspan="2">单位固定电话</td><td colspan="2"></td></tr>
<tr><td>安全管理员</td><td colspan="2"></td><td colspan="2">移动电话</td><td colspan="2"></td></tr>
<tr><td colspan="8">在此申明：所申报的内容真实；在使用过程中，将严格执行《中华人民共和国特种设备安全法》及相关规定，并且接受特种设备安全监督管理部门的监督管理。
使用单位填表人员：　　　　日期：
（使用单位公章）
使用单位安全管理人员：　　　　日期：　　　　年　月　日</td></tr>
<tr><td colspan="8">说明：
登记机关登记人员：　　　　日期：
（登记机关专用章）
使用登记证编号：　　　　年　月　日</td></tr>
</table>

注：本式样适用于车用气瓶使用登记。(气瓶的制造单位名称、制造日期、产品编号、单位内编号的行数，根据该车所用的气瓶数量编制；气瓶容积是指单个气瓶。括号内表述不印制)

特种设备使用登记表(式样三)

登记类别:

<table>
<tr><td rowspan="2">设备基本情况</td><td>设备类别</td><td></td><td>设备品种</td><td></td></tr>
<tr><td>产品名称</td><td></td><td>设备数量</td><td></td></tr>
<tr><td rowspan="5">设备使用情况</td><td>使用单位名称</td><td colspan="3"></td></tr>
<tr><td>使用单位地址</td><td colspan="3"></td></tr>
<tr><td>设备使用地点</td><td></td><td>单位固定电话</td><td></td></tr>
<tr><td>使用单位统一社会信用代码</td><td></td><td>邮政编码</td><td></td></tr>
<tr><td>安全管理员</td><td></td><td>移动电话</td><td></td></tr>
</table>

在此申明:所申报的内容真实;在使用过程中,将严格执行《中华人民共和国特种设备安全法》及相关规定,并且接受特种设备安全监督管理部门的监督管理。

附:压力管道(气瓶)基本信息汇总表

使用单位填表人员: 日期:

(使用单位公章)

使用单位安全管理人员: 日期: 年 月 日

说明:

登记机关登记人员: 日期:

(登记机关专用章)

使用登记证编号: 年 月 日

注:本式样适用于按使用单位登记的特种设备。

附录 b

特种设备使用登记表填写说明

b1 登记类别

填写本次办理使用登记的事由，如新设备首次启用、停用后启用、改造、使用单位更名、使用地址变更、过户、移装、达到设计使用年限等。

b2 设备基本情况

b2.1 设备种类

按照《特种设备目录》填写，也可直接印制为“锅炉”“压力容器”“压力管道”“电梯”“起重机械”等。

b2.2 设备类别、品种

按照《特种设备目录》填写。没有品种的划“—”

b2.3 产品名称

按照产品铭牌或者产品合格证、产品数据表的内容填写，也称设备名称。

b2.4 设备代码

按照产品数据表上的内容填写，该代码具有唯一性。如果该产品还没有编制设备代码，则使用单位可以不填写，由登记机关按照设备代码的编制要求[见《固定式压力容器安全技术监察规程》（TSG 21—2016）]填写，其中制造单位代号改为登记机关的行政区划代码（比制造单位代号多一位）。

b2.5 型号（规格）

按照产品数据表或者相应的设计文件填写，有型号的填写型号，没有型号有规格的填写规格，没有型号、规格的，划“—”。

b2.6 设备数量

压力管道填写本次登记时的压力管道长度（单位为“米”），气瓶填写本次登记时的数量（单位为“只”）。

b2.7 设计使用年限

按照产品数据表提供的数据填写。技术资料中未提供的，划“—”。

b2.8 设计单位名称

填写产品的设计单位名称，其名称与产品合格证和产品铭牌（或者设计图纸）表述应当一致。

b2.9 制造单位名称

填写产品的制造单位名称，其名称与产品合格证和产品铭牌表述应当一致。

b2.10 施工单位名称

填写登记时最近一次从事安装或者改造、修理的施工单位的名称。

b2.11 监督检验机构名称

填写负责该设备制造、安装、改造、重大修理监督检验（以下简称监检）的特种设备检验机构名称，没有实施监检的设备，注明“不实施监检”，如该设备登记前进行了不同阶段的监检（如制造监检，安装、改造监检等），则填写最近一次监检的特种设备检验机构名称，并且与本附录 b4 相协调(除制造监检外,优先满足 b4 填写要求)。

b2.12　型式试验机构名称

填写型式试验机构的名称(全称)。安全技术规范未规定型式试验的,划“—”。

b3　设备使用情况

b3.1　使用单位名称

填写使用单位名称(全称),如果属于公民个人,则填写姓名。使用单位名称应当与含有单位统一社会信用代码的证明文件一致。

b3.2　使用单位地址

填写使用单位的详细地址,包括所在省(自治区)、市(地、州)、区(县)、街道(镇、乡)、小区(村)、门牌号等。

b3.3　使用单位统一社会信用代码

填写使用单位的统一社会信用代码。如果属于公民个人,则填写个人身份证编号。

b3.4　邮政编码

填写使用单位所在地的邮政编码。

b3.5　单位内编号

填写使用单位对设备进行管理自行编制的设备内部编号。

b3.6　设备使用地点

填写设备安装在单位内的固定地点,如某某车间、某某场地等。移动式(流动式)特种设备,填写“移动”或者“流动”。设备使用地点不在使用单位内的,应当按照 b3.2 填写设备使用地的详细地址。

b3.7　投入使用日期

填写办理登记的设备正式投入使用的开始日期(包括年、月、日)。

b3.8　单位固定电话

填写使用单位特种设备安全管理机构或者主管特种设备机构的联系电话。

b3.9　安全管理员

填写使用单位负责该台特种设备的专职或者兼职的安全管理员姓名。如果聘用专业技术服务机构的人员负责安全管理,则填写该人员的姓名。

b3.10　移动电话

填写使用单位负责该台特种设备的专职或者兼职、聘用的安全管理员的移动电话。

b3.11　产权单位名称、统一社会信用代码、联系电话

填写产权单位名称、社会统一信用代码、联系电话,填写方式和使用单位相同。如果和使用单位为同一单位,则产权单位一栏中填写“同使用单位”,其他相应栏中划“—”。

b4　设备检验情况

办理使用登记时的设备检验情况(制造监检除外),包括安装、改造、重大修理监督检验、使用前首次检验、定期检验等。

b4.1　检验机构名称

填写从事检验的检验机构名称。

b4.2　检验类别

根据检验情况,填写使用登记时最后完成的检验类别,如安装监督检验、改造监督检

验、重大修理监督检验、首次检验、定期检验、达到设计使用年限检验或者安全评估、基于风险检验、事故检验等。

b4.3　检验报告编号

填写检验机构检验所出具的检验报告的编号或者安全评估机构出具的安全评估报告编号，没有要求出具检验报告的只填写监检证书编号。

b4.4　检验日期

填写进行检验的日期，一般是检验完成的日期，即报告出具日期(年、月、日)。

b4.5　检验结论

按照有关检验规则的要求填写，如符合要求、基本符合要求、不符合要求，合格、复检合格、不合格等。

b4.6　下次检验日期

首次定期检验日期由使用单位在首次登记时根据本规则和相关安全技术规范的规定填写，登记机关进行审核；对已经实施检验的，使用单位按照检验报告确定的下次检验日期填写；由于结构原因，设计文件规定无法实施定期检验的特种设备，使用单位填写"设计规定不实施定期检验"。

b5　使用单位申明和填表人员、使用单位公章

本表所示的申明，作为使用单位的承诺，使用单位的填表人员和安全管理人员(一般是指安全管理员)需要签字，并且注明签字日期，填表后盖使用单位公章，并且附特种设备产品数据表(复印件，加盖使用单位公章)。使用单位是自然人的，应当签字。

b6　登记情况

由登记机关填写。在说明的空白处填写对使用登记的审查情况，包括同意或者不予受理、不予登记等意见。如果不予受理、不予登记，应当注明原因和处理情况。

b6.1　登记机关登记人员

由负责登记受理、登记的人员签字，并且注明日期。

b6.2　登记机关专用章

加盖负责特种设备登记的特种设备安全监督管理部门的特种设备安全监察专用章或者其他能代表登记机关的公章。

b6.3　使用登记证编号

填写已经同意登记，所颁发的使用登记证的登记编号。使用登记证编号的编制方法见本规则附件 A 的附录 a。

注 b-1：《特种设备使用登记表》所列内容仅为特种设备进行使用登记时需要填写的基本数据，不代表特种设备信息化管理要求的数据，如事故数据、现场监督检查等。其他有关设备数据按照信息化建设的要求建立。

附件 C

压力管道基本信息汇总表——工业管道

使用单位（加盖使用单位公章）：　　　　　　　　　　　　使用单位地址：

工程（装置）名称：　　　　　　安全管理部门：　　　　　　安全管理员：

共　页　第　页

序号	管道名称（登记单元）	管道编号	管道级别	设计单位	安装单位	安装年月	投用年月	管道规格			设计/工作条件			检验结论	检验机构名称	下次检验日期	备注
								公称直径 mm	公称壁厚 mm	管道长度 m	压力 MPa	温度 ℃	介质				
1																	
2																	
3																	
4																	
5																	
6																	
7																	
8																	
9																	
10																	

填表日期：　　　　　　　　经办人：　　　　　　　　联系电话：　　　　　　　　电子邮箱：

附录 c

《压力管道基本信息汇总表——工业管道》填写说明

c1　使用单位

填写压力管道产权单位、使用单位名称或者业主个人身份证号。

c2　使用单位地址

填写使用单位的详细地址，包括所在省（自治区）、市（地、州）、区（县）、街道（镇、乡）、小区（村）、门牌号等。

c3　工程（装置）名称

填写管道工程或者固定式装置名称。涉及多个工程（装置）的，每个工程（装置）分别填写。

c4　安全管理部门

填写使用单位负责压力管道的安全管理内部机构，如动力处（科）。

c5　安全管理员

填写负责压力管道管理的专职或者兼职安全管理员姓名。

c6　管道名称（登记单元）

工业管道的分段和名称确定原则：

（1）设计管线表编号从始端至终端的所有管段；

（2）物流输送的形式，以物流从流出设备至流入设备之间的每条管道；

（3）装置、系统形式，以装置和系统内、外进行划分，以装置和系统内（或者装置和系统外）每条管道；

（4）工程编号。

有设计资料的，可以按照设计的管道名称填写，使用单位已经编制名称的，可以按照已经编制的名称填写。

c7　管道编号

按照使用单位规定的管道编号填写。

c8　管道级别

按照工业管道级别划分规定填写。

c9　设计单位、安装单位

填写管道的设计、安装单位名称。

c10　安装年月、投用年月

填写管道安装竣工、投用的具体年、月。

c11　管道长度

是管道折合成一条直线管道的长度，也可以采用管道设计的计算长度。

c12　设计/工作条件

填写设计和工作的条件。如设计压力为 10 MPa，实际使用最高工作压力为 4 MPa，则填“10/4”；设计温度为 400 ℃，实际使用最高工作温度 300 ℃，则填“400/300”。

c13　检验结论

按照监督检验、定期检验或者基于风险检验的检验结论填写。

c14　检验机构名称

对新安装的管道，填写进行安装监督检验的机构名称；对在用管道的定期检验，填写进行定期检验的机构名称；对基于风险检验的管道，填写进行基于风险检验的机构名称。

c15　下次检验日期

填写检验报告中确定的下一次检验日期。

c16　备注

填写该压力管道单线图(轴测图)号。

注 c-1：《压力管道基本信息汇总表——工业管道》所列栏目，没有该项目的填写“无此项”，暂时无法填写的可划“—”，不要空项。

注 c-2：《压力管道基本信息汇总表——工业管道》中管道级别、管道规格、设计/工作条件等涉及多个内容时，例如管道登记单元中同时有 GC1、GC2、GC3 级管道，则可以在管道级别一栏中填“GC1；GC2；GC3”。

附件 D

气瓶基本信息汇总表

使用单位：(加盖使用单位公章)　　　　共　页　第　页

序号	设备品种	产品编号	充装介质	制造单位	制造年月	公称工作压力(MPa)	容积(L)	最近一次检验日期	下次检验日期	单位内编号	变更或者停用情况	信息化管理情况
1												
2												
3												
4												
5												
6												
7												
8												
9												
10												

填表日期：　　　　经办人：　　　　联系电话：　　　　电子邮箱：

注：设备品种，是指无缝气瓶、焊接气瓶、内装填料气瓶、纤维缠绕气瓶、低温绝热气瓶；变更或者停用情况，是指新增、停用、注销、报废；信息化管理情况，是指企业采用二维码、电子标签等信息化方式对气瓶进行管理，已采用的填写具体信息化方法，未采用的填“无”。

附件 E

特种设备使用登记证变更证明

编号：

<table>
<tr><td>设备种类</td><td></td><td>设备类别</td><td></td></tr>
<tr><td>设备品种</td><td></td><td>产品名称</td><td></td></tr>
<tr><td>设备代码</td><td></td><td>原使用登记证
编号</td><td></td></tr>
<tr><td>制造单位名称</td><td colspan="3"></td></tr>
<tr><td>产品编号</td><td></td><td>制造日期</td><td></td></tr>
<tr><td>原使用单位名称</td><td colspan="3"></td></tr>
<tr><td>原使用登记证
签发日期</td><td></td><td>变更类别</td><td></td></tr>
<tr><td colspan="4">该特种设备的使用登记证已在本登记机关办理注销手续。

（原）登记机关：（名称、专用章）
年　月　日</td></tr>
</table>

注：该特种设备投入使用前，变更后的使用单位应当向所在地的使用登记机关重新办理使用登记手续。变更类别，按照使用单位更名、变更使用单位、移装、改造、达到设计使用年限继续使用等填写。

附件 F

特种设备停用报废注销登记表

申报种类：□停用　□报废　□注销　共　台

<table>
<tr><td colspan="2">使用单位名称</td><td colspan="5"></td></tr>
<tr><td colspan="2">使用单位地址</td><td colspan="5"></td></tr>
<tr><td colspan="2">安全管理员</td><td colspan="2"></td><td colspan="2">安全管理员
联系电话</td><td></td></tr>
<tr><td colspan="2">产权单位</td><td colspan="2"></td><td colspan="2">产权单位联系电话</td><td></td></tr>
<tr><td>序号</td><td>设备品种
（名称）</td><td>使用登记
证编号</td><td>设备代码</td><td>设备使用地点</td><td>产品编号</td><td>停用报废
注销原因</td></tr>
<tr><td></td><td></td><td></td><td></td><td></td><td></td><td></td></tr>
<tr><td></td><td></td><td></td><td></td><td></td><td></td><td></td></tr>
<tr><td></td><td></td><td></td><td></td><td></td><td></td><td></td></tr>
<tr><td></td><td></td><td></td><td></td><td></td><td></td><td></td></tr>
<tr><td></td><td></td><td></td><td></td><td></td><td></td><td></td></tr>
<tr><td></td><td></td><td></td><td></td><td></td><td></td><td></td></tr>
<tr><td></td><td></td><td></td><td></td><td></td><td></td><td></td></tr>
<tr><td colspan="4">使用单位意见：

（使用单位公章）
年　月　日</td><td colspan="3">产权单位意见：

（产权单位公章）
年　月　日</td></tr>
<tr><td colspan="7">登记机关意见：

（登记机关专用章）
登记机关登记人员：　　年　月　日</td></tr>
</table>

注：此表一式两份，登记机关和使用单位各存一份；同时提供设备的使用登记表和使用登记证，场（厂）内专用机动车辆还需携带牌照；设备台数较多时，可另行附表说明。

附件 G

特种设备使用标志(式样一)

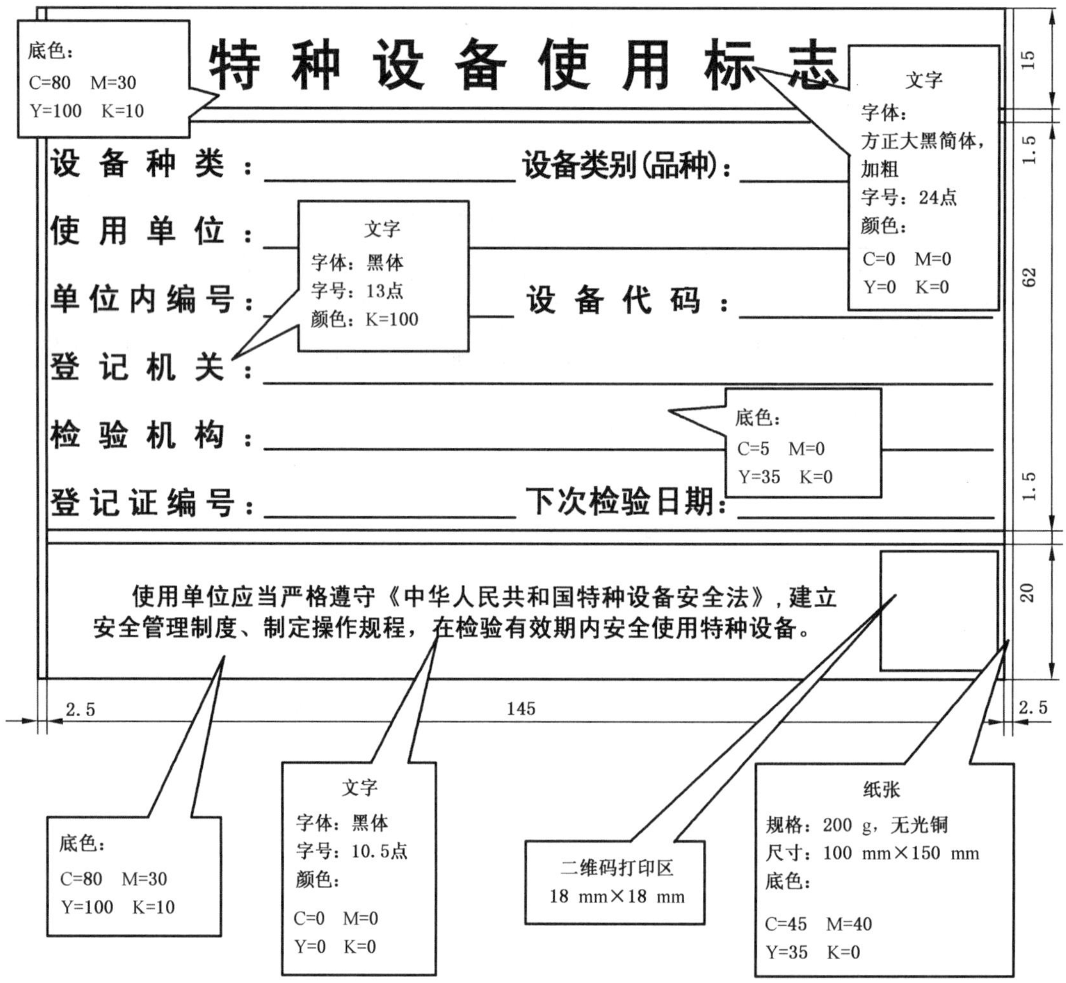

说明：

1．此样式为锅炉、压力容器(气瓶除外)、起重机械、客运索道、大型游乐设施和场(厂)内专用机动车辆的使用标志；式样的幅面及其文字字号、标注的尺寸为锅炉、压力容器、起重机械和场(厂)内专用机动车辆的使用标志；客运索道、大型游乐设施的幅面为 300 mm×450 mm，文字字号、有关尺寸可以按照一定的比例放大。

2．按照《特种设备目录》，有设备品种的，在“设备类别(品种)”栏中填写设备品种，如锅炉中有机热载体炉的“有机热载体气相炉”、压力容器中氧舱的“医用氧舱”、起重机械中桥式起重机的“通用桥式起重机”、客运索道中客运拖牵索道的“低位客运拖牵索道”、大型游乐设施中水上游乐设施的“峡谷漂流系列”、场(厂)内专用机动车辆中机动工业车辆的“叉车”等；只有设备类别无品种的，则填写设备类别，如锅炉中的“承压热水锅炉”、大型游乐设施中的“观览车类”等。

3．此式样左下方的“使用单位应当严格遵守《中华人民共和国特种设备安全法》，建立安全管理制度，制定操作规程，在检验有效期内使用特种设备。”适用于锅炉、压力容器(气瓶除外)、起重机械、场(厂)内专用机动车辆使用标志。客运索道、大型游乐设施应当为“乘客应当遵守安全使用说明和安全注意事项的要求，服从有关工作人员的管理和指挥”。

4. 锅炉、固定式压力容器、起重机械使用单位应当将《特种设备使用标志》或者使用单位盖章或者签名确认的复印件悬挂或者固定在特种设备显著位置，当无法悬挂或者固定时，可存放在使用单位的安全技术档案中，同时将使用登记证编号标注在特种设备产品铭牌上或者其他可见部位；非公路用旅游观光车、有驾驶室的特种设备使用单位应当将《特种设备使用标志》张贴在驾驶室的挡风玻璃的右前方，移动式压力容器的使用标志应当随容器携带，并且打印二维码。

5. 客运索道、大型游乐设施运营单位应当将《特种设备使用标志》悬挂或者固定在乘客入口处或者售票处等易于乘客看见的部位。

6. 新投入使用的特种设备，办理使用登记时，由登记机关签发《特种设备使用标志》并且加盖登记机关公章，检验机构一栏填写最近一次的检验机构名称（包括首次检验、安装监督检验、制造监督检验等）；该特种设备进行定期检验后，《特种设备使用标志》由定期检验机构签发，并且加盖检验专用章。

特种设备使用标志(式样二)

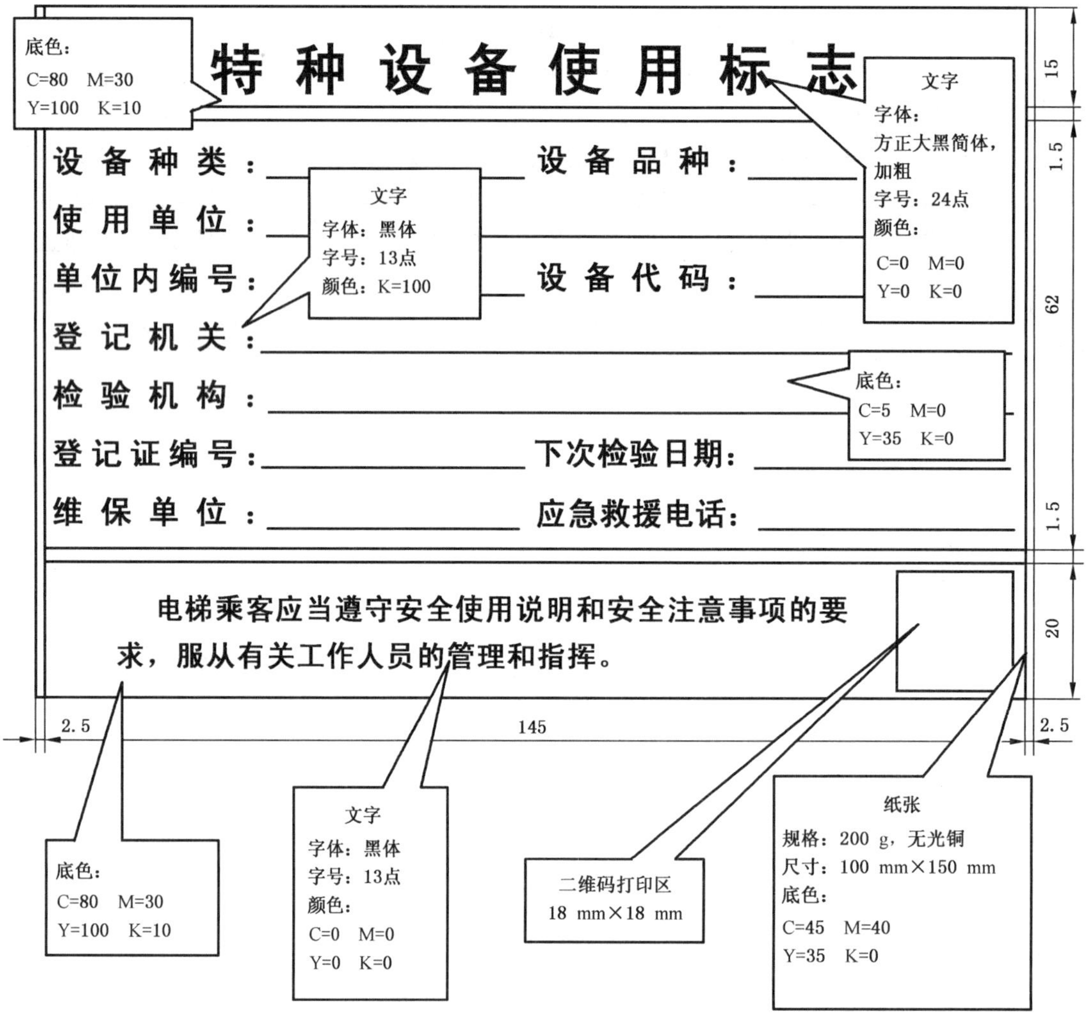

说明：

1. 此样式为电梯的使用标志。

2.《特种设备使用标志》固定在电梯轿厢(或者扶梯、人行道出入口)易于乘客看见的部位。

3. 新投入使用的特种设备，办理使用登记时，由登记机关签发《特种设备使用标志》并且加盖登记机关公章，检验机构一栏填写最近一次实施监督检验的检验机构名称；该特种设备进行定期检验后，《特种设备使用标志》由定期检验机构签发，并且加盖检验专用章。

特种设备使用标志（式样三）

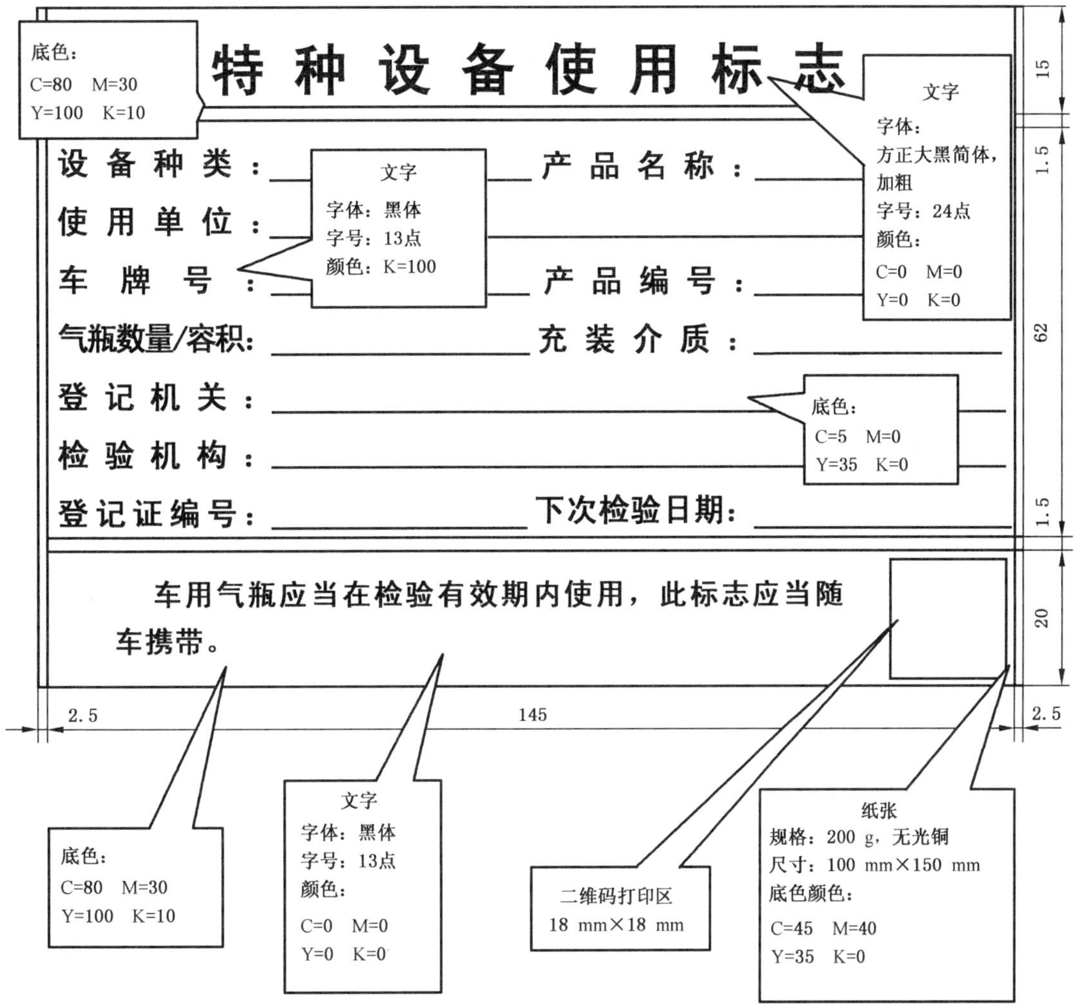

说明：

1. 此样式为车用气瓶的使用标志。

2. 设备种类填写“压力容器”，产品名称填写“车用气瓶”。如果一车有多个气瓶，产品编号栏中列出所用的所有气瓶的产品编号。

3. 新投入使用的特种设备，办理使用登记时，由登记机关签发《特种设备使用标志》并且加盖登记机关公章，检验机构一栏填写安装监督检验机构。

附件 H

场(厂)内专用机动车辆车牌(式样)

H1　编制基本方法

场(厂)内专用机动车辆车牌由使用登记机关在颁发《特种设备使用登记证》时发放。

场(厂)内专用机动车辆车牌编号由车牌类别名称、地区特征代号、车辆顺序号组成，包括汉字、拼音字母与阿拉伯数字。

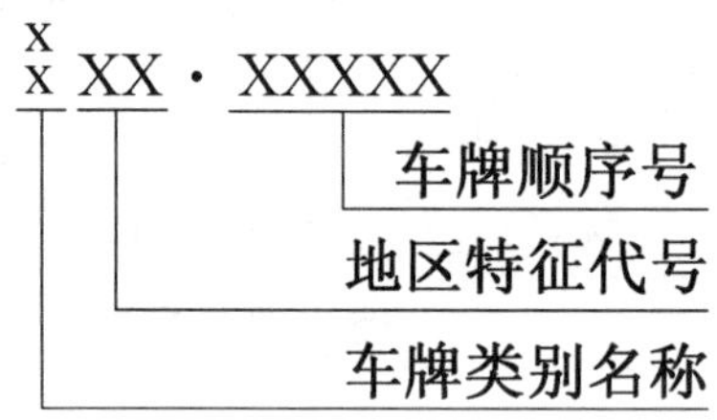

H2　编号含义

H2.1　车辆类别名称

用“场内”两字竖排表示。

H2.2　地区特征代号

包括省、自治区、直辖市和设区的市两部分代号。第一部分，用省、自治区、直辖市的汉字简称表示，如上海市用“沪”代表，浙江省用“浙”代表，以此类推；第二部分，对省、自治区所属的场(厂)内专用机动车辆，为设区的市的代号，编排方式按照该市在 GB/T 2260 中本省的排列顺序，用拼音字母 A、B、C(“I”“O”不用，下同)等以此作为简称编写其代号；对直辖市所属的场(厂)内专用机动车辆，为区(县)的代号，直辖市特种设备安全监管部门可根据地区情况，用拼音字母 A、B、C 等以此作为简称编写其代号，当区(县)数量多于 26 个时，多个区(县)可共用 1 个代号，采用不同号段予以区分。

H2.3　车牌顺序号

用五位阿拉伯数字表示，为颁发该场(厂)内专用机动车辆的顺序号。如某场(厂)内专用机动车辆的发牌顺序号为 8888，则编为“08888”。

如车牌顺序号超过 99999，首位可顺序使用大写的拼音字母代替。如登记的场(厂)内专用机动车辆为 100000，则车牌顺序号为“A0000”，以此类推。

H3　底板与字体规格

(1) 底板材料，铝材，板厚 0.8 mm～1.5 mm；

(2) 字体，车牌类别名称(“场内”)、省、自治区、直辖市代号为方正粗圆简体，其他均为 Arial；

(3) 字尺寸，车牌类别名称(“场内”)35 mm×35 mm，其他均为 80 mm×35 mm；

(4) 字间隔，车牌类别名称(“场内”)与省、自治区、直辖市代号之间为 16 mm，“场内”两字间隔 10 mm，设区的市代号、点(“·”直径 10 mm)、顺序号之间均为 12 mm。

车牌颜色、有关尺寸按照图 H 标注。

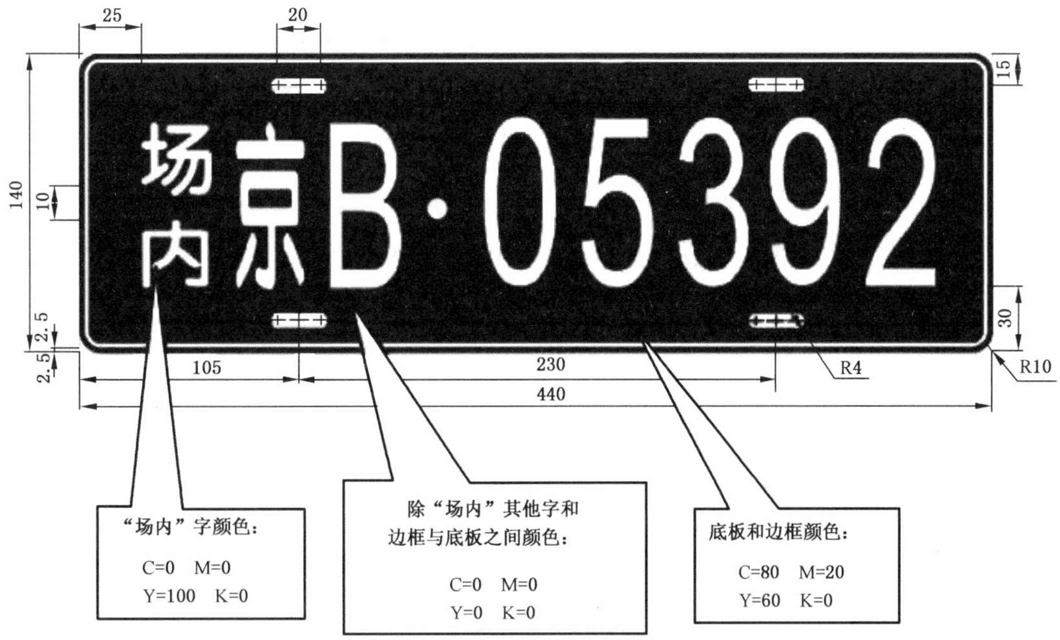

图 H　场(厂)内专用机动车辆车牌样式

相关规章和规范历次制(修)订情况

1.《蒸汽锅炉使用登记试行办法》(1962 年 10 月 4 日,劳动部公布)。

2.《锅炉使用登记办法》(劳动人事部劳人锅[1986]2 号,1986 年 2 月 7 日颁布,1987 年 1 月 1 日实施,2003 年 9 月 1 日废止)。

3.《压力容器使用登记管理规则》(劳动部劳锅字[1989]2 号,1989 年 3 月 22 日颁布,颁布之日起执行,1994 年 5 月 1 日废止)。

4.《压力容器使用登记管理规则》(劳动部劳锅字[1993]442 号,1993 年 12 月 31 日颁布, 1994 年 5 月 1 日起实施,2003 年 9 月 1 日废止)。

5.《特种设备注册登记与使用管理规则》(国家质量技术监督局质技监局锅发[2001]57 号,2001 年 4 月 9 日发布,自发布之日起实施)。

6.《锅炉压力容器使用登记管理办法》(国家质检总局国质检锅[2003]207 号,2003 年 7 月 14 日发布,2003 年 9 月 1 日起施行,2013 年 7 月 1 日压力容器部分废止、2015 年 1 月 1 日锅炉部分废止)。

7.《压力管道使用登记管理规则(试行)》(国家质检总局国质检锅[2003]213 号,2003 年 7 月 17 日发布,2003 年 10 月 1 日起施行,2009 年 12 月 1 日废止)。

8.《气瓶使用登记管理规则》(TSG R5001—2005,国家质检总局公告 2005 年第 140 号,2005 年 9 月 16 日颁布,2005 年 10 月 1 日起施行)。

9.《电梯使用管理与维护保养规则》(TSG T5001—2009,国家质检总局公告 2009 年第 44 号,2009 年 5 月 8 日颁布,2009 年 8 月 1 日起施行)。

10.《起重机械使用管理规则》(TSG Q5001—2009,国家质检总局公告 2009 年第 83 号,2009 年 8 月 31 日颁布,2010 年 1 月 1 日起施行)。

11.《压力管道使用登记管理规则》(TSG D5001—2009,国家质检总局公告 2009 年第 83 号,2009 年 8 月 31 日颁布,2009 年 12 月 1 日起施行)。

12.《压力容器使用管理规则》(TSG R5002—2013,国家质检总局公告 2013 年第 10 号,2013 年 1 月 16 日颁布,2013 年 7 月 1 日起施行)。

13.《锅炉使用管理规则》(TSG G5004—2014,国家质检总局公告 2014 年第 98 号,2014 年 9 月 5 日颁布,2015 年 1 月 1 日起施行)。

TSG 特种设备安全技术规范 TSG Z8002—2013

特种设备检验人员考核规则

Examination Rules for Special Equipment Inspectors

中华人民共和国国家质量监督检验检疫总局颁布

2013 年 1 月 16 日

前　言

2004 年 4 月，国家质量监督检验检疫总局（以下简称国家质检总局）特种设备安全监察局（以下简称特种设备局）向中国特种设备检测研究院（以下简称中国特检院）下达了《特种设备检验人员考核规则》修订任务书。2004 年 5 月，中国特检院组织有关专家成立了起草组并在北京召开首次工作会议。2006 年 4 月在北京再次召开工作会议，形成了《特种设备检验人员考核规则》初稿。2011 年 12 月中国特检院技术法规部正式向特种设备局上报了本规则的征求意见稿。2012 年 1 月，特种设备局对征求意见稿进行审查后，以质检特函[2012]3 号文征求基层部门、有关单位和专家及公民的意见。2012 年 4 月，起草组在北京就征求的意见进行讨论与修改并且形成送审稿。2012 年 7 月，特种设备局将送审稿提交给国家质检总局特种设备安全技术委员会审议。2013 年 1 月 16 日，本规则经国家质检总局批准颁布。

本规则考虑了目前特种设备检验人员考核工作的现状和国家有关行政许可的要求，主要对特种设备检验人员的考试方法、项目和级别、考试方式与科目设置、换证方式与内容进行了调整，目的是根据实际情况规范特种设备检验人员的考核工作。

参加本规则修订的主要单位和人员（按姓名汉语拼音排序）如下：

河北省锅炉压力容器监督检验院	侯旭东
江苏省特种设备安全监督检验研究院	李　宁
深圳市特种设备安全检验研究院	梁广炽
江苏省特种设备安全监督检验研究院	缪春生
中国特种设备检验协会	沈　钢
安徽省特种设备检测院	汪　杰
辽宁省安全科学研究院	王福绵

特种设备检验人员考核规则

第一章　总　　则

第一条　为了规范特种设备检验人员考核工作，根据《特种设备安全监察条例》，制定本规则。

第二条　特种设备检验人员是指从事《特种设备安全监察条例》适用范围的特种设备监督检验、定期检验，做出检验结论的人员（以下简称检验人员）。

检验人员应当按照本规则的要求，经过考核取得相应的《特种设备检验检测人员证（检验人员）》（以下简称《检验人员证》），方可执业，从事相应的检验工作。

第三条　本规则规定的检验人员，按照级别，分为检验员、检验师；按照检验类别，分为监督检验、定期检验；其证书项目，包括锅炉、压力容器、压力管道、气瓶、电梯、起重机械、大型游乐设施、客运索道和场（厂）内专用机动车辆。

各种检验人员级别、类别、项目（以下统称项目）及其代号与检验范围的划分见附件A。

第四条　检验人员的考核工作程序，包括考试和审批发证。

申请《检验人员证》的人员（以下简称申请人，包括考试申请人和证书申请人），应当先经考试（以下简称取证考试）合格，凭考试合格证明向国家质量监督检验检疫总局（以下简称国家质检总局）或者其授权的部门（以下简称发证机关）申请办理《检验人员证》。

《检验人员证》的有效期4年。有效期满需要继续从事检验工作的，应当按照本规则规定的时间及时办理延续手续（本规则称为换证）。

第五条　检验人员的考核工作由国家质检总局组织实施。承担检验人员考试的机构（以下简称考试机构）由国家质检总局确定；负责本行政辖区内换证审核的机构（以下简称换证审核机构），由省级质量技术监督部门（以下简称省级质监部门）确定。

考试机构和换证审核机构均由国家质检总局审核确认后，统一公布。考试机构根据公布的考试项目，按照本规则的规定进行考试，未经公布的机构不得开展检验人员的相应考试工作。

第六条　考试机构可以按照统筹规划、满足取证考试需求和兼顾就近考试的原则，合理布局，设立区域性或者不同项目的考试中心（或者基地），依据本规则和相关安全技术规范的规定开展考试工作。

第七条　国家质检总局和省级质监部门负责对考试机构、换证审核机构的工作进行监督。

第二章　检验人员的能力要求和报考条件

第八条　检验员应当具备以下能力：

（一）掌握基本的检验相关基础知识，具备被检对象的专业知识；熟练掌握检验技能，包括检验程序与方法、缺陷判别，正确使用检验工具、仪器设备，熟知检验工作中的安全与防护知识；

（二）根据检验遵循的相关法规标准，依照规定的检验方案、作业指导书、检验工艺，填写检验记录、检验报告，完成检验工作；

（三）掌握检验所涉及的基本计算与分析能力；

（四）了解被检对象主要的失效模式；

（五）了解被检对象的制造、安装、维修、改造和使用的基本知识；

（六）了解特种设备安全监察的知识；

（七）熟知特种设备相关的法规标准。

注1：本规则所表述的法规标准、包括法律、行政法规、部门规章和特种设备安全技术规范及其相应的标准（以下同）。

第九条 检验师除具备检验员的能力外，还应当具有以下能力：

（一）准确理解相关法规标准的要求，依照法规标准的要求制定、审核检验方案与检验报告；

（二）了解被检对象各种失效模式的失效原理，能够对常见设备的失效情况进行分析、处理；

（三）具有较广泛的相关专业理论知识，能运用专业知识分析解决一般的技术问题；

（四）了解相关检验方式、设备、工具等的特点与适用性，并且合理选用；

（五）具有对检验结果的综合判断、处置能力；

（六）具有对检验员进行技能培训、工作指导和考评能力；

（七）具有事故分析能力。

第十条 检验人员的报考条件如下：

（一）年龄在18周岁以上（含18周岁），60周岁以下（含60周岁），具有完全民事行为能力；

（二）学历、检验经历、技术职称、专业培训等资历满足申请项目的要求（见附件B）；

（三）身体条件能够满足从事申请项目检验工作的要求；

（四）具备相应的特种设备检验知识和技能。

第三章 考试方式与内容

第十一条 检验人员的考试方式，包括理论笔试和实际操作技能考试。各级别检验人员的取证考试的科目、方式见表1。

表1 各级别检验人员考试科目、方式

级别	科目序号	科目	考试方式
检验员	科目A	与报考项目相对应的设备类型、结构、工作原理、安全要求、失效模式，相关检测、诊断、试验技术或者方法的基本知识等	闭卷笔试
	科目B	法规标准	开卷笔试

续表 1

级别	科目序号	科目	考试方式
检验员	科目 C	检验的基本方法和程序、缺陷判别、工具或者仪器的使用、安全防护	实际操作
	科目 D	质量保证体系要素、生产工艺过程与控制	开卷笔试
检验师	科目 E	与设备失效模式和检测诊断相关的失效原理与过程	闭卷笔试
	科目 F	检验方案与工艺的设计，相关的分析计算方法、判断方法、综合评价与评估，检验案例的解析，质量保证体系基本要求等	开卷笔试
	科目 G	质量保证体系要素、设计审查和工艺评定	开卷笔试

注 2：(1) 气瓶定期检验员只考科目 B 和科目 C；

(2) 申请监督检验类别的检验员，需要考核科目 D；

(3) 各科目的评分采用百分制，合格标准均为 70 分，规定的考试科目均达到合格标准的人员，方可申请《检验人员证》；

(4) 考试成绩未达到合格标准的科目允许补考，考试单科合格成绩有效期为 2 年，在有效期内所规定的全部考试科目均达到合格标准的人员，方可申请《检验人员证》。

第十二条 国家质检总局委托有关机构负责组织制定各项目的考试大纲、考试细则及笔试题库、实际操作考试内容和要求。

第四章 考试机构

第十三条 考试机构应当符合以下要求：

(一) 具备独立法人资质；

(二) 不得从事特种设备生产、维护保养、经销和检验检测活动；

(三) 具有满足与所承担的考试项目相适应的考试条件；

(四) 具有健全的考试管理、保密管理、档案管理、财务管理、应急预案等各项规章制度；制定有效的考场纪律规定及考评人员守则，并且有效实施；

(五) 能够按照国家质检总局“特种设备检验检测人员许可系统”的要求，进行相关数据填报、信息发布与数据上传、下载。

第十四条 考试机构应当于每年的 1 月份，在网上公布本年度考试计划，以及相关报名方式、报名截止日期、考试时间和考试项目等。

第十五条 考试机构应当按照公布的考试项目、考试科目、考试地点、考试时间组织考试。考试工作应当严格执行保密、监考等各项规章制度，确保考试工作公开、公正、公平、规范。

第十六条 考试机构应当将《特种设备检验检测人员考试与证书申请表》(以下简称《申请表》，见附件 C)、考试试卷或者答题卡和机考记录、成绩汇总表、考场记录等资料(电子或者纸质)存档，保存时间不少于 5 年。

第十七条 考试机构不得强制要求考试申请人参加其组织的考前辅导。

第五章　取证考试

第十八条　取证考试程序，包括考试报名、报考条件审查、考试、考试成绩评定与通知。

第十九条　取证考试的申请人，应当在考试机构规定的报名期限内，通过网上报名，并且向考试机构提交以下报考资料：

（一）《申请表》(1 份，在网上填报后下载，贴上一寸、免冠、正面、白底彩色照片)；

（二）身份证明(复印件，1 份)；

（三）学历证明(毕业证或者其他有效证明复印件，1 份)；

（四）检验资历证明(已持有的《检验人员证》复印件，1 份)；

（五）技术职称证明(复印件，1 份)；

（六）专业培训经历证明(原件，1 份)

报名参加检验员取证考试的，应当提交前款（一）、（二）、（三）、（六）资料；报名参加检验师取证考试的，应当提交前款（一）、（四）、（五）、（六）资料。

申请人应当对所提交资料的真实性负责。

第二十条　考试机构在收到报考资料后 15 个工作日内，应当完成对申请人报考资料的审查。

对报考资料不符合要求的，考试机构应当一次性全部告知申请人，说明不符合要求的项目和理由，以便申请人及时补正。

对符合要求允许参加考试的申请人，考试机构应当及时向其发出考试通知。

第二十一条　考试机构应当在考试结束后的 20 个工作日内，将考试成绩通知参加考试的人员，并公布考试合格人员的名单、合格项目等有关信息。

第六章　审批发证

第二十二条　审批发证程序，包括取证申请、受理、审批和发证。

第二十三条　考试合格人员应当在考试结束后的 30 个工作日内，自行或者委托考试机构，向发证机关申请办理《检验人员证》。

由考试合格人员自行申请办理《检验人员证》时，需要向发证机关提交以下资料：

（一）本规则第十九条要求的相关资料(其中《申请表》必须经过考试机构签署意见)；

（二）考试机构出具的考试成绩单。

由考试机构申请办理《检验人员证》时，考试机构应当按照“特种设备检验检测人员许可系统”规定的程序办理。

第二十四条　发证机关接到申请后，应当在 5 个工作日内对申请报送的资料进行审查，并且作出是否受理的决定；不予受理的，应当告知申请人或者委托的考试机构在 20 日内补正申请资料。能够当场审查的，应当当场办理。

对同意受理的申请，发证机关应当在 20 个工作日内完成审核批准手续。准予发证的，在 10 个工作日内向申请人颁发《检验人员证》；不予发证的，应当书面说明理由。

第七章　换　　证

第二十五条　持有《检验人员证》的人员(以下简称持证人员)在其证书有效期届满，需要继续从事相应检验工作，并且未涉及本规则第二十六条和第三十六条所规定的情况，符合第二十七条审核换证要求，应当在有效期届满前3个月，按照要求向相应的换证审核机构提出换证申请。

第二十六条　年龄60周岁以上(含60周岁)人员的申请，不再予以受理。

第二十七条　换证采取审核的方式，但是应当满足以下要求：

(一)申请换证项目的证书在有效期内，并且未中断执业6个月以上(含6个月)的；

(二)执业期间未发生过失或者责任事故的；

(三)接受经发证机关授权公布的换证知识更新与技能培训(以下简称继续教育培训)指南所涉及内容的培训，其累积培训课时不少于40小时的。

第二十八条　换证申请时，应当按照本规则第十九条进行网上报名，并且向换证审核机构提交以下资料：

(一)《申请表》(申请类别为"审核换证"，1份)；

(二)换证项目的《检验人员证》(复印件，1份)；

(三)身份证明(复印件，1份)；

(四)持证人员执业所在单位出具的证书有效期内未中断检验工作6个月以上(含6个月)，并且在执业期间未发生过失或者责任事故的书面证明，包括执业注册记录、相应的执业工作见证(间隔不超过6个月的在执业单位签署的检验记录或者检验报告复印件)；

(五)检验师换证还应按照规定每年在质检总局检验案例网上填报检验案例至少5例(应为主要编写人员)；

(六)符合本规则第二十七条和第二十九条要求的继续教育培训证明；或者提供参加地市级以上(含地市级)并且通过验收的科研项目的见证资料。

第二十九条　继续教育培训的内容，以相关项目的法规标准、检验案例、新技术和新知识为主。

换证审核机构应当在每年2月底以前，公布本机构本年度各级各类人员继续教育培训的内容、要求与课时，以及与培训内容所对应的培训组织机构名录。

各培训组织机构按照培训内容的要求，制定相应的培训计划，向社会公布。对完成规定课时的培训人员，由培训组织机构发给注明所接受的培训内容与课时的继续教育培训证明。

第三十条　不符合本规则第二十七条、第二十八条、第二十九条有关要求，未通过审核换证的人员，如果需要继续从事相应检验工作，可以在1年内参加同项目与级别的开卷笔试科目的取证考试，合格后重新申请原项目与级别的《检验人员证》；也可放弃原有级别的资格，直接申请领取同项目的低一级别的《检验人员证》。

未通过审核换证的人员，其原《检验人员证》到期后，不能继续从事相应检验工作。

第三十一条　中断执业6个月以上(含6个月)人员，以及在持证期间曾发生过失或者责任事故，并且已超过被处罚期的人员，应当参加同级别与项目的开卷笔试科目取证考试,合格后重新申请原项目与级别的《检验人员证》。

第三十二条 曾经持有《检验人员证》,在所持证书逾期8年内提出申请的人员,应当参加同级别与项目的开卷笔试科目取证考试,合格后重新申请《检验人员证》。

第三十三条 换证审核机构应当在原《检验人员证》有效期届满前1个月向发证机关提交换证审批发证的申请。审批发证程序按照本规则第六章进行。

第八章 监督管理

第三十四条 各省级质监部门负责对本辖区内检验人员考试进行现场监督,发现问题应当及时报告发证机关。

第三十五条 考试机构和换证审核机构因审查失误或者把关不严,造成取证(或者换证)申请被发证机关退回达到10%,或者考试成绩评定、审查意见以及公布、通知或者受委托办理申请不及时,导致申请人证书过期的,由国家质检总局或者省级质监部门暂停其考试或者换证审核工作,并责令其整顿;对故意提交虚假资料或者因管理不善发生泄题、作弊等严重问题,应当根据情况停止其考试或者换证工作。

第三十六条 持证人员出具虚假检测结果、鉴定结论的,或者从事特种设备生产、销售的,或者同时在两个以上机构中执业的,发证机关按照《特种设备安全监察条例》的规定予以处罚。

第三十七条 对被吊销《检验人员证》的人员,3年内不受理其任何项目的考试申请。

第三十八条 《检验人员证》遗失,由持证人向发证机关提出补证书面申请,经发证机关核实后,在20个工作日内补发证书。

第九章 附 则

第三十九条 持证人员申请新的级别,增加新的类别及其项目,应当按照新的级别、新的类别及其项目进行取证考核。

持有特种设备A类安全监察员证,以及具备特种设备安全监察经历的人员,取证考试可以减免相关科目。

第四十条 考试申请人如果对考试结果有异议,可以在成绩公布3个月以内向考试机构提出复核要求,考试机构应当在20个工作日以内予以答复;对考试机构答复结果有异议的,可以书面向发证机关提出申诉。

第四十一条 《检验人员证》由国家质检总局统一印制(格式见附件D)。

第四十二条 本规则由国家质检总局负责解释。

第四十三条 本规则自2013年6月1日起施行,1999年9月27日国家质量技术监督局发布的《锅炉压力容器压力管道及特种设备检验人员资格考试规则》(质技监局锅发[1999]222号)同时废止,之前相关文件和规定与本规则不一致的,以本规则为准。

附件 A

特种设备检验人员级别、项目及其代号与检验范围

序号	级别	项　　目	代　　号	检验范围
1	检验员	锅炉	GL-1/2	额定蒸汽压力小于或者等于 2.5 MPa 的蒸汽锅炉，热水锅炉，有机热载体锅炉
2		压力容器	RQ-1/2	第Ⅰ、Ⅱ类压力容器
3		气瓶	QP-1/2	各种气瓶
4		压力管道	GD-1/2	GC3、GC2 级工业管道，公用管道
5		电梯	DT-1	各种电梯
6		起重机械	QZ-1	各种起重机械
7		大型游乐设施	YL-1	各种大型游乐设施
8		客运索道	SD-1	各种客运索道
9		场(厂)内专用机动车辆	NC-1	各种场(厂)内专用机动车辆
10	检验师	锅炉	GS	各种锅炉
11		压力容器	RS	各种压力容器(含气瓶)
12		压力管道	DS	各种压力管道
13		电梯	TS	各种电梯
14		起重机械	QS	各种起重机械
15		大型游乐设施	YS	各种大型游乐设施
16		客运索道	SS	各种客运索道
17		场(厂)内专用机动车辆	NS	各种场(厂)内专用机动车辆

注 A：(1)代号中，1—定期检验，2—监督检验(需在申请时、证书上注明)；

(2) 持有压力容器检验员或者压力容器检验师资格证书的检验人员，经过不少于 20 小时的医用氧舱有关知识与检验技能的专门培训后，方可从事医用氧舱的检验。

附件 B

特种设备检验人员报考资历条件

<table>
<tr><th colspan="3" rowspan="2">申请要求</th><th colspan="2">检验人员级别</th></tr>
<tr><th>检验员</th><th>检验师</th></tr>
<tr><td rowspan="3">学历</td><td colspan="2">理工类大专以上(含大专)</td><td rowspan="3">√</td><td rowspan="3">—</td></tr>
<tr><td rowspan="2">其他学历</td><td>接受过发证机关认可的培训不少于 200 小时</td></tr>
<tr><td>参加报考项目检验实习时间总计不少于 2 年,或者从事特种设备检验、管理工作 5 年以上</td></tr>
<tr><td>检验资历</td><td colspan="2">持检验员证 4 年以上(含 4 年),并且在有效期内</td><td>—</td><td>√</td></tr>
<tr><td>技术职称</td><td colspan="2">工程师以上(含工程师)或者技师</td><td>—</td><td>√</td></tr>
<tr><td rowspan="5">专业培训经历(小时)</td><td colspan="2">与所申请项目相对应的设备专业知识(含设备组成、工作特性、失效模式)</td><td>24</td><td>—</td></tr>
<tr><td colspan="2">检验操作技能(检验的基本方法和程序、工具和仪器的使用、安全防护)</td><td>48</td><td>—</td></tr>
<tr><td colspan="2">相关法规标准</td><td>24</td><td>24</td></tr>
<tr><td colspan="2">相关检测(诊断、试验)技术、方法</td><td>—</td><td>40</td></tr>
<tr><td colspan="2">与设备失效模式和检测诊断相关的专业知识,包括失效原理与过程、检验方案与工艺的设计、相关的分析计算方法、设备能否被继续使用的综合评价(评估、判断)方法、检验案例的解析等</td><td>—</td><td>64</td></tr>
</table>

注 B-1：栏目中的“√”表示需要满足所对应的报考要求,“—”表示不要求。

注 B-2：报考监督检验类别的检验人员应当取得相应定期检验类别的检验资格并且执业时间不少于 18 个月,其监督检验相关的知识与技能培训不少于 40 小时。

附件 C

特种设备检验检测人员考试与证书申请表

申请编号：　　　　　　　　　　　　档案号：　　　　　　　　　　　申请日期：

<table>
<tr><td>申请类别</td><td>□取证考试</td><td>□审核换证
□考试换证</td><td>□取证补考
□换证补考</td><td>□证书申请</td><td rowspan="4">（一寸、免冠、正面、白底彩色照片）</td></tr>
<tr><td>申请人姓名</td><td colspan="2"></td><td>性　　别</td><td></td></tr>
<tr><td>身份证件类型</td><td colspan="2"></td><td>证件编号</td><td></td></tr>
<tr><td>学　　历</td><td colspan="2"></td><td>专　　业</td><td></td></tr>
<tr><td>技术职称</td><td></td><td>工作年限</td><td>年</td><td>移动电话</td><td></td></tr>
<tr><td>通信地址</td><td colspan="3"></td><td>固定电话</td><td></td></tr>
<tr><td>电子邮箱</td><td></td><td>邮政编码</td><td></td><td>传真电话</td><td></td></tr>
<tr><td>所 在 地</td><td colspan="5">省　市　区（县）　街道（乡）　小区（村、路、巷）　楼　号</td></tr>
<tr><td colspan="6">申请种类与项目、级别</td></tr>
<tr><td>种类（注 2）</td><td>项目</td><td>代号</td><td colspan="2">级别</td><td>备注</td></tr>
<tr><td></td><td></td><td></td><td colspan="2"></td><td></td></tr>
<tr><td></td><td></td><td></td><td colspan="2"></td><td></td></tr>
<tr><td></td><td></td><td></td><td colspan="2"></td><td></td></tr>
</table>

<table>
<tr><td colspan="5">已持证项目</td></tr>
<tr><td>序号</td><td>代号</td><td>级别</td><td>限定范围</td><td>证书有效期</td></tr>
<tr><td>1</td><td></td><td></td><td></td><td></td></tr>
<tr><td>2</td><td></td><td></td><td></td><td></td></tr>
<tr><td>3</td><td></td><td></td><td></td><td></td></tr>
<tr><td colspan="5">申请人声明与委托事项及签署</td></tr>
<tr><td colspan="5">□本人声明以上填写信息及所提交的资料均真实、有效、并承诺对填写的内容负责；
□同意委托考试机构办理证书申请事宜。
申请人（签字）：　　　　申请日期：</td></tr>
<tr><td colspan="5">考试机构意见</td></tr>
<tr><td colspan="5">我机构申明：受申请人委托所提交的申请书和相关见证材料符合特种设备检验检测人员有关考核规则的规定，同意该申请人参加考试（换证）。
考试成绩（换证结果）：□合格□不合格　　　　考试机构：（盖章）
审查日期：　年　月　日</td></tr>
</table>

注 1：本申请表，申请人在网上申请时自动生成；如填报纸质申请时，请按照相应的考核规则规定的人员种类、持证项目填写。

注 2：种类分为检验人员、无损检测人员、水（介）质处理检测人员和型式试验人员等。

注 3：工作年限是指与特种设备相关的检验检测、管理工作的年限。

附件 D

特种设备检验检测人员证(样式)

中华人民共和国
特种设备检验检测人员证
(检验人员)

姓名:

证书编号:

初次取证日期:　　年　　月

经考核,批准项目如下:

项目	级别	代号	备注

考试机构:　　　　　　　　　　发证机关:
发证日期:　年　月　日

有效期自:　　年　月至　年　月

相关规章和规范历次制(修)订情况

1.《锅炉压力容器安全监察暂行条例》实施细则 1.5、2.4 部分(劳动人事部，劳人锅[1982]6 号，1982 年 8 月 7 日颁发试行)。

2.《锅炉压力容器检验员资格鉴定考核规则》(劳动部劳锅字[1988]5 号，1988 年 10 月 14 日印发实施)。

3.《锅炉压力容器压力管道及特种设备检验人员资格考核规则》(质技监局锅发[1999]222 号，1999 年 9 月 27 日印发，2000 年 7 月 1 日起施行)。

附

TSG Z8002—2013《特种设备检验人员考核规则》第1号修改单

（对2013年1月16日第1版的修改）

一、目录修改

1. 附件A修改为："特种设备检验人员定期检验、监督检验级别、项目及其代号与检验范围"。

2. 增加"附件C　型式试验专业知识和操作技能考试大纲内容要求"。

二、正文修改

1. 第一条修改为："为了规范特种设备检验人员考核工作，根据《中华人民共和国特种设备安全法》、《特种设备安全监察条例》制定本规则。"

2. 第二条第一款修改为："特种设备检验人员是指从事《中华人民共和国特种设备安全法》、《特种设备安全监察条例》适用范围的特种设备监督检验、定期检验和型式试验工作，做出检验结论的人员（以下称监督检验人员、定期检验人员、型式试验人员，统称检验人员）。"

3. 第三条修改为："本规则规定的监督检验人员、定期检验人员分为检验员、检验师，型式试验人员只设检验员。

"定期检验人员和监督检验人员的级别、项目及其代号与检验范围的划分见附件A，型式试验人员的项目种类、项目代码按照《特种设备型式试验机构核准规则》（TSG Z7004）划分。"

4. 第八条第（五）项修改为："了解被检对象的制造、安装、改造、修理和使用的基本知识；"

5. 第十一条修改为："定期检验人员与监督检验人员的考试方式，包括理论笔试和实际操作技能考试。定期检验人员与监督检验人员的取证考试的科目、方式见表1。"

表1的表头修改为："定期检验人员与监督检验人员考试科目、方式"

删除注2的（3）和（4）。

6. 增加一条，作为第十二条："型式试验人员的考试分为特种设备综合知识考试和专业知识与操作技能考试。其中，综合知识考试由考试机构组织进行，考试内容以特种设备安全监察与管理的基本要求为主，包括与型式试验有关的特种设备安全监督管理知识、设计与制造许可要求、型式试验机构核准要求、计量知识、型式试验机构质量管理体系知识、特种设备生产单位质量保证体系知识以及型式试验人员执业操守等内容。考试采取笔试方式(闭卷、开卷),已取得检验师的人员免试本部分考试;专业知识与操作技能考试由申请人所执业的、经核准的型式试验机构组织进行,其内容按照所在型式试验机构向考试机构备案的考试大纲(格式见附件C)。"

7. 增加一条,作为第十三条:"检验人员各科目考试的评分采用百分制,合格标准均为70分。

"考试成绩未达到合格标准的科目允许补考,考试单科合格成绩有效期为2年,在有效期内所规定的全部考试科目均达到合格标准的人员,方可申请《检验人员证》。"

8. 第十三条改为第十五条,其第(二)项修改为:"不得从事特种设备生产、维护保养、经营和检验、检测活动;"

9. 第十九条改为第二十一条,其第一款增加一项,作为第(七)项:"型式试验专业知识与操作技能考试合格证明(原件,1份)。"

第二款、第三款修改为:"报名参加定期检验、监督检验检验员取证考试的,应当提交前款(一)、(二)、(三)、(六)资料,报名参加型式试验检验员取证考试的,还应当提交前款(七)资料;报名参加检验师取证考试的,应当提交前款(一)、(四)、(五)、(六)资料。

"申请人应当对所提交资料的真实性负责。申请人以欺骗、贿赂等不正当手段取得考试资格的,考试成绩作废。"

10. 第二十五条改为第二十七条,修改为:"检验人员应当在其证书有效期届满前3个月,向相应的换证审核机构提出换证申请。"

11. 第二十七条改为第二十九条,其中"换证采取审核的方式,但是应当满足以下要求:"修改为:"换证采取审核的方式。换证应当满足以下要求:"

第(三)项修改为:"接受经发证机关授权公布的知识更新与技能培训(以下简称继续教育培训)指南所涉及内容的培训,其累积培训课时不少于40小时(其中型式试验类别人员为20小时)。"

12. 第三十六条改为第三十八条,修改为:"持证人员出具虚假检测结果、鉴定结论,或者从事特种设备生产、经营、推荐或者监制、监销的,或者同时在两个以上(含二个)机构中执业的,发证机关按照《中华人民共和国特种设备安全法》的规定予以处罚。"

三、附件修改

1. 附件A

表头修改为:"定期检验、监督检验人员级别、项目及其代号与检验范围"。

2. 附件B

(1) 表中学历一栏改为:

<table>
<tr><td rowspan="3">学历</td><td colspan="2">理工类大专以上(含大专)</td><td rowspan="3">√</td><td rowspan="3">—</td></tr>
<tr><td rowspan="2">其他学历</td><td>接受过发证机关认可的、不少于200小时的理工类技术基础性知识培训</td></tr>
<tr><td>参加报考项目检验实习时间总计不少于1年,或者从事特种设备安全管理工作3年以上</td></tr>
</table>

(2) 增加一条注,作为注B-2:“报考气瓶检验员学历为高中(或者中专)以上(含高中或者中专)。”

(3) 增加一条注,作为注B-4:“报考型式试验人员的学历同检验员,其相关型式试验项目的专业培训经历不少于40小时,并且经过型式试验机构专业知识与操作技能考试合格。”

3. 增加一个附件,作为附件C:

“型式试验专业知识和操作技能考试大纲内容要求

“C1　专业知识考试

“C1.1　考试内容

专业知识考试以考核型式试验工作的基础知识和专业知识为主,包括型式试验样品的核查,型式试验工艺、方案、试验报告的编制,对试验相关问题进行判断、处理的原则及要求。

“C1.2　考试试卷

“对以下要求进行合理的划分:

“(1) 各知识点所占比例及总量;

“(2) 开卷、闭卷所包括的题型种类、所占试卷比例及分数比例。

“C1.3　考试时间

“开卷考试时间不超过2.5小时,闭卷考试时间不超过2小时。

“C2　操作技能考试

“C2.1　考试内容

“操作技能考试以考核型式试验工作的基本操作和运用标准对型式试验对象进行准确评定的技能,包括以下内容:

“(1) 型式试验方法和目的;

“(2) 型式试验方法的理论基础;

“(3) 型式试验方案的制定、选用;

“(4) 基本操作过程,工具、方法的选择使用;

“(5) 型式试验数据的记录,报告的编制、审核、批准等。

“**C2.2** 考试时间

“考试时间不超过1小时。”

4. 附件C改为附件D，注2修改为：“种类分为检验人员、无损检测人员、水(介)质处理检测人员等。”

表下增加一个注，为注4：“型式试验人员，项目一列中为项目种类；代号一列中为项目代码；型式试验人员不分级别，级别一列中划‘—’”。

5. 附件D改为附件E，证底部增加一个注，为：“型式试验人员，项目一列中为项目种类；代号一列中为项目代码。型式试验人员不分级别，级别一列中划‘—’。”

此外，对目录、正文和附件的顺序以及引用的条款和部分文字作相应的调整和修改。

TSG 特种设备安全技术规范 TSG T5002—2017

电梯维护保养规则

Lift Maintenance Regulation

中华人民共和国国家质量监督检验检疫总局颁布

2017 年 1 月 16 日

前　　言

为配合《特种设备使用管理规则》(TSG 08—2017)及其他相关电梯安全技术规范的颁布施行并与其协调,国家质量监督检验检疫总局(以下简称国家质检总局)特种设备安全监察局(以下简称特种设备局)对原《电梯使用管理与维护保养规则》(TSG T5001—2009,以下简称原规则)进行了紧急修订,删除了其中使用管理相关内容,对维护保养的内容做了相应调整和完善,形成了《电梯维护保养规则》送审稿,并送国家质检总局特种设备安全与节能技术委员会审议。根据专家审议意见,对规则进行了必要修改后形成报批稿。2017 年 1 月 16 日,由国家质检总局批准颁布。

本规则由上海三菱电梯有限公司乔强根据原规则进行整理;相关电梯型式试验机构、检验机构和生产单位人员参加了修订。

原规则主要起草单位和人员如下:

北京市质量技术监督局	刘新华　周　沛
国家质检总局特种设备局	何　毅
北京市特种设备检测中心	赵伯锐　张弟华
上海市质量技术监督局	顾卫东　张元培
新疆维吾尔自治区质量技术监督局	潘文筠
深圳市特种设备安全检验研究院	刘锡奎
广东省质量技术监督局	姚良宏　黄永盛
奥的斯电梯(中国)投资有限公司	蒋　灏
日立电梯(中国)有限公司	曾健智
上海三菱电梯有限公司	王志平
北京希望电梯有限责任公司	刘　萍

电梯维护保养规则

第一条 为了规范电梯维护保养行为，根据《中华人民共和国特种设备安全法》《特种设备安全监察条例》，制定本规则。

第二条 本规则适用于《特种设备目录》范围内电梯的维护保养（以下简称维保）工作。

消防员电梯、防爆电梯的维保单位，应当按照制造单位的要求制定维保项目和内容。

第三条 本规则是对电梯维保工作的基本要求，相关单位应当根据科学技术的发展和实际情况，制定不低于本规则并且适用于所维保电梯的工作要求，以保证所维保电梯的安全性能。

第四条 电梯维保单位应当在依法取得相应的许可后，方可从事电梯的维保工作。

第五条 维保单位应当履行下列职责：

（一）按照本规则、有关安全技术规范以及电梯产品安装使用维护说明书的要求，制定维保计划与方案；

（二）按照本规则和维保方案实施电梯维保，维保期间落实现场安全防护措施，保证施工安全；

（三）制定应急措施和救援预案，每半年至少针对本单位维保的不同类别（类型）电梯进行一次应急演练；

（四）设立24小时维保值班电话，保证接到故障通知后及时予以排除；接到电梯困人故障报告后，维保人员及时抵达所维保电梯所在地实施现场救援，直辖市或者设区的市抵达时间不超过30分钟，其他地区一般不超过1小时；

（五）对电梯发生的故障等情况，及时进行详细的记录；

（六）建立每台电梯的维保记录，及时归入电梯安全技术档案，并且至少保存4年；

（七）协助电梯使用单位制定电梯安全管理制度和应急救援预案；

（八）对承担维保的作业人员进行安全教育与培训，按照特种设备作业人员考核要求，组织取得相应的《特种设备作业人员证》，培训和考核记录存档备查；

（九）每年度至少进行一次自行检查，自行检查在特种设备检验机构进行定期检验之前进行，自行检查项目及其内容根据使用状况确定，但是不少于本规则年度维保和电梯定期检验规定的项目及其内容，并且向使用单位出具有自行检查和审核人员的签字、加盖维保单位公章或者其他专用章的自行检查记录或者报告；

（十）安排维保人员配合特种设备检验机构进行电梯的定期检验；

（十一）在维保过程中，发现事故隐患及时告知电梯使用单位；发现严重事故隐患，及时向当地特种设备安全监督管理部门报告。

第六条 电梯的维保项目分为半月、季度、半年、年度等四类，各类维保的基本项目（内容）和要求分别见附件A至附件D。维保单位应当依据各附件的要求，按照安装使用维护说明书的规定，并且根据所保养电梯使用的特点，制定合理的维保计划与方案，对电梯进行清洁、润滑、检查、调整，更换不符合要求的易损件，使电梯达到安全要求，保证电梯能够正常运行。

现场维保时，如果发现电梯存在的问题需要通过增加维保项目(内容)予以解决的，维保单位应当相应增加并且及时修订维保计划与方案。

当通过维保或者自行检查，发现电梯仅依据合同规定的维保内容已经不能保证安全运行，需要改造、修理(包括更换零部件)、更新电梯时，维保单位应当书面告知使用单位。

第七条 维保单位进行电梯维保，应当进行记录。记录至少包括以下内容：

(一) 电梯的基本情况和技术参数，包括整机制造、安装、改造、重大修理单位名称，电梯品种(型式)，产品编号，设备代码，电梯型号或者改造后的型号，电梯基本技术参数(内容见第八条)；

(二) 使用单位、使用地点、使用单位内编号；

(三) 维保单位、维保日期、维保人员(签字)；

(四) 维保的项目(内容)，进行的维保工作，达到的要求，发生调整、更换易损件等工作时的详细记载。

维保记录应当经使用单位安全管理人员签字确认。

第八条 维保记录中的电梯基本技术参数主要包括以下内容：

(一) 曳引与强制驱动电梯(包括曳引驱动乘客电梯、曳引驱动载货电梯、强制驱动载货电梯)，为驱动方式、额定载重量、额定速度、层站门数；

(二) 液压驱动电梯(包括液压乘客电梯、液压载货电梯)，为额定载重量、额定速度、层站门数、油缸数量、顶升型式；

(三) 杂物电梯，为驱动方式、额定载重量、额定速度、层站门数；

(四) 自动扶梯与自动人行道(包括自动扶梯、自动人行道)，为倾斜角、名义速度、提升高度、名义宽度、主机功率、使用区段长度(自动人行道)。

第九条 维保单位的质量检验(查)人员或者管理人员应当对电梯的维保质量进行不定期检查，并且进行记录。

第十条 采用信息化技术实现无纸化电梯维保记录的，其维保记录格式、内容和要求应当满足相关法律、法规和安全技术规范的要求。使用无纸化电梯维保记录系统的，其数据在保存过程中不得有任何程度和任何形式的更改，确保储存数据的公正、客观和安全，并可实时进行查询。

第十一条 本规则下列用语的含义是：

维护保养，是指对电梯进行的清洁、润滑、调整、更换易损件和检查等日常维护与保养性工作。其中清洁、润滑不包括部件的解体，调整和更换易损件不会改变任何电梯性能参数。

第十二条 本规则由国家质量监督检验检疫总局负责解释。

第十三条 本规则自 2017 年 8 月 1 日起施行。

附件 A

曳引与强制驱动电梯维护保养项目(内容)和要求

A1 半月维护保养项目(内容)和要求

半月维护保养项目(内容)和要求见表 A-1。

表 A-1 半月维护保养项目(内容)和要求

序号	维护保养项目(内容)	维护保养基本要求
1	机房、滑轮间环境	清洁,门窗完好,照明正常
2	手动紧急操作装置	齐全,在指定位置
3	驱动主机	运行时无异常振动和异常声响
4	制动器各销轴部位	动作灵活
5	制动器间隙	打开时制动衬与制动轮不应发生摩擦,间隙值符合制造单位要求
6	制动器作为轿厢意外移动保护装置制停子系统时的自监测	制动力人工方式检测符合使用维护说明书要求;制动力自监测系统有记录
7	编码器	清洁,安装牢固
8	限速器各销轴部位	润滑,转动灵活;电气开关正常
9	层门和轿门旁路装置	工作正常
10	紧急电动运行	工作正常
11	轿顶	清洁,防护栏安全可靠
12	轿顶检修开关、停止装置	工作正常
13	导靴上油杯	吸油毛毡齐全,油量适宜,油杯无泄漏
14	对重/平衡重块及其压板	对重/平衡重块无松动,压板紧固
15	井道照明	齐全,正常
16	轿厢照明、风扇、应急照明	工作正常
17	轿厢检修开关、停止装置	工作正常
18	轿内报警装置、对讲系统	工作正常
19	轿内显示、指令按钮、IC 卡系统	齐全,有效
20	轿门防撞击保护装置(安全触板,光幕、光电等)	功能有效

续表 A-1

序号	维护保养项目(内容)	维护保养基本要求
21	轿门门锁电气触点	清洁,触点接触良好,接线可靠
22	轿门运行	开启和关闭工作正常
23	轿厢平层准确度	符合标准值
24	层站召唤、层楼显示	齐全,有效
25	层门地坎	清洁
26	层门自动关门装置	正常
27	层门门锁自动复位	用层门钥匙打开手动开锁装置释放后,层门门锁能自动复位
28	层门门锁电气触点	清洁,触点接触良好,接线可靠
29	层门锁紧元件啮合长度	不小于 7 mm
30	底坑环境	清洁,无渗水、积水,照明正常
31	底坑停止装置	工作正常

A2　季度维护保养项目(内容)和要求

季度维护保养项目(内容)和要求除符合 A1 半月维护保养的项目(内容)和要求外,还应当符合表 A-2 的项目(内容)和要求。

表 A-2　季度维护保养项目(内容)和要求

序号	维护保养项目(内容)	维护保养基本要求
1	减速机润滑油	油量适宜,除蜗杆伸出端外均无渗漏
2	制动衬	清洁,磨损量不超过制造单位要求
3	编码器	工作正常
4	选层器动静触点	清洁,无烧蚀
5	曳引轮槽、悬挂装置	清洁,钢丝绳无严重油腻,张力均匀,符合制造单位要求
6	限速器轮槽、限速器钢丝绳	清洁,无严重油腻
7	靴衬、滚轮	清洁,磨损量不超过制造单位要求
8	验证轿门关闭的电气安全装置	工作正常
9	层门、轿门系统中传动钢丝绳、链条、传动带	按照制造单位要求进行清洁、调整
10	层门门导靴	磨损量不超过制造单位要求
11	消防开关	工作正常,功能有效
12	耗能缓冲器	电气安全装置功能有效,油量适宜,柱塞无锈蚀
13	限速器张紧轮装置和电气安全装置	工作正常

A3　半年维护保养项目(内容)和要求

半年维护保养项目(内容)和要求除符合 A2 季度维护保养的项目(内容)和要求外,还应当符合表 A-3 的项目(内容)和要求。

表 A-3　半年维护保养项目(内容)和要求

序号	维护保养项目(内容)	维护保养基本要求
1	电动机与减速机联轴器	连接无松动,弹性元件外观良好,无老化等现象
2	驱动轮、导向轮轴承部	无异常声响,无振动,润滑良好
3	曳引轮槽	磨损量不超过制造单位要求
4	制动器动作状态监测装置	工作正常,制动器动作可靠
5	控制柜内各接线端子	各接线紧固、整齐,线号齐全清晰
6	控制柜各仪表	显示正常
7	井道、对重、轿顶各反绳轮轴承部	无异常声响,无振动,润滑良好
8	悬挂装置、补偿绳	磨损量、断丝数不超过要求
9	绳头组合	螺母无松动
10	限速器钢丝绳	磨损量、断丝数不超过制造单位要求
11	层门、轿门门扇	门扇各相关间隙符合标准值
12	轿门开门限制装置	工作正常
13	对重缓冲距离	符合标准值
14	补偿链(绳)与轿厢、对重接合处	固定,无松动
15	上、下极限开关	工作正常

A4　年度维护保养项目(内容)和要求

年度维护保养项目(内容)和要求除符合 A3 半年维护保养的项目(内容)和要求外,还应当符合表 A-4 的项目(内容)和要求。

表 A-4　年度维护保养项目(内容)和要求

序号	维护保养项目(内容)	维护保养基本要求
1	减速机润滑油	按照制造单位要求适时更换,保证油质符合要求
2	控制柜接触器、继电器触点	接触良好
3	制动器铁芯(柱塞)	进行清洁、润滑、检查,磨损量不超过制造单位要求
4	制动器制动能力	符合制造单位要求,保持有足够的制动力,必要时进行轿厢装载 125%额定载重量的制动试验
5	导电回路绝缘性能测试	符合标准

续表 A-4

序号	维护保养项目(内容)	维护保养基本要求
6	限速器安全钳联动试验(对于使用年限不超过15年的限速器,每2年进行一次限速器动作速度校验;对于使用年限超过15年的限速器,每年进行一次限速器动作速度校验)	工作正常
7	上行超速保护装置动作试验	工作正常
8	轿厢意外移动保护装置动作试验	工作正常
9	轿顶、轿厢架、轿门及其附件安装螺栓	紧固
10	轿厢和对重/平衡重的导轨支架	固定,无松动
11	轿厢和对重/平衡重的导轨	清洁,压板牢固
12	随行电缆	无损伤
13	层门装置和地坎	无影响正常使用的变形,各安装螺栓紧固
14	轿厢称重装置	准确有效
15	安全钳钳座	固定,无松动
16	轿底各安装螺栓	紧固
17	缓冲器	固定,无松动

注 A-1:如果某些电梯没有表中的项目(内容),如有的电梯不含有某种部件,项目(内容)可适当进行调整(下同)。

注 A-2:维护保养项目(内容)和要求中对测试、试验有明确规定的,应当按照规定进行测试、试验,没有明确规定的,一般为检查、调整、清洁和润滑(下同)。

注 A-3:维护保养基本要求中,规定为“符合标准值”的,是指符合对应的国家标准、行业标准和制造单位要求(下同)。

注 A-4:维护保养基本要求中,规定为“制造单位要求”的,按照制造单位的要求,其他没有明确“要求”的,应当为安全技术规范、标准或者制造单位等的要求(下同)。

附件 B

液压驱动电梯维护保养项目(内容)和要求

B1 半月维护保养项目(内容)和要求

半月维护保养项目(内容)和要求见表 B-1。

表 B-1 半月维护保养项目(内容)和要求

序号	维护保养项目(内容)	维护保养基本要求
1	机房环境	清洁,室温符合要求,门窗完好,照明正常
2	机房内手动泵操作装置	齐全,在指定位置
3	油箱	油量、油温正常,无杂质、无漏油现象
4	电动机	运行时无异常振动和异常声响
5	层门和轿门旁路装置	工作正常
6	阀、泵、消音器、油管、表、接口等部件	无漏油现象
7	编码器	清洁,安装牢固
8	轿顶	清洁,防护栏安全可靠
9	轿顶检修开关、停止装置	工作正常
10	导靴上油杯	吸油毛毡齐全,油量适宜,油杯无泄漏
11	井道照明	齐全,正常
12	限速器各销轴部位	润滑,转动灵活,电气开关正常
13	轿厢照明、风扇、应急照明	工作正常
14	轿厢检修开关、停止装置	工作正常
15	轿内报警装置、对讲系统	正常
16	轿内显示、指令按钮	齐全,有效
17	轿门防撞击保护装置(安全触板,光幕、光电等)	功能有效
18	轿门门锁触点	清洁,触点接触良好,接线可靠
19	轿门运行	开启和关闭工作正常
20	轿厢平层准确度	符合标准值
21	层站召唤、层楼显示	齐全,有效
22	层门地坎	清洁
23	层门自动关门装置	正常

续表 B-1

序号	维护保养项目(内容)	维护保养基本要求
24	层门门锁自动复位	用层门钥匙打开手动开锁装置释放后,层门门锁能自动复位
25	层门门锁电气触点	清洁,触点接触良好,接线可靠
26	层门锁紧元件啮合长度	不小于 7 mm
27	底坑	清洁,无渗水、积水,照明正常
28	底坑停止装置	工作正常
29	液压柱塞	无漏油,运行顺畅,柱塞表面光滑
30	井道内液压油管、接口	无漏油

B2　季度维护保养项目(内容)和要求

季度维护保养项目(内容)和要求除符合 B1 半月维护保养的项目(内容)和要求外,还应当符合表 B-2 的项目(内容)和要求。

表 B-2　季度维护保养项目(内容)和要求

序号	维护保养项目(内容)	维护保养基本要求
1	安全溢流阀(在油泵与单向阀之间)	其工作压力不得高于满负荷压力的 170%
2	手动下降阀	通过下降阀动作,轿厢能下降;系统压力小于该阀最小操作压力时,手动操作应无效(间接式液压电梯)
3	手动泵	通过手动泵动作,轿厢被提升;相连接的溢流阀工作压力不得高于满负荷压力的 2.3 倍
4	油温监控装置	功能可靠
5	限速器轮槽、限速器钢丝绳	清洁,无严重油腻
6	验证轿门关闭的电气安全装置	工作正常
7	轿厢侧靴衬、滚轮	磨损量不超过制造单位要求
8	柱塞侧靴衬	清洁,磨损量不超过制造单位要求
9	层门、轿门系统中传动钢丝绳、链条、胶带	按照制造单位要求进行清洁、调整
10	层门门导靴	磨损量不超过制造单位要求
11	消防开关	工作正常,功能有效
12	耗能缓冲器	电气安全装置功能有效,油量适宜,柱塞无锈蚀
13	限速器张紧轮装置和电气安全装置	工作正常

B3　半年维护保养项目(内容)和要求

半年维护保养项目(内容)和要求除符合 B2 季度维护保养的项目(内容)和要求外,还应当符合表 B-3 的项目(内容)和要求。

表 B-3　半年维护保养项目(内容)和要求

序号	维护保养项目(内容)	维护保养基本要求
1	控制柜内各接线端子	各接线紧固,整齐,线号齐全清晰
2	控制柜	各仪表显示正确
3	导向轮	轴承部无异常声响
4	悬挂钢丝绳	磨损量、断丝数未超过要求
5	悬挂钢丝绳绳头组合	螺母无松动
6	限速器钢丝绳	磨损量、断丝数不超过制造单位要求
7	柱塞限位装置	符合要求
8	上下极限开关	工作正常
9	柱塞、消音器放气操作	符合要求

B4　年度维护保养项目(内容)和要求

年度维护保养项目(内容)和要求除符合 B3 半年维护保养的项目(内容)和要求外,还应当符合表 B-4 的项目(内容)和要求。

表 B-4　年度维护保养项目(内容)和要求

序号	维护保养项目(内容)	维护保养基本要求
1	控制柜接触器、继电器触点	接触良好
2	动力装置各安装螺栓	紧固
3	导电回路绝缘性能测试	符合标准值
4	限速器安全钳联动试验(每 2 年进行一次限速器动作速度校验)	工作正常
5	随行电缆	无损伤
6	层门装置和地坎	无影响正常使用的变形,各安装螺栓紧固
7	轿顶、轿厢架、轿门及附件安装螺栓	紧固
8	轿厢称重装置	准确有效
9	安全钳钳座	固定,无松动
10	轿厢及油缸导轨支架	牢固
11	轿厢及油缸导轨	清洁,压板牢固
12	轿底各安装螺栓	紧固
13	缓冲器	固定,无松动
14	轿厢沉降试验	符合标准值

附件 C

杂物电梯维护保养项目(内容)和要求

C1 半月维护保养项目(内容)和要求

半月维护保养项目(内容)和要求见表 C-1。

表 C-1 半月维护保养项目(内容)和要求

序号	维护保养项目(内容)	维护保养基本要求
1	机房、通道环境	清洁,门窗完好,照明正常
2	手动紧急操作装置	齐全,在指定位置
3	驱动主机	运行时无异常振动和异常声响
4	制动器各销轴部位	润滑,动作灵活
5	制动器间隙	打开时制动衬与制动轮不发生摩擦
6	限速器各销轴部位	润滑,转动灵活,电气开关正常
7	轿顶	清洁
8	轿顶停止装置	工作正常
9	导靴上油杯	吸油毛毡齐全,油量适宜,油杯无泄漏
10	对重/平衡重块及压板	对重/平衡重块无松动,压板紧固
11	井道照明	齐全,正常
12	轿门门锁触点	清洁,触点接触良好,接线可靠
13	层站召唤、层楼显示	齐全,有效
14	层门地坎	清洁
15	层门门锁自动复位	用层门钥匙打开手动开锁装置释放后,层门门锁能自动复位
16	层门门锁电气触点	清洁,触点接触良好,接线可靠
17	层门锁紧元件啮合长度	不小于 5 mm
18	层门门导靴	无卡阻,滑动顺畅
19	底坑环境	清洁,无渗水、积水,照明正常
20	底坑停止装置	工作正常

C2 季度维护保养项目(内容)和要求

季度维护保养项目(内容)和要求除符合 C1 半月维护保养的项目(内容)和要求外,还应当符合表 C-2 的项目(内容)和要求。

表 C-2　季度维护保养项目(内容)和要求

序号	维护保养项目(内容)	维护保养基本要求
1	减速机润滑油	油量适宜,除蜗杆伸出端外均无渗漏
2	制动衬	清洁,磨损量不超制造单位要求
3	曳引轮槽、悬挂装置	清洁,无严重油腻,张力均匀
4	限速器轮槽、限速器钢丝绳	清洁,无严重油腻
5	靴衬	清洁,磨损量不超过制造单位要求
6	层门、轿门系统中传动钢丝绳、链条、传动带	按照制造单位要求进行清洁、调整
7	层门门导靴	磨损量不超过制造单位要求
8	限速器张紧轮装置和电气安全装置	工作正常

C3　半年维护保养项目(内容)和要求

半年维护保养项目(内容)和要求除符合 C2 季度维护保养的项目(内容)和要求外,还应当符合表 C-3 的项目(内容)和要求。

表 C-3　半年维护保养项目(内容)和要求

序号	维护保养项目(内容)	维护保养基本要求
1	电动机与减速机联轴器	连接无松动,弹性元件外观良好,无老化等现象
2	驱动轮、导向轮轴承部	无异常声响,无振动,润滑良好
3	制动器上检测开关	工作正常,制动器动作可靠
4	控制柜内各接线端子	各接线紧固、整齐,线号齐全清晰
5	控制柜各仪表	显示正确
6	悬挂装置	磨损量、断丝数未超过要求
7	绳头组合	螺母无松动
8	限速器钢丝绳	磨损量、断丝数不超过制造单位要求
9	对重缓冲距离	符合标准值
10	上、下极限开关	工作正常

C4　年度维护保养项目(内容)和要求

年度维护保养项目(内容)和要求除符合 C3 半年维护保养的项目(内容)和要求外,还应当符合表 C-4 的项目(内容)和要求。

表 C-4　年度维护保养项目(内容)和要求

序号	维护保养项目(内容)	维护保养基本要求
1	减速机润滑油	按照制造单位要求适时更换,油质符合要求
2	控制柜接触器、继电器触点	接触良好
3	制动器铁芯(柱塞)	分解进行清洁、润滑、检查,磨损量不超过制造单位要求
4	制动器制动弹簧压缩量	符合制造单位要求,保持有足够的制动力
5	导电回路绝缘性能测试	符合标准值
6	限速器安全钳联动试验(每 5 年进行一次限速器动作速度校验)	工作正常
7	轿顶、轿厢架、轿门及附件安装螺栓	紧固
8	轿厢及对重/平衡重导轨支架	固定,无松动
9	轿厢及对重/平衡重导轨	清洁,压板牢固
10	随行电缆	无损伤
11	层门装置和地坎	无影响正常使用的变形,各安装螺栓紧固
12	安全钳钳座	固定,无松动
13	轿底各安装螺栓	紧固
14	缓冲器	固定,无松动

附件 D

自动扶梯与自动人行道维护保养项目(内容)和要求

D1 半月维护保养项目(内容)和要求

半月维护保养项目(内容)和要求见表 D-1。

表 D-1 半月维护保养项目(内容)和要求

序号	维护保养项目(内容)	维护保养基本要求
1	电器部件	清洁,接线紧固
2	故障显示板	信号功能正常
3	设备运行状况	正常,没有异常声响和抖动
4	主驱动链	运转正常,电气安全保护装置动作有效
5	制动器机械装置	清洁,动作正常
6	制动器状态监测开关	工作正常
7	减速机润滑油	油量适宜,无渗油
8	电机通风口	清洁
9	检修控制装置	工作正常
10	自动润滑油罐油位	油位正常,润滑系统工作正常
11	梳齿板开关	工作正常
12	梳齿板照明	照明正常
13	梳齿板梳齿与踏板面齿槽、导向胶带	梳齿板完好无损,梳齿板梳齿与踏板面齿槽、导向胶带啮合正常
14	梯级或者踏板下陷开关	工作正常
15	梯级或者踏板缺失监测装置	工作正常
16	超速或非操纵逆转监测装置	工作正常
17	检修盖板和楼层板	防倾覆或者翻转措施和监控装置有效、可靠
18	梯级链张紧开关	位置正确,动作正常
19	防护挡板	有效,无破损
20	梯级滚轮和梯级导轨	工作正常
21	梯级、踏板与围裙板之间的间隙	任何一侧的水平间隙及两侧间隙之和符合标准值
22	运行方向显示	工作正常
23	扶手带入口处保护开关	动作灵活可靠,清除入口处垃圾
24	扶手带	表面无毛刺,无机械损伤,运行无摩擦

续表 D-1

序号	维护保养项目(内容)	维护保养基本要求
25	扶手带运行	速度正常
26	扶手护壁板	牢固可靠
27	上下出入口处的照明	工作正常
28	上下出入口和扶梯之间保护栏杆	牢固可靠
29	出入口安全警示标志	齐全,醒目
30	分离机房、各驱动和转向站	清洁,无杂物
31	自动运行功能	工作正常
32	紧急停止开关	工作正常
33	驱动主机的固定	牢固可靠

D2　季度维护保养项目(内容)和要求

季度维护保养项目(内容)和要求除符合 D1 半月维护保养的项目(内容)和要求外,还应当符合表 D-2 的项目(内容)和要求。

表 D-2　季度维护保养项目(内容)和要求

序号	维护保养项目(内容)	维护保养基本要求
1	扶手带的运行速度	相对于梯级、踏板或者胶带的速度允差为 0～+2%
2	梯级链张紧装置	工作正常
3	梯级轴衬	润滑有效
4	梯级链润滑	运行工况正常
5	防灌水保护装置	动作可靠(雨季到来之前必须完成)

D3　半年维护保养项目(内容)和要求

半年维护保养项目(内容)和要求除符合 D2 季度维护保养的项目(内容)和要求外,还应当符合表 D-3 的项目(内容)和要求。

表 D-3　半年维护保养项目(内容)和要求

序号	维护保养项目(内容)	维护保养基本要求
1	制动衬厚度	不小于制造单位要求
2	主驱动链	清理表面油污,润滑
3	主驱动链链条滑块	清洁,厚度符合制造单位要求
4	电动机与减速机联轴器	连接无松动,弹性元件外观良好,无老化等现象
5	空载向下运行制动距离	符合标准值
6	制动器机械装置	润滑,工作有效
7	附加制动器	清洁和润滑,功能可靠

续表 D-3

序号	维护保养项目(内容)	维护保养基本要求
8	减速机润滑油	按照制造单位的要求进行检查、更换
9	调整梳齿板梳齿与踏板面齿槽啮合深度和间隙	符合标准值
10	扶手带张紧度张紧弹簧负荷长度	符合制造单位要求
11	扶手带速度监控系统	工作正常
12	梯级踏板加热装置	功能正常,温度感应器接线牢固(冬季到来之前必须完成)

D4　年度维护保养项目(内容)和要求

年度维护保养项目(内容)和要求除符合 D3 半年维护保养的项目(内容)和要求外,还应当符合表 D-4 的项目(内容)和要求。

表 D-4　年度维护保养项目(内容)和要求

序号	维护保养项目(内容)	维护保养基本要求
1	主接触器	工作可靠
2	主机速度检测功能	功能可靠,清洁感应面、感应间隙符合制造单位要求
3	电缆	无破损,固定牢固
4	扶手带托轮、滑轮群、防静电轮	清洁,无损伤,托轮转动平滑
5	扶手带内侧凸缘处	无损伤,清洁扶手导轨滑动面
6	扶手带断带保护开关	功能正常
7	扶手带导向块和导向轮	清洁,工作正常
8	进入梳齿板处的梯级与导轮的轴向窜动量	符合制造单位要求
9	内外盖板连接	紧密牢固,连接处的凸台、缝隙符合制造单位要求
10	围裙板安全开关	测试有效
11	围裙板对接处	紧密平滑
12	电气安全装置	动作可靠
13	设备运行状况	正常,梯级运行平稳,无异常抖动,无异常声响

TSG 特种设备安全技术规范 TSG T7001—2009

电梯监督检验和定期检验规则
——曳引与强制驱动电梯

Regulation for lift supervisory inspection and periodical inspection—Traction and positive drive lift

中华人民共和国国家质量监督检验检疫总局颁布

2009 年 12 月 4 日

电梯监督检验和定期检验规则
——曳引与强制驱动电梯

第一条 为了加强对曳引与强制驱动电梯安装、改造、维修、日常维护保养、使用和检验工作的监督管理，规范曳引与强制驱动电梯安装、改造、重大维修监督检验和定期检验行为，提高检验工作质量，促进曳引与强制驱动电梯运行安全保障工作的有效落实，根据《特种设备安全监察条例》，制定本规则。

第二条 本规则适用于电力驱动的曳引式与强制式电梯（防爆电梯、消防员电梯、杂物电梯除外）的安装、改造、重大维修监督检验和定期检验。

前款所述曳引与强制驱动电梯（以下简称电梯）的生产（含电梯的设计、制造、安装、改造、维修、日常维护保养，下同）和使用单位，以及从事电梯监督检验和定期检验的特种设备检验检测机构，应当遵守本规则规定。

第三条 本规则所称监督检验是指由国家质量监督检验检疫总局（以下简称国家质检总局）核准的特种设备检验检测机构（以下简称检验机构），根据本规则规定，对电梯安装、改造、重大维修过程进行的监督检验（以下简称监督检验）；本规则所称定期检验是指检验机构根据本规则规定，对在用电梯定期进行的检验。

监督检验和定期检验（以下统称检验）是对电梯生产和使用单位执行相关法规标准规定、落实安全责任，开展为保证和自主确认电梯安全的相关工作质量情况的查证性检验。电梯生产单位的自检记录或者报告中的结论，是对设备安全状况的综合判定；检验机构出具检验报告中的检验结论，是对电梯生产和使用单位落实相关责任、自主确定设备安全等工作质量的判定。

第四条 如果出现了有关电梯生产和检验的新技术、新材料、新工艺等影响本规则技术指标的要求的特殊情况，国家质检总局可以根据具体情况，提出相应要求。

第五条 实施电梯安装、改造或者重大维修的施工单位（以下简称施工单位）应当在按照规定履行告知后、开始施工前（不包括设备开箱、现场勘测等准备工作），向规定的检验机构申请监督检验；电梯使用单位应当在安全检验标志所标注的下次检验日期届满前1个月，向规定的检验机构申请定期检验。

第六条 施工单位应当按照设计文件和标准的要求，对电梯机房（或者机器设备间）、井道、底坑等涉及电梯施工的土建工程进行检查，对电梯制造质量（包括零部件和安全保护装置等）进行确认，并且做好记录，符合要求后方可进行电梯施工。

施工单位或者维护保养单位应当按照相关安全技术规范和标准的要求，保证施工或者日常维护保养质量，真实、准确地填写施工或者日常维护保养的相关记录或者报告，对施工或者日常维护保养质量以及提供的相关文件、资料的真实性及其与实物的一致性负责。

第七条 施工单位、维护保养单位和使用单位应当向检验机构提供符合附件A要求的有关文件、资料，安排相关的专业人员配合检验机构实施检验。其中，施工自检报告、日常维护保养年度自行检查记录或者报告还须另行提交复印件备存。

第八条 检验机构应当在施工单位自检合格的基础上实施监督检验，在维护保养单位自检合格的基础上实施定期检验。实施监督检验和定期检验，应当遵守以下规定：

（一）对于电梯安装过程，按照附件 A 规定的检验内容、要求和方法，对附件 B 所列项目进行检验；

（二）对于电梯改造和重大维修过程，按照附件 A 规定的检验内容、要求和方法，对改造和重大维修涉及的相关项目及其内容进行检验，其他项目按照本条第（三）项的规定进行检验；

（三）对于在用电梯，按照附件 A 规定的检验内容、要求和方法，对附件 C 所列项目每年进行 1 次定期检验；

（四）对于在 1 个检验周期内特种设备安全监察机构接到故障实名举报达到 3 次以上（含 3 次）的电梯，并且经确认上述故障的存在影响电梯运行安全时，特种设备安全监察机构可以要求提前进行维护保养单位的年度自行检查和定期检验；

（五）对于由于发生自然灾害或者设备事故而使其安全技术性能受到影响电梯以及停止使用 1 年以上的电梯，再次使用前，应当按照本条第（三）项的规定进行检验。但如果对电梯实施改造或者重大维修，应当按照本条第（二）项的规定进行检验。

第九条 电梯检验项目分为 A、B、C 三个类别。各类别检验程序如下：

（一）A 类项目，检验机构按照附件 A 的相应规定，对提供的文件、资料进行审查，对该类项目进行检验，并与自检记录或者报告对应项目的检验结果（以下简称自检结果）进行对比，按照第二十条的规定对项目的检验结论做出判定；不经检验机构审查、检验，或者审查、检验结论为不合格，施工单位不得进行下道工序的施工。

（二）B 类项目，检验机构按照附件 A 的相应规定，对提供的文件、资料进行审查，对该类项目进行检验，并与自检结果进行对比，按照第二十条的规定对项目的检验结论做出判定。

（三）C 类项目，检验机构按照附件 A 的相应规定，对提供的文件、资料进行审查，认为自检记录或者报告等文件和资料完整、有效，对自检结果无质疑（以下简称资料审查无质疑），可确认为合格；如果文件和资料欠缺、无效或者对自检结果有质疑（以下简称资料审查有质疑），应当按照附件 A 规定的检验方法，对该类项目进行检验，并与自检结果进行对比，按照第二十条的规定对项目的检验结论做出判定。

各检验项目的类别见附件 A、附件 B、附件 C，具体的检验方法见附件 A。

第十条 检验机构应当根据本规则规定，制定包括检验程序和检验流程图在内的电梯检验作业指导文件，并且按照相关法规、本规则和检验作业指导文件的规定，对电梯检验质量实施严格控制，对检验结果及检验结论的正确性负责，对检验工作质量负责。

第十一条 检验机构应当统一制定电梯检验原始记录格式及其要求，在本单位正式发布使用。原始记录内容应当不少于相应检验报告（见附件 B、附件 C）规定的内容。必要时，相关项目应当另列表格或者附图，以便数据的记录和整理。

第十二条 检验机构应当配备能够满足附件 A 所述检验要求和方法的检验检测仪器设备、计量器具和工具。

第十三条 检验人员必须按照国家有关特种设备检验人员资格考核的规定，取得国家质检总局颁发的相应资格证书后，方可以从事批准项目的电梯检验工作。现场检验至少由 2 名具有电梯检验员或者以上资格的人员进行，检验人员应当向申请检验的电梯施工或使用单位（以下简称受检单位）出示检验资格标识。现场检验时，检验人员不得进行电梯的修理、调整等工作。

第十四条 现场检验时，检验人员应当配备和穿戴必需的防护用品，并且遵守施工现场或者使用单位明示的安全管理规定。

第十五条 对电梯整机进行检验时，检验现场应当具备以下检验条件：

（一）机房或者机器设备间的空气温度保持在 5 ℃～40 ℃之间；

（二）电源输入电压波动在额定电压值±7%的范围内；

（三）环境空气中没有腐蚀性和易燃性气体及导电尘埃；

（四）检验现场（主要指机房或者机器设备间、井道、轿顶、底坑）清洁，没有与电梯工作无关的物品和设备，基站、相关层站等检验现场放置表明正在进行检验的警示牌；

（五）对井道进行了必要的封闭。

特殊情况下，电梯设计文件对温度、湿度、电压、环境空气条件等进行了专门规定的，检验现场的温度、湿度、电压、环境空气条件等应当符合电梯设计文件的规定。

对于不具备现场检验条件的电梯，或者继续检验可能造成危险，检验人员可以中止检验，但必须向受检单位书面说明原因。

第十六条 检验过程中，检验人员应当认真审查相关文件、资料，将检验情况如实记录在原始记录上（包括已审查文件、资料的名称及编号），不得漏检、漏记。可以使用统一规定的简单标记，表明“符合”“不符合”“合格”“不合格”“无此项”等；要求测试数据的项目（即附件 A 所述检验方法中要求测试数据的项目，下同）必须填写实测数据；未要求测试数据但有需要说明情况的项目，应当用简单的文字予以说明，例如“×楼层门锁失效”；遇特殊情况，可以填写“因……（原因）未检”“待检”“见附页”等。

原始记录应当注明现场检验日期，有执行本次检验的检验人员签字，并且有其中一名检验人员的校核签字。

检验机构应当长期保存监督检验原始记录和施工自检报告。对于定期检验记录和日常维护保养年度自行检查记录或者报告，检验机构应当至少保存 2 个检验周期。

第十七条 检验过程中，如果发现下列情况，检验机构应当在现场检验结束时，向受检单位或维护保养单位出具《特种设备检验意见通知书》（见附件 D，以下简称《通知书》），提出整改要求：

（一）施工或者维护保养单位的施工过程记录或者日常维护保养记录不完整；

（二）电梯存在不合格项目；

（三）要求测试数据项目的检验结果与自检结果存在多处较大偏差，质疑相应单位自检能力时；

（四）使用单位存在不符合电梯相关法规、规章、安全技术规范的问题。

定期检验时，对于存在不合格项目但不属于按照本规则第二十一条规定直接判定为不合格的电梯，《通知书》中应当要求使用单位在整改完成前及时采取安全措施，对该电梯进行监护使用。

受检单位或者维修保养单位应当按照《通知书》的要求及时整改，并且在规定的时限内向检验机构提交填写了处理结果的《通知书》以及整改报告等见证资料。

检验人员应当对整改情况进行确认，可以根据情况采取现场验证或者查看填写了处理结果的《通知书》以及整改报告等见证资料的方式，确认其是否符合要求。

对于定期检验的电梯，如果使用单位拟实施改造或重大维修进行整改，或者拟做停用、报废处理，则应当在《通知书》上签署相应的意见，并且在规定的时限内反馈给检验机构，同时按照相关规定，办理对应的相关手续。

第十八条 检验工作（包括第十七条规定的对整改情况的确认）完成后，或者达到《通知书》提出时限而受检单位未反馈整改报告等见证材料的，检验机构必须在10个工作日内出具检验报告。检验结论为“合格”的，还应当同时出具安全检验标志。

检验报告的内容、格式应当符合本规则的规定（见附件B、附件C），结论页必须有检验、审核、批准人员的签字和检验机构检验专用章或者公章。

检验机构、施工和使用单位应当长期保存监督检验报告。对于定期检验报告，检验机构和使用单位应当至少保存2个检验周期。

第十九条 检验报告中，检验项目的“检验结果”和“检验结论”应当按照如下要求进行填写：

（一）对于要求测试数据的项目，在“检验结果”栏中填写实测或者计算处理后的数据。

（二）对于未要求测试数据的项目，如果经检验符合要求，在“检验结果”栏中填写“符合”；如果经检验不符合要求，填写“不符合”。

（三）对于C类项目，如果资料审查无质疑，在“检验结果”栏中填写“资料确认符合”；如果资料审查有质疑，并且进行了现场检验，分别按照本条第（一）项或者第（二）项要求填写相应内容。

（四）对于需要说明情况的项目，在“检验结果”栏中做简要说明，难于表述清楚的，在检验报告中另加附页描述，“检验结果”栏中填写“见附页××”。

（五）对于不适用的项目，在“检验结果”栏中填写“无此项”。

（六）“检验结论”栏只填写“合格”“不合格”“—”（表示无此项）等单项结论。

第二十条 各类检验项目的合格判定条件如下：

（一）A、B类检验项目，审查、检验结果符合附件A中的检验要求；

（二）C类检验项目，资料审查无质疑并符合附件A中的检验要求，或者审查、检验结果符合附件A中的检验要求。

第二十一条 监督检验和定期检验的合格判定条件如下：

（一）安装监督检验，检验项目全部合格，并且经检验人员确认相关单位已经针对第十七条（一）、（三）、（四）项所述问题进行了有效整改；

（二）改造或者重大维修监督检验，检验项目全部合格，或者改造和重大维修涉及的相关检验项目全部合格，对于按照定期检验规定进行的项目，除了上次定期检验后使用单位采取安全措施进行监护使用的C类项目之外（使用单位继续对这些项目采取安全措施，在《通知书》上签署了监护使用的意见），其他项目全部合格，并且经检验人员确认相关单位已经针对第十七条（一）、（三）、（四）项所述问题进行了有效整改；

（三）定期检验，检验项目全部合格；或者B类检验项目全部合格，C类检验项目应整改项目不超过5项（含5项），相关单位已在《通告书》规定的时限内向检验机构提交填写了处理结果的《通知书》以及整改报告等见证资料，使用单位对上述应整改项目采取了相应的安全措施，在《通知书》上签署了监护使用的意见，并且经检验人员确认相关单位已经针对第十七条(一)、(三)、(四)项所述问题进行了有效整改。

第二十二条 经检验，凡不符合本规则第二十一条规定的合格判定条件的电梯，应当判定为“不合格”，检验机构应当按照第十八条规定的时限等要求出具检验报告。对于检验结论为不合格的电梯，受检单位组织相应整改或者修理后可以申请复检。

第二十三条 检验报告只允许使用“合格”“不合格”“复检合格”“复检不合格”四种检验结论。

第二十四条 对于判定为“不合格”或者“复检不合格”的电梯、未执行《通知书》提出的整改要求并且已经超过安全检验标志所标注的下次检验日期的电梯，检验机构应当将检验结果、检验结论及有关情况报告负责设备使用登记的特种设备安全监察机构；对于定期检验判定为不合格的电梯，检验机构还应当建议使用单位立即停止使用。特种设备安全监察机构应当根据情况，及时采取安全监察措施。

第二十五条 本规则由国家质检总局负责解释。

第二十六条 本规则自 2010 年 4 月 1 日起施行，2002 年 1 月 9 日国家质检总局发布的《电梯监督检验规程》(国质检锅[2002]1 号)同时废止。

附件 A

曳引与强制驱动电梯监督检验和定期检验内容、要求与方法

项目及类别		检验内容与要求	检验方法
1 技术 资料	1.1 制造 资料 A	电梯制造单位提供了以下用中文描述的出厂随机文件： (1) 制造许可证明文件，其范围能够覆盖所提供电梯的相应参数； (2) 电梯整机型式试验合格证书或者报告书，其内容能够覆盖所提供的电梯相应参数； (3) 产品质量证明文件，注有制造许可证明文件编号、该电梯的产品出厂编号、主要技术参数，以及门锁装置、限速器、安全钳、缓冲器、含有电子元件的安全电路(如果有)、轿厢上行超速保护装置、驱动主机、控制柜等安全保护装置和主要部件的型号和编号等内容，并且有电梯整机制造单位的公章或者检验合格章以及出厂日期； (4) 门锁装置、限速器、安全钳、缓冲器、含有电子元件的安全电路(如果有)、轿厢上行超速保护装置、驱动主机、控制柜等安全保护装置和主要部件的型式试验合格证，以及限速器和渐进式安全钳的调试证书； (5) 机房或者机器设备间及井道布置图，其顶层高度、底坑深度、楼层间距、井道内防护、安全距离、井道下方人可以进入的空间等满足安全要求； (6) 电气原理图，包括动力电路和连接电气安全装置的电路； (7) 安装使用维护说明书，包括安装、使用、日常维护保养和应急救援等方面操作说明的内容。 注 A-1：上述文件如为复印件则必须经电梯整机制造单位加盖公章或者检验合格章；对于进口电梯，则应加盖国内代理商的公章	电梯安装施工前审查相应资料
	1.2 安装 资料 A	安装单位提供了以下安装资料： (1) 安装许可证和安装告知书，许可证范围能够覆盖所施工电梯的相应参数； (2) 施工方案，审批手续齐全； (3) 施工现场作业人员持有的特种设备作业人员证； (4) 施工过程记录和自检报告，检查和试验项目齐全、内容完整，施工和验收手续齐全； (5) 变更设计证明文件(如安装中变更设计时)，履行了由使用单位提出、经整机制造单位同意的程序； (6) 安装质量证明文件，包括电梯安装合同编号、安装单位安装许可证编号、产品出厂编号、主要技术参数等内容，并且有安装单位公章或者检验合格章以及竣工日期。 注 A-2：上述文件如为复印件则必须经安装单位加盖公章或者检验合格章	审查相应资料。第(1)～(3)项在报检时审查，第(3)项在其它项目检验时还应查验；第(4)、(5)项在试验时查验；第(6)项在安装竣工后审查

续表

项目及类别		检验内容与要求	检验方法
1 技术资料	1.3 改造、重大维修资料 A	改造或者重大维修单位提供了以下改造或者重大维修资料： (1) 改造或者维修许可证和改造或者重大维修告知书，许可证范围能够覆盖所施工电梯的相应参数； (2) 改造或者重大维修的清单以及施工方案，施工方案的审批手续齐全； (3) 所更换的安全保护装置或者主要部件产品合格证、型式试验合格证书以及限速器和渐进式安全钳的调试证书(如发生更换)； (4) 施工现场作业人员持有的特种设备作业人员证； (5) 施工过程记录和自检报告，检查和试验项目齐全、内容完整，施工和验收手续齐全； (6) 改造后的整梯合格证或者重大维修质量证明文件，合格证或者证明文件中包括电梯的改造或者重大维修合同编号、改造或者重大维修单位的资格证编号、电梯使用登记编号、主要技术参数等内容，并且有改造或者重大维修单位的公章或者检验合格章以及竣工日期。 注 A-3：上述文件如为复印件则必须经改造或者重大维修单位加盖公章或者检验合格章	审查相应资料。第(1)～(4)项在报检时审查，第(4)项在其它项目检验时还应查验；第(5)项在试验时查验；第(6)项在竣工后审查
	1.4 使用资料 B	使用单位提供了以下资料： (1) 使用登记资料，内容与实物相符； (2) 安全技术档案，至少包括 1.1、1.2、1.3 所述文件资料[1.2 的(3)项和 1.3 的(4)项除外]，以及监督检验报告、定期检验报告、日常检查与使用状况记录、日常维护保养记录、年度自行检查记录或者报告、应急救援演习记录、运行故障和事故记录等，保存完好(本规则实施前已经完成安装、改造或重大维修的，1.1、1.2、1.3 项所述文件资料如有缺陷，应当由使用单位联系相关单位予以完善，可不作为本项审核结论的否决内容)； (3) 以岗位责任制为核心的电梯运行管理规章制度，包括事故与故障的应急措施和救援预案、电梯钥匙使用管理制度等； (4) 与取得相应资格单位签订的日常维护保养合同； (5) 按照规定配备的电梯安全管理和作业人员的特种设备作业人员证	定期检验和改造、重大维修过程的监督检验时查验；新安装电梯的监督检验进行试验时查验(3)、(4)、(5)项，以及(2)项中所需记录表格制定情况(如试验时使用单位尚未确定，应当由安装单位提供(2)、(3)、(4)项查验内容范本，(5)项相应要求交接备忘录)

续表

项目及类别		检验内容与要求	检验方法
2 机房(机器设备间)及相关设备	2.1 机房通道与通道门 C	(1) 应当在任何情况下均能够安全方便地使用通道。采用梯子作为通道时,必须符合以下条件: ① 通往机房或者机器设备区间的通道不应当高出楼梯所到平面 4 m; ② 梯子必须固定在通道上而不能被移动; ③ 梯子高度超过 1.50 m 时,其与水平方向的夹角应当在 65°~75°之间,并不易滑动或者翻转; ④ 靠近梯子顶端应当设置把手。 (2) 通道应当设置永久性电气照明; (3) 机房通道门的宽度应当不小于 0.60 m,高度应当不小于 1.80 m,并且门不得向房内开启。门应当装有带钥匙的锁,并且可以从机房内不用钥匙打开。门外侧应当标明“机房重地,闲人免进”,或者有其它类似警示标志	审查自检结果,如对其有质疑,按照以下方法进行现场检验(以下 C 类项目只描述现场检验方法): 目测或者测量相关数据
	2.2 机房(机器设备)专用 C	机房(机器设备间)应当专用,不得用于电梯以外的其他用途	目测
	2.3 安全空间 C	(1) 在控制屏和控制柜前有一块净空面积,其深度不小于 0.70 m,宽度为 0.50 m 或屏、柜的全宽(两者中的大值),高度不小于 2 m; (2) 对运动部件进行维修和检查以及人工紧急操作的地方有一块不小于 0.50 m×0.60 m 的水平净空面积,其净高度不小于 2 m; (3) 机房地面高度不一并且相差大于 0.50 m 时,应当设置楼梯或者台阶,并且设置护栏	目测或者测量相关数据
	2.4 地面开口 C	机房地面上的开口应当尽可能小,位于井道上方的开口必须采用圈框,此圈框应当凸出地面至少 50 mm	目测或者测量相关数据
	2.5 照明与插座 C	(1) 机房应当设置永久性电气照明;在机房内靠近入口(或多个入口)处的适当高度应当设有一个开关,控制机房照明; (2) 机房应当至少设置一个 2P+PE 型电源插座; (3) 应当在主开关旁设置控制井道照明、轿厢照明和插座电路电源的开关	目测,操作验证各开关的功能

续表

<table>
<tr><th colspan="2">项目及类别</th><th>检验内容与要求</th><th>检验方法</th></tr>
<tr><td rowspan="3">2 机房(机器设备间)及相关设备</td><td>2.6
断错相保护 C</td><td>每台电梯应当具有断相、错相保护功能;电梯运行与相序无关时,可以不装设错相保护装置</td><td>(1) 断开主开关,在其输出端,分别断开三相交流电源的任意一根导线后,闭合主开关,检查电梯能否启动;
(2) 断开主开关,在其输出端,调换三相交流电源的两根导线的相互位置后,闭合主开关,检查电梯能否启动</td></tr>
<tr><td>2.7
主开关
B</td><td>(1) 每台电梯应当单独装设主开关,主开关应当易于接近和操作;无机房电梯主开关的设置还应当符合以下要求:
① 如果控制柜不是安装在井道内,主开关应当安装在控制柜内,如果控制柜安装在井道内,主开关应当设置在紧急操作屏上;
② 如果从控制柜处不容易直接操作主开关,该控制柜应当设置能分断主电源的断路器;
③ 在电梯驱动主机附近 1 m 之内,应当有可以接近的主开关或者符合要求的停止装置,且能够方便地进行操作。
(2) 主开关不得切断轿厢照明和通风、机房(机器设备间)照明和电源插座、轿顶与底坑的电源插座、电梯井道照明、报警装置的供电电路;
(3) 主开关应当具有稳定的断开和闭合位置,并且在断开位置时能用挂锁或其他等效装置锁住,能够有效地防止误操作;
(4) 如果不同电梯的部件共用一个机房,则每台电梯的主开关应当与驱动主机、控制柜、限速器等采用相同的标志</td><td>目测主开关的设置;断开主开关,观察、检查照明、插座、通风和报警装置的供电电路是否被切断</td></tr>
<tr><td>2.8
驱动主机 B</td><td>(1) 驱动主机工作时应当无异常噪声和振动;
(2) 曳引轮外侧面应当涂成黄色;
(3) 曳引轮轮槽不得有严重磨损(适用于改造、维修监督检验和定期检验),如果轮槽的磨损可能影响曳引能力时,应当进行曳引能力验证试验</td><td>目测;认为轮槽的磨损可能影响曳引能力时,进行 8.11 项试验,对于轿厢面积超过规定的载货电梯还需进行 8.12 项试验,综合 8.6、8.10、8.11、8.12 项试验结果验证轮槽磨损是否影响曳引能力</td></tr>
</table>

续表

项目及类别		检验内容与要求	检验方法
2 机房(机器设备间)及相关设备	2.9 制动装置 C	(1) 所有参与向制动轮或盘施加制动力的制动器机械部件应当分两组装设; (2) 电梯正常运行时,切断制动器电流至少应当用两个独立的电气装置来实现,当电梯停止时,如果其中一个接触器的主触点未打开,最迟到下一次运行方向改变时,应当防止电梯再运行	(1) 对照型式试验报告,查验制动器; (2) 根据电气原理图和实物状况,结合模拟操作检查制动器的电气控制
	2.10 紧急操作 B	(1) 手动紧急操作装置应当符合以下要求: ① 对于可拆卸盘车手轮,设有一个电气安全装置,最迟在盘车手轮装上电梯驱动主机时动作; ② 松闸扳手涂成红色,盘车手轮是无辐条的并且涂成黄色,可拆卸盘车手轮放置在机房内容易接近的明显部位; ③ 在电梯驱动主机上接近盘车手轮处,明显标出轿厢运行方向,如果手轮是不能拆卸的可以在手轮上标出; ④ 能够通过操纵手动松闸装置松开制动器,并且需要以一持续力保持其松开状态; ⑤ 进行手动紧急操作时,易于观察到轿厢是否在开锁区	目测;通过模拟操作检查电气安全装置和手动松闸功能
		(2) 紧急电动运行装置应当符合以下要求: ① 依靠持续揿压按钮来控制轿厢运行,此按钮有防止误操作的保护,按钮上或其近旁标出相应的运行方向; ② 一旦进入检修运行,紧急电动运行装置控制轿厢运行的功能由检修控制装置所取代; ③ 进行紧急电动运行操作时,易于观察到轿厢是否在开锁区	目测;通过模拟操作检查紧急电动运行装置功能
		(3) 应急救援程序:在机房内应当设有清晰的应急救援程序	目测
	2.11 限速器 B	(1) 限速器上应当设有铭牌,标明制造单位名称、型号、规格参数和型式试验机构标识,铭牌和型式试验合格证、调试证书内容应当相符; (2) 限速器或者其他装置上应当设有在轿厢上行或者下行速度达到限速器动作速度之前动作的电气安全装置,以及验证限速器复位状态的电气安全装置; (3) 使用周期达到 2 年的电梯,或者限速器动作出现异常、限速器各调节部位封记损坏的电梯,应当由经许可的电梯检验机构或者电梯生产单位对限速器进行动作速度校验,并且由该单位出具校验报告	(1) 对照检查限速器型式试验合格证、调试证书、铭牌; (2) 目测电气安全装置的设置; (3) 审查限速器动作速度核验报告,对照限速器铭牌上的相关参数,判断动作速度是否符合要求

续表

<table>
<tr><th colspan="2">项目及类别</th><th colspan="3">检验内容与要求</th><th>检验方法</th></tr>
<tr><td rowspan="5">2 机房(机器设备间)及相关设备</td><td>2.12
接地 C</td><td colspan="3">(1) 供电电源自进入机房或者机器设备间起，中性线(N)与保护线(PE)应当始终分开；
(2) 所有电气设备及线管、线槽的外露可以导电部分应当与保护线(PE)可靠连接</td><td>目测，必要时测量验证</td></tr>
<tr><td rowspan="3">2.13
电气
绝缘 C</td><td colspan="3">动力电路、照明电路和电气安全装置电路的绝缘电阻应当符合下述要求：</td><td rowspan="3">由施工或者维护保养单位测量，检验人员现场观察、确认</td></tr>
<tr><td>标称电压/V</td><td>测试电压(直流)/V</td><td>绝缘电阻/MΩ</td></tr>
<tr><td>安全电压
≤500
>500</td><td>250
500
1 000</td><td>≥0.25
≥0.50
≥1.00</td></tr>
<tr><td>2.14
轿厢上行超速保护装置 B</td><td colspan="3">轿厢上行超速保护装置上应当设有铭牌，标明制造单位名称、型号、规格参数和型式试验机构标识，铭牌和型式试验合格证内容应当相符；电梯整机制造单位应当在控制屏或紧急操作屏上标注轿厢上行超速保护装置的动作试验方法</td><td>对照检查上行超速保护装置型式试验合格证和铭牌；目测动作试验方法的标注方法</td></tr>
<tr><td rowspan="2">3
井道及相关设备</td><td>3.1
井道封闭 C</td><td colspan="3">除必要的开口外井道应当完全封闭；当建筑物中不要求井道在火灾情况下具有防止火焰蔓延的功能时，允许采用部分封闭井道，但在人员可正常接近电梯处应当设置无孔的高度足够的围壁，以防止人员遭受电梯运动部件直接危害，或者用手持物体触及井道中的电梯设备</td><td>目测</td></tr>
<tr><td>3.2
曳引驱动电梯顶部空间 C</td><td colspan="3">(1) 当对重完全压在缓冲器上时，应当同时满足以下条件：
① 轿厢导轨提供不小于 $0.1+0.035v^2$(m)的进一步制导行程；
② 轿顶可以站人的最高面积的水平面与位于轿厢投影部分井道顶最低部件的水平面之间的自由垂直距离不小于 $1.0+0.035v^2$(m)；
③ 井道顶的最低部件与轿顶设备的最高部件之间的间距(不包括导靴、钢丝绳附件等)不小于 $0.3+0.035v^2$(m)，与导靴或滚轮、曳引绳附件、垂直滑动门的横梁或部件的最高部分之间的间距不小于 $0.1+0.035v^2$(m)；
④ 轿顶上方应当有一个不小于 0.5 m×0.6 m×0.8 m 的空间(任意平面朝下即可)。
注 A-4：当采用减行程缓冲器并对电梯驱动主机正常减速进行有效监控时 $0.035v^2$ 可以用下值代替：
① 电梯额定速度不大于 4 m/s 时，可以减少到 1/2，但是不小于 0.25 m
② 电梯额定速度大于 4 m/s 时，可以减少到 1/3，但是不小于 0.28 m
(2) 当轿厢完全压在缓冲器上时，对重导轨有不小于 $0.1+0.035v^2$(m)的制导行程</td><td>(1) 测量轿厢在上端站平层位置时的相应数据，计算确认是否满足要求；
(2) 用痕迹法或其他有效方法检验对重导轨的制导行程</td></tr>
</table>

续表

项目及类别		检验内容与要求	检验方法
3 井道及相关设备	3.3 强制驱动电梯顶部空间 C	(1) 轿厢从顶层向上直到撞击上缓冲器时的行程不小于 0.50 m，轿厢上行至缓冲器行程的极限位置时一直处于有导向状态； (2) 当轿厢完全压在上缓冲器上时，应当同时满足以下条件： ① 轿顶可以站人的最高面积的水平面与位于轿厢投影部分井道顶最低部件的水平面之间的自由垂直距离不小于 1.0 m； ② 井道顶部最低部件与轿顶设备的最高部件之间的自由垂直距离不小于 0.30 m，与导靴或滚轮、钢丝绳附件、垂直滑动门横梁等的自由垂直距离不小于 0.10 m； ③ 轿厢顶部上方有一个不小于 0.50 m×0.60 m×0.80 m 的空间(任意平面朝下均可)。 (3) 当轿厢完全压在缓冲器上时，平衡重(如果有)导轨的长度能提供不小于 0.30 m 的进一步制导行程	(1) 测量轿厢在上端站平层位置时的相应数据，计算确认是否满足要求； (2) 用痕迹法或其他有效方法检验平衡重导轨的制导行程
	3.4 井道安全门 C	(1) 当相邻两层门地坎的间距大于 11 m 时，其间应当设置高度不小于 1.80 m、宽度不小于 0.35 m 的井道安全门(使用轿厢安全门时除外)； (2) 不得向井道内开启； (3) 门上应当装设用钥匙开启的锁，当门开启后不用钥匙能够将其关闭和锁住，在门锁住后，不用钥匙能够从井道内将门打开； (4) 应当设置电气安全装置以验证门的关闭状态	(1) 测量相关数据； (2) 打开、关闭安全门，检查门的启闭和电梯启动情况
	3.5 井道检修门 C	(1) 高度不小于 1.40 m，宽度不小于 0.60 m； (2) 不得向井道内开启； (3) 应当装设用钥匙开启的锁，当门开启后不用钥匙能够将其关闭和锁住，在门锁住后，不用钥匙也能够从井道内将门打开； (4) 应当设置电气安全装置以验证门的关闭状态	(1) 测量相关数据； (2) 打开、关闭检修门，检查门启闭和电梯启动情况
	3.6 导轨 C	(1) 每根导轨应当至少有 2 个导轨支架，其间距一般不大于 2.50 m(如果间距大于 2.50 m 应当有计算依据)，端部短导轨的支架数量应满足设计要求； (2) 支架应当安装牢固，焊接支架的焊缝满足设计要求，锚栓(如膨胀螺栓)固定只能在井道壁的混凝土构件上使用； (3) 每列导轨工作面每 5 m 铅垂线测量值间的相对最大偏差，轿厢导轨和设有安全钳的 T 型对重导轨不大于 1.2 mm，不设安全钳的 T 型对重导轨不大于 2.0 mm； (4) 两列导轨顶面的距离偏差，轿厢导轨为 0～+2 mm，对重导轨为 0～+3 mm	目测或者测量相关数据

续表

项目及类别		检验内容与要求	检验方法
3 井道及相关设备	3.7 轿厢与井道壁距离 B	轿厢与面对轿厢入口的井道壁的间距不大于 0.15 m，对于局部高度小于 0.50 m 或者采用垂直滑动门的载货电梯，该间距可以增加到 0.20 m。 如果轿厢装有机械锁紧的门并且门只能在开锁区内打开时，则上述间距不受限制	测量相关数据；观察轿厢门锁设置情况
	3.8 层门地坎下端的井道壁 C	每个层门地坎下的井道壁应当符合以下要求： 形成一个与层门地坎直接连接的连续垂直表面，由光滑而坚硬的材料构成（如金属薄板）；其高度不小于开锁区域的一半加上 50 mm，宽度不小于门入口的净宽度两边各加 25 mm	目测或者测量相关数据
	3.9 井道内防护 C	(1) 对重（或者平衡重）的运行区域应当采用刚性隔障保护，该隔障从底坑地面上不大于 0.30 m 处，向上延伸到离底坑地面至少 2.5 m 的高度，宽度应当至少等于对重（或者平衡重）宽度两边各加 0.10 m； (2) 在装有多台电梯的井道中，不同电梯的运动部件之间应当设置隔障，隔障应当至少从轿厢、对重（或平衡重）行程的最低点延伸到最低层站楼面以上 2.50 m 高度，并且有足够的宽度以防止人员从一个底坑通往另一个底坑，如果轿厢顶部边缘和相邻电梯的运动部件之间的水平距离小于 0.5 m，隔障应当贯穿整个井道，宽度至少等于运动部件或者运动部件的需要保护部分的宽度每边各加 0.10 m	目测或者测量相关数据
	3.10 极限开关 B	井道上下两端应当装设极限开关，该开关在轿厢或者对重（如有）接触缓冲器前起作用，并且在缓冲器被压缩期间保持其动作状态。 强制驱动电梯的极限开关动作后，应当以强制的机械方法直接切断驱动主机和制动器的供电回路	(1) 将上行（下行）限位开关（如果有）短接，以检修速度使位于顶层（底层）端站的轿厢向上（向下）运行，检查井道上端（下端）极限开关动作情况； (2) 短接上下两端极限开关和限位开关（如果有），以检修速度提升（下降）轿厢，使对重（轿厢）完全压在缓冲器上，检查极限开关动作状态； (3) 目测判断强制驱动电梯极限开关切断供电的方式

续表

项目及类别		检验内容与要求	检验方法
3 井道 及相关 设备	3.11 随行电缆 C	随行电缆应当避免与限速器绳、选层器钢带、限位与极限开关等装置干涉，当轿厢压实在缓冲器上时，电缆不得与地面和轿厢底边框接触	目测
	3.12 井道照明 C	井道应当装设永久性电气照明。对于部分封闭井道，如果井道附近有足够的电气照明，井道内可以不设照明	目测
	3.13 底坑设施与装置 C	(1) 底坑底部应当光滑平整，不得渗水、漏水； (2) 如果没有其他通道，应当在底坑内设置一个从层门进入底坑的永久性装置(如梯子)，该装置不得凸入电梯的运行空间； (3) 底坑内应当设置在进入底坑时和底坑地面上均能方便操作的停止装置，停止装置的操作装置为双稳态、红色并标以“停止”字样，并且有防止误操作的保护； (4) 底坑内应当设置 2P＋PE 型电源插座，以及在进入底坑时能方便操作的井道灯开关	目测；操作验证停止装置和井道灯开关功能
	3.14 底坑空间 C	轿厢完全压在缓冲器上时，底坑空间尺寸应当同时满足以下要求： (1) 底坑中有一个不小于 0.50 m×0.60 m×1.0 m 的空间(任一面朝下即可)； (2) 底坑底面与轿厢最低部件的自由垂直距离不小于 0.50 m，当垂直滑动门的部件、护脚板和相邻井道壁之间，轿厢最低部件和导轨之间的水平距离在 0.15 m 之内时，此垂直距离允许减少到 0.10 m；当轿厢最低部件和导轨之间的水平距离大于 0.15 m 但小于 0.5 m 时，此垂直距离可按等比例增加至 0.5 m； (3) 底坑中固定的最高部件和轿厢最低部件之间的距离不小于 0.30 m	测量轿厢在下端站平层位置时的相应数据，计算确认是否满足要求
	3.15 限速绳张紧装置 B	(1) 限速器绳应当用张紧轮张紧，张紧轮(或者其配重)应当有导向装置； (2) 当限速器绳断裂或者过分伸长时，应当通过一个电气安全装置的作用，使电梯停止运转	(1) 目测张紧和导向装置； (2) 电梯以检修速度运行，使电气安全装置动作，观察电梯运行状况

续表

项目及类别		检验内容与要求	检验方法
3 井道及相关设备	3.16 缓冲器 B	(1) 轿厢和对重的行程底部极限位置应当设置缓冲器,强制驱动电梯还应当在行程上部极限位置设置缓冲器;蓄能型缓冲器只能用于额定速度不大于 1 m/s 的电梯,耗能型缓冲器可以用于任何额定速度的电梯; (2) 缓冲器上应当设有铭牌或者标签,标明制造单位名称、型号、规格参数和型式试验机构标识,铭牌或者标签和型式试验合格证内容应当相符; (3) 缓冲器应当固定可靠; (4) 耗能型缓冲器液位应当正确,有验证柱塞复位的电气安全装置; (5) 对重缓冲器附近应当设置永久性的明显标识,标明当轿厢位于顶层端站平层位置时,对重装置撞板与其缓冲器顶面间的最大允许垂直距离;并且该垂直距离不超过最大允许值	(1) 对照检查缓冲器型式试验合格证和铭牌或者标签; (2) 目测缓冲器的固定、液位和电气安全装置及对重越程距离标识; (3) 定期检验时,查验当轿厢位于顶层端站平层位置时,对重装置撞板与其缓冲器顶面间的垂直距离
	3.17 对重(平衡重)下方空间的防护 C	如果对重(平衡重)之下有人能够到达的空间,应当将对重缓冲器安装于一直延伸到坚固地面上的实心桩墩,或者在对重(平衡重)上装设安全钳	目测
4 轿厢与对重(平衡重)	4.1 轿顶电气装置 C	(1) 轿顶应当装设一个易于接近的检修运行控制装置,并且符合以下要求: ① 由一个符合电气安全装置要求,能够防止误操作的双稳态开关(检修开关)进行操作; ② 一经进入检修运行时,即取消正常运行(包括任何自动门操作)、紧急电动运行、对接操作运行,只有再一次操作检修开关,才能使电梯恢复正常工作; ③ 依靠持续揿压按钮来控制轿厢运行,此按钮有防止误操作的保护,按钮上或其近旁标出相应的运行方向; ④ 该装置上设有一个停止装置,停止装置的操作装置为双稳态、红色并标以“停止”字样,并且有防止误操作的保护; ⑤ 检修运行时,安全装置仍然起作用; (2) 轿顶应当装设一个从入口处易于接近的停止装置,停止装置的操作装置为双稳态、红色并标以“停止”字样,并且有防止误操作的保护。如果检修运行控制装置设在从入口处易于接近的位置,该停止装置也可以设在检修运行控制装置上; (3) 轿顶应当装设 2P+PE 型电源插座	(1) 目测检修运行控制装置、停止装置和电源插座的设置; (2) 操作验证检修运行控制装置、安全装置和停止装置的功能

续表

<table>
<tr><th colspan="2">项目及类别</th><th>检验内容与要求</th><th>检验方法</th></tr>
<tr><td rowspan="5">4 轿厢与对重（平衡重）</td><td>4.2 轿顶护栏 C</td><td>井道壁离轿顶外侧水平方向自由距离超过 0.3 m 时，轿顶应当装设护栏，并且满足以下要求：
(1) 由扶手、0.10 m 高的护脚板和位于护栏高度一半处的中间栏杆组成；
(2) 当自由距离不大于 0.85 m 时，扶手高度不小于 0.70 m，当自由距离大于 0.85 m 时，扶手高度不小于 1.10 m；
(3) 护栏装设在距轿顶边缘最大为 0.15 m 之内，并且其扶手外缘和井道中的任何部件之间的水平距离不小于 0.10 m；
(4) 护栏上有关于俯伏或斜靠护栏危险的警示符号或须知</td><td>目测或者测量相关数据</td></tr>
<tr><td>4.3 安全窗（门）C</td><td>如果轿厢设有安全窗（门），应当符合以下要求：
(1) 设有手动上锁装置，能够不用钥匙从轿厢外开启，用规定的三角钥匙从轿厢内开启；
(2) 轿厢安全窗不能向轿厢内开启，并且开启位置不超出轿厢的边缘，轿厢安全门不能向轿厢外开启，并且出入路径没有对重（平衡重）或者固定障碍物；
(3) 其锁紧由电气安全装置予以验证</td><td>操作验证</td></tr>
<tr><td>4.4 轿厢和对重（平衡重）间距 C</td><td>轿厢及关联部件与对重（平衡重）之间的距离应当不小于 50 mm</td><td>测量相关数据</td></tr>
<tr><td>4.5 对重（平衡重）的固定 C</td><td>如果对重（平衡重）由重块组成，应当可靠固定</td><td>目测</td></tr>
<tr><td>4.6 轿厢面积 C</td><td>(1) 轿厢有效面积应当符合下述规定：
<table>
<tr><th>Q①</th><th>S②</th><th>Q①</th><th>S②</th><th>Q①</th><th>S②</th><th>Q①</th><th>S②</th></tr>
<tr><td>100③</td><td>0.37</td><td>525</td><td>1.45</td><td>900</td><td>2.20</td><td>1 275</td><td>2.95</td></tr>
<tr><td>180④</td><td>0.58</td><td>600</td><td>1.60</td><td>975</td><td>2.35</td><td>1 350</td><td>3.10</td></tr>
<tr><td>225</td><td>0.70</td><td>630</td><td>1.66</td><td>1 000</td><td>2.40</td><td>1 425</td><td>3.25</td></tr>
<tr><td>300</td><td>0.90</td><td>675</td><td>1.75</td><td>1 050</td><td>2.50</td><td>1 500</td><td>3.40</td></tr>
<tr><td>375</td><td>1.10</td><td>750</td><td>1.90</td><td>1 125</td><td>2.65</td><td>1 600</td><td>3.56</td></tr>
<tr><td>400</td><td>1.17</td><td>800</td><td>2.00</td><td>1 200</td><td>2.80</td><td>2 000</td><td>4.20</td></tr>
<tr><td>450</td><td>1.30</td><td>825</td><td>2.05</td><td>1 250</td><td>2.90</td><td>2 500⑤</td><td>5.00</td></tr>
</table>
注 A-5：① 额定载重量，kg；② 轿厢最大有效面积，m^2；③ 一人电梯的最小值；④ 二人电梯的最小值；⑤ 额定载重量超过 2 500 kg 时，每增加 100 kg，面积增加 0.16 m^2。对中间的载重量，其面积由线性插入法确定</td><td>(1) 测量计算轿厢有效面积；</td></tr>
</table>

续表

<table>
<tr><th colspan="2">项目及类别</th><th>检验内容与要求</th><th>检验方法</th></tr>
<tr><td rowspan="6">4 轿厢与对重（平衡重）</td><td>4.6 轿厢面积 C</td><td>(2) 对于为了满足使用要求而轿厢面积超出上述规定的载货电梯，必须满足以下条件：
① 在从层站装卸区域总可看见的位置上设置标志，表明该载货电梯的额定载重量；
② 该电梯专用于运送特定轻质货物，其体积可保证在装满轿厢情况下，该货物的总质量不会超过额定载重量；
③ 该电梯由专职司机操作，并严格限制人员进入</td><td>(2)检查层站装卸区域额定载重量标志、电梯专用等措施</td></tr>
<tr><td>4.7 轿厢铭牌 C</td><td>轿厢内应当设置铭牌，标明额定载重量及乘客人数(载货电梯只标载重量)、制造厂名称或商标；改造后的电梯，铭牌上应当标明额定载重量及乘客人数(载货电梯只标定载重量)、改造单位名称、改造竣工日期等</td><td>目测</td></tr>
<tr><td>4.8 紧急照明和报警装置 B</td><td>轿厢内应当装设符合下述要求的紧急报警装置和应急照明：
(1) 正常照明电源中断时，能够自动接通紧急照明电源；
(2) 紧急报警装置采用对讲系统以便与救援服务持续联系，当电梯行程大于 30 m 时，在轿厢和机房(或者紧急操作地点)之间也设置对讲系统，紧急报警装置的供电来自前条所述的紧急照明电源或者等效电源；在启动对讲系统后，被困乘客不必再做其他操作</td><td>断开正常照明供电电源，分别验证紧急照明系统、紧急报警装置的功能</td></tr>
<tr><td>4.9 地坎护脚板 C</td><td>轿厢地坎下应当装设护脚板，其垂直部分的高度不小于 0.75 m，宽度不小于层站入口宽度</td><td>目测或者测量相关数据</td></tr>
<tr><td>4.10 超载保护装置 C</td><td>电梯应当设置轿厢超载保护装置，在轿厢内的载荷超过 110%额定载重量(超载量不少于 75 kg)时，能够防止电梯正常启动及再平层，并且轿内有音响或者发光信号提示，动力驱动的自动门完全打开，手动门保持在未锁状态</td><td>进行加载试验，验证超载保护装置的功能</td></tr>
<tr><td>4.11 安全钳 B</td><td>(1) 安全钳上应当设有铭牌，标明制造单位名称、型号、规格参数和型式试验机构标识，铭牌、型式试验合格证、调试证书内容与实物应当相符；
(2) 轿厢上应当装设一个在轿厢安全钳动作以前或同时动作的电气安全装置</td><td>(1) 对照检查安全钳型式试验合格证、调试证书和铭牌；
(2) 目测电气安全装置的设置</td></tr>
</table>

续表

<table>
<tr><th colspan="2">项目及类别</th><th>检验内容与要求</th><th>检验方法</th></tr>
<tr><td rowspan="4">5 悬挂装置、补偿装置及旋转部件防护</td><td>5.1 悬挂装置、补偿装置的磨损、断丝、变形等情况 C</td><td>出现下列情况之一时，悬挂钢丝绳和补偿钢丝绳应当报废：
① 出现笼状畸变、绳芯挤出、扭结、部分压扁、弯折；
② 断丝分散出现在整条钢丝绳，任何一个捻距内单股的断丝数大于 4 根；或者断丝集中在钢丝绳某一部位或一股，一个捻距内断丝总数大于 12 根(对于股数为 6 的钢丝绳)或者大于 16 根(对于股数为 8 的钢丝绳)；
③ 磨损后的钢丝绳直径小于钢丝绳公称直径的 90%。
采用其他类型悬挂装置的，悬挂装置的磨损、变形等应当不超过制造单位设定的报废指标</td><td>(1) 用钢丝绳探伤仪或者放大镜全长检测或者分段抽测；测量并判断钢丝绳直径变化情况。测量时，以相距至少 1 m 的两点进行，在每点相互垂直方向上测量两次，四次测量值的平均值，即为钢丝绳的实测直径。
(2) 采用其他类型悬挂装置的，按照制造单位提供的方法进行检验</td></tr>
<tr><td>5.2 端部固定 C</td><td>悬挂钢丝绳绳端固定应当可靠，弹簧、螺母、开口销等连接部件无缺损。
对于强制驱动电梯，应当采用带楔块的压紧装置，或者至少用 3 个压板将钢丝绳固定在卷筒上。
采用其他类型悬挂装置的，其端部固定应当符合制造单位的规定</td><td>目测，或者按照制造单位的规定进行检验</td></tr>
<tr><td>5.3 补偿装置 C</td><td>(1) 补偿绳(链)端固定应当可靠；
(2) 应当使用电气安全装置来检查补偿绳的最小张紧位置；
(3) 当电梯的额定速度大于 3.5 m/s 时，还应当设置补偿绳防跳装置，该装置动作时应当有一个电气安全装置使电梯驱动主机停止运转</td><td>(1) 目测补偿绳(链)端固定情况；
(2) 模拟断绳或者绳跳出时的状态，观察电气安全装置动作和电梯运行情况</td></tr>
<tr><td>5.4 钢丝绳的卷绕 C</td><td>对于强制驱动电梯，钢丝绳的卷绕应当符合以下要求：
(1) 轿厢完全压缩缓冲器时，卷筒的绳槽中应当至少保留两圈钢丝绳；
(2) 卷筒上只能卷绕一层钢丝绳；
(3) 应当有措施防止钢丝绳滑脱和跳出</td><td>目测</td></tr>
</table>

续表

项目及类别		检验内容与要求	检验方法
5 悬挂装置、补偿装置及旋转部件防护	5.5 松绳(链)保护 B	如果强制驱动电梯的轿厢悬挂在两根钢丝绳或者链条上，则应当设置检查绳(链)松弛的电气安全装置，当其中一根钢丝绳(链条)发生异常相对伸长时，电梯应当停止运行	轿厢以检修速度运行，使松绳(链)电气安全装置动作，观察电梯运行状况
	5.6 旋转部件的防护 C	在机房(机器设备间)内的曳引轮、滑轮、链轮、限速器，在井道内的曳引轮、滑轮、链轮、限速器及张紧轮、补偿绳张紧轮，在轿厢上的滑轮、链轮等与钢丝绳、链条形成传动的旋转部件，均应当设置防护装置，以避免人身伤害、钢丝绳或链条因松弛而脱离绳槽或链轮、异物进入绳与绳槽或链与链轮之间	目测
6 轿门与层门	6.1 门地坎距离 C	轿厢地坎与层门地坎的水平距离不得大于 35 mm	测量相关尺寸
	6.2 门间隙 C	门关闭后，应当符合以下要求： (1) 门扇之间及门扇与立柱、门楣和地坎之间的间隙，对于乘客电梯不大于 6 mm；对于载货电梯不大于 8 mm，使用过程中由于磨损，允许达到 10 mm； (2) 在水平移动门和折叠门主动门扇的开启方向，以 150 N 的人力施加在一个最不利的点，前条所述的间隙允许增大，但对于旁开门不大于 30 mm，对于中分门其总和不大于 45 mm	测量相关尺寸
	6.3 玻璃门 C	层门和轿门采用玻璃门时，应当符合以下要求： (1) 玻璃门上有供应商名称或者商标、玻璃的型式等永久性标记； (2) 玻璃门上的固定件，即使在玻璃下沉的情况下，也能够保证玻璃不会滑出； (3) 有防止儿童的手被拖曳的措施	目测
	6.4 防止门夹人的保护装置 B	动力驱动的自动水平滑动门应当设置防止门夹人的保护装置，当人员通过层门入口被正在关闭的门扇撞击或者将被撞击时，该装置应当自动使门重新开启	模拟动作试验
	6.5 门的运行和导向 C	层门和轿门正常运行时不得出现脱轨、机械卡阻或者在行程终端时错位；由于磨损、锈蚀或者火灾可能造成层门导向装置失效时，应当设置应急导向装置，使层门保持在原有位置	目测

续表

项目及类别		检验内容与要求	检验方法
6 轿门与层门	6.6 自动关闭层门装置 B	在轿门驱动层门的情况下，当轿厢在开锁区域之外时，如果层门开启（无论何种原因），应当有一种装置能够确保该层门自动关闭。自动关闭装置采用重块时，应当有防止重块坠落的措施	抽取基站、端站以及 20% 其他层站的层门，将轿厢运行至开锁区域外，打开层门，观察层门关闭情况及防止重块坠落措施的有效性
	6.7 紧急开锁装置 B	每个层门均应当能够被一把符合要求的钥匙从外面开启；紧急开锁后，在层门闭合时门锁装置不应当保持开锁位置	抽取基站、端站以及 20% 其他层站的层门，用钥匙操作紧急开锁装置，验证其功能
	6.8 门的锁紧 B	(1) 每个层门都应当设置门锁装置，其锁紧动作应当由重力、永久磁铁或者弹簧来产生和保持，即使永久磁铁或者弹簧失效，重力亦不能导致开锁； (2) 轿厢应当在锁紧元件啮合不小于 7 mm 时才能启动； (3) 门的锁紧应当由一个电气安全装置来验证，该装置应当由锁紧元件强制操作而没有任何中间机构，并且能够防止误动作； (4) 如果轿门采用了门锁装置，该装置也应当符合以上有关要求	(1) 目测门锁及电气安全装置的设置； (2) 目测锁紧元件的啮合情况，认为啮合长度可能不足时测量电气触点刚闭合时锁紧元件的啮合长度； (3) 使电梯以检修速度运行，打开门锁，观察电梯是否停止
	6.9 门的闭合 B	(1) 正常运行时应当不能打开层门，除非轿厢在该层门的开锁区域内停止或停站；如果一个层门或者轿门（或者多扇门中的任何一扇门）开着，在正常操作情况下，应当不能启动电梯或者不能保持继续运行； (2) 每个层门和轿门的闭合都应当由电气安全装置来验证，如果滑动门是由数个间接机械连接的门扇组成，则未被锁住的门扇上也应当设置电气安全装置以验证其闭合状态	(1) 使电梯以检修速度运行，打开层门，检查电梯是否停止； (2) 将电梯置于检修状态，层门关闭，打开轿门，观察电梯能否运行；

续表

<table>
<tr><th colspan="2">项目及类别</th><th>检验内容与要求</th><th>检验方法</th></tr>
<tr><td rowspan="2">6 轿门与层门</td><td>6.9 门的闭合 B</td><td>(1) 正常运行时应当不能打开层门，除非轿厢在该层门的开锁区域内停止或停站；如果一个层门或者轿门(或者多扇门中的任何一扇门)开着，在正常操作情况下，应当不能启动电梯或者不能保持继续运行；
(2) 每个层门和轿门的闭合都应当由电气安全装置来验证，如果滑动门是由数个间接机械连接的门扇组成，则未被锁住的门扇上也应当设置电气安全装置以验证其闭合状态</td><td>(3) 对于由数个间接机械连接的门扇组成的滑动门，抽取轿门和基站、端站以及20%其他层站的层门，短接被锁住门扇上的电气安全装置，使各门扇均打开，观察电梯能否运行</td></tr>
<tr><td>6.10 门刀、门锁滚轮与地坎间隙 C</td><td>轿门门刀与层门地坎，层门锁滚轮与轿厢地坎的间隙应当不小于5 mm；电梯运行时不得互相碰擦</td><td>测量相关数据</td></tr>
<tr><td rowspan="2">7 无机房电梯附加检验项目</td><td>7.1 井道内作业场地总要求 C</td><td>(1) 作业场地的结构与尺寸应当保证工作人员能够安全、方便地进出和进行维修(检查)作业(参见2.3)；
(2) 作业场地应当设置永久性电气照明，在靠近工作场地入口处应当设置照明开关</td><td>目测</td></tr>
<tr><td>7.2 设在轿顶上或轿厢内的作业场地 C</td><td>检查、维修驱动主机、控制柜的作业场地设在轿顶上或轿内时，应当具有以下安全措施：
(1) 设置防止轿厢移动的机械锁定装置；
(2) 设置检查机械锁定装置工作位置的电气安全装置，当该机械锁定装置处于非停放位置时，能防止轿厢的所有运行；
(3) 若在轿厢壁上设置检修门(窗)，则该门(窗)不得向轿厢外打开，并且装有用钥匙开启的锁，不用钥匙能够关闭和锁住，同时设置检查检修门(窗)锁定位置的电气安全装置；
(4) 在检修门(窗)开启的情况下需要从轿内移动轿厢时，在检修门(窗)的附近设置轿内检修控制装置，轿内检修控制装置能够使检查门(窗)锁定位置的电气安全装置失效，人员站在轿顶时，不能使用该装置来移动轿厢；如果检修门(窗)的尺寸中较小的一个尺寸超过0.20 m，则井道内安装的设备与该检修门(窗)外边缘之间的距离应不小于0.30 m</td><td>(1) 目测机械锁定装置、检修门(窗)、轿内检修控制装置的设置；
(2) 通过模拟操作以及使电气安全装置动作，检查机械锁定装置、轿内检修控制装置、电气安全装置的功能</td></tr>
</table>

续表

项目及类别		检验内容与要求	检验方法
7 无机房电梯附加检验项目	7.3 设在底坑内的作业场地 C	检查、维修驱动主机、控制柜的作业场地设在底坑时，如果检查、维修工作需要移动轿厢或可能导致轿厢的失控和意外移动，应当具有以下安全措施： (1) 设置停止轿厢运动的机械制停装置，使工作场地内的地面与轿厢最低部件之间的距离不小于 2 m； (2) 设置检查机械制停装置工作位置的电气安全装置，当机械制停装置处于非停放位置且未进入工作位置时，能防止轿厢的所有运行，当机械制停装置进入工作位置后，仅能通过检修装置来控制轿厢的电动移动； (3) 在井道外设置电气复位装置，只有通过操纵该装置才能使电梯恢复到正常工作状态，该装置只能由工作人员操作	(1) 对于不具备相应安全措施的，核查电梯整机型式试验合格证书或者报告书，确认其上有无检查、维修工作无需移动轿厢且不可能导致轿厢失控和意外移动的说明； (2) 目测机械制停装置、井道外电气复位装置的设置； (3)通过模拟操作以及使电气安全装置动作，检查机械制停装置、井道外电气复位装置、电气安全装置的功能
	7.4 设在平台上的作业场地 C	检查、维修机器设备的作业场地设在平台上时，如果该平台位于轿厢或者对重(平衡重)的运行通道中，则应当具有以下安全措施： (1) 平台是永久性装置，有足够的机械强度，并且设置护栏； (2) 设有可以使平台进入(退出)工作位置的装置，该装置只能由工作人员在底坑或者在井道外操作，由一个电气安全装置确认平台完全缩回后电梯才能运行； (3) 如果检查、维修作业不需要移动轿厢，则设置防止轿厢移动的机械锁定装置和检查机械锁定装置工作位置的电气安全装置，当机械锁定装置处于非停放位置时，能防止轿厢的所有运行； (4) 如果检查(维修)作业需要移动轿厢，则设置活动式机械止挡装置来限制轿厢的运行区间，当轿厢位于平台上方时，该装置能够使轿厢停在上方距平台至少 2 m 处，当轿厢位于平台下方时，该装置能够使轿厢停在平台下方符合 3.2 井道顶部空间要求的位置； (5) 设置检查机械止挡装置工作位置的电气安全装置，只有机械止挡装置处于完全缩回位置时才允许轿厢移动，只有机械止挡装置处于完全伸出位置时才允许轿厢在前条所限定的区域内移动。 如果该平台不位于轿厢或者对重(平衡重)的运行通道中，则应当满足上述(1)的要求。	(1) 目测平台、平台护栏、机械锁定装置、活动式机械止挡装置的设置； (2) 通过模拟操作以及使电气安全装置动作，检查机械锁定装置、活动式机械止挡装置、电气安全装置的功能

续表

项目及类别		检验内容与要求	检验方法
7 无机房电梯附加检验项目	7.5 紧急操作与动态试验装置 B	(1) 用于紧急操作和动态试验(如制动试验、曳引力试验、限速器-安全钳联动试验、缓冲器试验及轿厢上行超速保护试验等)的装置应当能在井道外操作;在停电或停梯故障造成人员被困时,相关人员能够按照操作屏上的应急救援程序及时解救被困人员; (2) 应当能够直接或者通过显示装置观察到轿厢的运动方向、速度以及是否位于开锁区; (3) 装置上应当设置永久性照明和照明开关; (4) 装置上应当设置停止装置	(1) 目测或者结合相关试验,验证动态试验装置的功能; (2) 在空载、半载、满载等工况(含轿厢与对重平衡的工况),模拟停电或停梯故障,按照相应的应急救援程序进行操作。定期检验时在空载工况下进行。由施工或者维护保养单位进行操作,检验人员现场观察、确认; (3) 操作停止装置,验证其功能
	7.6 附加检修控制装置 C	如果需要在轿厢内、底坑或者平台上移动轿厢,则应当在相应位置上设置附加检修控制装置,并且符合以下要求: (1) 每台电梯只能设置 1 个附加检修装置;附加检修控制装置的型式要求与轿顶检修控制装置相同; (2) 如果一个检修控制装置被转换到“检修”,则通过持续按压该控制装置上的按钮能够移动轿厢;如果两个检修控制装置均被转换到“检修”位置,则从任何一个检修控制装置都不可能移动轿厢,或者当同时按压两个检修控制装置上相同方向的按钮时,才能够移动轿厢	(1) 目测附加检修装置的设置; (2) 进行检修操作,检查检修控制装置的功能
8 试验	8.1 轿厢上行超速保护装置试验 C	当轿厢上行速度失控时,轿厢上行超速保护装置应当动作,使轿厢制停或者至少使其速度降低至对重缓冲器的设计范围;该装置动作时,应当使一个电气安全装置动作	由施工或者维护保养单位按照制造单位规定的方法进行试验,检验人员现场观察、确认

续表

项目及类别		检验内容与要求	检验方法
8 试验	8.2 耗能缓冲器试验 C	缓冲器动作后，回复至其正常伸长位置电梯才能正常运行；缓冲器完全复位的最大时间限度为 120 s	(1) 将限位开关(如果有)、极限开关短接，以检修速度下降空载轿厢，将缓冲器压缩，观察电气安全装置动作情况； (2) 将限位开关(如果有)、极限开关和相关的电气安全装置短接，以检修速度下降空载轿厢，将缓冲器完全压缩，测量从轿厢开始提起到缓冲器回复原状的时间
	8.3 轿厢限速器-安全钳联动试验 B	(1) 施工监督检验：轿厢装有下述载荷，以检修速度下行，进行限速器-安全钳联动试验，限速器、安全钳动作应当可靠： ① 瞬时式安全钳，轿厢装载额定载重量，对于轿厢面积超出规定的载货电梯，以轿厢实际面积按规定所对应的额定载重量作为试验载荷； ② 渐进式安全钳，轿厢装载 1.25 倍额定载荷，对于轿厢面积超出规定的载货电梯，取 1.25 倍额定载重量与轿厢实际面积按规定所对应的额定载重量两者中的较大值作为试验载荷； ③ 对于轿厢面积超过相应规定的非商用汽车电梯，轿厢装载 150%额定载重量。 (2) 定期检验：轿厢空载，以检修速度下行，进行限速器-安全钳联动试验，限速器、安全钳动作应当可靠	(1) 施工监督检验：由施工单位进行试验，检验人员现场观察、确认； (2) 定期检验：短接限速器和安全钳的电气安全装置，轿厢空载，以检修速度向下运行，人为动作限速器，观察轿厢制停情况。
	8.4 对重(平衡重)限速器-安全钳联动试验 B	轿厢空载，以检修速度上行，进行限速器-安全钳联动试验，限速器、安全钳动作应当可靠	短接限速器和安全钳的电气安全装置(如果有)，轿厢空载以检修速度向上运行，人为动作限速器，观察对重(平衡重)制停情况

续表

项目及类别		检验内容与要求	检验方法
8 试验	8.5 平衡系数试验 C	曳引电梯的平衡系数应当在 0.40～0.50 之间，或者符合制造（改造）单位的设计值	轿厢分别空载、装载额定载重量的 25%、40%、50%、75%、100%、110%作上、下全程运行，当轿厢和对重运行到同一水平位置时，记录电动机的电流值，绘制电流-负荷曲线以上、下行运行曲线的交点确定平衡系数。以电动机电源输入端为电流检测点
	8.6 空载曳引力试验 B	当对重压在缓冲器上而曳引机按电梯上行方向旋转时，应当不能提升空载轿厢	将上限位开关（如果有）、极限开关和缓冲器柱塞复位开关（如果有）短接，以检修速度将空载轿厢提升，当对重压在缓冲器上后，继续使曳引机按上行方向旋转，观察是否出现曳引轮与曳引绳产生相对滑动现象，或者曳引机停止旋转
	8.7 运行试验 C	轿厢分别空载、满载，以正常运行速度上、下运行，呼梯、楼层显示等信号系统功能有效、指示正确、动作无误，轿厢平层良好，无异常现象发生	轿厢分别空载、满载，以正常运行速度上、下运行，观察运行情况
	8.8 消防返回功能试验 B	如果电梯设有消防返回功能，应当符合以下要求： （1）消防开关应当设在基站或者撤离层，防护玻璃应当完好，并且标有“消防”字样； （2）消防功能启动后，电梯不响应外呼和内选信号，轿厢直接返回指定撤离层，开门待命	电梯在停止或者运行过程中，选择一些楼层呼梯，动作消防开关，检查电梯运行和开门状况

续表

项目及类别		检验内容与要求	检验方法
8 试验	8.9 电梯速度 C	当电源为额定频率，电动机施以额定电压时，轿厢承载 0.5 倍额定载重量，向下运行至行程中段（除去加速和减速段）时的速度，不得大于额定速度的 105%，不宜小于额定速度的 92%	用速度检测仪器进行检测
	8.10 上行制动试验 B	轿厢空载以正常运行速度上行时，切断电动机与制动器供电，轿厢应当被可靠制停，并且无明显变形和损坏	轿厢空载以正常运行速度上行至行程上部时，断开主开关，检查轿厢制停情况
	8.11 下行制动试验 A(B)	轿厢装载 1.25 倍额定载重量，以正常运行速度下行至行程下部，切断电动机与制动器供电，曳引机应当停止运转，轿厢应当完全停止	由施工单位（定期检验时由维护保养单位）进行试验，检验人员现场观察、确认 注 A-6：定期检验如需进行此项目，按 B 类项目进行
	8.12 静态曳引试验 A(B)	对于轿厢面积超过相应规定的载货电梯，以轿厢实际面积所对应的 1.25 倍额定载重量进行静态曳引试验，对于轿厢面积超过相应规定的非商用汽车电梯，以 1.5 倍额定载重量做静态曳引试验，历时 10 min，曳引绳应当没有打滑现象	由施工单位（定期检验时由维护保养单位）进行试验，检验人员现场观察、确认 注 A-7：定期检验如需进行此项目，按 B 类项目进行

附件 B

报告编号：

电梯监督检验报告

（格式）

使 用 单 位：________________________________

设 备 代 码：________________________________

设 备 名 称：________________________________

设 备 类 型：________________________________

施 工 类 别：（安装、改造、重大维修）

施 工 单 位：________________________________

检 验 机 构：________________________________

检 验 日 期：________________________________

（印制检验机构名称）

注 意 事 项

1. 本报告依据《电梯监督检验和定期检验规则——曳引与强制驱动电梯》(TSG T7001—2009)制定,适用于电梯安装、改造、重大维修监督检验。

2. 本报告应当由计算机打印输出,或者用钢笔、签字笔填写,字迹应当工整,修改无效。

3. 本报告无检验、编制、审核、批准人员签字和检验机构的核准证号、检验专用章或者公章无效。

4. 本报告一式三份,由检验机构、施工单位和使用单位分别保存。

5. 受检单位对本报告结论如有异议,请在收到报告书之日起15日内,向检验机构提出书面意见。

检验机构地址:

邮政编码:

联系电话:

电梯监督检验报告

报告编号:15号

<table>
<tr><td colspan="2">设备名称</td><td></td><td>规格型号</td><td></td></tr>
<tr><td colspan="2">制造单位</td><td colspan="3"></td></tr>
<tr><td colspan="2">产品编号</td><td></td><td>制造日期</td><td></td></tr>
<tr><td colspan="2">施工单位</td><td colspan="3"></td></tr>
<tr><td colspan="2">施工单位许可证编号</td><td></td><td>施工类别</td><td>(安装、改造、维修)</td></tr>
<tr><td colspan="2">安装地点</td><td></td><td>使用登记编号</td><td></td></tr>
<tr><td colspan="2">使用单位</td><td colspan="3"></td></tr>
<tr><td colspan="2">维护保养单位</td><td colspan="3"></td></tr>
<tr><td rowspan="2">设备技术参数</td><td>额定载重量</td><td>kg</td><td>额定速度</td><td>m/s</td></tr>
<tr><td>层站数</td><td>层 站</td><td>控制方式</td><td></td></tr>
<tr><td>检验依据</td><td colspan="4">《电梯监督检验和定期检验规则——曳引与强制驱动电梯》(TSG T7001—2009)</td></tr>
<tr><td>主要检验仪器设备</td><td colspan="4"></td></tr>
<tr><td>检验结论</td><td colspan="4"></td></tr>
<tr><td>备注</td><td colspan="4"></td></tr>
<tr><td colspan="2">检验日期</td><td></td><td>下次检验日期</td><td></td></tr>
<tr><td colspan="2">检验人员</td><td colspan="3"></td></tr>
<tr><td colspan="2">编制:</td><td>日期:</td><td colspan="2" rowspan="3">检验机构核准证号:

(检验机构公章或检验专用章)
年 月 日</td></tr>
<tr><td colspan="2">审核:</td><td>日期:</td></tr>
<tr><td colspan="2">批准:</td><td>日期:</td></tr>
</table>

共 页 第 页

报告编号：

<table>
<tr><th>序号</th><th>检验类别</th><th colspan="3">检验项目及其内容</th><th>检验结果</th><th>检验结论</th></tr>
<tr><td rowspan="7">1</td><td rowspan="7">A</td><td rowspan="26">1 技术资料</td><td rowspan="7">1.1 制造资料</td><td>(1) 制造许可证明文件</td><td></td><td rowspan="7"></td></tr>
<tr><td>(2) 整机型式试验合格证或报告书</td><td></td></tr>
<tr><td>(3) 产品质量证明文件</td><td></td></tr>
<tr><td>(4) 安全装置、主要部件型式试验合格证及有关资料</td><td></td></tr>
<tr><td>(5) 机房(机器设备间)和井道布置图</td><td></td></tr>
<tr><td>(6) 电气原理图</td><td></td></tr>
<tr><td>(7) 安装使用维护说明书</td><td></td></tr>
<tr><td rowspan="6">2</td><td rowspan="6">A</td><td rowspan="6">1.2 安装资料</td><td>(1) 安装许可证和告知书</td><td></td><td rowspan="6"></td></tr>
<tr><td>(2) 施工方案</td><td></td></tr>
<tr><td>(3) 特种设备作业人员证件</td><td></td></tr>
<tr><td>(4) 施工过程记录和自检报告</td><td></td></tr>
<tr><td>(5) 设计变更证明文件</td><td></td></tr>
<tr><td>(6) 安装质量证明文件</td><td></td></tr>
<tr><td rowspan="6">3</td><td rowspan="6">A</td><td rowspan="6">1.3 改造、重大维修资料</td><td>(1) 改造(维修)许可证和告知书</td><td></td><td rowspan="6"></td></tr>
<tr><td>(2) 施工方案</td><td></td></tr>
<tr><td>(3) 更换的安全装置和主要部件的型式试验合格证及有关资料</td><td></td></tr>
<tr><td>(4) 特种设备作业人员证件</td><td></td></tr>
<tr><td>(5) 施工过程记录和自检报告</td><td></td></tr>
<tr><td>(6) 改造质量证明文件</td><td></td></tr>
<tr><td rowspan="5">4</td><td rowspan="5">B</td><td rowspan="5">1.4 使用资料</td><td>(1) 使用登记资料</td><td></td><td rowspan="5"></td></tr>
<tr><td>(2) 安全技术档案</td><td></td></tr>
<tr><td>(3) 管理规章制度</td><td></td></tr>
<tr><td>(4) 日常维护保养合同</td><td></td></tr>
<tr><td>(5) 特种设备作业人员证</td><td></td></tr>
<tr><td rowspan="3">5</td><td rowspan="3">C</td><td rowspan="4">2 机房(机器设备间)及相关设备</td><td rowspan="3">2.1 通道和通道门</td><td>(1) 通道设置</td><td></td><td rowspan="3"></td></tr>
<tr><td>(2) 通道照明</td><td></td></tr>
<tr><td>(3) 通道门</td><td></td></tr>
<tr><td>6</td><td>C</td><td colspan="2">2.2 机房(机器设备间)专用</td><td></td><td></td></tr>
</table>

共　页　第　页

报告编号：

序号	检验类别	检验项目及其内容			检验结果	检验结论
7	C	2 机房(机器设备间)及相关设备	2.3 安全空间	(1) 控制屏(柜)前的净空面积		
				(2) 维修、操作处的净空面积		
				(3) 楼梯(台阶)、护栏		
8	C		2.4 地面开口			
9	C		2.5 照明与插座	(1) 机房照明、照明开关		
				(2) 电源插座		
				(3) 井道、轿厢照明和插座电源开关		
10	C		2.6 断错相保护			
11	B		2.7 主开关	(1) 主开关设置		
				(2) 与照明等电路的控制关系		
				(3) 防止误操作装置		
				(4) 标志		
12	B		2.8 驱动主机	(1) 工作状况		
				(2) 曳引轮安全色		
				(3) 轮槽磨损		
13	C		2.9 制动装置	(1) 机械部件设置		
				(2) 电气装置设置		
14	B		2.10 紧急操作	(1) 手动紧急操作装置		
				(2) 紧急电动运行装置		
				(3) 应急救援程序		
15	B		2.11 限速器	(1) 限速器铭牌		
				(2) 电气安全装置		
				(3) 动作速度校验		
16	C		2.12 接地	(1) N 线与 PE 线的设置		
				(2) 接地连接		
17	C		2.13 电气绝缘			
18	C		2.14 轿厢上行超速保护装置			

共　页　第　页

报告编号：

序号	检验类别	检验项目及其内容			检验结果	检验结论
19	C	3 井道及相关设备	3.1 井道封闭			
20	C		3.2 曳引驱动电梯井道顶部空间	(1) 当对重完全压在缓冲器上时应当同时满足的条件		
				(2) 对重导轨制导行程		
21	C		3.3 强制驱动电梯井道顶部空间	(1) 顶部行程与导向		
				(2) 当轿厢完全压在上缓冲器上时，应当同时满足的条件		
				(3) 平衡重导轨制导行程		
22	C		3.4 井道安全门	(1) 安全门设置		
				(2) 门的开启方向		
				(3) 门锁		
				(4) 电气安全装置		
23	C		3.5 井道检修门	(1) 门的尺寸		
				(2) 门的开启方向		
				(3) 门锁		
				(4) 电气安全装置		
24	C		3.6 导轨	(1) 支架个数与间距		
				(2) 支架安装		
				(3) 导轨工作面铅垂度		
				(4) 导轨顶面距离偏差		
25	B		3.7 轿厢与井道壁距离			
26	C		3.8 层门地坎下端井道壁			
27	C		3.9 井道内防护	(1) 对重(平衡重)运行区域防护		
				(2) 多台电梯运动部件之间防护		
28	B		3.10 极限开关			
29	C		3.11 随行电缆			
30	C		3.12 井道照明			

共 页 第 页

报告编号：

序号	检验类别	检验项目及其内容			检验结果	检验结论
31	C	3 井道及相关设备	3.13 底坑设施与装置	(1) 底坑底部		
				(2) 进入底坑通道		
				(3) 停止装置		
				(4) 电源插座与井道灯开关		
32	C		3.14 底坑空间	(1) 底坑空间尺寸		
				(2) 底坑底面与轿厢部件距离		
				(3) 轿厢最低部件与底坑最高部件距离		
33	B		3.15 限速绳张紧装置	(1) 张紧形式、导向装置		
				(2) 电气安全装置		
34	B		3.16 缓冲器	(1) 缓冲器选型		
				(2) 缓冲器铭牌或者标签		
				(3) 缓冲器固定		
				(4) 缓冲器液位和电气安全装置		
				(5) 对重越程距离		
35	C		3.17 对重(平衡重)下方空间的防护			
36	C	4 轿厢与对重(平衡重)	4.1 轿顶电气装置	(1) 检修装置		
				(2) 停止装置		
				(3) 电源插座		
37	C		4.2 轿顶护栏	(1) 护栏的组成		
				(2) 扶手高度		
				(3) 装设位置		
				(4) 警示标志		
38	C		4.3 安全窗(门)	(1) 手动上锁装置		
				(2) 安全门(窗)开启		
				(3) 电气安全装置		
39	C		4.4 轿厢和对重(平衡重)间距			
40	C		4.5 对重(平衡重)的固定			

共　页　第　页

报告编号：

序号	检验类别	检验项目及其内容			检验结果	检验结论
41	C	4 轿厢与对重（平衡重）	4.6 轿厢面积	（1）有效面积		
				（2）轿厢超面积载货电梯的控制条件		
42	C		4.7 轿厢内铭牌			
43	B		4.8 紧急照明和报警装置	（1）紧急照明		
				（2）紧急报警装置		
44	C		4.9 地坎护脚板			
45	C		4.10 轿厢超载保护装置			
46	B		4.11 安全钳	（1）安全钳铭牌		
				（2）电气安全装置		
47	C	5 悬挂装置、补偿装置及旋转部件防护	5.1 磨损、断丝、变形			
48	C		5.2 绳端固定			
49	C		5.3 补偿装置	（1）绳（链）端固定		
				（2）电气安全装置		
				（3）补偿绳防跳装置		
50	C		5.4 钢丝绳的卷绕	（1）钢丝绳余留圈数		
				（2）钢丝绳卷绕层数		
				（3）防止钢丝绳滑脱和跳出措施		
51	B		5.5 松绳（链）保护			
52	C		5.6 旋转部件的防护			
53	C	6 轿门与层门	6.1 门地坎距离			
54	C		6.2 门间隙	（1）门扇间隙		
				（2）人力施加在最不利点时间隙		
55	C		6.3 玻璃门	（1）标记		
				（2）固定件		
				（3）防拖曳措施		
56	B		6.4 防止门夹人的保护装置			
57	C		6.5 门的运行与导向			

共　页　第　页

报告编号：

<table>
<tr><th>序号</th><th>检验类别</th><th colspan="3">检验项目及其内容</th><th>检验结果</th><th>检验结论</th></tr>
<tr><td>58</td><td>B</td><td rowspan="8">6 轿门与层门</td><td colspan="2">6.6 自动关闭层门装置</td><td></td><td></td></tr>
<tr><td>59</td><td>B</td><td colspan="2">6.7 紧急开锁装置</td><td></td><td></td></tr>
<tr><td rowspan="4">60</td><td rowspan="4">B</td><td rowspan="4">6.8 门的锁紧</td><td>(1) 锁紧型式</td><td></td><td rowspan="4"></td></tr>
<tr><td>(2) 锁紧元件啮合长度</td><td></td></tr>
<tr><td>(3) 电气安全装置</td><td></td></tr>
<tr><td>(4) 轿门锁紧装置</td><td></td></tr>
<tr><td rowspan="2">61</td><td rowspan="2">B</td><td rowspan="2">6.9 门的闭合</td><td>(1) 机电联锁</td><td></td><td rowspan="2"></td></tr>
<tr><td>(2) 电气安全装置</td><td></td></tr>
<tr><td>62</td><td>C</td><td colspan="2">6.10 门刀、门锁滚轮与地坎间隙</td><td></td><td></td></tr>
<tr><td rowspan="2">63</td><td rowspan="2">C</td><td rowspan="22">7 无机房电梯附加项目</td><td rowspan="2">7.1 总体要求</td><td>(1) 结构与尺寸</td><td></td><td></td></tr>
<tr><td>(2) 照明与插座</td><td></td><td></td></tr>
<tr><td rowspan="4">64</td><td rowspan="4">C</td><td rowspan="4">7.2 轿顶上或轿厢内的作业场地</td><td>(1) 机械锁定装置</td><td></td><td rowspan="4"></td></tr>
<tr><td>(2) 检查机械锁定装置工作位置的电气安全装置</td><td></td></tr>
<tr><td>(3) 轿厢检修门(窗)设置</td><td></td></tr>
<tr><td>(4) 检修门(窗)开启时从轿内移动轿厢的要求</td><td></td></tr>
<tr><td rowspan="3">65</td><td rowspan="3">C</td><td rowspan="3">7.3 底坑内的作业场地</td><td>(1) 机械制停装置</td><td></td><td rowspan="3"></td></tr>
<tr><td>(2) 检查机械制停装置工作位置的电气安全装置</td><td></td></tr>
<tr><td>(3) 井道外电气复位装置</td><td></td></tr>
<tr><td rowspan="5">66</td><td rowspan="5">C</td><td rowspan="5">7.4 平台上的作业场地</td><td>(1) 平台设置</td><td></td><td rowspan="5"></td></tr>
<tr><td>(2) 平台进入(退出)操作与电气安全装置</td><td></td></tr>
<tr><td>(3) 机械锁定装置与电气安全装置</td><td></td></tr>
<tr><td>(4) 活动式机械止挡装置</td><td></td></tr>
<tr><td>(5) 检查机械止挡装置工作位置的电气安全装置</td><td></td></tr>
<tr><td rowspan="4">67</td><td rowspan="4">B</td><td rowspan="4">7.5 紧急操作与动态试验装置</td><td>(1) 装置的功能</td><td></td><td rowspan="4"></td></tr>
<tr><td>(2) 显示(观察)功能</td><td></td></tr>
<tr><td>(3) 照明</td><td></td></tr>
<tr><td>(4) 停止装置</td><td></td></tr>
<tr><td rowspan="2">68</td><td rowspan="2">C</td><td rowspan="2">7.6 附加检修装置</td><td>(1) 附加检修装置设置</td><td></td><td rowspan="2"></td></tr>
<tr><td>(2) 与轿顶检修的互锁</td><td></td></tr>
</table>

共 页 第 页

报告编号：

序号	检验类别	检验项目及其内容		检验结果	检验结论
69	C	8 试验	8.1　轿厢上行超速保护装置试验		
70	C		8.2　耗能缓冲器试验		
71	B		8.3(1)　轿厢限速器-安全钳试验		
72	B		8.4　对重(平衡重)限速器-安全钳试验		
73	C		8.5　平衡系数试验		
74	B		8.6　空载曳引力试验		
75	C		8.7　运行试验		
76	B		8.8　消防返回功能试验		
77	C		8.9　电梯速度		
78	B		8.10　上行制动试验		
79	A		8.11　下行制动试验		
80	A		8.12　静态曳引试验		

注 B-1：检验报告中的“检验项目及其内容”一栏中所表述具体项目和内容前面的条文序号〔如 1、1.1、(1)〕与《电梯监督检验和定期检验规则——曳引与强制驱动电梯》(TSG T7001—2009)附件 A《曳引与强制驱动电梯监督检验和定期检验内容、要求与方法》中的条文序号一致。

注 B-2：条文序号为 1.1～1.4、2.1～2.14、3.1、3.2、3.4～3.17、4.1～4.11、5.1～5.3、5.6、6.1～6.10、8.1～8.12 的检验项目(共 71 项)，适用于有机房曳引驱动电梯；条文序号为 1.1～1.4、2.2、2.6～2.9、2.11～2.14、3.1、3.2、3.4～3.17、4.1～4.11、5.1～5.3、5.6、6.1～6.10、7.1～7.6、8.1～8.12 的检验项目(共 72 项)，适用于无机房曳引驱动电梯；条文序号为 1.1～1.4、2.1～2.14〔2.8(2)、(3)除外〕、3.1、3.3～3.17〔3.16(5)除外〕、4.1～4.11〔4.6(2)除外〕、5.1、5.2、5.4～5.6、6.1～6.10、8.1～8.4、8.7～8.11(共 69 项)的检验项目，适用于强制驱动电梯。检验机构可以根据不同的电梯类型，按照实际的项目及其内容编排检验报告。

共　页　第　页

附件 C

报告编号：

电梯定期检验报告

（格式）

使 用 单 位：__________________________________

设 备 代 码：__________________________________

设 备 名 称：__________________________________

设 备 类 型：__________________________________

设 备 型 式：__________________________________

检 验 机 构：__________________________________

检 验 日 期：__________________________________

（印刷检验机构名称）

注 意 事 项

1. 本报告依据《电梯监督检验和定期检验规则—曳引与强制驱动电梯》(TSG T7001—2009)制定,适用于电梯定期检验。

2. 本报告应当由计算机打印输出,或者用钢笔、签字笔填写,字迹应当工整,修改无效。

3. 本报告无检验、编制、审核、批准人员签字和检验机构的核准证号、检验专用章或者公章无效。

4. 本报告一式三份,由检验机构、使用单位、日常维护保养单位分别保存。

5. 受检单位对本报告结论如有异议,请在收到报告书之日起 15 日内,向检验机构提出书面意见。

检验机构地址:

邮政编码:

联系电话:

电梯定期检验报告

报告编号：

<table>
<tr><td colspan="2">设备名称</td><td></td><td>使用登记编号</td><td></td></tr>
<tr><td colspan="2">使用单位</td><td colspan="3"></td></tr>
<tr><td colspan="2">设备使用地点</td><td colspan="3"></td></tr>
<tr><td colspan="2">使用单位代码</td><td></td><td>使用单位设备编号</td><td></td></tr>
<tr><td colspan="2">安全管理人员</td><td></td><td>制造日期</td><td></td></tr>
<tr><td colspan="2">制造单位</td><td colspan="3"></td></tr>
<tr><td colspan="2">规格型号</td><td></td><td>产品编号</td><td></td></tr>
<tr><td colspan="2">维护保养单位</td><td colspan="3"></td></tr>
<tr><td rowspan="2">设备技术参数</td><td>额定载重量</td><td>kg</td><td>额定速度</td><td>m/s</td></tr>
<tr><td>层站数</td><td>层 站</td><td>控制方式</td><td></td></tr>
<tr><td>检验依据</td><td colspan="4">《电梯监督检验和定期检验规则——曳引与强制驱动电梯》(TSG T7001—2009)</td></tr>
<tr><td>主要检验仪器设备</td><td colspan="4"></td></tr>
<tr><td>检验结论</td><td colspan="4"></td></tr>
<tr><td>备注</td><td colspan="4"></td></tr>
<tr><td colspan="2">检验日期</td><td></td><td>下次检验日期</td><td></td></tr>
<tr><td colspan="2">检验人员</td><td colspan="3"></td></tr>
<tr><td colspan="2">编制：</td><td>日期：</td><td colspan="2" rowspan="3">检验机构核准证号：

(检验机构公章或检验专用章)
年 月 日</td></tr>
<tr><td colspan="2">审核：</td><td>日期：</td></tr>
<tr><td colspan="2">批准：</td><td>日期：</td></tr>
</table>

共 页 第 页

报告编号：

<table>
<tr><th>序号</th><th>检验类别</th><th colspan="3">检验项目及其内容</th><th>检验结果</th><th>检验结论</th></tr>
<tr><td rowspan="5">1</td><td rowspan="5">B</td><td rowspan="5">1
技术资料</td><td rowspan="5">1.4
使用资料</td><td>(1) 使用登记资料</td><td></td><td rowspan="5"></td></tr>
<tr><td>(2) 安全技术档案</td><td></td></tr>
<tr><td>(3) 管理规章制度</td><td></td></tr>
<tr><td>(4) 日常维护保养合同</td><td></td></tr>
<tr><td>(5) 特种设备作业人员证</td><td></td></tr>
<tr><td>2</td><td>C</td><td rowspan="13">2
机房（机器设备间）及相关设备</td><td colspan="2">2.1 机房通道与通道门</td><td></td><td></td></tr>
<tr><td>3</td><td>C</td><td colspan="2">2.5 (1)机房照明、照明开关</td><td></td><td></td></tr>
<tr><td>4</td><td>C</td><td colspan="2">2.6 断错相保护</td><td></td><td></td></tr>
<tr><td>5</td><td>B</td><td colspan="2">2.7 (2)主开关与照明等电路的控制关系</td><td></td><td></td></tr>
<tr><td rowspan="2">6</td><td rowspan="2">B</td><td rowspan="2">2.8
驱动主机</td><td>(1) 工作状况</td><td></td><td rowspan="2"></td></tr>
<tr><td>(3) 轮槽磨损</td><td></td></tr>
<tr><td rowspan="3">7</td><td rowspan="3">B</td><td rowspan="3">2.10
紧急操作</td><td>★(1) 手动紧急装置</td><td></td><td rowspan="3"></td></tr>
<tr><td>(2) 紧急电动运行装置</td><td></td></tr>
<tr><td>(3) 应急救援程序</td><td></td></tr>
<tr><td rowspan="2">8</td><td rowspan="2">B</td><td rowspan="2">2.11
限速器</td><td>(2) 电气安全装置</td><td></td><td rowspan="2"></td></tr>
<tr><td>(3) 动作速度校验</td><td></td></tr>
<tr><td>9</td><td>C</td><td colspan="2">2.12 (2)接地连接</td><td></td><td></td></tr>
<tr><td>10</td><td>C</td><td colspan="2">2.13 电气绝缘</td><td></td><td></td></tr>
<tr><td rowspan="2">11</td><td rowspan="2">C</td><td rowspan="14">3
井道及相关设备</td><td rowspan="2">3.4 井道安全门</td><td>(2) 门锁</td><td></td><td rowspan="2"></td></tr>
<tr><td>(3) 电气安全装置</td><td></td></tr>
<tr><td rowspan="2">12</td><td rowspan="2">C</td><td rowspan="2">3.5 井道检修门</td><td>(3) 门锁</td><td></td><td rowspan="2"></td></tr>
<tr><td>(4) 电气安全装置</td><td></td></tr>
<tr><td>13</td><td>B</td><td colspan="2">3.10 极限开关</td><td></td><td></td></tr>
<tr><td>14</td><td>C</td><td colspan="2">3.11 随行电缆</td><td></td><td></td></tr>
<tr><td>15</td><td>C</td><td colspan="2">3.12 井道照明</td><td></td><td></td></tr>
<tr><td rowspan="2">16</td><td rowspan="2">C</td><td rowspan="2">3.13 底坑设施与装置</td><td>(1) 底坑底部</td><td></td><td rowspan="2"></td></tr>
<tr><td>(3) 停止装置</td><td></td></tr>
<tr><td>17</td><td>B</td><td colspan="2">3.15 (2)限速绳张紧装置的电气安全装置</td><td></td><td></td></tr>
<tr><td rowspan="3">18</td><td rowspan="3">B</td><td rowspan="3">3.16
缓冲器</td><td>(3) 缓冲器固定</td><td></td><td rowspan="3"></td></tr>
<tr><td>(4) 液位和电气安全装置</td><td></td></tr>
<tr><td>(5) 对重越程距离</td><td></td></tr>
</table>

共 页 第 页

报告编号：

<table>
<tr><th>序号</th><th>检验类别</th><th colspan="3">检验项目及其内容</th><th>检验结果</th><th>检验结论</th></tr>
<tr><td rowspan="2">19</td><td rowspan="2">C</td><td rowspan="9">4
轿厢与对重(平衡重)</td><td rowspan="2">4.1 轿顶电气装置</td><td>(1) 检修装置</td><td></td><td rowspan="2"></td></tr>
<tr><td>(2) 停止装置</td><td></td></tr>
<tr><td>20</td><td>C</td><td colspan="2">4.3 (3)安全窗(门)电气安全装置</td><td></td><td></td></tr>
<tr><td>21</td><td>C</td><td colspan="2">4.5 对重(平衡重)固定</td><td></td><td></td></tr>
<tr><td>22</td><td>C</td><td colspan="2">4.6 (2)轿厢超面积载货电梯的控制条件</td><td></td><td></td></tr>
<tr><td rowspan="2">23</td><td rowspan="2">B</td><td rowspan="2">4.8 紧急照明和报警装置</td><td>(1) 紧急照明</td><td></td><td rowspan="2"></td></tr>
<tr><td>(2) 紧急报警装置</td><td></td></tr>
<tr><td>24</td><td>C</td><td colspan="2">4.9 地坎护脚板</td><td></td><td></td></tr>
<tr><td>25</td><td>C</td><td colspan="2">4.10 轿厢超载保护装置</td><td></td><td></td></tr>
<tr><td>26</td><td>C</td><td rowspan="7">5
悬挂装置、补偿装置及旋转部件防护</td><td colspan="2">5.1 磨损、断丝、变形</td><td></td><td></td></tr>
<tr><td>27</td><td>C</td><td colspan="2">5.2 绳端固定</td><td></td><td></td></tr>
<tr><td rowspan="3">28</td><td rowspan="3">C</td><td rowspan="3">5.3
补偿装置</td><td>(1) 绳(链)端固定</td><td></td><td rowspan="3"></td></tr>
<tr><td>(2) 电气安全装置</td><td></td></tr>
<tr><td>(3) 补偿绳防跳装置</td><td></td></tr>
<tr><td>29</td><td>B</td><td colspan="2">5.5 松绳(链)保护</td><td></td><td></td></tr>
<tr><td>30</td><td>C</td><td colspan="2">★5.6 旋转部件的防护</td><td></td><td></td></tr>
<tr><td rowspan="2">31</td><td rowspan="2">C</td><td rowspan="12">6
轿门与层门</td><td rowspan="2">6.2
门间隙</td><td>(1) 门扇间隙</td><td></td><td rowspan="2"></td></tr>
<tr><td>(2) 人力施加在最不利点时间隙</td><td></td></tr>
<tr><td rowspan="3">32</td><td rowspan="3">C</td><td rowspan="3">6.3
玻璃门</td><td>(1) 标记</td><td></td><td rowspan="3"></td></tr>
<tr><td>(2) 固定件</td><td></td></tr>
<tr><td>(3) 防拖曳措施</td><td></td></tr>
<tr><td>33</td><td>B</td><td colspan="2">6.4 防止门夹人的保护装置</td><td></td><td></td></tr>
<tr><td>34</td><td>C</td><td colspan="2">6.5 门的运行与导向</td><td></td><td></td></tr>
<tr><td>35</td><td>B</td><td colspan="2">6.6 自动关闭层门装置</td><td></td><td></td></tr>
<tr><td>36</td><td>B</td><td colspan="2">6.7 紧急开锁装置</td><td></td><td></td></tr>
<tr><td rowspan="3">37</td><td rowspan="3">B</td><td rowspan="3">6.8
门的锁紧</td><td>(1) 锁紧型式</td><td></td><td rowspan="3"></td></tr>
<tr><td>(2) 锁紧元件啮合长度</td><td></td></tr>
<tr><td>(3) 电气安全装置</td><td></td></tr>
</table>

共 页 第 页

报告编号：

序号	检验类别	检验项目及其内容			检验结果	检验结论
38	B	6 轿门与层门	6.9 门的闭合	(1) 机电联锁		
				(2) 电气安全装置		
39	C		6.10 门刀、门锁滚轮与地坎间隙			
40	C	7 无机房电梯附加项目	7.2 轿顶上或轿厢内的作业场地	(2) 检查机械锁定装置工作位置的电气安全装置		
				(4) 检修门(窗)开启时从轿内移动轿厢要求		
41	C		7.3 底坑内的作业场地	(2) 检查机械制停装置工作位置的电气安全装置		
				(3) 井道外电气复位装置		
42	C		7.4 平台上的作业场地	(2) 平台进入(退出)操作与电气安全装置		
				(3) 机械锁定装置设置与电气安全装置		
				(4) 活动式机械止挡装置设置		
				(5) 检查机械止挡装置工作位置的电气安全装置		
43	B		7.5 紧急操作和动态试验装置	(1) 装置的功能		
				(4) 停止装置		
44	C		7.6 (2)附加检修装置与轿顶检修的互锁			
45	C	8 试验	★8.1 轿厢上行超速保护装置试验			
46	C		8.2 耗能缓冲器试验			
47	B		8.3 (2)轿厢限速器-安全钳试验			
48	B		8.4 对重(平衡重)限速器-安全钳试验			
49	B		8.6 空载曳引力试验			
50	C		8.7 运行试验			
51	C		8.8 消防返回功能试验			
52	B		8.10 空载上行制动试验			

共 页 第 页

注 C-1：检验报告中的“检验项目及其内容”一栏中所表述具体项目和内容前面的条文序号（如 1、1.4、(1)）与《电梯监督检验和定期检验规则——曳引与强制驱动电梯》(TSG T 7001—2009)附件 A《曳引与强制驱动电梯监督检验和定期检验内容、要求与方法》(以下简称附件 A)中的条文序号一致。

注 C-2：除条文序号为 5.5、7.2～7.5、7.6(2)的检验项目之外，其余项目(共 46 项)适用于有机房曳引驱动电梯；除条文序号为 2.1、2.5(1)、2.10、5.5 的检验项目之外，其余项目(共 48 项)适用于无机房曳引驱动电梯；除条文序号为 2.8(3)、3.16(5)、4.6(2)、5.3、7.2～7.5、7.6(2)、8.6 的检验项目之外，其余项目(共 44 项)适用于强制驱动电梯。

如果检验中发现曳引轮绳槽的磨损可能影响曳引能力时(见附件 A 第 2.8 项)，应当进行附件 A 第 8.11 项试验，对于轿厢面积超过规定的载货电梯时还需进行 8.12 项试验。在此情况下，应当将这些检验项目列入检验报告。

检验机构可以根据不同的电梯类型和检验情况，按照实际的项目及其内容编排检验报告。

注 C-3：标有★的项目为根据有关规定，对于允许按照 GB 7588—1995 及更早期标准生产的电梯，可以不检验、或者可以按照《电梯监督检验规程》(国质检锅[2002]1 号)中的有关规定进行检验的项目。其中条文序号为 2.10(1)的项目，仅指可拆卸盘车手轮的电气安全装置可以不检验。

附件 D

特种设备检验意见通知书

（格式）

编号：

______（填写受检单位名称）______：

经检验，你单位______（填写设备品种）______（产品编号：______，使用登记编号：______，使用单位设备编号：______，使用地点：______），存在以下问题，请于______年______月______日前将处理结果报送我机构：

<table>
<tr><td>问题和意见：

检验人员：　　　　　　　　日期：
（检验机构公章或检验专用章）
年　　月　　日

受检单位接受人：　　　　　　　　日期：</td></tr>
<tr><td>处理结果：

受检单位主管负责人：　　　　　　　　日期：　　　　（受检单位公章）
年　　月　　日</td></tr>
</table>

注 D：本通知书一式三份。一份检验机构存档，两份送受检单位，其中一份受检单位应当在要求的日期内返回检验机构。如果定期检验时存在 B 类或者超过 5 项 C 类项目不合格，或者受检单位未在要求的日期内返回检验机构，检验机构还应当报负责设备使用登记的特种设备安全监察机构。

附

TSG T7001—2009《电梯监督检验和定期检验规则——曳引与强制驱动电梯》第 1 号修改单

（对 2009 年 12 月第 1 版的修改）

一、正文修改

1. 第五条修改为："实施电梯安装、改造或者重大维修的施工单位（以下简称施工单位）应当在按照规定履行告知后、开始施工前（不包括设备开箱、现场勘测等准备工作），向检验机构申请监督检验；电梯使用单位应当在电梯使用标志所标注的下次检验日期届满前 1 个月，向检验机构申请定期检验。"

2. 第八条第（二）项修改为："对于电梯改造和重大维修过程，除对改造和重大维修涉及的附件 B 中所列的项目进行检验之外，还需对附件 C 所列项目（前述改造和重大维修涉及的项目除外）进行检验，检验的内容、要求和方法按照附件 A 的规定。"

3. 第十七条第一款第（三）项修改为："要求测试数据项目的检验结果与自检结果存在多处较大偏差，或者其他项目的自检结果与实物状态不一致，质疑相应单位自检能力时"

4. 第十八条第一款修改为："检验工作（包括第十七条规定的对整改情况的确认）完成后，或者达到《通知书》提出时限而受检单位未反馈整改报告等见证材料的，检验机构必须在 10 个工作日内出具检验报告。检验结论为"合格"的，还应当同时出具电梯使用标志。"

5. 第二十四条修改为："对于判定为"不合格"或者"复检不合格"的电梯、未执行《通知书》提出的整改要求并且已经超过电梯使用标志所标注的下次检验日期的电梯，检验机构应当将检验结果、检验结论及有关情况报告负责设备使用登记的特种设备安全监察机构；对于定期检验判定为"不合格"的电梯，检验机构还应当告知使用单位立即停止使用。"

二、附件 A 修改

（一）"项目与类别"栏修改

"2.9 制动装置 C"修改为"2.9 制动装置 B"。

（二）"检验内容与要求"栏修改

1. 1.1(3)修改为："产品质量证明文件，注有制造许可证明文件编号、该电梯的产品出厂编号、主要技术参数，门锁装置、限速器、安全钳、缓冲器、含有电子元件的安全电路（如果有）、轿厢上行超速保护装置、驱动主机、控制柜等安全保护装置和主要部件的型号，以及这些安全保护装置和主要部件的编号（门锁装置除外）等内容，并且有电梯整机制造单位的公章或者检验合格章以及出厂日期。"

2. 1.2(4)修改为："施工过程记录和由整机制造单位出具或者确认的自检报告，检查和试验项目齐全、内容完整，施工和验收手续齐全。"

3. 2.1(1)①修改为:“通往机房或者机器设备间的通道不应当高出楼梯所到平面 4 m。”

4. 2.9 增加“(3)制动器应当动作灵活,制动时制动闸瓦(制动钳)紧密、均匀地贴合在制动轮(制动盘)上,电梯运行时制动闸瓦(制动钳)与制动轮(制动盘)不发生摩擦;并且制动闸瓦(制动钳)以及制动轮(制动盘)工作面上没有油污”

2.9(2)最后增加“;”

5. 3.16(3)修改为:“缓冲器应当固定可靠、无明显倾斜,并且无断裂、塑性变形、剥落、破损等现象”。

6. 4.6(1)中的“轿厢有效面积应当符合下述规定”修改为“轿厢有效面积应当符合下述规定。下述各额定载重量对应的轿厢最大有效面积允许增加不大于所列值 5% 的面积。”

7. 4.8 中的“轿厢内应当装设符合下述要求的紧急报警装置和应急照明:”修改为“轿厢内应当装设符合下述要求的紧急报警装置和紧急照明”。

8. 8.3(1)②修改为:“渐进式安全钳:轿厢装载 1.25 倍额定载重量;对于轿厢面积超出规定的载货电梯,取 1.25 倍额定载重量与轿厢实际面积按规定所对应的额定载重量两者中的较大值作为试验载荷;对于额定载重量按照单位轿厢有效面积不小于 200 kg/m^2 计算的非商用汽车电梯,轿厢装载 1.5 倍额定载重量”。

删除 8.3(1)③。

9. 8.12 修改为:“对于轿厢面积超过规定的载货电梯,以轿厢实际面积所对应的 1.25 倍额定载重量进行静态曳引试验;对于额定载重量按照单位轿厢有效面积不小于 200 kg/m^2 计算的非商用汽车电梯,以 1.5 倍额定载重量做静态曳引试验;历时 10 min,曳引绳应当没有打滑现象”。

(三)“检验方法”栏修改

1. 2.9 增加“(3)目测制动器动作等情况”

2.9(2)最后增加“;”

2. 3.16 修改为:

“(1) 对照检查缓冲器型式试验合格证和铭牌或者标签;

(2) 目测缓冲器的固定和完好情况;必要时,将限位开关(如果有)、极限开关短接,以检修速度运行空载轿厢,将缓冲器充分压缩后,观察缓冲器有无断裂、塑性变形、剥落、破损等现象;

(3) 目测耗能型缓冲器的液位和电气安全装置;

(4) 目测对重越程距离标识;定期检验时,查验当轿厢位于顶层端站平层位置时,对重装置撞板与其缓冲器顶面间的垂直距离”。

3. 4.8 修改为:“接通和断外紧急报警装置的正常供电电源,分别验证紧急报警装置的功能;断开正常照明供电电源,验证紧急照明的功能”。

4. 8.3(2)修改为:“定期检验:轿厢空载以检修速度运行,人为分别使限速器和安全钳的电气安全装置动作,观察轿厢是否停止运行;然后短接限速器和安全钳的电气安全装置,轿厢空载以检修速度向下运行,人为动作限速器,观察轿厢制停情况”。

5. 8.4 修改为："轿厢空载以检修速度运行，人为分别使限速器和安全钳的电气安全装置（如果有）动作，观察轿厢是否停止运行；短接限速器和安全钳的电气安全装置（如果有），轿厢空载以检修速度向上运行，人为动作限速器，观察对重（平衡重）制停情况"。

三、附件 B 修改

1. 检验结论页（即第 31 页）中的"规格型号"修改为"型号"。

2. 序号 13（即 2.9 制动装置）的"检验类别"修改为"B"，并增加一栏检验项目："（3）制动器动作等情况"，见表 1 所示。

表 1

<table>
<tr><td rowspan="3">13</td><td rowspan="3">B</td><td rowspan="3"></td><td rowspan="3">2.9
制动
装置</td><td>（1）机械部件设置</td><td></td><td rowspan="3"></td></tr>
<tr><td>（2）电气装置设置</td><td></td></tr>
<tr><td>（3）制动器动作情况</td><td></td></tr>
</table>

3. 序号 34 中的"（3）缓冲器固定"修改为"（3）缓冲器固定和完好情况"。

4. 注 B-2 的第 3 分句修改为："条文序号为 1.1～1.4、2.1～2.13[2.8(2)、(3)除外]、3.1、3.3～3.17[3.16(5)除外]、4.1～4.11[4.6(2)除外]、5.1、5.2、5.4～5.6、6.1～6.10、8.2～8.4、8.7～8.9、8.11（共 66 项）的检验项目，适用于强制驱动电梯。"

5. 增加"注 B-3：检验报告中的下次检验日期精确到月，只填写至检验日期下一年度的当月。下次检验日期以安装、改造、重大维修监督检验的检验合格日期为基准计算。"

四、附件 C 修改

1. 检验结论页（即第 41 页）中的"规格型号"修改为"型号"。

2. 序号 2 中检验结论栏的三个单元格合并为一个单元格，如表 2 所示。

表 2

<table>
<tr><td rowspan="3">2</td><td rowspan="3">C</td><td rowspan="3"></td><td rowspan="3">2.1
通道与
通道门</td><td>（1）通道设置与畅通</td><td></td><td rowspan="3"></td></tr>
<tr><td>（2）通道照明</td><td></td></tr>
<tr><td>（3）通道门</td><td></td></tr>
</table>

3. 在序号 6 栏目之后，增加序号 7 一栏"2.9(3)制动器动作等情况"，检验类别为"B"，如表 3 所示。

表 3

<table>
<tr><td rowspan="2">6</td><td rowspan="2">B</td><td rowspan="3"></td><td rowspan="2">2.8
驱动
主机</td><td>（1）工作状况</td><td></td><td rowspan="2"></td></tr>
<tr><td>（3）轮槽磨损</td><td></td></tr>
<tr><td>7</td><td>B</td><td colspan="2">2.9(3)制动器动作情况</td><td></td><td></td></tr>
</table>

4. 序号 8（原序号 7）中的"★（1）手动紧急装置"改为"★（1）手动紧急操作装置"

5. 在序号 13（原序号 12）栏目之后，增加序号 14 一栏"3.7 轿厢与井道壁距离"，检验类别为“B”,如表 4 所示。

表 4

<table>
<tr><td rowspan="2">13</td><td rowspan="2">C</td><td rowspan="3"></td><td rowspan="2">3.5
井道
检修门</td><td>（3）门锁</td><td></td><td rowspan="2"></td></tr>
<tr><td>（3）电气安全装置</td><td></td></tr>
<tr><td>14</td><td>B</td><td colspan="2">3.7　轿厢与井道壁距离</td><td></td><td></td></tr>
</table>

6. 序号 20(原序号 18)中的“(3)缓冲器固定”修改为“(3)缓冲器固定和完好情况”。

7. 序号 53(原序号 51)中的检验类别“C”修改为“B”。

8. 注 C-2 第 1 款修改为:“除条文序号为 5.5、7.2～7.5、7.6(2)的检验项目之外,其余项目(共 48 项)适用于有机房曳引驱动电梯;除条文序号为 2.1、2.5(1)、2.10、5.5 的检验项目之外,其余项目(共 50 项)适用于无机房曳引驱动电梯;除条文序号为 2.8(3)、3.16(5)、4.6(2)、5.3、7.2～7.5、7.6(2)、8.1、8.6、8.10 的检验项目之外,其余项目(共 44 项)适用于强制驱动电梯。”

9. 增加“注 C-4:检验报告中的下次检验日期精确到月,只填写至检验日期下一年度的当月。”

10. 序号增加,其他序号也以此相应进行改动。

五、附件 D 修改

1. 附件 D 表格中的内容修改为:

<table>
<tr><td>问题和意见：

检验人员：　　　　　　　　　　　　　　　　　　日期：　　年　　月　　日
（检验机构公章或检验专用章）

受检单位接受人：　　　　　　　　　　　　　　　日期：　　年　　月　　日
受检单位联系电话：</td></tr>
<tr><td>处理结果：

受检单位负责人：　　　　　　　　　　　　　　　（受检单位公章）
维护保养单位负责人（如涉及）：　　　　　　　　（维护保养单位公章）
年　　月　　日</td></tr>
</table>

2. 检验报告格式(附件 B、C)根据修订内容做相应编辑调整和修改。

附

TSG T7001—2009《电梯监督检验和定期检验规则——曳引与强制驱动电梯》第2号修改单

（2013年第1次修改）

一、正文修改

1. 第一条修改为："为了加强曳引与强制驱动电梯安装、改造、修理、日常维护保养、使用和检验工作的监督管理，规范曳引与强制驱动电梯安装、改造、重大修理监督检验和定期检验行为，提高检验工作质量，促进曳引与强制驱动电梯运行安全保障工作的有效落实，根据《中华人民共和国特种设备安全法》《特种设备安全监察条例》，制定本规则。"

2. 第六条第一款修改为："施工单位应当按照设计文件和标准的要求，对电梯机房（或者机器设备间）、井道、层站等涉及电梯施工的土建工程进行检查，对电梯制造质量（包括零部件和安全保护装置等）进行确认，并且作出记录，符合要求后方可以进行电梯施工。"

二、附件A修改

1. 删除2.6、2.8、2.9、2.10、3.11、7.1、7.5、8.2、8.8，后续的有关序号作相应调整。

2. 将1.1(2)修改为："电梯整机型式试验证书，其参数范围和配置表适用于受检电梯；"

3. 将1.1(3)修改为："产品质量证明文件，注有制造许可证明文件编号、产品编号、主要技术参数，限速器、安全钳、缓冲器、含有电子元件的安全电路（如果有）、可编程电子安全相关系统（如果有）、轿厢上行超速保护装置（如果有）、轿厢意外移动保护装置、驱动主机、控制柜的型号和编号，门锁装置、层门和玻璃轿门（如果有）的型号，以及悬挂装置的名称、型号、主要参数（如直径、数量），并且有电梯整机制造单位的公章或者检验专用章以及制造日期；"

4. 将1.1(4)修改为："门锁装置、限速器、安全钳、缓冲器、含有电子元件的安全电路（如果有）、可编程电子安全相关系统（如果有）、轿厢上行超速保护装置（如果有）、轿厢意外移动保护装置、驱动主机、控制柜、层门和玻璃轿门（如果有）的型式试验证书，以及限速器和渐进式安全钳的调试证书；"

5. 原1.1(5)调整为1.2(4)，并修改为："用于安装该电梯的机房（机器设备间）、井道的布置图或者土建工程勘测图，有安装单位确认符合要求的声明和公章或者检验专用章，表明其通道、通道门、井道顶部空间、底坑空间、楼层间距、井道内防护、安全距离、井道下方人可以到达的空间等满足安全要求；"

6. 将1.2的检验方法修改为："审查相应资料。(1)～(4)在报检时审查，(3)、(4)在其他项目检验时还应当审查；(5)、(6)在试验时审查；(7)在竣工后审查"

7. 将1.3(3)修改为："加装或者更换的安全保护装置或者主要部件产品质量证明文

件、型式试验证书以及限速器和渐进式安全钳的调试证书(如发生更换);”

8. 将1.3的检验内容与要求增加:

“(4)拟加装的自动救援操作装置、能量回馈节能装置、IC卡系统的下述资料(属于改造时):

“①加装方案(含电气原理图和接线图);

“②产品质量证明文件,标明产品型号、产品编号、主要技术参数,并且有产品制造单位的公章或者检验专用章以及制造日期;

“③安装使用维护说明书,包括安装、使用、日常维护保养以及与应急救援操作方面有关的说明。”

9. 将1.3的检验方法修改为:“审查相应资料。(1)~(5)在报检时审查,(5)在其他项目检验时还应当审查;(6)在试验时审查;(7)在竣工后审查”

10. 将2.1(3)中的“门外侧应当标明‘机房重地,闲人免进’,或者有其他类似警示标志”修改为:“门外侧有下述或者类似的警示标志:‘电梯机器——危险　未经允许禁止入内’”

11. 将2.5(1)修改为:“机房(机器设备间)设有永久性电气照明;在靠近入口(或多个入口)处的适当高度设置一个开关,控制机房(机器设备间)照明;”

12. 将2.8调整为2.7,检验内容与要求修改为:

“(1)驱动主机上设有铭牌,标明制造单位名称、型号、编号、技术参数和型式试验机构的名称或者标志,铭牌和型式试验证书内容相符;

“(2)驱动主机工作时无异常噪声和振动;

“(3)曳引轮轮槽不得有缺损或者不正常磨损;如果轮槽的磨损可能影响曳引能力时,进行曳引能力验证试验;

“(4)制动器动作灵活,制动时制动闸瓦(制动钳)紧密、均匀地贴合在制动轮(制动盘)上,电梯运行时制动闸瓦(制动钳)与制动轮(制动盘)不发生摩擦,制动闸瓦(制动钳)以及制动轮(制动盘)工作面上没有油污;

“(5)手动紧急操作装置符合以下要求:

“①对于可拆卸盘车手轮,设有一个电气安全装置,最迟在盘车手轮装上电梯驱动主机时动作;

“②松闸扳手涂成红色,盘车手轮是无辐条的并且涂成黄色,可拆卸盘车手轮放置在机房内容易接近的明显部位;

“③在电梯驱动主机上接近盘车手轮处,明显标出轿厢运行方向,如果手轮是不可拆卸的,可以在手轮上标出;

“④能够通过操纵手动松闸装置松开制动器,并且需要以一个持续力保持其松开状态;

“⑤进行手动紧急操作时,易于观察到轿厢是否在开锁区”

检验方法修改为:

“(1)对照检查驱动主机型式试验证书和铭牌;

“(2)目测驱动主机工作情况、曳引轮轮槽和制动器状况(或者由施工单位或者维护保养单位按照电梯整机制造单位规定的方法对制动器进行检查,检验人员现场观察、确认);

“(3)定期检验时,认为轮槽的磨损可能影响曳引能力时,进行8.11要求的试验,对于轿厢面积超过规定的载货电梯,还需要进行8.12要求的试验,综合8.9、8.10、8.11、8.12的试验结果验证轮槽磨损是否影响曳引能力;

“(4)通过目测和模拟操作验证手动紧急操作装置的设置情况”

13. 增加:“2.8　控制柜、紧急操作和动态测试装置 B

“(1)控制柜上设有铭牌,标明制造单位名称、型号、编号、技术参数和型式试验机构的名称或者标志,铭牌和型式试验证书内容相符

“(2)断相、错相保护功能有效,电梯运行与相序无关时,可以不设错相保护

“(3)电梯正常运行时,切断制动器电流至少用两个独立的电气装置来实现,当电梯停止时,如果其中一个接触器的主触点未打开,最迟到下一次运行方向改变时,应当防止电梯再运行

“(4)紧急电动运行装置应当符合以下要求:

“①依靠持续揿压按钮来控制轿厢运行,此按钮有防止误操作的保护,按钮上或者其近旁标出相应的运行方向;

“②一旦进入检修运行,紧急电动运行装置控制轿厢运行的功能由检修控制装置所取代;

“③进行紧急电动运行操作时,易于观察到轿厢是否在开锁区

“(5)无机房电梯的紧急操作和动态测试装置应当符合以下要求:

“①在任何情况下均能够安全方便地从井道外接近和操作该装置;

“②能够直接或者通过显示装置观察到轿厢的运动方向、速度以及是否位于开锁区;

“③装置上设有永久性照明和照明开关;

“④装置上设有停止装置或者主开关

“(6)层门和轿门旁路装置应当符合以下要求:

“①在层门和轿门旁路装置上或者其附近标明‘旁路’字样,并且标明旁路装置的‘旁路’状态或者‘关’状态;

“②旁路时取消正常运行(包括动力操作的自动门的任何运行);只有在检修运行或者紧急电动运行状态下,轿厢才能够运行;运行期间,轿厢上的听觉信号和轿底的闪烁灯起作用;

“③能够旁路层门关闭触点、层门门锁触点、轿门关闭触点、轿门门锁触点;不能同时旁路层门和轿门的触点;对于手动层门,不能同时旁路层门关闭触点和层门门锁触点;

“④提供独立的监控信号证实轿门处于关闭位置

“(7)应当具有门回路检测功能,当轿厢在开锁区域内、轿门开启并且层门门锁释放时,监测检查轿门关闭位置的电气安全装置、检查层门门锁锁紧位置的电气安全装置和轿门监控信号的正确动作;如果监测到上述装置的故障,能够防止电梯的正常运行

“(8)应当具有制动器故障保护功能,当监测到制动器的提起(或者释放)失效时,能够防止电梯的正常启动

“(9)自动救援操作装置(如果有)应当符合以下要求:

“①设有铭牌,标明制造单位名称、产品型号、产品编号、主要技术参数;加装的自动救援操作装置的铭牌和该装置的产品质量证明文件相符;

“②在外电网断电至少等待 3s 后自动投入救援运行,电梯自动平层并且开门;

“③当电梯处于检修运行、紧急电动运行、电气安全装置动作或者主开关断开时,不得投入救援运行;

“④设有一个非自动复位的开关,当该开关处于关闭状态时,该装置不能启动救援运行

“(10)加装的分体式能量回馈节能装置应当设有铭牌,标明制造单位名称、产品型号、产品编号、主要技术参数,铭牌和该装置的产品质量证明文件相符

“(11)加装的 IC 卡系统应当设有铭牌,标明制造单位名称、产品型号、产品编号、主要技术参数,铭牌和该系统的产品质量证明文件相符”

检验方法为:

“对照检查控制柜型式试验证书和铭牌

“断开主开关,在其输出端,分别断开三相交流电源的任意一根导线后,闭合主开关,检查电梯能否启动;断开主开关,在其输出端,调换三相交流电源的两根导线的相互位置后,闭合主开关,检查电梯能否启动

“根据电气原理图和实物状况,结合模拟操作检查制动器的电气控制

“目测;通过模拟操作检查紧急电动运行装置功能

“目测;结合相关试验,验证紧急操作和动态测试装置的功能

“目测旁路装置设置及标识;通过模拟操作检查旁路装置功能

“通过模拟操作检查门回路检测功能

“通过模拟操作检查制动器故障保护功能

“对照检查自动救援操作装置的产品质量证明文件和铭牌;通过模拟操作检查自动救援操作功能

“对照检查分体式能量回馈节能装置的产品质量证明文件和铭牌

“对照检查 IC 卡系统的产品质量证明文件和铭牌”

14. 将 2.11 调整为 2.9,检验内容与要求修改为:

“(1)限速器上设有铭牌,标明制造单位名称、型号、编号、技术参数和型式试验机构的名称或者标志,铭牌和型式试验证书、调试证书内容相符,并且铭牌上标注的限速器动作速度与受检电梯相适应

“(2)限速器或者其他装置上设有在轿厢上行或者下行速度达到限速器动作速度之前动作的电气安全装置,以及验证限速器复位状态的电气安全装置

“(3)限速器各调节部位封记完好,运转时不得出现碰擦、卡阻、转动不灵活等现象,动作正常

“(4)受检电梯的维护保养单位应当每 2 年(对于使用年限不超过 15 年的限速器)或者每年(对于使用年限超过 15 年的限速器)进行一次限速器动作速度校验,校验结果应当

符合要求”

检验方法修改为：

“对照检查限速器型式试验证书、调试证书和铭牌

“目测电气安全装置的设置情况

“目测调节部位封记和限速器运转情况，结合 8.4、8.5 的试验结果，判断限速器动作是否正常

“审查限速器动作速度校验记录，对照限速器铭牌上的相关参数，判断校验结果是否符合要求；对于额定速度小于 3 m/s 的电梯，检验人员还需每 2 年对维护保养单位的校验过程进行一次现场观察、确认”

15. 增加：“2.13 轿厢意外移动保护装置 B

“(1)轿厢意外移动保护装置上设有铭牌，标明制造单位名称、型号、编号、技术参数和型式试验机构的名称或者标志，铭牌和型式试验证书内容相符；

“(2)控制柜或者紧急操作和动态测试装置上标注电梯整机制造单位规定的轿厢意外移动保护装置动作试验方法，该方法与型式试验证书所标注的方法一致”

检验方法为：“对照检查轿厢意外移动保护装置型式试验证书和铭牌；目测动作试验方法的标注情况”

16. 将“3.17 对重(平衡重)下方空间的防护 C”修改为“3.16 井道下方空间的防护 B”。检验内容与要求修改为：“如果井道下方有人能够到达的空间，应当将对重缓冲器安装于(或者平衡重运行区域下面是)一直延伸到坚固地面上的实心桩墩，或者在对重(平衡重)上装设安全钳”

17. 将“4.5 对重(平衡重)固定 C”修改为：“4.5 对重(平衡重)块 B”。检验内容与要求修改为：

“(1)对重(平衡重)块可靠固定；

“(2)具有能够快速识别对重(平衡重)块数量的措施(例如标明对重块的数量或者总高度)”

18. 将“4.7 轿厢内铭牌 C”修改为：“4.7 轿厢内铭牌和标识 C”。检验内容与要求修改为：

“(1)轿厢内应当设置铭牌，标明额定载重量及乘客人数(载货电梯只标载重量)、制造单位名称或者商标；改造后的电梯，铭牌上应当标明额定载重量及乘客人数(载货电梯只标载重量)、改造单位名称、改造竣工日期等；

“(2)设有 IC 卡系统的电梯，轿厢内的出口层选层按钮应当采用凸起的星形图案予以标识，或者采用比其他按钮明显凸起的绿色按钮”

19. 将 4.10 的检验内容与要求修改为：“设置当轿厢内的载荷超过额定载重量时，能够发出警示信号，并且使轿厢不能运行的超载保护装置。该装置最迟在轿厢内的载荷达到 110%额定载重量(对于额定载重量小于 750 kg 的电梯，最迟在超载量达到 75 kg)时动作，防止电梯正常启动及再平层，并且轿内有音响或者发光信号提示，动力驱动的自动门完全打开，手动门保持在未锁状态”

20. 将 5.1 的检验内容与要求修改为：

“出现下列情况之一时，悬挂钢丝绳和补偿钢丝绳应当报废：

“①出现笼状畸变、绳股挤出、扭结、部分压扁、弯折；

“②一个捻距内出现的断丝数大于下表列出的数值时：

断丝的形式	钢丝绳类型		
	6×19	8×19	9×19
均布在外层绳股上	24	30	34
集中在一或者两根外层绳股上	8	10	11
一根外层绳股上相邻的断丝	4	4	4
股谷（缝）断丝	1	1	1
注：上述断丝数的参考长度为一个捻距，约为 6d（d 表示钢丝绳的公称直径，mm）			

“③钢丝绳直径小于其公称直径的 90%；

“④钢丝绳严重锈蚀，铁锈填满绳股间隙。

“采用其他类型悬挂装置的，悬挂装置的磨损、变形等不得超过制造单位设定的报废指标”

21. 将 5.5 的检验内容与要求修改为：“如果轿厢悬挂在两根钢丝绳或者链条上，则应当设置检查绳（链）松弛的电气安全装置，当其中一根钢丝绳（链条）发生异常相对伸长时，电梯应当停止运行”

22. 将 5.6 的检验内容与要求增加：

“对于允许按照 GB 7588—1995 及更早期标准生产的电梯，可以按照以下要求检验：

“①采用悬臂式曳引轮或者链轮时，有防止钢丝绳脱离绳槽或者链条脱离链轮的装置，并且当驱动主机不装设在井道上部时，有防止异物进入绳与绳槽之间或者链条与链轮之间的装置；

“②井道内的导向滑轮、曳引轮、轿架上固定的反绳轮和补偿绳张紧轮，有防止钢丝绳脱离绳槽和进入异物的防护装置”

23. 增加：“6.2 门标识 C

“层门和玻璃轿门上设有标识，标明制造单位名称、型号，并且与型式试验证书内容相符”

检验方法为：“对照检查层门和玻璃轿门的型式试验证书和标识”

24. 将“6.3 玻璃门 C”修改为：“6.4 玻璃门防拖曳措施 C”

检验内容与要求修改为：“层门和轿门采用玻璃门时，应当有防止儿童的手被拖曳的措施”。

25. 将“6.5 门的运行和导向 C”修改为：“6.6 门的运行和导向 B”

检验方法修改为：“目测（对于层门，抽取基站、端站以及至少 20%其他层站的层门进行检查）”。

26. 将“6.8 门的锁紧 B”修改为“6.9 门的锁紧 B”，检验内容与要求修改为：

“（1）每个层门都应当设有符合下述要求的门锁装置：

“①门锁装置上设有铭牌，标明制造单位名称、型号和型式试验机构的名称或者标志，铭牌和型式试验证书内容相符；

“②锁紧动作由重力、永久磁铁或者弹簧来产生和保持，即使永久磁铁或者弹簧失效，重力亦不能导致开锁；

“③轿厢在锁紧元件啮合不小于 7 mm 时才能启动；

“④门的锁紧由一个电气安全装置来验证，该装置由锁紧元件强制操作而没有任何中间机构，并且能够防止误动作；

“(2)如果轿门采用了门锁装置，该装置应当符合本条(1)的要求”

检验方法中的(1)修改为：“对照检查门锁型式试验证书和铭牌(对于层门，抽取基站、端站以及至少 20%其他层站的层门进行检查)，目测门锁及电气安全装置的设置”

27. 增加：“6.11 轿门开门限制装置及轿门的开启 B

“(1)应当设置轿门开门限制装置，当轿厢停在开锁区域外时，能够防止轿厢内的人员打开轿门离开轿厢；

“(2)在轿厢意外移动保护装置允许的最大制停距离范围内，打开对应的层门后，能够不用工具(三角钥匙或者永久性设置在现场的工具除外)从层站处打开轿门”

检验方法为：“模拟试验；操作检查”。

28. 将“8.5 平衡系数试验 C”修改为“8.1 平衡系数试验 B(C)”。检验方法修改为：

“采用下列方法之一确定平衡系数：

“(1)轿厢分别装载额定载重量的 30%、40%、45%、50%、60%进行上、下全程运行，当轿厢和对重运行到同一水平位置时，记录电动机的电流值，绘制电流一负荷曲线，以上、下行运行曲线的交点确定平衡系数；

“(2)按照本规则第四条的规定认定的方法。

“注 A-6：本条检验类别 C 类适用于定期检验。

“注 A-7：只有当本条检验结果为符合时方可进行 8.2～8.13 的检验”

29. 增加：“8.3 轿厢意外移动保护装置试验 B

“(1)轿厢在井道上部空载，以型式试验证书所给出的试验速度上行并触发制停部件，仅使用制停部件能够使电梯停止，轿厢的移动距离在型式试验证书给出的范围内；

“(2)如果电梯采用存在内部冗余的制动器作为制停部件，则当制动器提起(或者释放)失效，或者制动力不足时，应当关闭轿门和层门，并且防止电梯的正常启动”

检验方法为：“由施工或者维护保养单位进行试验，检验人员现场观察、确认”

30. 将 8.7 调整为 8.6，检验内容与要求修改为：

“轿厢分别空载、满载，以正常运行速度上、下运行，呼梯、楼层显示等信号系统功能有效、指示正确、动作无误，轿厢平层良好，无异常现象发生；对于设有 IC 卡系统的电梯，轿厢内的人员无需通过 IC 卡系统即可到达建筑物的出口层，并且在电梯退出正常服务时，自动退出 IC 卡功能”

检验方法修改为：

“(1)轿厢分别空载、满载，以正常运行速度上、下运行，观察运行情况；

“(2)将电梯置于检修状态以及紧急电动运行、火灾召回、地震运行状态(如果有),验证 IC 卡功能是否退出”

31. 增加“8.7 应急救援试验 B

“(1)在机房内或者紧急操作和动态测试装置上设有明晰的应急救援程序;

“(2)建筑物内的救援通道保持通畅,以便相关人员无阻碍地抵达实施紧急操作的位置和层站等处;

“(3)在各种载荷工况下,按照本条(1)所述的应急救援程序实施操作,能够安全、及时地解救被困人员”

检验方法为:

“(1)目测;

“(2)在空载、半载、满载等工况(含轿厢与对重平衡的工况),模拟停电和停梯故障,按照相应的应急救援程序进行操作。定期检验时在空载工况下进行。由施工或者维护保养单位进行操作,检验人员现场观察、确认”

32. 将“8.10 上行制动试验 B”修改为:“8.10 上行制动工况曳引检查 B”

检验内容与要求修改为:“轿厢空载以正常运行速度上行至行程上部,切断电动机与制动器供电,轿厢应当完全停止”。

检验方法修改为:“轿厢空载以正常运行速度上行至行程上部时,断开主开关,检查轿厢停止情况”

33. 将“8.11 下行制动试验 A(B)”修改为:“8.11 下行制动工况曳引检查 A(B)”

检验内容与要求修改为:“轿厢装载 125%额定载重量,以正常运行速度下行至行程下部,切断电动机与制动器供电,轿厢应当完全停止”

34. 增加:“8.13 制动试验 A(B)

“轿厢装载 125%额定载重量,以正常运行速度下行时,切断电动机和制动器供电,制动器应当能够使驱动主机停止运转,试验后轿厢应无明显变形和损坏”

检验方法为:

“(1)监督检验:由施工单位进行试验,检验人员现场观察、确认;

“(2)定期检验:由维护保养单位每 5 年进行一次试验,检验人员现场观察、确认。

“注 A-10:对于曳引驱动电梯,本条可以与 8.11 一并进行。

“注 A-11:定期检验仅针对乘客电梯,并且检验类别为 B 类”

三、附件 B 修改

1. 附件 B 中的序号、检验类别、检验项目及其内容按照修改后的附录 A 进行对应调整。

2. 删除检验报告封页中的“设备名称”“设备类型”和“设备型式”,增加“设备类别”和“设备品种”,将报告中的“单位”“机构”,后面加“名称”。

3. 检验结论页中的“层站数”修改为“层站门数”。

4. 注 B-2 修改为:“一般情况下,条文序号为 1.1～1.4、2.1～2.13〔2.8(5)除外〕、

3.1、3.2、3.4～3.16、4.1～4.11、5.1～5.3、5.5、5.6、6.1～6.12、8.1～8.13 的检验项目(共 73 项),适用于有机房曳引驱动电梯;条文序号为 1.1～1.4、2.1～2.3〔2.1(3)、2.3(3)除外〕、2.5～2.13〔2.6(4)、2.7(5)除外〕、3.1、3.2、3.4～3.16、4.1～4.11、5.1～5.3、5.5、5.6、6.1～6.12、7.1～7.4、8.1～8.13 的检验项目(共 76 项),适用于无机房曳引驱动电梯;条文序号为 1.1～1.4、2.1～2.11〔2.7(3)、2.8(5)除外〕、2.13、3.1、3.3～3.16〔3.15(5)除外〕、4.1～4.11、5.1、5.2、5.4～5.6、6.1～6.12、8.3～8.8、8.13(共 66 项)的检验项目,适用于强制驱动电梯。检验机构可以根据不同的电梯类型和配置,按照实际的项目及其内容编排检验报告。”

四、附件 C 修改

1. 附件 C 中的序号、检验类别、检验项目及其内容按照修改后的附录 A 进行对应调整。

2. 删除检验报告封页中的“设备名称”“设备类型”和“设备型式”,增加“设备类别”和“设备品种”,将报告中的“单位”“机构”,后面加“名称”。

3. 检验结论页中的“层站数”修改为“层站门数”。

4. 检验结论页中增加“改造日期”和“改造单位名称”。

5. 注 C-2 修改为:“一般情况下,除条文序号为 2.8(5)、7.1～7.3、7.4(2)的检验项目之外,其余项目(共 49 项)适用于有机房曳引驱动电梯;除条文序号为 2.1(3)、2.7(5)的检验项目之外,其余项目(共 53 项)适用于无机房曳引驱动电梯;除条文序号为 2.7(3)、2.8(5)、3.15(5)、5.3、7.1～7.3、7.4(2)、8.1、8.2、8.9、8.10 的检验项目之外,其余项目(共 44 项)适用于强制驱动电梯。

“如果检验中发现曳引轮轮槽的磨损可能影响曳引能力时[见附件 A,2.7(3)],应当进行附件 A 中 8.11 要求的试验,对于轿厢面积超过规定的载货电梯,还需进行 8.12 要求的试验。在此情况下,应当将这些检验项目列入检验报告。

“检验机构可以根据不同的电梯类型、配置和检验情况,按照实际的项目及其内容编排检验报告。”

6. 注 C-3 修改为:“对于允许按照 GB 7588—1995 及更早期标准生产的电梯,标有★的项目可以不检验。其中条文序号为 2.7(5)的项目,仅指可拆卸盘车手轮的电气安全装置可以不检验。”

7. 增加注 C-4:“标有☆的项目,已经按照《电梯监督检验和定期检验规则——曳引与强制驱动电梯》(TSG T7001—2009;含第 2 号修改单)进行过监督检验的,定期检验时应当进行检验。”

此外,部分不影响技术要求的文字修订(如将“维修”修改为“修理”,“特种设备检验检测机构”修改为“特种设备检验机构”,“型式试验合格证书”修改为“型式试验证书”,“型式试验机构标识”修改为“型式试验机构的名称或者标志”,“检验合格章”改为“检验专用章”,“非商用汽车电梯”修改为“汽车电梯”)以及编辑性修改等,本修改单未一一列入。

附

TSG T7001—2009《电梯监督检验和定期检验规则——曳引与强制驱动电梯》第3号修改单

（2017年第2次修改）

一、正文修改

1. 将正文中出现的“国家质量监督检验检疫总局”和“国家质检总局”分别修改为“国家市场监督管理总局”和“市场监管总局”（第二十六条除外）；

2. 将第七条修改为：“施工单位、维护保养单位和使用单位应当向检验机构提供符合附件A[对于斜行电梯（包括斜行曳引驱动与强制驱动电梯）为附件E，下同]要求的有关文件、资料，安排相关的专业人员配合检验机构实施检验。其中，施工自检报告、日常维护保养年度自行检查记录或者报告还须另行提交复印件备存。”

二、附件A修改

1. 删除1.2(3)，序号1.2(4)、1.2(5)、1.2(6)、1.2(7)相应地调整为1.2(3)、1.2(4)、1.2(5)、1.2(6)；

2. 将1.2的检验方法修改为

“审查相应资料。(1)～(3)在报检时审查，(3)在其他项目检验时还应当审查；(4)、(5)在试验时审查；(6)在竣工后审查”；

3. 将1.3(4)中的“拟加装的自动救援操作装置、能量回馈节能装置、IC卡系统的下述资料（属于改造时）：”修改为

“拟加装的自动救援操作装置、能量回馈节能装置、IC卡系统的下述资料（属于重大修理时）：”；

4. 将1.4(2)中的“安全技术档案，至少包括1.1、1.2、1.3所述文件资料[1.2(3)和1.3(5)除外]，”修改为

“安全技术档案，至少包括1.1、1.2、1.3所述文件资料[1.3(5)除外]，”；

5. 将1.4(5)修改为

“按照规定配备的电梯安全管理人员的特种设备作业人员证”。

三、附件B修改

1. 将1.2按照修改后的附件A作对应调整；

2. 增加

注B-4：“当受检电梯为斜行电梯时，检验机构应当按照附件E中的第E2条，调整检

验报告中的“设备技术参数”“检验项目及其内容”以及对应的“序号”“检验类别”“检验结果”“检验结论”等栏目，确定各类型斜行电梯的适用检验项目。检验机构可以根据不同的斜行电梯类型和配置，按照实际的项目及其内容编排检验报告。”

四、附件C修改

1. 将2.8(9)修改为

“自动救援操作装置[不含2.8(9)①]”；

2. 将6.9(1)修改为

“层门门锁装置[不含6.9(1)①]”；

3. 将6.9(2)修改为

“轿门门锁装置[不含6.9(1)①]”；

4. 增加

注C-6：“当受检电梯为斜行电梯时，检验机构应当按照附件E中的第E3条，调整检验报告中的“设备技术参数”“检验项目及其内容”以及对应的“序号”“检验类别”“检验结果”“检验结论”等栏目，确定各类型斜行电梯的适用检验项目。检验机构可以根据不同的斜行电梯类型和配置，按照实际的项目及其内容编排检验报告。”

五、增加附件E

增加附件E，其内容如下：

附件 E

斜行电梯监督检验和定期检验专项要求

E1 检验项目及类别、检验内容与要求以及检验方法

斜行电梯的监督检验和定期检验项目及类别、检验内容与要求以及检验方法，除以下涉及项目按照调整后的要求执行外，其他项目(不含 3.4、7.4、8.12 项以及 4.6、8.4 项中针对汽车电梯和轿厢面积超出规定载货电梯的项目和要求)按照本规则附件 A 相应要求执行：

(1) 将 1.1(3)项的检验内容与要求调整为："产品质量证明文件，注有制造许可证明文件编号、产品编号、主要技术参数，限速器、安全钳、缓冲器、含有电子元件的安全电路(如果有)、可编程电子安全相关系统(如果有)、运载装置上行超速保护装置(如果有)、运载装置意外移动保护装置、驱动主机、控制柜的型号和编号，门锁装置、层门、玻璃轿门(如果有)、前置轿门(如果有)的型号，以及悬挂装置的名称、型号、主要参数(如直径、数量)，并且有电梯整机制造单位的公章或者检验专用章以及制造日期；"

(2) 将 1.1(4)项的检验内容与要求调整为："门锁装置、限速器、安全钳、缓冲器、含有电子元件的安全电路(如果有)、可编程电子安全相关系统(如果有)、运载装置上行超速保护装置(如果有)、运载装置意外移动保护装置、驱动主机、控制柜、层门、玻璃轿门(如果有)、前置轿门(如果有)的型式试验证书，以及限速器和渐进式安全钳的调试证书；"

(3) 将 2.12、2.13、3.7、4.4、8.2、8.3、8.4 项的项目及类别中出现的"轿厢"，2.7、2.8、2.9、2.12、2.13、3.7、3.15(5)、4.4、4.11、5.5、5.6、6.7、6.9、6.10、6.11、7.1(1)、7.1(2)、7.1(4)、7.2(2)、7.3、8.2～8.11、8.13 项的检验内容与要求中出现的"轿厢"[6.11(1)"能够防止轿厢内的人员打开轿门离开轿厢"的"轿厢"、8.6"轿厢内的人员"的"轿厢"除外]，2.13、3.2、3.3、3.7、3.10、3.13、3.15、5.5、6.7、7.2、8.1、8.4～8.7、8.9、8.10 项的检验方法中出现的"轿厢"均调整为"运载装置"；将项目及类别中的"4 轿厢与对重(平衡重)"调整为"4 运载装置与对重(平衡重)"；

(4) 将 2.8 项的项目及类别调整为"控制柜、紧急操作和动态测试装置及检修控制装置 B"，在检验内容与要求中增加：

"(12)检修控制装置应当满足以下要求：

① 由一个符合电气安全装置要求，能够防止误操作的双稳态开关(检修开关)进行操作；

② 一经进入检修运行时，即取消正常运行(包括任何自动门操作)、紧急电动运行，只有再一次操作检修开关，才能使电梯恢复正常工作；

③ 依靠持续揿压按钮来控制运载装置运行，此按钮有防止误操作的保护，按钮上或者其近旁标出相应的运行方向；

④ 该装置上设有一个停止装置，停止装置的操作装置为双稳态、红色、标以“停止”字样，并且有防止误操作的保护；

⑤ 检修运行时，安全装置仍然起作用；

⑥ 当设有两个检修控制装置时，如果两个检修控制装置均被转换到“检修”位置，从任何一个检修控制装置都不能移动运载装置，或者当同时按压两个检修控制装置上相同方向的按钮时才能移动运载装置”；

检验方法为：“目测；操作验证检修控制装置功能”；

(5) 将 3.1 项的检验内容与要求调整为：

“(1)除必要的开口外井道应当完全封闭；

(2) 当建筑物中不要求井道在火灾情况下具有防止火焰蔓延的功能时，允许采用部分封闭井道，部分封闭井道围壁应当满足以下要求：

① 当 $\theta>45°$ 时：

层门侧：$H\geqslant3.50$ m；

其余侧：$D\geqslant0.50$ m，$H\geqslant(89-28D)/30$(m)且 $H\geqslant1.1$ m；

② 当 $\theta\leqslant45°$ 时：

层门侧：$H\geqslant L$；

其余侧：$D\geqslant0.50$ m，$H\geqslant2.50-D$(m)且 $H\geqslant1.80$ m。

上述要求中，θ 指电梯运行路径与水平面的夹角(下同)，H 指井道围壁垂直高度；D 指墙体和电梯运动部件之间的水平距离；L 指运载装置运行区域的高度”；

检验方法调整为：“目测；测量计算相关数据”；

(6) 将 3.2 项的检验内容与要求调整为：

“(1) 通过轿顶进入顶层的，当对重完全压在缓冲器上时，应当同时满足以下要求：

① 轿顶可以站人的最高面积的水平面与位于轿厢投影部分井道顶最低部件的水平面之间的自由垂直距离不小于 $1.0+0.035v^2/\sin\theta$(m)；

② 井道顶的最低部件与轿顶设备的最高部件之间的间距(不包括导靴、钢丝绳附件等)不小于 $0.3+0.035v^2/\sin\theta$(m)，与导靴或者滚轮、曳引绳附件、垂直滑动门的横梁或者部件的最高部分之间的间距不小于 $0.1+0.035v^2/\sin\theta$(m)；

③ 轿顶上方有一个不小于 0.50 m×0.60 m×0.80 m 的空间(任一平面朝下即可)。

注 A-4：当采用减行程缓冲器并且对电梯驱动主机正常减速进行有效监控时，$0.035v^2/\sin\theta$ 可以用下值代替：

① 电梯额定速度不大于 4 m/s 时，可以减少到 1/2，但是不小于 0.25 m；

② 电梯额定速度大于 4 m/s 时，可以减少到 1/3，但是不小于 0.28 m。

(2) 通过井道进入顶层的，运载装置的最前端部件与井道末端间的水平距离至少为 0.50 m，安全空间的高度至少为 2.00 m；

(3) 运载装置导轨、对重导轨有不小于 $0.1+0.035v^2/\sin\theta$(m)的进一步制导行程”；

(7) 将 3.3 项的检验内容与要求调整为：

“(1)通过轿顶进入顶层的，当运载装置完全压在上缓冲器上时，应当同时满足以下条件：

① 轿顶可以站人的最高面积的水平面与位于轿厢投影部分井道顶最低部件的水平面之间的自由垂直距离不小于 1.00 m；

② 井道顶部最低部件与轿顶设备的最高部件之间的自由垂直距离不小于 0.30 m，与导靴或者滚轮、钢丝绳附件、垂直滑动门横梁等的自由垂直距离不小于 0.10 m；

③ 轿顶上方有一个不小于 0.50 m×0.60 m×0.80 m 的空间(任一平面朝下即可)。

(2) 通过井道进入顶层的，运载装置的最前端部件与井道末端间的水平距离至少为 0.50 m，安全空间的高度至少为 2.00 m；

(3) 运载装置从顶层向上直到撞击上缓冲器时沿倾斜路径的制导行程不小于 0.50 m，运载装置继续上行至缓冲器行程的极限位置一直具有导向；平衡重(如果有)导轨的长度能够提供不小于 0.30 m 的进一步制导行程"；

(8) 将 3.6 项的检验项目及类别调整为："导轨和护轨 C"，检验内容与要求调整为：

"(1)导轨及导轨支架应当安装牢固，并且能够防止因导轨附件的转动造成导轨的松动；

(2) 设有将运载装置保持在动态包络内的刚性护轨"；

检验方法调整为："目测"；

(9) 将 3.8 项的检验内容与要求调整为：

"每个层门地坎下的井道壁应当满足以下要求：

形成一个与层门地坎直接连接、由光滑而坚硬的材料构成(如金属薄板)的连续表面；其尺寸覆盖地坎下面整个入口宽度两边各加上 50 mm 和开锁区域下面加上 50 mm"；

(10) 将 3.9 项的检验内容与要求调整为：

"(1) 应当采用刚性隔障对对重(平衡重)的所有易接近面进行防护，该隔障的宽度至少等于危险区域的宽度。

如果通往井道的门开启时，验证其关闭状态的电气安全装置使所有电梯自动停止，并且仅由作业人员手动复位后才能启动，则可以不设置上述隔障；

(2) 装有多台电梯的井道内的防护还应当满足以下要求：

① 不同电梯的运动部件之间设有隔障，该隔障至少从运载装置、对重(平衡重)行程的最低点延伸到最低层站楼面以上 2.50 m 高度，并且有足够的宽度以防止人员从一个底坑通往另一个底坑；任一电梯的护栏内边缘和相邻电梯运动部件之间的水平距离小于 0.50 m 时，该隔障贯穿整个井道，其宽度至少等于运动部件的宽度每边各加 0.10 m；

② 井道内允许人员行走时，沿着井道在相邻的电梯间设置隔障，隔障高度 H 满足以下要求：

$H \geq 2.50 - D$(m)且 $H \geq 1.80$ m

上述要求中，D 指人行道最外侧到相邻斜行电梯的运载装置[或对重(平衡重)]之间的最小水平距离；在井道的倾斜位置，H 指与斜面垂直的距离。

如果通往井道的门开启时，验证其关闭状态的电气安全装置使所有电梯自动停止，并且仅由作业人员手动复位后才能启动，则可以不设置 3.9(2)②所述隔障"；

(11) 将3.10项的检验内容与要求调整为:“极限开关应当在运载装置或者对重(如果有)接触缓冲器前起作用,并且在缓冲器被压缩期间保持其动作状态。

强制驱动电梯的极限开关动作后,应当以强制的机械方法直接切断驱动主机和制动器的供电回路”;

(12) 将3.11项的检验内容与要求调整为:

“(1)井道应当设置永久性电气照明。对于部分封闭井道,如果井道附近有足够的电气照明,井道内可以不设照明;

(2) 井道内设有永久性人行通道时,应当满足以下要求:

① 井道内设置永久性电气照明,在人行通道地面上提供至少50 lx的照明;

② 沿着人行通道设置应急照明,在供电中断时使人行通道和通道门具有照明指示”;

检验方法调整为:“目测;测量照度”;

(13) 将3.13项的检验内容与要求调整为:

“当运载装置完全压在缓冲器上时,应当同时满足以下要求:

(1) 底坑中有一个不小于0.50 m×0.60 m×1.0 m的空间(任一面朝下即可);

(2) 底坑后壁(面向上行运行方向,背对的方向为后)与运载装置最后端部件之间的自由距离不小于0.50 m,当轿厢最后端部件与导轨之间的水平距离不大于0.15 m时,该自由距离可减小至0.10 m;

(3) 在运行路径方向,运载装置的最后端部件与固定的最先可能撞击点之间的距离不小于0.30 m”;

(14) 将3.15(1)的检验内容与要求调整为:“运载装置和对重的行程底部极限位置应当设置缓冲器,强制驱动电梯、无对重环形钢丝绳曳引驱动电梯还应当在运载装置上或者井道内设置能在行程上部极限位置起作用的缓冲器,采用前置轿门的斜行电梯应当在井道顶部或者运载装置上设置缓冲器;蓄能型缓冲器只能用于额定速度不大于1 m/s的电梯,耗能型缓冲器可以用于任何额定速度的电梯,正常运行时被撞击的缓冲器均应当为耗能型缓冲器;”

(15) 将3.16项的检验内容与要求调整为:“如果井道下方有人能够到达的空间,应当在对重(平衡重)上装设安全钳”;

(16) 增加3.17项,项目及类别为:“紧急和检修通道 B”,检验内容与要求为:

“通往井道的紧急通道或者检修通道应当满足以下要求之一:

(1) 设置满足以下要求的井道安全门:

① 安全门与相邻层门地坎间的距离与所采用的装置相符,如果采用梯子,沿斜面测量不大于11 m;

② 门高度不小于1.80 m、宽度不小于0.5 m;

③ 门不向井道内开启;

④ 门上装设用钥匙开启的锁,当门开启后不用钥匙能够将其关闭和锁住,在门锁住后,不用钥匙能够从井道内将门打开;

⑤ 设置电气安全装置以验证门的关闭状态。

(2) 在井道内设置永久性人行通道或者固定的梯子,在任何情况下从井道的一端至另一端时都可以安全地使用;

(3) 在有相邻运载装置的情况下,设置满足以下要求的轿厢安全门:

① 门的高度不小于 1.80 m、宽度不小于 0.35 m;

② 门的锁紧由电气安全装置验证;

③ 如果相邻轿厢之间的水平距离大于 0.75 m,设有能使乘客从一个轿厢安全地到达另一个轿厢的装置。该装置处于非停放位置时,一个电气安全装置能够防止任一电梯的运行;

(4) 具有从外部无风险直接进入轿厢的措施(如可移动的提升平台)”;

检验方法为:“目测;测量相关数据”;

(17) 增加 3.18 项,项目及类别为:“轨道下方的防护 B”,检验内容与要求为:“如果人员可以进入电梯运行轨道的下方,应当设置无孔的防护隔障,以挡住和收纳可能从斜行电梯上掉落的碎片或者零件”;

检验方法为:“目测”;

(18) 将 4.1 项检验内容与要求调整为:

“当轿顶作为作业场地时,应当满足以下要求:

(1) 轿顶设有一个从入口处易于接近的停止装置,停止装置的操作装置为双稳态、红色、标以“停止”字样,并且有防止误操作的保护;如果检修控制装置设在从入口处易于接近的位置,该停止装置也可以设在检修控制装置上;

(2) 轿顶设有 2P+PE 型电源插座”;

检验方法调整为:“目测;操作验证”;

(19) 将 4.2 项的“井道壁离轿顶外侧边缘水平方向自由距离超过 0.30 m 时,轿顶应当装设护栏,并且满足以下要求:”调整为:“当轿顶作为作业场地,并且井道壁离轿顶外侧边缘水平方向自由距离超过 0.30 m 时,轿顶应当装设满足以下要求的护栏:”;

(20) 将 4.3 项的项目及类别调整为:“安全窗 C”,检验内容与要求调整为:

“如果轿厢设有安全窗,应当满足以下要求:

(1) 设有手动上锁装置,能够不用钥匙从轿厢外开启,用规定的三角钥匙从轿厢内开启;

(2) 安全窗不向轿厢内开启,并且在开启位置不超出轿厢的边缘;

(3) 其锁紧由电气安全装置予以验证”;

(21) 将 4.9 项的检验内容与要求调整为:

“每一轿厢地坎上均应当设置满足以下要求的护脚板:

(1) 宽度至少等于运载装置位于开锁区域内时相应层站入口可能暴露的整个净宽度;

(2) 其垂直部分的尺寸满足以下要求:

① 对于侧置轿门,能够保护所有可能暴露的表面;

② 对于前置轿门,面对较低的层站侧,垂直部分的高度不小于 0.30 m”;

(22) 增加 4.12 项,项目及类别为:“扶手 B”,检验内容与要求为:“供乘客抓握的扶手、立柱等装置应当固定可靠”；

检验方法为：“目测”；

(23) 将5.3项的检验内容与要求调整为：

“(1)补偿绳(链)端部固定应当可靠；

(2) 应当设置电气安全装置检查补偿绳的最小张紧位置；未采用重力张紧装置时，应当设置电气安全装置检查补偿绳的最大张紧位置；

(3) 当电梯的额定速度大于2.5 m/s时，还应当设置补偿绳防跳装置，该装置动作时应当有一个电气安全装置使电梯驱动主机停止运转”；

(24) 将5.4项的检验内容与要求调整为：

“对于强制驱动电梯，钢丝绳的卷绕应当满足以下要求：

(1) 运载装置完全压缩缓冲器时，卷筒的绳槽中至少保留一圈半钢丝绳；

(2) 当设有排绳装置时卷筒上最多卷绕三层钢丝绳，无排绳装置时卷筒上只能卷绕一层钢丝绳；

(3) 有防止钢丝绳滑脱和跳出的措施”；

(25) 将6.2项的检验内容与要求调整为：“层门、玻璃轿门、前置轿门上设有标识，标明制造单位名称、型号，并且与型式试验证书内容相符”；

检验方法调整为“对照检查层门、玻璃轿门、前置轿门的型式试验证书和标识”；

(26) 将7.2项的项目及类别调整为：“底坑或者顶层的作业场地 C”，检验内容与要求的第一段调整为：“检查、维修驱动主机、控制柜的作业场地设在底坑或者顶层时，如果检查、维修工作需要移动运载装置或者可能导致运载装置的失控或意外移动，应当具有以下安全措施：”

将7.2(1)项的检验内容与要求调整为：“设置停止运载装置运动的机械制停装置，使作业场地的地面与运载装置最前端部件之间的净距离不小于2.00 m；”

(27) 增加8.14项，项目及类别为：“满载上行制动减速度试验 A”，检验内容与要求为：“装载额定载重量的运载装置以正常运行速度上行，运行至倾斜角为最小值区域时切断电动机和制动器供电，制动过程中轿厢水平方向的平均减速度应当不大于$0.25g_n$，垂直方向的平均减速度应当不大于$1.0g_n$”；

检验方法为：“由施工单位进行试验，检验人员现场观察、确认”；

(28) 将注A-7调整为：“只有当本条检验结果为符合时方可进行8.2～8.11、8.13、8.14的检验”。

E2　斜行电梯监督检验报告

斜行电梯监督检验报告格式参照附件B，并且按照本附件第E1条(包括将“轿厢”调整为“运载装置”等）和以下要求进行调整；其中条文序号为1.1～1.4、2.1～2.13[2.8(5)除外]、3.1、3.2、3.5～3.18、4.1～4.12[4.6(2)除外]、5.1～5.3、5.5、5.6、6.1～6.12、8.1～8.11、8.13、8.14(共75项)适用于有机房曳引驱动斜行电梯的监督检验；条文序号为1.1～1.4、2.1～2.3[2.1(3)、2.3(3)除外]、2.5～2.13[2.6(4)、2.7(5)除外]、3.1、3.2、

3.5～3.18、4.1～4.12[4.6(2)除外]、5.1～5.3、5.5、5.6、6.1～6.12、7.1～7.3、8.1～8.11、8.13、8.14(共77项)适用于无机房曳引驱动斜行电梯的监督检验；条文序号为1.1～1.4、2.1～2.11[2.7(3)、2.8(5)除外]、2.13、3.1、3.3、3.5～3.18[3.15(5)除外]、4.1～4.12[4.6(2)除外]、5.1、5.2、5.4～5.6、6.1～6.12、8.3～8.8、8.13、8.14(共69项)的检验项目，适用于强制驱动斜行电梯的监督检验。

(1) 在“设备技术参数”栏增加“倾斜角”和“轿门位置”，如图1所示：

<table>
<tr><td rowspan="3">设备技术参数</td><td>额定载重量</td><td>kg</td><td>额定速度</td><td>m/s</td></tr>
<tr><td>层站门数</td><td>层　站　门</td><td>控制方式</td><td></td></tr>
<tr><td>倾斜角</td><td>°</td><td>轿门位置</td><td></td></tr>
</table>

图 1

(2) 将2.8项调整为如图2所示：

<table>
<tr><td rowspan="12">12</td><td rowspan="12">B</td><td rowspan="12">2
机房(机器设备间)及相关设备</td><td rowspan="12">2.8
控制柜、紧急操作和动态测试装置及检修控制装置</td><td>(1)铭牌</td><td></td><td rowspan="12"></td></tr>
<tr><td>(2)断错相保护</td><td></td></tr>
<tr><td>(3)制动器电气装置设置</td><td></td></tr>
<tr><td>(4)紧急电动运行装置</td><td></td></tr>
<tr><td>(5)紧急操作和动态测试装置</td><td></td></tr>
<tr><td>(6)层门和轿门旁路装置</td><td></td></tr>
<tr><td>(7)门回路检测功能</td><td></td></tr>
<tr><td>(8)制动器故障保护</td><td></td></tr>
<tr><td>(9)自动救援操作装置</td><td></td></tr>
<tr><td>(10)分体式能量回馈节能装置</td><td></td></tr>
<tr><td>(11)IC卡系统</td><td></td></tr>
<tr><td>(12)检修控制装置</td><td></td></tr>
</table>

图 2

(3) 将3.1项调整为如图3所示：

<table>
<tr><td rowspan="2">18</td><td rowspan="2">C</td><td rowspan="2"></td><td rowspan="2">3.1
井道封闭</td><td>(1)全封闭井道</td><td></td><td rowspan="2"></td></tr>
<tr><td>(2)部分封闭井道</td><td></td></tr>
</table>

图 3

(4) 将3.2项调整为如图4所示：

<table>
<tr><td rowspan="3">19</td><td rowspan="3">C</td><td rowspan="3">3　井道及相关设备</td><td rowspan="3">3.2　曳引驱动电梯顶部空间</td><td>(1)顶部空间尺寸(通过轿顶进入顶层)</td><td></td><td rowspan="3"></td></tr>
<tr><td>(2)顶部空间尺寸(通过井道进入顶层)</td><td></td></tr>
<tr><td>(3)导轨制导行程</td><td></td></tr>
</table>

图 4

(5) 将 3.3 项调整为如图 5 所示：

20	C	3 井道及相关设备	3.3 强制驱动电梯顶部空间	(1)顶部空间尺寸(通过轿顶进入顶层)		
				(2)顶部空间尺寸(通过井道进入顶层)		
				(3)导轨制导行程		

图 5

(6) 将 3.6 项调整为如图 6 所示：

23	C		3.6 导轨和护轨	(1)导轨及导轨支架		
				(2)护轨		

图 6

(7) 将 3.11 项调整为如图 7 所示：

28	C		3.11 井道照明	(1)井道内的照明		
				(2)井道内人行通道的照明		

图 7

(8) 将 3.13 项调整为如图 8 所示：

30	C	3 井道及相关设备	3.13 底坑空间	(1)底坑空间尺寸		
				(2)底坑后壁与最后端部件的距离		
				(3)最后端部件与最先撞击点的距离		

图 8

(9) 在 3.16 项之后增加 3.17 项、3.18 项，同时调整相关栏目和序号(以下需要调整栏目和序号的不再赘述)，如图 9 所示：

33	B		3.16 井道下方空间的防护			
34	B		3.17 紧急和检修通道	(1)井道安全门		
				(2)永久性人行通道或梯子		
				(3)轿厢安全门		
				(4)其他方法		
35	B		3.18 轨道下方的防护			

图 9

(10) 将 4.1 项调整为如图 10 所示：

36	C		4.1 轿顶电气装置	(1)停止装置		
				(2)电源插座		

图 10

(11) 将 4.3 项调整为如图 11 所示：

38	C		4.3 安全窗	(1)手动上锁装置		
				(2)安全窗开启		
				(3)电气安全装置		

图 11

(12) 将 4.9 项调整为如图 12 所示：

44	C		4.9 地坎护脚板	(1)宽度		
				(2)高度		

图 12

(13) 在 4.11 项之后增加 4.12 项，如图 13 所示：

46	B		4.11 安全钳	(1)铭牌		
				(2)电气安全装置		
47	B		4.12　扶手			

图 13

(14) 将“7.2 底坑内的作业场地”调整为“7.2 底坑或者顶层的作业场地”

(15) 在 8.13 项之后增加 8.14 项，如图 14 所示：

82	A		8.13　制动试验		
83	A		8.14　满载上行制动减速度试验		

图 14

E3　斜行电梯定期检验报告

斜行电梯定期检验报告格式参照附件 C，并且按照本附件第 E1 条(包括将“轿厢”调整为“运载装置”等)和以下要求进行调整；除条文序号为 2.8(5)、3.4、4.6(2)、7.1～7.3、7.4(2)的检验项目之外，其余项目(共 49 项)适用于有机房曳引驱动斜行电梯的定期检验；除条文序号为 2.1(3)、2.7(5)、3.4、4.6(2)、7.4(2)的检验项目之外，其余项目(共 52 项)适用无机房曳引驱动斜行电梯的定期检验；除条文序号为 2.7(3)、2.8(5)、3.4、3.15(5)、4.6(2)、5.3、7.1～7.3、7.4(2)、8.1、8.2、8.9、8.10 的检验项目之外，其余项目(共 44 项)适用于强制驱动斜行电梯的定期检验；如果检验中发现曳引轮槽的磨损可能影响曳引能力时[见附件 A，2.7(3)]，应当进行附件 A 中 8.11 要求的试验，在此情况下应当将该项目列入检验报告。

(1) 在“设备技术参数”栏增加“倾斜角”和“轿门位置”，如图 15 所示：

<table>
<tr><td rowspan="3">设备技术参数</td><td>额定载重量</td><td>kg</td><td>额定速度</td><td>m/s</td></tr>
<tr><td>层站门数</td><td>层　站　门</td><td>控制方式</td><td></td></tr>
<tr><td>倾斜角</td><td>°</td><td>轿门位置</td><td></td></tr>
</table>

图 15

（2）将 2.8 项调整为如图 16 所示：

<table>
<tr><td rowspan="8">6</td><td rowspan="8">B</td><td rowspan="8">2
机房（机器设备间）及相关设备</td><td rowspan="8">2.8
控制柜、紧急操作和动态测试装置及检修控制装置</td><td>（2）断错相保护</td><td></td><td rowspan="8"></td></tr>
<tr><td>（4）紧急电动运行装置</td><td></td></tr>
<tr><td>（5）紧急操作和动态测试装置</td><td></td></tr>
<tr><td>（6）层门和轿门旁路装置</td><td></td></tr>
<tr><td>（7）门回路检测功能</td><td></td></tr>
<tr><td>（8）制动器故障保护</td><td></td></tr>
<tr><td>（9）自动救援操作装置[不含 2.8（9）①]</td><td></td></tr>
<tr><td>（12）检修控制装置</td><td></td></tr>
</table>

图 16

（3）将 3.11 项调整为如图 17 所示：

<table>
<tr><td rowspan="2">14</td><td rowspan="2">C</td><td rowspan="2"></td><td rowspan="2">3.11
井道照明</td><td>（1）井道内的照明</td><td></td><td rowspan="2"></td></tr>
<tr><td>（2）井道内人行通道的照明</td><td></td></tr>
</table>

图 17

（4）在 3.15 项之后增加 3.17 项、3.18 项，如图 18 所示：

<table>
<tr><td rowspan="3">17</td><td rowspan="3">B</td><td rowspan="6">3　井道及相关设备</td><td rowspan="3">3.15
缓冲器</td><td>（3）固定和完好情况</td><td></td><td rowspan="3"></td></tr>
<tr><td>（4）液位和电气安全装置</td><td></td></tr>
<tr><td>（5）对重越程距离</td><td></td></tr>
<tr><td rowspan="2">18</td><td rowspan="2">B</td><td rowspan="2">3.17　紧急和检修通道</td><td>（1）井道安全门</td><td></td><td rowspan="2"></td></tr>
<tr><td>（3）轿厢安全门</td><td></td></tr>
<tr><td>19</td><td>B</td><td colspan="2">3.18　轨道下方的防护</td><td></td><td></td></tr>
</table>

图 18

（5）将 4.1 项调整为如图 19 所示：

20	B		4.1（1）轿顶停止装置		

图 19

（6）将“4.3（3）安全窗（门）电气安全装置”调整为“4.3（3）安全窗电气安全装置”；

（7）将 4.9 项调整为如图 20 所示：

<table>
<tr><td rowspan="2">25</td><td rowspan="2">C</td><td rowspan="2"></td><td rowspan="2">4.9
地坎护脚板</td><td>(1)宽度</td><td></td><td rowspan="2"></td></tr>
<tr><td>(2)高度</td><td></td></tr>
</table>

图 20

(8) 将“7.2 底坑内的作业场地”调整为“7.2 底坑或者顶层的作业场地”。

TSG 特种设备安全技术规范 TSG T7002—2011

电梯监督检验和定期检验规则
——消防员电梯

Regulation for Lift Supervisory Inspection and Periodical Inspection—Firefighters Lift

中华人民共和国国家质量监督检验检疫总局颁布
2011年8月8日

前　言

2005 年 12 月，国家质量监督检验检疫总局（以下简称国家质检总局）特种设备安全监察局（以下简称特种设备局）向中国特种设备检测研究院（以下简称中国特检院）下达了本规则的起草任务书。2006 年 2 月，中国特检院组织有关专家成立了起草组在上海召开了工作会议，起草组在 2006 年底完成了征求意见稿。2009 年 12 月，根据 TSG 7001—2009《电梯监督检验和定期检验规则——曳引与强制驱动电梯》的新要求，起草组在上海召开会议进行修改并形成报批稿。2011 年 8 月 8 日，本规则由国家质检总局批准颁布。

本规则考虑了执行《电梯制造与安装安全规范》（GB 7588—2003）、《高层民用建筑设计防火规范》（GB 50045—95　2005 年版）等有关曳引式消防员电梯的安装、改造、重大维修过程的监督检验及在用消防员电梯的定期检验。规定了消防员电梯安装、改造、重大维修过程的监督检验及在用消防员电梯的定期检验应当进行的项目、检验内容和必须达到的要求；规定检验检测方法、合格的判定规则；确定检验报告书的格式；规定了安装、改造、重大维修过程中隐蔽项目安全的验证要求及方法。同时还规定检验机构在检验过程中的责任。

本规则主要起草单位和人员如下：

国家质检总局特种设备局	何　毅　夏　勇
广州市特种机电设备检测研究院	武星军　勉　智
广东省特种设备检测院	杨兆荣
深圳市特种设备安全检验研究院	庄小雄
北京市特种设备检测中心	赵伯锐
上海市特种设备监督检验技术研究院	钱　洪
上海三菱电梯有限公司	徐卫玉
日立电梯（中国）有限公司	陈　勇　鲁国雄
广州奥的斯电梯有限公司	林曼青

电梯监督检验和定期检验规则——消防员电梯

第一条 为了加强对消防员电梯安装、改造、维修、日常维护保养、使用和检验工作的监督管理，规范消防员电梯安装、改造、重大维修监督检验和定期检验行为，提高检验工作质量，促进消防员电梯运行安全保障工作的有效落实，根据《特种设备安全监察条例》，制定本规则。

第二条 本规则适用于消防员电梯的安装、改造、重大维修过程的监督检验和定期检验。

前款所述消防员电梯(以下简称电梯)的生产(含电梯的设计、制造、安装、改造、维修、日常维护保养，下同)和使用单位，以及从事电梯监督检验和定期检验的特种设备检验检测机构，应当遵守本规则规定。

第三条 本规则所称监督检验是指由国家质量监督检验检疫总局(以下简称国家质检总局)核准的特种设备检验检测机构(以下简称检验机构)，根据本规则规定，对电梯安装、改造、重大维修过程进行的监督检验(以下简称监督检验)；本规则所称定期检验是指检验机构根据本规则规定，对在用电梯定期进行的检验。

监督检验和定期检验(以下统称检验)是对电梯生产和使用单位执行相关法规标准规定、落实安全责任，开展为保证和自主确认电梯安全的相关工作质量情况的查证性检验。电梯生产和使用单位的自检记录或者报告中的结论，是对设备安全状况的综合判定；检验机构出具检验报告中的检验结论，是对电梯生产和使用单位落实相关责任、自主确定设备安全等工作质量的判定。

第四条 如果出现了有关电梯生产和检验的新技术、新材料、新工艺等影响本规则技术指标和要求的特殊情况，国家质检总局可以根据具体情况，提出相应要求。

第五条 实施电梯安装、改造或者重大维修的施工单位(以下简称施工单位)应当在按照规定履行告知后、开始施工前(不包括设备开箱、现场勘测等准备工作)，向规定的检验机构申请监督检验；电梯使用单位应当在安全检验标志所标注的下次检验日期届满前1个月，向规定的检验机构申请定期检验。

第六条 施工单位应当按照设计文件和标准的要求，对电梯机房(或者机器设备间)、井道、底坑等涉及电梯施工的土建工程进行检查，对电梯制造质量(包括零部件和安全保护装置等)进行确认，并且做好记录，符合要求后方可以进行电梯施工。

施工单位或者维护保养单位应当按照相关安全技术规范和标准的要求，保证施工或者日常维护保养质量，真实、准确地填写施工或者日常维护保养的相关记录或者报告，对施工或者日常维护保养质量以及提供的相关文件、资料的真实性及其与实物的一致性负责。

第七条 施工单位、维护保养单位和使用单位应当向检验机构提供符合附件A要求的有关文件、资料，安排相关的专业人员配合检验机构实施检验。其中，施工自检报告、日常维护保养年度自行检查记录或者报告还需另行提交复印件备存。

第八条 检验机构应当在施工单位自检合格的基础上实施监督检验，在维护保养单位自检合格的基础上实施定期检验。实施监督检验和定期检验，应当遵守以下规定：

（一）对于电梯安装过程，按照附件 A 规定的检验内容、要求和方法，对附件 B 所列项目进行检验；

（二）对于电梯改造和重大维修过程，按照附件 A 规定的检验内容、要求和方法，对改造和重大维修涉及的相关项目及其内容进行检验，其他项目按照本条第（三）项的规定进行检验；

（三）对于在用电梯，按照附件 A 规定的检验内容、要求和方法，对附件 C 所列项目每年进行 1 次定期检验；

（四）对于在 1 个检验周期内特种设备安全监察机构接到故障实名举报达到 3 次以上（含 3 次）的电梯，并且经确认上述故障的存在影响电梯运行安全时，特种设备安全监察机构可以要求提前进行维护保养单位的年度自行检查和定期检验；

（五）对于由于发生自然灾害或者设备事故而使其安全技术性能受到影响的电梯以及停止使用 1 年以上的电梯，其再次使用前，应当按照本条第（三）项的规定进行检验。但如果对电梯实施改造或者重大维修，应当按照本条第（二）项的规定进行检验。

第九条 电梯检验项目分为 A、B、C 三个类别。各类别检验程序如下：

（一）A 类项目，检验机构按照附件 A 的相应规定，对提供的文件、资料进行审查，对该类项目进行检验，并与自检记录或者报告对应项目的检验结果（以下简称自检结果）进行对比，按照第二十条的规定对项目的检验结论做出判定；不经检验机构审查、检验，或者审查、检验结论为不合格，施工单位不得进行下道工序的施工；

（二）B 类项目，检验机构按照附件 A 的相应规定，对提供的文件、资料进行审查，对该类项目进行检验，并与自检结果进行对比，按照第二十条的规定对项目的检验结论做出判定；

（三）C 类项目，检验机构按照附件 A 的相应规定，对提供的文件、资料进行审查，认为自检记录或者报告等文件和资料完整、有效，对自检结果无质疑（以下简称资料审查无质疑），可以确认为合格；如果文件和资料欠缺、无效或者对自检结果有质疑（以下简称资料审查有质疑），应当按照附件 A 规定的检验方法，对该类项目进行检验，并与自检结果进行对比，按照第二十条的规定对项目的检验结论做出判定。

各检验项目的类别见附件 A、附件 B、附件 C，具体的检验方法见附件 A。

第十条 检验机构应当根据本规则规定，制定包括检验程序和检验流程图在内的电梯检验作业指导文件，并且按照相关法规、本规则和检验作业指导文件的规定，对电梯检验质量实施严格控制，对检验结果及检验结论的正确性负责，对检验工作质量负责。

第十一条 检验机构应当统一制定电梯检验原始记录格式及其要求，在本单位正式发布使用。原始记录内容应当不少于相应检验报告（见附件 B、附件 C）规定的内容。必要时，相关项目应当另列表格或者附图，以便数据的记录和整理。

第十二条 检验机构应当配备能够满足本规则附件 A 所述检验要求和方法的检验检测仪器设备、计量器具和工具。

第十三条 检验人员必须按照国家有关特种设备检验人员资格考核的规定，取得国家质检总局颁发的相应资格证书后，方可以从事批准项目的电梯检验工作。现场检验至少由 2 名具有电梯检验员或者以上资格的人员进行，检验人员应当向申请检验的电梯施工或者使用单位（以下简称受检单位）出示检验资格标识。现场检验时，检验人员不得进行电梯的修理、调整等工作。

第十四条 现场检验时，检验人员应当配备和穿戴必需的防护用品，并且遵守国家有关安全管理规定及施工现场或者使用单位明示的安全管理规定。

第十五条 对电梯整机进行检验时，检验现场应当具备以下检验条件：

（一）机房或者机器设备间的空气温度保持在 5 ℃～40 ℃；

（二）电源输入正常，电压波动在额定电压值±7%的范围内；

（三）环境空气中没有腐蚀性和易燃性气体及导电尘埃；

（四）检验现场（主要指机房或者机器设备间、井道、轿顶、底坑）清洁，没有与电梯工作无关的物品和设备，基站、相关层站等检验现场放置表明正在进行检验的警示牌；

（五）对井道进行了必要的封闭。

特殊情况下，电梯设计文件对温度、湿度、电压、环境空气条件等进行了专门规定的，检验现场的温度、湿度、电压、环境空气条件等应当符合电梯设计文件的规定。

对于不具备现场检验条件或者继续检验可能造成危险的电梯，检验人员可以中止检验，但必须向受检单位书面说明原因。

第十六条 检验过程中，检验人员应当认真审查相关文件、资料，将检验情况如实记录在原始记录上（包括已审查文件、资料的名称及编号），不得漏检、漏记。可以使用统一规定的简单标记，表明“符合”“不符合”“合格”“不合格”“无此项”等；要求测试数据的项目（即附件 A 所述检验方法中要求测试数据的项目，下同）必须填写实测数据；未要求测试数据但有需要说明情况的项目，应当用简单的文字予以说明，例如“×楼层门锁失效”；遇特殊情况，可以填写“因……（原因）未检”“待检”“见附页”等。

原始记录应当注明现场检验日期，有执行本次检验的检验人员签字，并且有其中一名检验人员的校核签字。

检验机构应当长期保存监督检验原始记录和施工自检报告。对于定期检验原始记录和日常维护保养年度自行检查记录或者报告，检验机构应当至少保存 2 个检验周期。

第十七条 检验过程中，如果发现下列情况，检验机构应当在现场检验结束时，向受检单位或及维护保养单位出具《特种设备检验意见通知书》（见附件 D，以下简称《通知书》），提出整改要求：

（一）施工或者维护保养单位的施工过程记录或者日常维护保养记录不完整；

（二）电梯存在不合格项目；

（三）要求测试数据项目的检验结果与自检结果存在多处较大偏差，质疑相应单位自检能力时；

（四）使用单位存在不符合电梯相关法规、规章、安全技术规范的问题。

定期检验时，对于存在不合格项目但不属于按照本规则第二十条规定直接判定为不合格的电梯，《通知书》中应当要求使用单位在整改完成前及时采取安全措施，对该电梯进行监护使用。

受检单位或及维护保养单位应当按照《通知书》的要求及时整改，并且在规定的时限内向检验机构提交填写了处理结果的《通知书》以及整改报告等见证资料。

检验人员应当对整改情况进行确认，可以根据情况采取现场验证或者查看受检单位提供的整改报告等见证资料的方式，确认其是否符合要求。

对于定期检验的电梯，如果使用单位拟实施改造或重大维修进行整改，或者拟做停用、报废处理，则应当在《通知书》上签署相应的意见，并且在规定的时限内反馈给检验机构，同时按照相关规定，办理对应的相关手续。

第十八条 检验工作（包括第十七条规定的对整改情况的确认）完成后，或者达到《通知书》提出时限而受检单位未反馈整改报告等见证材料的，检验机构必须在10个工作日内出具检验报告。检验结论为“合格”的，还应当同时出具安全检验标志。

检验报告的内容、格式应当符合本规则的规定（见附件B、附件C），结论页必须有检验、编制、审核、批准人员的签字和检验机构检验专用章或者公章。

检验机构、施工和使用单位应当长期保存监督检验报告。对于定期检验报告，检验机构和使用单位应当至少保存2个检验周期。

第十九条 检验报告中，检验项目的“检验结果”和“检验结论”应当按照如下要求进行填写：

（一）对于要求测试数据的项目，在“检验结果”栏中填写实测或者计算处理后的数据；

（二）对于未要求测试数据的项目，如果经检验符合要求，在“检验结果”栏中填写“符合”；如果经检验不符合要求，填写“不符合”；

（三）对于C类项目，如果资料审查无质疑，在“检验结果”栏中填写“资料确认符合”；如果资料审查有质疑，并且进行了现场检验，分别按照本条第（一）项或者第（二）项要求填写相应内容；

（四）对于需要说明情况的项目，在“检验结果”栏中做简要说明，难以表述清楚的，在检验报告中另加附页描述，“检验结果”栏中填写“见附页××”；

（五）对于不适用的项目，在“检验结果”栏中填写“无此项”；

（六）“检验结论”栏只填写“合格”“不合格”“—”（表示无此项）等单项结论。

第二十条 各类检验项目的合格判定条件如下：

（一）A、B类检验项目，审查、检验结果符合附件A中的检验要求；

（二）C类检验项目，资料审查无质疑并且符合附件A中的检验要求，或者审查、检验结果符合附件A中的检验要求。

第二十一条 监督检验和定期检验的合格判定条件如下：

（一）安装监督检验，检验项目全部合格，并且经检验人员确认相关单位已经针对第十七条第（一）、（三）、（四）项所述问题进行了有效整改；

（二）改造或者重大维修监督检验，检验项目全部合格，或者改造和重大维修涉及的相关检验项目全部合格，对于按照定期检验规定进行的项目，除了上次定期检验后使用单位采取安全措施进行监护使用的C类项目之外（使用单位继续对这些项目采取安全措施，在《通知书》上签署了监护使用的意见），其他项目全部合格，并且经检验人员确认相关单位已经针对第十七条第（一）、（三）、（四）项所述问题进行了有效整改；

（三）定期检验，检验项目全部合格，或者B类检验项目全部合格，C类检验项目应整改项目不超过5项（含5项），相关单位已在《通知书》规定的时限内向检验机构提交了整改报告等见证资料，使用单位已经对上述应整改项目采取了相应的安全措施，在《通知书》上签署了监护使用的意见，并且经检验人员确认相关单位已经针对第十七条第（一）、（三）、（四）项所述问题进行了有效整改。

第二十二条 经检验，凡不符合本规则第二十一条规定的合格判定条件的电梯，应当判定为“不合格”，检验机构应当按照第十八条规定的时限等要求出具检验报告。对于检验结论为不合格的电梯，受检单位组织相应整改或者修理后可以申请复检。

第二十三条 检验报告只允许使用“合格”“不合格”“复检合格”“复检不合格”四种检验结论。

第二十四条 对于判定为“不合格”或者“复检不合格”的电梯、未执行《通知书》提出的整改要求并且已经超过安全检验标志所标注的下次检验日期的电梯，检验机构应当将检验结果、检验结论及有关情况报告负责设备使用登记的特种设备安全监察机构；对于定期检验判定为不合格的电梯，检验机构还应当建议使用单位立即停止使用。特种设备安全监察机构应当根据情况，及时采取安全监察措施。

第二十五条 本规则由国家质检总局负责解释。

第二十六条 本规则自 2012 年 2 月 1 日起施行。

附件 A

消防员电梯监督检验和定期检验内容、要求与方法

项目及类别		检验内容与要求	检验方法
1 技术 资料	1.1 制造 资料 A	电梯制造单位提供了以下用中文描述的出厂随机文件： (1) 制造许可证明文件，其范围能够覆盖所提供电梯的相应参数； (2) 电梯整机型式试验合格证书或者报告书，其内容能够覆盖所提供电梯的相应参数； (3) 产品质量证明文件，注有制造许可证明文件编号、该电梯的产品出厂编号、主要技术参数，以及门锁装置、限速器、安全钳、缓冲器、含有电子元件的安全电路(如果有)、轿厢上行超速保护装置、驱动主机、控制柜等安全保护装置和主要部件的型号和编号等内容，并且有电梯整机制造单位的公章或者检验合格章以及出厂日期； (4) 门锁装置、限速器、安全钳、缓冲器、含有电子元件的安全电路(如果有)、轿厢上行超速保护装置、驱动主机、控制柜等安全保护装置和主要部件的型式试验合格证，以及限速器和渐进式安全钳的调试证书； (5) 机房或者机器设备间及井道布置图，其顶层高度、底坑深度、楼层间距、井道内防护、安全距离、井道下方人可以进入的空间等满足安全要求；对防火前室/环境的要求，井道和底坑的防水、排水要求； (6) 电气原理图，包括动力电路和连接电气安全装置的电路；对供电电源的要求； (7) 安装使用维护说明书，包括安装、使用、日常维护保养和应急救援等方面操作说明的内容。 注 A-1：上述文件如为复印件则必须经电梯整机制造单位加盖公章或者检验合格章；对于进口电梯，则应当加盖国内代理商的公章	电梯安装施工前审查相应资料
	1.2 安装资料 A	安装单位提供了以下安装资料： (1) 安装许可证和安装告知书，许可证范围能够覆盖所施工电梯的相应参数； (2) 施工方案，审批手续齐全； (3) 施工现场作业人员持有的特种设备作业人员证； (4) 施工过程记录和自检报告，检查和试验项目齐全、内容完整，施工和验收手续齐全； (5) 变更设计证明文件(如安装中变更设计时)，履行了由使用单位提出、经整机制造单位同意的程序； (6) 安装质量证明文件，包括电梯安装合同编号、安装单位安装许可证编号、产品出厂编号、主要技术参数等内容，并且有安装单位公章或者检验合格章以及竣工日期。 注 A-2：上述文件如为复印件则必须经安装单位加盖公章或者检验合格章	审查相应资料。第(1)～(3)项在报检时审查，第(3)项在其他项目检验时还应查验；第(4)、(5)项在试验时查验；第(6)项在竣工后审查

续表

<table>
<tr><th colspan="2">项目及类别</th><th>检验内容与要求</th><th>检验方法</th></tr>
<tr><td rowspan="2">1
技术资料</td><td>1.3 改造、重大维修资料 A</td><td>改造或者重大维修单位提供了以下改造或者重大维修资料：
(1) 改造或者维修许可证和改造或者重大维修告知书，许可证范围能够覆盖所施工电梯的相应参数；
(2) 改造或者重大维修的清单以及施工方案，施工方案的审批手续齐全；
(3) 所更换的安全保护装置或者主要部件产品合格证、型式试验合格证书以及限速器和渐进式安全钳的调试证书(如发生更换)；
(4) 施工现场作业人员持有的特种设备作业人员证；
(5) 施工过程记录和自检报告，检查和试验项目齐全、内容完整，施工和验收手续齐全；
(6) 改造后的整梯合格证或者重大维修质量证明文件，合格证或者证明文件中包括电梯的改造或者重大维修合同编号、改造或者重大维修单位的资格证编号、电梯使用登记编号、主要技术参数等内容，并且有改造或者重大维修单位的公章或者检验合格章以及竣工日期。
注 A-3：上述文件如为复印件则必须经改造或者重大维修单位加盖公章或者检验合格章</td><td>审查相应资料。第(1)～(4)项在报检时审查，第(4)项在其它项目检验时还应查验；第(5)项在试验时查验；第(6)项在竣工后审查</td></tr>
<tr><td>1.4 使用资料 B</td><td>使用单位提供了以下资料：
(1) 使用登记资料，内容与实物相符；
(2) 安全技术档案，至少包括 1.1、1.2、1.3 所述文件资料[1.2 的(3)项和 1.3 的(4)项除外]，以及监督检验报告、定期检验报告、日常检查与使用状况记录、日常维护保养记录、年度自行检查记录或者报告、应急救援演习记录、运行故障和事故记录等，保存完好(本规则实施前已经完成安装、改造或重大维修的，1.1、1.2、1.3 项所述文件资料如有缺陷，应当由使用单位联系相关单位予以完善，可不作为本项审核结论的否决内容)；
(3) 以岗位责任制为核心的电梯运行管理规章制度，包括事故与故障的应急措施和救援预案、电梯钥匙使用管理制度、对供电电源维护保养职责、消防服务通讯系统的维护和定期试验职责等；
(4) 与取得相应资格单位签订的日常维护保养合同；
(5) 按照规定配备的电梯安全管理和作业人员的特种设备作业人员证；
(6) 供电电源、防火前室、井道防火、机房防火、底坑排水设施等符合要求的有关证明材料</td><td>定期检验和改造、重大维修过程的监督检验时查验；新安装电梯的监督检验进行试验时查验(3)、(4)、(5)、(5)项，以及(2)项中所需记录表格制定情况[如试验时使用单位尚未确定，应当由安装单位提供(2)、(3)、(4)项查验内容范本，(5)项相应要求交接备忘录]</td></tr>
</table>

续表

项目及类别		检验内容与要求	检验方法
2 设置及环境要求	2.1 基本要求 C	(1) 电梯应服务于建筑物的每一楼层； (2) 电梯的额定载荷不能小于 800 kg； (3) 轿厢净尺寸不能小于 1 100 mm 宽乘以 1 400 mm 深，轿厢的最小净入口宽度应为 800 mm； (4) 从电梯门关闭以后起，电梯应能在 60 s 内从消防服务通道层到达最远的层站	审查自检结果，如对其有质疑，按照以下方法进行现场检验（以下 C 类项目只描述现场检验方法）： 目测或者测量相关数据
	2.2 防火前室 C	每个电梯层门（在消防服务状态下不使用的层门除外）前都应设置防火前室	审查使用单位提供的资料
	2.3 供电系统 C	电梯和照明的供电系统应由设置在防火区域内的第一和第二（即应急或备用）电源组成。第一和第二电源的供电电缆应进行防火保护，它们互相之间以及与其他供电之间应是分离的。 第二电源应足以驱动额定载荷的电梯运行。第二电源供电时，从电梯门关闭以后起，电梯应能在 60 s 内从消防服务通道层到达最远的层站	目测或者测量相关数据
	2.4 电源转换 C	当恢复供电时，电梯应当立即进入服务状态。如果电梯需要移动以确定它的位置，它应向着消防服务通道层运行不超过两个楼层，并且显示它的位置	操作验证各开关的功能
	2.5 消防服务通讯系统 B	(1) 应当设有用于双向对话的内部对讲系统或者类似的装置，在消防优先召回阶段和消防服务过程中，能用于轿厢和下述地方之间： ① 消防服务通道层； ② 机房或者无机房电梯的紧急操作屏处。 (2) 轿厢内和消防服务通道层的通讯设备应是内置式麦克风和扬声器，不能用手持式电话机； (3) 通讯系统的线路应当装设在井道内	通话试验
	2.6 标识 C	(1) 应当设置消防员电梯象形图标志，轿厢按钮上的符号为 20 mm×20 mm；层站上至少为 100 mm×100 mm； (2) 应当设置禁止用来运送废弃物（垃圾）或者货物的说明或标识	目测

续表

<table>
<tr><th colspan="2">项目及类别</th><th>检验内容与要求</th><th>检验方法</th></tr>
<tr><td rowspan="5">3
机房（机器设备间）及相关设备</td><td>3.1
通道与通道门
C</td><td>(1) 应当在任何情况下均能够安全方便地使用通道。
采用梯子作为通道时，必须符合以下条件：
① 通往机房或者机器设备区间的通道不应当高出楼梯所到平面 4 m；
② 梯子必须固定在通道上而不能被移动；
③ 梯子高度超过 1.50 m 时，其与水平方向的夹角应当在 65°～75°之间，并且不易滑动或者翻转；
④ 靠近梯子顶端应当设置把手。
(2) 通道应当设置永久性电气照明；
(3) 机房通道门的宽度应当不小于 0.60 m，高度应当不小于 1.80 m，并且门不得向房内开启。门应当装有带钥匙的锁，并且可以从机房内不用钥匙打开。门外侧应当标明“机房重地，闲人免进”，或者有其他类似警示标志</td><td>目测或者测量相关数据</td></tr>
<tr><td>3.2
机房（机器设备间）专用及防火
C</td><td>(1) 机房（机器设备间）应当专用，不得用于电梯以外的其他用途；
(2) 装设有电梯主机和其相关设备的任何分隔室，至少有与电梯井道相同的防火等级；设置在井道外和防火分区外的所有机器区间，至少有与防火分区相同的耐火性。防火分区之间的连接（例如缆线、液压管线等）也应当予以同样保护</td><td>目测</td></tr>
<tr><td>3.3
安全空间
C</td><td>(1) 在控制屏和控制柜前有一块净空面积，其深度不小于 0.70 m，宽度为 0.50 m 或屏、柜的全宽（两者中的大值），高度不小于 2 m；
(2) 对运动部件进行维修和检查以及人工紧急操作的地方有一块不小于 0.50 m×0.60 m 的水平净空面积，其净高度不小于 2 m；
(3) 机房地面高度不一并且相差大于 0.50 m 时，应当设置楼梯或者台阶，并且设置护栏</td><td>目测或者测量相关数据</td></tr>
<tr><td>3.4
地面开口
C</td><td>机房地面上的开口应当尽可能小，位于井道上方的开口必须采用圈框，此圈框应当凸出地面至少 50 mm</td><td>目测或者测量相关数据</td></tr>
<tr><td>3.5
照明与插座
C</td><td>(1) 机房应当设置永久性电气照明；在机房内靠近入口（或多个入口）处的适当高度应当设有一个开关，控制机房照明；
(2) 机房应当至少设置一个 2P+PE 型电源插座；
(3) 应当在主开关旁设置控制井道照明、轿厢照明和插座电路电源的开关</td><td>目测，操作验证各开关的功能</td></tr>
</table>

续表

<table>
<tr><th colspan="2">项目及类别</th><th>检验内容与要求</th><th>检验方法</th></tr>
<tr><td rowspan="4">3
机房（机器设备间）及相关设备</td><td>3.6
断错相保护
C</td><td>每台电梯应当具有断相、错相保护功能；电梯运行与相序无关时，可以不装设错相保护装置</td><td>模拟试验</td></tr>
<tr><td>3.7
主开关
B</td><td>(1) 每台电梯应当单独装设主开关，主开关应当易于接近和操作；无机房电梯主开关的设置还应当符合以下要求：
① 如果控制柜不是安装在井道内，主开关应当安装在控制柜内，如果控制柜安装在井道内，主开关应当设置在紧急操作屏上；
② 如果从控制柜处不容易直接操作主开关，该控制柜应当设置能分断主电源的断路器；
③ 在电梯驱动主机附近 1 m 之内，应当有可以接近的主开关或者符合要求的停止装置，并且能够方便地进行操作。
(2) 主开关不得切断轿厢照明和通风、机房（机器设备间）照明和电源插座、轿顶与底坑的电源插座、电梯井道照明、报警装置的供电电路；
(3) 主开关应当具有稳定的断开和闭合位置，并且在断开位置时能用挂锁或其他等效装置锁住，能够有效的防止误操作；
(4) 如果不同电梯的部件共用一个机房，则每台电梯的主开关应当与驱动主机、控制柜、限速器等采用相同的标志</td><td>目测主开关的设置；断开主开关，观察、检查照明、插座、通风和报警装置的供电电路是否被切断</td></tr>
<tr><td>3.8
驱动主机
B</td><td>(1) 驱动主机工作时应当无异常噪声和振动；
(2) 曳引轮外侧面应当涂成黄色；
(3) 曳引轮轮槽不得有严重磨损（适用于改造、维修监督检验和定期检验），如果轮槽的磨损可能影响曳引能力时，应当进行曳引能力验证试验</td><td>目测；认为轮槽的磨损可能影响曳引能力时，进行 11.10 项试验，综合 11.6、11.9、11.10 项试验结果验证轮槽磨损是否影响曳引能力</td></tr>
<tr><td>3.9
制动装置
C</td><td>(1) 所有参与向制动轮或盘施加制动力的制动器机械部件应当分两组装设；
(2) 电梯正常运行时，切断制动器电流至少应当用两个独立的电气装置来实现，当电梯停止时，如果其中一个接触器的主触点未打开，最迟到下一次运行方向改变时，应当防止电梯再运行</td><td>(1) 对照型式试验报告，查验制动器；
(2) 根据电气原理图和实物状况，结合模拟操作检查制动器的电气控制</td></tr>
</table>

续表

<table>
<tr><th colspan="2">项目及类别</th><th>检验内容与要求</th><th>检验方法</th></tr>
<tr><td rowspan="7">3
机房(机器设备间)及相关设备</td><td rowspan="3">3.10
紧急操作
B</td><td>(1) 手动紧急操作装置应当符合以下要求：
① 对于可拆卸盘车手轮，设有一个电气安全装置，最迟在盘车手轮装上电梯驱动主机时动作；
② 松闸扳手涂成红色，盘车手轮是无辐条的并且涂成黄色，可拆卸盘车手轮放置在机房内容易接近的明显部位；
③ 在电梯驱动主机上接近盘车手轮处，明显标出轿厢运行方向，如果手轮是不能拆卸的可在手轮上标出；
④ 能够通过操纵手动松闸装置松开制动器，并且需要以一个持续力保持其松开状态；
⑤ 进行手动紧急操作时，易于观察轿厢是否在开锁区</td><td>目测；通过模拟操作检查电气安全装置和手动松闸功能</td></tr>
<tr><td>(2) 紧急电动运行装置应当符合以下要求：
① 依靠持续揿压按钮来控制轿厢运行，此按钮有防止误操作的保护，按钮上或其近旁标出相应运行方向；
② 一旦进入检修运行，紧急电动运行装置控制轿厢运行的功能由检修控制装置所取代；
③ 进行紧急电动运行操作时，易于观察到轿厢是否在开锁区</td><td>目测；通过模拟操作检查紧急电动运行装置功能</td></tr>
<tr><td>(3) 应急救援程序：在机房内应当设有清晰的应急救援程序</td><td>目测</td></tr>
<tr><td>3.11
限速器
B</td><td>(1) 限速器上应当设有铭牌，标明制造单位名称、型号、规格参数和型式试验机构标识，铭牌和型式试验合格证、调试证书内容应当相符；
(2) 限速器或者其他装置上应当设有在轿厢上行或者下行速度达到限速器动作速度之前动作的电气安全装置，以及验证限速器复位状态的电气安全装置；
(3) 使用周期达到 2 年的电梯，或者限速器动作出现异常、限速器各调节部位封记损坏的电梯，应当由经许可的电梯检验机构或者电梯生产单位对限速器进行动作速度校验，并且由该单位出具校验报告</td><td>(1) 对照检查限速器型式试验合格证、调试证书、铭牌；
(2) 目测电气安全装置的设置；
(3) 审查限速器动作速度核验报告，对照限速器铭牌上的相关参数，判断动作速度是否符合要求</td></tr>
<tr><td>3.12
接地
C</td><td>(1) 供电电源自进入机房或者机器设备间起，中性线(N)与保护线(PE)应当始终分开；
(2) 所有电气设备及线管、线槽的外露可以导电部分应当与保护线(PE)可靠连接</td><td>目测，必要时测量验证</td></tr>
<tr><td>3.13
电气绝缘
C</td><td>动力电路、照明电路和电气安全装置电路的绝缘电阻应当符合下述要求：
<table><tr><th>标称电压/V</th><th>测试电压(直流)/V</th><th>绝缘电阻/MΩ</th></tr><tr><td>安全电压</td><td>250</td><td>≥0.25</td></tr><tr><td>≤500</td><td>500</td><td>≥0.50</td></tr><tr><td>>500</td><td>1 000</td><td>≥1.00</td></tr></table></td><td>由施工或者维护保养单位测量，检验人员现场观察、确认</td></tr>
</table>

续表

项目及类别		检验内容与要求	检验方法
3 机房（机器设备间）及相关设备	3.14 轿厢上行超速保护装置 B	轿厢上行超速保护装置上应当设有铭牌，标明制造单位名称、型号、规格参数和型式试验机构标识，铭牌和型式试验合格证内容应当相符；电梯整机制造单位应当在控制屏或者紧急操作屏上标注轿厢上行超速保护装置的动作试验方法	对照检查上行超速保护装置型式试验合格证和铭牌；目测动作试验方法的标注情况
4 井道及相关设备	4.1 井道专用 C	电梯井道应当独立设置，井内严禁敷设可燃气体和甲、乙、丙类液体管道，并且不应敷设与电梯无关的电缆、电线等。井道壁除开设电梯门洞和通气孔外，不应开设其他洞口。 如果在同一井道内还有其他电梯，那么整个多梯井道应当满足消防员电梯井道的耐火要求，其防火等级应与防火前室的门和机房一致。如果在多梯井道内消防员电梯与其他电梯之间没有中间防火墙分隔开，则所有的电梯和它们的电气设备应与消防员电梯具有相同的防火要求	目测
	4.2 曳引驱动电梯顶部空间 C	(1) 当对重完全压在缓冲器上时，应当同时满足以下条件： ① 轿厢导轨提供不小于 $0.1+0.035v^2$(m)的进一步制导行程； ② 轿顶可以站人的最高面积的水平面与位于轿厢投影部分井道顶最低部件的水平面之间的自由垂直距离不小于 $1.0+0.035v^2$(m)； ③ 井道顶的最低部件与轿顶设备的最高部件之间的间距(不包括导靴、钢丝绳附件等)不小于 $0.3+0.035v^2$(m)，与导靴或滚轮、曳引绳附件、垂直滑动门的横梁或者部件的最高部分之间的间距不小于 $0.1+0.035v^2$(m)； ④ 轿顶上方应当有一个不小于 0.50 m×0.60 m×0.80 m 的空间(任意平面朝下即可)。 注 A-4：当采用减行程缓冲器并对电梯驱动主机正常减速进行有效监控时 $0.035v^2$ 可以用下值代替： ① 电梯额定速度不大于 4 m/s 时，可以减少到 1/2，但是不小于 0.25 m； ② 电梯额定速度大于 4 m/s 时，可以减少到 1/3，但是不小于 0.28 m。 (2) 当轿厢完全压在缓冲器上时，对重导轨有不小于 $0.1+0.035v^2$(m)的制导行程	(1) 测量轿厢在上端站平层位置时的相应数据，计算确认是否满足要求； (2) 用痕迹法或其他有效方法检验对重导轨的制导行程

续表

项目及类别		检验内容与要求	检验方法
4 井道及相关设备	4.3 井道设备的防护 C	在电梯井道内或者轿厢上部的电气设备，如果其设置在距设有层门的任一井道壁 1 m 的范围内，则应设计成能防滴水和防淋水，或者其外壳防护等级应当至少为 IPX3。 在井道外的机器区间内和电梯底坑内的设备，应被保护以免因水而造成故障	目测检查电气设备防滴水和溅水的设施。如果未提供防护设施，检查电气设备上的外壳防护等级标识或其他证明文件
	4.4 井道安全门 C	(1) 当相邻两层门地坎的间距大于 11 m 时，其间应当设置高度不小于 1.80 m、宽度不小于 0.35 m 的井道安全门(使用轿厢安全门时除外)； (2) 不得向井道内开启； (3) 门上应当装设用钥匙开启的锁，当门开启后不用钥匙能够将其关闭和锁住，在门锁住后，不用钥匙能够从井道内将门打开； (4) 应当设置电气安全装置以验证门的关闭状态； (5) 应当设置于防火前室内	(1) 测量相关数据； (2) 打开、关闭安全门，检查门的启闭和电梯启动情况
	4.5 井道检修门 C	(1) 高度不小于 1.40 m，宽度不小于 0.60 m； (2) 不得向井道内开启； (3) 应当装设用钥匙开启的锁，当门开启后不用钥匙能够将其关闭和锁住，在门锁住后，不用钥匙也能够从井道内将门打开； (4) 应当设置电气安全装置以验证门的关闭状态； (5) 应当设置于防火前室内	(1) 测量相关数据； (2) 打开、关闭安全门，检查门启闭和电梯启动情况
	4.6 导轨 C	(1) 每根导轨应当至少有 2 个导轨支架，其间距一般不大于 2.50 m(如果间距大于 2.50 m 应当有计算依据)，端部短导轨的支架数量应当满足设计要求； (2) 支架应当安装牢固，焊接支架的焊缝满足设计要求，锚栓(如膨胀螺栓)固定只能在井道壁的混凝土构件上使用； (3) 每列导轨工作面每 5 m 铅垂线测量值间的相对最大偏差，轿厢导轨和设有安全钳的 T 型对重导轨不大于 1.2 mm，不设安全钳的 T 型对重导轨不大于 2.0 mm； (4) 两列导轨顶面的距离偏差，轿厢导轨为 0～+2 mm，对重导轨为 0～+3 mm	目测或者测量相关数据
	4.7 轿厢与井道壁距离 B	轿厢与面对轿厢入口的井道壁的间距不大于 0.15 m，对于局部高度小于 0.50 m 该间距可以增加到 0.20 m。 如果轿厢装有机械锁紧的门并且门只能在开锁区内打开时，则上述间距不受限制	测量相关数据；观察轿厢门锁设置情况

续表

项目及类别		检验内容与要求	检验方法
4 井道及相关设备	4.8 层门地坎下端的井道壁 C	每个层门地坎下的井道壁应当符合以下要求： 形成一个与层门地坎直接连接的连续垂直表面，由光滑而坚硬的材料构成（如金属薄板）；其高度不小于开锁区域的一半加上50 mm，宽度不小于门入口的净宽度两边各加25 mm	目测或者测量相关数据
	4.9 井道内防护 C	(1) 对重的运行区域应当采用刚性隔障保护，该隔障从底坑地面上不大于0.30 m处，向上延伸到离底坑地面至少2.50 m的高度，宽度应当至少等于对重宽度两边各加0.10 m； (2) 在装有多台电梯的井道中，不同电梯的运动部件之间应当设置隔障，隔障应当至少从轿厢、对重行程的最低点延伸到最低层站楼面以上2.50 m高度，并且有足够的宽度以防止人员从一个底坑通往另一个底坑，如果轿厢顶部边缘和相邻电梯的运动部件之间的水平距离小于0.50 m，隔障应当贯穿整个井道，宽度至少等于运动部件或者运动部件的需要保护部分的宽度每边各加0.10 m	目测或者测量相关数据
	4.10 极限开关 B	井道上下两端应当装设极限开关，该开关在轿厢或者对重接触缓冲器前起作用，并且在缓冲器被压缩期间保持其动作状态	模拟试验
	4.11 随行电缆 C	随行电缆应当避免与限速器绳、选层器钢带、限位与极限开关等装置干涉，当轿厢压实在缓冲器上时，电缆不得与地面和轿厢底边框接触	目测
	4.12 井道照明 C	井道应当装设永久性电气照明	目测
	4.13 底坑设施与装置 C	(1) 底坑底部应当平整，不得渗水、漏水； (2) 如果没有其他通道，应当在底坑内设置一个从层门进入底坑的永久性装置（如梯子），该装置不得凸入电梯的运行空间； (3) 底坑内应当设置在进入底坑时和底坑地面上均能方便操作的停止装置，停止装置的操作装置为双稳态、红色并标以“停止”字样，并且有防止误操作的保护； (4) 底坑内应当设置2P+PE型电源插座，以及在进入底坑时能方便操作的井道灯开关；插座和最低的灯具应当设置在底坑内最高允许水位之上至少0.50 m处； (5) 设置在电梯底坑地面上方1 m之内的所有电气设备，防护等级应为IP67	目测；操作验证停止装置和井道灯开关功能

续表

项目及类别		检验内容与要求	检验方法
4 井道及相关设备	4.14 底坑水位限制 C	应当确保水面不会上升到轿厢缓冲器被完全压缩时的上表面之上或者可能影响电梯正常使用的高度。建筑物可以采用以下方式之一： (1) 直接将底坑的水排出井道外，但应考虑防止雨季时的倒灌，排水管在外墙位置可设单向阀； (2) 当不能将底坑的水直接排出井道外时，建筑物应当设置排水井和排水泵等排水设施，排水井容量不应小于 2.00 m^3，排水泵的排水量不应小于 10 L/s	目测
	4.15 底坑空间 C	轿厢完全压在缓冲器上时，底坑空间尺寸应当同时满足以下要求： (1) 底坑中有一个不小于 0.50 m×0.60 m×1.0 m 的空间(任意一面朝下即可)； (2) 底坑底面与轿厢最低部件的自由垂直距离不小于 0.50 m，当垂直滑动门的部件、护脚板和相邻井道壁之间，轿厢最低部件和导轨之间的水平距离在 0.15 m 之内时，此垂直距离允许减少到 0.10 m；当轿厢最低部件和导轨之间的水平距离大于 0.15 m 但小于 0.5 m 时，此垂直距离可按等线性关系增加至 0.5 m； (3) 底坑中固定的最高部件和轿厢最低部件之间的距离不小于 0.30 m	测量轿厢在下端站平层位置时的相应数据，计算确认是否满足要求
	4.16 限速张紧装置 B	(1) 限速器绳应当用张紧轮张紧，张紧轮(或者其配重)应当有导向装置； (2) 当限速器绳断裂或者过分伸长时，应当通过一个电气安全装置的作用，使电梯停止运转	(1) 目测张紧和导向装置； (2) 电梯以检修速度运行，使电气安全装置动作，观察电梯运行状况
	4.17 缓冲器 B	(1) 轿厢和对重的行程底部极限位置应当设置缓冲器；蓄能型缓冲器只能用于额定速度不大于 1 m/s 的电梯，耗能型缓冲器可以用于任何额定速度的电梯； (2) 缓冲器上应当设有铭牌或者标签，标明制造单位名称、型号、规格参数和型式试验机构标识，铭牌或者标识和型式试验合格证内容应当相符； (3) 缓冲器应当固定可靠； (4) 耗能型缓冲器液位应当正确，有验证柱塞复位的电气安全装置； (5) 对重缓冲器附近应当设置永久性的明显标识，标明当轿厢位于顶层端站平层位置时，对重装置撞板与其缓冲器顶面间的最大允许垂直距离；并且该垂直距离不超过最大允许值	(1) 对照检查缓冲器型式试验合格证和铭牌或标签； (2) 目测缓冲器的固定、液位和电气安全装置及对重越程距离标识； (3) 定期检验时，查验当轿厢位于顶层端站平层位置时，对重装置撞板与其缓冲器顶面间的垂直距离

续表

<table>
<tr><th colspan="2">项目及类别</th><th>检验内容与要求</th><th>检验方法</th></tr>
<tr><td>4
井道
及
相关
设备</td><td>4.18
对重
下方
空间
的防
护
C</td><td>如果对重之下有人能够到达的空间，应当将对重缓冲器安装于一直延伸到坚固地面上的实心桩墩，或者在对重上装设安全钳</td><td>目测</td></tr>
<tr><td rowspan="2">5
轿厢
与对重
（平
衡重）</td><td>5.1
轿顶
电气
装置
C</td><td>(1) 轿顶应当装设一个易于接近的检修运行控制装置，并且符合以下要求：
① 由一个符合电气安全装置要求，能够防止误操作的双稳态开关（检修开关）进行操作；
② 一经进入检修运行时，即取消正常运行（包括任何自动门操作）、紧急电动运行、对接操作运行，只有再一次操作检修开关，才能使电梯恢复正常工作；
③ 依靠持续揿压按钮来控制轿厢运行，此按钮有防止误操作的保护，按钮上或其近旁标出相应的运行方向；
④ 该装置上设有一个停止装置，停止装置的操作装置为双稳态、红色并标以“停止”字样，并且有防止误操作的保护；
⑤ 检修运行时，安全装置仍然起作用。
(2) 轿顶应当装设一个从入口处易于援近的停止装置，停止装置的操作装置为双稳态、红色并标以“停止”字样，并且有防止误操作的保护。如果检修运行控制装置设在从入口处易于接近的位置，该停止装置也可以设在检修运行控制装置上；
(3) 轿顶应当装设 2P+PE 型电源插座</td><td>(1) 目测检修运行控制装置、停止装置和电源插座的设置；
(2) 操作验证检修运行控制装置、安全装置和停止装置的功能</td></tr>
<tr><td>5.2
轿顶
护栏
C</td><td>井道壁离轿顶外侧水平方向自由距离超过 0.30 m 时，轿顶应当装设护栏，并且满足以下要求：
(1) 由扶手、0.10 m 高的护脚板和位于护栏高度一半处的中间栏杆组成；
(2) 当自由距离不大于 0.85 m 时，扶手高度不小于 0.70 m，当自由距离大于 0.85 m 时，扶手高度不小于 1.10 m；
(3) 护栏装设在距轿顶边缘最大为 0.15 m 之内，并且其扶手外缘和井道中的任何部件之间的水平距离不小于 0.10 m；
(4) 护栏有关于俯伏或斜靠护栏危险的警示符号或者须知</td><td>目测或者测量相关数据</td></tr>
</table>

续表

<table>
<tr><th colspan="2">项目及类别</th><th>检验内容与要求</th><th>检验方法</th></tr>
<tr><td rowspan="6">5
轿厢
与对重
（平
衡重）</td><td>5.3
轿厢
安全
窗
C</td><td>应在轿顶设置安全窗，并且符合以下要求：
（1）安全窗的最小尺寸为 0.50 m×0.70 m；
（2）通过安全窗进入轿厢内不应被永久性的设备或者照明灯具所阻碍，如果有悬挂天花吊顶，不用专用工具应能容易打开或者移走，并且能从轿厢内清楚地识别其打开位置；
（3）设有手动上锁装置，能够不用钥匙从轿厢外开启，用规定的三角钥匙从轿厢内开启；
（4）轿厢安全窗不能向轿厢内开启，并且开启位置不超出轿厢的边缘；
（5）其锁紧由电气安全装置予以验证</td><td>（1）项目测或者测量相关数据，其他项操作验证</td></tr>
<tr><td>5.4
轿厢
和对
重间距
C</td><td>轿厢及关联部件与对重之间的距离应当不小于 50 mm</td><td>测量相关数据</td></tr>
<tr><td>5.5
对重
的固定
C</td><td>如果对重由重块组成，应当可靠固定</td><td>目测</td></tr>
<tr><td>5.6
轿厢
面积
C</td><td>轿厢有效面积应当符合下述规定：
<table>
<tr><th>Q①</th><th>S②</th><th>Q①</th><th>S②</th><th>Q①</th><th>S②</th></tr>
<tr><td>800</td><td>2.00</td><td>1 050</td><td>2.50</td><td>1 350</td><td>3.10</td></tr>
<tr><td>825</td><td>2.05</td><td>1 125</td><td>2.65</td><td>1 425</td><td>3.25</td></tr>
<tr><td>900</td><td>2.20</td><td>1 200</td><td>2.80</td><td>1 500</td><td>3.40</td></tr>
<tr><td>975</td><td>2.35</td><td>1 250</td><td>2.90</td><td>1 600</td><td>3.56</td></tr>
<tr><td>1 000</td><td>2.40</td><td>1 275</td><td>2.95</td><td>2 000</td><td>4.20</td></tr>
<tr><td></td><td></td><td></td><td></td><td>2 500③</td><td>5.00</td></tr>
</table>注 A-5：① 额定载重量，kg；② 轿厢最大有效面积，m^2；③ 额定载重量超过 2 500 kg 时，每增加 100 kg，面积增加 0.16 m^2。对中间的载重量，其面积由线性插入法确定</td><td>测量计算轿厢有效面积</td></tr>
<tr><td>5.7
轿厢
铭牌
C</td><td>轿厢内应当设置铭牌，标明额定载重量及乘客人数、制造厂名称或者商标；改造后的电梯，铭牌上应当标明额定载重量及乘客人数、改造单位名称、改造竣工日期等</td><td>目测</td></tr>
<tr><td>5.8
紧急
照明
和报
警装置
B</td><td>轿厢内应当装设符合下述要求的紧急报警装置和应急照明：
（1）正常照明电源中断时，能够自动接通紧急照明电源；
（2）紧急报警装置采用对讲系统以便与救援服务持续联系，当电梯行程大于 30 m 时，在轿厢和机房（或者紧急操作地点）之间也设置对讲系统，紧急报警装置的供电来自前条所述的紧急照明电源或者等效电源；在启动对讲系统后，被困乘客不必再做其他操作</td><td>断开正常照明供电电源，分别验证紧急照明系统、紧急报警装置的功能</td></tr>
</table>

续表

<table>
<tr><th colspan="2">项目及类别</th><th>检验内容与要求</th><th>检验方法</th></tr>
<tr><td rowspan="4">5
轿厢
与对重
（平
衡重）</td><td>5.9
开门
超时
报警
B</td><td>为确保消防员对电梯的控制不被过度延误，电梯应在轿内设置一个音响信号，当门实际停顿超过 2 min 时它会发出声音。经过这段时间之后，门将试图以减低的动力关闭，在门完全关闭后音响信号被消除。该要求仅适用于优先召回阶段</td><td>启动优先召回后，人为使重新开门装置动作或者模拟关门故障，用秒表计时，使电梯门保持打开 2 min，检查轿内是否有报警声</td></tr>
<tr><td>5.10
地坎
护脚板
C</td><td>轿厢地坎下应当装设护脚板，其垂直部分的高度不小于 0.75 m，宽度不小于层站入口宽度</td><td>目测或者测量相关数据</td></tr>
<tr><td>5.11
超载保
护装置
C</td><td>电梯应当设置轿厢超载保护装置，在轿厢内的载荷超过 110%额定载重量（超载量不少于 75 kg）时，能够防止电梯正常启动及再平层，并且轿内有音响或者发光信号提示，动力驱动的自动门完全打开，手动门保持在未锁状态</td><td>进行加载试验，验证超载保护装置的功能</td></tr>
<tr><td>5.12
安全钳
B</td><td>（1）安全钳上应当设有铭牌，标明制造单位名称、型号、规格参数和型式试验机构标识，铭牌、型式试验合格证、调试证书内容与实物应当相符；
（2）轿厢上应当装设一个在轿厢安全钳动作以前或者同时动作的电气安全装置</td><td>（1）对照检查安全钳型式试验合格证、调试证书和铭牌；
（2）目测电气安全装置的设置</td></tr>
<tr><td rowspan="2">6
悬挂
装置、
补偿
装置
及旋
转部
件防护</td><td>6.1
悬挂
装置
补偿
装置
的磨
损、断
丝、变
形等
情况
C</td><td>出现下列情况之一时，悬挂钢丝绳和补偿钢丝绳应当报废：
（1）出现笼状畸变、绳芯挤出、扭结、部分压扁、弯折；
（2）断丝分散出现在整条钢丝绳，任何一个捻距内单股的断丝数大于 4 根；或者断丝集中在钢丝绳某一部位或一股，一个捻距内断丝总数大于 12 根（对于股数为 6 的钢丝绳）或者大于 16 根（对于股数为 8 的钢丝绳）；
（3）磨损后的钢丝绳直径小于钢丝绳公称直径的 90%。采用其他类型悬挂装置的，悬挂装置的磨损、变形等应当不超过制造单位设定的报废指标</td><td>（1）用钢丝绳探伤仪或者放大镜全长检测或者分段抽测；测量时，以相距至少 1 m 的两点进行，在每点相互垂直方向上测量两次，四次测量值的平均值，即为实测直径；
（2）其他类型的按照制造单位提供的方法进行检验</td></tr>
<tr><td>6.2
端部
固定 C</td><td>悬挂钢丝绳绳端固定应当可靠，弹簧、螺母、开口销等连接部件无缺损。
采用其他类型悬挂装置的，其端部固定应当符合制造单位的规定</td><td>目测，或者按照制造单位的规定进行检验</td></tr>
</table>

续表

项目及类别		检验内容与要求	检验方法
6 悬挂装置、补偿装置及旋转部件防护	6.3 补偿装置 C	(1) 补偿绳(链)端固定应当可靠; (2) 应当使用电气安全装置来检查补偿绳的最小张紧位置; (3) 当电梯的额定速度大于 3.5 m/s 时,还应当设置补偿绳防跳装置,该装置动作时应当有一个电气安全装置使电梯驱动主机停止运转	(1) 目测 (2) 模拟断绳或者绳跳出时的状态,观察电气安全装置动作和电梯运行情况
	6.4 旋转部件的防护 C	在机房(机器设备间)内的曳引轮、滑轮、链轮、限速器,在井道内的曳引轮、滑轮、链轮、限速器及张紧轮、补偿绳张紧轮,在轿厢上的滑轮、链轮等与钢丝绳、链条形成传动的旋转部件,均应当设置防护装置,以避免人身伤害、钢丝绳或链条因松弛而脱离绳槽或链轮、异物进入绳与绳槽或链与链轮之间	目测
7 轿门与层门	7.1 水平滑动门 C	应当采用动力驱动的水平滑动门,轿门和层门应当联动	目测
	7.2 门地坎距离 C	轿厢地坎与层门地坎的水平距离不得大于 35 mm	测量相关尺寸
	7.3 门间隙 C	门关闭后,应当符合以下要求: (1) 门扇之间及门扇与立柱、门楣和地坎之间的间隙不大于 6 mm,使用过程中由于磨损,允许达到 10 mm; (2) 在水平移动门和折叠门主动门扇的开启方向,以 150 N 的人力施加在一个最不利的点,前条所述的间隙允许增大,但对于旁开门不大于 30 mm,对于中分门其总和不大于 45 mm	测量相关尺寸
	7.4 防止门夹人的保护装置 B	应当设置防止门夹人的保护装置,当人员通过层门入口被正在关闭的门扇撞击或者将被撞击时,该装置应当自动使门重新开启	模拟动作试验

续表

项目及类别		检验内容与要求	检验方法
7 轿门与层门	7.5 门的运行和导向 C	层门和轿门正常运行时不得出现脱轨、机械卡阻或者在行程终端时错位；由于磨损、锈蚀或者火灾可能造成层门导向装置失效时，应当设置应急导向装置，使层门保持在原有位置	目测
	7.6 自动关闭层门装置 B	在轿门驱动层门的情况下，当轿厢在开锁区域之外时，如果层门开启(无论何种原因)，应当有一种装置能够确保该层门自动关闭。自动关闭装置采用重块时，应当有防止重块坠落的措施	抽取基站、端站以及20%其他层站的层门，将轿厢运行至开锁区域外，打开层门，观察层门关闭情况及防止重块坠落措施的有效性
	7.7 紧急开锁装置 B	每个层门均应当能够被一把符合要求的钥匙从外面开启；紧急开锁后，在层门闭合时门锁装置不应当保持开锁位置	抽取基站、端站以及20%其他层站的层门，用钥匙操作紧急开锁装置，验证其功能
	7.8 门的锁紧 B	(1) 每个层门都应当设置门锁装置，其锁紧动作应当由重力、永久磁铁或者弹簧来产生和保持，即使永久磁铁或者弹簧失效，重力亦不能导致开锁； (2) 轿厢应当在锁紧元件啮合不小于7 mm时才能启动； (3) 门的锁紧应当由一个电气安全装置来验证，该装置应当由锁紧元件强制操作而没有任何中间机构，并且能够防止误动作； (4) 如果轿门采用了门锁装置，该装置也应当符合以上有关要求	(1) 目测门锁及电气安全装置的设置； (2) 目测锁紧元件的啮合情况，认为啮合长度可能不足时测量电气触点刚闭合时锁紧元件的啮合长度； (3) 使电梯以检修速度运行，打开门锁，观察电梯是否停止

续表

项目及类别		检验内容与要求	检验方法
7 轿门 与 层门	7.9 门的 闭合 B	(1) 正常运行时应当不能打开层门，除非轿厢在该层门的开锁区域内停止或停站；如果一个层门或者轿门(或者多扇门中的任何一扇门)开着，在正常操作情况下，应当不能启动电梯或者不能保持继续运行； (2) 每个层门和轿门的闭合都应当由电气安全装置来验证，如果滑动门是由数个间接机械连接的门扇组成，则未被锁住的门扇上也应当设置电气安全装置以验证其闭合状态	(1) 使电梯以检修速度运行，打开层门，检查电梯是否停止； (2) 将电梯置于检修状态，层门关闭，打开轿门，观察电梯能否运行； (3) 对于由数个间接机械连接的门扇组成的滑动门，抽取轿门和基站、端站以及20%其他层站的层门，短接被锁住门扇上的电气安全装置，使各门扇均打开，观察电梯能否运行
	7.10 门刀、 门锁 滚轮 与地 坎间隙 C	轿门门刀与层门地坎，层门锁滚轮与轿厢地坎的间隙应当不小于5 mm；电梯运行时不得互相碰擦	测量相关数据
8 无机 房电 梯附 加检 验项 目	8.1 作业 场地 总 要求 C	(1) 作业场地的结构与尺寸应当保证工作人员能够安全、方便地进出和进行维修(检查)作业(参见3.3)； (2) 作业场地应当设置永久性电气照明，在靠近工作场地入口处应当设置照明开关	目测

续表

项目及类别		检验内容与要求	检验方法
8 无机房电梯附加检验项目	8.2 轿顶上或轿厢内的作业场地 C	检查、维修驱动主机、控制柜的作业场地设在轿顶上或者轿内时，应当具有以下安全措施： (1) 设置防止轿厢移动的机械锁定装置； (2) 设置检查机械锁定装置工作位置的电气安全装置，当该机械锁定装置处于非停放位置时，能防止轿厢的所有运行； (3) 若在轿厢壁上设置检修门(窗)，则该门(窗)不得向轿厢外打开，并且装有用钥匙开启的锁，不用钥匙能够关闭和锁住，同时设置检查检修门(窗)锁定位置的电气安全装置； (4) 在检修门(窗)开启的情况下需要从轿内移动轿厢时，在检修门(窗)的附近设置轿内检修控制装置，轿内检修控制装置能够使检查门(窗)锁定位置的电气安全装置失效，人员站在轿顶时，不能使用该装置来移动轿厢；如果检修门(窗)的尺寸中较小的一个尺寸超过 0.20 m，则井道内安装的设备与该检修门(窗)外边缘之间的距离应当不小于 0.30 m	(1) 目测机械锁定装置、检修门(窗)、轿内检修控制装置的设置； (2) 通过模拟操作以及使电气安全装置动作，检查机械锁定装置、轿内检修控制装置、电气安全装置的功能
	8.3 底坑内的作业场地 C	检查、维修驱动主机、控制柜的作业场地设在底坑时，如果检查、维修工作需要移动轿厢或者可能导致轿厢的失控和意外移动，应当具有以下安全措施： (1) 设置停止轿厢运动的机械制停装置，使工作场地内的地面与轿厢最低部件之间的距离不小于 2 m； (2) 设置检查机械制停装置工作位置的电气安全装置，当机械制停装置处于非停放位置并且未进入工作位置时，能防止轿厢的所有运行，当机械制停装置进入工作位置后，仅能通过检修装置来控制轿厢的电动移动； (3) 在井道外设置电气复位装置，只有通过操纵该装置才能使电梯恢复到正常工作状态，该装置只能由工作人员操作	(1) 对于不具备相应安全措施的，核查电梯整机型式试验合格证书或者报告书，确认其上有无检查、维修工作无需移动轿厢并且不可能导致轿厢失控和意外移动的说明； (2) 目测机械制停装置、井道外电气复位装置的设置； (3) 通过模拟操作以及使电气安全装置动作，检查机械制停装置、井道外电气复位装置、电气安全装置的功能

续表

项目及类别		检验内容与要求	检验方法
8 无机房电梯附加检验项目	8.4 平台上的作业场地 C	检查、维修机器设备的作业场地设在平台上时，如果该平台位于轿厢或者对重的运行通道中，则应当具有以下安全措施： (1) 平台是永久性装置，有足够的机械强度，并且设置护栏； (2) 设有可以使平台进入(退出)工作位置的装置，该装置只能由工作人员在底坑或者在井道外操作，由一个电气安全装置确认平台完全缩回后电梯才能运行； (3) 如果检查、维修作业不需要移动轿厢，则设置防止轿厢移动的机械锁定装置和检查机械锁定装置工作位置的电气安全装置，当机械锁定装置处于非停放位置时，能防止轿厢的所有运行； (4) 如果检查(维修)作业需要移动轿厢，则设置活动式机械止挡装置来限制轿厢的运行区间，当轿厢位于平台上方时，该装置能够使轿厢停在上方距平台至少 2 m 处，当轿厢位于平台下方时，该装置能够使轿厢停在平台下方符合 4.2 井道顶部空间要求的位置； (5) 设置检查机械止挡装置工作位置的电气安全装置，只有机械止挡装置处于安全缩回位置时才允许轿厢移动，只有机械止挡装置处于完全伸出位置时才允许轿厢在前条所限定的区域内移动。 如果该平台不位于轿厢或者对重的运行通道中，则应当满足上述(1)的要求	(1) 目测平台、平台护栏、机械锁定装置、活动式机械止挡装置的设置； (2) 通过模拟操作以及使电气安全装置动作，检查机械锁定装置、活动式机械止挡装置、电气安全装置的功能
	8.5 紧急操作与动态试验装置 B	(1) 用于紧急操作和动态试验(如制动试验、曳引力试验、限速器—安全钳动作试验、缓冲器试验及轿厢上行超速保护试验等)的装置应当能在井道外操作；在停电或停梯故障造成人员被困时，相关人员能够按照操作屏上的应急救援程序及时解救被困人员； (2) 应当能够直接或者通过显示装置观察到轿厢的运动方向、速度以及是否位于开锁区； (3) 装置上应当设置永久性照明和照明开关； (4) 装置上应当设置停止装置	(1) 目测或者结合相关试验，验证动态试验装置的功能； (2) 在空载、半载、满载等工况(含轿厢与对重平衡的工况)，模拟停电或者停梯故障，按照相应的应急救援程序进行操作。定期检验时在空载工况下进行。由施工或者维护保养单位进行操作，检验人员现场观察、确认； (3) 操作停止装置，验证其功能

续表

项目及类别		检验内容与要求	检验方法
8 无机房电梯附加检验项目	8.6 附加检修控制装置 C	如果需要在轿厢内、底坑或者平台上移动轿厢，则应当在相应位置上设置附加检修控制装置，并且符合以下要求： (1) 每台电梯只能设置1个附加检修装置；附加检修控制装置的型式要求与轿顶检修控制装置相同； (2) 如果一个检修控制装置被转换到“检修”，则通过持续按压该控制装置上的按钮能够移动轿厢；如果两个检修控制装置均被转换到“检修”位置，则从任何一个检修控制装置都不可能移动轿厢，或者当同时按压两个检修控制装置上相同方向的按钮时，才能够移动轿厢	(1) 目测附加检修装置的设置； (2) 进行检修操作，检查检修控制装置的功能
9 消防服务控制功能	9.1 消防员电梯开关 B	(1) 消防服务通道层的防火前室内应当设置消防员电梯开关，该开关应当设置在距消防员电梯水平距离2 m之内，高度在地面以上1.80 m到2.10 m之间的位置，并应用“消防员电梯象形图”做出标记； (2) 该开关应由三角钥匙来操作，且应是双稳态的，并应清楚地用“1”和“0”标示出。位置“1”是消防员服务有效状态； (3) 该开关启动后，井道和机房照明应当自动被点亮； (4) 该开关不应取消检修控制装置、停止装置或者紧急电动运行装置的功能； (5) 该开关启动后，电梯所有安全装置仍然有效(受烟雾等影响的轿厢重新开门装置除外)	(1) 目测或者测量相关数据； (2) 目测和功能试验； (3)、(4)、(5)功能试验
	9.2 轿内消防员钥匙开关 B	(1) 如果设置轿内消防员钥匙开关，应用“消防员电梯象形图”标出，并应清楚地标明位置“0”和“1”，该钥匙仅能在处于位置“0”时才能拔出； (2) 该钥匙开关的操作必须符合：只有该钥匙处于“1”位置的情况下轿厢才能运行；如果电梯位于非消防服务通道层时，该钥匙处于“0”位置的情况下，轿厢不能运行并且必须保持层门和轿门打开； (3) 该钥匙开关仅在消防员服务状态时有效	目测和功能试验
	9.3 优先召回阶段 B	电梯可以手动或者自动进入优先召回阶段。进入优先召回阶段，应当满足以下要求： (1) 所有的层站控制和轿内控制都应失效，所有已登记的呼叫都应被取消，但开门和紧急报警按钮应当保持有效； (2) 电梯脱离同一群控组中的其他电梯而独立运行； (3) 运行中的电梯应当尽快返回消防服务通道层，对于正在驶离消防服务通道层的电梯，应在尽可能最近的楼层做一次正常的停靠，不开门然后返回；电梯到达消防服务通道层后应当停留在该层，并且轿门和层门保持在开启位置； (4) 可能受到烟和热影响的电梯的重新开门装置应当失效，以允许电梯门关闭； (5) 消防服务通信系统应当保持工作状态	功能试验

续表

<table>
<tr><th colspan="2">项目及类别</th><th>检验内容与要求</th><th>检验方法</th></tr>
<tr><td rowspan="4">9
消防
服务
控制
功能</td><td>9.4
消防
服务
阶段
的控
制
B</td><td>当电梯停泊在消防服务通道层并且打开门以后，对电梯的控制将全部来自于轿厢内消防员的控制。
(1) 电梯选层应当符合以下要求：
① 每次只能登记一个轿内选层指令；
② 已登记的轿内指令应当显示在轿内操作盘上；
③ 轿厢正在运行中时，应能登记一个新的轿内选层指令，原来的指令将被取消，轿厢应在最短的时间内运行到新登记的层站。
(2) 电梯轿厢根据已登记的指令运行到所选择的层站后停止，并且保持门关闭；直到登记下一个轿内指令为止，电梯应当停留在原层站；
(3) 如果轿厢停止在一个层站，通过持续按压轿内“开门”按钮应能控制门开启。如果在门完全开启之前释放轿内“开门”按钮，门应自动关闭。当门完全打开时，它们应保持在开启状态直到轿内操作盘上有一个新的指令被登记；
(4) 在正常或者应急电源有效时，应在轿内和消防服务通道层两处显示出轿厢的位置；
(5) 轿厢重新开门装置(受烟雾等影响的除外)和开门按钮应与优先召回阶段一样保持有效状态；
(6) 消防服务通信系统应当保持工作状态</td><td>功能试验</td></tr>
<tr><td>9.5
恢复正
常服务
B</td><td>当消防员电梯开关被转换到位置“0”时，仅当电梯已回到消防服务通道层时，电梯控制系统才能恢复到正常服务状态</td><td>功能试验</td></tr>
<tr><td>9.6
再次优
先召回
B</td><td>通过操作消防员电梯开关从位置“1”到“0”，保持时间不大于 5 s，再回到“1”则电梯重新处于优先召回阶段，电梯应当返回到消防服务通道层。本条不适用于设置轿内消防员钥匙开关(9.2)的情况</td><td>功能试验</td></tr>
<tr><td>9.7
贯通门
C</td><td>(1) 在轿内靠近前门和后门的地方都应有控制盘，消防员控制盘靠近消防前室设置，并用“消防员电梯象形图”标示；
(2) 进入优先召回阶段后，除开门和报警按钮外，供乘客正常使用的操作盘上的其他按钮都应是无效的。进入消防服务阶段后，消防员控制盘应当有效；
(3)未设置防火前室的层门，在电梯恢复到正常运行状态之前应当始终保持关闭状态</td><td>(1) 目测；
(2)、(3) 功能试验</td></tr>
<tr><td>10
救援</td><td>10.1
轿外
救援
C</td><td>可以使用固定式梯子、便携式梯子、绳梯、安全绳系统等救援设备进行轿厢外救援，并且满足以下要求：
(1) 每一层站附近必须设置救援工具的固定点；
(2) 无论轿顶与最近可到达层站地坎之间的距离有多远，使用上述装置应能安全地达到轿顶</td><td>目测</td></tr>
</table>

续表

项目及类别		检验内容与要求	检验方法
10 救援	10.2 轿内自救 C	应当提供从轿厢内能完全打开轿顶安全窗的途径。可以采用以下方式之一或类似方式： (1) 在轿内提供合适的踩踏点，其最大梯阶高度为 0.40 m，任一踩踏点应能支撑 1 200 N 的负荷； (2) 符合要求的梯子，任何踩踏点与轿壁间的空隙都至少应为 0.10 m。梯子与安全窗的尺寸和位置应能允许消防员顺利通过安全窗	目测或者测量相关数据
	10.3 梯子的要求 C	(1) 如果提供的刚性梯子固定在轿厢外以便救援时使用，则应设置一个电气安全装置，以确保梯子被移开时电梯不能移动； (2) 如采用梯子，则梯子的最小长度应符合：当电梯轿厢停在平层位置时，应当能够够到上一层层门的门锁。如果轿厢上不可能设置这样的梯子时，应当采用固定于井道内永久性设置的梯子	目测
	10.4 开门指示 C	在井道内每个层站入口靠近门锁处，应当设有简单的示意图或者符号，清楚地指示如何打开层门	目测
11 试验	11.1 轿厢上行超速保护装置试验 C	当轿厢上行速度失控时，轿厢上行超速保护装置应当动作，使轿厢制停或者至少使其速度降低至对重缓冲器的设计范围；该装置动作时，应当使一个电气安全装置动作	由施工或者维护保养单位按照制造单位规定的方法进行试验，检验人员现场观察、确认
	11.2 耗能缓冲器试验 C	缓冲器动作后，回复至其正常伸长位置电梯才能正常运行；缓冲器完全复位的最大时间限度为 120 s	(1) 将限位开关（如果有）、极限开关短接，以检修速度下降空载轿厢，将缓冲器压缩，观察电气安全装置动作情况； (2) 过程同前，测量从轿厢开始提起到缓冲器回复原状的时间

续表

项目及类别		检验内容与要求	检验方法
11 试验	11.3 轿厢限速器—安全钳联动试验 B	(1) 施工监督检验：轿厢装有下述载荷，以检修速度下行，进行限速器—安全钳联动试验，限速器、安全钳动作应当可靠： ① 瞬时式安全钳，轿厢装载额定载重量； ② 渐进式安全钳，轿厢装载 1.25 倍额定载荷。 (2) 定期检验：轿厢空载，以检修速度下行，进行限速器—安全钳联动试验，限速器、安全钳动作应当可靠	(1) 施工监督检验：由施工单位进行试验，检验人员现场观察、确认； (2) 定期检验：短接限速器和安全钳的电气安全装置，轿厢空载，以检修速度向下运行，人为动作限速器，观察轿厢制停情况
	11.4 对重限速器—安全钳试验 B	轿厢空载，以检修速度上行，进行限速器—安全钳联动试验，限速器、安全钳动作应当可靠	短接限速器和安全钳的电气安全装置，轿厢空载以检修速度向上运行，人为动作限速器，观察对重制停情况
	11.5 平衡系数试验 C	曳引电梯的平衡系数应当在 0.40～0.50，或者符合制造(改造)单位的设计值	轿厢分别空载、装载额定载重量的25％、40％、50％、75％、100％、110％作上下全程运行，当轿厢和对重运行到同一水平位置时，记录电动机的电流值，绘制电流—负荷曲线以上、下行运行曲线的交点确定平衡系数。以电动机电源输入端为电流检测点

续表

项目及类别		检验内容与要求	检验方法
11 试验	11.6 空载曳引力试验 B	当对重压在缓冲器上而曳引机按电梯上行方向旋转时，应当不能提升空载轿厢	将上限位开关（如果有）、极限开关和缓冲器柱塞复位开关（如果有）短接，以检修速度将空载轿厢提升，当对重压在缓冲器上后，观察是否出现曳引轮与曳引绳产生相对滑动现象，或者曳引机停止旋转
	11.7 运行试验 C	轿厢分别空载、满载，以正常运行速度上、下运行，呼梯、楼层显示等信号系统功能有效、指示正确、动作无误，轿厢平层良好，无异常现象发生	轿厢分别空载、满载，以正常运行速度上、下运行，观察运行情况
	11.8 电梯速度 C	当电源为额定频率，电动机施以额定电压时，轿厢承载 0.5 倍额定载重量，向下运行至行程中段（除去加速和减速段）时的速度，不得大于额定速度的 105%，不宜小于额定速度的 92%	用速度检测仪器进行检测
	11.9 上行制动试验 B	轿厢空载以正常运行速度上行时，切断电动机与制动器供电，轿厢应当完全停止，并且无明显变形和损坏	轿厢空载以正常运行速度上行至行程上部时，断开主开关，检查轿厢制停情况
	11.10 下行制动试验 A (B)	轿厢装载 1.25 倍额定载重量，以正常运行速度下行至行程下部，切断电动机与制动器供电，曳引机应当完全停止，并且无明显变形和损坏	由施工单位（定期检验时由维护保养单位）进行试验，检验人员现场观察、确认 注 A-6：定期检验如需进行此项目，按 B 类项目进行

附件 B

报告编号：

消防员电梯监督检验报告

（格式）

使 用 单 位：________________

设 备 代 码：________________

设 备 名 称：________________

设 备 类 型：________________

设 备 型 式：________________

施 工 类 别：（安装、改造、重大维修）

施 工 单 位：________________

检 验 机 构：________________

检 验 日 期：________________

（印制检验机构名称）

注 意 事 项

1. 本报告依据《电梯监督检验和定期检验规则——消防员电梯》(TSG T7002—2011)制定,适用于电梯安装、改造、重大维修监督检验。

2. 本报告应当由计算机打印输出,或者用钢笔、签字笔填写,字迹应当工整,修改无效。

3. 本报告无检验、编制、审核、批准人员签字和检验机构的核准证号、检验专用章或者公章无效。

4. 本报告一式三份,由检验机构、施工单位和使用单位分别保存。

5. 受检单位对本报告结论如有异议,请在收到报告书之日起 15 日内,向检验机构提出书面意见。

检验机构地址:

邮政编码:

联系电话:

消防员电梯监督检验报告

报告编号：

<table>
<tr><td colspan="2">设备名称</td><td></td><td>规格型号</td><td></td></tr>
<tr><td colspan="2">制造单位</td><td colspan="3"></td></tr>
<tr><td colspan="2">产品编号</td><td></td><td>制造日期</td><td></td></tr>
<tr><td colspan="2">施工单位</td><td colspan="3"></td></tr>
<tr><td colspan="2">施工单位许可证编号</td><td></td><td>施工类别</td><td>（安装、改造、维修）</td></tr>
<tr><td colspan="2">安装地点</td><td></td><td>使用登记编号</td><td></td></tr>
<tr><td colspan="2">使用单位</td><td colspan="3"></td></tr>
<tr><td colspan="2">维护保养单位</td><td colspan="3"></td></tr>
<tr><td rowspan="2">设备技术参数</td><td>额定载重量</td><td>kg</td><td>额定速度</td><td>m/s</td></tr>
<tr><td>层站数</td><td>层　站</td><td>控制方式</td><td></td></tr>
<tr><td>检验依据</td><td colspan="4">《电梯监督检验和定期检验规则——消防员电梯》(TSG T7002—2011)</td></tr>
<tr><td>主要检验仪器设备</td><td colspan="4"></td></tr>
<tr><td>检验结论</td><td colspan="4"></td></tr>
<tr><td>备注</td><td colspan="4"></td></tr>
<tr><td colspan="2">检验日期</td><td></td><td>下次检验日期</td><td></td></tr>
<tr><td colspan="2">检验人员</td><td colspan="3"></td></tr>
<tr><td colspan="2">编制：</td><td>日期：</td><td colspan="2" rowspan="3">检验机构核准证号：

（检验机构公章或检验专用章）
年　月　日</td></tr>
<tr><td colspan="2">审核：</td><td>日期：</td></tr>
<tr><td colspan="2">批准：</td><td>日期：</td></tr>
</table>

共　页　第　页

报告编号：

<table>
<tr><th>序号</th><th>检验类别</th><th colspan="3">检验项目及其内容</th><th>检验结果</th><th>检验结论</th></tr>
<tr><td rowspan="7">1</td><td rowspan="7">A</td><td rowspan="25">1
技术资料</td><td rowspan="7">1.1
制造资料</td><td>（1）制造许可证明文件</td><td></td><td rowspan="7"></td></tr>
<tr><td>（2）整机型式试验合格证或报告书</td><td></td></tr>
<tr><td>（3）产品质量证明文件</td><td></td></tr>
<tr><td>（4）安全装置、主要部件型式试验合格证及有关资料</td><td></td></tr>
<tr><td>（5）机房（机器设备间）和井道布置图</td><td></td></tr>
<tr><td>（6）电气原理图</td><td></td></tr>
<tr><td>（7）安装使用维护说明书</td><td></td></tr>
<tr><td rowspan="6">2</td><td rowspan="6">A</td><td rowspan="6">1.2
安装资料</td><td>（1）安装许可证和告知书</td><td></td><td rowspan="6"></td></tr>
<tr><td>（2）施工方案</td><td></td></tr>
<tr><td>（3）特种设备作业人员证件</td><td></td></tr>
<tr><td>（4）施工过程记录和自检报告</td><td></td></tr>
<tr><td>（5）设计变更证明文件</td><td></td></tr>
<tr><td>（6）安装质量证明文件</td><td></td></tr>
<tr><td rowspan="6">3</td><td rowspan="6">A</td><td rowspan="6">1.3
改造、重大维修资料</td><td>（1）改造（维修）许可证和告知书</td><td></td><td rowspan="6"></td></tr>
<tr><td>（2）施工方案</td><td></td></tr>
<tr><td>（3）更换的安全装置和主要部件的型式试验合格证及有关资料</td><td></td></tr>
<tr><td>（4）特种设备作业人员证件</td><td></td></tr>
<tr><td>（5）施工过程记录和自检报告</td><td></td></tr>
<tr><td>（6）改造质量证明文件</td><td></td></tr>
<tr><td rowspan="6">4</td><td rowspan="6">B</td><td rowspan="6">1.4
使用资料</td><td>（1）使用登记资料</td><td></td><td rowspan="6"></td></tr>
<tr><td>（2）安全技术档案</td><td></td></tr>
<tr><td>（3）管理规章制度</td><td></td></tr>
<tr><td>（4）日常维护保养合同</td><td></td></tr>
<tr><td>（5）特种设备作业人员证</td><td></td></tr>
<tr><td>（6）有关防火的证明材料</td><td></td></tr>
<tr><td rowspan="4">5</td><td rowspan="4">C</td><td rowspan="4">2
设置及环境要求</td><td rowspan="4">2.1
基本要求</td><td>（1）服务于每一楼层</td><td></td><td rowspan="4"></td></tr>
<tr><td>（2）额定载重量</td><td></td></tr>
<tr><td>（3）轿厢净尺寸</td><td></td></tr>
<tr><td>（4）最长运行时间</td><td></td></tr>
</table>

共 页 第 页

报告编号：

序号	检验类别	检验项目及其内容			检验结果	检验结论
6	C	2 设置及环境要求	2.2 防火前室			
7	C		2.3 供电系统			
8	C		2.4 电源转换			
9	B		2.5 消防服务通讯系统	(1) 设置消防服务通讯系统		
				(2) 通讯设备的型式		
				(3) 线路装设在井道内		
10	C		2.6 标识	(1) 设置消防员电梯象形图标志		
				(2) 设置货运禁用标志		
11	C	3 机房(机器设备间)及相关设备	3.1 通道与通道门	(1) 通道设置		
				(2) 通道照明		
				(3) 通道门		
12	C		3.2 机房专用及防火	(1) 机房(机器设备间)专用		
				(2) 机房防火		
13	C		3.3 安全空间	(1) 控制屏(柜)前的净空面积		
				(2) 维修、操作处的净空面积		
				(3) 楼梯(台阶)、护栏		
14	C		3.4 地面开口			
15	C		3.5 照明与插座	(1) 机房照明、照明开关		
				(2) 电源插座		
				(3) 井道、轿厢照明和插座电源开关		
16	C		3.6 断错相保护			
17	B		3.7 主开关	(1) 主开关设置		
				(2) 与照明等电路的控制关系		
				(3) 防止误操作装置		
				(4) 标志		
18	B		3.8 驱动主机	(1) 工作状况		
				(2) 曳引轮安全色		
				(3) 轮槽磨损		

共 页 第 页

报告编号：

序号	检验类别	检验项目及其内容			检验结果	检验结论
19	C	3 机房（机器设备间）及相关设备	3.9 制动装置	（1）机械部件设置		
				（2）电气装置设置		
20	B		3.10 紧急操作	（1）手动紧急操作装置		
				（2）紧急电动运行装置		
				（3）应急救援程序		
21	B		3.11 限速器	（1）限速器铭牌		
				（2）电气安全装置		
				（3）动作速度校验		
22	C		3.12 接地	（1）N 线与 PE 线的设置		
				（2）接地连接		
23	C		3.13 电气绝缘			
24	B		3.14 轿厢上行超速保护装置			
25	C	4 井道及相关设备	4.1 井道专用			
26	C		4.2 曳引驱动电梯井道顶部空间	（1）当对重完全压在缓冲器上时应当同时满足的条件		
				（2）对重导轨制导行程		
27	C		4.3 电气设备的防护			
28	C		4.4 井道安全门	（1）安全门设置		
				（2）门的开启方向		
				（3）门锁		
				（4）电气安全装置		
				（5）防火前室内		
29	C		4.5 井道检修门	（1）门的尺寸		
				（2）门的开启方向		
				（3）门锁		
				（4）电气安全装置		
				（5）防火前室内		

共　页　第　页

报告编号：

<table>
<tr><th>序号</th><th>检验类别</th><th colspan="3">检验项目及其内容</th><th>检验结果</th><th>检验结论</th></tr>
<tr><td rowspan="4">30</td><td rowspan="4">C</td><td rowspan="32">4
井道及相关设备</td><td rowspan="4">4.6
导轨</td><td>(1) 支架个数与间距</td><td></td><td rowspan="4"></td></tr>
<tr><td>(2) 支架安装</td><td></td></tr>
<tr><td>(3) 导轨工作面铅垂度</td><td></td></tr>
<tr><td>(4) 导轨顶面距离偏差</td><td></td></tr>
<tr><td>31</td><td>B</td><td colspan="2">4.7　轿厢与井道壁距离</td><td></td><td></td></tr>
<tr><td>32</td><td>C</td><td colspan="2">4.8　层门地坎下端井道壁</td><td></td><td></td></tr>
<tr><td rowspan="2">33</td><td rowspan="2">C</td><td rowspan="2">4.9
井道内防护</td><td>(1) 对重运行区域防护</td><td></td><td rowspan="2"></td></tr>
<tr><td>(2) 多台电梯运动部件之间防护</td><td></td></tr>
<tr><td>34</td><td>B</td><td colspan="2">4.10　极限开关</td><td></td><td></td></tr>
<tr><td>35</td><td>C</td><td colspan="2">4.11　随行电缆</td><td></td><td></td></tr>
<tr><td>36</td><td>C</td><td colspan="2">4.12　井道照明</td><td></td><td></td></tr>
<tr><td rowspan="5">37</td><td rowspan="5">C</td><td rowspan="5">4.13
底坑设施与装置</td><td>(1) 底坑底部</td><td></td><td rowspan="5"></td></tr>
<tr><td>(2) 进入底坑通道</td><td></td></tr>
<tr><td>(3) 停止装置</td><td></td></tr>
<tr><td>(4) 电源插座与井道灯开关</td><td></td></tr>
<tr><td>(5) 电气设备防护</td><td></td></tr>
<tr><td>38</td><td>C</td><td colspan="2">4.14　底坑水位限制</td><td></td><td></td></tr>
<tr><td rowspan="3">39</td><td rowspan="3">C</td><td rowspan="3">4.15
底坑空间</td><td>(1) 底坑空间尺寸</td><td></td><td rowspan="3"></td></tr>
<tr><td>(2) 底坑底面与轿厢部件距离</td><td></td></tr>
<tr><td>(3) 轿厢最低部件与底坑最高部件距离</td><td></td></tr>
<tr><td rowspan="2">40</td><td rowspan="2">B</td><td rowspan="2">4.16
限速绳张紧装置</td><td>(1) 张紧形式、导向装置</td><td></td><td rowspan="2"></td></tr>
<tr><td>(2) 电气安全装置</td><td></td></tr>
<tr><td rowspan="5">41</td><td rowspan="5">B</td><td rowspan="5">4.17
缓冲器</td><td>(1) 缓冲器选型</td><td></td><td rowspan="5"></td></tr>
<tr><td>(2) 缓冲器铭牌或者标签</td><td></td></tr>
<tr><td>(3) 缓冲器固定</td><td></td></tr>
<tr><td>(4) 缓冲器液位和电气安全装置</td><td></td></tr>
<tr><td>(5) 对重越程距离</td><td></td></tr>
<tr><td>42</td><td>C</td><td colspan="2">4.18　对重下方空间的防护</td><td></td><td></td></tr>
</table>

共　页　第　页

报告编号：

<table>
<tr><th>序号</th><th>检验类别</th><th colspan="3">检验项目及其内容</th><th>检验结果</th><th>检验结论</th></tr>
<tr><td rowspan="3">43</td><td rowspan="3">C</td><td rowspan="16">5
轿厢
与
对重</td><td rowspan="3">5.1
轿顶电气装置</td><td>(1) 检修装置</td><td></td><td rowspan="3"></td></tr>
<tr><td>(2) 停止装置</td><td></td></tr>
<tr><td>(3) 电源插座</td><td></td></tr>
<tr><td rowspan="4">44</td><td rowspan="4">C</td><td rowspan="4">5.2
轿顶护栏</td><td>(1) 护栏的组成</td><td></td><td rowspan="4"></td></tr>
<tr><td>(2) 扶手高度</td><td></td></tr>
<tr><td>(3) 装设位置</td><td></td></tr>
<tr><td>(4) 警示标志</td><td></td></tr>
<tr><td rowspan="5">45</td><td rowspan="5">C</td><td rowspan="5">5.3
安全窗</td><td>(1) 安全窗尺寸</td><td></td><td rowspan="5"></td></tr>
<tr><td>(2) 安全窗通过性</td><td></td></tr>
<tr><td>(3) 手动上锁装置</td><td></td></tr>
<tr><td>(4) 安全窗开启</td><td></td></tr>
<tr><td>(5) 电气安全装置</td><td></td></tr>
<tr><td>46</td><td>C</td><td colspan="2">5.4 轿厢和对重间距</td><td></td><td></td></tr>
<tr><td>47</td><td>C</td><td colspan="2">5.5 对重的固定</td><td></td><td></td></tr>
<tr><td>48</td><td>C</td><td colspan="2">5.6 轿厢面积</td><td></td><td></td></tr>
<tr><td>49</td><td>C</td><td colspan="2">5.7 轿厢内铭牌</td><td></td><td></td></tr>
<tr><td rowspan="2">50</td><td rowspan="2">B</td><td rowspan="2">5.8
紧急照明和报警装置</td><td>(1) 紧急照明</td><td></td><td rowspan="2"></td></tr>
<tr><td>(2) 紧急报警装置</td><td></td></tr>
<tr><td>51</td><td>B</td><td colspan="2">5.9 开门超时报警</td><td></td><td></td></tr>
<tr><td>52</td><td>C</td><td colspan="2">5.10 地坎护脚板</td><td></td><td></td></tr>
<tr><td>53</td><td>C</td><td colspan="2">5.11 超载保护装置</td><td></td><td></td></tr>
<tr><td rowspan="2">54</td><td rowspan="2">B</td><td rowspan="2">5.12
安全钳</td><td>(1) 安全钳铭牌</td><td></td><td rowspan="2"></td></tr>
<tr><td>(2) 电气安全装置</td><td></td></tr>
<tr><td>55</td><td>C</td><td rowspan="6">6
悬挂装置、补偿装置及旋转部件防护</td><td colspan="2">6.1 悬挂装置、补偿装置的磨损、断丝、变形等情况</td><td></td><td></td></tr>
<tr><td>56</td><td>C</td><td colspan="2">6.2 绳端固定</td><td></td><td></td></tr>
<tr><td rowspan="3">57</td><td rowspan="3">C</td><td rowspan="3">6.3
补偿装置</td><td>(1) 绳(链)端固定</td><td></td><td rowspan="3"></td></tr>
<tr><td>(2) 电气安全装置</td><td></td></tr>
<tr><td>(3) 补偿绳防跳装置</td><td></td></tr>
<tr><td>58</td><td>C</td><td colspan="2">6.4 旋转部件的防护</td><td></td><td></td></tr>
</table>

共 页 第 页

报告编号：

<table>
<tr><th>序号</th><th>检验类别</th><th colspan="3">检验项目及其内容</th><th>检验结果</th><th>检验结论</th></tr>
<tr><td>59</td><td>C</td><td rowspan="16">7
轿门与层门</td><td colspan="2">7.1 水平滑动门</td><td></td><td></td></tr>
<tr><td>60</td><td>C</td><td colspan="2">7.2 门地坎距离</td><td></td><td></td></tr>
<tr><td rowspan="2">61</td><td rowspan="2">C</td><td rowspan="2">7.3
门间隙</td><td>(1) 门扇间隙</td><td></td><td rowspan="2"></td></tr>
<tr><td>(2) 人力施加在最不利点时间隙</td><td></td></tr>
<tr><td>62</td><td>B</td><td colspan="2">7.4 防止门夹人的保护装置</td><td></td><td></td></tr>
<tr><td>63</td><td>C</td><td colspan="2">7.5 门的运行与导向</td><td></td><td></td></tr>
<tr><td>64</td><td>B</td><td colspan="2">7.6 自动关闭层门装置</td><td></td><td></td></tr>
<tr><td>65</td><td>B</td><td colspan="2">7.7 紧急开锁装置</td><td></td><td></td></tr>
<tr><td rowspan="4">66</td><td rowspan="4">B</td><td rowspan="4">7.8
门的锁紧</td><td>(1) 锁紧型式</td><td></td><td rowspan="4"></td></tr>
<tr><td>(2) 锁紧元件啮合长度</td><td></td></tr>
<tr><td>(3) 电气安全装置</td><td></td></tr>
<tr><td>(4) 轿门锁紧装置</td><td></td></tr>
<tr><td rowspan="2">67</td><td rowspan="2">B</td><td rowspan="2">7.9
门的闭合</td><td>(1) 机电联锁</td><td></td><td rowspan="2"></td></tr>
<tr><td>(2) 电气安全装置</td><td></td></tr>
<tr><td>68</td><td>C</td><td colspan="2">7.10 门刀、门锁滚轮与地坎间隙</td><td></td><td></td></tr>
<tr><td rowspan="2">69</td><td rowspan="2">C</td><td rowspan="9">8
无机房电梯附加项目</td><td rowspan="2">8.1
作业场地总要求</td><td>(1) 结构与尺寸</td><td></td><td rowspan="2"></td></tr>
<tr><td>(2) 照明与插座</td><td></td></tr>
<tr><td rowspan="4">70</td><td rowspan="4">C</td><td rowspan="4">8.2
轿顶上或轿厢内的作业场地</td><td>(1) 机械锁定装置</td><td></td><td rowspan="4"></td></tr>
<tr><td>(2) 检查机械锁定装置工作位置的电气安全装置</td><td></td></tr>
<tr><td>(3) 轿厢检修门(窗)设置</td><td></td></tr>
<tr><td>(4) 检修门(窗)开启时从轿内移动轿厢的要求</td><td></td></tr>
<tr><td rowspan="3">71</td><td rowspan="3">C</td><td rowspan="3">8.3
底坑内的作业场地</td><td>(1) 机械制停装置</td><td></td><td rowspan="3"></td></tr>
<tr><td>(2) 检查机械制停装置工作位置的电气安全装置</td><td></td></tr>
<tr><td>(3) 井道外电气复位装置</td><td></td></tr>
</table>

共 页 第 页

报告编号：

<table>
<tr><th>序号</th><th>检验类别</th><th colspan="3">检验项目及其内容</th><th>检验结果</th><th>检验结论</th></tr>
<tr><td rowspan="5">72</td><td rowspan="5">C</td><td rowspan="12">8
无机房电梯附加项目</td><td rowspan="5">8.4
平台上的作业场地</td><td>(1) 平台设置</td><td></td><td rowspan="5"></td></tr>
<tr><td>(2) 平台进(出)装置与电气安全装置</td><td></td></tr>
<tr><td>(3) 机械锁定装置与电气安全装置</td><td></td></tr>
<tr><td>(4) 活动式机械止挡装置</td><td></td></tr>
<tr><td>(5) 检查机械止挡装置工作位置的电气安全装置</td><td></td></tr>
<tr><td rowspan="4">73</td><td rowspan="4">B</td><td rowspan="4">8.5
紧急操作与动态试验装置</td><td>(1) 装置的功能</td><td></td><td rowspan="4"></td></tr>
<tr><td>(2) 显示(观察)功能</td><td></td></tr>
<tr><td>(3) 照明</td><td></td></tr>
<tr><td>(4) 停止装置</td><td></td></tr>
<tr><td rowspan="2">74</td><td rowspan="2">C</td><td rowspan="2">8.6
附加检修装置</td><td>(1) 附加检修装置设置</td><td></td><td rowspan="2"></td></tr>
<tr><td>(2) 与轿顶检修的互锁</td><td></td></tr>
<tr><td rowspan="5">75</td><td rowspan="5">B</td><td rowspan="19">9
消防服务控制功能</td><td rowspan="5">9.1
消防员电梯开关</td><td>(1) 设置情况</td><td></td><td rowspan="5"></td></tr>
<tr><td>(2) 应由三角钥匙来操作</td><td></td></tr>
<tr><td>(3) 井道和机房照明点亮</td><td></td></tr>
<tr><td>(4) 检修控制、停止开关等</td><td></td></tr>
<tr><td>(5) 安全装置有效</td><td></td></tr>
<tr><td rowspan="3">76</td><td rowspan="3">B</td><td rowspan="3">9.2
轿内消防员钥匙开关</td><td>(1) 标明位置和拔出</td><td></td><td rowspan="3"></td></tr>
<tr><td>(2) 操作</td><td></td></tr>
<tr><td>(3) 钥匙开关的有效</td><td></td></tr>
<tr><td rowspan="5">77</td><td rowspan="5">B</td><td rowspan="5">9.3
优先召回阶段</td><td>(1) 部分控制失效</td><td></td><td rowspan="5"></td></tr>
<tr><td>(2) 脱离群控</td><td></td></tr>
<tr><td>(3) 返回消防服务通道层</td><td></td></tr>
<tr><td>(4) 轿厢重新开门装置</td><td></td></tr>
<tr><td>(5) 消防服务通讯系统</td><td></td></tr>
<tr><td rowspan="6">78</td><td rowspan="6">B</td><td rowspan="6">9.4
消防服务阶段的控制</td><td>(1) 选层操作</td><td></td><td rowspan="6"></td></tr>
<tr><td>(2) 电梯运行</td><td></td></tr>
<tr><td>(3) 开关门控制</td><td></td></tr>
<tr><td>(4) 轿厢位置显示</td><td></td></tr>
<tr><td>(5) 轿厢重新开门装置</td><td></td></tr>
<tr><td>(6) 消防服务通讯系统</td><td></td></tr>
</table>

共　页　第　页

报告编号：

<table>
<tr><th>序号</th><th>检验类别</th><th colspan="3">检验项目及其内容</th><th>检验结果</th><th>检验结论</th></tr>
<tr><td>79</td><td>B</td><td rowspan="5">9
消防服务控制功能</td><td colspan="2">9.5 恢复正常服务</td><td></td><td></td></tr>
<tr><td>80</td><td>B</td><td colspan="2">9.6 再次优先召回</td><td></td><td></td></tr>
<tr><td rowspan="3">81</td><td rowspan="3">C</td><td rowspan="3">9.7
贯通门</td><td>(1) 双操作盘</td><td></td><td rowspan="3"></td></tr>
<tr><td>(2) 操作盘的控制</td><td></td></tr>
<tr><td>(3) 层门关闭</td><td></td></tr>
<tr><td rowspan="2">82</td><td rowspan="2">C</td><td rowspan="8">10
救援</td><td rowspan="2">10.1
轿外救援</td><td>(1) 救援工具固定点</td><td></td><td rowspan="2"></td></tr>
<tr><td>(2) 救援工具能到达轿顶</td><td></td></tr>
<tr><td rowspan="2">83</td><td rowspan="2">C</td><td rowspan="2">10.2
轿内救援</td><td>(1) 踩踏点</td><td></td><td rowspan="2"></td></tr>
<tr><td>(2) 梯子</td><td></td></tr>
<tr><td rowspan="3">84</td><td rowspan="3">C</td><td rowspan="3">10.3
梯子的要求</td><td>(1) 刚性梯子</td><td></td><td rowspan="3"></td></tr>
<tr><td>(2) 梯子储藏</td><td></td></tr>
<tr><td>(3) 梯子最小长度</td><td></td></tr>
<tr><td>85</td><td>C</td><td colspan="2">10.4 开门指示</td><td></td><td></td></tr>
<tr><td>86</td><td>C</td><td rowspan="10">11
试验</td><td colspan="2">11.1 轿厢上行超速保护装置试验</td><td></td><td></td></tr>
<tr><td>87</td><td>C</td><td colspan="2">11.2 耗能缓冲器试验</td><td></td><td></td></tr>
<tr><td>88</td><td>B</td><td colspan="2">11.3(1) 轿厢限速器—安全钳联动试验</td><td></td><td></td></tr>
<tr><td>89</td><td>B</td><td colspan="2">11.4 对重限速器—安全钳联动试验</td><td></td><td></td></tr>
<tr><td>90</td><td>C</td><td colspan="2">11.5 平衡系数试验</td><td></td><td></td></tr>
<tr><td>91</td><td>B</td><td colspan="2">11.6 空载曳引力试验</td><td></td><td></td></tr>
<tr><td>92</td><td>C</td><td colspan="2">11.7 运行试验</td><td></td><td></td></tr>
<tr><td>93</td><td>C</td><td colspan="2">11.8 电梯速度</td><td></td><td></td></tr>
<tr><td>94</td><td>B</td><td colspan="2">11.9 上行制动试验</td><td></td><td></td></tr>
<tr><td>95</td><td>A</td><td colspan="2">11.10 下行制动试验</td><td></td><td></td></tr>
</table>

共　页　第　页

注 B-1：检验报告中的“检验项目及其内容”一栏中所表述具体项目和内容前面的条文序号[如 1、1.1、(1)]与《电梯监督检验和定期检验规则——消防员电梯》(TSG T7002—2011)附件 A《消防员电梯监督检验和定期检验内容、要求与方法》中的条文序号一致。

附件 C

报告编号：

消防员电梯定期检验报告

（格式）

使 用 单 位：________________

设 备 代 码：________________

设 备 名 称：________________

设 备 类 型：________________

设 备 型 式：________________

检 验 机 构：________________

检 验 日 期：________________

（印刷检验机构名称）

注 意 事 项

1. 本报告依据《电梯监督检验和定期检验规则——消防员电梯》(TSG T7002—2011)制定,适用于电梯定期检验。

2. 本报告应当由计算机打印输出,或者用钢笔、签字笔填写,字迹应当工整,修改无效。

3. 本报告无检验、编制、审核、批准人员签字和检验机构的核准证号、检验专用章或者公章无效。

4. 本报告一式三份,由检验机构、使用单位、日常维护保养单位分别保存。

5. 受检单位对本报告结论如有异议,请在收到报告书之日起 15 日内,向检验机构提出书面意见。

检验机构地址:

邮政编码:

联系电话:

消防员电梯定期检验报告

报告编号：

<table>
<tr><td colspan="2">设备名称</td><td></td><td>使用登记证编号</td><td></td></tr>
<tr><td colspan="2">使用单位</td><td colspan="3"></td></tr>
<tr><td colspan="2">设备使用地点</td><td colspan="3"></td></tr>
<tr><td colspan="2">使用单位代码</td><td></td><td>使用单位设备编号</td><td></td></tr>
<tr><td colspan="2">安全管理人员</td><td></td><td>制造日期</td><td></td></tr>
<tr><td colspan="2">制造单位</td><td colspan="3"></td></tr>
<tr><td colspan="2">规格型号</td><td></td><td>产品编号</td><td></td></tr>
<tr><td colspan="2">维护保养单位</td><td colspan="3"></td></tr>
<tr><td rowspan="2">设备技术参数</td><td>额定载重量</td><td>kg</td><td>额定速度</td><td>m/s</td></tr>
<tr><td>层站数</td><td>层　站</td><td>控制方式</td><td></td></tr>
<tr><td>检验依据</td><td colspan="4">《电梯监督检验和定期检验规则——消防员电梯》(TSG T7002—2011)</td></tr>
<tr><td>主要检验仪器设备</td><td colspan="4"></td></tr>
<tr><td>检验结论</td><td colspan="4"></td></tr>
<tr><td>备注</td><td colspan="4"></td></tr>
<tr><td colspan="2">检验日期</td><td></td><td>下次检验日期</td><td></td></tr>
<tr><td colspan="2">检验人员</td><td colspan="3"></td></tr>
<tr><td colspan="2">编　制：</td><td>日期：</td><td colspan="2" rowspan="3">检验机构核准证号：

(检验机构公章或检验专用章)
年　月　日</td></tr>
<tr><td colspan="2">审　核：</td><td>日期：</td></tr>
<tr><td colspan="2">批　准：</td><td>日期：</td></tr>
</table>

共　页　第　页

报告编号：

<table>
<tr><th>序号</th><th>检验类别</th><th colspan="3">检验项目及其内容</th><th>检验结果</th><th>检验结论</th></tr>
<tr><td rowspan="5">1</td><td rowspan="5">B</td><td rowspan="5">1
技术资料</td><td rowspan="5">1.4
使用资料</td><td>(1) 使用登记资料</td><td></td><td rowspan="5"></td></tr>
<tr><td>(2) 安全技术档案</td><td></td></tr>
<tr><td>(3) 管理规章制度</td><td></td></tr>
<tr><td>(4) 日常维护保养合同</td><td></td></tr>
<tr><td>(5) 特种设备作业人员证</td><td></td></tr>
<tr><td>2</td><td>C</td><td rowspan="4">2
设置及环境要求</td><td colspan="2">2.4 电源转换</td><td></td><td></td></tr>
<tr><td>3</td><td>B</td><td colspan="2">2.5 消防服务通讯系统</td><td></td><td></td></tr>
<tr><td rowspan="2">4</td><td rowspan="2">C</td><td rowspan="2">2.6
标识</td><td>(1) 设置消防员电梯象形图标志</td><td></td><td rowspan="2"></td></tr>
<tr><td>(2) 设置货运禁用标志</td><td></td></tr>
<tr><td>5</td><td>C</td><td rowspan="13">3
机房(机器设备间)及相关设备</td><td colspan="2">3.1 通道与通道门</td><td></td><td></td></tr>
<tr><td>6</td><td>C</td><td colspan="2">3.5(1) 机房照明、照明开关</td><td></td><td></td></tr>
<tr><td>7</td><td>C</td><td colspan="2">3.6 断错相保护</td><td></td><td></td></tr>
<tr><td>8</td><td>B</td><td colspan="2">3.7(2) 主开关与照明等电路的控制关系</td><td></td><td></td></tr>
<tr><td rowspan="2">9</td><td rowspan="2">B</td><td rowspan="2">3.8
驱动主机</td><td>(1) 工作状况</td><td></td><td rowspan="2"></td></tr>
<tr><td>(3) 轮槽磨损</td><td></td></tr>
<tr><td rowspan="3">10</td><td rowspan="3">B</td><td rowspan="3">3.10
紧急操作</td><td>(1) 手动紧急装置</td><td></td><td rowspan="3"></td></tr>
<tr><td>(2) 紧急电动运行装置</td><td></td></tr>
<tr><td>(3) 应急救援程序</td><td></td></tr>
<tr><td rowspan="2">11</td><td rowspan="2">B</td><td rowspan="2">3.11
限速器</td><td>(2) 电气安全装置</td><td></td><td rowspan="2"></td></tr>
<tr><td>(3) 动作速度校验</td><td></td></tr>
<tr><td>12</td><td>C</td><td colspan="2">3.12(2) 接地连接</td><td></td><td></td></tr>
<tr><td>13</td><td>C</td><td colspan="2">3.13 电气绝缘</td><td></td><td></td></tr>
<tr><td rowspan="2">14</td><td rowspan="2">C</td><td rowspan="6">4
井道及相关设备</td><td rowspan="2">4.4
井道安全门</td><td>(3) 门锁</td><td></td><td rowspan="2"></td></tr>
<tr><td>(4) 电气安全装置</td><td></td></tr>
<tr><td rowspan="2">15</td><td rowspan="2">C</td><td rowspan="2">4.5
井道检修门</td><td>(3) 门锁</td><td></td><td rowspan="2"></td></tr>
<tr><td>(4) 电气安全装置</td><td></td></tr>
<tr><td>16</td><td>B</td><td colspan="2">4.10 极限开关</td><td></td><td></td></tr>
<tr><td>17</td><td>C</td><td colspan="2">4.11 随行电缆</td><td></td><td></td></tr>
</table>

共 页 第 页

报告编号：

<table>
<tr><th>序号</th><th>检验类别</th><th colspan="3">检验项目及其内容</th><th>检验结果</th><th>检验结论</th></tr>
<tr><td>18</td><td>C</td><td rowspan="7">4
井道及相关设备</td><td colspan="2">4.12 井道照明</td><td></td><td></td></tr>
<tr><td rowspan="2">19</td><td rowspan="2">C</td><td rowspan="2">4.13
底坑设施与装置</td><td>(1) 底坑底部</td><td></td><td rowspan="2"></td></tr>
<tr><td>(3) 停止装置</td><td></td></tr>
<tr><td>20</td><td>B</td><td colspan="2">4.16(2) 限速绳张紧装置的电气安全装置</td><td></td><td></td></tr>
<tr><td rowspan="3">21</td><td rowspan="3">B</td><td rowspan="3">4.17
缓冲器</td><td>(3) 缓冲器固定</td><td></td><td rowspan="3"></td></tr>
<tr><td>(4) 液位和电气安全装置</td><td></td></tr>
<tr><td>(5) 对重越程距离</td><td></td></tr>
<tr><td rowspan="2">22</td><td rowspan="2">C</td><td rowspan="9">5
轿厢与对重</td><td rowspan="2">5.1
轿顶电气装置</td><td>(1) 检修装置</td><td></td><td rowspan="2"></td></tr>
<tr><td>(2) 停止装置</td><td></td></tr>
<tr><td>23</td><td>C</td><td colspan="2">5.3(5) 安全窗(门)电气安全装置</td><td></td><td></td></tr>
<tr><td>24</td><td>C</td><td colspan="2">5.5 对重固定</td><td></td><td></td></tr>
<tr><td rowspan="2">25</td><td rowspan="2">B</td><td rowspan="2">5.8
紧急照明和报警装置</td><td>(1) 紧急照明</td><td></td><td rowspan="2"></td></tr>
<tr><td>(2) 紧急报警装置</td><td></td></tr>
<tr><td>26</td><td>B</td><td colspan="2">5.9 开门超时报警</td><td></td><td></td></tr>
<tr><td>27</td><td>C</td><td colspan="2">5.10 地坎护脚板</td><td></td><td></td></tr>
<tr><td>28</td><td>C</td><td colspan="2">5.11 轿厢超载保护装置</td><td></td><td></td></tr>
<tr><td>29</td><td>C</td><td rowspan="6">6
悬挂装置、补偿装置及旋转部件防护</td><td colspan="2">6.1 悬挂装置、补偿装置的磨损、断丝、变形等情况</td><td></td><td></td></tr>
<tr><td>30</td><td>C</td><td colspan="2">6.2 绳端固定</td><td></td><td></td></tr>
<tr><td rowspan="3">31</td><td rowspan="3">C</td><td rowspan="3">6.3
补偿装置</td><td>(1) 绳(链)端固定</td><td></td><td rowspan="3"></td></tr>
<tr><td>(2) 电气安全装置</td><td></td></tr>
<tr><td>(3) 补偿绳防跳装置</td><td></td></tr>
<tr><td>32</td><td>C</td><td colspan="2">6.4 旋转部件的防护</td><td></td><td></td></tr>
<tr><td rowspan="2">33</td><td rowspan="2">C</td><td rowspan="4">7
轿门与层门</td><td rowspan="2">7.3
门间隙</td><td>(1) 门扇间隙</td><td></td><td rowspan="2"></td></tr>
<tr><td>(2) 人力施加在最不利点时间隙</td><td></td></tr>
<tr><td>34</td><td>B</td><td colspan="2">7.4 防止门夹人的保护装置</td><td></td><td></td></tr>
<tr><td>35</td><td>C</td><td colspan="2">7.5 门的运行与导向</td><td></td><td></td></tr>
</table>

共 页 第 页

报告编号：

<table>
<tr><th>序号</th><th>检验类别</th><th colspan="3">检验项目及其内容</th><th>检验结果</th><th>检验结论</th></tr>
<tr><td>36</td><td>B</td><td rowspan="9">7
轿门与层门</td><td colspan="2">7.6 自动关闭层门装置</td><td></td><td></td></tr>
<tr><td>37</td><td>B</td><td colspan="2">7.7 紧急开锁装置</td><td></td><td></td></tr>
<tr><td rowspan="4">38</td><td rowspan="4">B</td><td rowspan="4">7.8
门的锁紧</td><td>(1) 锁紧型式</td><td></td><td rowspan="4"></td></tr>
<tr><td>(2) 锁紧元件啮合长度</td><td></td></tr>
<tr><td>(3) 电气安全装置</td><td></td></tr>
<tr><td>(4) 轿门锁紧装置</td><td></td></tr>
<tr><td rowspan="2">39</td><td rowspan="2">B</td><td rowspan="2">7.9
门的闭合</td><td>(1) 机电联锁</td><td></td><td rowspan="2"></td></tr>
<tr><td>(2) 电气安全装置</td><td></td></tr>
<tr><td>40</td><td>C</td><td colspan="2">7.10 门刀、门锁滚轮与地坎间隙</td><td></td><td></td></tr>
<tr><td rowspan="2">41</td><td rowspan="2">C</td><td rowspan="11">8
无机房电梯附加项目</td><td rowspan="2">8.2
轿顶上或轿厢内的作业场地</td><td>(2) 检查机械锁定装置工作位置的电气安全装置</td><td></td><td rowspan="2"></td></tr>
<tr><td>(4) 检修门(窗)开启时从轿内移动轿厢的要求</td><td></td></tr>
<tr><td rowspan="2">42</td><td rowspan="2">C</td><td rowspan="2">8.3
底坑内的作业场地</td><td>(2) 检查机械制停装置工作位置的电气安全装置</td><td></td><td rowspan="2"></td></tr>
<tr><td>(3) 井道外电气复位装置</td><td></td></tr>
<tr><td rowspan="4">43</td><td rowspan="4">C</td><td rowspan="4">8.4
平台上的作业场地</td><td>(2) 平台进(出)装置与电气安全装置</td><td></td><td rowspan="4"></td></tr>
<tr><td>(3) 机械锁定装置设置与电气安全装置</td><td></td></tr>
<tr><td>(4) 活动式机械止挡装置设置</td><td></td></tr>
<tr><td>(5) 检查机械止挡装置工作位置的电气安全装置</td><td></td></tr>
<tr><td rowspan="2">44</td><td rowspan="2">B</td><td rowspan="2">8.5
紧急操作与动态试验装置</td><td>(1) 装置的功能</td><td></td><td rowspan="2"></td></tr>
<tr><td>(4) 停止装置</td><td></td></tr>
<tr><td>45</td><td>C</td><td colspan="2">8.6(2) 附加检修装置与轿顶检修的互锁</td><td></td><td></td></tr>
</table>

共 页 第 页

报告编号：

<table>
<tr><th>序号</th><th>检验类别</th><th colspan="3">检验项目及其内容</th><th>检验结果</th><th>检验结论</th></tr>
<tr><td rowspan="5">46</td><td rowspan="5">B</td><td rowspan="13">9
消防服务控制功能</td><td rowspan="5">9.3
优先召回阶段</td><td>（1）部分控制失效</td><td></td><td rowspan="5"></td></tr>
<tr><td>（2）脱离群控</td><td></td></tr>
<tr><td>（3）返回消防服务通道层</td><td></td></tr>
<tr><td>（4）轿厢重新开门装置</td><td></td></tr>
<tr><td>（5）消防服务通讯系统</td><td></td></tr>
<tr><td rowspan="6">47</td><td rowspan="6">B</td><td rowspan="6">9.4
消防服务阶段的控制</td><td>（1）选层操作</td><td></td><td rowspan="6"></td></tr>
<tr><td>（2）电梯运行</td><td></td></tr>
<tr><td>（3）开关门控制</td><td></td></tr>
<tr><td>（4）轿厢位置显示</td><td></td></tr>
<tr><td>（5）轿厢重新开门装置</td><td></td></tr>
<tr><td>（6）消防服务通讯系统</td><td></td></tr>
<tr><td>48</td><td>B</td><td colspan="2">9.5 恢复正常服务</td><td></td><td></td></tr>
<tr><td>49</td><td>B</td><td colspan="2">9.6 再次优先召回</td><td></td><td></td></tr>
<tr><td>50</td><td>C</td><td rowspan="7">11
试验</td><td colspan="2">11.1 轿厢上行超速保护装置试验</td><td></td><td rowspan="7"></td></tr>
<tr><td>51</td><td>C</td><td colspan="2">11.2 耗能缓冲器试验</td><td></td></tr>
<tr><td>52</td><td>B</td><td colspan="2">11.3(2) 轿厢限速器—安全钳联动试验</td><td></td></tr>
<tr><td>53</td><td>B</td><td colspan="2">11.4 对重限速器—安全钳联动试验</td><td></td></tr>
<tr><td>54</td><td>B</td><td colspan="2">11.6 空载曳引力试验</td><td></td></tr>
<tr><td>55</td><td>C</td><td colspan="2">11.7 运行试验</td><td></td></tr>
<tr><td>56</td><td>B</td><td colspan="2">11.10 上行制动试验</td><td></td></tr>
</table>

共 页 第 页

注 C-1：检验报告中的“检验项目及其内容”一栏中所表述具体项目和内容前面的条文序号[如 1、1.4、(1)]与《电梯监督检验和定期检验规则——消防员电梯》(TSG T7002—2011)附件 A《消防员电梯监督检验和定期检验内容、要求与方法》中的条文序号一致。

附件 D

特种设备检验意见通知书

（格式）

编号：

________（填写受检单位名称）________：

经检验，你单位____（填写设备品种）____（产品编号：________，使用登记编号：________，使用单位设备编号：________，使用地点：________），存在以下问题，请于______年____月____日前将处理结果报送我机构：

<table>
<tr><td>问题和意见：

检验人员：　　　　　　　　日期：
（检验机构公章或检验专用章）
年　月　日

受检单位接受人：　　　　　　日期：</td></tr>
<tr><td>处理结果：

受检单位主管负责人：　　　　　　（受检单位公章）
年　月　日</td></tr>
</table>

注：本通知书一式三份。一份检验机构存档，两份送受检单位，其中一份受检单位应当在要求的日期内返回检验机构。如果定期检验时存在 B 类或者超过 5 项 C 类项目不合格，或者受检单位未在要求的日期内返回检验机构，检验机构还应当报负责设备使用登记的特种设备安全监察机构。

附

TSG T7002—2011《电梯监督检验和定期检验规则——消防员电梯》第1号修改单

（对2011年8月第1版的修改）

一、正文修改

1. 第五条修改为："实施电梯安装、改造或者重大维修的施工单位（以下简称施工单位）应当在按照规定履行告知后、开始施工前（不包括设备开箱、现场勘测等准备工作），向检验机构申请监督检验；电梯使用单位应当在电梯使用标志所标注的下次检验日期届满前1个月，向检验机构申请定期检验。"

2. 第八条第（二）项修改为："对于电梯改造和重大维修过程，除对改造和重大维修涉及的附件B中所列的项目进行检验之外，还需对附件C所列项目（前述改造和重大维修涉及的项目除外）进行检验，检验的内容、要求和方法按照附件A的规定。"

3. 第十七条第一款第（三）项修改为："要求测试数据项目的检验结果与自检结果存在多处较大偏差，或者其他项目的自检结果与实物状态不一致，质疑相应单位自检能力时；"

4. 第十八条第一款修改为："检验工作（包括第十七条规定的对整改情况的确认）完成后，或者达到《通知书》提出时限而受检单位未反馈整改报告等见证材料的，检验机构必须在10个工作日内出具检验报告。检验结论为"合格"的，还应当同时出具电梯使用标志。"

5. 第二十四条修改为："对于判定为"不合格"或者"复检不合格"的电梯、未执行《通知书》提出的整改要求并且已经超过电梯使用标志所标注的下次检验日期的电梯，检验机构应当将检验结果、检验结论及有关情况报告负责设备使用登记的特种设备安全监察机构；对于定期检验判定为"不合格"的电梯，检验机构还应当告知使用单位立即停止使用。"

二、附件A修改

（一）"项目与类别"栏修改

"3.9 制动装置 C"修改为"3.9 制动装置 B"。

（二）"检验内容与要求"栏修改

1. 1.1(3)修改为："产品质量证明文件，注有制造许可证明文件编号、该电梯的产品出厂编号、主要技术参数，门锁装置、限速器、安全钳、缓冲器、含有电子元件的安全电路（如果有）、轿厢上行超速保护装置、驱动主机、控制柜等安全保护装置和主要部件的型号，以及这些安全保护装置和主要部件的编号（门锁装置除外）等内容，并且有电梯整机制造单位的公章或者检验合格章以及出厂日期；"

2. 1.2(4)修改为："施工过程记录和由整机制造单位出具或者确认的自检报告，检查和试验项目齐全、内容完整，施工和验收手续齐全；"

3. 1.4(6)修改为:“供电电源、防火前室、井道防火、机房防火、底坑排水设施等符合要求的有关建筑设计文件”

4. 2.1(3)修改为:“轿厢净尺寸不能小于1 350 mm宽乘以1 400 mm深,轿厢的最小净入口宽度应为800 mm;”

5. 2.6(1)修改为:“应当设置消防员电梯象形图标志,轿厢操作面板上的符号为20 mm×20 mm;层站上至少为100 mm×100 mm;”

6. 3.1(1)①修改为:“通往机房或者机器设备间的通道不应当高出楼梯所到平面4 m;”

7. 3.9增加“(3)制动器应当动作灵活,制动时制动闸瓦(制动钳)紧密、均匀地贴合在制动轮(制动盘)上,电梯运行时制动闸瓦(制动钳)与制动轮(制动盘)不发生摩擦;并且制动闸瓦(制动钳)以及制动轮(制动盘)工作面上没有油污”

3.9(2)最后增加“;”

8. 4.17(3)修改为:“缓冲器应当固定可靠、无明显倾斜,并且无断裂、塑性变形、剥落、破损等现象;”

9. 5.6“轿厢有效面积应当符合下述规定:”修改为:“轿厢有效面积应当符合下述规定。下述各额定载重量对应的轿厢最大有效面积允许增加不大于所列值5%的面积:”

10. 5.8“轿厢内应当装设符合下述要求的紧急报警装置和应急照明:”修改为:“轿厢内应当装设符合下述要求的紧急报警装置和紧急照明:”

(三)“检验方法”栏修改

1. 3.9增加“(3)目测制动器动作等情况”

3.9(2)最后增加“;”

2. 4.17修改为:

“(1)对照检查缓冲器型式试验合格证和铭牌或者标签;

“(2)目测缓冲器的固定和完好情况;必要时,将限位开关(如果有)、极限开关短接,以检修速度运行空载轿厢,将缓冲器充分压缩后,观察缓冲器有无断裂、塑性变形、剥落、破损等现象;

“(3)目测耗能型缓冲器的液位和电气安全装置;

“(4)目测对重越程距离标识;定期检验时,查验当轿厢位于顶层端站平层位置时,对重装置撞板与其缓冲器顶面间的垂直距离”

3. 5.8修改为:“接通和断开紧急报警装置的正常供电电源,分别验证紧急报警装置的功能;断开正常照明供电电源,验证紧急照明的功能”

4. 11.3修改为:“定期检验:轿厢空载以检修速度运行,人为分别使限速器和安全钳的电气安全装置动作,观察轿厢是否停止运行;然后短接限速器和安全钳的电气安全装置,轿厢空载以检修速度向下运行,人为动作限速器,观察轿厢制停情况”

5. 11.4修改为:“轿厢空载以检修速度运行,人为分别使限速器和安全钳的电气安全装置(如果有)动作,观察轿厢是否停止运行;短接限速器和安全钳的电气安全装置(如果有),轿厢空载以检修速度向上运行,人为动作限速器,观察对重(平衡重)制停情况”

6. 11.5修改为:“轿厢分别装载额定载重量的30%、40%、45%、50%、60%作上、下全程运行，当轿厢和对重运行到同一水平位置时，记录电动机的电流值，绘制电流-负荷曲线以上、下行运行曲线的交点确定平衡系数”

三、附件B修改

1. 检验结论页(即第32页)中的“规格型号”修改为“型号”。

2. 序号19(即3.9制动装置)的“检验类别”修改为“B”，并增加一栏检验项目：“(3)制动器动作等情况”，见表1所示。

表 1

<table>
<tr><td rowspan="3">13</td><td rowspan="3">B</td><td rowspan="3"></td><td rowspan="3">3.9
制动
装置</td><td>(1) 机械部件设置</td><td></td><td rowspan="3"></td></tr>
<tr><td>(2) 电气装置设置</td><td></td></tr>
<tr><td>(3) 制动器动作情况</td><td></td></tr>
</table>

3. 序号41中的“(3)缓冲器固定”修改为“(3)缓冲器固定和完好情况”。

4. 增加“注B-2：检验报告中的下次检验日期精确到月，只填写至检验日期下一年度的当月。下次检验日期以安装、改造、重大维修监督检验的检验合格日期为基准计算。”

四、附件C修改

1. 检验结论页(即第43页)中“规格型号”修改为“型号”。

2. 序号9栏目之后，增加序号10一栏“3.9(3)制动器动作等情况”，检验类别为“B”，如表2所示。

表 2

<table>
<tr><td rowspan="2">9</td><td rowspan="2">B</td><td rowspan="3"></td><td rowspan="2">3.8
驱动
主机</td><td>(1) 工作状况</td><td></td><td rowspan="2"></td></tr>
<tr><td>(3) 轮槽磨损</td><td></td></tr>
<tr><td>10</td><td>B</td><td colspan="2">3.9(3)制动器动作情况</td><td></td><td></td></tr>
</table>

3. 序号11(原序号10)中的“(1)手动紧急装置”改为“(1)手动紧急操作装置”。

4. 序号16(原序号15)栏目之后，增加序号17一栏，“4.7轿厢与井道壁距离”，检验类别为“B”，如表3所示。

表 3

<table>
<tr><td rowspan="2">16</td><td rowspan="2">C</td><td rowspan="3"></td><td rowspan="2">4.5
井道检
修门</td><td>(3) 门锁</td><td></td><td rowspan="2"></td></tr>
<tr><td>(4) 电气安全装置</td><td></td></tr>
<tr><td>17</td><td>B</td><td colspan="2">4.7　轿厢与井道壁距离</td><td></td><td></td></tr>
</table>

5. 序号23(原序号21)中的“(3)缓冲器固定”修改为“(3)缓冲器固定和完好情况”。

6. 增加“注C-2：检验报告中的下次检验日期精确到月，只填写至检验日期下一年度的当月。”

7. 序号增加，其他序号也以此相应进行改动。

五、附件 D 修改

1. 附件 D 表格中的内容修改为：

<table>
<tr><td>问题和意见：

检验人员：　　　　　　　　　　　　　　日期：　　年　月　日
（检验机构公章或检验专用章）

受检单位接受人：　　　　　　　　　　　日期：　　年　月　日
受检单位联系电话：</td></tr>
<tr><td>处理结果：

受检单位负责人：　　　　　　　　　　　（受检单位公章）
维护保养单位负责人（如涉及）：　　　　（维护保养单位公章）
年　月　日</td></tr>
</table>

2. 检验报告格式（附件 B、C）根据修订内容做相应编辑调整和修改。

附

TSG T7002—2011《电梯监督检验和定期检验规则——消防员电梯》第2号修改单

（2013年第1次修改）

一、正文修改

1. 第一条修改为：

“为了加强消防员电梯安装、改造、修理、日常维护保养、使用和检验工作的监督管理，规范消防员电梯安装、改造、重大修理监督检验和定期检验行为，提高检验工作质量，促进消防员电梯运行安全保障工作的有效落实，根据《中华人民共和国特种设备安全法》《特种设备安全监察条例》，制定本规则。”

2. 第六条第一款修改为：

“施工单位应当按照设计文件和标准的要求，对电梯机房（或者机器设备间）、井道、层站等涉及电梯施工的土建工程进行检查，对电梯制造质量（包括零部件和安全保护装置等）进行确认，并且作出记录，符合要求后方可以进行电梯施工。”

二、附件A修改

1. 删除2.1(4)、3.6、3.8、3.9、3.10、4.11、8.1、8.5、11.2，后续的有关序号作相应调整。

2. 将1.1(2)修改为：

“电梯整机型式试验证书，其参数范围和配置表适用于受检电梯；”

3. 将1.1(3)修改为：

“产品质量证明文件，注有制造许可证明文件编号、产品编号、主要技术参数，限速器、安全钳、缓冲器、含有电子元件的安全电路（如果有）、可编程电子安全相关系统（如果有）、轿厢上行超速保护装置、轿厢意外移动保护装置、驱动主机、控制柜的型号和编号，门锁装置、层门和玻璃轿门（如果有）的型号，以及悬挂装置的名称、型号、主要参数（如直径、数量），并且有电梯整机制造单位的公章或者检验专用章以及制造日期；”

4. 将1.1(4)修改为：

“门锁装置、限速器、安全钳、缓冲器、含有电子元件的安全电路（如果有）、可编程电子安全相关系统（如果有）、轿厢上行超速保护装置、轿厢意外移动保护装置、驱动主机、控制柜、层门和玻璃轿门（如果有）的型式试验证书，以及限速器和渐进式安全钳的调试证书；”

5. 将1.1(5)调整为1.2(4)，并修改为：

“用于安装该电梯的机房（机器设备间）、井道的布置图或者土建工程勘测图，有安装单位确认符合要求的声明和公章或者检验专用章，表明其通道、通道门、井道顶部空间、底坑空间、楼层间距、井道内防护、安全距离、井道下方人可以到达的空间、防火前室(环境)、井道和底坑的防水与排水等满足安全要求;”

6. 将1.2的检验方法修改为:

“审查相应资料。(1)～(4)在报检时审查,(3)、(4)在其他项目检验时还应当审查;(5)、(6)在试验时审查;(7)在竣工后审查”

7. 将1.3(2)修改为:

“改造或者重大修理的清单以及施工方案(改造不得涉及加装自动救援操作装置、能量回馈节能装置和IC卡系统),施工方案的审批手续齐全;”

8. 将1.3(3)修改为:

“加装或者更换的安全保护装置或者主要部件产品质量证明文件、型式试验证书以及限速器和渐进式安全钳的调试证书(如发生更换);”

9. 将2.3的检验内容与要求修改为:

“电梯和照明的供电系统应当由设置在防火区域内的第一电源和第二电源(即应急、备用电源或者第二路供电)组成。第一电源和第二电源的供电电缆应当进行防火保护,他们互相之间以及与其他供电之间应当是分离的。”

“第二电源应当足以驱动额定载重量的电梯运行。”

10. 将3.1(3)中的“门外侧应当标明‘机房重地,闲人免进’,或者有其他类似警示标志”修改为:

“门外侧有下述或者类似的警示标志:‘电梯机器——危险　未经允许禁止入内’”

11. 将3.8调整为3.7,检验内容与要求修改为:

“(1)驱动主机上设有铭牌,标明制造单位名称、型号、编号、技术参数和型式试验机构的名称或者标志,铭牌和型式试验证书内容相符;”

“(2)驱动主机工作时无异常噪声和振动;”

“(3)曳引轮轮槽不得有缺损或者不正常磨损;如果轮槽的磨损可能影响曳引能力时,进行曳引能力验证试验;”

“(4)制动器动作灵活,制动时制动闸瓦(制动钳)紧密、均匀地贴合在制动轮(制动盘)上,电梯运行时制动闸瓦(制动钳)与制动轮(制动盘)不发生摩擦,制动闸瓦(制动钳)以及制动轮(制动盘)工作面上没有油污;”

“(5)手动紧急操作装置符合以下要求:”

“①对于可拆卸盘车手轮,设有一个电气安全装置,最迟在盘车手轮装上电梯驱动主机时动作;”

“②松闸扳手涂成红色,盘车手轮是无辐条的并且涂成黄色,可拆卸盘车手轮放置在机房内容易接近的明显部位;”

“③在电梯驱动主机上接近盘车手轮处,明显标出轿厢运行方向,如果手轮是不可拆卸的,可以在手轮上标出;”

“④能够通过操纵手动松闸装置松开制动器,并且需要以一个持续力保持其松开状态;”

“⑤进行手动紧急操作时,易于观察到轿厢是否在开锁区”

检验方法修改为：

“(1)对照检查驱动主机型式试验证书和铭牌；”

“(2)目测驱动主机工作情况、曳引轮轮槽和制动器状况(或者由施工单位或者维护保养单位按照电梯整机制造单位规定的方法对制动器进行检查，检验人员现场观察、确认)；”

“(3)定期检验时，认为轮槽的磨损可能影响曳引能力时，进行11.11要求的试验，综合11.9、11.10、11.11要求的试验结果验证轮槽磨损是否影响曳引能力；”

“(4)通过目测和模拟操作验证手动紧急操作装置的设置情况”

12. 增加：

“3.8　控制柜、紧急操作和动态测试装置 B”

“(1)控制柜上设有铭牌，标明制造单位名称、型号、编号、技术参数和型式试验机构的名称或者标志，铭牌和型式试验证书内容相符”

“(2)断相、错相保护功能有效，电梯运行与相序无关时，可以不设错相保护”

“(3)电梯正常运行时，切断制动器电流至少用两个独立的电气装置来实现，当电梯停止时，如果其中一个接触器的主触点未打开，最迟到下一次运行方向改变时，应当防止电梯再运行”

“(4)紧急电动运行装置应当符合以下要求：”

“①依靠持续揿压按钮来控制轿厢运行，此按钮有防止误操作的保护，按钮上或者其近旁标出相应的运行方向；”

“②一旦进入检修运行，紧急电动运行装置控制轿厢运行的功能由检修控制装置所取代；”

“③进行紧急电动运行操作时，易于观察到轿厢是否在开锁区”

“(5)无机房电梯的紧急操作和动态测试装置应当符合以下要求：”

“①在任何情况下均能够安全方便地从井道外接近和操作该装置；”

“②能够直接或者通过显示装置观察到轿厢的运动方向、速度以及是否位于开锁区；”

“③装置上设有永久性照明和照明开关；”

“④装置上设有停止装置或者主开关”

“(6)层门和轿门旁路装置应当符合以下要求：”

“①在层门和轿门旁路装置上或者其附近标明‘旁路’字样，并且标明旁路装置的‘旁路’状态或者‘关’状态；”

“②旁路时取消正常运行(包括动力操作的自动门的任何运行)；只有在检修运行或者紧急电动运行状态下，轿厢才能够运行；运行期间，轿厢上的听觉信号和轿底的闪烁灯起作用；”

“③能够旁路层门关闭触点、层门门锁触点、轿门关闭触点、轿门门锁触点；不能同时旁路层门和轿门的触点；对于手动层门，不能同时旁路层门关闭触点和层门门锁触点；”

“④提供独立的监控信号证实轿门处于关闭位置”

“(7)应当具有门回路检测功能，当轿厢在开锁区域内、轿门开启并且层门门锁释放时，监测检查轿门关闭位置的电气安全装置、检查层门门锁锁紧位置的电气安全装置和轿门监控信号的正确动作；如果监测到上述装置的故障，能够防止电梯的正常运行”

“(8)应当具有制动器故障保护功能，当监测到制动器的提起(或者释放)失效时，能够防止电梯的正常启动”

“(9)自动救援操作装置(如果有)应当符合以下要求：”

“①设有铭牌，标明制造单位名称、产品型号、产品编号、主要技术参数；加装的自动救援操作装置的铭牌和该装置的产品质量证明文件相符；”

“②在外电网断电至少等待 3 s 后自动投入救援运行，电梯自动平层并且开门；”

“③当电梯处于检修运行、紧急电动运行、电气安全装置动作或者主开关断开时，不得投入救援运行；”

“④设有一个非自动复位的开关，当该开关处于关闭状态时，该装置不能启动救援运行”

检验方法为：

“对照检查控制柜型式试验证书和铭牌”

“断开主开关，在其输出端，分别断开三相交流电源的任意一根导线后，闭合主开关，检查电梯能否启动；断开主开关，在其输出端，调换三相交流电源的两根导线的相互位置后，闭合主开关，检查电梯能否启动”

“根据电气原理图和实物状况，结合模拟操作检查制动器的电气控制”

“目测；通过模拟操作检查紧急电动运行装置功能”

“目测；结合相关试验，验证紧急操作和动态测试装置的功能”

“目测旁路装置设置及标识；通过模拟操作检查旁路装置功能”

“通过模拟操作检查门回路检测功能”

“通过模拟操作检查制动器故障保护功能”

“对照检查自动救援操作装置的产品质量证明文件和铭牌；通过模拟操作检查自动救援操作功能”

13. 将 3.11 调整为 3.9，检验内容与要求修改为：

“(1)限速器上设有铭牌，标明制造单位名称、型号、编号、技术参数和型式试验机构的名称或者标志，铭牌和型式试验证书、调试证书内容应当相符，并且铭牌上标注的限速器动作速度与受检电梯相适应”

“(2)限速器或者其他装置上设有在轿厢上行或者下行速度达到限速器动作速度之前动作的电气安全装置，以及验证限速器复位状态的电气安全装置”

“(3)限速器各调节部位封记完好，运转时不得出现碰擦、卡阻、转动不灵活等现象，动作正常”

“(4)受检电梯的维护保养单位应当每 2 年(对于使用年限不超过 15 年的限速器)或者每年(对于使用年限超过 15 年的限速器)进行一次限速器动作速度校验，校验结果应当符合要求”

检验方法修改为：

“对照检查限速器型式试验证书、调试证书和铭牌”

“目测电气安全装置的设置情况”

“日测调节部位封记和限速器运转情况，结合 11.4、11.5 的试验结果，判断限速器动作是否正常”

“审查限速器动作速度校验记录，对照限速器铭牌上的相关参数，判断校验结果是否符合要求；对于额定速度小于 3 m/s 的电梯，检验人员还需每 2 年对维护保养单位的校验过程进行一次现场观察、确认”

14. 增加：

“3.13　轿厢意外移动保护装置 B”

“（1）轿厢意外移动保护装置上设有铭牌，标明制造单位名称、型号、编号、技术参数和型式试验机构的名称或者标志，铭牌和型式试验证书内容相符；”

“（2）在控制柜或者紧急操作和动态测试装置上标注电梯整机制造单位规定的轿厢意外移动保护装置动作试验方法，该方法与型式试验证书所标注的方法一致”

检验方法为：“对照检查轿厢意外移动保护装置型式试验证书和铭牌；目测动作试验方法的标注情况”

15. 将 4.10 的检验方法修改为：

“（1）将上行（下行）限位开关（如果有）短接，以检修速度使位于顶层（底层）端站的轿厢向上（向下）运行，检查井道上端（下端）极限开关动作情况；

“（2）短接上下两端极限开关和限位开关（如果有），以检修速度提升（下降）轿厢，使对重（轿厢）完全压在缓冲器上，检查极限开关动作状态”

16. 将 4.14 调整为 4.13，检验内容与要求修改为：

“应当确保水面不会上升到轿厢缓冲器被完全压缩时的上表面之上或者可能影响电梯正常使用的高度”。

17. 将“4.18　对重下方空间的防护 C”修改为：

“4.17　井道下方空间的防护 B”。

18. 将“5.5　对重的固定 C”修改为：

“5.5　对重块 B”。

检验内容与要求修改为：

“（1）对重块可靠固定；

“（2）具有能够快速识别对重块数量的措施（例如标明对重块的数量或者总高度）”

19. 将“5.7　轿厢铭牌 C”修改为：

“5.7　轿厢内铭牌和标识 C”。

检验内容与要求修改为：

“（1）轿厢内应当设置铭牌，标明额定载重量及乘客人数、制造单位名称或者商标；改造后的电梯，铭牌上应当标明额定载重量及乘客人数、改造单位名称、改造竣工日期等；”

“（2）设有 IC 卡系统的电梯，轿厢内的出口层选层按钮应当采用凸起的星形图案予以标识，或者采用比其他按钮明显凸起的绿色按钮”

20. 将 5.11 的检验内容与要求修改为：

“设置当轿厢内的载荷超过额定载重量时，能够发出警示信号，并且使轿厢不能运行的超载保护装置。该装置最迟在轿厢内的载荷达到110%额定载重量时动作，防止电梯正常启动及再平层，并且轿内有音响或者发光信号提示，动力驱动的自动门完全打开，手动门保持在未锁状态”

21. 将6.1的检验内容与要求修改为：

“出现下列情况之一时，悬挂钢丝绳和补偿钢丝绳应当报废：”

“①出现笼状畸变、绳股挤出、扭结、部分压扁、弯折；”

“②一个捻距内出现的断丝数大于下表列出的数值时：”

断丝的形式	钢丝绳类型		
	6×19	8×19	9×19
均布在外层绳股上	24	30	34
集中在一或者两根外层绳股上	8	10	11
一根外层绳股上相邻的断丝	4	4	4
股谷(缝)断丝	1	1	1
注：上述断丝数的参考长度为一个捻距，约为6d(d表示钢丝绳的公称直径，mm)。			

“③钢丝绳直径小于其公称直径的90%；”

“④钢丝绳严重锈蚀，铁锈填满绳股间隙。”

“采用其他类型悬挂装置的，悬挂装置的磨损、变形等不得超过制造单位设定的报废指标”

22. 增加：

“7.2　门标识C”

“层门和玻璃轿门上设有标识，标明制造单位名称、型号，并且与型式试验证书内容相符”

检验方法为：“对照检查层门和玻璃轿门型式试验证书和标识”

23. 将“7.5　门的运行和导向C”修改为：

“7.5　门的运行和导向B”

检验方法修改为：

“目测(对于层门，抽取基站、端站以及至少20%其他层站的层门进行检查)”

24. 将7.8的检验内容与要求修改为：

“(1)每个层门都应当设有符合下述要求的门锁装置：”

“①门锁装置上设有铭牌，标明制造单位名称、型号和型式试验机构的名称或者标志，铭牌和型式试验证书内容相符；”

“②锁紧动作由重力、永久磁铁或者弹簧来产生和保持，即使永久磁铁或者弹簧失效，重力亦不能导致开锁；”

“③轿厢在锁紧元件啮合不小于7 mm时才能启动；”

“④门的锁紧由一个电气安全装置来验证，该装置由锁紧元件强制操作而没有任何中间机构，并且能够防止误动作；”

“(2)如果轿门采用了门锁装置，该装置应当符合本条(1)的要求”

检验方法中的(1)修改为：

“对照检查门锁型式试验证书和铭牌(对于层门，抽取基站、端站以及至少20%其他层站的层门进行检查)，目测门锁及电气安全装置的设置；”

25. 增加：

“7.10　轿门开门限制装置及轿门的开启 B”

“(1)应当设置轿门开门限制装置，当轿厢停在开锁区域外时，能够防止轿厢内的人员打开轿门离开轿厢；”

“(2)在轿厢意外移动保护装置允许的最大制停距离范围内，打开对应的层门后，能够不用工具(三角钥匙或者永久性设置在现场的工具除外)从层站处打开轿门”

检验方法为：“模拟试验；操作检查”

26. 将“11.5　平衡系数试验 C”修改为：

“11.1　平衡系数试验 B(C)”。

检验方法修改为：

“采用下列方法之一确定平衡系数：”

“(1)轿厢分别装载额定载重量的30%、40%、45%、50%、60%进行上、下全程运行，当轿厢和对重运行到同一水平位置时，记录电动机的电流值，绘制电流-负荷曲线，以上、下行运行曲线的交点确定平衡系数；”

“(2)按照本规则第四条的规定认定的方法。”

“注 A-6：本条检验类别 C 类适用于定期检验。”

“注 A-7：只有当本条检验结果为符合时方可进行11.2～11.12的检验”

27. 增加：

“11.3　轿厢意外移动保护装置试验 B”

“(1)轿厢在井道上部空载，以型式试验证书所给出的试验速度上行并触发制停部件，仅使用制停部件能够使电梯停止，轿厢的移动距离在型式试验证书给出的范围内；”

“(2)如果电梯采用存在内部冗余的制动器作为制停部件，则当制动器提起(或者释放)失效，或者制动力不足时，应当关闭轿门和层门，并且防止电梯的正常启动”

检验方法为：“由施工或者维护保养单位进行试验，检验人员现场观察、确认”

28. 将11.7调整为11.6，检验内容与要求修改为：

“轿厢分别空载、满载，以正常运行速度上、下运行，呼梯、楼层显示等信号系统功能有效、指示正确、动作无误，轿厢平层良好，无异常现象发生。对于设有IC卡系统的电梯，轿厢内的人员无需通过IC卡系统即可到达建筑物的出口层，并且在电梯退出正常服务时，自动退出IC卡功能”

检验方法为：

“(1)轿厢分别空载、满载，以正常运行速度上、下运行，观察运行情况；”

“(2)将电梯置于检修状态以及紧急电动运行、火灾召回、地震运行状态(如果有)，验证 IC 卡功能是否退出”

29. 增加：

“11.7　应急救援试验 B”

“(1)在机房内或者紧急操作和动态测试装置上设有明晰的应急救援程序；”

“(2)建筑物内的救援通道保持通畅，以便相关人员无阻碍地抵达实施紧急操作的位置和层站等处；”

“(3)在各种载荷工况下，按照本条(1)所述的应急救援程序实施操作，能够安全、及时地解救被困人员”

检验方法为：

“(1)目测；”

“(2)在空载、半载、满载等工况(含轿厢与对重平衡的工况)，模拟停电和停梯故障，按照相应的应急救援程序进行操作；定期检验时在空载工况下进行。由施工或者维护保养单位进行操作，检验人员现场观察、确认”

30. 将“11.9　上行制动试验 B”修改为：

“11.10　上行制动工况曳引检查 B”。

检验内容与要求修改为：

“轿厢空载以正常运行速度上行至行程上部，切断电动机与制动器供电，轿厢应当完全停止”

检验方法修改为：

“轿厢空载以正常运行速度上行至行程上部时，断开主开关，检查轿厢停止情况”

31. 将“11.10　下行制动试验 A(B)”修改为：

“11.11　下行制动工况曳引检查 A(B)”。

检验内容与要求修改为：

“轿厢装载 125%额定载重量，以正常运行速度下行至行程下部，切断电动机与制动器供电，轿厢应当完全停止”

32. 增加：

“11.12　制动试验 A(B)”

“轿厢装载 125%额定载重量，以正常运行速度下行时，切断电动机和制动器供电，制动器应当能够使驱动主机停止运转，试验后轿厢应当无明显变形和损坏”

检验方法为：

“(1)监督检验：由施工单位进行试验，检验人员现场观察、确认；”

“(2)定期检验：由维护保养单位每 5 年进行一次试验，检验人员现场观察、确认。”

“注 A-9：本条可以与 11.11 一并进行试验。”

“注 A-10：本条检验类别 B 类适用于定期检验。”

三、附件 B 修改

1. 附件 B 中的序号、检验类别、检验项目及其内容按照修改后的附录 A 进行对应调整。

2. 删除检验报告封页中的“设备名称”“设备类型”和“设备型式”，增加：“设备类别”和“设备品种”，将报告中的“单位”“机构”，后面加“名称”。

3. 检验结论页中的“层站数”修改为“层站门数”。

四、附件C修改

1. 附件C中的序号、检验类别、检验项目及其内容按照修改后的附录A进行对应调整。

2. 删除检验报告封页中的“设备名称”“设备类型”和“设备型式”，增加：“设备类别”和“设备品种”，将报告中的“单位”“机构”，后面加“名称”。

3. 检验结论页中的“层站数”修改为“层站门数”。

4. 检验结论页中增加：“改造单位名称”和“改造日期”。

5. 将“注C-2”修改为“注C-4”。

6. 增加：

“注C-2：如果检验中发现曳引轮轮槽的磨损可能影响曳引能力时[见附件A，3.7(3)]，应当进行附件A中11.11要求的试验。在此情况下，应当将该检验项目列入检验报告。”

7. 增加：

“注C-3：标有☆的项目，已经按照TSG T7002—2011《电梯监督检验和定期检验规则——消防员电梯》(含第2号修改单)进行过监督检验的，定期检验时应当进行检验。”

此外，部分不影响技术要求的文字修订(如将“维修”修改为“修理”，“特种设备检验检测机构”修改为“特种设备检验机构”，“型式试验合格证书”修改为“型式试验证书”，“型式试验机构标识”修改为“型式试验机构的名称或者标志”，“检验合格章”修改为“检验专用章”)以及编辑性修改等，本修改单中未一一列入。

附

TSG T7002—2011《电梯监督检验和定期检验规则——消防员电梯》第3号修改单

（2017年第2次修改）

一、正文修改

将正文中出现的“国家质量监督检验检疫总局”和“国家质检总局”分别修改为“国家市场监督管理总局”和“市场监管总局”。

二、附件A修改

1. 删除1.2(3)，序号1.2(4)、1.2(5)、1.2(6)、1.2(7)相应地调整为1.2(3)、1.2(4)、1.2(5)、1.2(6)；

2. 将1.2的检验方法修改为“审查相应资料。(1)～(3)在报检时审查，(3)在其他项目检验时还应当审查；(4)、(5)在试验时审查；(6)在竣工后审查”；

3. 将1.3(2)中的“(改造不得涉及加装自动救援操作装置、能量回馈节能装置和IC卡系统)”修改为“(改造、重大修理不得涉及加装自动救援操作装置、能量回馈节能装置和IC卡系统)”；

4. 将1.4(2)中的“安全技术档案，至少包括1.1、1.2、1.3所述文件资料[1.2(3)和1.3(4)除外]，”修改为“安全技术档案，至少包括1.1、1.2、1.3所述文件资料[1.3(4)除外]，”；

5. 将1.4(5)修改为“按照规定配备的电梯安全管理人员的特种设备作业人员证”。

三、附件B修改

将1.2按照修改后的附件A作对应调整。

四、附件C修改

1. 将3.8(9)修改为“自动救援操作装置[不含3.8(9)①]”；

2. 将7.8(1)修改为“层门门锁装置[不含7.8(1)①]”；

3. 将7.8(2)修改为“轿门门锁装置[不含7.8(1)①]”。

TSG 特种设备安全技术规范　　TSG T7003—2011

电梯监督检验和定期检验规则
——防爆电梯

Regulation for Lift Supervisory Inspection and Periodical Inspection—Explosion Protection Lift

中华人民共和国国家质量监督检验检疫总局颁布
2011 年 8 月 8 日

前　　言

2005 年 12 月，国家质量监督检验检疫总局（以下简称国家质检总局）特种设备安全监察局（以下简称特种设备局）向中国特种设备检测研究院（以下简称中国特检院）下达了本规则的起草任务书。2006 年 2 月，中国特检院组织有关专家成立了起草组在上海召开了工作会议，起草组在 2006 年底完成了征求意见稿。2009 年 12 月，根据 TSG T7001—2009《电梯监督检验和定期检验规则——曳引与强制驱动电梯》的新要求，起草组在上海召开会议进行修改并形成报批稿。2011 年 8 月 8 日本规则由国家质检总局批准颁布。

本规则的编制原则是考虑了我国防爆电梯的现状和国家有关行政许可的要求。从设计、制造、安装、改造、维修、日常维护保养、监督检验和定期检验等方面提出了防爆电梯的检验的基本要求，以达到规范防爆电梯监管工作的目的。

本规则主要起草单位和人员如下：

国家质检总局特种设备局	何　毅　夏　勇
上海市特种设备安全监督检验技术研究院	梅水麟　张　静　倪正官
北京市特种设备检测中心	张弟华
广东省特种设备检测院	罗志群
苏州东南液压防爆电梯有限公司	康虹桥
上海房屋设备有限公司	周仲达
上海德圣米高防爆电梯有限公司	袁永弟

电梯监督检验和定期检验规则——防爆电梯

第一条 为了加强对防爆电梯安装、改造、维修、日常维护保养、使用和检验工作的监督管理，规范防爆电梯安装、改造、重大维修监督检验和定期检验行为，提高检验工作质量，促进防爆电梯运行安全保障工作的有效落实，根据《特种设备安全监察条例》，制定本规则。

第二条 本规则适用于安装或使用在爆炸危险区域为1区、2区、21区、22区，由电力驱动的速度不大于1 m/s(含1 m/s)防爆电梯的安装、改造、重大维修监督检验和定期检验。

本规则所指防爆电梯是指曳引式防爆电梯、液压式防爆电梯、曳引式杂物防爆电梯，所指爆炸危险区域分别为：

（一）1区：在正常运行时，可能出现爆炸性气体环境的场所；

（二）2区：在正常运行时，不可能出现爆炸性气体环境，如果出现也是偶尔发生并且仅是短时间存在的场所；

（三）21区：在正常运行过程中，可能出现粉尘数量足以形成可燃性粉尘与空气混合物的场所；

（四）22区：在异常条件下，可燃性粉尘云偶尔出现并且只是短时间存在、或者可燃性粉尘偶尔出现堆积、或者可能存在粉尘并且产生可燃性粉尘空气混合物的场所。

上述防爆电梯的生产(含防爆电梯的设计、制造、安装、改造、维修、日常维护保养，下同)和使用单位，以及从事防爆电梯监督检验和定期检验的特种设备检验检测机构，应当遵守本规则规定。

第三条 本规则所称监督检验是指由国家质量监督检验检疫总局(以下简称国家质检总局)核准的特种设备检验检测机构(以下简称检验机构)，依据本规则规定，对防爆电梯安装、改造、重大维修过程进行的监督检验(以下简称监督检验)；本规则所称定期检验是指检验机构依据本规则规定，对在用防爆电梯定期进行的检验。

监督检验和定期检验(以下统称检验)是对防爆电梯生产和使用单位执行相关法规标准规定、落实安全责任，开展为保证和自主确认防爆电梯安全的相关工作质量情况的查证性检验。防爆电梯生产单位的自检记录或者报告中的结论，是对设备安全状况的综合判定；检验机构出具检验报告中的检验结论，是对防爆电梯生产和使用单位落实相关责任、自主确定设备安全等工作质量的判定。

第四条 如果出现了有关防爆电梯生产和检验的新技术、新材料、新工艺等影响本规则技术指标和要求的特殊情况，国家质检总局可以根据具体情况，提出相应要求。

第五条 实施防爆电梯安装、改造或者重大维修的施工单位(以下简称施工单位)应当按照规定履行告知后，开始施工前(不包括设备开箱、现场勘测等准备工作)，向规定的检验机构申请监督检验；防爆电梯使用单位应当在安全检验标志所标注的下次检验日期届满前 1 个月，向规定的检验机构申请定期检验。

第六条 施工单位应当按照设计文件和标准的要求，对防爆电梯机房（或者机器设备间）、井道、底坑等涉及防爆电梯施工的土建工程进行检查，对防爆电梯制造质量（包括零部件和安全保护装置等）和对防爆电梯整机及相关部件的防爆等级与类型符合性等进行确认，并且做好记录，符合要求后方可以进行防爆电梯施工。

施工单位或者维护保养单位应当按照相关安全技术规范和标准的要求，保证施工或者日常维护保养质量，真实、准确地填写施工或者日常维护保养的相关记录或者报告，对施工或者日常维护保养质量以及提供的相关文件、资料的真实性及其与实物的一致性负责。

第七条 施工单位、维护保养单位和使用单位应当向检验机构提供符合附件 A 要求的有关文件、资料，安排相关的专业人员配合检验机构实施检验。其中，施工自检报告、日常维护保养年度自行检查记录或者报告还需另行提交复印件备存。

第八条 检验机构应当在施工单位自检合格的基础上实施监督检验，在维护保养单位自检合格的基础上实施定期检验。实施监督检验和定期检验，应当遵守以下规定：

（一）对于防爆电梯安装过程，按照附件 A 规定的检验内容、要求和方法所列项目进行检验并且分别出具监督检验报告书（详见附件 B、附件 D、附件 F）；

（二）对于防爆电梯改造和重大维修过程，按照附件 A 规定的检验内容、要求和方法，对改造和重大维修涉及的相关项目及其内容进行检验，其他项目按照本条第（三）项的规定进行检验；

（三）对于在用防爆电梯，按照附件 A 规定的检验内容、要求和方法所列项目进行每年 1 次的定期检验并且分别出具定期检验报告书（附件 C、附件 E、附件 G）；

（四）对于在 1 个检验周期内特种设备安全监察机构接到故障实名举报达到 3 次以上（含 3 次）的防爆电梯，并且经确认上述故障的存在影响防爆电梯运行安全时，特种设备安全监察机构可以要求提前进行维护保养单位的年度自行检查和定期检验；

（五）对于由于发生自然灾害或者设备事故而使其安全技术性能受到影响的防爆电梯以及停止使用 1 年以上的防爆电梯，再次使用前，应当按照本条第（三）项的规定进行检验。但如果对防爆电梯实施改造或者重大维修，应当按照本条第（二）项的规定进行检验。

第九条 防爆电梯检验项目分为 A、B、C 三个类别。各类别检验程序如下：

（一）A 类项目，检验机构按照附件 A 的相应规定，对提供的文件、资料进行审查，对该类项目进行检验，并与自检记录或者报告对应项目的检验结果（以下简称自检结果）进行对比，按照第二十条的规定对项目的检验结论做出判定；不经检验机构审查、检验，或者审查、检验结论为不合格，施工单位不得进行下道工序的施工；

（二）B 类项目，检验机构按照附件 A 的相应规定，对提供的文件、资料进行审查，对该类项目进行检验，并与自检结果进行对比，按照第二十条的规定对项目的检验结论做出判定；

（三）C 类项目，检验机构按照附件 A 的相应规定，对提供的文件、资料进行审查，认为自检记录或者报告等文件和资料完整、有效，对自检结果无质疑（以下简称资料审查无质疑),可以确认为合格;如果文件和资料欠缺、无效或者对自检结果有质疑(以下简称资料审查有质疑),应当按照附件 A 规定的检验方法,对该类项目进行检验,并与自检结果进行对比,按照第二十条的规定对项目的检验结论做出判定。

各检验项目的类别和方法见本规则相关附件。

第十条 检验机构应当根据本规则规定,制定包括检验程序和检验流程图在内的防爆电梯检验作业指导文件,并且按照质量保证体系的有关规定,对防爆电梯检验质量实施严格控制,对检验结果及检验结论的正确性负责,对检验工作质量负责。

第十一条 检验机构应当统一制定防爆电梯检验原始记录格式及其要求,在本单位正式发布使用。原始记录内容应当不少于相应检验报告(见附件 B～附件 G)规定的内容。必要时,相关项目可以另列表格或者附图,以便数据的记录和整理。

第十二条 检验机构应当配备能够满足本规则附件 A 所述检验要求和方法的检验检测仪器设备、计量器具和工具。

第十三条 检验人员必须按照国家有关特种设备检验人员资格考核的规定,取得国家质检总局颁发的相应资格证书后,方可以从事批准项目的防爆电梯检验工作。现场检验至少由 2 名具有防爆电梯检验员或者以上资格的人员进行,检验人员应当向申请检验的防爆电梯施工或者使用单位(以下简称受检单位)出示检验资格标识。现场检验时,检验人员不得进行防爆电梯的修理、调整等工作。

第十四条 现场检验时,检验人员应当配备和穿戴必需的防护用品,并且遵守施工现场或者使用单位明示的安全管理规定。

第十五条 对防爆电梯整机进行检验时,检验现场应当具备以下检验条件:

(一) 机房或者机器设备间的空气温度保持在 5 ℃～40 ℃;

(二) 电源输入正常,电压波动在额定电压值±7%的范围内;

(三) 环境空气中没有腐蚀性、导电尘埃,易燃物质可能出现的最高浓度不超过爆炸下限值的 10%;

(四) 检验现场(主要指机房或者机器设备间、井道、轿顶、底坑)清洁,没有与防爆电梯工作无关的物品和设备,基站、相关层站等检验现场放置表明正在进行检验的警示牌;

(五) 机房或者机器设备间以及通道的供电电源和照明等电气设施应当符合相应的防爆要求;

(六) 对防爆电梯井道进行了必要的封闭。

特殊情况下,防爆电梯设计文件对温度、湿度、电压、环境空气条件等进行了专门规定的,检验现场的温度、湿度、电压、环境空气条件等应当符合防爆电梯设计文件的规定。

对于不具备现场检验条件的防爆电梯,或者继续检验可能造成危险,检验人员可以中止检验,但必须向受检单位书面说明原因。

第十六条 检验过程中,检验人员应当认真审查相关文件、资料,将检验情如实记录在原始记录上(包括已审查文件、资料的名称及编号),不得漏检、漏记。可以使用统一规定的简单标记,表明“符合”“不符合”“合格”“不合格”“无此项”等;要求测试数据的项目(即附件 A 所述检验方法中要求测试数据的项目,下同)必须填写实测数据;未要求测试数据但有需要说明情况的项目，应当用简单的文字予以说明，例如"×楼层门锁失效"；遇特殊情况，可以填写"因……(原因)未检""待检""见附页"等。

原始记录应当注明现场检验日期，有执行本次检验的检验人员签字，并且有其中一名检验人员的校核签字。

检验机构应当长期保存监督检验原始记录和施工自检报告。对于定期检验原始记录和日常维护保养年度自行检查记录或者报告，检验机构应当至少保存2个检验周期。

第十七条 检验过程中，如果发现下列情况，检验机构应当在现场检验结束时，向受检单位或者维护保养单位出具《特种设备检验意见通知书》(见附件H，以下简称《通知书》)，提出整改要求：

(一) 施工或者维护保养单位的施工过程记录或者日常维护保养记录不完整；

(二) 防爆电梯存在不合格项目；

(三) 要求测试数据项目的检验结果与自检结果存在多处较大偏差，质疑相应单位自检能力时；

(四) 使用单位存在不符合防爆电梯相关法规、规章、安全技术规范的问题。

定期检验时，对于存在不合格项目但不属于按照本规则第二十条规定直接判定为不合格的防爆电梯，《通知书》中应当要求使用单位在整改完成前及时采取安全措施，对该防爆电梯进行监护使用。

受检单位或者维护保养单位应当按照《通知书》的要求及时整改，并且在规定的时限内向检验机构提交填写了处理结果的《通知书》以及整改报告等见证资料。

检验人员应当对整改情况进行确认，可以根据情况采取现场验证或者查看受检单位提供的整改报告等见证资料的方式，确认其是否符合要求。

对于定期检验的防爆电梯，如果使用单位拟实施改造或重大维修进行整改，或者拟做停用、报废处理，则应当在《通知书》上签署相应的意见，并且在规定的时限内反馈给检验机构，同时按照相关规定，办理对应的相关手续。

第十八条 检验工作(包括第十七条规定的对整改情况的确认)完成后，或者达到《通知书》提出时限而受检单位未反馈整改报告等见证材料的，检验机构必须在10个工作日内出具检验报告。检验结论为"合格"的，还应当同时出具安全检验标志。

检验报告的内容、格式应当符合本规则的规定(见附件B～附件G)，结论页必须有检验、编制、审核、批准人员的签字和检验机构检验专用章或者公章。

检验机构、施工和使用单位应当长期保存监督检验报告。对于定期检验报告，检验机构和使用单位应当至少保存2个检验周期。

第十九条 检验报告中，检验项目的"检验结果"和"检验结论"应当按照如下要求进行填写：

(一) 对于要求测试数据的项目，在"检验结果"栏中填写实测或者计算处理后的数据；

(二) 对于未要求测试数据的项目，如果经检验符合要求，在"检验结果"栏中填写"符合"；如果经检验不符合要求，填写"不符合"；

(三) 对于C类项目，如果资料审查无质疑，在"检验结果"栏中填写"资料确认符合"；

如果资料审查有质疑，并且进行了现场检验，分别按照本条第（一）项或者第（二）项要求填写相应内容；

（四）对于需要说明情况的项目，在“检验结果”栏中做简要说明，难以表述清楚的，在检验报告中另加附页描述，“检验结果”栏中填写“见附页××”；

（五）对于不适用的项目，在“检验结果”栏中填写“无此项”；

（六）“检验结论”栏只填写“合格”“不合格”“—”（表示无此项）等单项结论。

第二十条 各类检验项目的合格判定条件如下：

（一）A、B类检验项目，审查、检验结果符合附件A中的检验要求；

（二）C类检验项目，资料审查无质疑并且符合附件A中的检验要求，或者审查、检验结果符合附件A中的检验要求。

第二十一条 监督检验和定期检验的合格判定条件如下：

（一）安装监督检验，检验项目全部合格，并且经检验人员确认相关单位已经针对第十七条第（一）、（三）、（四）项所述问题进行了有效整改；

（二）改造或者重大维修监督检验，检验项目全部合格，或者改造和重大维修涉及的相关检验项目全部合格，对于按照定期检验规定进行的项目，除了上次定期检验后使用单位采取安全措施进行监护使用的C类项目之外（使用单位继续对这些项目采取安全措施，在《通知书》上签署了监护使用的意见），其他项目全部合格，并且经检验人员确认相关单位已经针对第十七条第（一）、（三）、（四）项所述问题进行了有效整改；

（三）定期检验，检验项目全部合格，或者B类检验项目全部合格，C类检验项目应整改项目不超过5项（含5项），相关单位已在《通知书》规定的时限内向检验机构提交了整改报告等见证资料，使用单位已经对上述应整改项目采取了相应的安全措施，在《通知书》上签署了监护使用的意见，并且经检验人员确认相关单位已经针对第十七条第（一）、（三）、（四）项所述问题进行了有效整改。

第二十二条 经检验，凡不符合本规则第二十一条规定的合格判定条件的防爆电梯，应当判定为“不合格”，检验机构应当按照第十八条规定的时限等要求出具检验报告。对于检验结论为不合格的防爆电梯，受检单位组织相应整改或者修理后可以申请复检。

第二十三条 检验报告只允许使用“合格”“不合格”“复检合格”“复检不合格”四种检验结论。

第二十四条 对于判定为“不合格”或者“复检不合格”的防爆电梯、未执行《通知书》提出的整改要求并且已经超过安全检验标志所标注的下次检验日期的防爆电梯，检验机构应当将检验结果、检验结论及有关情况报告负责设备使用登记的特种设备安全监察机构；对于定期检验判定为不合格的防爆电梯，检验机构还应当建议使用单位立即停止使用。特种设备安全监察机构应当根据情况，及时采取安全监察措施。

第二十五条 本规则由国家质检总局负责解释。

第二十六条 本规则自2012年2月1日起施行。

附件 A

防爆电梯监督检验和定期检验内容、要求与方法

项目及类别		检验内容与要求	检验方法
1 技术资料	1.1 制造资料 A	防爆电梯制造单位提供了以下用中文描述的出厂随机文件： (1) 制造许可证明文件，其范围能够覆盖所提供防爆电梯的规格型号和防爆等级等(试生产样机除外)； (2) 整机防爆型式试验合格证书，其内容能够覆盖所提供的防爆电梯的规格型号和防爆等级等(试生产样机除外)； (3) 产品合格证等质量证明文件，并应注有制造许可证明文件编号、该防爆电梯的整机防爆标志、整机防爆合格证号、产品出厂编号、主要技术参数、额定压力(如果有)；以及门锁装置、限速器、安全钳、缓冲器、含有电子元件的安全电路(如果有)、轿厢上行超速保护装置、驱动主机、控制柜等安全保护装置、主要部件和液压式防爆电梯液压泵站、液压缸、液压油的型号和编号，以及防爆电气部件型号、防爆标志和防爆合格证号等内容，并且有防爆电梯整机制造单位的公章或者检验合格章以及出厂日期； (4) 整机防爆合格证，防爆控制柜、制动器、电动机等防爆电气部件的防爆合格证，液压泵站(如果有)的防爆合格证等； (5) 门锁装置、缓冲器、含有电子元件的安全电路(如果有)、驱动主机等安全保护装置和主要部件的型式试验合格证，限速切断阀和液压泵站型式试验合格证(如果有)；控制柜、限速器、安全钳、轿厢上行超速保护装置等防爆型式试验合格证，限速切断阀调定合格证及调节示意图和高压软管的出厂检验合格证(如果有)，以及限速器和渐进式安全钳的调试证等； (6) 电气原理图(包括动力电路和连接电气安全装置的电路)、电气安装敷线图(如采用本质安全电路应有标识)、标有防爆类型的防爆电气部件电缆引入装置的位置示意图、液压原理图(如果有)等；	防爆电梯安装施工前审查相应资料

续表

<table>
<tr><th colspan="2">项目及类别</th><th>检验内容与要求</th><th>检验方法</th></tr>
<tr><td rowspan="3">1
技术资料</td><td>1.1
制造资料
A</td><td>(7) 机房(机器设备间)及井道布置图,其顶层高度、底坑深度、楼层间距、井道内防护、安全距离、井道下方人可以进入的空间等满足安全要求;
(8) 安装使用维护说明书,包括安装、使用、日常维护保养和应急救援等方面操作说明的内容。
注 A-1:上述文件如为复印件则必须经防爆电梯整机制造单位加盖公章或者检验合格章;对于进口防爆电梯,则应当加盖国内代理商的公章</td><td></td></tr>
<tr><td>1.2
安装资料
A</td><td>安装单位提供了以下安装资料:
(1) 安装许可证和安装告知书,许可证范围能够覆盖所施工的防爆电梯;
(2) 施工方案,审批手续齐全;
(3) 施工现场作业人员应当掌握防爆电梯基础知识并持有特种设备作业人员证;
(4) 施工过程记录和自检报告,检查和试验项目齐全、内容完整,施工和验收手续齐全;
(5) 变更设计证明文件(如安装中变更设计时),履行了由使用单位提出、经整机制造单位同意的程序;
(6) 安装质量证明文件,包括防爆电梯安装合同编号、安装单位安装许可证编号、整机防爆标志、整机防爆合格证号、型号、产品出厂编号、主要技术参数等内容,并且有安装单位公章或者检验合格章以及竣工日期。
注 A-2:上述文件如为复印件则必须经安装单位加盖公章或者检验合格章</td><td>审查相应资料。
第(1)～(3)项在报检时审查,第(3)项在其他项目检验时还应查验;第(4)、(5)项在试验时查验;第(6)项在竣工后审查</td></tr>
<tr><td>1.3
改造、重大维修资料
A</td><td>改造或者重大维修单位提供了以下改造或者重大维修资料:
(1) 改造或者维修许可证和改造或者重大维修告知书,许可证范围能够覆盖所施工的防爆电梯;
(2) 改造或者重大维修的清单以及施工方案,施工方案的审批手续齐全;
(3) 所更换的安全保护装置或者主要部件、防爆电气部件应符合 1.1(3)、(4)、(5)、(7)的要求;
(4) 施工现场作业人员应当掌握防爆电梯基础知识并持有特种设备作业人员证;</td><td>审查相应资料。第(1)～(4)项在报检时审查,第(4)项在其他项目检验时还应查验;第(5)项在试验时查验;第(6)项在竣工后审查</td></tr>
</table>

续表

<table>
<tr><th colspan="2">项目及类别</th><th>检验内容与要求</th><th>检验方法</th></tr>
<tr><td rowspan="2">1
技术资料</td><td>1.3
改造、重大维修资料
A</td><td>(5) 施工过程记录和自检报告，检查和试验项目齐全、内容完整，施工和验收手续齐全；
(6) 改造后的产品合格证、整机防爆合格证或者重大维修质量证明文件，合格证或者证明文件中包括防爆电梯的改造或者重大维修合同编号、改造或者重大维修单位的许可证编号、整机防爆标志、整机防爆合格证号、防爆电梯使用登记编号、型号、主要技术参数等内容，并且有改造或者重大维修单位的公章或者检验合格章以及竣工日期。
注 A-3：上述文件如为复印件则必须经改造或者重大维修单位加盖公章或者检验合格章</td><td></td></tr>
<tr><td>1.4
使用资料
B</td><td>使用单位提供了以下资料：
(1) 使用登记资料，内容与实物相符；
(2) 安全技术档案，至少包括 1.1、1.2、1.3 所述文件资料[1.2 的(3)项和 1.3 的(4)项除外]，以及监督检验报告、定期检验报告、日常检查与使用状况记录、日常维护保养记录、年度自行检查记录或者报告、应急救援演习记录、运行故障和事故记录等，保存完好。（本规则实施前已经完成安装、改造或者重大维修的，1.1、1.2、1.3 项所述文件资料如有缺陷，应当由使用单位联系相关单位予以完善，可不作为本项审核结论的否决内容）；
(3) 以岗位责任制为核心的防爆电梯运行管理规章制度，包括事故与故障的应急措施和救援预案、防爆电梯钥匙使用管理制度等；
(4) 与取得相应资格的施工单位签订的日常维护保养合同；
(5) 按照规定配备的防爆电梯安全管理和作业人员掌握防爆电梯基础知识并持有特种设备作业人员证；
(6) 防爆电梯所在区域的爆炸危险区域划分图或者说明资料，以及主要燃爆物质的化学名称或者防爆等级（级别、组别）。
注 A-4：上述文件如为复印件则必须经使用单位加盖公章确认</td><td>定期检验和改造、重大维修过程的监督检验时查验；新安装防爆电梯的监督检验进行试验时查验(3)、(4)、(5)、(6)项，以及(2)项中所需记录表格制定情况[如试验时使用单位尚未确定，应当由施工单位提供(2)、(3)、(4)项查验内容范本，(5)项相应要求交接备忘录]</td></tr>
<tr><td rowspan="2">2
防爆技术要求</td><td>2.1
防爆等级
C</td><td>(1) 防爆电气部件的铭牌上至少标明型号、出厂日期、防爆标志、防爆合格证号、制造厂名称或者商标和相关技术参数等，其防爆合格证号应在有效期内；
(2) 防爆电气部件的防爆类型、级别、组别符合现场相应防爆等级要求</td><td>审查自检结果和相应资料，如对其有质疑，按照以下方法进行现场检验（以下 C 类项目只描述现场检验方法）：目测或者测量相关数据</td></tr>
<tr><td>2.2
外壳要求
C</td><td>(1) 防爆电气部件外壳光滑无损伤，透明件无裂纹；
(2) 接合面应紧固严密，相对运动的间隙防尘密封严密；紧固件无锈蚀、缺损；密封垫圈完好；
(3) 防爆电气部件外壳表面最高温度应当低于整机防爆标志中温度组别要求</td><td>必要时现场目测或者测量相关数据</td></tr>
</table>

续表

<table>
<tr><th colspan="2">项目及类别</th><th>检验内容与要求</th><th>检验方法</th></tr>
<tr><td rowspan="8">2
防爆
技术
要求</td><td>2.3
本安部件
C</td><td>本安型电气部件(控制柜、操纵箱、召唤箱、轿顶检修箱、接线箱盒、旋转编码器等)应当设有本安标志的铭牌</td><td>必要时现场目测</td></tr>
<tr><td>2.4
隔爆型
设备
C</td><td>(1) 隔爆型电气部件应当符合本规则 2.1 项和 2.2 项相应防爆要求;
(2) 隔爆型电气部件其电气联锁装置必须可靠,当电源接通时壳盖不应打开,而壳打开后电源不应接通。如无联锁装置则外壳上应有“断电后开盖”警告标志;
(3) 隔爆型电气部件的隔爆面不得有锈蚀层、机械伤痕,严禁刷漆</td><td>必要时现场目测</td></tr>
<tr><td>2.5
增安部件
C</td><td>增安型电气部件应当符合本规则 2.1 项和 2.2 项相应的防爆要求</td><td>必要时现场目测</td></tr>
<tr><td>2.6
浇封
部件
C</td><td>(1) 浇封型电气部件应当符合本规则 2.1 项和 2.2 项相应的防爆要求;
(2) 浇封型电气部件的浇封表面不得有裂缝、剥落,被浇封部分不得外露</td><td>必要时现场目测</td></tr>
<tr><td>2.7
油浸
部件
C</td><td>(1) 油浸型电气部件应当符合本规则 2.1 项和 2.2 项相应的防爆要求;
(2) 油浸型电气部件必须密封良好,不允许渗漏油,油位高度在规定范围内;外壳、电气和机械连接所用的螺栓、螺母以及注油、排油的螺栓塞等均需有防松措施</td><td>必要时现场目测</td></tr>
<tr><td>2.8
正压
机房
C</td><td>(1) 进入正压型机房空气的进风口位置应当符合设计要求;
(2) 正压型机房通风充气系统,应有先通风后供电,先停电后停风的气电联锁装置。通风电气部件如安装在非正压型机房内,则应符合本规则 2.1 项和 2.2 项相应的防爆要求;
(3) 正压型机房微差压继电器应当装在风压、气压最低点的出口处;运行中的机房内气压低于设计要求时,微差压继电器应能可靠动作</td><td>必要时现场目测或按以下方法进行动作试验:
检查时打开机房门或窗,微差压继电器动作应能切断防爆电梯总电源</td></tr>
<tr><td>2.9
防爆
接线盒
C</td><td>(1) 敷设在防爆区域内非本安电路的电缆不允许直接连接,如果必须连接或者分路时,应当设置防爆接线盒;
(2) 防爆接线盒应当符合本规则 2.1 项和 2.2 项相应的防爆要求</td><td>必要时现场目测</td></tr>
<tr><td>2.10
电缆
配线
C</td><td>(1) 防爆区域内应当采用橡胶电缆或者铠装电缆配线;
(2) 敷设电缆时,电力电缆与通讯、信号电缆应当分开,高压与低压或者控制电缆也应当分开;
(3) 在易发生机械损伤部位的电缆应当采取防机械损伤的保护措施</td><td>必要时现场目测</td></tr>
</table>

续表

<table>
<tr><th colspan="2">项目及类别</th><th>检验内容与要求</th><th>检验方法</th></tr>
<tr><td rowspan="3">2
防爆技术要求</td><td>2.11
本安配线
C</td><td>(1) 本安电路的电缆或者电线以及防护套管至少在进出端部应当设有浅蓝色标识；
(2) 本安电路与非本安电路应当分开敷设；
(3) 本安电路与非本安电路在同一个接线箱内连接时需有绝缘板分隔或者间距应大于 50 mm</td><td>必要时现场目测或者测量相关数据</td></tr>
<tr><td>2.12
电缆引入
C</td><td>非本安型防爆电气部件应当采用电缆密封圈式引入装置，其弹性密封圈一个孔只应密封一根电缆，弹性密封圈压紧后应能将电缆均匀地被挤紧密封，不得用胶泥或者胶布替代密封圈</td><td>必要时现场目测</td></tr>
<tr><td>2.13
防爆封堵
C</td><td>非本安型防爆电气部件外壳上多余的电缆引入孔应用符合出厂要求的封堵件封堵</td><td>必要时按电缆引入装置位置示意图现场目测</td></tr>
<tr><td rowspan="3">3
机房（机器设备间）及相关设备</td><td rowspan="2">3.1
机房通道与通道门
C</td><td>3.1.1 曳引式防爆电梯及液压式防爆电梯应当符合以下要求：
(1) 应当在任何情况下均能够安全方便地使用通道。采用梯子作为通道时，必须符合以下条件：
① 通往机房或者机器设备间的通道不应当高出楼梯所到平面 4 m；
② 梯子必须固定在通道上而不能被移动；
③ 梯子高度超过 1.50 m 时，其与水平方向的夹角应当在 65°～75°之间，并且不易滑动或者翻转；
④ 靠近梯子顶端应当设置把手。
(2) 通道应当设置永久性防爆型电气照明；
(3) 机房通道门的宽度应当不小于 0.60 m，高度应当不小于 1.80 m、并且门不得向房内开启。门应当装有带钥匙的锁，并且可以从机房内不用钥匙打开。门外侧应当标明“机房重地，闲人免进”，或者有其他类似警示标志</td><td>必要时现场目测或者测量相关数据</td></tr>
<tr><td>3.1.2 曳引式杂物防爆电梯应当符合以下要求：
(1) 当机房（罩）的位置距井道较远时，在任何时候都应保证有一个安全方便的通道。通道应当通畅，高度不小于 1.80 m，并且有永久性防爆型电气照明；如果采用梯子应当保证安全可靠；
(2) 机房应当通风良好，门窗应防风雨。机房通道门的宽度不应当小于 0.60 m，高度不应当小于 0.60 m，并且应当有锁，门外侧应当标明“机房重地，闲人免进”或者有其他类似警示标志</td><td>必要时现场目测或者测量相关数据</td></tr>
<tr><td>3.2
机房（机器设备间）专用
C</td><td>机房（机器设备间）应当专用，不得用于防爆电梯以外的其他用途</td><td>必要时现场目测</td></tr>
</table>

续表

项目及类别		检验内容与要求	检验方法
3 机房（机器设备间）及相关设备	3.3 安全空间 C	3.3.1 曳引式防爆电梯及液压式防爆电梯应当符合以下要求： (1) 在控制屏和控制柜前有一块净空面积，其深度不小于 0.70 m，宽度为 0.50 m 或屏、柜的全宽(两者中的大值)，高度不小于 2 m； (2) 对运动部件进行维修和检查以及人工紧急操作的地方有一块不小于 0.50 m×0.60 m 的水平净空面积，其净高度不小于 2 m； (3) 机房地面高度不一并且相差大于 0.50 m 时，应当设置楼梯或者台阶，并且设置护栏 3.3.2 曳引式杂物防爆电梯应当符合以下要求： (1) 在控制柜的前面必须提供不小于 0.90 m 的净空距离； (2) 如果人员进到控制柜的背后或者侧面进行维修时，则在控制柜的背后或者侧面应当提供不小于 0.50 m 的净空距离	必要时现场目测或者测量相关数据
	3.4 地面开口 C	机房地面上的开口应当尽可能小，位于井道上方的开口必须采用圈框，此圈框应当凸出地面至少 50 mm	必要时现场目测或者测量相关数据
	3.5 照明与插座 C	(1) 机房(机器设备间)应当设置永久性防爆型电气照明；在机房(机器设备间)内靠近入口(或多个入口)处的适当高度应当设有一个防爆型开关控制机房照明； (2) 机房(机器设备间)如设置 2P＋PE 型电源插接装置，应当符合本规则防爆技术要求中相关要求； (3) 应当在主开关旁设置控制(如果有)井道照明、轿厢照明及插接装置(如果有)电路电源的防爆型开关	必要时现场目测或者操作验证各开关功能
	3.6 断错相保护 C	每台防爆电梯应当具有符合本规则防爆技术要求中相关要求的断相、错相保护功能；防爆电梯运行与相序无关时，可以不装设错相保护装置	必要时现场目测或者进行如下试验： (1) 断开主开关，在其输出端，分别断开三相交流电源的任意一根导线后，闭合主开关，检查防爆电梯能否启动； (2) 断开主开关，在其输出端，调换三相交流电源的两根导线的相互位置后，闭合主开关，检查防爆电梯能否启动

续表

<table>
<tr><th colspan="2">项目及类别</th><th>检验内容与要求</th><th>检验方法</th></tr>
<tr><td rowspan="4">3
机房（机器设备间）及相关设备</td><td>3.7
主开关
B
(C)</td><td>(1) 每台防爆电梯应当单独装设符合本规则防爆技术要求中相关要求的主开关，主开关应当易于接近和操作；
(2) 主开关不得切断轿厢照明和通风、机房（机器设备间）照明和电源插接装置（如果有）、轿顶与底坑的电源插接装置（如果有）、井道照明、报警装置的供电电路；
(3) 主开关应当具有稳定的断开和闭合位置，并且在断开位置时能用挂锁或者其他等效装置锁住，能够有效的防止误操作；
(4) 如果不同防爆电梯的部件共用一个机房，则每台防爆电梯的主开关应当与驱动主机、液压泵站、控制柜、限速器等采用相同的标识</td><td>现场目测或者进行如下试验：
断开主开关，观察、检查照明、插座、通风和报警装置的供电电路是否被切断。
注 A-5：定期检验时，第(1)、(2)项，按 C 类项目进行</td></tr>
<tr><td rowspan="2">3.8
驱动主机
B</td><td>3.8.1 曳引式防爆电梯及曳引式杂物防爆电梯应当符合以下要求：
(1) 驱动主机工作时应当无异常噪声和振动；
(2) 曳引轮外侧面应当涂成黄色；
(3) 曳引轮轮槽不得有严重磨损（适用于改造、维修监督检验和定期检验），如果轮槽的磨损可能影响曳引能力时，应当进行验证试验；
(4) 电动机与制动器应当符合本规则防爆技术要求中相关要求；
(5) 电动机和减速器散热应当良好，其外表面最高温度应当低于整机防爆标志中的温度组别要求</td><td rowspan="2">现场目测或者用防爆型测温仪检测。
认为轮槽的磨损可能影响曳引能力时，进行 10.10 项试验</td></tr>
<tr><td>3.8.2 液压式防爆电梯应当符合以下要求：
(1) 液压泵站应当符合本规则防爆技术要求中相关要求；
(2) 液压泵站散热应当良好，其外壳表面最高温度应当低于整机防爆标志中的温度组别要求</td></tr>
<tr><td>3.9
制动装置
C</td><td>3.9.1 曳引式防爆电梯应当符合以下要求：
(1) 应当采用非带式防爆型制动器；
(2) 制动器所有参与向制动轮或盘施加制动力的制动器机械部件应当分两组装设；
(3) 制动器正常运行时，切断制动器电流至少应当用两个独立的符合本规则防爆技术要求电气装置来实现，当防爆电梯停止时，如果其中一个接触器的主触点未打开，最迟到下一次运行方向改变时，应当防止防爆电梯再运行；
(4) 制动部件外表最高温度应当低于整机防爆标志中温度组别要求</td><td>必要时按如下要求进行检查：
(1) 对照型式试验报告，查验制动器；
(2) 根据电气原理图和实物状况，结合模拟操作检查制动器的电气控制；
(3) 现场用防爆型测温仪检测</td></tr>
</table>

续表

<table>
<tr><th colspan="2">项目及类别</th><th>检验内容与要求</th><th>检验方法</th></tr>
<tr><td rowspan="5">3
机房
(机器
设备
间)及
相关
设备</td><td>3.9
制动
装置
C</td><td>3.9.2 曳引式杂物防爆电梯应当符合以下要求:
(1) 应当采用非带式防爆型制动器;
(2) 制动部件外表最高温度应当低于整机防爆标志中温度组别要求</td><td></td></tr>
<tr><td rowspan="4">3.10
紧急
操作
B</td><td>3.10.1 曳引式防爆电梯应当符合以下要求:
(1) 手动紧急操作装置应当符合以下要求:
① 对于可拆卸盘车手轮,设有一个符合本规则防爆技术要求中相关要求的电气安全装置,最迟在盘车手轮装上防爆电梯驱动主机时动作;
② 松闸扳手涂成红色,盘车手轮是无辐条的并且涂成黄色,可拆卸盘车手轮放置在机房内容易接近的明显处;
③ 在防爆电梯驱动主机上接近盘车手轮处,明显标出轿厢运行方向,如果手轮是不能拆卸的可在手轮上标出;
④ 能够通过操纵手动松闸装置松开制动器,并且需要以一个持续力保持其松开状态;
⑤ 进行手动紧急操作时,易于观察到轿厢是否在开锁区</td><td>必要时现场目测或者通过模拟操作检查电气安全装置和手动松闸功能</td></tr>
<tr><td>(2) 紧急电动运行装置除符合本规则防爆技术要求中相关要求,还应当符合以下要求:
① 依靠持续揿压按钮来控制轿厢运行,此按钮有防止误操作的保护,按钮上或其近旁标出相应的运行方向;
② 一旦进入检修运行,紧急电动运行装置控制轿厢运行的功能由检修控制装置所取代;
③ 进行紧急电动运行操作时,易于观察到轿厢是否在开锁区</td><td>现场目测或者通过模拟操作检查紧急电动运行装置功能</td></tr>
<tr><td>(3) 应急救援程序:在机房内应当设有清晰的应急救援程序</td><td>目测</td></tr>
<tr><td>3.10.2 曳引式杂物防爆电梯紧急手动操作应当符合以下要求:
(1) 对于可拆卸盘车手轮,设有一个符合本规则防爆技术要求中相关要求的电气安全装置,最迟在盘车手轮装上防爆电梯驱动主机时动作;
(2) 松闸扳手涂成红色,盘车手轮应是无辐条并应涂成黄色,可拆卸盘车手轮放置在机房内容易接近明显部位;
(3) 在防爆电梯驱动主机上接近盘车手轮处,明显标出轿厢运行方向,如手轮是不能拆卸的可在手轮上标出;
(4) 能够通过操纵手动松闸装置松开制动器,并且需要以一个持续力保持其松开状态;
(5) 应急救援程序:在机房内应当设有清晰的应急救援程序</td><td>现场目测或者通过模拟操作检查电气安全装置和手动松闸功能</td></tr>
</table>

续表

<table>
<tr><th colspan="2">项目及类别</th><th>检验内容与要求</th><th>检验方法</th></tr>
<tr><td rowspan="4">3
机房（机器设备间）及相关设备</td><td>3.10
紧急操作
B</td><td>3.10.3 液压式防爆电梯紧急手动操作装置应当符合以下要求：
(1) 当轿厢装有安全钳时，在机房内必须设置一个手动泵来提升轿厢；
(2) 手动泵应连接在单向阀或者下行方向阀与截止阀之间的管路上并应配置溢流阀，溢流阀的调定压力不应超过满负荷压力值的 2.3 倍；
(3) 应急救援程序：在机房内应当设有清晰的应急救援程序</td><td>对照液压原理图查看手动泵的位置，进行手动试验：
(1) 将液压式防爆电梯轿厢在底层端站平层，打开轿门，机房切断主电源开关，操作手动泵观察轿厢能否被提升；
(2) 将检测压力表接入液压系统中，关闭截止阀，操作手动泵直至系统压力不再上升，表明与手动泵相连的溢流阀已工作，其工作压力应不超过满负荷压力值的 2.3 倍</td></tr>
<tr><td>3.11
限速器
B</td><td>(1) 限速器上应当设有铭牌，标明制造单位名称、型号、规格参数和型式试验机构标识，铭牌和防爆型式试验合格证、调试证书内容应当相符；
(2) 限速器或者其他装置上应当设有在轿厢上行或者下行速度达到限速器动作速度之前动作的符合本规则防爆技术要求中相关要求的电气安全装置，以及验证限速器复位状态的符合本规则防爆技术要求中相关要求的电气安全装置；
(3) 使用周期达到 2 年的防爆电梯，或者限速器动作出现异常、限速器各调节部位封记损坏的防爆电梯，应当由经许可的防爆电梯检验机构或者防爆电梯生产单位对限速器进行动作速度校验，并且由该单位出具校验报告</td><td>现场目测或者按以下方法检查：
(1) 对照检查限速器型式试验合格证、调试证书、铭牌；
(2) 目测电气安全装置的设置；
(3) 检查限速器动作速度核验报告，对照限速器铭牌上的相关参数，判断动作速度是否符合要求</td></tr>
<tr><td>3.12
接地
C</td><td>(1) 供电电源应当采用三相五线制，中性线(N)与保护线(PE)应当始终分开；
(2) 所有电气设备及线管、线槽的外露可以导电部分应当与保护线(PE)可靠连接；
(3) 接地电阻应不大于 4 Ω</td><td>必要时由施工或者维护保养单位测量，检验人员现场观察、确认</td></tr>
<tr><td>3.13
电气绝缘
C</td><td>动力电路、照明电路和电气安全装置电路的绝缘电阻应当符合下述要求：
<table><tr><th>标称电压/V</th><th>测试电压（直流）/V</th><th>绝缘电阻/MΩ</th></tr><tr><td>安全电压</td><td>250</td><td>≥0.25</td></tr><tr><td>≤500</td><td>500</td><td>≥0.50</td></tr><tr><td>>500</td><td>1 000</td><td>≥1.00</td></tr></table></td><td>必要时由施工或者维护保养单位测量，检验人员现场观察、确认</td></tr>
</table>

续表

<table>
<tr><th colspan="2">项目及类别</th><th>检验内容与要求</th><th>检验方法</th></tr>
<tr><td>3
机房（机器设备间）及相关设备</td><td>3.14
轿厢上行超速保护装置
B</td><td>曳引式防爆电梯应当符合以下要求：
轿厢上行超速保护装置上应当设有铭牌，标明制造单位名称、型号、规格参数和型式试验机构标识，铭牌和防爆型式试验合格证内容应当相符；防爆电梯整机制造单位应当在控制屏或者紧急操作屏上标注轿厢上行超速保护装置的动作试验方法</td><td>对照检查上行超速保护装置防爆型式试验合格证和铭牌；目测动作试验方法的标注情况</td></tr>
<tr><td rowspan="4">4
井道及相关设备</td><td>4.1
井道封闭
C</td><td>除必要的开口外井道应当采用阻燃材料并且完全封闭；当采用部分封闭井道时，在人员可以正常接近防爆电梯处应当设置无孔并且高度足够的围壁，以防止人员遭受防爆电梯运动部件直接危害，或者用手持物体触及井道中的防爆电梯设备</td><td>必要时现场目测</td></tr>
<tr><td>4.2
井道安全门
C</td><td>(1) 当相邻两层门地坎的间距大于 11 m 时，其间应当设置高度不小于 1.80 m、宽度不小于 0.35 m 的井道安全门（使用轿厢安全门时除外）；
(2) 不得向井道内开启；
(3) 门上应当装设用钥匙开启的锁，当门开启后不用钥匙能够将其关闭和锁住，在门锁住后，不用钥匙能够从井道内将门打开；
(4) 应当设置符合本规则防爆技术要求中相关要求的电气安全装置以验证门的关闭状态</td><td>(1) 必要时现场目测或者测量相关数据；
(2) 打开、关闭安全门，检查门的启闭和防爆电梯启动情况</td></tr>
<tr><td>4.3
井道检修门
C</td><td>(1) 高度不小于 1.40 m，宽度不小于 0.60 m；
(2) 不得向井道内开启；
(3) 应当装设用钥匙开启的锁，当门开启后不用钥匙能够将其关闭和锁住，在门锁住后，不用钥匙也能够从井道内将门打开；
(4) 应当设置符合本规则防爆技术要求中相关要求的电气安全装置以验证门的关闭状态</td><td>(1) 必要时现场目测或者测量相关数据；
(2) 打开、关闭检修门，检查门启闭和防爆电梯启动情况</td></tr>
<tr><td>4.4
曳引式杂物防爆电梯井道门
C</td><td>(1) 检修门的高度不小于 1.40 m，宽度不小于 0.60 m；活板门的高度不大于 0.50 m，宽度不大于 0.50 m；清洁门的高度不大于 0.60 m；
(2) 检修门、活板门、清洁门均不得朝井道内开启，并且应当装设用钥匙开启的锁及一个用以验证门关闭的符合本规则防爆技术要求中相关要求的电气安全装置</td><td>(1) 必要时现场目测或者测量相关数据；
(2) 打开、关闭井道门，检查门启闭和防爆电梯启动情况</td></tr>
</table>

续表

项目及类别		检验内容与要求	检验方法
4 井道及相关设备	4.5 顶部空间 C	4.5.1　曳引式防爆电梯顶部空间应当符合以下要求： (1) 当对重完全压在缓冲器上时，应当同时满足以下条件： ① 轿厢导轨提供不小于 0.1＋0.035 v^2(m)的进一步制导行程； ② 轿顶可以站人的最高面积的水平面与位于轿厢投影部分井道顶最低部件的水平面之间的自由垂直距离不小于 1.0＋0.035 v^2(m)； ③ 井道顶的最低部件与轿顶设备的最高部件之间的间距(不包括导靴、钢丝绳附件等)不小于 0.3＋0.035 v^2(m)，与导靴或滚轮、曳引绳附件、垂直滑动门的横梁或部件的最高部分之间的间距不小于 0.1＋0.035 v^2(m)； ④ 轿顶上方应当有一个不小于 0.50 m×0.60 m×0.80 m 的空间(任意平面朝下即可)； (2) 当轿厢完全压在缓冲器上时，对重导轨有不小于 0.1＋0.035 v^2(m)的制导行程	必要时现场目测或者按以下方法检查： (1) 测量轿厢在上端站平层位置时的相应数据，计算确认是否满足要求； (2) 用痕迹法或者其他有效方法检验对重导轨的制导行程
		4.5.2　曳引式杂物防爆电梯顶部空间应当符合以下要求： 井道顶部间距：在轿厢或者对重与井道顶部和底部的任何部件之间必须提供一个不小于 50 mm 的距离，从而使得如果轿厢或者对重装置撞击到下面的缓冲器并且完全压实时，对重或者轿厢不会撞击到电梯井道结构顶部的任何部分	必要时现场目测或者按以下方法检查：查验资料，按顶部间距公式验算： $\Delta S=S-(H+L)$ S：上端站短接层门联锁开关轿厢下行，测量层门地坎距井道最低结构间距离； L：短接上极限开关，轿厢点动上行使对重压实缓冲器，测量出轿厢底面与层门地坎间距； H：轿厢最大高度
		4.5.3　液压式防爆电梯顶部空间应当符合以下要求： (1) 当柱塞通过其行程限位装置而达到极限位置时，应同时满足以下六个条件： ① 轿厢导轨应当提供不小于 0.1＋0.035 v^2(m)的进一步制导行程； ② 轿顶可以站人的最高水平面与位于轿顶投影部分的井道顶最低部件的水平面之间的自由垂直距离不小于 1.0＋0.035 v^2(m)； ③ 井道顶的最低部件与固定在轿顶设备的最高部件之间的间距(不包括导靴、钢丝绳附件等)不小于 0.3＋0.035 v^2(m)，与导靴或滚轮、曳引绳附件、垂直滑动门的横梁或部件的最高部分之间的间距不小于 0.1＋0.035 v^2(m)；	必要时现场目测或者按以下方法检查： (1) 轿厢在上端站平层位置时，在轿顶测量相应数据；人撤离轿顶后，短接上限位开关(如果有)和极限开关，以检修速度提升轿厢，直到对重完全压实在缓冲器上，量出层门地坎与轿门地坎的垂直高差，将在轿顶测量的数据减去

续表

<table>
<tr><th colspan="2">项目及类别</th><th>检验内容与要求</th><th>检验方法</th></tr>
<tr><td rowspan="5">4
井道及相关设备</td><td>4.5
顶部空间
C</td><td>④ 轿顶上方应当有一个不小于 0.50 m×0.60 m×0.80 m 的空间(任意平面朝下均可)；
⑤ 井道顶的最低部件与向上伸出的柱塞头部组件的最高部件之间的自由垂直距离不小于 0.10(m)；
⑥ 对于直顶式液压式防爆电梯，①②③项所述及的 0.035 v^2(m)的值不作要求；
(2) 当轿厢完全支承在缓冲器上时，平衡重导轨应当有不小于 0.1+0.035 v^2(m)的制导行程</td><td>地坎高差即为实际顶部空间尺寸；计算是否满足规定要求；
(2) 当使用非线性蓄能型缓冲器时，缓冲器完全压缩量应当按照原高度的 90%计算；
(3) 定期检验时验证该空间是否满足要求；
(4) 用痕迹法检验对重导轨的制导行程</td></tr>
<tr><td>4.6
导轨
C</td><td>曳引式防爆电梯及液压式防爆电梯应当符合以下要求：
(1) 每根导轨应当至少有 2 个导轨支架，其间距一般不大于 2.50 m(如果间距大于 2.50 m 应当有计算依据)，端部短导轨的支架数量应当满足设计要求；
(2) 支架应当安装牢固，焊接支架的焊缝满足设计要求，锚栓(如膨胀螺栓)固定只能在井道壁的混凝土构件上使用；
(3) 每列导轨工作面每 5 m 铅垂线测量值间的相对最大偏差，轿厢导轨和设有安全钳的 T 型对重导轨不大于 1.2 mm，不设安全钳的 T 型对重导轨不大于 2.0 mm；
(4) 两列导轨顶面的距离偏差，轿厢导轨为 0～+2 mm，对重导轨为 0～+3 mm</td><td>必要时现场目测或者测量相关数据</td></tr>
<tr><td>4.7
轿厢与井道壁距离
B</td><td>轿厢与面对轿厢入口的井道壁的间距不大于 0.15 m，对于局部高度小于 0.50 m 或者采用垂直滑动门的载货防爆电梯，该间距可以增加到 0.20 m；
如果轿厢装有机械锁紧的门并且门只能在开锁区内打开时，则上述间距不受限制</td><td>现场目测或者测量相关数据，并且观察轿厢门锁设置情况</td></tr>
<tr><td rowspan="2">4.8
层门地坎下端的井道壁
C</td><td>4.8.1 曳引式防爆电梯和液压式防爆电梯应当符合以下要求：
每个层门地坎下的井道壁应当符合以下要求：
形成一个与层门地坎直接连接的连续垂直表面，由光滑而坚硬的材料构成(如金属薄板)，具有足够的强度；其高度不小于开锁区域的一半加上 50 mm，宽度不小于门入口的净宽度两边各加 25 mm</td><td rowspan="2">必要时现场目测或者测量相关数据</td></tr>
<tr><td>4.8.2 曳引式杂物防爆电梯应当符合以下要求：
每个层门地坎下的井道壁应当符合以下要求：
形成一个与层门地坎直接连接的连续垂直表面，由光滑而坚硬的材料构成(如金属薄板)，具有足够的强度；宽度不小于门入口的净宽度两边各加 25 mm</td></tr>
</table>

续表

<table>
<tr><th colspan="2">项目及类别</th><th>检验内容与要求</th><th>检验方法</th></tr>
<tr><td rowspan="3">4
井道及相关设备</td><td rowspan="2">4.9
极限开关
B</td><td>4.9.1 曳引式防爆电梯及曳引式杂物防爆电梯应当符合以下要求：
井道上下两端应当装设符合本规则防爆技术要求中相关要求的极限开关，该开关在轿厢或者对重(如果有)接触缓冲器前起作用，并且在缓冲器被压缩期间保持其动作状态</td><td>现场目测或者按以下方法检查：
(1) 将上行(下行)限位开关(如果有)短接，以检修速度使位于顶层(底层)端站的轿厢向上(向下)运行，检查井道上端(下端)极限开关动作情况；
(2) 短接上下两端极限开关和限位开关(如果有)，以检修速度提升(下降)轿厢，使对重(轿厢)完全压在缓冲器上，检查极限开关动作状态；
(3) 目测判断防爆电梯极限开关切断供电的方式</td></tr>
<tr><td>4.9.2 液压式防爆电梯应当符合以下要求：
(1) 在相应于轿厢行程上极限的柱塞位置处应当设置符合本规则防爆技术要求中相关要求的极限开关。该开关应在柱塞缓冲制动前起作用，并且在柱塞进入缓冲制动区期间保持其动作状态。极限开关动作后，即使轿厢以爬行的方式运行而离开了动作区，液压电梯应当不能应答呼梯及指令而运行；
(2) 对于直接作用式液压电梯，极限开关的动作应为：直接利用轿厢或者柱塞的作用；或间接利用一个与轿厢连接的装置，如(钢丝绳、皮带或链条)该连接装置一旦断裂或松弛，应当通过一个防爆型电气开关使主机停止运转；
(3) 对于间接作用式液压电梯，极限开关的动作应为：直接利用柱塞的作用；或间接利用一个与柱塞连接的装置，如(钢丝绳、皮带或链条)该连接装置一旦断裂或松弛，应当通过一个防爆型电气开关使主机停止运转</td><td>现场目测或者按以下方法检查：
(1) 轿厢在上端站平层后，短接上限位开关，轿厢点动向上运行，碰撞极限开关后，防爆电梯应停止运行。然后短接极限开关防爆电梯应能向上继续运行。当达到柱塞伸出极限位置时，去掉极限开关短接线，防爆电梯应当不能向下运行；
(2) 操作手动下降阀使轿厢下降至离开极限开关动作区间后恢复供电，层站呼梯及轿内指令应不能使防爆电梯启动运行检查极限开关防爆要求</td></tr>
<tr><td>4.10
随行电缆
C</td><td>(1) 随行电缆配线应当符合本规则防爆技术要求中相关要求；
(2) 随行电缆应当避免与限速器绳、选层器钢带、限位与极限开关等装置干涉，当轿厢压实在缓冲器上时，电缆不得与地面和轿厢底边框接触</td><td>必要时现场目测</td></tr>
</table>

续表

项目及类别		检验内容与要求	检验方法
4 井道及相关设备	4.11 井道照明 C	井道应当装设永久性符合本规则防爆技术要求中相关要求的电气照明，对于部分封闭井道，如果井道附近有足够的电气照明和曳引式杂物防爆电梯井道，井道内可以不设照明	必要时现场目测
	4.12 底坑设施与装置 C	(1) 底坑底部应当平整，不得渗水、漏水； (2) 如果没有其他通道，应当在底坑内设置一个从层门进入底坑的永久性装置(如梯子)，该装置不得凸入防爆电梯的运行空间； (3) 底坑内应当设置在进入底坑时和底坑地面上均能方便操作并且符合本规则防爆技术要求中相关要求的停止装置，停止装置的操作装置为双稳态、红色并标以"停止"字样，并且有防止误操作的保护； (4) 井道底坑内如果设置 2P＋PE 型电源插接装置应当符合本规则防爆技术要求中相关要求； (5) 井道底坑内应当设置符合本规则防爆技术要求中相关要求的电气照明以及在进入底坑时能方便操作的照明开关	必要时现场目测，操作验证停止装置和井道灯开关功能
	4.13 缓冲器 B	4.13.1　曳引式防爆电梯及液压式防爆电梯应当符合以下要求： (1) 轿厢和对重的行程底部极限位置应当设置缓冲器； (2) 缓冲器上应当设有铭牌或者标签，标明制造单位名称、型号、规格参数和型式试验机构标识，铭牌或者标识和型式试验合格证内容应当相符； (3) 缓冲器应当固定可靠，缓冲器与轿厢和对重碰撞面应采取无火花措施； (4) 耗能型缓冲器液位应当正确，有验证柱塞复位，并且符合本规则防爆技术要求中相关要求的电气安全装置； (5) 对重缓冲器附近应当设置永久性的明显标识，标明当轿厢位于顶层端站平层位置时，对重装置撞板与其缓冲器顶面间的最大允许垂直距离；并且该垂直距离不超过最大允许值	现场目测或者按以下方法检查： (1) 对照检查缓冲器型式试验合格证和铭牌或者标签； (2) 目测缓冲器的固定、液位和电气安全装置及对重越程距离标识； (3) 定期检验时，查验当轿厢位于顶层端站平层位置时，对重装置撞板与其缓冲器顶面间的垂直距离
		4.13.2　曳引式杂物防爆电梯应当符合以下要求： 轿厢和对重下应设缓冲器，缓冲器与轿厢和对重碰撞面应当采取无火花措施	现场目测检查
	4.14 限速绳张紧装置 B	(1) 限速器绳应当用张紧轮张紧，张紧轮(或者其配重)应当有导向装置； (2) 当限速器绳断裂或者过分伸长时，应当通过一个符合本规则防爆技术要求中相关要求的电气安全装置的作用，使防爆电梯停止运转	现场目测或者按以下方法检查： (1) 目测张紧和导向装置； (2) 防爆电梯以检修速度运行，使电气安全装置动作，观察防爆电梯运行状况

续表

<table>
<tr><th colspan="2">项目及类别</th><th>检验内容与要求</th><th>检验方法</th></tr>
<tr><td rowspan="3">4
井道及相关设备</td><td>4.15
对重(平衡重)下方空间的防护
C</td><td>曳引式防爆电梯及液压式防爆电梯应当符合以下要求：
如果对重(平衡重)之下有人能够到达的空间，应当将对重缓冲器安装于一直延伸到坚固地面上的实心桩墩，或者在对重(平衡重)上装设安全钳，该安全钳工作面应当采用无火花材质或者采取无火花措施</td><td>必要时现场目测</td></tr>
<tr><td rowspan="2">4.16
底坑空间
C</td><td>4.16.1　曳引式防爆电梯应当符合以下要求：
轿厢完全压在缓冲器上时，底坑空间尺寸应当同时满足以下要求：
(1) 底坑中有一个不小于 0.50 m×0.60 m×1.0 m 的空间(任意一面朝下即可)；
(2) 底坑底面与轿厢最低部件的自由垂直距离不小于 0.50 m，当垂直滑动门的部件、护脚板和相邻井道壁之间，轿厢最低部件和导轨之间的水平距离在 0.15 m 之内时，此垂直距离允许减少到 0.10 m；当轿厢最低部件和导轨之间的水平距离大于 0.15 m 但小于 0.50 m 时，此垂直距离可按等比例增加至 0.50 m；
(3) 底坑中固定的最高部件和轿厢最低部件之间的距离不小于 0.30 m</td><td>必要时现场目测或者测量轿厢在下端站平层位置时的相应数据，计算确认是否满足要求</td></tr>
<tr><td>4.16.2　液压式防爆电梯还应当符合以下要求：
当轿厢完全压在缓冲器上时应当满足以下要求：
(1) 底坑中应当有足够的空间，其尺寸不小于 0.50 m×0.60 m×1 m 的长方体(任意一平面朝下均可)；
(2) 底坑底面与轿厢最低部件的距离不小于 0.50 m，当垂直滑动门的部件、护脚板和相邻井道壁之间，轿厢最低部件和导轨的水平距离在 0.15 m 之内时，允许底坑底面与轿厢的最低部件距离减少到 0.10 m；
(3) 固定在底坑的最高部件如油缸支座、管路和其他配件与轿厢最低部件之间的自由垂直距离应不小于 0.30 m；
(4) 当油缸柱塞处于最低位置时，底坑的设备顶部与油缸的柱塞头部组件的最低部件之间的自由垂直距离应不小于 0.50 m，如果不可能出现无意地进入到柱塞头部组件下方这种情况(例如装有符合标准的隔障)；那么这个垂直距离可以减少到 0.10 m；
(5) 底坑底面与位于直顶式液压梯轿厢下面的多级油缸最低导向架之间的自由垂直距离应不小于 0.50 m</td><td>必要时现场目测或者按以下方法险查：
(1) 轿厢在额定载荷下在下端站平层位置时，在底坑测量相关尺寸数据；人员撤离底坑，短接下限位开关(如果有)、极限开关，以检修速度运动轿厢直至轿厢完全压在缓冲器上，测量出端站地坎与轿厢地坎的高差尺寸数据。将在底坑中测量的相关数据减去地坎高度数据，计算是否满足规定要求；
(2) 使用非线性蓄能型缓冲器时，应当按照被压缩 90%高度计算</td></tr>
</table>

续表

<table>
<tr><th colspan="2">项目及类别</th><th>检验内容与要求</th><th>检验方法</th></tr>
<tr><td>4
井道及相关设备</td><td>4.17
井道内防护
C</td><td>曳引式防爆电梯及液压式防爆电梯应当符合以下要求：
(1) 对重(平衡重)的运行区域应当采用刚性阻燃材质的隔障保护，该隔障从底坑地面上不大于 0.30 m 处，向上延伸到离底坑地面至少 2.50 m 的高度，宽度应当至少等于对重(平衡重)宽度两边各加 0.10 m；
(2) 在装有多台防爆电梯的井道中，不同防爆电梯的运动部件之间应当设置隔障，隔障应当至少从轿厢、对重(平衡重)行程的最低点延伸到最低层站楼面以上 2.50 m 高度，并且有足够的宽度以防止人员从一个底坑通往另一个底坑，如果轿厢顶部边缘和相邻防爆电梯的运动部件之间的水平距离小于 0.50 m，隔障应当贯穿整个井道，宽度至少等于运动部件或者运动部件的需要保护部分的宽度每边各加 0.10 m</td><td>必要时现场目测或者测量相关数据</td></tr>
<tr><td rowspan="2">5
轿厢与对重(平衡重)</td><td rowspan="2">5.1
轿顶电气装置
C</td><td>5.1.1 曳引式防爆电梯及液压式防爆电梯应当符合以下要求：
(1) 轿顶应当装设一个易于接近的检修运行控制装置，并且符合以下要求：
① 由一个符合电气安全装置要求，能够防止误操作的双稳态开关(检修开关)进行操作；
② 一经进入检修运行时，即取消正常运行(包括任何自动门操作)、紧急电动运行、对接操作运行，只有再一次操作检修开关，才能使防爆电梯恢复正常工作；
③ 依靠持续揿压按钮来控制轿厢运行，此按钮有防止误操作的保护，按钮上或其近旁标出相应的运行方向；
④ 该装置上设有一个停止装置，停止装置的操作装置为双稳态、红色并标以“停止”字样，并且有防止误操作的保护；
⑤ 检修运行时，安全装置仍然起作用；
(2) 轿顶应当装设一个从入口处易于接近的停止装置，停止装置的操作装置为双稳态、红色并标以“停止”字样，并且有防止误操作的保护。如果检修运行控制装置设在从入口处易于接近的位置，该停止装置也可以设在检修运行控制装置上；
(3) 轿顶应当设置电气照明和开关，如果装设电源插接装置应为 2P+PE 型；
(4) 上述电气部件均应符合本规则防爆技术要求中相关要求</td><td>必要时现场目测或者按以下方法检查：
(1) 目测检修运行控制装置、停止装置和电源插座的设置；
(2) 操作验证检修运行控制装置、安全装置和停止装置的功能</td></tr>
<tr><td>5.1.2 曳引式杂物防爆电梯应当符合以下要求：
额定载重量大于 250 kg，设计上若允许检修人员抵达轿顶时，轿顶应设停止开关、照明装置。如有电源插接装置应当采用 2P+PE 型 250 V，直接供电或者采用安全电压供电；停止开关、照明装置和电源插接装置应当符合本规则防爆技术要求中相关要求</td><td>必要时现场目测或者按以下方法检查：
(1) 目测检修运行控制装置、停止装置和电源插座的设置；
(2) 操作验证检修运行控制装置、安全装置和停止装置的功能</td></tr>
</table>

续表

项目及类别		检验内容与要求	检验方法
5 轿厢与对重(平衡重)	5.2 轿顶护栏 C	曳引式防爆电梯及液压式防爆电梯应当符合以下要求： 井道壁离轿顶外侧水平方向自由距离超过 0.30 m 时，轿顶应当装设护栏，并且满足以下要求： (1) 由扶手、0.10 m 高的护脚板和位于护栏高度一半处的中间栏杆组成； (2) 当自由距离不大于 0.85 m 时，扶手高度不小于 0.70 m，当自由距离大于 0.85 m 时，扶手高度不小于 1.10 m； (3) 护栏装设在距轿顶边缘最大为 0.15 m 之内，并且其扶手外缘和井道中的任何部件之间的水平距离不小于 0.10 m； (4) 护栏上有关于俯伏或斜靠护栏危险的警示符号或须知	必要时现场目测或者测量相关数据
	5.3 轿厢安全窗(门) C	曳引式防爆电梯及液压式防爆电梯应当符合以下要求： 如果轿厢设有安全窗(门)，应当符合以下要求： (1) 设有手动上锁装置，能够不用钥匙从轿厢外开启，用规定的三角钥匙从轿厢内开启； (2) 轿厢安全窗不能向轿厢内开启，并且开启位置不超出轿厢的边缘，轿厢安全门不能向轿厢外开启，并且出入路径没有对重(平衡重)或者固定障碍物； (3) 其锁紧应由符合本规则防爆技术要求中相关要求的电气安全装置予以验证	必要时现场目测或者操作验证
	5.4 轿厢和对重(平衡重)间距 C	曳引式及液压式防爆电梯应当符合以下要求： 轿厢及关联部件与对重(平衡重)之间的距离应当不小于 50 mm	必要时现场目测或者测量相关数据
	5.5 对重(平衡重)的固定 C	如果对重(平衡重)由重块组成，应当可靠固定	必要时现场目测

续表

<table>
<tr><th colspan="2">项目及类别</th><th>检验内容与要求</th><th>检验方法</th></tr>
<tr><td rowspan="3">5
轿厢与对重(平衡重)</td><td rowspan="3">5.6
轿厢面积
C</td><td>5.6.1　曳引式防爆电梯轿厢有效面积应当符合下述规定：
<table>
<tr><th>Q[①]</th><th>S[②]</th><th>Q[①]</th><th>S[②]</th><th>Q[①]</th><th>S[②]</th><th>Q[①]</th><th>S[②]</th></tr>
<tr><td>100[③]</td><td>0.37</td><td>525</td><td>1.45</td><td>900</td><td>2.20</td><td>1 275</td><td>2.95</td></tr>
<tr><td>180[④]</td><td>0.58</td><td>600</td><td>1.60</td><td>975</td><td>2.35</td><td>1 350</td><td>3.10</td></tr>
<tr><td>225</td><td>0.70</td><td>630</td><td>1.66</td><td>1 000</td><td>2.40</td><td>1 425</td><td>3.25</td></tr>
<tr><td>300</td><td>0.90</td><td>675</td><td>1.75</td><td>1 050</td><td>2.50</td><td>1 500</td><td>3.40</td></tr>
<tr><td>375</td><td>1.10</td><td>750</td><td>1.90</td><td>1 125</td><td>2.65</td><td>1 600</td><td>3.56</td></tr>
<tr><td>400</td><td>1.17</td><td>800</td><td>2.00</td><td>1 200</td><td>2.80</td><td>2 000</td><td>4.20</td></tr>
<tr><td>450</td><td>1.30</td><td>825</td><td>2.05</td><td>1 250</td><td>2.90</td><td>2 500[⑤]</td><td>5.00</td></tr>
</table>
注 A-6：①额定载重量，kg；②轿厢最大有效面积，m^2；③一人防爆电梯的最小值；④二人防爆电梯的最小值；⑤额定载重量超过 2 500 kg 时，每增加 100 kg，面积增加 0.16 m^2。对中间的载重量，其面积由线性插入法确定</td><td>必要时现场目测或者测量计算轿厢有效面积</td></tr>
<tr><td>5.6.2　液压式防爆电梯轿厢的有效面积应当符合下表：
<table>
<tr><th>Q[①]</th><th>S[②]</th><th>Q[①]</th><th>S[②]</th><th>Q[①]</th><th>S[②]</th><th>Q[①]</th><th>S[②]</th></tr>
<tr><td>400[③]</td><td>0.37</td><td>525</td><td>1.45</td><td>900</td><td>2.20</td><td>1 275</td><td>2.95</td></tr>
<tr><td>450</td><td>0.58</td><td>600</td><td>1.60</td><td>975</td><td>2.35</td><td>1 350</td><td>3.10</td></tr>
<tr><td>525</td><td>0.70</td><td>630</td><td>1.66</td><td>1 000</td><td>2.40</td><td>1 425</td><td>3.25</td></tr>
<tr><td>600</td><td>0.90</td><td>675</td><td>1.75</td><td>1 050</td><td>2.50</td><td>1 500</td><td>3.40</td></tr>
<tr><td>630</td><td>1.10</td><td>750</td><td>1.90</td><td>1 125</td><td>2.65</td><td>1 600</td><td>3.56</td></tr>
<tr><td>675</td><td>1.17</td><td>800</td><td>2.00</td><td>1 200</td><td>2.80</td><td>2 000</td><td>4.20</td></tr>
</table>
注 A-7：超过 1 600 kg 时，每增加 100 kg 的载重轿厢面积增加 0.40 m^2。对中间载重量，其面积可通过线性插入法确定</td><td rowspan="2">必要时现场目测或者测量计算轿厢有效面积</td></tr>
<tr><td>5.6.3　曳引式杂物防爆电梯应当符合以下要求：
(1) 额定载重量 $Q\leqslant 500$ kg；
(2) 额定速度 $v\leqslant 1.0$ m/s；
(3) 最大的轿厢底面积 $S\leqslant 1.25$ m^2；
(4) 轿厢内部长、宽、高任何尺寸 $L\leqslant 1.4$ m；
(5) 轿厢底面积和额定载重量的关系见表：
<table>
<tr><td>额定载重量(kg)</td><td>10</td><td>50</td><td>100</td><td>200</td><td>250</td><td>500</td></tr>
<tr><td>最大的轿厢底面积(m^2)</td><td>0.15</td><td>0.50</td><td>0.75</td><td>1.00</td><td>1.25</td><td>1.25</td></tr>
</table>
注 A-8：中间的值可由线性插值法计算求得</td></tr>
</table>

续表

项目及类别		检验内容与要求	检验方法
5 轿厢与对重(平衡重)	5.7 轿厢铭牌 C	曳引式防爆电梯及液压式防爆电梯应当符合以下要求： 轿厢内应当设置采用黄铜或者不锈钢材质的整机铭牌，标明额定载重量及乘客人数(载货防爆电梯只标载重量、整机防爆标志、整机防爆合格证号、出厂编号、出厂日期、制造厂名称或商标；改造后的防爆电梯，铭牌上应当标明额定载重量及乘客人数(载货防爆电梯只标定载重量)、整机防爆标志、整机防爆合格证号、出厂编号、改造单位名称、改造竣工日期等；整机防爆合格证应在有效期内	必要时现场目测并与提供资料对比
	5.8 紧急照明和报警装置 B	曳引式防爆电梯及液压式防爆电梯应当符合以下要求： 轿厢内应当装设符合下述要求并符合本规则防爆技术要求中相关要求的紧急报警装置和应急照明： (1) 正常照明电源中断时，能够自动接通紧急照明电源； (2) 紧急报警装置采用对讲系统以便与救援服务持续联系，当防爆电梯行程大于 30 m 时，在轿厢和机房(或者紧急操作地点)之间也设置对讲系统，紧急报警装置的供电来自前条所述的紧急照明电源或者等效电源；在启动对讲系统后，被困乘客不必再做其他操作	现场目测或者按以下方法检查：断开正常照明供电电源，分别验证紧急照明系统、紧急报警装置的功能
	5.9 轿厢护脚板 C	曳引式防爆电梯及液压式防爆电梯应当符合以下要求： 轿厢地坎下应当装设护脚板，其垂直部分的高度不小于 0.75 m，宽度不小于层站入口宽度	必要时现场目测或者测量相关数据
	5.10 超载保护装置 C	曳引式防爆电梯及液压式防爆电梯应当符合以下要求： 应当设置符合本规则防爆技术要求中相关要求的轿厢超载保护装置，在轿厢内的载荷超过 110%额定载重量(超载量不少于 75 kg)时，能够防止防爆电梯正常启动及再平层，并且轿内有音响或者发光信号提示，动力驱动的自动门完全打开，手动门保持在未锁状态	必要时现场目测或者按以下方法检查： 进行加载试验，验证超载保护装置的功能
	5.11 安全钳 B (C)	5.11.1 曳引式防爆电梯及液压式防爆电梯应当符合以下要求： (1) 曳引式防爆电梯轿厢和非直顶液压式防爆电梯轿厢应当设置防爆型安全钳，轿厢和对重底部有进入通道，并且缓冲器设置未一直延伸到地面实心桩墩上，则应在轿厢和对重上设置防爆型安全钳； (2) 防爆型安全钳上应当设有铭牌，标明制造单位名称、型号、规格参数和型式试验机构标识，铭牌、防爆型式试验合格证、调试证书内容与实物应当相符； (3) 轿厢上应当装设一个在轿厢安全钳动作以前或者同时动作的电气安全装置，该电气安全装置应当符合本规则防爆技术要求中相关要求； (4) 安全钳工作面应当采用无火花材质或者采取无火花措施	现场目测或者按以下方法检查： (1) 对照检查安全钳防爆型式试验合格证、调试证书和铭牌； (2) 目测检查电气安全装置。 注 A-9：定期检验按 C 类项目进行

续表

<table>
<tr><th colspan="2">项目及类别</th><th>检验内容与要求</th><th>检验方法</th></tr>
<tr><td>5
轿厢与对重(平衡重)</td><td>5.11
安全钳
B
(C)</td><td>5.11.2 曳引式杂物防爆电梯应当符合以下要求:
(1) 如果轿厢额定载重量大于 250 kg,应在轿厢上设置防爆型安全钳;轿厢和对重底部有进入通道,并且缓冲器设置未一直延伸到实心桩墩上,则应在轿厢和对重上设置防爆型安全钳;
(2) 安全钳上应当设有铭牌,标明制造厂名、型号、规格参数以及型式试验编号,铭牌、防爆型式试验合格证、调试证书内容与实物应当相符;
(3) 轿厢上应当装设一个在轿厢安全钳动作以前或者同时动作的电气安全装置,该电气安全装置应当符合本规则防爆技术要求中相关要求;
(4) 安全钳工作面应当采用无火花材质或者采取无火花措施</td><td></td></tr>
<tr><td rowspan="4">6
悬挂装置、补偿装置及旋转部件防护</td><td>6.1
悬挂及补偿钢丝绳状况
C</td><td>出现下列情况之一时,悬挂钢丝绳和补偿钢丝绳应当报废:
(1) 出现笼状畸变、绳芯挤出、扭结、部分压扁、弯折;
(2) 断丝分散出现在整条钢丝绳,任何一个捻距内单股的断丝数大于 4 根;或者断丝集中在钢丝绳某一部位或一股,一个捻距内断丝总数大于 12 根(对于股数为 6 的钢丝绳)或者大于 16 根(对于股数为 8 的钢丝绳);
(3) 磨损后的钢丝绳直径小于钢丝绳公称直径的 90%;
采用其他类型悬挂装置的,悬挂装置的磨损、变形等应当不超过制造单位设定的报废指标</td><td>必要时现场目测或者按以下方法检查:
(1) 用钢丝绳探伤仪或者放大镜全长检测或者分段抽测;测量并且判断钢丝绳直径变化情况。测量时,以相距至少 1 m 的两点进行,在每点相互垂直方向上测量两次,四次测量值的平均值,即为钢丝绳的实测直径;
(2) 采用其他类型悬挂装置的,按照制造单位提供的方法进行检验</td></tr>
<tr><td>6.2
端部固定
C</td><td>悬挂钢丝绳绳端固定应当可靠,弹簧、螺母、开口销等连接部件无缺损;
采用其他类型悬挂装置的,其端部固定应当符合制造单位的规定</td><td>必要时现场目测或者按照制造单位的规定进行检验</td></tr>
<tr><td>6.3
补偿装置
C</td><td>曳引式防爆电梯应当符合以下要求:
补偿链(绳)端部固定应当可靠,补偿链(绳)外部应当采取无火花措施,运动时不得碰擦其他金属构件和底坑地面</td><td>必要时现场目测</td></tr>
<tr><td>6.4
旋转部件的防护
C</td><td>在机房(机器设备间)内的曳引轮、滑轮、限速器,在井道内滑轮、限速器及张紧轮、补偿绳张紧轮,在轿厢上的滑轮等与钢丝绳形成传动的旋转部件,均应当设置固定牢靠的防护装置,以避免人身伤害、钢丝绳因松弛而脱离绳槽、异物进入绳与绳槽。防护装置应当固定可靠,不得碰擦运动部件</td><td>必要时现场目测</td></tr>
</table>

续表

<table>
<tr><th colspan="2">项目及类别</th><th>检验内容与要求</th><th>检验方法</th></tr>
<tr><td rowspan="7">7
轿门与层门</td><td>7.1
门地坎距离
C</td><td>(1) 曳引式防爆电梯及液压式防爆电梯的轿厢地坎与层门地坎的水平距离不得大于 35 mm；
(2) 曳引式杂物防爆电梯的每一个层站入口应有地坎，层门地坎与轿厢之间的水平距离应不大于 25 mm</td><td>必要时现场目测或者测量相关尺寸</td></tr>
<tr><td rowspan="2">7.2
门间隙
C</td><td>7.2.1　曳引式防爆电梯及液压式防爆电梯门关闭后应当符合以下要求：
(1) 门扇之间及门扇与立柱、门楣和地坎之间的间隙，对于乘客防爆电梯不大于 6 mm；对于载货防爆电梯不大于 8 mm，使用过程中由于磨损，允许达到 10 mm；
(2) 在水平移动门和折叠门主动门扇的开启方向，以 150 N 的人力施加在一个最不利的点，前条所述的间隙允许增大，但对于旁开门不大于 30 mm，对于中分门其总和不大于 45 mm</td><td>必要时现场目测或者测量相关尺寸</td></tr>
<tr><td>7.2.2　曳引式杂物防爆电梯应当符合以下要求：
面对轿厢入口井道开口处应设无孔层门。门关闭时，在门扇之间或门扇与立柱、门楣或地坎之间的间隙应尽可能小，均要求不大于 6 mm；定期检验时该项内容可放宽至不大于 10 mm</td><td>必要时现场目测或者测量相关尺寸</td></tr>
<tr><td>7.3
防止门夹人的保护装置
B</td><td>曳引式防爆电梯及液压式防爆电梯应当符合以下要求：
动力驱动的自动水平滑动门应当设置防止门夹人并且符合本规则防爆技术要求中相关要求的保护装置，当人员通过层门入口被正在关闭的门扇撞击或者将被撞击时，该装置应当自动使门重新开启</td><td>现场目测或者模拟动作试验</td></tr>
<tr><td>7.4
门运行和导向
C</td><td>(1) 层门和轿门正常运行时不得出现脱轨、机械卡阻或者在行程终端时错位；
(2) 曳引式防爆电梯和液压式防爆电梯由于磨损、锈蚀或者火灾可能造成层门导向装置失效时，应当设置应急导向装置，使层门保持在原有位置</td><td>必要时现场目测</td></tr>
<tr><td>7.5
自动关闭层门装置
B</td><td>曳引式防爆电梯及液压式防爆电梯应当符合以下要求：
在轿门驱动层门的情况下，当轿厢在开锁区域之外时，如果层门开启(无论何种原因)，应当有一种装置能够确保该层门自动关闭。自动关闭装置采用重块时，应当有防止重块坠落时的无火花措施</td><td>现场目测或者按以下方法检查：
抽取基站、端站以及 20%其他层站的层门，将轿厢运行至开锁区域外，打开层门，观察层门关闭情况及防止重块坠落措施的有效性</td></tr>
</table>

续表

项目及类别		检验内容与要求	检验方法
7 轿门与层门	7.6 紧急开锁装置 B	每个层门均应当能够被一把符合要求的钥匙从外面开启；紧急开锁后，在层门闭合时门锁装置不应当保持开锁位置。曳引式杂物防爆电梯应当在端站层门上安装能自复位的紧急开锁装置	现场目测或者按以下方法检查： 抽取基站、端站以及20%其他层站的层门，用钥匙操作紧急开锁装置，验证其功能
	7.7 门的锁紧 B	7.7.1　曳引式防爆电梯及液压式防爆电梯应当符合以下要求： (1) 每个层门都应当设置门锁装置，其锁紧动作应当由重力、永久磁铁或者弹簧来产生和保持，即使永久磁铁或者弹簧失效，重力亦不能导致开锁； (2) 轿厢应当在锁紧元件啮合不小于7 mm时才能启动； (3) 门的锁紧应当由一个符合本规则防爆技术要求中相关要求的电气安全装置来验证，该装置应当由锁紧元件强制操作而没有任何中间机构，并且能够防止误动作； (4) 如果轿门采用了门锁装置，该装置也应当符合以上有关要求	现场目测或者按以下方法检查： (1) 目测门锁及电气安全装置的设置； (2) 目测锁紧元件的啮合情况，认为啮合长度可能不足时测量电气触点刚闭合时锁紧元件的啮合长度； (3) 使防爆电梯以检修速度运行，打开门锁，观察防爆电梯是否停止
		7.7.2　曳引式杂物防爆电梯应当符合以下要求： (1) 每一个层门均应设置门锁，门锁动作灵活。层门的门锁元件的啮合，嵌入的尺寸应不小于5 mm； (2) 每个层门应当具有符合本规则防爆技术要求中相关要求的电气安全装置。层门的锁闭应当满足下列要求： ① 如果一个层门打开，电梯应当不能正常启动； ② 正常运行和轿厢未停止在开锁区内层门应当不能打开	现场目测或者按以下方法检查： (1) 目测门锁及电气安全装置的设置； (2) 目测门锁元件的啮合情况，认为嵌入长度可能不足时测量长度； (3) 使防爆电梯以检修速度运行，打开门锁，观察防爆电梯是否停止
	7.8 门的闭合 B	(1) 正常运行时应当不能打开层门，除非轿厢在该层门的开锁区域内停止或停站；如果一个层门或者轿门(或者多扇门中的任何一扇门)开着，在正常操作情况下，应当不能启动防爆电梯或者不能保持继续运行； (2) 每个层门和轿门的闭合都应当由符合本规则防爆技术要求中相关要求的电气安全装置来验证，如果滑动门是由数个间接机械连接的门扇组成，则未被锁住的门扇上也应当设置符合本规则防爆技术要求中相关要求的电气安全装置以验证其闭合状态	现场目测或者按以下方法检查： (1) 使防爆电梯以检修速度运行，打开层门，检查防爆电梯是否停止； (2) 将防爆电梯置于检修状态，层门关闭，打开轿门，观察防爆电梯能否运行； (3) 对于由数个间接机械连接的门扇组成的滑动门，抽取轿门和基站、端站以及20%其他层站的层门，短接被锁住门扇上的电气安全装置，使各门扇均打开，观察防爆电梯能否运行

续表

项目及类别		检验内容与要求	检验方法
7 轿门与层门	7.9 门刀、门锁滚轮与地坎间隙 C	曳引式防爆电梯及液压式防爆电梯应当符合以下要求：轿门门刀与层门地坎，层门锁滚轮与轿厢地坎的间隙应当不小于 5 mm；防爆电梯运行时不得互相碰擦	必要时现场目测或者测量相关数据
8 曳引式杂物防爆电梯附加项目	8.1 门扇及固定 C	(1) 轿厢应当设有轿厢门； (2) 垂直滑动层门的门扇应该固定在两个独立的悬挂部件上； (3) 电气安全联锁装置应当符合本规则防爆技术要求中相关要求	必要时现场目测
	8.2 信号指示 C	呼梯、楼层显示及到站音响等信号功能有效，指示正确、动作无误；上述电气部件应当符合本规则防爆技术要求中相关要求	必要时现场目测
	8.3 层站标识 C	(1) 基站应当设置采用黄铜或者不锈钢材质的整机铭牌，并应标明电梯的型号、运行速度、额定载重量、整机防爆标志、整机防爆合格证号、出厂编号、出厂日期、制造厂名称或者商标等相关技术参数，标识及说明应当使用中文书写，防爆合格证应在有效期内； (2) 在每层站、层门入口处清晰标明“本防爆电梯严禁载人”标识	必要时现场目测
9 液压式防爆电梯附加项目	9.1 安全溢流阀 B	在连接油泵到单向阀之间的管路上应当设置安全溢流阀，安全溢流阀的调定工作压力一般不应超过满负荷压力值的 140%。特殊情况下不得高于满负荷压力的 170%，但应提供相应的液压管路(包括油缸)的计算说明	现场目测或者按以下方法检查： 由随机资料查出系统的满负荷压力值，将经校验压力表接入液压系统中上行方向阀与截止阀之间的压力检测点上，关闭截止阀，检修点动上行，让液压站系统压力缓慢上升，当压力值不再上升，压力表显示压力值即为溢流阀的工作压力值，并判断是否符合要求

续表

<table>
<tr><th colspan="2">项目及类别</th><th>检验内容与要求</th><th>检验方法</th></tr>
<tr><td rowspan="4">9
液压式防爆电梯附加项目</td><td>9.2
手动下降阀
B</td><td>在停电状态下，机房内手动控制的下降阀功能可靠，能将轿厢以不大于0.3 m/s的速度下降到平层位置。在此过程中为了防止间接式液压式防爆电梯的驱动钢丝绳或者链条出现松弛现象，当系统压力低于该阀的最小操作压力时，手动下降操作应当无效。手动下降阀必须是在人力持续的操作下才有效；手动下降阀应有防止误动作的警示标志或者措施</td><td>现场目测或者按以下方法检查：
(1) 在下端站平层后打开轿门，在机房切断主电源，操作手动下降阀，观察轿厢是否下降；
(2) 对于间接式液压式防爆电梯还应检查当系统压力低于最小操作压力时该阀是否处于无效状态</td></tr>
<tr><td>9.3
温控装置
B</td><td>液压系统油温监控装置功能应当可靠，当油箱油温超过预定值时，该装置应能立即将防爆电梯就近停靠在平层位置上并且打开轿门，只有经过充分冷却之后，防爆电梯才能自动恢复上行方向的正常运行，油温监控装置应当符合本规则防爆技术要求中相关要求</td><td>现场目测或者按以下方法检查：
(1) 对于油温监控装置的动作温度可调的防爆电梯，将其设定值调低至接近正常油温，启动防爆电梯以额定速度持续运行，直至该装置动作，检查防爆电梯能否就近平层并打开轿门；
(2) 对于油温监控装置的动作温度不可调的防爆电梯，在防爆电梯正常运行过程中，模拟温度检测元件动作的状态(如拆下热敏电阻的接线端子)，检查油温监控装置的功能是否符合上述要求</td></tr>
<tr><td>9.4
油箱及油位
C</td><td>(1) 液压油箱必须无任何渗漏，堵封应有可靠牢固的防松装置；
(2) 液压油箱应当设置油位指示装置</td><td>必要时现场目测</td></tr>
<tr><td>9.5
液压管路保护密封
C</td><td>液压管路及其附件，应当固定可靠并且易于检修人员的接近。如果管路在敷设时，需要穿墙或者地板，则在穿墙或者地板处加金属套管，套管内应无管接头，同时应当确保穿墙液压管外部周围可靠密封</td><td>必要时现场目测</td></tr>
</table>

续表

<table>
<tr><th colspan="2">项目及类别</th><th>检验内容与要求</th><th>检验方法</th></tr>
<tr><td rowspan="4">9
液压式防爆电梯附加项目</td><td>9.6
液压软管
C</td><td>用于液压泵站到油缸之间的高压软管上应当印有制造厂名(或商标)、试验压力和试验日期,固定软管时,软管的弯曲半径应不小于制造厂规定的最小弯曲半径</td><td>必要时现场目测或者按以下方法检查:
进入液压泵站及井道内查看软管上是否印有规定内容的标记,必要时根据制造厂规定,查验软管各转弯处的弯曲半径是否符合其要求</td></tr>
<tr><td>9.7
启动时间保护
C</td><td>液压式防爆电梯应当设有一种装置,当启动时,如果驱动油泵的电动机不旋转,此时该装置动作并使电梯停止运行并且保持停车状态。该装置应在一定时间内起作用,时间不大于下列两个数中的较小值:
(1) 45 s;
(2) 运行全程的时间加上 10 s;若全行程时间少于 10 s,则最小值为 20 s;
该装置必须手动复位,并且动作时也不得影响检修操作和防沉降系统的功能</td><td>必要时现场目测或者按以下方法检查:
切断主电源开关,将驱动油泵的电动机三相电源拆除,并且用绝缘胶布包好,送电后给轿厢一个运行指令,观察该装置是否动作,记录动作时间;检查该装置动作后是否手动复位</td></tr>
<tr><td>9.8
沉降试验
C</td><td>液压式防爆电梯的载有额定载荷的轿厢停靠在上端站,在 10 min 内轿厢下沉距离不超过 10 mm(因油温影响引起的沉降应当考虑在内)</td><td>现场目测或者按以下方法检查:
将轿厢停靠在上端站平层,切断主电源,在轿厢内均匀加以额定载荷,保持 10 min 后,用钢直尺测量轿厢地坎与层门地坎之间的垂直距离;定期检验时,轿厢在空载状况下试验</td></tr>
<tr><td>9.9
电气防沉降系统
C</td><td>当轿厢位于平层面以下最大 0.12 m 至开锁区下端的区间内时,无论轿门处于任何位置,都应按上行方向给主机通电,使轿厢向上移动</td><td>现场目测或者按以下方法检查:
轿厢装载均匀分布的额定载荷,操作手动下降阀使液压梯进入检验内容规定的区域,检查轿厢能否自动向上移动至平层位置。
注 A-10:定期检验不适用</td></tr>
</table>

续表

项目及类别		检验内容与要求	检验方法
9 液压式防爆电梯附加项目	9.10 限速切断阀试验 B	轿厢下行超速，当达到限速切断阀的动作速度时，限速切断阀应当可靠动作，其调定速度应当符合出厂资料的要求	现场目测或者按以下方法检查： (1) 轿厢内均匀分布额定载荷并停在适当的楼层(楼层尽量低，足以使限速切断阀动作)，在机房操作限速切断阀的手动试验装置，检查限速切断阀能否动作，从而将轿厢可靠制停。将限速切断阀的调整位置与制造厂的调整图进行比较，以检查限速切断阀动作速度的调整是否正确； (2) 如果有限速器，试验前应解除限速器的功能； 定期检验时，空载实施上述检验
	9.11 耐压试验 B	对液压系统加以200%的满负荷压力，持续5 min，液压系统应无明显的压力下降和泄漏。该试验应在安全钳试验完成后进行	现场目测或者按以下方法检查： 使电梯停在上端站平层位置，将带有溢流阀的手动泵和校准过的压力表接入液压系统中上行方向阀与截止阀之间的压力检测点上(如果系统配有手动泵，只须接入压力表即可)，调节手动泵上的溢流阀工作压力为满负荷压力值的200%，操作手动泵使轿厢上行直至柱塞完全伸出，并且系统压力升至手动泵溢流阀的工作压力，停止操作，持续5 min，观察系统有无明显的压力下降和泄漏。 注A-11：定期检验不适用
10 相关试验	10.1 轿厢上行超速保护装置试验 C	曳引式防爆电梯应当符合以下要求： 当轿厢上行速度失控时，轿厢上行超速保护装置应当动作，使轿厢制停或者至少使其速度降低至对重缓冲器的设计范围；该装置动作时，应当使一个电气安全装置动作	必要时现场目测或者按以下方法检查： 由施工或者维护保养单位按照制造单位规定的方法进行试验，检验人员现场观察、确认

续表

<table>
<tr><th colspan="2">项目及类别</th><th>检验内容与要求</th><th>检验方法</th></tr>
<tr><td rowspan="3">10
相关
试验</td><td>10.2
耗能
缓冲
器试验
C</td><td>曳引式防爆电梯及液压式防爆电梯应当符合以下要求：
缓冲器动作后，回复至其正常伸长位置防爆电梯才能正常运行；缓冲器完全复位的最大时间限度为120 s</td><td>必要时现场目测或者按以下方法检查：
(1) 将限位开关(如果有)、极限开关短接，以检修速度下降空载轿厢，将缓冲器压缩，观察电气安全装置动作情况；
(2) 将限位开关(如果有)、极限开关和相关的电气安全装置短接，以检修速度下降空载轿厢，将缓冲器完全压缩，测量从轿厢开始提起到缓冲器回复原状时间</td></tr>
<tr><td>10.3
平衡
系数
试验
C</td><td>曳引式防爆电梯及曳引式杂物防爆电梯应当符合以下要求：
曳引式防爆电梯的平衡系数应当在0.40～0.50，或者符合制造(改造)单位的设计值</td><td>必要时现场目测或者按以下方法检查：
轿厢分别空载、装载额定载重量的25%、40%、50%、75%、100%、110%作上下全程运行，当轿厢和对重运行到同一水平位置时，记录电动机的电流值，绘制电流—负荷曲线，以上、下行运行曲线的交点确定平衡系数。以电动机电源输入端为电流检测点</td></tr>
<tr><td>10.4
轿厢限
速器-
安全钳
动作
试验
B</td><td>(1) 施工监督检验：轿厢装有下述载荷，以检修速度下行，进行限速器-安全钳联动试验，限速器-安全钳动作应当可靠：
① 瞬时式安全钳，轿厢装载额定载重量，对于轿厢面积超出规定的载货防爆电梯，以轿厢实际面积按规定所对应的额定载重量作为试验载荷；
② 渐进式安全钳，轿厢装载1.25倍额定载荷，对于轿厢面积超出规定的载货防爆电梯，取1.25倍额定载重量与轿厢实际面积按规定所对应的额定载重量两者中的较大值作为试验载荷；
(2) 定期检验：轿厢空载，以检修速度下行，进行限速器-安全钳联动试验，限速器-安全钳动作应当可靠；
(3) 液压式防爆电梯如果采用其他的防坠落装置，则需按照上述的试验条件进行试验</td><td>现场目测或者按以下方法检查：
(1) 施工监督检验：由施工单位进行试验，检验人员现场观察、确认；
(2) 定期检验：
短接限速器和安全钳的电气安全装置，轿厢空载，以检修速度向下运行，人为动作限速器，观察轿厢制停情况</td></tr>
</table>

续表

项目及类别		检验内容与要求	检验方法
10 相关 试验	10.5 对重(平衡重)限速器-安全钳动作试验 B	轿厢空载,以检修速度上行,进行限速器-安全钳联动试验,限速器-安全钳动作应当可靠	现场目测或者按以下方法检查: 短接限速器和安全钳的电气安全装置(如果有),轿厢空载以检修速度向上运行,人为动作限速器,观察对重(平衡重)制停情况
	10.6 空载曳引力试验 B	当对重压在缓冲器上而曳引机按防爆电梯上行方向旋转时,应当不能提升空载轿厢	现场目测或者按以下方法检查: 将上限位开关(如果有)、极限开关和缓冲器柱塞复位开关(如果有)短接,以检修速度将空载轿厢提升,当对重压在缓冲器上后,继续使曳引机按上行方向旋转,观察是否出现曳引轮与曳引绳产生相对滑动现象,或者曳引机停止旋转
	10.7 运行试验 C	轿厢分别空载、满载,以正常运行速度上、下运行,呼梯、楼层显示等信号系统功能有效、指示正确、动作无误,轿厢平层良好,无异常现象发生	必要时现场目测或者按以下方法检查: 轿厢分别空载、满载,以正常运行速度上、下运行,观察运行情况
	10.8 消防返回功能试验 B	曳引式防爆电梯及液压式防爆电梯应当符合以下要求: 如果防爆电梯设有消防返回功能,应当符合以下要求: (1) 消防开关应当设在基站或者撤离层,防护玻璃应当完好,并且标有“消防”字样; (2) 消防功能启动后,防爆电梯不响应外呼和内选信号,轿厢直接返回指定撤离层,开门待命; (3)电气部件应当符合本规则防爆技术要求中相关要求	现场目测或者按以下方法检查: 防爆电梯在停止或者运行过程中,选择一些楼层呼梯,动作消防开关,检查防爆电梯运行和开门状况
	10.9 空载上行制动试验 B	曳引式防爆电梯及曳引式杂物防爆电梯应当符合以下要求: 轿厢空载以正常运行速度上行时,切断电动机与制动器供电,轿厢应当被可靠制停,并且无明显变形和损坏	现场目测或者按以下方法检查: 轿厢空载以正常运行速度上行至行程上部时,断开主开关,检查轿厢制停情况
	10.10 超载下行制动试验 A	曳引式防爆电梯及曳引式杂物防爆电梯应当符合以下要求: 轿厢装载1.25倍额定载重量,以正常运行速度下行至行程下部,切断电动机与制动器供电,曳引机应当停止运转,轿厢应当完全停止	现场目测或者按以下方法检查: 由施工单位进行试验,检验人员现场观察、确认

附件 B

报告编号：

曳引式防爆电梯监督检验报告

（格式）

使 用 单 位：________________

设 备 代 码：________________

设 备 名 称：________________

设 备 类 型：________________

施 工 类 别：（安装、改造、重大维修）

施 工 单 位：________________

检 验 机 构：________________

检 验 日 期：________________

（印制检验机构名称）

注 意 事 项

1. 本报告依据《电梯监督检验和定期检验规则——防爆电梯》(TSG T7003—2011)制定,适用于曳引式防爆电梯安装、改造、重大维修监督检验。

2. 本报告应当由计算机打印输出,或者用钢笔、签字笔填写,字迹应当工整,修改无效。

3. 本报告无检验、编制、审核、批准人员签字和检验机构的核准证号、检验专用章或者公章无效。

4. 本报告一式三份,由检验机构、施工单位和使用单位分别保存。

5. 受检单位对本报告结论如有异议,请在收到报告书之日起15日内,向检验机构提出书面意见。

检验机构地址:

邮政编码:

联系电话:

曳引式防爆电梯监督检验报告

报告编号：

<table>
<tr><td colspan="2">设备名称</td><td></td><td>规格型号</td><td></td></tr>
<tr><td colspan="2">制造单位</td><td></td><td>使用单位</td><td></td></tr>
<tr><td colspan="2">施工单位</td><td></td><td>使用登记编号</td><td></td></tr>
<tr><td colspan="2">施工单位许可证编号</td><td></td><td>施工类别</td><td>（安装、改造、维修）</td></tr>
<tr><td colspan="2">安装地点</td><td></td><td>产品编号</td><td></td></tr>
<tr><td colspan="2">维护保养单位</td><td></td><td>制造日期</td><td></td></tr>
<tr><td colspan="2">整机防爆标志</td><td></td><td>燃爆物质</td><td></td></tr>
<tr><td colspan="2">整机防爆合格证号</td><td></td><td>区域防爆等级</td><td></td></tr>
<tr><td rowspan="2">设备技术参数</td><td>额定载重量</td><td>kg</td><td>额定速度</td><td>m/s</td></tr>
<tr><td>层站数</td><td>层　站　门</td><td>控制方式</td><td></td></tr>
<tr><td>检验依据</td><td colspan="4">《电梯监督检验和定期检验规则——防爆电梯》(TSG T7003—2011)</td></tr>
<tr><td>主要检验仪器设备</td><td colspan="4"></td></tr>
<tr><td>检验结论</td><td colspan="4"></td></tr>
<tr><td>备注</td><td colspan="4"></td></tr>
<tr><td colspan="2">检验日期</td><td></td><td>下次检验日期</td><td></td></tr>
<tr><td colspan="2">检验人员</td><td colspan="3"></td></tr>
<tr><td colspan="3">编制：　　　　日期：</td><td colspan="2" rowspan="3">检验机构核准证号：

（检验机构公章或检验专用章）
年　月　日</td></tr>
<tr><td colspan="3">审核：　　　　日期：</td></tr>
<tr><td colspan="3">批准：　　　　日期：</td></tr>
</table>

共　页　第　页

报告编号：

<table>
<tr><th>序号</th><th>检验类别</th><th colspan="3">检验项目及其内容</th><th>检验结果</th><th>检验结论</th></tr>
<tr><td rowspan="8">1</td><td rowspan="8">A</td><td rowspan="26">1
技术资料</td><td rowspan="8">1.1
制造资料</td><td>(1) 制造许可证明文件</td><td></td><td rowspan="8"></td></tr>
<tr><td>(2) 整机防爆型式试验合格证或报告书</td><td></td></tr>
<tr><td>(3) 产品合格证等质量证明文件</td><td></td></tr>
<tr><td>(4) 整机防爆合格证和电气部件防爆合格证</td><td></td></tr>
<tr><td>(5) 安全装置、主要部件型式试验合格证等资料</td><td></td></tr>
<tr><td>(6) 电气原理图、电气安装敷线图、电气设备电缆引入装置的位置示意图</td><td></td></tr>
<tr><td>(7) 机房(机器设备间)和井道布置图</td><td></td></tr>
<tr><td>(8) 安装使用维护说明书</td><td></td></tr>
<tr><td rowspan="6">2</td><td rowspan="6">A</td><td rowspan="6">1.2
安装资料</td><td>(1) 安装许可证和告知书</td><td></td><td rowspan="6"></td></tr>
<tr><td>(2) 施工方案</td><td></td></tr>
<tr><td>(3) 特种设备作业人员证件</td><td></td></tr>
<tr><td>(4) 施工过程记录和自检报告</td><td></td></tr>
<tr><td>(5) 设计变更证明文件</td><td></td></tr>
<tr><td>(6) 安装质量证明文件</td><td></td></tr>
<tr><td rowspan="6">3</td><td rowspan="6">A</td><td rowspan="6">1.3
改造、重大维修资料</td><td>(1) 改造(维修)许可证和告知书</td><td></td><td rowspan="6"></td></tr>
<tr><td>(2) 施工方案</td><td></td></tr>
<tr><td>(3) 更换安全装置和主要部件的型式试验合格证及电气部件防爆合格证等资料</td><td></td></tr>
<tr><td>(4) 特种设备作业人员证件</td><td></td></tr>
<tr><td>(5) 施工过程记录和自检报告</td><td></td></tr>
<tr><td>(6) 改造后产品合格证和整机防爆合格证等质量证明文件</td><td></td></tr>
<tr><td rowspan="6">4</td><td rowspan="6">B</td><td rowspan="6">1.4
使用资料</td><td>(1) 使用登记资料</td><td></td><td rowspan="6"></td></tr>
<tr><td>(2) 安全技术档案</td><td></td></tr>
<tr><td>(3) 管理规章制度</td><td></td></tr>
<tr><td>(4) 日常维护保养合同</td><td></td></tr>
<tr><td>(5) 特种设备作业人员证</td><td></td></tr>
<tr><td>(6) 爆炸危险区域以及防爆级别、组别</td><td></td></tr>
</table>

共　页　第　页

报告编号：

<table>
<tr><th>序号</th><th>检验类别</th><th colspan="3">检验项目及其内容</th><th>检验结果</th><th>检验结论</th></tr>
<tr><td rowspan="2">5</td><td rowspan="2">C</td><td rowspan="31">2
防爆
技术
要求</td><td rowspan="2">2.1
防爆
等级</td><td>（1）防爆电气部件铭牌标注</td><td></td><td rowspan="2"></td></tr>
<tr><td>（2）防爆电气部件防爆类型、级别、组别</td><td></td></tr>
<tr><td rowspan="3">6</td><td rowspan="3">C</td><td rowspan="3">2.2
外壳
要求</td><td>（1）放爆电气部件外壳</td><td></td><td rowspan="3"></td></tr>
<tr><td>（2）防爆接合面和紧固件</td><td></td></tr>
<tr><td>（3）防爆电气部件外表最高温度</td><td></td></tr>
<tr><td>7</td><td>C</td><td colspan="2">2.3　本安型电气部件本安标志</td><td></td><td></td></tr>
<tr><td rowspan="3">8</td><td rowspan="3">C</td><td rowspan="3">2.4
隔爆型
设备</td><td>（1）隔爆型部件防爆等级和防爆外壳</td><td></td><td rowspan="3"></td></tr>
<tr><td>（2）隔爆型部件电气联锁或警告标志</td><td></td></tr>
<tr><td>（3）隔爆型部件隔爆面</td><td></td></tr>
<tr><td>9</td><td>C</td><td colspan="2">2.5　增安型部件防爆等级和防爆外壳</td><td></td><td></td></tr>
<tr><td rowspan="2">10</td><td rowspan="2">C</td><td rowspan="2">2.6
浇封
部件</td><td>（1）浇封型部件防爆等级和防爆外壳</td><td></td><td rowspan="2"></td></tr>
<tr><td>（2）浇封型部件浇封表面</td><td></td></tr>
<tr><td rowspan="2">11</td><td rowspan="2">C</td><td rowspan="2">2.7
油浸
部件</td><td>（1）油浸型部件防爆等级和防爆外壳</td><td></td><td rowspan="2"></td></tr>
<tr><td>（2）油浸型部件密封、油位和螺栓</td><td></td></tr>
<tr><td rowspan="3">12</td><td rowspan="3">C</td><td rowspan="3">2.8
正压
机房</td><td>（1）正压型机房空气进风口位置</td><td></td><td rowspan="3"></td></tr>
<tr><td>（2）正压型机房充气电气联锁装置</td><td></td></tr>
<tr><td>（3）正压型机房微差压继电器</td><td></td></tr>
<tr><td rowspan="2">13</td><td rowspan="2">C</td><td rowspan="2">2.9
防爆
接线盒</td><td>（1）防爆区域内非本安电路电缆连接</td><td></td><td rowspan="2"></td></tr>
<tr><td>（2）防爆接线盒防爆等级和防爆外壳</td><td></td></tr>
<tr><td rowspan="3">14</td><td rowspan="3">C</td><td rowspan="3">2.10
电缆
配线</td><td>（1）防爆区域内橡胶电缆或铠装电缆</td><td></td><td rowspan="3"></td></tr>
<tr><td>（2）动力电缆和控制电缆等的敷设</td><td></td></tr>
<tr><td>（3）电缆的防机械损伤保护措施</td><td></td></tr>
<tr><td rowspan="3">15</td><td rowspan="3">C</td><td rowspan="3">2.11
本安
配线</td><td>（1）本安电路浅蓝色标识</td><td></td><td rowspan="3"></td></tr>
<tr><td>（2）本安与非本安电路敷设</td><td></td></tr>
<tr><td>（3）本安与非本安电路接线分隔</td><td></td></tr>
<tr><td>16</td><td>C</td><td colspan="2">2.12　非本安型防爆电气部件电缆引入装置</td><td></td><td></td></tr>
<tr><td>17</td><td>C</td><td colspan="2">2.13　非本安型防爆电气部件外壳余孔封堵</td><td></td><td></td></tr>
</table>

共　页　第　页

报告编号：

序号	检验类别	检验项目及其内容			检验结果	检验结论
18	C	3 机房（机器设备间）及相关设备	3.1.1 机房通道与通道门	（1）通道设置		
				（2）通道防爆型照明		
				（3）通道门		
19	C		3.2 机房（机器设备间）专用			
20	C		3.3.1 安全空间	（1）控制屏（柜）前的净空面积		
				（2）维修、操作处的净空面积		
				（3）楼梯（台阶）、护栏		
21	C		3.4 地面开口			
22	C		3.5 照明与插座	（1）机房防爆型照明以及开关		
				（2）防爆型电源插接装置（如果有）		
				（3）井道照明（如果有）、轿厢照明和插接装置（如果有）的防爆型电源开关		
23	C		3.6 断错相保护			
24	B		3.7 主开关	（1）防爆型主开关设置		
				（2）与照明等电路的控制关系		
				（3）防止误操作装置		
				（4）对应标志		
25	B		3.8.1 驱动主机 B	（1）工作状况		
				（2）曳引轮安全色		
				（3）轮槽磨损		
				（4）电动机和制动器及防爆要求		
				（5）电动机和减速器散热及外表最高温度		
26	C		3.9.1 制动装置	（1）防爆型制动器设置		
				（2）制动机械部件设置		
				（3）电气装置设置及电气部件防爆要求		
				（4）制动部件外表最高温度		

共 页 第 页

报告编号：

<table>
<tr><th>序号</th><th>检验类别</th><th colspan="3">检验项目及其内容</th><th>检验结果</th><th>检验结论</th></tr>
<tr><td rowspan="3">27</td><td rowspan="3">B</td><td rowspan="11">3
机房（机器设备间）及相关设备</td><td rowspan="3">3.10.1
紧急操作</td><td>（1）手动紧急操作装置</td><td></td><td rowspan="3"></td></tr>
<tr><td>（2）紧急电动运行装置及防爆要求</td><td></td></tr>
<tr><td>（3）应急救援程序</td><td></td></tr>
<tr><td rowspan="3">28</td><td rowspan="3">B</td><td rowspan="3">3.11
限速器</td><td>（1）限速器铭牌</td><td></td><td rowspan="3"></td></tr>
<tr><td>（2）电气安全装置及防爆要求</td><td></td></tr>
<tr><td>（3）动作速度校验</td><td></td></tr>
<tr><td rowspan="3">29</td><td rowspan="3">C</td><td rowspan="3">3.12
接地</td><td>（1）供电电源和N线与PE线的设置</td><td></td><td rowspan="3"></td></tr>
<tr><td>（2）接地连接</td><td></td></tr>
<tr><td>（3）接地电阻</td><td></td></tr>
<tr><td>30</td><td>C</td><td colspan="2">3.13　电气绝缘</td><td></td><td></td></tr>
<tr><td>31</td><td>B</td><td colspan="2">3.14　轿厢防爆型上行超速保护装置</td><td></td><td></td></tr>
<tr><td>32</td><td>C</td><td rowspan="17">4
井道及相关设备</td><td colspan="2">4.1　井道封闭以及封闭材料</td><td></td><td></td></tr>
<tr><td rowspan="4">33</td><td rowspan="4">C</td><td rowspan="4">4.2
井道安全门</td><td>（1）安全门设置</td><td></td><td rowspan="4"></td></tr>
<tr><td>（2）门的开启方向</td><td></td></tr>
<tr><td>（3）门锁</td><td></td></tr>
<tr><td>（4）电气安全装置及防爆要求</td><td></td></tr>
<tr><td rowspan="4">34</td><td rowspan="4">C</td><td rowspan="4">4.3
井道检修门</td><td>（1）门的尺寸</td><td></td><td rowspan="4"></td></tr>
<tr><td>（2）门的开启方向</td><td></td></tr>
<tr><td>（3）门锁</td><td></td></tr>
<tr><td>（4）电气安全装置及防爆要求</td><td></td></tr>
<tr><td rowspan="2">35</td><td rowspan="2">C</td><td rowspan="2">4.5.1
顶部空间</td><td>（1）当对重完全压在缓冲器上时应当同时满足的条件</td><td></td><td rowspan="2"></td></tr>
<tr><td>（2）对重导轨制导行程</td><td></td></tr>
<tr><td rowspan="4">36</td><td rowspan="4">C</td><td rowspan="4">4.6
导轨</td><td>（1）支架个数与间距</td><td></td><td rowspan="4"></td></tr>
<tr><td>（2）支架安装</td><td></td></tr>
<tr><td>（3）导轨工作面铅垂度</td><td></td></tr>
<tr><td>（4）导轨顶面距离偏差</td><td></td></tr>
<tr><td>37</td><td>B</td><td colspan="2">4.7　轿厢与井道壁距离</td><td></td><td></td></tr>
<tr><td>38</td><td>C</td><td colspan="2">4.8.1　层门地坎下端井道壁</td><td></td><td></td></tr>
</table>

共　页　第　页

报告编号：

<table>
<tr><th>序号</th><th>检验类别</th><th colspan="3">检验项目及其内容</th><th>检验结果</th><th>检验结论</th></tr>
<tr><td>39</td><td>B</td><td rowspan="20">4
井道及相关设备</td><td colspan="2">4.9.1 极限开关及防爆要求</td><td></td><td></td></tr>
<tr><td>40</td><td>C</td><td colspan="2">4.10 随行电缆</td><td></td><td></td></tr>
<tr><td>41</td><td>C</td><td colspan="2">4.11 井道照明设置(如果有)以及防爆要求</td><td></td><td></td></tr>
<tr><td rowspan="5">42</td><td rowspan="5">C</td><td rowspan="5">4.12
底坑设施与装置</td><td>(1) 底坑底部</td><td></td><td rowspan="5"></td></tr>
<tr><td>(2) 进入底坑通道</td><td></td></tr>
<tr><td>(3) 停止装置及防爆要求</td><td></td></tr>
<tr><td>(4) 电源插接装置(如果有)及防爆要求</td><td></td></tr>
<tr><td>(5) 防爆型电气照明以及开关</td><td></td></tr>
<tr><td rowspan="5">43</td><td rowspan="5">B</td><td rowspan="5">4.13.1
缓冲器</td><td>(1) 缓冲器选型</td><td></td><td rowspan="5"></td></tr>
<tr><td>(2) 缓冲器铭牌或者标签</td><td></td></tr>
<tr><td>(3) 缓冲器固定及碰撞面无火花措施</td><td></td></tr>
<tr><td>(4) 缓冲器液位和电气安全装置及防爆要求</td><td></td></tr>
<tr><td>(5) 对重越程距离</td><td></td></tr>
<tr><td rowspan="2">44</td><td rowspan="2">B</td><td rowspan="2">4.14
限速绳张紧装置</td><td>(1) 张紧形式、导向装置</td><td></td><td rowspan="2"></td></tr>
<tr><td>(2) 电气安全装置及防爆要求</td><td></td></tr>
<tr><td>45</td><td>C</td><td colspan="2">4.15 对重(平衡重)下方空间防护和防爆型安全钳</td><td></td><td></td></tr>
<tr><td rowspan="3">46</td><td rowspan="3">C</td><td rowspan="3">4.16.1
底坑空间</td><td>(1) 底坑空间尺寸</td><td></td><td rowspan="3"></td></tr>
<tr><td>(2) 底坑底面与轿厢部件距离</td><td></td></tr>
<tr><td>(3) 轿厢最低部件与底坑最高部件距离</td><td></td></tr>
<tr><td rowspan="2">47</td><td rowspan="2">C</td><td rowspan="2">4.17
井道内防护</td><td>(1) 对重运行区域防护</td><td></td><td rowspan="2"></td></tr>
<tr><td>(2) 多台防爆电梯运动部件之间防护</td><td></td></tr>
<tr><td rowspan="4">48</td><td rowspan="4">C</td><td rowspan="4">5
轿厢与对重(平衡重)</td><td rowspan="4">5.1.1
轿顶电气装置</td><td>(1) 检修装置</td><td></td><td></td></tr>
<tr><td>(2) 停止装置</td><td></td><td></td></tr>
<tr><td>(3) 电源插接装置(如果有)和电气照明及开关</td><td></td><td></td></tr>
<tr><td>(4) 电气部件防爆要求</td><td></td><td></td></tr>
</table>

共　页　第　页

报告编号：

<table>
<tr><th>序号</th><th>检验类别</th><th colspan="3">检验项目及其内容</th><th>检验结果</th><th>检验结论</th></tr>
<tr><td rowspan="4">49</td><td rowspan="4">C</td><td rowspan="17">5 轿厢与对重(平衡重)</td><td rowspan="4">5.2 轿顶护栏</td><td>(1) 护栏的组成</td><td></td><td rowspan="4"></td></tr>
<tr><td>(2) 扶手高度</td><td></td></tr>
<tr><td>(3) 装设位置</td><td></td></tr>
<tr><td>(4) 警示标志</td><td></td></tr>
<tr><td rowspan="3">50</td><td rowspan="3">C</td><td rowspan="3">5.3 轿厢安全窗(门)</td><td>(1) 手动上锁装置</td><td></td><td rowspan="3"></td></tr>
<tr><td>(2) 安全门(窗)开启</td><td></td></tr>
<tr><td>(3) 电气安全装置及防爆要求</td><td></td></tr>
<tr><td>51</td><td>C</td><td colspan="2">5.4 轿厢和对重间距</td><td></td><td></td></tr>
<tr><td>52</td><td>C</td><td colspan="2">5.5 对重的固定</td><td></td><td></td></tr>
<tr><td>53</td><td>C</td><td colspan="2">5.6.1 轿厢有效面积</td><td></td><td></td></tr>
<tr><td>54</td><td>C</td><td colspan="2">5.7 轿厢内铭牌设置</td><td></td><td></td></tr>
<tr><td rowspan="2">55</td><td rowspan="2">B</td><td rowspan="2">5.8 紧急照明和报警装置</td><td>(1) 防爆型紧急照明</td><td></td><td rowspan="2"></td></tr>
<tr><td>(2) 紧急报警装置及防爆要求</td><td></td></tr>
<tr><td>56</td><td>C</td><td colspan="2">5.9 轿厢护脚板</td><td></td><td></td></tr>
<tr><td>57</td><td>C</td><td colspan="2">5.10 超载保护装置及防爆要求</td><td></td><td></td></tr>
<tr><td rowspan="4">58</td><td rowspan="4">B</td><td rowspan="4">5.11.1 安全钳</td><td>(1) 防爆型安全钳设置</td><td></td><td rowspan="4"></td></tr>
<tr><td>(2) 防爆型安全钳铭牌</td><td></td></tr>
<tr><td>(3) 电气安全联锁装置及防爆要求</td><td></td></tr>
<tr><td>(4) 安全钳工作面无火花措施</td><td></td></tr>
<tr><td>59</td><td>C</td><td rowspan="4">6 悬挂装置、补偿装置及旋转部件防护</td><td colspan="2">6.1 悬挂和补偿钢丝绳的磨损、断丝、变形</td><td></td><td></td></tr>
<tr><td>60</td><td>C</td><td colspan="2">6.2 悬挂和补偿钢丝绳的端部固定</td><td></td><td></td></tr>
<tr><td>61</td><td>C</td><td colspan="2">6.3 补偿装置</td><td></td><td></td></tr>
<tr><td>62</td><td>C</td><td colspan="2">6.4 旋转部件的防护</td><td></td><td></td></tr>
</table>

共 页 第 页

报告编号：

<table>
<tr><th>序号</th><th>检验类别</th><th colspan="3">检验项目及其内容</th><th>检验结果</th><th>检验结论</th></tr>
<tr><td>63</td><td>C</td><td rowspan="13">7
轿门
与
层门</td><td colspan="2">7.1(1)　地坎距离</td><td></td><td></td></tr>
<tr><td rowspan="2">64</td><td rowspan="2">C</td><td rowspan="2">7.2.1
门间隙</td><td>(1) 门扇间隙</td><td></td><td rowspan="2"></td></tr>
<tr><td>(2) 人力施加在最不利点时间隙</td><td></td></tr>
<tr><td>65</td><td>B</td><td colspan="2">7.3　防止门夹人保护装置及防爆要求</td><td></td><td></td></tr>
<tr><td>66</td><td>C</td><td colspan="2">7.4　门的运行与导向</td><td></td><td></td></tr>
<tr><td>67</td><td>B</td><td colspan="2">7.5　自动关闭层门装置及防止重块坠落无火花措施</td><td></td><td></td></tr>
<tr><td>68</td><td>B</td><td colspan="2">7.6　紧急开锁装置</td><td></td><td></td></tr>
<tr><td rowspan="4">69</td><td rowspan="4">B</td><td rowspan="4">7.7.1
门的
锁紧</td><td>(1) 锁紧型式</td><td></td><td rowspan="4"></td></tr>
<tr><td>(2) 锁紧元件啮合长度</td><td></td></tr>
<tr><td>(3) 电气安全装置及防爆要求</td><td></td></tr>
<tr><td>(4) 轿门锁紧装置</td><td></td></tr>
<tr><td rowspan="2">70</td><td rowspan="2">B</td><td rowspan="2">7.8
门的
闭合</td><td>(1) 机电联锁</td><td></td><td rowspan="2"></td></tr>
<tr><td>(2) 电气安全装置及防爆要求</td><td></td></tr>
<tr><td>71</td><td>C</td><td colspan="2">7.9　门刀、门锁滚轮与地坎间隙</td><td></td><td></td></tr>
<tr><td>72</td><td>C</td><td rowspan="10">10
相关
试验</td><td colspan="2">10.1　轿厢上行超速保护装置试验</td><td></td><td></td></tr>
<tr><td>73</td><td>C</td><td colspan="2">10.2　耗能缓冲器试验</td><td></td><td></td></tr>
<tr><td>74</td><td>C</td><td colspan="2">10.3　平衡系数试验</td><td></td><td></td></tr>
<tr><td>75</td><td>B</td><td colspan="2">10.4　轿厢限速器—安全钳动作试验</td><td></td><td></td></tr>
<tr><td>76</td><td>B</td><td colspan="2">10.5　对重限速器—安全钳动作试验</td><td></td><td></td></tr>
<tr><td>77</td><td>B</td><td colspan="2">10.6　空载曳引力试验</td><td></td><td></td></tr>
<tr><td>78</td><td>C</td><td colspan="2">10.7　运行试验</td><td></td><td></td></tr>
<tr><td>79</td><td>B</td><td colspan="2">10.8　消防返回功能试验</td><td></td><td></td></tr>
<tr><td>80</td><td>B</td><td colspan="2">10.9　空载上行制动试验</td><td></td><td></td></tr>
<tr><td>81</td><td>A</td><td colspan="2">10.10　超载下行制动试验</td><td></td><td></td></tr>
</table>

共　页　第　页

注 B-1：检验报告中的“检验项目及其内容”一栏中所表述具体项目和内容前面的条文序号[如 1、1.1、(1)]与《电梯监督检验和定期检验规则——防爆电梯》(TSG T7003—2011)附件 A 中的条文序号一致。

注 B-2：条文序号为 1.1～1.4、2.1～2.13、3.1.1、3.2、3.3.1、3.4～3.7、3.8.1、3.9.1、3.10.1、3.11～3.14、4.1～4.3、4.5.1、4.6、4.7、4.8.1、4.9.1、4.10、4.11、4.12、4.13.1、4.14、4.15、4.16.1、4.17、5.1.1、5.2～5.5、5.6.1、5.7～5.10、5.11.1、6.1～6.4、7.1(1)、7.2.1、7.3～7.6、7.7.1、7.8、7.9、10.1～10.10 的检验项目(共 81 项)，适用于曳引式防爆电梯监督检验。

检验机构可以根据不同的防爆电梯类型，按照实际的项目及其内容编排检验报告。

附件 C

报告编号：

曳引式防爆电梯定期检验报告

（格式）

使 用 单 位：________________________________

设 备 代 码：________________________________

设 备 名 称：________________________________

设 备 类 型：________________________________

设 备 型 式：________________________________

检 验 机 构：________________________________

检 验 日 期：________________________________

（印制检验机构名称）

注 意 事 项

1. 本报告依据《电梯监督检验和定期检验规则——防爆电梯》(TSG T7003—2011)制定,适用于曳引式防爆电梯定期检验。

2. 本报告应当由计算机打印输出,或者用钢笔、签字笔填写,字迹应当工整,修改无效。

3. 本报告无检验、编制、审核、批准人员签字和检验机构的核准证号、检验专用章或者公章无效。

4. 本报告一式三份,由检验机构、施工单位、日常维护保养单位分别保存。

5. 受检单位对本报告结论如有异议,请在收到报告书之日起 15 日内,向检验机构提出书面意见。

检验机构地址:

邮政编码:

联系电话:

曳引式防爆电梯定期检验报告

报告编号：

<table>
<tr><td colspan="2">设备名称</td><td></td><td>使用登记证编号</td><td></td></tr>
<tr><td colspan="2">安全管理人员</td><td></td><td>制造日期</td><td></td></tr>
<tr><td colspan="2">使用单位</td><td colspan="3"></td></tr>
<tr><td colspan="2">设备使用地点</td><td colspan="3"></td></tr>
<tr><td colspan="2">使用单位代码</td><td></td><td>使用设备编号</td><td></td></tr>
<tr><td colspan="2">制造企业名称</td><td colspan="3"></td></tr>
<tr><td colspan="2">规格型号</td><td></td><td>产品编号</td><td></td></tr>
<tr><td colspan="2">维护保养单位</td><td colspan="3"></td></tr>
<tr><td colspan="2">整机防爆标志</td><td></td><td>燃爆物质</td><td></td></tr>
<tr><td colspan="2">整机防爆合格证号</td><td></td><td>区域防爆等级</td><td></td></tr>
<tr><td rowspan="2">设备技术参数</td><td>额定载重量</td><td>kg</td><td>额定速度</td><td>m/s</td></tr>
<tr><td>层站数</td><td>层 站 门</td><td>控制方式</td><td></td></tr>
<tr><td>检验依据</td><td colspan="4">《电梯监督检验和定期检验规则——防爆电梯》(TSG T7003—2011)</td></tr>
<tr><td>主要检验仪器设备</td><td colspan="4"></td></tr>
<tr><td>检验结论</td><td colspan="4"></td></tr>
<tr><td>备注</td><td colspan="4"></td></tr>
<tr><td>检验日期</td><td colspan="2"></td><td>下次检验日期</td><td></td></tr>
<tr><td>检验人员</td><td colspan="4"></td></tr>
<tr><td>编制：</td><td colspan="2">日期：</td><td colspan="2" rowspan="3">检验机构核准证号：
(检验机构公章或检验专用章)
年 月 日</td></tr>
<tr><td>审核：</td><td colspan="2">日期：</td></tr>
<tr><td>批准：</td><td colspan="2">日期：</td></tr>
</table>

共 页 第 页

报告编号：

<table>
<tr><th>序号</th><th>检验类别</th><th colspan="3">检验项目及其内容</th><th>检验结果</th><th>检验结论</th></tr>
<tr><td rowspan="5">1</td><td rowspan="5">B</td><td rowspan="5">1 技术资料</td><td rowspan="5">1.4 使用资料</td><td>（1）使用登记资料</td><td></td><td rowspan="5"></td></tr>
<tr><td>（2）安全技术档案</td><td></td></tr>
<tr><td>（3）管理规章制度</td><td></td></tr>
<tr><td>（4）日常维护保养合同</td><td></td></tr>
<tr><td>（5）特种设备作业人员证</td><td></td></tr>
<tr><td rowspan="2">2</td><td rowspan="2">C</td><td rowspan="25">2 防爆技术要求</td><td rowspan="2">2.1 防爆等级</td><td>（1）防爆电气部件铭牌标注</td><td></td><td rowspan="2"></td></tr>
<tr><td>（2）防爆电气部件防爆类型、级别、组别</td><td></td></tr>
<tr><td rowspan="2">3</td><td rowspan="2">C</td><td rowspan="2">2.2 外壳要求</td><td>（1）防爆电气部件外壳</td><td></td><td rowspan="2"></td></tr>
<tr><td>（2）防爆接合面和紧固件</td><td></td></tr>
<tr><td>4</td><td>C</td><td colspan="2">2.3　本安型电气部件本安标志</td><td></td><td></td></tr>
<tr><td rowspan="3">5</td><td rowspan="3">C</td><td rowspan="3">2.4 隔爆型设备</td><td>（1）隔爆型部件防爆等级和防爆外壳</td><td></td><td rowspan="3"></td></tr>
<tr><td>（2）隔爆型部件电气联锁或警告标志</td><td></td></tr>
<tr><td>（3）隔爆型部件隔爆面</td><td></td></tr>
<tr><td>6</td><td>C</td><td colspan="2">2.5　增安型部件防爆等级和防爆外壳</td><td></td><td></td></tr>
<tr><td rowspan="2">7</td><td rowspan="2">C</td><td rowspan="2">2.6 浇封部件</td><td>（1）浇封型部件防爆等级和防爆外壳</td><td></td><td rowspan="2"></td></tr>
<tr><td>（2）浇封型部件浇封表面</td><td></td></tr>
<tr><td rowspan="2">8</td><td rowspan="2">C</td><td rowspan="2">2.7 油浸部件</td><td>（1）油浸型部件防爆等级和防爆外壳</td><td></td><td rowspan="2"></td></tr>
<tr><td>（2）油浸型部件密封、油位、螺栓</td><td></td></tr>
<tr><td rowspan="2">9</td><td rowspan="2">C</td><td rowspan="2">2.8 正压机房</td><td>（2）正压型机房充气电气联锁装置</td><td></td><td rowspan="2"></td></tr>
<tr><td>（3）正压型机房微差压继电器</td><td></td></tr>
<tr><td rowspan="2">10</td><td rowspan="2">C</td><td rowspan="2">2.9 防爆接线盒</td><td>（1）防爆区域内非本安电路电缆连接</td><td></td><td rowspan="2"></td></tr>
<tr><td>（2）防爆接线盒防爆等级和防爆外壳</td><td></td></tr>
<tr><td rowspan="2">11</td><td rowspan="2">C</td><td rowspan="2">2.10 电缆配线</td><td>（1）防爆区域内橡胶电缆或铠装电缆</td><td></td><td rowspan="2"></td></tr>
<tr><td>（3）电缆的防机械损伤保护措施</td><td></td></tr>
<tr><td rowspan="2">12</td><td rowspan="2">C</td><td rowspan="2">2.11 本安配线</td><td>（1）本安电路浅蓝色标识</td><td></td><td rowspan="2"></td></tr>
<tr><td>（3）本安与非本安电路接线分隔</td><td></td></tr>
<tr><td>13</td><td>C</td><td colspan="2">2.12　非本安型防爆电气部件电缆引入装置</td><td></td><td></td></tr>
<tr><td>14</td><td>C</td><td colspan="2">2.13　非本安型防爆电气部件外壳余孔封堵</td><td></td><td></td></tr>
</table>

共　页　第　页

报告编号：

<table>
<tr><th>序号</th><th>检验类别</th><th colspan="3">检验项目及其内容</th><th>检验结果</th><th>检验结论</th></tr>
<tr><td rowspan="2">15</td><td rowspan="2">C</td><td rowspan="20">3
机房（机器设备间）及相关设备</td><td rowspan="2">3.1.1
机房通道与通道门</td><td>（2）通道防爆型照明</td><td></td><td rowspan="2"></td></tr>
<tr><td>（3）通道门</td><td></td></tr>
<tr><td rowspan="2">16</td><td rowspan="2">C</td><td rowspan="2">3.5
照明与插座</td><td>（1）机房防爆型照明以及开关</td><td></td><td rowspan="2"></td></tr>
<tr><td>（3）井道照明（如果有）、轿厢照明和插接装置（如果有）的防爆型电源开关</td><td></td></tr>
<tr><td>17</td><td>C</td><td colspan="2">3.6　断错相保护</td><td></td><td></td></tr>
<tr><td>18</td><td>C</td><td colspan="2">3.7(2)　防爆型主开关与照明等电路控制关系</td><td></td><td></td></tr>
<tr><td rowspan="3">19</td><td rowspan="3">B</td><td rowspan="3">3.8.1
驱动主机</td><td>（1）工作状况</td><td></td><td rowspan="3"></td></tr>
<tr><td>（3）轮槽磨损</td><td></td></tr>
<tr><td>（5）电动机和减速器散热及外表最高温度</td><td></td></tr>
<tr><td rowspan="2">20</td><td rowspan="2">C</td><td rowspan="2">3.9.1
制动装置</td><td>（3）电气装置设置及电气部件防爆要求</td><td></td><td rowspan="2"></td></tr>
<tr><td>（4）制动部件外表最高温度</td><td></td></tr>
<tr><td rowspan="3">21</td><td rowspan="3">B</td><td rowspan="3">3.10.1
紧急操作</td><td>★（1）手动紧急操作装置</td><td></td><td rowspan="3"></td></tr>
<tr><td>（2）紧急电动运行装置及防爆要求</td><td></td></tr>
<tr><td>（3）应急救援程序</td><td></td></tr>
<tr><td rowspan="2">22</td><td rowspan="2">B</td><td rowspan="2">3.11
限速器</td><td>★（2）电气安全装置及防爆要求</td><td></td><td rowspan="2"></td></tr>
<tr><td>（3）动作速度校验</td><td></td></tr>
<tr><td>23</td><td>C</td><td colspan="2">3.12(2)　接地连接</td><td></td><td></td></tr>
<tr><td>24</td><td>C</td><td colspan="2">3.13　电气绝缘</td><td></td><td></td></tr>
<tr><td rowspan="2">25</td><td rowspan="2">C</td><td rowspan="10">4
井道及相关设备</td><td rowspan="2">4.2
井道安全门</td><td>（3）门锁</td><td></td><td rowspan="2"></td></tr>
<tr><td>（4）电气安全装置及防爆要求</td><td></td></tr>
<tr><td rowspan="2">26</td><td rowspan="2">C</td><td rowspan="2">4.3
井道检修门</td><td>（3）门锁</td><td></td><td rowspan="2"></td></tr>
<tr><td>（4）电气安全装置及防爆要求</td><td></td></tr>
<tr><td>27</td><td>B</td><td colspan="2">4.9.1　极限开关及防爆要求</td><td></td><td></td></tr>
<tr><td>28</td><td>C</td><td colspan="2">4.10　随行电缆</td><td></td><td></td></tr>
<tr><td>29</td><td>C</td><td colspan="2">4.11　井道照明设置（如果有）以及防爆要求</td><td></td><td></td></tr>
<tr><td rowspan="3">30</td><td rowspan="3">C</td><td rowspan="3">4.12
底坑设施与装置</td><td>（1）底坑底部</td><td></td><td rowspan="3"></td></tr>
<tr><td>（3）停止装置</td><td></td></tr>
<tr><td>（5）防爆型电气照明及开关</td><td></td></tr>
</table>

共　页　第　页

报告编号：

序号	检验类别	检验项目及其内容			检验结果	检验结论
31	B	4 井道及相关设备	4.13.1 缓冲器	(3) 缓冲器固定及碰撞面无火花措施		
				(4) 缓冲器液位和电气安全装置及防爆要求		
				(5) 对重越程距离		
32	B		4.14(2) 限速绳张紧装置的电气安全装置及防爆要求			
33	C		4.15 对重的防爆型安全钳			
34	C	5 轿厢与对重(平衡重)	5.1.1 轿顶电气装置	(1) 检修装置		
				(2) 停止装置		
				(3) 电源插接装置(如果有)和电气照明及开关		
				(4) 电气部件防爆要求		
35	C		5.3(3) 轿厢安全窗(门)电气安全装置及防爆要求			
36	C		5.5 对重(平衡重)的固定			
37	B		5.8 紧急照明和报警装置	(1) 防爆型紧急照明		
				(2) 紧急报警装置及防爆要求		
38	C		5.9 轿厢护脚板			
39	C		5.10 超载保护装置及防爆要求			
40	C		5.11.1 安全钳	(3) 电气安全联锁装置及防爆要求		
				(4) 安全钳工作面无火花措施		
41	C	6 悬挂装置、补偿装置及旋转部件防护	6.1 悬挂和补偿钢丝绳的磨损、断丝、变形			
42	C		6.2 悬挂和补偿钢丝绳的端部固定			
43	C		6.3 补偿装置			
44	C		★6.4 旋转部件的防护			
45	C	7 轿门与层门	7.2.1 门间隙	(1) 门扇间隙		
				(2) 人力施加在最不利点时间隙		
46	B		7.3 防止门夹人保护装置及防爆要求			
47	C		7.4 门的运行与导向			

共 页 第 页

报告编号：

<table>
<tr><th>序号</th><th>检验类别</th><th colspan="3">检验项目及其内容</th><th>检验结果</th><th>检验结论</th></tr>
<tr><td>48</td><td>B</td><td rowspan="7">7
轿门与层门</td><td colspan="2">7.5　自动关闭层门装置及防止重块坠落无火花措施</td><td></td><td></td></tr>
<tr><td>49</td><td>B</td><td colspan="2">7.6　紧急开锁装置</td><td></td><td></td></tr>
<tr><td rowspan="3">50</td><td rowspan="3">B</td><td rowspan="3">7.7.1
门的锁紧</td><td>(1) 锁紧型式</td><td></td><td rowspan="3"></td></tr>
<tr><td>(2) 锁紧元件啮合长度</td><td></td></tr>
<tr><td>(3) 电气安全装置及防爆要求</td><td></td></tr>
<tr><td rowspan="2">51</td><td rowspan="2">B</td><td rowspan="2">7.8
门的闭合</td><td>(1) 机电联锁</td><td></td><td rowspan="2"></td></tr>
<tr><td>(2) 电气安全装置及防爆要求</td><td></td></tr>
<tr><td>52</td><td>C</td><td colspan="2">7.9　门刀、门锁滚轮与地坎间隙</td><td></td><td></td></tr>
<tr><td>53</td><td>C</td><td rowspan="8">10
相关试验</td><td colspan="2">★10.1　轿厢上行超速保护装置试验</td><td></td><td></td></tr>
<tr><td>54</td><td>C</td><td colspan="2">10.2　耗能缓冲器试验</td><td></td><td></td></tr>
<tr><td>55</td><td>B</td><td colspan="2">10.4　轿厢限速器—安全钳动作试验</td><td></td><td></td></tr>
<tr><td>56</td><td>B</td><td colspan="2">10.5　对重(平衡重)限速器—安全钳动作试验</td><td></td><td></td></tr>
<tr><td>57</td><td>B</td><td colspan="2">10.6　空载曳引力试验</td><td></td><td></td></tr>
<tr><td>58</td><td>C</td><td colspan="2">10.7　运行试验</td><td></td><td></td></tr>
<tr><td>59</td><td>B</td><td colspan="2">10.8　消防返回功能试验</td><td></td><td></td></tr>
<tr><td>60</td><td>B</td><td colspan="2">10.10　空载上行制动试验</td><td></td><td></td></tr>
</table>

共　页　第　页

注 C-1：检验报告中的“检验项目及其内容”一栏中所表述具体项目和内容前面的条文序号[如 1、1.1、(1)]与《电梯监督检验和定期检验规则——防爆电梯》(TSG T7003—2011)附件 A 中的条文序号一致。

注 C-2：条文序号为 1.4、2.1～2.13、3.1.1、3.5、3.6、3.7(2)、3.8.1、3.9.1、3.10.1、3.11、3.12(2)、3.13、4.2、4.3、4.9.1、4.10～4.12、4.13.1、4.14(2)、4.15、5.1.1、5.3(3)、5.5、5.8～5.10、5.11.1(2)、6.1～6.4、7.2.1、7.3～7.6、7.7.1、7.8、7.9、10.1、10.2、10.4～10.8、10.10 的检验项目(共 60 项)，适用于曳引式防爆电梯定期检验。

注 C-3：如果检验中发现曳引轮绳槽的磨损可能影响曳引能力时[见附件 A 第 3.8.1(3)项]，应当进行附件 A 第 10.10 项实验，在此情况下应当将这些检验项目列入检验报告。

检验机构可以根据不同的防爆电梯类型和检验情况，按照实际的项目及其内容编排检验报告。

注 C-4：标有★的项目为根据有关规定，对于允许按照 GB 7588—1995 及更早期标准生产的防爆电梯，可以不检验、或者可以按照《电梯监督检验规程》(国质检锅[2002]1 号)中的有关规定进行检验的项目。其中条文序号为 3.10.1(1)的项目，仅指可拆卸盘车手轮的电气安全装置可以不检验。

附件 D

报告编号：

液压式防爆电梯监督检验报告

（格式）

使 用 单 位：________________________________

设 备 代 码：________________________________

设 备 名 称：________________________________

设 备 类 型：________________________________

施 工 类 别：（安装、改造、重大维修）

施 工 单 位：________________________________

检 验 机 构：________________________________

检 验 日 期：________________________________

（印制检验机构名称）

注 意 事 项

1. 本报告依据《电梯监督检验和定期检验规则——防爆电梯》(TSG T7003—2011)制定,适用于液压式防爆电梯安装、改造和重大维修监督检验。

2. 本报告应当由计算机打印输出,或者用钢笔、签字笔填写,字迹应当工整,修改无效。

3. 本报告无检验、编制、审核、批准人员签字和检验机构的核准证号、检验专用章或者公章无效。

4. 本报告一式三份,由检验机构、施工单位和使用单位分别保存。

5. 受检单位对本报告结论如有异议,请在收到报告书之日起 15 日内,向检验机构提出书面意见。

检验机构地址:

邮政编码:

联系电话:

液压式防爆电梯监督检验报告

报告编号：

<table>
<tr><td colspan="2">设备名称</td><td></td><td>规格型号</td><td></td></tr>
<tr><td colspan="2">制造单位</td><td></td><td>使用单位</td><td></td></tr>
<tr><td colspan="2">施工单位</td><td></td><td>使用登记编号</td><td></td></tr>
<tr><td colspan="2">施工单位许可证编号</td><td></td><td>施工类别</td><td>（安装、改造、维修）</td></tr>
<tr><td colspan="2">安装地点</td><td></td><td>产品编号</td><td></td></tr>
<tr><td colspan="2">维护保养单位</td><td></td><td>制造日期</td><td></td></tr>
<tr><td colspan="2">整机防爆标志</td><td></td><td>燃爆物质</td><td></td></tr>
<tr><td colspan="2">整机防爆合格证号</td><td></td><td>区域防爆等级</td><td></td></tr>
<tr><td rowspan="3">设备技术参数</td><td>额定载重量</td><td>kg</td><td>额定速度</td><td>m/s</td></tr>
<tr><td>顶升型式</td><td></td><td>额定压力</td><td>MPa</td></tr>
<tr><td>层站数</td><td>层 站 门</td><td>控制方式</td><td></td></tr>
<tr><td>检验依据</td><td colspan="4">《电梯监督检验和定期检验规则——防爆电梯》(TSG T7003—2011)</td></tr>
<tr><td>主要检验仪器设备</td><td colspan="4"></td></tr>
<tr><td>检验结论</td><td colspan="4"></td></tr>
<tr><td>备注</td><td colspan="4"></td></tr>
<tr><td colspan="2">检验日期</td><td></td><td>下次检验日期</td><td></td></tr>
<tr><td colspan="2">检验人员</td><td colspan="3"></td></tr>
<tr><td colspan="3">编制：　　　　日期：</td><td colspan="2" rowspan="3">检验机构核准证号：

（检验机构公章或检验专用章）
年　月　日</td></tr>
<tr><td colspan="3">审核：　　　　日期：</td></tr>
<tr><td colspan="3">批准：　　　　日期：</td></tr>
</table>

共　页　第　页

报告编号：

<table>
<tr><th>序号</th><th>检验类别</th><th colspan="3">检验项目及其内容</th><th>检验结果</th><th>检验结论</th></tr>
<tr><td rowspan="8">1</td><td rowspan="8">A</td><td rowspan="26">1
技术资料</td><td rowspan="8">1.1
制造资料</td><td>(1) 制造许可证明文件</td><td></td><td rowspan="8"></td></tr>
<tr><td>(2) 整机防爆型式试验合格证或报告书</td><td></td></tr>
<tr><td>(3) 产品合格证等质量证明文件</td><td></td></tr>
<tr><td>(4) 整机防爆合格证和电气部件防爆合格证</td><td></td></tr>
<tr><td>(5) 安全装置、主要部件型式试验合格证等资料</td><td></td></tr>
<tr><td>(6) 电气原理图、电气安装敷线图、电气设备电缆引入装置的位置示意图</td><td></td></tr>
<tr><td>(7) 机房(机器设备间)和井道布置图</td><td></td></tr>
<tr><td>(8) 安装使用维护说明书</td><td></td></tr>
<tr><td rowspan="6">2</td><td rowspan="6">A</td><td rowspan="6">1.2
安装资料</td><td>(1) 安装许可证和告知书</td><td></td><td rowspan="6"></td></tr>
<tr><td>(2) 施工方案</td><td></td></tr>
<tr><td>(3) 特种设备作业人员证件</td><td></td></tr>
<tr><td>(4) 施工过程记录和自检报告</td><td></td></tr>
<tr><td>(5) 设计变更证明文件</td><td></td></tr>
<tr><td>(6) 安装质量证明文件</td><td></td></tr>
<tr><td rowspan="6">3</td><td rowspan="6">A</td><td rowspan="6">1.3
改造、重大维修资料</td><td>(1) 改造(维修)许可证和告知书</td><td></td><td rowspan="6"></td></tr>
<tr><td>(2) 施工方案</td><td></td></tr>
<tr><td>(3) 更换安全装置和主要部件的型式试验合格证及电气部件防爆合格证等资料</td><td></td></tr>
<tr><td>(4) 特种设备作业人员证件</td><td></td></tr>
<tr><td>(5) 施工过程记录和自检报告</td><td></td></tr>
<tr><td>(6) 改造后产品合格证和整机防爆合格证等质量证明文件</td><td></td></tr>
<tr><td rowspan="6">4</td><td rowspan="6">B</td><td rowspan="6">1.4
使用资料</td><td>(1) 使用登记资料</td><td></td><td rowspan="6"></td></tr>
<tr><td>(2) 安全技术档案</td><td></td></tr>
<tr><td>(3) 管理规章制度</td><td></td></tr>
<tr><td>(4) 日常维护保养合同</td><td></td></tr>
<tr><td>(5) 特种设备作业人员证</td><td></td></tr>
<tr><td>(6) 爆炸危险区域以及防爆级别、组别</td><td></td></tr>
</table>

共　页　第　页

报告编号：

<table>
<tr><th>序号</th><th>检验类别</th><th colspan="3">检验项目及其内容</th><th>检验结果</th><th>检验结论</th></tr>
<tr><td rowspan="2">5</td><td rowspan="2">C</td><td rowspan="27">2
防爆
技术
要求</td><td rowspan="2">2.1
防爆
等级</td><td>(1) 防爆电气部件铭牌标注</td><td></td><td rowspan="2"></td></tr>
<tr><td>(2) 防爆电气部件防爆类型、级别、组别</td><td></td></tr>
<tr><td rowspan="3">6</td><td rowspan="3">C</td><td rowspan="3">2.2
外壳
要求</td><td>(1) 放爆电气部件外壳</td><td></td><td rowspan="3"></td></tr>
<tr><td>(2) 防爆接合面和紧固件</td><td></td></tr>
<tr><td>(3) 防爆电气部件外表最高温度</td><td></td></tr>
<tr><td>7</td><td>C</td><td colspan="2">2.3　本安型电气部件本安标志</td><td></td><td></td></tr>
<tr><td rowspan="3">8</td><td rowspan="3">C</td><td rowspan="3">2.4
隔爆型
设备</td><td>(1) 隔爆型部件防爆等级和防爆外壳</td><td></td><td rowspan="3"></td></tr>
<tr><td>(2) 隔爆型部件电气联锁或警告标志</td><td></td></tr>
<tr><td>(3) 隔爆型部件隔爆面</td><td></td></tr>
<tr><td>9</td><td>C</td><td colspan="2">2.5　增安型部件防爆等级和防爆外壳</td><td></td><td></td></tr>
<tr><td rowspan="2">10</td><td rowspan="2">C</td><td rowspan="2">2.6
浇封
部件</td><td>(1) 浇封型部件防爆等级和防爆外壳</td><td></td><td rowspan="2"></td></tr>
<tr><td>(2) 浇封型部件浇封表面</td><td></td></tr>
<tr><td rowspan="2">11</td><td rowspan="2">C</td><td rowspan="2">2.7
油浸
部件</td><td>(1) 油浸型部件防爆等级和防爆外壳</td><td></td><td rowspan="2"></td></tr>
<tr><td>(2) 油浸型部件密封、油位和螺栓</td><td></td></tr>
<tr><td rowspan="3">12</td><td rowspan="3">C</td><td rowspan="3">2.8
正压
机房</td><td>(1) 正压型机房空气进风口位置</td><td></td><td rowspan="3"></td></tr>
<tr><td>(2) 正压型机房充气电气联锁装置</td><td></td></tr>
<tr><td>(3) 正压型机房微差压继电器</td><td></td></tr>
<tr><td rowspan="2">13</td><td rowspan="2">C</td><td rowspan="2">2.9
防爆
接线盒</td><td>(1) 防爆区域内非本安电路电缆连接</td><td></td><td rowspan="2"></td></tr>
<tr><td>(2) 防爆接线盒防爆等级和防爆外壳</td><td></td></tr>
<tr><td rowspan="3">14</td><td rowspan="3">C</td><td rowspan="3">2.10
电缆
配线</td><td>(1) 防爆区域内橡胶电缆或铠装电缆</td><td></td><td rowspan="3"></td></tr>
<tr><td>(2) 动力电缆和控制电缆等的敷设</td><td></td></tr>
<tr><td>(3) 电缆的防机械损伤保护措施</td><td></td></tr>
<tr><td rowspan="3">15</td><td rowspan="3">C</td><td rowspan="3">2.11
本安
配线</td><td>(1) 本安电路浅蓝色标识</td><td></td><td rowspan="3"></td></tr>
<tr><td>(2) 本安与非本安电路敷设</td><td></td></tr>
<tr><td>(3) 本安与非本安电路接线分隔</td><td></td></tr>
<tr><td>16</td><td>C</td><td colspan="2">2.12　非本安型防爆电气部件电缆引入装置</td><td></td><td></td></tr>
<tr><td>17</td><td>C</td><td colspan="2">2.13　非本安型防爆电气部件外壳余孔封堵</td><td></td><td></td></tr>
</table>

共　页　第　页

报告编号：

<table>
<tr><th>序号</th><th>检验类别</th><th colspan="3">检验项目及其内容</th><th>检验结果</th><th>检验结论</th></tr>
<tr><td rowspan="3">18</td><td rowspan="3">C</td><td rowspan="28">3
机房（机器设备间）及相关设备</td><td rowspan="3">3.1.1
机房通道与通道门</td><td>(1) 通道设置</td><td></td><td rowspan="3"></td></tr>
<tr><td>(2) 通道防爆型照明</td><td></td></tr>
<tr><td>(3) 通道门</td><td></td></tr>
<tr><td>19</td><td>C</td><td colspan="2">3.2　机房(机器设备间)专用</td><td></td><td></td></tr>
<tr><td rowspan="3">20</td><td rowspan="3">C</td><td rowspan="3">3.3.1
安全空间</td><td>(1) 控制屏(柜)前的净空面积</td><td></td><td rowspan="3"></td></tr>
<tr><td>(2) 维修、操作处的净空面积</td><td></td></tr>
<tr><td>(3) 楼梯(台阶)、护栏</td><td></td></tr>
<tr><td>21</td><td>C</td><td colspan="2">3.4　地面开口</td><td></td><td></td></tr>
<tr><td rowspan="3">22</td><td rowspan="3">C</td><td rowspan="3">3.5
照明与插座</td><td>(1) 机房防爆型照明以及开关</td><td></td><td rowspan="3"></td></tr>
<tr><td>(2) 防爆型电源插接装置(如果有)</td><td></td></tr>
<tr><td>(3) 井道照明(如果有)、轿厢照明和插接装置(如果有)的防爆型电源开关</td><td></td></tr>
<tr><td>23</td><td>C</td><td colspan="2">3.6　断错相保护</td><td></td><td></td></tr>
<tr><td rowspan="4">24</td><td rowspan="4">B</td><td rowspan="4">3.7
主开关</td><td>(1) 防爆型主开关设置</td><td></td><td rowspan="4"></td></tr>
<tr><td>(2) 与照明等电路的控制关系</td><td></td></tr>
<tr><td>(3) 防止误操作装置</td><td></td></tr>
<tr><td>(4) 对应标志</td><td></td></tr>
<tr><td rowspan="2">25</td><td rowspan="2">B</td><td rowspan="2">3.8.2
驱动主机</td><td>(1) 液压泵站以及防爆要求</td><td></td><td rowspan="2"></td></tr>
<tr><td>(2) 液压泵站的散热及外表最高温度</td><td></td></tr>
<tr><td rowspan="3">26</td><td rowspan="3">B</td><td rowspan="3">3.10.3
紧急操作</td><td>(1) 手动泵设置</td><td></td><td rowspan="3"></td></tr>
<tr><td>(2) 溢流阀调定压力</td><td></td></tr>
<tr><td>(3) 应急救援程序</td><td></td></tr>
<tr><td rowspan="3">27</td><td rowspan="3">B</td><td rowspan="3">3.11
限速器</td><td>(1) 限速器铭牌</td><td></td><td rowspan="3"></td></tr>
<tr><td>(2) 电气安全装置及防爆要求</td><td></td></tr>
<tr><td>(3) 动作速度校验</td><td></td></tr>
<tr><td rowspan="3">28</td><td rowspan="3">C</td><td rowspan="3">3.12
接地</td><td>(1) 供电电源和 N 线与 PE 线的设置</td><td></td><td rowspan="3"></td></tr>
<tr><td>(2) 接地连接</td><td></td></tr>
<tr><td>(3) 接地电阻</td><td></td></tr>
<tr><td>29</td><td>C</td><td colspan="2">3.13　电气绝缘</td><td></td><td></td></tr>
</table>

共　页　第　页

报告编号：

序号	检验类别	检验项目及其内容			检验结果	检验结论
30	C	4 井道及相关设备	4.1 井道封闭以及封闭材料			
31	C		4.2 井道安全门	(1) 安全门设置		
				(2) 门的开启方向		
				(3) 门锁		
				(4) 电气安全装置及防爆要求		
32	C		4.3 井道检修门	(1) 门的尺寸		
				(2) 门的开启方向		
				(3) 门锁		
				(4) 电气安全装置及防爆要求		
33	C		4.5.3 顶部空间	(1) 轿厢导轨制导行程		
				(2) 轿顶可站人空间		
				(3) 井道顶最低部件与轿顶最高部件之间距离		
				(4) 轿顶空间		
				(5) 井道顶最低部件与柱塞头部组件		
				(6) 平衡重导轨的制导行程		
34	C		4.6 导轨	(1) 支架个数与间距		
				(2) 支架安装		
				(3) 导轨工作面铅垂度		
				(4) 导轨顶面距离偏差		
35	B		4.7 轿厢与井道壁距离			
36	C		4.8.1 层门地坎下端的井道壁			
37	B		4.9.2 极限开关及防爆要求			
38	C		4.10 随行电缆			
39	C		4.11 井道照明设置(如果有)以及防爆要求			
40	C		4.12 底坑设施与装置	(1) 底坑底部		
				(2) 进入底坑通道		
				(3) 停止装置及防爆要求		
				(4) 电源插接装置(如果有)及防爆要求		
				(5) 防爆型电气照明以及开关		
41	B		4.13.1 缓冲器	(1) 缓冲器选型		
				(2) 缓冲器铭牌或者标签		
				(3) 缓冲器固定及碰撞面无火花措施		
				(4) 缓冲器液位和电气安全装置及防爆要求		
				(5) 平衡重越程距离		

共 页 第 页

报告编号：

<table>
<tr><th>序号</th><th>检验类别</th><th colspan="3">检验项目及其内容</th><th>检验结果</th><th>检验结论</th></tr>
<tr><td rowspan="2">42</td><td rowspan="2">B</td><td rowspan="7">4
井道及相关设备</td><td rowspan="2">4.14
限速绳张紧装置</td><td>(1) 张紧形式、导向装置</td><td></td><td rowspan="2"></td></tr>
<tr><td>(2) 电气安全装置及防爆要求</td><td></td></tr>
<tr><td>43</td><td>C</td><td colspan="2">4.15　平衡重下方空间的防护和防爆型安全钳</td><td></td><td></td></tr>
<tr><td rowspan="5">44</td><td rowspan="5">C</td><td rowspan="5">4.16.2
底坑空间</td><td>(1) 底坑空间尺寸</td><td></td><td rowspan="5"></td></tr>
<tr><td>(2) 底坑底面与轿厢最低部件距离</td><td></td></tr>
<tr><td>(3) 轿厢最低部件与底坑最高部件距离</td><td></td></tr>
<tr><td>(4) 底坑设备顶部与油缸柱塞头部最低部件的距离</td><td></td></tr>
<tr><td>(5) 底坑底面与多级油缸最低导向架之间的距离</td><td></td></tr>
<tr><td rowspan="2">45</td><td rowspan="2">C</td><td rowspan="2">4.17
井道内防护</td><td>(1) 平衡重运行区域防护以及隔障材料</td><td></td><td rowspan="2"></td></tr>
<tr><td>(2) 多台防爆电梯运动部件之间防护</td><td></td></tr>
<tr><td rowspan="4">46</td><td rowspan="4">C</td><td rowspan="17">5
轿厢与对重(平衡重)</td><td rowspan="4">5.1.1
轿顶电气装置</td><td>(1) 检修装置</td><td></td><td></td></tr>
<tr><td>(2) 停止装置</td><td></td><td rowspan="3"></td></tr>
<tr><td>(3) 电源插接装置(如果有)和电气照明及开关</td><td></td></tr>
<tr><td>(4) 电气部件防爆要求</td><td></td></tr>
<tr><td rowspan="4">47</td><td rowspan="4">C</td><td rowspan="4">5.2
轿顶护栏</td><td>(1) 护栏的组成</td><td></td><td rowspan="4"></td></tr>
<tr><td>(2) 扶手高度</td><td></td></tr>
<tr><td>(3) 装设位置</td><td></td></tr>
<tr><td>(4) 警示标志</td><td></td></tr>
<tr><td rowspan="3">48</td><td rowspan="3">C</td><td rowspan="3">5.3
轿厢安全窗(门)</td><td>(1) 手动上锁装置</td><td></td><td rowspan="3"></td></tr>
<tr><td>(2) 安全门(窗)开启</td><td></td></tr>
<tr><td>(3) 电气安全装置及防爆要求</td><td></td></tr>
<tr><td>49</td><td>C</td><td colspan="2">5.4　轿厢和平衡重间距</td><td></td><td></td></tr>
<tr><td>50</td><td>C</td><td colspan="2">5.5　平衡重的固定</td><td></td><td></td></tr>
<tr><td>51</td><td>C</td><td colspan="2">5.6.2　轿厢有效面积</td><td></td><td></td></tr>
<tr><td>52</td><td>C</td><td colspan="2">5.7　轿厢内铭牌设置</td><td></td><td></td></tr>
<tr><td rowspan="2">53</td><td rowspan="2">B</td><td rowspan="2">5.8
紧急照明和报警装置</td><td>(1) 防爆型紧急照明</td><td></td><td rowspan="2"></td></tr>
<tr><td>(2) 紧急报警装置及防爆要求</td><td></td></tr>
</table>

共　页　第　页

报告编号：

<table>
<tr><th>序号</th><th>检验类别</th><th colspan="3">检验项目及其内容</th><th>检验结果</th><th>检验结论</th></tr>
<tr><td>54</td><td>C</td><td rowspan="6">5
轿厢与对重（平衡重）</td><td colspan="2">5.9　轿厢护脚板</td><td></td><td></td></tr>
<tr><td>55</td><td>C</td><td colspan="2">5.10　超载保护装置及防爆要求</td><td></td><td></td></tr>
<tr><td rowspan="4">56</td><td rowspan="4">B</td><td rowspan="4">5.11.1
安全钳</td><td>(1) 防爆型安全钳设置</td><td></td><td rowspan="4"></td></tr>
<tr><td>(2) 防爆型安全钳铭牌</td><td></td></tr>
<tr><td>(3) 电气安全联锁装置及防爆要求</td><td></td></tr>
<tr><td>(4) 安全钳工作面无火花措施</td><td></td></tr>
<tr><td>57</td><td>C</td><td rowspan="3">6
悬挂装置及旋转部件的防护</td><td colspan="2">6.1　悬挂钢丝绳的磨损、断丝、变形</td><td></td><td></td></tr>
<tr><td>58</td><td>C</td><td colspan="2">6.2　悬挂钢丝绳的端部固定</td><td></td><td></td></tr>
<tr><td>59</td><td>C</td><td colspan="2">6.4　旋转部件的防护</td><td></td><td></td></tr>
<tr><td>60</td><td>C</td><td rowspan="15">7
轿门与层门</td><td colspan="2">7.1(1)　门地坎距离</td><td></td><td></td></tr>
<tr><td rowspan="2">61</td><td rowspan="2">C</td><td rowspan="2">7.2.1
门间隙</td><td>(1) 门扇间隙</td><td></td><td rowspan="2"></td></tr>
<tr><td>(2) 人力施加在最不利点时间隙</td><td></td></tr>
<tr><td>62</td><td>B</td><td colspan="2">7.3　防止门夹人的保护装置及防爆要求</td><td></td><td></td></tr>
<tr><td>63</td><td>C</td><td colspan="2">7.4　门的运行与导向</td><td></td><td></td></tr>
<tr><td>64</td><td>B</td><td colspan="2">7.5　自动关闭层门装置及防止重块坠落无火花措施</td><td></td><td></td></tr>
<tr><td>65</td><td>B</td><td colspan="2">7.6　紧急开锁装置</td><td></td><td></td></tr>
<tr><td rowspan="4">66</td><td rowspan="4">B</td><td rowspan="4">7.7.1
门的锁紧</td><td>(1) 锁紧型式</td><td></td><td rowspan="4"></td></tr>
<tr><td>(2) 锁紧元件啮合长度</td><td></td></tr>
<tr><td>(3) 电气安全装置及防爆要求</td><td></td></tr>
<tr><td>(4) 轿门锁紧装置</td><td></td></tr>
<tr><td rowspan="2">67</td><td rowspan="2">B</td><td rowspan="2">7.8
门的闭合</td><td>(1) 机电联锁</td><td></td><td rowspan="2"></td></tr>
<tr><td>(2) 电气安全装置及防爆要求</td><td></td></tr>
<tr><td>68</td><td>C</td><td colspan="2">7.9　门刀、门锁滚轮与地坎间隙</td><td></td><td></td></tr>
</table>

共　页　第　页

报告编号：

序号	检验类别	检验项目及其内容		检验结果	检验结论
69	B	9 附加检验项目	9.1 安全溢流阀		
70	B		9.2 手动下降阀		
71	B		9.3 温控装置及防爆要求		
72	C		9.4 油箱及油位		
73	C		9.5 液压管路保护密封		
74	C		9.6 液压软管		
75	C		9.7 启动时间保护		
76	C		9.8 沉降试验		
77	C		9.9 电气防沉降系统		
78	B		9.10 限速切断阀试验		
79	B		9.11 耐压试验		
80	C	10 相关试验	10.2 耗能缓冲器试验		
81	B		10.4 轿厢限速器—安全钳动作试验；如采用其他的防坠落装置，则需进行试验		
82	B		10.5 平衡重限速器—安全钳动作试验		
83	C		10.7 运行试验		
84	B		10.8 消防返回功能试验		

共 页 第 页

注 D-1：检验报告中的“检验项目及其内容”一栏中所表述具体项目和内容前面的条文序号[如 1、1.1、(1)]与《电梯监督检验和定期检验规则——防爆电梯》(TSG T7003—2011)附件 A 中的条文序号一致。

注 D-2：条文序号为 1.1～1.4、2.1～2.13、3.1.1、3.2、3.3.1、3.4～3.7、3.8.2、3.10.3、3.11～3.13、4.1～4.3、4.5.3、4.6、4.7、4.8.1、4.9.2、4.10～4.12、4.13.1、4.14、4.15、4.16.2、4.17、5.1.1、5.2～5.5、5.6.2、5.7～5.10、5.11.1、6.1、6.2、6.4、7.1(1)、7.2.1、7.3～7.6、7.7.1、7.8、7.9、9.1～9.11、10.2、10.4、10.5、10.7、10.8 的检验项目(共 84 项)，适用于液压式防爆电梯监督检验。

检验机构可以根据不同的防爆电梯类型，按照实际的项目及其内容编排检验报告。

附件 E

报告编号：

液压式防爆电梯定期检验报告

（格式）

使 用 单 位：________________

设 备 代 码：________________

设 备 名 称：________________

设 备 类 型：________________

使用登记证编号：________________

检 验 机 构：________________

检 验 日 期：________________

（印制检验机构名称）

注 意 事 项

1．本报告依据《电梯监督检验和定期检验规则——防爆电梯》(TSG T7003—2011)制定，适用于液压式防爆电梯定期检验。

2．本报告应当由计算机打印输出，或者用钢笔、签字笔填写，字迹应当工整，修改无效。

3．本报告无检验、编制、审核、批准人员签字和检验机构的核准证号、检验专用章或者公章无效。

4．本报告一式三份，由检验机构、维护保养单位和使用单位分别保存。

5．受检单位对本报告结论如有异议，请在收到报告书之日起 15 日内，向检验机构提出书面意见。

检验机构地址：

邮政编码：

联系电话：

液压式防爆电梯定期检验报告

报告编号：

<table>
<tr><td colspan="2">设备名称</td><td></td><td>使用登记证编号</td><td></td></tr>
<tr><td colspan="2">安全管理人员</td><td></td><td>制造日期</td><td></td></tr>
<tr><td colspan="2">使用单位</td><td colspan="3"></td></tr>
<tr><td colspan="2">设备使用地点</td><td colspan="3"></td></tr>
<tr><td colspan="2">使用单位代码</td><td></td><td>使用设备编号</td><td></td></tr>
<tr><td colspan="2">制造企业名称</td><td colspan="3"></td></tr>
<tr><td colspan="2">规格型号</td><td></td><td>产品编号</td><td></td></tr>
<tr><td colspan="2">维护保养单位</td><td colspan="3"></td></tr>
<tr><td colspan="2">整机防爆标志</td><td></td><td>燃爆物质</td><td></td></tr>
<tr><td colspan="2">整机防爆合格证号</td><td></td><td>区域防爆等级</td><td></td></tr>
<tr><td rowspan="3">设备技术参数</td><td>额定载重量</td><td>kg</td><td>额定速度</td><td>m/s</td></tr>
<tr><td>顶升型式</td><td></td><td>额定压力</td><td>MPa</td></tr>
<tr><td>层站数</td><td>层 站 门</td><td>控制方式</td><td></td></tr>
<tr><td>检验依据</td><td colspan="4">《电梯监督检验和定期检验规则——防爆电梯》(TSG T7003—2011)</td></tr>
<tr><td>主要检验仪器设备</td><td colspan="4"></td></tr>
<tr><td>检验结论</td><td colspan="4"></td></tr>
<tr><td>备注</td><td colspan="4"></td></tr>
<tr><td colspan="2">检验日期</td><td></td><td>下次检验日期</td><td></td></tr>
<tr><td colspan="2">检验人员</td><td colspan="3"></td></tr>
<tr><td colspan="3">编制：　　　　日期：</td><td colspan="2" rowspan="3">检验机构核准证号：

（检验机构公章或检验专用章）
年　月　日</td></tr>
<tr><td colspan="3">审核：　　　　日期：</td></tr>
<tr><td colspan="3">批准：　　　　日期：</td></tr>
</table>

共　页　第　页

报告编号：

<table>
<tr><th>序号</th><th>检验类别</th><th colspan="3">检验项目及其内容</th><th>检验结果</th><th>检验结论</th></tr>
<tr><td rowspan="5">1</td><td rowspan="5">B</td><td rowspan="5">1
技术资料</td><td rowspan="5">1.4
使用资料</td><td>（1）使用登记资料</td><td></td><td rowspan="5"></td></tr>
<tr><td>（2）安全技术档案</td><td></td></tr>
<tr><td>（3）管理规章制度</td><td></td></tr>
<tr><td>（4）日常维护保养合同</td><td></td></tr>
<tr><td>（5）特种设备作业人员证</td><td></td></tr>
<tr><td rowspan="2">2</td><td rowspan="2">C</td><td rowspan="26">2
防爆技术要求</td><td rowspan="2">2.1
防爆等级</td><td>（1）防爆电气部件铭牌标注</td><td></td><td rowspan="2"></td></tr>
<tr><td>（2）防爆电气部件防爆类型、级别、组别</td><td></td></tr>
<tr><td rowspan="2">3</td><td rowspan="2">C</td><td rowspan="2">2.2
外壳要求</td><td>（1）防爆电气部件外壳</td><td></td><td rowspan="2"></td></tr>
<tr><td>（2）防爆接合面和紧固件</td><td></td></tr>
<tr><td>4</td><td>C</td><td colspan="2">2.3　本安型电气部件本安标志</td><td></td><td></td></tr>
<tr><td rowspan="3">5</td><td rowspan="3">C</td><td rowspan="3">2.4
隔爆型设备</td><td>（1）隔爆型部件防爆等级和防爆外壳</td><td></td><td rowspan="3"></td></tr>
<tr><td>（2）隔爆型部件电气联锁或警告标志</td><td></td></tr>
<tr><td>（3）隔爆型部件隔爆面</td><td></td></tr>
<tr><td>6</td><td>C</td><td colspan="2">2.5　增安型部件防爆等级和防爆外壳</td><td></td><td></td></tr>
<tr><td rowspan="2">7</td><td rowspan="2">C</td><td rowspan="2">2.6
浇封部件</td><td>（1）浇封型部件防爆等级和防爆外壳</td><td></td><td rowspan="2"></td></tr>
<tr><td>（2）浇封型部件浇封表面</td><td></td></tr>
<tr><td rowspan="2">8</td><td rowspan="2">C</td><td rowspan="2">2.7
油浸部件</td><td>（1）油浸型部件防爆等级和防爆外壳</td><td></td><td rowspan="2"></td></tr>
<tr><td>（2）油浸型部件密封、油位、螺栓</td><td></td></tr>
<tr><td rowspan="2">9</td><td rowspan="2">C</td><td rowspan="2">2.8
正压机房</td><td>（2）正压型机房充气电气联锁装置</td><td></td><td rowspan="2"></td></tr>
<tr><td>（3）正压型机房微差压继电器</td><td></td></tr>
<tr><td rowspan="2">10</td><td rowspan="2">C</td><td rowspan="2">2.9
防爆接线盒</td><td>（1）防爆区域内非本安电路电缆连接</td><td></td><td rowspan="2"></td></tr>
<tr><td>（2）防爆接线盒防爆等级和防爆外壳</td><td></td></tr>
<tr><td rowspan="2">11</td><td rowspan="2">C</td><td rowspan="2">2.10
电缆配线</td><td>（1）防爆区域内橡胶电缆或铠装电缆</td><td></td><td rowspan="2"></td></tr>
<tr><td>（3）电缆的防机械损伤保护措施</td><td></td></tr>
<tr><td rowspan="2">12</td><td rowspan="2">C</td><td rowspan="2">2.11
本安配线</td><td>（1）本安电路浅蓝色标识</td><td></td><td rowspan="2"></td></tr>
<tr><td>（3）本安与非本安电路接线分隔</td><td></td></tr>
<tr><td>13</td><td>C</td><td colspan="2">2.12　非本安型防爆电气部件电缆引入装置</td><td></td><td></td></tr>
<tr><td>14</td><td>C</td><td colspan="2">2.13　非本安型防爆电气部件外壳余孔封堵</td><td></td><td></td></tr>
</table>

共　页　第　页

报告编号：

<table>
<tr><th>序号</th><th>检验类别</th><th colspan="3">检验项目及其内容</th><th>检验结果</th><th>检验结论</th></tr>
<tr><td rowspan="2">15</td><td rowspan="2">C</td><td rowspan="15">3
机房（机器设备间）及相关设备</td><td rowspan="2">3.1.1
机房通道与通道门</td><td>（2）通道防爆型照明</td><td></td><td rowspan="2"></td></tr>
<tr><td>（3）通道门</td><td></td></tr>
<tr><td rowspan="2">16</td><td rowspan="2">C</td><td rowspan="2">3.5
照明与插座</td><td>（1）机房防爆型照明以及开关</td><td></td><td rowspan="2"></td></tr>
<tr><td>（3）井道照明（如果有）、轿厢照明和插接装置（如果有）的防爆型电源开关</td><td></td></tr>
<tr><td>17</td><td>C</td><td colspan="2">3.6　断错相保护</td><td></td><td></td></tr>
<tr><td>18</td><td>C</td><td colspan="2">3.7(2)　防爆型主开关与照明等电路控制关系</td><td></td><td></td></tr>
<tr><td rowspan="2">19</td><td rowspan="2">B</td><td rowspan="2">3.8.2
驱动主机</td><td>★（1）液压泵站以及防爆要求</td><td></td><td rowspan="2"></td></tr>
<tr><td>（2）液压泵站的散热及外表最高温度</td><td></td></tr>
<tr><td rowspan="3">20</td><td rowspan="3">B</td><td rowspan="3">3.10.3
紧急操作</td><td>（1）手动泵设置</td><td></td><td rowspan="3"></td></tr>
<tr><td>（2）溢流阀调定压力</td><td></td></tr>
<tr><td>（3）应急救援程序</td><td></td></tr>
<tr><td rowspan="2">21</td><td rowspan="2">B</td><td rowspan="2">3.11
限速器</td><td>★（2）电气安全装置及防爆要求</td><td></td><td rowspan="2"></td></tr>
<tr><td>（3）动作速度校验</td><td></td></tr>
<tr><td>22</td><td>C</td><td colspan="2">3.12(2)　接地连接</td><td></td><td></td></tr>
<tr><td>23</td><td>C</td><td colspan="2">3.13　电气绝缘</td><td></td><td></td></tr>
<tr><td rowspan="2">24</td><td rowspan="2">C</td><td rowspan="10">4
井道及相关设备</td><td rowspan="2">4.2
井道安全门</td><td>（3）门锁</td><td></td><td rowspan="2"></td></tr>
<tr><td>（4）电气安全装置及防爆要求</td><td></td></tr>
<tr><td rowspan="2">25</td><td rowspan="2">C</td><td rowspan="2">4.3
井道检修门</td><td>（3）门锁</td><td></td><td rowspan="2"></td></tr>
<tr><td>（4）电气安全装置及防爆要求</td><td></td></tr>
<tr><td>26</td><td>B</td><td colspan="2">4.9.2　极限开关及防爆要求</td><td></td><td></td></tr>
<tr><td>27</td><td>C</td><td colspan="2">4.10　随行电缆</td><td></td><td></td></tr>
<tr><td>28</td><td>C</td><td colspan="2">4.11　井道照明设置（如果有）以及防爆要求</td><td></td><td></td></tr>
<tr><td rowspan="3">29</td><td rowspan="3">C</td><td rowspan="3">4.12
底坑设施与装置</td><td>（1）底坑底部</td><td></td><td rowspan="3"></td></tr>
<tr><td>（3）停止装置</td><td></td></tr>
<tr><td>（5）防爆型电气照明及开关</td><td></td></tr>
</table>

共　页　第　页

报告编号：

<table>
<tr><th>序号</th><th>检验类别</th><th colspan="3">检验项目及其内容</th><th>检验结果</th><th>检验结论</th></tr>
<tr><td rowspan="3">30</td><td rowspan="3">B</td><td rowspan="5">4
井道及相关设备</td><td rowspan="3">4.13.1
缓冲器</td><td>(3) 缓冲器固定及碰撞面无火花措施</td><td></td><td rowspan="3"></td></tr>
<tr><td>(4) 缓冲器液位和电气安全装置及防爆要求</td><td></td></tr>
<tr><td>(5) 平衡重越程距离</td><td></td></tr>
<tr><td>31</td><td>B</td><td colspan="2">4.14(2)　限速绳张紧装置的电气安全装置及防爆要求</td><td></td><td></td></tr>
<tr><td>32</td><td>C</td><td colspan="2">4.15　平衡重下方空间的防护和防爆型安全钳</td><td></td><td></td></tr>
<tr><td rowspan="4">33</td><td rowspan="4">C</td><td rowspan="12">5
轿厢与对重(平衡重)</td><td rowspan="4">5.1.1
轿顶电气装置</td><td>(1) 检修装置</td><td></td><td rowspan="4"></td></tr>
<tr><td>(2) 停止装置</td><td></td></tr>
<tr><td>(3) 电源插接装置(如果有)和电气照明及开关</td><td></td></tr>
<tr><td>(4) 电气部件防爆要求</td><td></td></tr>
<tr><td>34</td><td>C</td><td colspan="2">5.3(3)　轿厢安全窗(门)电气安全装置及防爆要求</td><td></td><td></td></tr>
<tr><td>35</td><td>C</td><td colspan="2">5.5　平衡重的固定</td><td></td><td></td></tr>
<tr><td rowspan="2">36</td><td rowspan="2">B</td><td rowspan="2">5.8
紧急照明和报警装置</td><td>(1) 防爆型紧急照明</td><td></td><td rowspan="2"></td></tr>
<tr><td>(2) 紧急报警装置及防爆要求</td><td></td></tr>
<tr><td>37</td><td>C</td><td colspan="2">5.9　地坎护脚板</td><td></td><td></td></tr>
<tr><td>38</td><td>C</td><td colspan="2">5.10　超载保护装置及防爆要求</td><td></td><td></td></tr>
<tr><td rowspan="2">39</td><td rowspan="2">C</td><td rowspan="2">5.11.1
安全钳</td><td>(3) 电气安全联锁装置及防爆要求</td><td></td><td rowspan="2"></td></tr>
<tr><td>(4) 安全钳工作面无火花措施</td><td></td></tr>
<tr><td>40</td><td>C</td><td rowspan="3">6
悬挂、补偿装置旋转部件的防护</td><td colspan="2">6.1　悬挂钢丝绳的磨损、断丝、变形</td><td></td><td></td></tr>
<tr><td>41</td><td>C</td><td colspan="2">6.2　悬挂钢丝绳的端部固定</td><td></td><td></td></tr>
<tr><td>42</td><td>C</td><td colspan="2">★6.4　旋转部件的防护</td><td></td><td></td></tr>
<tr><td rowspan="2">43</td><td rowspan="2">C</td><td rowspan="5">7
轿门与层门</td><td rowspan="2">7.2.1
门间隙</td><td>(1) 门扇间隙</td><td></td><td rowspan="2"></td></tr>
<tr><td>(2) 人力施加在最不利点时间隙</td><td></td></tr>
<tr><td>44</td><td>B</td><td colspan="2">7.3　防止门夹人的保护装置及防爆要求</td><td></td><td></td></tr>
<tr><td>45</td><td>C</td><td colspan="2">7.4　门的运行与导向</td><td></td><td></td></tr>
<tr><td>46</td><td>B</td><td colspan="2">7.5　自动关闭层门装置及防止重块坠落无火花措施</td><td></td><td></td></tr>
</table>

共　页　第　页

报告编号：

序号	检验类别	检验项目及其内容			检验结果	检验结论
47	B	7 轿门与层门	7.6 紧急开锁装置			
48	B		7.7.1 门的锁紧	(1) 锁紧型式		
				(2) 锁紧元件啮合长度		
				(3) 电气安全装置及防爆要求		
49	B		7.8 门的闭合	(1) 机电联锁		
				(2) 电气安全装置及防爆要求		
50	C		7.9 门刀、门锁滚轮与地坎间隙			
51	B	9 附加检验项目	9.1 安全溢流阀			
52	B		9.2 手动下降阀			
53	B		9.3 温控装置及防爆要求			
54	C		9.8 沉降试验			
55	B		9.10 限速切断阀试验			
56	C	10 相关试验	10.2 耗能缓冲器试验			
57	B		10.4 轿厢限速器—安全钳动作试验			
58	B		10.5 平衡重限速器—安全钳动作试验			
59	C		10.7 运行试验			
60	B		10.8 消防返回功能试验			

共 页 第 页

注 E-1：检验报告中的“检验项目及其内容”一栏中所表述具体项目和内容前面的条文序号[如 1、1.1、(1)]与《电梯监督检验和定期检验规则——防爆电梯》(TSG T7003—2011)附件 A 中的条文序号一致。

注 E-2：条文序号为 1.4、2.1～2.13、3.1.1、3.5、3.6、3.7(2)、3.8.2、3.10.3、3.11、3.12(2)、3.13、4.2、4.3、4.9.2、4.10、4.11、4.12、4.13.1、4.14(2)、4.15、5.1.1、5.3(3)、5.5、5.8、5.9、5.10、5.11.1、6.1、6.2、6.4、7.2.1、7.3～7.6、7.7.1、7.8、7.9、9.1～9.3、9.8、9.10、10.2、10.4、10.5、10.7、10.8 的检验项目(共 60 项)，适用于液压式防爆电梯定期检验。

检验机构可以根据不同的防爆电梯类型，按照实际的项目及其内容编排检验报告

注 E-3：标有★的项目为根据有关规定，对于允许按照 GB 7588—1995 及更早期标准生产的防爆电梯，可以不检验、或者可以按照《液压电梯监督检验规程》(国质检锅[2002]358 号)中的有关规定进行检验的项目。

附件 F

报告编号：

曳引式杂物防爆电梯监督检验报告

（格式）

使　用　单　位：________________

设　备　代　码：________________

设　备　名　称：________________

设　备　类　型：________________

施　工　类　别：　　（安装、改造、重大维修）

施　工　单　位：________________

检　验　机　构：________________

检　验　日　期：________________

（印制检验机构名称）

注 意 事 项

1. 本报告依据《电梯监督检验和定期检验规则——防爆电梯》(TSG T7003—2011)制定，适用于曳引式杂物防爆电梯安装、改造、重大维修监督检验。

2. 本报告应当由计算机打印输出，或者用钢笔、签字笔填写，字迹应当工整，修改无效。

3. 本报告无检验、编制、审核、批准人员签字和检验机构的核准证号、检验专用章或者公章无效。

4. 本报告一式三份，由检验机构、施工单位和使用单位分别保存。

5. 受检单位对本报告结论如有异议，请在收到报告书之日起 15 日内，向检验机构提出书面意见。

检验机构地址：

邮政编码：

联系电话：

曳引式杂物防爆电梯监督检验报告

报告编号：

<table>
<tr><td colspan="2">设备名称</td><td></td><td>规格型号</td><td></td></tr>
<tr><td colspan="2">制造单位</td><td></td><td>使用单位</td><td></td></tr>
<tr><td colspan="2">施工单位</td><td></td><td>使用登记编号</td><td></td></tr>
<tr><td colspan="2">施工单位许可证编号</td><td></td><td>施工类别</td><td>（安装、改造、维修）</td></tr>
<tr><td colspan="2">安装地点</td><td></td><td>产品编号</td><td></td></tr>
<tr><td colspan="2">维护保养单位</td><td></td><td>制造日期</td><td></td></tr>
<tr><td colspan="2">整机防爆标志</td><td></td><td>燃爆物质</td><td></td></tr>
<tr><td colspan="2">整机防爆合格证号</td><td></td><td>区域防爆等级</td><td></td></tr>
<tr><td rowspan="2">设备技术参数</td><td>额定载重量</td><td>kg</td><td>额定速度</td><td>m/s</td></tr>
<tr><td>层站数</td><td>层 站 门</td><td>控制方式</td><td></td></tr>
<tr><td>检验依据</td><td colspan="4">《电梯监督检验和定期检验规则——防爆电梯》(TSG T7003—2011)</td></tr>
<tr><td>主要检验仪器设备</td><td colspan="4"></td></tr>
<tr><td>检验结论</td><td colspan="4"></td></tr>
<tr><td>备注</td><td colspan="4"></td></tr>
<tr><td colspan="2">检验日期</td><td></td><td>下次检验日期</td><td></td></tr>
<tr><td colspan="2">检验人员</td><td colspan="3"></td></tr>
<tr><td colspan="3">编制：　　　日期：</td><td colspan="2" rowspan="3">检验机构核准证号：

（检验机构公章或检验专用章）
年　月　日</td></tr>
<tr><td colspan="3">审核：　　　日期：</td></tr>
<tr><td colspan="3">批准：　　　日期：</td></tr>
</table>

共　页　第　页

报告编号：

序号	检验类别	检验项目及其内容			检验结果	检验结论
1	A	1 技术资料	1.1 制造资料	(1) 制造许可证明文件		
				(2) 整机防爆型式试验合格证或报告书		
				(3) 产品合格证等质量证明文件		
				(4) 整机防爆合格证和电气部件防爆合格证		
				(5) 安全装置、主要部件型式试验合格证等资料		
				(6) 机房(机器设备间)和井道布置图		
				(7) 电气原理图、电气安装敷线图、电气设备电缆引入装置的位置示意图		
				(8) 安装使用维护说明书		
2	A		1.2 安装资料	(1) 安装许可证和告知书		
				(2) 施工方案		
				(3) 特种设备作业人员证件		
				(4) 施工过程记录和自检报告		
				(5) 设计变更证明文件		
				(6) 安装质量证明文件		
3	A		1.3 改造、重大维修资料	(1) 改造(维修)许可证和告知书		
				(2) 施工方案		
				(3) 更换安全装置和主要部件的型式试验合格证及电气部件防爆合格证等资料		
				(4) 特种设备作业人员证件		
				(5) 施工过程记录和自检报告		
				(6) 改造后产品合格证和整机防爆合格证等质量证明文件		
4	B		1.4 使用资料	(1) 使用登记资料		
				(2) 安全技术档案		
				(3) 管理规章制度		
				(4) 日常维护保养合同		
				(5) 特种设备作业人员证		
				(6) 爆炸危险区域以及防爆级别、组别		
5	C	2 防爆技术要求	2.1 防爆等级	(1) 防爆电气部件铭牌标注		
				(2) 防爆电气部件防爆类型、级别、组别		
6	C		2.2 外壳要求	(1) 防爆电气部件外壳		
				(2) 防爆接合面和紧固件		
				(3) 防爆电气部件外表最高温度		

共　页　第　页

报告编号：

序号	检验类别	检验项目及其内容			检验结果	检验结论
7	C	2 防爆技术要求	2.3 本安型电气部件本安标志			
8	C		2.4 隔爆型设备	(1) 隔爆型部件防爆等级和防爆外壳		
				(2) 隔爆型部件电气联锁或警告标志		
				(3) 隔爆型部件隔爆面		
9	C		2.5 增安型部件防爆等级和防爆外壳			
10	C		2.6 浇封部件	(1) 浇封型部件防爆等级和防爆外壳		
				(2) 浇封型部件浇封表面		
11	C		2.7 油浸部件	(1) 油浸型部件防爆等级和防爆外壳		
				(2) 油浸型部件密封、油位和螺栓		
12	C		2.8 正压机房	(1) 正压型机房空气进风口位置		
				(2) 正压型机房充气电气联锁装置		
				(3) 正压型机房微差压继电器		
13	C		2.9 防爆接线盒	(1) 防爆区域内非本安电路电缆连接		
				(2) 防爆接线盒防爆等级和防爆外壳		
14	C		2.10 电缆配线	(1) 防爆区域内橡胶电缆或铠装电缆		
				(2) 动力电缆和控制电缆等的敷设		
				(3) 电缆的防机械损伤保护措施		
15	C		2.11 本安配线	(1) 本安电路浅蓝色标识		
				(2) 本安与非本安电路敷设		
				(3) 本安与非本安电路接线分隔		
16	C		2.12 非本安型防爆电气部件电缆引入装置			
17	C		2.13 非本安型防爆电气部件外壳余孔封堵			
18	C	3 机房(机器设备间)及相关设备	3.1.2 机房通道与通道门	(1) 通道设置及防爆型照明		
				(2) 通道门		
19	C		3.2 机房(机器设备间)专用			
20	C		3.3.2 安全空间	(1) 控制柜前的净空面积		
				(2) 维修、操作处的净空面积		
21	C		3.4 地面开口			

共　页　第　页

报告编号：

序号	检验类别	检验项目及其内容			检验结果	检验结论
22	C	3 机房（机器设备间）及相关设备	3.5 照明与插座	(1) 机房防爆型照明以及开关		
				(2) 防爆型电源插接装置（如果有）		
				(3) 井道照明（如果有）、轿厢照明和插接装置（如果有）的防爆型电源开关		
23	C		3.6 断错相保护			
24	B		3.7 主开关	(1) 防爆型主开关设置		
				(2) 与照明等电路的控制关系		
				(3) 防止误操作装置		
				(4) 对应标志		
25	B		3.8.1 驱动主机 B	(1) 工作状况		
				(2) 曳引轮安全色		
				(3) 轮槽磨损		
				(4) 电动机和制动器及防爆要求		
				(5) 电动机和减速器散热及外表最高温度		
26	C		3.9.2 制动装置	(1) 防爆型制动器设置		
				(4) 制动部件外表最高温度		
27	B		3.10.2 紧急手动操作装置			
28	B		3.11 限速器	(1) 限速器铭牌		
				(2) 电气安全装置及防爆要求		
				(3) 动作速度校验		
29	C		3.12 接地	(1) 供电电源和 N 线与 PE 线的设置		
				(2) 接地连接		
				(3) 接地电阻		
30	C		3.13 电气绝缘			
31	C	4 井道及相关设备	4.1 井道封闭以及封闭材料			
32	C		4.4 井道门	(1) 检修门和活板门及清洁门的设置		
				(2) 门的开启、门锁和电气安全装置及防爆要求		

共 页 第 页

报告编号：

<table>
<tr><th>序号</th><th>检验类别</th><th colspan="3">检验项目及其内容</th><th>检验结果</th><th>检验结论</th></tr>
<tr><td>33</td><td>C</td><td rowspan="11">4
井道及相关设备</td><td colspan="2">4.5.2 顶部空间</td><td></td><td></td></tr>
<tr><td>34</td><td>B</td><td colspan="2">4.7 轿厢与井道壁距离</td><td></td><td></td></tr>
<tr><td>35</td><td>C</td><td colspan="2">4.8.2 层门地坎下端井道壁</td><td></td><td></td></tr>
<tr><td>36</td><td>B</td><td colspan="2">4.9.1 极限开关及防爆要求</td><td></td><td></td></tr>
<tr><td>37</td><td>C</td><td colspan="2">4.10 随行电缆</td><td></td><td></td></tr>
<tr><td>38</td><td>C</td><td colspan="2">4.11 井道照明设置(如果有)以及防爆要求</td><td></td><td></td></tr>
<tr><td rowspan="5">39</td><td rowspan="5">C</td><td rowspan="5">4.12
底坑设施与装置</td><td>(1) 底坑底部</td><td></td><td></td></tr>
<tr><td>(2) 进入底坑通道</td><td></td><td></td></tr>
<tr><td>(3) 停止装置及防爆要求</td><td></td><td></td></tr>
<tr><td>(4) 电源插接装置(如果有)及防爆要求</td><td></td><td></td></tr>
<tr><td>(5) 防爆型电气照明以及开关</td><td></td><td></td></tr>
<tr><td>40</td><td>B</td><td colspan="2">4.13.2 缓冲器固定及碰撞面无火花措施</td><td></td><td></td></tr>
<tr><td rowspan="2">41</td><td rowspan="2">B</td><td rowspan="2">4.14
限速绳张紧装置</td><td>(1) 张紧形式、导向装置</td><td></td><td rowspan="2"></td></tr>
<tr><td>(2) 电气安全装置及防爆要求</td><td></td></tr>
<tr><td>42</td><td>C</td><td>4.17
井道内防护</td><td>(2) 多台防爆电梯运动部件之间防护</td><td></td><td></td></tr>
<tr><td>43</td><td>C</td><td rowspan="7">5
轿厢与对重</td><td>5.1.2
轿顶电气装置</td><td>停止开关、照明装置、电源插接装置(如果有)的设置及防爆要求</td><td></td><td></td></tr>
<tr><td>44</td><td>C</td><td colspan="2">5.5 对重的固定</td><td></td><td></td></tr>
<tr><td>45</td><td>C</td><td colspan="2">5.6.3 轿厢有效面积</td><td></td><td></td></tr>
<tr><td rowspan="4">46</td><td rowspan="4">B</td><td rowspan="4">5.11.2
安全钳</td><td>(1) 防爆型安全钳设置</td><td></td><td></td></tr>
<tr><td>(2) 防爆型安全钳铭牌</td><td></td><td></td></tr>
<tr><td>(3) 电气安全联锁装置及防爆要求</td><td></td><td></td></tr>
<tr><td>(4) 安全钳工作面无火花措施</td><td></td><td></td></tr>
<tr><td>47</td><td>C</td><td rowspan="3">6
悬挂及旋转部件</td><td colspan="2">6.1 悬挂钢丝绳的磨损、断丝、变形</td><td></td><td></td></tr>
<tr><td>48</td><td>C</td><td colspan="2">6.2 悬挂钢丝绳的端部固定</td><td></td><td></td></tr>
<tr><td>49</td><td>C</td><td colspan="2">6.3 旋转部件(如果有)的防护</td><td></td><td></td></tr>
</table>

共 页 第 页

报告编号：

<table>
<tr><th>序号</th><th>检验类别</th><th colspan="3">检验项目及其内容</th><th>检验结果</th><th>检验结论</th></tr>
<tr><td>50</td><td>C</td><td rowspan="8">7
轿门与层门</td><td colspan="2">7.1(2)　门地坎距离</td><td></td><td></td></tr>
<tr><td>51</td><td>C</td><td colspan="2">7.2.2　门间隙</td><td></td><td></td></tr>
<tr><td>52</td><td>C</td><td colspan="2">7.4　门的运行与导向</td><td></td><td></td></tr>
<tr><td>53</td><td>B</td><td colspan="2">7.6　紧急开锁装置</td><td></td><td></td></tr>
<tr><td rowspan="2">54</td><td rowspan="2">B</td><td rowspan="2">7.7.2
门的锁紧</td><td>(1) 门锁的设置及嵌入</td><td></td><td rowspan="2"></td></tr>
<tr><td>(2) 电气安全装置及防爆要求</td><td></td></tr>
<tr><td rowspan="2">55</td><td rowspan="2">B</td><td rowspan="2">7.8
门的闭合</td><td>(1) 机电联锁</td><td></td><td rowspan="2"></td></tr>
<tr><td>(2) 电气安全装置及防爆要求</td><td></td></tr>
<tr><td rowspan="3">56</td><td rowspan="3">C</td><td rowspan="6">8
附加检验项目</td><td rowspan="3">8.1
门扇及固定</td><td>(1) 轿厢门设置</td><td></td><td rowspan="3"></td></tr>
<tr><td>(2) 门扇固定</td><td></td></tr>
<tr><td>(3) 电气安全联锁装置及防爆要求</td><td></td></tr>
<tr><td>57</td><td>C</td><td colspan="2">8.2　信号指示及防爆要求</td><td></td><td></td></tr>
<tr><td rowspan="2">58</td><td rowspan="2">C</td><td rowspan="2">8.3
层站标识</td><td>(1) 基站整机铭牌设置</td><td></td><td rowspan="2"></td></tr>
<tr><td>(2) 层站、层门入口处标识</td><td></td></tr>
<tr><td>59</td><td>C</td><td rowspan="7">10
相关试验</td><td colspan="2">10.3　平衡系数试验</td><td></td><td></td></tr>
<tr><td>60</td><td>B</td><td colspan="2">10.4　轿厢限速器—安全钳动作试验</td><td></td><td></td></tr>
<tr><td>61</td><td>B</td><td colspan="2">10.5　对重限速器—安全钳动作试验</td><td></td><td></td></tr>
<tr><td>62</td><td>B</td><td colspan="2">10.6　空载曳引力试验</td><td></td><td></td></tr>
<tr><td>63</td><td>C</td><td colspan="2">10.7　运行试验</td><td></td><td></td></tr>
<tr><td>64</td><td>B</td><td colspan="2">10.9　空载上行制动试验</td><td></td><td></td></tr>
<tr><td>65</td><td>A</td><td colspan="2">10.10　超载下行制动试验</td><td></td><td></td></tr>
</table>

共　页　第　页

注 F-1：检验报告中的“检验项目及其内容”一栏中所表述具体项目和内容前面的条文序号[如 1、1.1、(1)]与《电梯监督检验和定期检验规则——防爆电梯》(TSG T7003—2011)附件 A 中的条文序号一致。

注 F-2：条文序号为 1.1～1.4、2.1～2.13、3.1.2、3.2、3.3.2、3.4～3.7、3.8.1、3.9.2、3.10.2、3.11～3.13、4.1、4.4、4.5.2、4.7、4.8.2、4.9.1、4.10～4.12、4.13.2、4.14、4.17、5.1.2、5.5、5.6.3、5.11.2、6.1、6.2、6.4、7.1(2)、7.2.2、7.4、7.6、7.7.2、7.8、8.1～8.3、10.3～10.7、10.9、10.10 的检验项目(共 65 项)，适用于曳引式杂物防爆电梯监督检验。

附件 G

报告编号：

曳引式杂物防爆电梯定期检验报告

（格式）

使 用 单 位：____________________________

设 备 代 码：____________________________

设 备 名 称：____________________________

设 备 类 型：____________________________

使用登记编号：____________________________

检 验 机 构：____________________________

检 验 日 期：____________________________

（印制检验机构名称）

注意事项

1. 本报告依据《电梯监督检验和定期检验规则——防爆电梯》(TSG T7003—2011)制定,适用于曳引式杂物防爆电梯定期检验。

2. 本报告应当由计算机打印输出,或者用钢笔、签字笔填写,字迹应当工整,修改无效。

3. 本报告无检验、编制、审核、批准人员签字和检验机构的核准证号、检验专用章或者公章无效。

4. 本报告一式三份,由检验机构、使用单位、日常维护保养单位分别保存。

5. 受检单位对本报告结论如有异议,请在收到报告书之日起 15 日内,向检验机构提出书面意见。

检验机构地址:

邮政编码:

联系电话:

曳引式杂物防爆电梯定期检验报告

报告编号：

<table>
<tr><td colspan="2">设备名称</td><td></td><td>使用登记证编号</td><td></td></tr>
<tr><td colspan="2">安全管理人员</td><td></td><td>制造日期</td><td></td></tr>
<tr><td colspan="2">使用单位</td><td colspan="3"></td></tr>
<tr><td colspan="2">设备使用地点</td><td colspan="3"></td></tr>
<tr><td colspan="2">使用单位代码</td><td></td><td>使用设备编号</td><td></td></tr>
<tr><td colspan="2">制造企业名称</td><td colspan="3"></td></tr>
<tr><td colspan="2">规格型号</td><td></td><td>产品编号</td><td></td></tr>
<tr><td colspan="2">维护保养单位</td><td colspan="3"></td></tr>
<tr><td colspan="2">整机防爆标志</td><td></td><td>燃爆物质</td><td></td></tr>
<tr><td colspan="2">整机防爆合格证号</td><td></td><td>区域防爆等级</td><td></td></tr>
<tr><td rowspan="2">设备技术参数</td><td>额定载重量</td><td>kg</td><td>额定速度</td><td>m/s</td></tr>
<tr><td>层站数</td><td>层 站 门</td><td>控制方式</td><td></td></tr>
<tr><td>检验依据</td><td colspan="4">《电梯监督检验和定期检验规则——防爆电梯》(TSG T7003—2011)</td></tr>
<tr><td>主要检验仪器设备</td><td colspan="4"></td></tr>
<tr><td>检验结论</td><td colspan="4"></td></tr>
<tr><td>备注</td><td colspan="4"></td></tr>
<tr><td>检验日期</td><td colspan="2"></td><td>下次检验日期</td><td></td></tr>
<tr><td>检验人员</td><td colspan="4"></td></tr>
<tr><td>编制：</td><td colspan="2">日期：</td><td colspan="2" rowspan="3">检验机构核准证号：

(检验机构公章或检验专用章)
年 月 日</td></tr>
<tr><td>审核：</td><td colspan="2">日期：</td></tr>
<tr><td>批准：</td><td colspan="2">日期：</td></tr>
</table>

共 页 第 页

报告编号：

<table>
<tr><th>序号</th><th>检验类别</th><th colspan="3">检验项目及其内容</th><th>检验结果</th><th>检验结论</th></tr>
<tr><td rowspan="5">1</td><td rowspan="5">B</td><td rowspan="5">1
技术资料</td><td rowspan="5">1.4
使用资料</td><td>（1）使用登记资料</td><td></td><td rowspan="5"></td></tr>
<tr><td>（2）安全技术档案</td><td></td></tr>
<tr><td>（3）管理规章制度</td><td></td></tr>
<tr><td>（4）日常维护保养合同</td><td></td></tr>
<tr><td>（5）特种设备作业人员证</td><td></td></tr>
<tr><td rowspan="2">2</td><td rowspan="2">C</td><td rowspan="25">2
防爆技术要求</td><td rowspan="2">2.1
防爆等级</td><td>（1）防爆电气部件铭牌标注</td><td></td><td rowspan="2"></td></tr>
<tr><td>（2）防爆电气部件防爆类型、级别、组别</td><td></td></tr>
<tr><td rowspan="2">3</td><td rowspan="2">C</td><td rowspan="2">2.2
外壳要求</td><td>（1）防爆电气部件外壳</td><td></td><td rowspan="2"></td></tr>
<tr><td>（2）防爆接合面和紧固件</td><td></td></tr>
<tr><td>4</td><td>C</td><td colspan="2">2.3　本安型电气部件本安标志</td><td></td><td></td></tr>
<tr><td rowspan="3">5</td><td rowspan="3">C</td><td rowspan="3">2.4
隔爆型设备</td><td>（1）隔爆型部件防爆等级和防爆外壳</td><td></td><td rowspan="3"></td></tr>
<tr><td>（2）隔爆型部件电气联锁或警告标志</td><td></td></tr>
<tr><td>（3）隔爆型部件隔爆面</td><td></td></tr>
<tr><td>6</td><td>C</td><td colspan="2">2.5　增安型部件防爆等级和防爆外壳</td><td></td><td></td></tr>
<tr><td rowspan="2">7</td><td rowspan="2">C</td><td rowspan="2">2.6
浇封部件</td><td>（1）浇封型部件防爆等级和防爆外壳</td><td></td><td rowspan="2"></td></tr>
<tr><td>（2）浇封型部件浇封表面</td><td></td></tr>
<tr><td rowspan="2">8</td><td rowspan="2">C</td><td rowspan="2">2.7
油浸部件</td><td>（1）油浸型部件防爆等级和防爆外壳</td><td></td><td rowspan="2"></td></tr>
<tr><td>（2）油浸型部件密封、油位和螺栓</td><td></td></tr>
<tr><td rowspan="2">9</td><td rowspan="2">C</td><td rowspan="2">2.8
正压机房</td><td>（2）正压型机房充气电气联锁装置</td><td></td><td rowspan="2"></td></tr>
<tr><td>（3）正压型机房微差压继电器</td><td></td></tr>
<tr><td rowspan="2">10</td><td rowspan="2">C</td><td rowspan="2">2.9
防爆接线盒</td><td>（1）防爆区域内非本安电路电缆连接</td><td></td><td rowspan="2"></td></tr>
<tr><td>（2）防爆接线盒防爆等级和防爆外壳</td><td></td></tr>
<tr><td rowspan="2">11</td><td rowspan="2">C</td><td rowspan="2">2.10
电缆配线</td><td>（1）防爆区域内橡胶电缆或铠装电缆</td><td></td><td rowspan="2"></td></tr>
<tr><td>（3）电缆的防机械损伤保护措施</td><td></td></tr>
<tr><td rowspan="2">12</td><td rowspan="2">C</td><td rowspan="2">2.11
本安配线</td><td>（1）本安电路浅蓝色标识</td><td></td><td rowspan="2"></td></tr>
<tr><td>（3）本安与非本安电路接线分隔</td><td></td></tr>
<tr><td>13</td><td>C</td><td colspan="2">2.12　非本安型防爆电气部件电缆引入装置</td><td></td><td></td></tr>
<tr><td>14</td><td>C</td><td colspan="2">2.13　非本安型防爆电气部件外壳余孔封堵</td><td></td><td></td></tr>
</table>

共　页　第　页

报告编号：

<table>
<tr><th>序号</th><th>检验类别</th><th colspan="3">检验项目及其内容</th><th>检验结果</th><th>检验结论</th></tr>
<tr><td>15</td><td>C</td><td rowspan="14">3
机房（机器设备间）及相关设备</td><td colspan="2">3.1.2 机房通道和门及防爆型照明</td><td></td><td></td></tr>
<tr><td rowspan="2">16</td><td rowspan="2">C</td><td rowspan="2">3.5
照明与插座</td><td>（1）机房防爆型照明以及开关</td><td></td><td rowspan="2"></td></tr>
<tr><td>（3）井道照明（如果有）、轿厢照明和插接装置（如果有）的防爆型电源开关</td><td></td></tr>
<tr><td>17</td><td>C</td><td colspan="2">3.6 断错相保护</td><td></td><td></td></tr>
<tr><td>18</td><td>C</td><td colspan="2">3.7(2) 防爆型主开关与照明等电路控制关系</td><td></td><td></td></tr>
<tr><td rowspan="3">19</td><td rowspan="3">B</td><td rowspan="3">3.8.1
驱动主机</td><td>（1）工作状况</td><td></td><td rowspan="3"></td></tr>
<tr><td>（3）轮槽磨损</td><td></td></tr>
<tr><td>（5）电动机和减速器散热及外表最高温度</td><td></td></tr>
<tr><td>20</td><td>C</td><td>3.9.2
制动装置</td><td>（4）制动部件外表最高温度</td><td></td><td></td></tr>
<tr><td>21</td><td>B</td><td colspan="2">★3.10.2 紧急手动操作装置</td><td></td><td></td></tr>
<tr><td rowspan="2">22</td><td rowspan="2">B</td><td rowspan="2">3.11
限速器</td><td>★（2）电气安全装置及防爆要求</td><td></td><td rowspan="2"></td></tr>
<tr><td>（3）动作速度校验</td><td></td></tr>
<tr><td>23</td><td>C</td><td colspan="2">3.12(2) 接地连接</td><td></td><td></td></tr>
<tr><td>24</td><td>C</td><td colspan="2">3.13 电气绝缘</td><td></td><td></td></tr>
<tr><td>25</td><td>C</td><td rowspan="9">4
井道及相关设备</td><td colspan="2">4.4(2) 井道门电气安全装置及防爆要求</td><td></td><td></td></tr>
<tr><td>26</td><td>B</td><td colspan="2">4.9.1 极限开关及防爆要求</td><td></td><td></td></tr>
<tr><td>27</td><td>C</td><td colspan="2">4.10 随行电缆</td><td></td><td></td></tr>
<tr><td>28</td><td>C</td><td colspan="2">4.11 井道照明设置（如果有）以及防爆要求</td><td></td><td></td></tr>
<tr><td rowspan="3">29</td><td rowspan="3">C</td><td rowspan="3">4.12
底坑设施与装置</td><td>（1）底坑底部</td><td></td><td rowspan="3"></td></tr>
<tr><td>（3）停止装置</td><td></td></tr>
<tr><td>（5）防爆型电气照明及开关</td><td></td></tr>
<tr><td>30</td><td>B</td><td colspan="2">4.13.2 缓冲器固定及碰撞面无火花措施</td><td></td><td></td></tr>
<tr><td>31</td><td>B</td><td colspan="2">4.14(2) 限速绳张紧装置的电气安全装置及防爆要求</td><td></td><td></td></tr>
</table>

共 页 第 页

报告编号：

序号	检验类别	检验项目及其内容			检验结果	检验结论
32	C	5 轿厢与对重	5.1.2 轿顶电气装置及防爆要求			
33	C		5.5 对重（平衡重）的固定			
34	C		5.11.2 安全钳	(3) 电气安全联锁装置及防爆要求		
				(4) 安全钳工作面无火花措施		
35	C	6 悬挂及旋转部件	6.1 悬挂钢丝绳的磨损、断丝、变形			
36	C		6.2 悬挂钢丝绳的端部固定			
37	C		★6.4 旋转部件（如有）的防护			
38	C	7 轿门与层门	7.2.2 门间隙			
39	C		7.4 门的运行与导向			
40	B		7.6 紧急开锁装置			
41	B		7.7.2 门的锁紧	(1) 门锁的设置及嵌入		
				(2) 电气安全装置及防爆要求		
42	B		7.8 门的闭合	(1) 机电联锁		
				(2) 电气安全装置及防爆要求		
43	C	8 附加检验项目	8.1 门扇及固定	(2) 门扇固定		
				(3) 电气安全联锁装置及防爆要求		
44	C		8.2 信号指示及防爆要求			
45	C		8.3 层站标识	(1) 基站整机铭牌设置		
				(2) 层站、层门入口处标识		
46	B	10 相关试验	10.4 轿厢限速器—安全钳动作试验			
47	B		10.5 对重（平衡重）限速器—安全钳动作试验			
48	B		10.6 空载曳引力试验			
49	C		10.7 运行试验			
50	B		10.9 空载上行制动试验			

共 页 第 页

注 G-1：检验报告中的“检验项目及其内容”一栏中所表述具体项目和内容前面的条文序号[如 1、1.1、(1)]与《电梯监督检验和定期检验规则——防爆电梯》(TSG T7003—2011)附件 A 中的条文序号一致。

注 G-2：条文序号为 1.4、2.1～2.13、3.1.2、3.5、3.6、3.7(2)、3.8.1、3.9.2、3.10.2、3.11、3.12(2)、3.13、4.4(2)、4.9.1、4.10～4.12、4.13.2、4.14(2)、5.1.2、5.5、5.11.2、6.1、6.2、6.4、7.2.2、7.4、7.6、7.7.2、7.8、8.1～8.3、10.4～10.7、10.9 的检验项目(共 50 项)，适用于曳引式杂物防爆电梯定期检验。

注 G-3：如果检验中发现曳引轮绳槽的磨损可能影响曳引能力时[见附件 A 第 3.8.1(3)项]，应当进行附件 A 第 10.10 项实验，在此情况下应当将这些检验项目列入检验报告。

检验机构可以根据不同的防爆电梯类型，按照实际的项目及其内容编排检验报告。

注 G-4：标有★的项目为根据有关规定，对于允许按照 GB 7588—1995 及更早期标准生产的防爆电梯，可以不检验、或者可以按照《杂物电梯监督检验规程》(国质检锅[2003]33 号)中的有关规定进行检验的项目。

附件 H

特种设备检验意见通知书

（格式）

编号：

________（填写受检单位名称）________：

经检验，你单位_____（填写设备名称）_____（产品编号：________________，使用登记编号：________________，使用单位设备编号：________________，使用地点：________________________________），存在以下问题，请于_____年___月___日前将处理结果报送我机构：

<table>
<tr><td>问题和意见：

检验人员：　　　　　　　　　　　　　　　　　（检验机构公章或检验专用章）

日期：　　　年　　月　　日
受检单位接受人：　　　　　　　　　　　　　　日期：　　　年　　月　　日</td></tr>
<tr><td>处理结果：

受检单位主管负责人：　　　　　　　　　　　　　　（受检单位公章）
日期：　　　年　　月　　日</td></tr>
</table>

注：本通知书一式三份。一份检验机构存档，两份送受检单位，其中一份受检单位应当在要求的日期内返回检验机构。如果定期检验时存在B类或者超过5项C类项目不合格，或者受检单位未在要求的日期内返回检验机构，检验机构还应当报负责设备使用登记的特种设备安全监察机构。

附

TSG T7003—2011《电梯监督检验和定期检验规则——防爆电梯》第1号修改单

（对2011年8月第1版的修改）

一、正文修改

1. 第五条修改为："实施防爆电梯安装、改造或者重大维修的施工单位（以下简称施工单位）应当在按照规定履行告知后、开始施工前（不包括设备开箱、现场勘测等准备工作），向检验机构申请监督检验；电梯使用单位应当在电梯使用标志所标注的下次检验日期届满前1个月，向检验机构申请定期检验。"

2. 第八条第（二）项修改为："对于防爆电梯改造和重大维修过程，除对改造和重大维修涉及的附件B中所列的项目进行检验之外，还需对附件C所列项目（前述改造和重大维修涉及的项目除外）进行检验，检验的内容、要求和方法按照附件A的规定；"

3. 第十三条修改为："检验人员必须按照国家有关特种设备检验人员资格考核的规定，取得国家质检总局颁发的相应资格证书后，方可以从事批准项目的防爆电梯检验工作。现场检验至少由2名具有电梯检验员或者以上资格的人员进行，检验人员应当向申请检验的防爆电梯施工或者使用单位（以下简称受检单位）出示检验资格标识。现场检验时，检验人员不得进行防爆电梯的修理、调整等工作。"

4. 第十七条第一款第（三）项修改为："要求测试数据项目的检验结果与自检结果存在多处较大偏差，或者其他项目的自检结果与实物状态不一致，质疑相应单位自检能力时；"

5. 第十八条第一款修改为："检验工作（包括第十七条规定的对整改情况的确认）完成后，或者达到《通知书》提出时限而受检单位未反馈整改报告等见证材料的，检验机构必须在10个工作日内出具检验报告。检验结论为"合格"的，还应当同时出具电梯使用标志。"

6. 第二十四条修改为："对于判定为"不合格"或者"复检不合格"的防爆电梯、未执行《通知书》提出的整改要求并且已经超过电梯使用标志所标注的下次检验日期的防爆电梯，检验机构应当将检验结果、检验结论及有关情况报告负责设备使用登记的特种设备安全监察机构；对于定期检验判定为"不合格"的防爆电梯，检验机构还应当告知使用单位立即停止使用。"

二、附件A修改

（一）"项目及类别"栏修改

"3.9 制动装置 C"修改为"3.9 制动装置 B"。

（二）“检验内容与要求”栏修改

1. 1.1(3)修改为：“产品合格证等质量证明文件，并应注有制造许可证明文件编号、该防爆电梯的整机防爆标志、产品出厂编号、主要技术参数、额定压力(如果有)；以及门锁装置、限速器、安全钳、缓冲器、含有电子元件的安全电路(如果有)、轿厢上行超速保护装置、驱动主机、控制柜等安全保护装置、主要部件和液压式防爆电梯液压泵站、液压缸、液压油的型号，以及这些产品的编号(门锁装置除外)和防爆电气部件编号、防爆标志和防爆合格证号等内容，并且有防爆电梯整机制造单位的公章或者检验合格章以及出厂日期”。

2. 1.4(4)修改为：“控制柜、制动器、电动机等防爆电气部件的防爆合格证，液压泵站(如果有)的防爆合格证等”。

3. 1.2(4)修改为：“施工过程记录和由整机制造单位出具或者确认的自检报告，检查和试验项目齐全、内容完整，施工和验收手续齐全”。

4. 3.9.1 增加一项：“(5) 制动器应当动作灵活，制动时制动闸瓦(制动钳)紧密、均匀地贴合在制动轮(制动盘)上，电梯运行时制动闸瓦(制动钳)与制动轮(制动盘)不发生摩擦；并且制动闸瓦(制动钳)以及制动轮(制动盘)工作面上没有油污”。

3.9.1(5)最后增加“；”

5. 4.13.1(3)修改为：“缓冲器应当固定可靠、无明显倾斜，并且无断裂、塑性变形、剥落、破损等现象；缓冲器与轿厢和对重碰撞面应采取无火花措施”。

6. 5.6.1 中“曳引式防爆电梯轿厢有效面积应当符合下述规定”修改为：“曳引式防爆电梯和液压防爆客梯有效面积应当符合下述规定。下述各额定载重量对应的轿厢最大有效面积允许增加不大于所列值 5％的面积”。

7. 5.6.2 修改为：“液压式防爆货梯轿厢的有效面积应当符合下述规定：

Q	S	Q	S
400	1.68	1 000	3.60
450	1.84	1 050	3.72
525	2.08	1 125	3.90
600	2.32	1 200	4.08
630	2.42	1 250	4.20
675	2.56	1 275	4.26
750	2.80	1 350	4.44
800	2.96	1 425	4.62
825	3.04	1 500	4.80
900	3.28	1 600	5.04
975	3.52		

“注 A-7：超过 1 600 kg 时，每增加 100 kg，面积增加 0.40 m^2。对中间载重量，其面积由线性插值

法确定。”

8. 5.6.3 修改为：

“曳引式杂物防爆电梯应当符合以下要求：

轿底面积不得大于 1.0 m^2，轿厢深度不得大于 1.0 m，轿厢高度不得大于 1.20 m。

如果轿厢由几个固定的间隔组成，且每一间隔都满足上述要求，则轿厢总高度允许大于 1.2 m”。

9. 5.8 中的“轿厢内应当装设符合下述要求并符合本规则防爆技术要求中相关要求的紧急报警装置和应急照明”修改为“轿厢内应当装设符合下述要求和本规则中相应防爆技术要求的紧急报警装置和紧急照明”

10. 5.11.2 修改为：

“曳引式杂物防爆电梯应当符合以下要求：

（1）如果轿厢、对重之下有人能够到达的空间，则应在轿厢、对重上设置防爆型安全钳；

（2）安全钳上应当设有铭牌，标明制造单位名称、型号、规格参数和型式试验机构标识，铭牌、型式试验合格证内容与实物应当相符；

（3）轿厢上应当装设一个在轿厢安全钳动作以前或者同时动作的电气安全装置，该电气安全装置应当符合本规则中相应的防爆技术要求；

（4）安全钳工作面应当采用无火花材质或者采取无火花措施”。

（三）“检验方法”栏修改

1. 3.9 增加“（4）目测制动器动作等情况”

3.9（3）最后增加“；”

2. 4.13.1 修改为：

“现场目测或者按以下方法检查：

（1）对照检查缓冲器型式试验合格证和铭牌或者标签；

（2）目测缓冲器的固定和完好情况及碰接面无火花措施；必要时，将限位开关（如果有）、极限开关短接，以检修速度运行空载轿厢，将缓冲器充分压缩后，观察缓冲器有无断裂、塑性变形、剥落、破损等现象；

（3）目测耗能型缓冲器的液位和电气安全装置；

（4）目测对重越程距离标识；定期检验时，查验当轿厢位于顶层端站平层位置时，对重装置撞板与其缓冲器顶面间的垂直距离”。

3. 5.8 修改为：“接通和断开紧急报警装置的正常供电电源，分别验证紧急报警装置的功能；断开正常照明供电电源，验证紧急照明的功能”。

4. 10.3 修改为：“轿厢分别装载额定载重量的 30％、40％、45％、50％、60％作上、下全程运行，当轿厢和对重运行到同一水平位置时，记录电动机的电流值，绘制电流-负荷曲线”。

5. 10.4(2)修改为:"定期检验:轿厢空载以检修速度运行,人为分别使限速器和安全钳的电气安全装置动作,观察轿厢是否停止运行;然后短接限速器和安全钳的电气安全装置,轿厢空载以检修速度向下运行,人为动作限速器,观察轿厢制停情况"。

6. 10.5 修改为:"轿厢空载以检修速度运行,人为分别使限速器和安全钳的电气安全装置(如果有)动作,观察轿厢是否停止运行;短接限速器和安全钳的电气安装装置(如果有),轿厢空载以检修速度向上运行,人为动作限速器,观察对重(平衡重)制停情况"。

7. 5.11、9.9、9.11 中的"注 A-9""注 A-10""注 A-11"分别修改为"注 A-8""注 A-9""注 A-10"。

三、附件 B、C、D、E、F、G 修改

1. 删除附件 B、C、D、E、F、G 检验结论页中"整机防爆合格证号"。

2. 附件 B、C、D、E、F、G 检验结论页中"规格型号"修改为"型号"。

3. 附件 B、C 中 3.9.1 的"检验类别"修改为"B",并增加一项,"(5)制动器动作等情况"。

4. 附件 B、C 中 3.10.1(2)修改为:"紧急电动运行装置"。

5. 附件 B、C、D、E 中 4.13.1(3)修改为:"缓冲器固定和完好情况及碰撞面无火花措施"。

6. 附件 B、C、D、E 中 5.10 修改为:"超载保护装置"。

7. 附件 B、C、D、E 中 7.3 修改为:"防止门夹人保护装置"。

8. 附件 B,注 B-2 的内容修改为:"检验报告中的下次检验日期精确到月,只填写至检验日期下一年度的当月。下次检验日期以安装、改造、重大维修监督检验的检验合格日期为基准计算"。

9. 附件 C、E 中在序号 26 后增加一项:序号 27,"4.7 轿厢与井道壁距离",检验类别为"B"。

10. 附件 C 中删除注 C-2,原"注 C-3""注 C-4"改为"注 C-2""注 C-3";增加注 C-4:"注 C-4:检验报告中的下次检验日期精确到月,只填写至检验日期下一年度的当月"。

11. 附件 D 中注 D-2 的内容修改为:"检验报告中的下次检验日期精确到月,只填写至检验日期下一年度的当月。下次检验日期以安装、改造、重大维修监督检验的检验合格日期为基准计算"。

12. 附件 E 中删除注 E-2,原"注 E-3"改为"注 E-2";增加"注 E-3:检验报告中的下次检验日期精确到月,只填写至检验日期下一年度的当月"。

13. 附件 F 中注 F-2 的内容修改为:"检验报告中的下次检验日期精确到月,只填写至检验日期下一年度的当月。下次检验日期以安装、改造、重大维修监督检验的检验合格日期为基准计算"。

14. 附件 G 中删除注 G-2,原"注 G-3""注 G-4"改为"G-2""注 G-3";增加"注 G-4:检验

报告中的下次检验日期精确到月，只填写至检验日期下一年度的当月”。

15. 报告中序号增加，其他序号也以此相应进行改动。

四、附件 H 修改

1. 附件 H 表格中的内容修改为：

<table>
<tr><td>问题和意见：

检验人员：　　　　　　　　　　　　　　　日期：　　年　　月　　日
（检验机构公章或检验专用章）

受检单位接受人：　　　　　　　　　　　　日期：　　年　　月　　日
受检单位联系电话：</td></tr>
<tr><td>处理结果：

受检单位负责人：　　　　　　　　　　　　（受检单位公章）
维护保养单位负责人（如涉及）：　　　　　（维护保养单位公章）
年　　月　　日</td></tr>
</table>

2. 检验报告格式（附件 B、C、D、E、F、G）根据修订内容做相应编辑调整和修改。

附

TSG T7003—2011《电梯监督检验和定期检验规则——防爆电梯》第2号修改单

（2013年第1次修改）

一、正文修改

1. 第一条修改为：

“为了加强防爆电梯安装、改造、修理、日常维护保养、使用和检验工作的监督管理，规范防爆电梯安装、改造、重大修理监督检验和定期检验行为，提高检验工作质量，促进防爆电梯运行安全保障工作的有效落实，根据《中华人民共和国特种设备安全法》《特种设备安全监察条例》，制定本规则。”

2. 第六条第一款修改为：

“施工单位应当按照设计文件和标准的要求，对防爆电梯机房、井道、层站等涉及防爆电梯施工的土建工程进行检查，对防爆电梯制造质量（包括零部件和安全保护装置等）和对防爆电梯整机及相关部件的防爆等级与类型符合性等进行确认，并且作出记录，符合要求后方可以进行防爆电梯施工。”

3. 第八条第二、三、四款修改为：

“（一）对于防爆电梯安装过程，按照附件A规定的检验内容、要求和方法，对附件B、附件D、附件F所列项目进行检验；”

“（二）对于防爆电梯改造和重大修理过程，除对改造和重大修理涉及的附件B、附件D、附件F中所列的项目进行检验之外，还需对附件C、附件E、附件G所列项目（前述改造和重大修理涉及的项目除外）进行检验，检验的内容、要求和方法按照附件A的规定；”

“（三）对于在用防爆电梯，按照附件A规定的检验内容、要求和方法，对附件C、附件E、附件G所列项目每年进行1次定期检验；”

二、附件A修改

1. 删除3.8.1(2)、10.2、10.8，后续的有关序号作相应调整。

2. 将1.1(1)的检验内容与要求修改为：

“制造许可证明文件，许可范围能够覆盖受检防爆电梯的相应参数；”

3. 将1.1(2)的检验内容与要求修改为：

“整机型式试验证书，其参数范围和配置表适用于受检防爆电梯；”

4. 将1.1(3)的检验内容与要求修改为：

“产品质量证明文件，注有制造许可证明文件编号、整机防爆标志、产品编号、主要技术参数，安全保护装置（如果有，包括门锁装置、限速器、安全钳、缓冲器、含有电子元件的安全电路、可编程电子安全相关系统、轿厢上行超速保护装置、限速切断阀）和主要部件（如果有，包括驱动主机、控制柜、液压泵站、层门、玻璃轿门）的型号和编号（门锁装置、层门和玻璃轿门的编号可不标注），悬挂装置（如果有）的名称、型号、主要参数（如直径、数量），以及防爆电气部件（包括控制柜、制动器、电动机）和液压泵站（如果有）的编号、防爆标志和防爆合格证号，并且有防爆电梯整机制造单位的公章或者检验专用章以及制造日期；”

5. 将 1.1(5)的检验内容与要求修改为：

“安全保护装置和主要部件的型式试验证书，以及高压软管（如果有）的出厂合格证书、限速器（如果有）和渐进式安全钳（如果有）的调试证书、限速切断阀（如果有）的调试证书及其制造单位提供的调整图表；”

6. 原 1.1(7)调整为 1.2(4)，并修改为：

“用于安装该防爆电梯的机房、井道的布置图或者土建工程勘测图，有安装单位确认符合要求的声明和公章或者检验专用章，表明其通道、通道门、井道顶部空间、底坑空间、楼层间距、井道内防护、安全距离、井道下方人可以到达的空间等满足安全要求；”

7. 将 1.2 的检验方法修改为：

“审查相应资料。(1)～(4)在报检时审查，(3)、(4)在其他项目检验时还应审查；(5)、(6)在试验时审查；(7)在竣工后审查”

8. 将 2.12 的检验内容与要求修改为：

“非本安型防爆电气部件应当采用电缆引入装置（密封方法为弹性密封圈或填料），该装置应当能够夹紧电缆，夹紧组件可以通过夹紧措施、密封圈或者填料来实现”

9. 将 3.1.1(3)和 3.1.2(3)中的“门外侧应当标明‘机房重地，闲人免进’，或者有其他类似警示标志”修改为：“门外侧有下述或者类似的警示标志：‘电梯机器——危险 未经允许禁止入内’”

10. 将“3.6　断错相保护 C”修改为“3.6　断错相保护 B”

11. 将 3.8.1 的检验内容与要求增加：

“(1) 驱动主机上设有铭牌，标明制造单位名称、型号、编号、技术参数和型式试验机构的名称或者标志，铭牌和型式试验证书内容相符；”

检验方法修改为：

“(1) 对照检查型式试验证书和铭牌；”

“(2) 目测驱动主机工作情况、曳引轮轮槽和制动器状况；”

“(3) 定期检验时，认为轮槽的磨损可能影响曳引能力时，进行 10.8 要求的试验；”

“(4) 目测或者用防爆型测温仪检测”

12. 将 3.8.2 的检验内容与要求增加：

“(1) 液压泵站上设有铭牌，标明制造单位名称、型号、编号、技术参数和型式试验机构的名称或者标志，铭牌和型式试验证书内容相符；”

检验方法修改为：

“(1) 对照检查型式试验证书和铭牌；”

“(2) 目测或者用防爆型测温仪检测”

13. 将 3.9 的检验内容与要求修改为：

“曳引式防爆电梯应当符合以下要求：”

“(1) 采用非带式防爆型制动器；”

“(2) 制动器所有参与向制动轮(制动盘)施加制动力的制动器机械部件分两组装设；”

“(3) 制动器正常运行时，切断制动器电流至少用两个独立的符合本规则防爆技术要求的电气装置来实现；当防爆电梯停止时，如果其中一个接触器的主触点未打开，最迟到下一次运行方向改变时，能够防止防爆电梯再运行；”

“(4) 制动部件外壳表面最高温度低于整机防爆标志中温度组别要求；”

“(5) 制动器动作灵活，制动时制动闸瓦(制动钳)紧密、均匀地贴合在制动轮(制动盘)上，电梯运行时制动闸瓦(制动钳)与制动轮(制动盘)不发生摩擦，制动闸瓦(制动钳)以及制动轮(制动盘)工作面上没有油污。”

“曳引式杂物防爆电梯应当符合本条(1)、(3)、(4)、(5)要求”

14. 将 3.11 修改为：

“(1) 限速器上设有铭牌，标明制造单位名称、型号、编号、技术参数和型式试验机构的名称或者标志，铭牌和型式试验证书、调试证书内容相符，并且铭牌上标注的限速器动作速度与受检电梯相适应；”

“(2) 限速器或者其他装置上设有在轿厢上行或者下行速度达到限速器动作速度之前动作的符合本规则防爆技术要求的电气安全装置，以及验证限速器复位状态的符合本规则防爆技术要求的电气安全装置；”

“(3) 限速器各调节部位封记完好，运转时不得出现碰擦、卡阻、转动不灵活等现象，动作正常；”

“(4) 受检防爆电梯的维护保养单位应当每 2 年进行一次限速器动作速度校验，校验结果应当符合要求。”

检验方法修改为：

“(1) 对照检查限速器型式试验证书、调试证书和铭牌；”

“(2) 目测电气安全装置的设置情况；”

“(3) 目测调节部位封记和限速器运转情况，结合 10.3、10.4 的试验结果，判断限速器动作是否正常；”

“(4) 审查限速器动作速度校验记录，对照限速器铭牌上的相关参数，判断校验结果是否符合要求”

15. 将 3.12 的检验方法修改为：

“目测中性导体与保护导体的设置情况，以及电气设备及线管、线槽的外露可以导电部分与保护导体的连接情况；必要时由施工或者维护保养单位测量，检验人员现场观察、确认”

16. 增加：

“3.15　控制柜铭牌 B”

“控制柜上设有铭牌，标明制造单位名称、型号、编号、技术参数和型式试验机构的名称或者标志，铭牌和型式试验证书内容相符”

检验方法为：“对照检查控制柜型式试验证书和铭牌”

17. 将“4.15　对重（平衡重）下方空间的防护 C”修改为：

“4.15　井道下方空间的防护 B”，

检验内容与要求修改为：

“曳引式防爆电梯及液压防爆电梯应当符合以下要求：

“如果井道下方有人能够到达的空间，应当将对重缓冲器安装于（或者平衡重运行区域下面是）一直延伸到坚固地面上的实心桩墩，或者在对重（平衡重）上装设符合 5.11.1（2）、（4）要求的防爆型安全钳”

18. 将“5.5　对重（平衡重）的固定 C ”修改为：

“5.5　对重（平衡重）块 B”。检验内容与要求修改为：”

“5.5.1　曳引式防爆电梯及液压防爆电梯应当符合以下要求：”

“（1）对重（平衡重）块可靠固定；”

“（2）具有能够快速识别对重（平衡重）块数量的措施（例如标明对重块的数量或者总高度）”

“5.5.2　曳引式杂物防爆电梯的对重块应当可靠固定”

19. 将 5.6.1 中的“曳引式防爆电梯和液压防爆客梯有效面积应当符合下述规定”修改为：

“曳引式防爆电梯的轿厢有效面积应当符合下述规定”

20. 将 5.6.2 中的“液压式防爆货梯轿厢的有效面积应当符合下述规定”修改为：

“液压防爆客梯的轿厢有效面积应当符合 5.6.1 的规定，液压防爆货梯的轿厢有效面积应当符合下述规定：”

21. 将 5.10 的检验内容与要求修改为：

“曳引式防爆电梯及液压防爆电梯应当设置当轿厢内的载荷超过额定载重量时能够发出警示信号并使轿厢不能运行的超载保护装置。该装置最迟在轿厢内的载荷达到 110％额定载重量（对于额定载重量小于 750 kg 的电梯，最迟在超载量达到 75 kg）时动作，防止防爆电梯正常启动及再平层，并且轿内有音响或者发光信号提示，动力驱动的自动门完全打开，手动门保持在未锁状态。该装置还应当符合本规则防爆技术要求”

22. 将“6.1　悬挂及补偿钢丝绳状况 C”修改为：

“6.1　悬挂装置、补偿装置的磨损、断丝、变形等情况 C”

检验内容与要求修改为：

“出现下列情况之一时，悬挂钢丝绳和补偿钢丝绳应当报废：”

“① 出现笼状畸变、绳股挤出、扭结、部分压扁、弯折；”

“② 一个捻距内出现的断丝数大于下表列出的数值时：”

断丝的形式	钢丝绳类型		
	6×19	8×19	9×19
均布在外层绳股上	24	30	34
集中在一或者两根外层绳股上	8	10	11
一根外层绳股上相邻的断丝	4	4	4
股谷(缝)断丝	1	1	1
注：上述断丝数的参考长度为一个捻距，约为 6 *d*(*d* 表示钢丝绳的公称直径，mm)。			

“③钢丝绳直径小于其公称直径的 90%；”

“④钢丝绳严重锈蚀，铁锈填满绳股间隙。”

“采用其他类型悬挂装置的，悬挂装置的磨损、变形等不得超过制造单位设定的报废指标”

23. 将 6.4 的检验内容与要求增加：

“对于允许按照 GB 7588—1995 及更早期标准生产的曳引式防爆电梯，可以按照以下要求检验：”

“① 采用悬臂式曳引轮时，有防止钢丝绳脱离绳槽的装置，并且当驱动主机不装设在井道上部时，有防止异物进入绳与绳槽之间的装置；”

“② 井道内的导向滑轮、曳引轮、轿架上固定的反绳轮和补偿绳张紧轮，有防止钢丝绳脱离绳槽和进入异物的防护装置”

24. 增加：

“7.2　门标识 C”

“层门上设有标识，标明制造单位名称、型号，并且与型式试验证书内容相符”

检验方法为“对照检查层门型式试验证书和标识”

25. 将“7.4　门运行和导向 C”修改为：

“7.5　门的运行和导向 B”。

检验方法修改为：

“目测(对于层门，抽取基站、端站以及至少 20%其他层站的层门)”

26. 将“7.7　门的锁紧 B”修改为：

“7.8　门的锁紧 B”。

检验内容与要求修改为：

“7.8.1　曳引式防爆电梯及液压防爆电梯应当符合以下要求：”

“(1) 每个层门都设有符合下述要求的门锁装置：”

“① 门锁装置上设有铭牌，标明制造单位名称、型号和型式试验机构的名称或者标志，铭牌和型式试验证书内容相符；”

“② 锁紧动作由重力、永久磁铁或者弹簧来产生和保持，即使永久磁铁或者弹簧失效，重力亦不能导致开锁；”

“③ 轿厢在锁紧元件啮合不小于 7 mm 时才能启动；”

“④ 门的锁紧由一个符合本规则防爆技术要求的电气安全装置来验证，该装置由锁紧元件强制操作而没有任何中间机构，并且能够防止误动作；”

“(2) 如果轿门采用了门锁装置，该装置也应当符合本条(1)的要求”

“7.8.2　曳引式杂物防爆电梯应当符合以下要求：”

“(1) 门锁装置上设有铭牌，标明制造单位名称、型号和型式试验机构的名称或者标志，铭牌和型式试验证书内容相符；”

“(2) 每个层门均设置门锁，门锁动作灵活；层门的门锁元件的啮合，嵌入的尺寸不小于 5 mm；”

“(3) 每个层门具有符合本规则防爆技术要求的电气安全装置。层门的锁闭满足以下要求：”

“① 如果一个层门打开，电梯不能正常启动；”

“② 正常运行和轿厢未停止在开锁区内层门不能打开”

7.8.1(原 7.7.1)检验方法中的(1)修改为：

“对照检查门锁型式试验证书和铭牌(对于层门，抽取基站、端站以及至少 20%其他层站的层门进行检查)，目测门锁及电气安全装置的设置；”

7.8.2(原 7.7.2)检验方法中的(1)修改为：“对照检查门锁型式试验证书和铭牌，目测门锁及电气安全装置的设置；”

27. 增加：

“7.11　轿门开门限制装置及轿门的开启 B”

“曳引式防爆电梯及液压防爆电梯应当符合以下要求：”

“(1) 设置轿门开门限制装置，当轿厢停在开锁区域外时，能够防止轿厢内的人员打开轿门离开轿厢；”

“(2) 轿厢停在开锁区域时，打开对应的层门后，能够不用工具(三角钥匙或永久性设置在现场的工具除外)从层站处打开轿门”

检验方法为：“模拟试验；操作检查”

28. 将 8.3 的检验内容与要求修改为：

“(1) 基站应当设置黄铜或者不锈钢材质的整机铭牌，并标明电梯的型号、运行速度、额定载重量、整机防爆标志、产品编号、制造日期、制造单位名称或者商标；”

“(2) 在每个层门入口处清晰标明“本防爆电梯严禁载人”字样，并且设置‘EX’字符”

29. 将“10.3 平衡系数试验 C”修改为：

“10.1 平衡系数试验 B”

检验内容和要求修改为：

“曳引式防爆电梯的平衡系数应当在 0.40～0.50 之间，或者符合制造(改造)单位的设计值”

检验方法修改为：

“轿厢分别装载额定载重量的 30%、40%、45%、50%、60%进行上、下全程运行，当轿厢和对重运行到同一水平位置时，记录电动机的电流值，绘制电流-负荷曲线，以上、下行运行曲线的交点确定平衡系数

“注 A-9：只有当本条检验结果为符合时方可进行 10.2～10.8 的检验。”

30. 将“10.6 空载曳引力试验 B”修改为：

“10.5 空载曳引检查 B”。检验内容与要求修改为：“曳引式防爆电梯及曳引式杂物防爆电梯的对重压在缓冲器上而曳引机按电梯上行方向旋转时，应当不能提升空载轿厢”

31. 将“10.10 超载下行制动试验 A”修改为：

“10.8 超载下行制动试验 A(B)”。

检验方法修改为：

“目测或者按以下方法检查：”

“由施工单位(定期检验时由维护保养单位)进行试验，检验人员现场观察、确认”

“注 A-10：本条检验类别 B 类适用于定期检验。”

三、附件 B 修改

1. 附件 B 中的序号、检验类别、检验项目及其内容按照修改后的附录 A 进行对应调整。

2. 删除检验报告封页中的“设备名称”和“设备类型”，增加“设备类别”和“设备品种”，报告中的“单位”“机构”，后面加名称。

3. 检验结论页中的“设备名称”修改为“设备品种”。

4. 检验结论页中的“层站数”修改为“层站门数”。

四、附件 C 修改

1. 附件 C 中的序号、检验类别、检验项目及其内容按照修改后的附录 A 进行对应调整。

2. 删除检验报告封页中的“设备名称”“设备类型”和“设备型式”，增加“设备类别”和“设备品种”，报告中的“单位”“机构”，后面加名称。

3. 检验结论页中的“设备名称”修改为“设备品种”。

4. 检验结论页中的“制造企业名称”修改为“制造单位名称”。

5. 检验结论页中的“层站数”修改为“层站门数”。

6. 检验结论页中增加“改造单位”和“改造日期”。

7. 将注 C-3 修改为：“对于允许按照 GB 7588—1995 及更早期标准生产的防爆电梯，标有★的项目可以不检验。其中条文序号为 3.10.1(1)的项目，仅指可拆卸盘车手轮的电气安全装置可以不检验；条文序号为 3.11(2)的项目，仅指验证限速器复位状态的电气安全装置可以不检验。”

8. 增加注 C-4：

“标有☆的项目，已经按照 TSG T7003—2011《电梯监督检验和定期检验规则——防爆电梯》(含第 2 号修改单)进行过监督检验的，定期检验时应当进行检验。”

五、附件 D 修改

1. 附件 D 中的序号、检验类别、检验项目及其内容按照修改后的附录 A 进行对应调整。

2. 删除检验报告封页中的“设备名称”和“设备类型”，增加“设备类别”和“设备品种”，报告中的“单位”“机构”，后面加名称。

3. 检验结论页中的“设备名称”修改为“设备品种”。

4. 检验结论页中的“层站数”修改为“层站门数”。

5. 删除注 D-2 中的“检验机构可以根据不同的防爆电梯类型，按照实际的项目及其内容编排检验报告。”

六、附件 E 修改

1. 附件 E 中的序号、检验类别、检验项目及其内容按照修改后的附录 A 进行对应调整。

2. 删除检验报告封页中的“设备名称”、“设备类型”和“使用登记证编号”，增加“设备类别”和“设备品种”，报告中的“单位”、“机构”，后面加名称。。

3. 检验结论页中的“设备名称”修改为“设备品种”。

4. 检验结论页中的“制造企业名称”修改为“制造单位名称”。

5. 检验结论页中的“层站数”修改为“层站门数”。

6. 检验结论页中增加“改造单位名称”和“改造日期”。

7. 注 E-2 修改为：

“对于允许按照 JG 5071—1996 及更早期标准生产的液压防爆电梯，标有★的项目可以不检验。”

8. 增加：

“注 E-3：标有☆的项目，已经按照 TSG T7003—2011《电梯监督检验和定期检验规则——防爆电梯》(含第 2 号修改单)进行过监督检验的,定期检验时应当进行检验。"

七、附件 F 修改

1. 附件 F 中的序号、检验类别、检验项目及其内容按照修改后的附录 A 进行对应调整。

2. 删除检验报告封页中的"设备名称"和"设备类型",增加"设备类别"和"设备品种",报告中的"单位""机构",后面加名称。

3. 检验结论页中的"设备名称"修改为"设备品种"。

4. 检验结论页中的"层站数"修改为"层站门数"。

八、附件 G 修改

1. 附件 G 中的序号、检验类别、检验项目及其内容按照修改后的附录 A 进行对应调整。

2. 删除检验报告封页中的"设备名称""设备类型"和"使用登记证编号",增加"设备类别"和"设备品种",报告中的"单位""机构",后面加名称。

3. 检验结论页中的"设备名称"修改为"设备品种"。

4. 检验结论页中的"制造企业名称"修改为"制造单位名称"。

5. 检验结论页中的"层站数"修改为"层站门数"。

6. 检验结论页中增加"改造单位名称"和"改造日期"。

7. 注 G-3 修改为:

"对于允许按照早于 JG 135—2000 颁布的标准生产的曳引式杂物防爆电梯,标有★的项目可以不检验。其中条文序号为 3.10.2 的项目,仅指可拆卸盘车手轮的电气安全装置可以不检验;条文序号为 3.11(2)的项目,仅指验证限速器复位状态的电气安全装置可以不检验。"

此外,部分不影响技术要求的文字修订(如将"维修"修改为"修理","特种设备检验检测机构"修改为"特种设备检验机构","型式试验合格证书"修改为"型式试验证书","型式试验机构标识"修改为"型式试验机构的名称或者标志","检验合格章"改为"检验专用章","液压式防爆电梯"修改为"液压防爆电梯")以及编辑性修改等,修改单中未一一列入。

附

TSG T7003—2011《电梯监督检验和定期检验规则——防爆电梯》第3号修改单

（2017年第2次修改）

一、正文修改

将正文中出现的“国家质量监督检验检疫总局”和“国家质检总局”分别修改为“国家市场监督管理总局”和“市场监管总局”。

二、附件A修改

1. 删除1.2(3)，序号1.2(4)、1.2(5)、1.2(6)、1.2(7)相应地调整为1.2(3)、1.2(4)、1.2(5)、1.2(6)；

2. 将1.2的检验方法修改为“审查相应资料。(1)～(3)在报检时审查，(3)在其他项目检验时还应当审查；(4)、(5)在试验时审查；(6)在竣工后审查”；

3. 将1.4(2)中的“安全技术档案，至少包括1.1、1.2、1.3所述文件资料[1.2(3)和1.3(4)除外]，”修改为“安全技术档案，至少包括1.1、1.2、1.3所述文件资料[1.3(4)除外]，”；

4. 将1.4(5)修改为“按照规定配备的电梯安全管理人员的特种设备作业人员证”。

三、附件B、D、F修改

附件B、D、F中的1.2按照修改后的附件A作对应调整。

四、附件C、E修改

将附件C、E中的7.8.1(1)修改为“层门门锁装置[不含7.8.1(1)①]”，7.8.1(2)修改为“轿门门锁装置[不含7.8.1(1)①]”。

TSG 特种设备安全技术规范 TSG T7004—2012

电梯监督检验和定期检验规则
——液压电梯

Regulation for Lift Supervisory Inspection and Periodical Inspection—Hydraulic Lift

中华人民共和国国家质量监督检验检疫总局颁布

2012 年 3 月 23 日

前　　言

2009 年 10 月，国家质量监督检验检疫总局（以下简称国家质检总局）特种设备安全监察局（以下简称特种设备局）向中国特种设备检测研究院（以下简称中国特检院）下达了本规则的起草任务书。2010 年 3 月，中国特检院组织有关专家成立了起草组在深圳召开工作会议。2010 年 8 月，起草组在北京召开了修订工作会议，提出修改意见，形成征求意见稿。2010 年 11 月国家质检总局以质检特函[2010]84 号文征求基层、有关部门、单位和专家及公民的意见。2011 年 6 月，根据征求到的意见和审议反馈的意见，起草组以邮件形式对规则进行了修改并形成报批稿。2012 年 3 月 23 日，由国家质检总局批准颁布。

本规则的编制工作，遵循了在满足国家有关法律、法规要求的前提下，兼顾我国电梯相关工作现状的原则。本规则明确规定了液压电梯的安装、改造、重大维修监督检验和定期检验的目的、性质、依据、适用范围、检验条件、检验周期、程序与要求、内容和方法以及检验结论的合格判定条件，规定了液压电梯设计、制造、安装、改造、维修、日常维护保养和使用单位以及从事电梯监督检验和定期检验的特种设备检验检测机构的职责要求，以指导和规范液压电梯安装、改造、重大维修监督检验和定期检验行为，提高检验工作质量，促进液压电梯运行安全保障工作的有效落实。

本规则主要起草单位和人员如下：

国家质检总局特种设备局	何　毅　夏　勇
深圳市特种设备安全检验研究院	梁广炽　刘锡奎　刘东洋
上海市特种设备监督检验技术研究院	张志豪
北京市特种设备检测中心	王　琦
北京市海淀区特种设备检测所	李　赵
广东省特种设备检测院	张　捷
苏州科达液压电梯有限公司	包卫星
苏州东南电梯（集团）有限公司	赵　震
上海三菱电梯有限公司	孙伟民
辽宁省安全科学研究院	吴　岩
江苏省特种设备安全监督检验研究院	原徐成

电梯监督检验和定期检验规则——液压电梯

第一条 为了加强对液压电梯安装、改造、维修、日常维护保养、使用和检验工作的监督管理，规范液压电梯安装、改造、重大维修监督检验和定期检验行为，提高检验工作质量，促进液压电梯运行安全保障工作的有效落实，根据《特种设备安全监察条例》，制定本规则。

第二条 本规则适用于液压电梯（防爆电梯、消防员电梯、杂物电梯除外）的安装、改造、重大维修监督检验和定期检验。

前款所述液压电梯的生产（含液压电梯的设计、制造、安装、改造、维修、日常维护保养，下同）和使用单位，以及从事液压电梯监督检验和定期检验的特种设备检验检测机构，应当遵守本规则规定。

第三条 本规则所称监督检验是指由国家质量监督检验检疫总局（以下简称国家质检总局）核准的特种设备检验检测机构（以下简称检验机构），根据本规则规定，对液压电梯安装、改造、重大维修过程进行的监督检验（以下简称监督检验）；本规则所称定期检验是指检验机构根据本规则规定，对在用液压电梯定期进行的检验。

监督检验和定期检验（以下统称检验）是对液压电梯生产和使用单位执行相关法规标准规定、落实安全责任，开展为保证和自主确认液压电梯安全的相关工作质量情况的查证性检验。液压电梯生产单位的自检记录或者报告中的结论，是对设备安全状况的综合判定；检验机构出具检验报告中的检验结论，是对液压电梯生产和使用单位落实相关责任、自主确定设备安全等工作质量的判定。

第四条 如果出现了有关液压电梯生产和检验的新技术、新材料、新工艺等影响本规则技术指标和要求的特殊情况，国家质检总局可以根据具体情况，提出相应要求。

第五条 实施液压电梯安装、改造或者重大维修的施工单位（以下简称施工单位）应当在按照规定履行告知后、开始施工前（不包括设备开箱、现场勘测等准备工作），向检验机构申请监督检验；液压电梯使用单位应当在安全检验标志所标注的下次检验日期届满前1个月，向检验机构申请定期检验。

第六条 施工单位应当按照设计文件和标准的要求，对液压电梯机房、井道、底坑等涉及液压电梯施工的土建工程进行检查，对液压电梯制造质量（包括零部件和安全保护装置等）进行确认，并且做好记录，符合要求后方可以进行液压电梯施工。

施工单位或者维护保养单位应当按照相关安全技术规范和标准的要求，保证施工或者日常维护保养质量，真实、准确地填写施工或者日常维护保养的相关记录或者报告，对施工或者日常维护保养质量以及提供的相关文件、资料的真实性及其与实物的一致性负责。

第七条 施工单位、维护保养单位和使用单位应当向检验机构提供符合附件A要求的有关文件、资料，安排相关的专业人员配合检验机构实施检验。其中，施工自检报告、日常维护保养年度自行检查记录或者报告还须另行提交复印件备存。

第八条 检验机构应当在施工单位自检合格的基础上实施监督检验，在维护保养单位自检合格的基础上实施定期检验。实施监督检验和定期检验，应当遵守以下规定：

（一）对于液压电梯安装过程，按照附件 A 规定的检验内容、要求和方法，对附件 B 所列项目进行检验；

（二）对于液压电梯改造和重大维修过程，按照附件 A 规定的检验内容、要求和方法，对改造和重大维修涉及的相关项目及其内容进行检验，其他项目按照本条第（三）项的规定进行检验；

（三）对于在用液压电梯，按照附件 A 规定的检验内容、要求和方法，对附件 C 所列项目每年进行 1 次定期检验；

（四）对于在 1 个检验周期内特种设备安全监察机构接到故障实名举报达到 3 次以上（含 3 次）的液压电梯，并且经确认上述故障的存在影响液压电梯运行安全时，特种设备安全监察机构可以要求提前进行维护保养单位的年度自行检查和定期检验；

（五）对于由于发生自然灾害或者设备事故而使其安全技术性能受到影响的液压电梯以及停止使用 1 年以上的液压电梯，再次使用前，应当按照本条第（三）项的规定进行检验。但如果对液压电梯实施改造或者重大维修，应当按照本条第（二）项的规定进行检验。

第九条 液压电梯检验项目分为 A、B、C 三个类别。各类别检验程序如下：

（一）A 类项目，检验机构按照附件 A 的相应规定，对提供的文件、资料进行审查，对该类项目进行检验，并与自检记录或者报告对应项目的检验结果（以下简称自检结果）进行对比，按照第二十条的规定对项目的检验结论做出判定；不经检验机构审查、检验，或者审查、检验结论为不合格，施工单位不得进行下道工序的施工。

（二）B 类项目，检验机构按照附件 A 的相应规定，对提供的文件、资料进行审查，对该类项目进行检验，并与自检结果进行对比，按照第二十条的规定对项目的检验结论做出判定。

（三）C 类项目，检验机构按照附件 A 的相应规定，对提供的文件、资料进行审查，认为自检记录或者报告等文件和资料完整、有效，对自检结果无质疑（以下简称资料审查无质疑），可以确认为合格；如果文件和资料欠缺、无效或者对自检结果有质疑（以下简称资料审查有质疑），应当按照附件 A 规定的检验方法，对该类项目进行检验，并与自检结果进行对比，按照第二十条的规定对项目的检验结论做出判定。

各检验项目的类别见附件 A、附件 B、附件 C，具体的检验方法见附件 A。

第十条 检验机构应当根据本规则规定，制定包括检验程序和检验流程图在内的液压电梯检验作业指导文件，并且按照相关法规、本规则和检验作业指导文件的规定，对液压电梯检验质量实施严格控制，对检验结果及检验结论的正确性负责，对检验工作质量负责。

第十一条 检验机构应当统一制定液压电梯检验原始记录格式及其要求，在本单位正式发布使用。原始记录内容应当不少于相应检验报告（见附件 B、附件 C）规定的内容。

必要时，相关项目应当另列表格或者附图，以便数据的记录和整理。

第十二条 检验机构应当配备能够满足附件A所述检验要求和方法的检验检测仪器设备、计量器具和工具。

第十三条 检验人员应当按照国家有关特种设备检验人员资格考核的规定，取得国家质检总局颁发的相应资格证书后，方可以从事批准项目的液压电梯检验工作。现场检验至少由2名具有电梯检验员或者以上资格的人员进行，检验人员应当向申请检验的液压电梯施工或者使用单位（以下简称受检单位）出示检验资格标识。现场检验时，检验人员不得进行液压电梯的修理、调整等工作。

第十四条 现场检验时，检验人员应当配备和穿戴必需的防护用品，并且遵守施工现场或者使用单位明示的安全管理规定。

第十五条 对液压电梯整机进行检验时，检验现场应当具备以下检验条件：

（一）机房或者机器设备间的空气温度保持在5 ℃～40 ℃之间；

（二）电源输入电压波动在额定电压值±7%的范围内；

（三）环境空气中没有腐蚀性和易燃性气体及导电尘埃；

（四）检验现场（主要指机房、井道、轿顶、底坑）清洁，没有与液压电梯工作无关的物品和设备，基站、相关层站等检验现场放置表明正在进行检验的警示牌；

（五）对井道进行了必要的封闭。

特殊情况下，液压电梯设计文件对温度、湿度、电压、环境空气条件等进行了专门规定的，检验现场的温度、湿度、电压、环境空气条件等应当符合液压电梯设计文件的规定。

对于不具备现场检验条件的液压电梯，或者继续检验可能造成危险，检验人员可以中止检验，但必须向受检单位书面说明原因。

第十六条 检验过程中，检验人员应当认真审查相关文件、资料，将检验情况如实记录在原始记录上（包括已审查文件、资料的名称及编号），不得漏检、漏记。可以使用统一规定的简单标记，表明“符合”“不符合”“合格”“不合格”“无此项”等；要求测试数据的项目（即附件A所述检验方法中要求测试数据的项目，下同）必须填写实测数据；未要求测试数据但有需要说明情况的项目，应当用简单的文字予以说明，例如“×楼层门锁失效”；遇特殊情况，可以填写“因……（原因）未检”、“待检”、“见附页”等。

原始记录应当注明现场检验日期，有执行本次检验的检验人员签字，并且有其中一名检验人员的校核签字。

检验机构应当长期保存监督检验原始记录和施工自检报告。对于定期检验原始记录和日常维护保养年度自行检查记录或者报告，检验机构应当至少保存2个检验周期。

第十七条 检验过程中，如果发现下列情况，检验机构应当在现场检验结束时，向受检单位或及维护保养单位出具《特种设备检验意见通知书》（见附件D，以下简称《通知书》），提出整改要求：

（一）施工或者维护保养单位的施工过程记录或者日常维护保养记录不完整；

（二）液压电梯存在不合格项目；

（三）要求测试数据项目的检验结果与自检结果存在多处较大偏差，或者其他项目的检验结果与实物状态不一致，质疑相应单位自检能力时；

（四）使用单位存在不符合液压电梯相关法规、规章、安全技术规范的问题。

定期检验时，对于存在不合格项目但不属于按照本规则第二十一条规定直接判定为不合格的液压电梯，《通知书》中应当要求使用单位在整改完成前及时采取安全措施，对该液压电梯进行监护使用。

受检单位或者和维护保养单位应当按照《通知书》的要求及时整改，并且在规定的时限内向检验机构提交填写了处理结果的《通知书》以及整改报告等见证资料。

检验人员应当对整改情况进行确认，可以根据情况采取现场验证或者查看填写了处理结果的《通知书》以及整改报告等见证资料的方式，确认其是否符合要求。

对于定期检验的液压电梯，如果使用单位拟实施改造或重大维修进行整改，或者拟做停用、报废处理，则应当在《通知书》上签署相应的意见，并且在规定的时限内反馈给检验机构，同时按照相关规定，办理对应的相关手续。

第十八条 检验工作（包括第十七条规定的对整改情况的确认）完成后，或者达到《通知书》提出时限而受检单位未反馈整改报告等见证材料的，检验机构应当在10个工作日内出具检验报告。检验结论为“合格”的，还应当同时出具安全检验标志。

检验报告的内容、格式应当符合本规则的规定（见附件B、附件C），结论页应当有检验、编制、审核、批准人员的签字和检验机构检验专用章或者公章。

检验机构、施工和使用单位应当长期保存监督检验报告。对于定期检验报告，检验机构和使用单位应当至少保存2个检验周期。

第十九条 检验报告中，检验项目的“检验结果”和“检验结论”应当按照如下要求填写：

（一）对于要求测试数据的项目，在“检验结果”栏中填写实测或者计算处理后的数据；

（二）对于未要求测试数据的项目，如果经检验符合要求，在“检验结果”栏中填写“符合”；如果经检验不符合要求，填写“不符合”；

（三）对于C类项目，如果资料审查无质疑，在“检验结果”栏中填写“资料确认符合”；如果资料审查有质疑，并且进行了现场检验，分别按照本条第（一）项或者第（二）项要求填写相应内容；

（四）对于需要说明情况的项目，在“检验结果”栏中做简要说明，难以表述清楚的，在检验报告中另加附页描述，“检验结果”栏中填写“见附页××”；

（五）对于不适用的项目，在“检验结果”栏中填写“无此项”；

（六）“检验结论”栏只填写“合格”“不合格”“—”（表示无此项）等单项结论。

第二十条 各类检验项目的合格判定条件如下：

（一）A、B类检验项目，审查、检验结果符合附件A中的检验要求；

（二）C类检验项目，资料审查无质疑并且符合附件A中的检验要求，或者审查、检验结果符合附件A中的检验要求。

第二十一条 监督检验和定期检验的合格判定条件如下：

（一）安装监督检验，检验项目全部合格，并且经检验人员确认相关单位已经针对第十

七条第(一)、(三)、(四)项所述问题进行了有效整改;

(二)改造或者重大维修监督检验,检验项目全部合格,或者改造和重大维修涉及的相关检验项目全部合格,对于按照定期检验规定进行的项目,除了上次定期检验后使用单位采取安全措施进行监护使用的C类项目之外(使用单位继续对这些项目采取安全措施,在《通知书》上签署了监护使用的意见),其他项目全部合格,并且经检验人员确认相关单位已经针对第十七条第(一)、(三)、(四)项所述问题进行了有效整改;

(三)定期检验,检验项目全部合格,或者B类检验项目全部合格,C类检验项目应整改项目不超过5项(含5项),相关单位已在《通知书》规定的时限内向检验机构提交填写了处理结果的《通知书》以及整改报告等见证资料,使用单位已经对上述应整改项目采取了相应的安全措施,在《通知书》上签署了监护使用的意见,并且经检验人员确认相关单位已经针对第十七条第(一)、(三)、(四)项所述问题进行了有效整改。

第二十二条 经检验,凡不符合本规则第二十一条规定的合格判定条件的液压电梯,应当判定为“不合格”,检验机构应当按照第十八条规定的时限等要求出具检验报告。对于检验结论为不合格的液压电梯,受检单位组织相应整改或者修理后可以申请复检。

第二十三条 检验报告只允许使用“合格”“不合格”“复检合格”“复检不合格”四种检验结论。

第二十四条 对于判定为“不合格”或者“复检不合格”的液压电梯、未执行《通知书》提出的整改要求并且已经超过安全检验标志所标注的下次检验日期的液压电梯,检验机构应当将检验结果、检验结论及有关情况报告负责设备使用登记的特种设备安全监察机构;对于定期检验判定为不合格的液压电梯,检验机构还应当建议使用单位立即停止使用。

第二十五条 本规则由国家质检总局负责解释。

第二十六条 本规则自2012年7月1日起施行,2002年12月13日国家质检总局发布的《液压电梯监督检验规程(试行)》(国质检锅[2002]358号)同时废止。

附件 A

液压电梯监督检验和定期检验
内容、要求与方法

说明:下表中所有项目适用于监督检验,其中标有“▲”标识的条款适用于定期检验。

<table>
<tr><th colspan="2">项目及类别</th><th>检验内容与要求</th><th>检验方法</th></tr>
<tr><td>1
技术资料</td><td>1.1
制造资料
A</td><td>液压电梯制造单位提供了以下用中文描述的出厂随机文件:
(1) 制造许可证明文件,其范围能够覆盖所提供液压电梯的相应参数;
(2) 液压电梯整机型式试验合格证书或者报告书,其内容能够覆盖所提供液压电梯相应参数;
(3) 产品质量证明文件,注有制造许可证明文件编号、该液压电梯的产品出厂编号、主要技术参数(应当包括满载压力设计值和液压油的特性和类型),以及安全保护装置(如有的话,如门锁装置、限速器、安全钳、缓冲器、破裂阀、含有电子元件的安全电路、控制柜和仅使用机械移动部件的单向节流阀)和主要部件的型号和编号(门锁装置编号除外)等内容,并且有液压电梯整机制造单位的公章或者检验合格章以及出厂日期;
(4) 安全保护装置(如有的话,如门锁装置、限速器、安全钳、缓冲器、破裂阀、含有电子元件的安全电路、控制柜和仅使用机械移动部件的单向节流阀)和主要部件的型式试验合格证,以及高压软管的出厂合格证书、限速器和渐进式安全钳的调试证书,破裂阀的调试证书及制造单位提供的调整图表;
(5) 机房及井道布置图,其顶层高度、底坑深度、楼层间距、井道内防护、安全距离、井道下方人可以进入的空间等满足安全要求;
(6) 电气原理图,包括动力电路和连接电气安全装置的电路;
(7) 液压系统原理图,含液压元件代号说明以及主要液压元件设计参数;
(8) 安装使用维护说明书,包括安装、使用、日常维护保养和应急救援等方面操作说明的内容。
注 A-1:上述文件如为复印件则必须经液压电梯整机制造单位加盖公章或者检验合格章;对于进口液压电梯,则应当加盖国内代理商的公章</td><td>液压电梯安装施工前审查相应资料</td></tr>
</table>

续表

<table>
<tr><th colspan="2">项目及类别</th><th>检验内容与要求</th><th>检验方法</th></tr>
<tr><td rowspan="2">1
技术资料</td><td>1.2
安装资料
A</td><td>安装单位提供了以下安装资料:
(1) 安装许可证和安装告知书,许可证范围能够覆盖所施工电梯的相应参数;
(2) 施工方案,审批手续齐全;
(3) 施工现场作业人员持有的特种设备作业人员证;
(4) 施工过程记录和自检报告,检查和试验项目齐全、内容完整,施工和验收手续齐全;
(5) 变更设计证明文件(如安装中变更设计时),履行了由使用单位提出、经整机制造单位同意的程序;
(6) 安装质量证明文件,包括液压电梯安装合同编号、安装单位安装许可证编号、产品出厂编号、主要技术参数等内容,并且有安装单位公章或者检验合格章以及竣工日期。
注 A-2:上述文件如为复印件则必须经安装单位加盖公章或者检验合格章</td><td>审查相应资料。第(1)～(3)项在报检时审查,第(3)项在其他项目检验时还应当查验;第(4)、(5)项在试验时查验;第(6)项在竣工后审查</td></tr>
<tr><td>1.3
改造、重大维修资料
A</td><td>改造或者重大维修单位提供了以下改造或者重大维修资料:
(1) 改造或者维修许可证和改造或者重大维修告知书,许可证范围能够覆盖所施工电梯的相应参数;
(2) 改造或者重大维修的清单以及施工方案,施工方案的审批手续齐全;
(3) 所更换的安全保护装置或者主要部件产品合格证、型式试验合格证书、限速器和渐进式安全钳的调试证书(如发生更换)以及破裂阀的调试证书及其制造单位提供的调整图表(如发生更换);
(4) 施工现场作业人员持有的特种设备作业人员证;
(5) 施工过程记录和自检报告,检查和试验项目齐全、内容完整,施工和验收手续齐全;
(6) 改造后的整梯合格证或者重大维修质量证明文件,合格证或者证明文件中包括液压电梯的改造或者重大维修合同编号、改造或者重大维修单位的资格证编号、液压电梯使用登记编号、主要技术参数等内容,并且有改造或者重大维修单位的公章或者检验合格章以及竣工日期。
注 A-3:上述文件如为复印件则必须经改造或者重大维修单位加盖公章或者检验合格章</td><td>审查相应资料。第(1)～(4)项在报检时审查,第(4)项在其他项目检验时还应当查验;第(5)项在试验时检验;第(6)项在竣工后审查</td></tr>
</table>

续表

项目及类别		检验内容与要求	检验方法
1 技术资料	▲1.4 使用资料 B	使用单位提供了以下资料： (1) 使用登记资料，内容与实物相符； (2) 安全技术档案，至少包括1.1、1.2、1.3项所述文件资料[1.2的(3)项和1.3的(4)项除外]，以及监督检验报告、定期检验报告、日常检查与使用状况记录、日常维护保养记录、年度自行检查记录或者报告、应急救援演习记录、运行故障和事故记录等，保存完好(本规则实施前已经完成安装、改造或重大维修的，1.1、1.2、1.3项所述文件资料如有缺陷，应当由使用单位联系相关单位予以完善，可不作为本项审核结论的否决内容)； (3) 以岗位责任制为核心的液压电梯运行管理规章制度，包括事故与故障的应急措施和救援预案、电梯钥匙使用管理制度等； (4) 与取得相应资格单位签订的日常维护保养合同； (5) 按照规定配备的液压电梯安全管理和作业人员的特种设备作业人员证	定期检验和改造、重大维修过程的监督检验时查验；新安装液压电梯的监督检验进行试验时查验(3)、(4)、(5)项，以及(2)项中所需记录表格制定情况(如试验时使用单位尚未确定，应当由安装单位提供(2)、(3)、(4)项查验内容范本，(5)项相应要求交接备忘录)
2 机房及相关设备	▲2.1 机房通道与通道门 C	(1) 应当在任何情况下均能够安全方便地使用通道。 采用梯子作为通道时，必须符合以下条件： ① 通往机房的通道不应高出楼梯所到平面4 m； ② 梯子必须固定在通道上而不能被移动； ③ 梯子高度超过1.50 m时，其与水平方向的夹角应当在65°～75°之间，并不易滑动或者翻转； ④ 靠近梯子顶端应当设置一个容易握到的把手。 (2) 通道应当设置永久性电气照明； (3) 机房通道门的宽度应当不小于0.60 m，高度应当不小于1.80 m，并且门不得向房内开启。门应当装有带钥匙的锁，并且可以从机房内不用钥匙打开。门外侧应当标明“机房重地，闲人免进”，或者有其他类似警示标志。 注A-4：本附件中所述及的标牌、须知、标记及操作说明应清晰易懂(必要时借助符号或信号)，并采用不能撕毁的耐用材料制成，设置在明显位置。至少应当使用中文书写	审查自检结果，如对其有质疑，按照以下方法进行现场检验(以下C类项目只描述现场检验方法)： 目测或者测量相关数据
	▲2.2 机房专用 C	机房应当专用，不得用于液压电梯以外的其他用途，并设有消防设施	目测

续表

<table>
<tr><th colspan="2">项目及类别</th><th>检验内容与要求</th><th>检验方法</th></tr>
<tr><td rowspan="4">2
机房及相关设备</td><td>2.3
安全空间
C</td><td>(1) 在控制屏和控制柜前有一块净空面积，其深度不小于 0.70 m，宽度为 0.50 m 或屏、柜的全宽(两者中的大值)，高度不小于 2 m；
(2) 对运动部件进行维修和检查以及人工紧急操作的地方有一块不小于 0.50 m×0.60 m 的水平净空面积，其净高度不小于 2 m；
(3) 机房地面高度不一并且相差大于 0.50 m 时，应当设置楼梯或者台阶，并且设置护栏</td><td>目测或者测量相关数据</td></tr>
<tr><td>2.4
照明与插座
C</td><td>▲(1) 机房应当设置永久性电气照明；在机房内靠近入口(或多个入口)处的适当高度应当设有一个开关，控制机房照明；
(2) 机房应当至少设置一个 2P＋PE 型或者以安全特低电压供电(当确定无须使用 220 V 的电动工具时)的电源插座；
(3) 应当在主开关旁设置控制井道照明、轿厢照明和插座电路电源的开关</td><td>目测；操作验证各开关的功能</td></tr>
<tr><td>▲2.5
断错相保护
C</td><td>每台液压电梯应当具有断相、错相保护功能；液压电梯运行与相序无关时，可以不装设错相保护装置</td><td>(1) 断开主开关，在其输出端，分别断开三相交流电源的任意一根导线后，闭合主开关，检查液压电梯能否启动；
(2) 断开主开关，在其输出端，调换三相交流电源的两根导线的相互位置后，闭合主开关，检查液压电梯能否启动</td></tr>
<tr><td>2.6
主开关
B</td><td>(1) 在机房中，每台液压电梯应当单独装设主开关，主开关应当易于接近和操作；
▲(2) 主开关不得切断轿厢照明和通风、机房照明和电源插座、轿顶与底坑的电源插座、液压电梯井道照明、报警装置的供电电路；
(3) 主开关应当具有稳定的断开和闭合位置，并且在断开位置时能用挂锁或其他等效装置锁住，能够有效的防止误操作；
(4) 如果不同电梯的部件共用一个机房，则每台电梯的主开关应当与驱动主机、控制柜等采用相同的标志。当液压电梯具备电气防沉降系统时，应当在主开关或近旁标识“当轿厢停靠在最低层站时才允许断开此开关”</td><td>目测主开关的设置；断开主开关，观察、检查照明、插座、通风和报警装置的供电电路是否被切断</td></tr>
</table>

续表

项目及类别		检验内容与要求	检验方法
2 机房及相关设备	▲2.7 溢流阀 B	在连接液压泵到单向阀之间的管路上应当设置溢流阀，溢流阀的调定工作压力不应超过满载压力的140%。考虑到液压系统过高的内部损耗，可以将溢流阀的压力数值整定得高一些，但不得高于满载压力的170%，在此情况下应当提供相应的液压管路（包括液压缸）的计算说明	由随机资料或满载试验查出系统的满负荷压力值，在机房将截止阀关闭，检修点动上行，让液压泵站系统压力缓慢上升，当设备上压力表的压力值不再上升时，压力表显示压力值即为溢流阀的工作压力值。并判断是否符合要求。由施工单位或维护保养单位现场测试，检验人员观察确认。 注A-5：在检验过程中，如设备上压力表有异常状况，则应采用外接经校验且在校验有效期内的压力表进行检验。下同
	▲2.8 紧急下降阀 B	在停电状态下，机房内手动操作的紧急下降阀功能可靠。在此过程中为了防止间接作用式液压电梯的驱动钢丝绳或链条出现松弛现象，手动操纵该阀应当不能使柱塞产生的下降引起松绳或松链。该阀应当由持续的手动揿压保持其动作，并有误操作防护	(1) 将轿厢在下端站平层后打开轿门，在机房切断主电源，操作手动下降阀，观察轿厢是否下降； (2) 对于间接式液压电梯还应当检查当系统压力低于最小操作压力时该阀是否处于无效状态。该试验可在安全钳联动试验中进行，当安全钳夹住导轨后轿厢停止，操作手动下降阀，应当不能使液压缸的柱塞下降从而导致钢丝绳或链条松脱。由施工单位或维护保养单位现场测试，检验人员观察确认

续表

<table>
<tr><th colspan="2">项目及类别</th><th>检验内容与要求</th><th>检验方法</th></tr>
<tr><td rowspan="3">2
机房及相关设备</td><td>▲2.9
手动泵
B</td><td>对于轿厢上装有安全钳或夹紧装置的液压电梯，应当永久性地安装一手动泵，使轿厢能够向上移动。手动泵应当连接在单向阀或下行方向阀与截止阀之间的油路上。手动泵应当装备溢流阀，溢流阀的调定压力不应超过满载压力的2.3倍</td><td>对照液压原理图查看手动泵的设置位置，并手动试验其功能：
(1) 将轿厢在底层端站平层，打开轿门，机房切断主电源开关，操作手动泵观察轿厢能否被提升；
(2) 关闭截止阀，操作手动泵直至系统压力不再上升，表明与手动泵相连的溢流阀已工作，其工作压力应当不超过满负荷压力值的2.3倍。由施工单位或维护保养单位现场测试，检验人员观察确认</td></tr>
<tr><td>▲2.10
油温监控
C</td><td>液压系统油温监控装置功能应当可靠，当液压系统液压油的油温超过预定值时，该装置应当能立即将液压电梯就近停靠在平层位置上并打开轿门，只有经过充分冷却之后，液压电梯才能自动恢复上行方向的正常运行</td><td>模拟温度检测元件动作的状态，检查油温监控装置的功能是否符合要求</td></tr>
<tr><td>2.11
管路及附件
C</td><td>(1) 液压管路及其附件，应当可靠固定并便于检查，管路(不论硬管或软管)穿过墙或地面，应当使用套管保护，套管的尺寸大小应当能在必要时拆卸管路，以便进行检修，套管内不应有管路的接头；
(2) 液压缸与单向阀或下行方向阀之间的软管上应当永久性标注以下事项：
——制造厂名称或商标；
——允许的弯曲半径；
——试验压力和试验日期；
且软管固定时，其弯曲半径应当不小于制造厂标明的弯曲半径</td><td>目测检查，进入机房及井道内查看软管上是否有规定内容的标记，必要时根据制造厂规定，查验软管各转弯处的弯曲半径是否符合其要求</td></tr>
</table>

续表

<table>
<tr><th colspan="2">项目及类别</th><th colspan="3">检验内容与要求</th><th>检验方法</th></tr>
<tr><td rowspan="5">2
机房及相关设备</td><td>▲
2.12
油位
C</td><td colspan="3">油箱中的油位应当符合要求且易于检查</td><td>目测检查</td></tr>
<tr><td>2.13
接地
C</td><td colspan="3">(1) 供电电源自进入机房起，中性线(N)与保护线(PE)应当始终分开；
▲(2) 所有电气设备及线管、线槽的外露可以导电部分应当与保护线(PE)可靠连接</td><td>目测；必要时测量验证</td></tr>
<tr><td rowspan="3">▲2.14
电气绝缘
C</td><td colspan="3">动力电路、照明电路和电气安全装置电路的绝缘电阻应当符合下述要求：</td><td rowspan="3">由施工或者维护保养单位测量，检验人员现场观察、确认</td></tr>
<tr><td>标称电压/V</td><td>测试电压(直流)/V</td><td>绝缘电阻/MΩ</td></tr>
<tr><td>安全电压
≤500
>500</td><td>250
500
1 000</td><td>≥0.25
≥0.50
≥1.00</td></tr>
<tr><td rowspan="2">3
井道及相关设备</td><td>3.1
防止坠落、超速下降和沉降的组合措施
B</td><td colspan="3">防止轿厢坠落、超速下降和沉降的组合措施应当符合附表3的要求；
其他装置或装置的组合及其驱动只能当其具有与附表3所列装置同等安全性的情况下才能使用</td><td>目测检查，记录相应的组合措施，对于同等安全性的判定应由检验机构根据质量管理体系的要求组织人员进行审核，并保留相关材料</td></tr>
<tr><td>3.2
井道封闭
C</td><td colspan="3">除必要的开口外井道应当完全封闭；当建筑物中不要求井道在火灾情况下具有防止火焰蔓延的功能时，允许采用部分封闭井道，但在人员可正常接近液压电梯处应当设置无孔的、高度符合规定要求的围壁，以防止人员遭受液压电梯运动部件直接危害，或者用手持物体触及井道中的液压电梯设备</td><td>目测；必要时测量</td></tr>
</table>

续表

<table>
<tr><th colspan="2">项目及类别</th><th>检验内容与要求</th><th>检验方法</th></tr>
<tr><td rowspan="2">3
井道及相关设备</td><td>3.3
顶部空间
C</td><td>(1) 当柱塞通过其行程限位装置而到达其上限位置时，应当同时满足以下六个条件：
① 轿厢导轨应当能提供不小于 $0.1+0.035\ v_{m^2}$(m)的进一步制导行程；
② 轿顶上可以站人的最高水平面积，与位于轿顶投影部分井道顶最低部件的水平面(包括梁和固定在井道顶下的零部件)之间的自由垂直距离应当不小于 $1.0+0.035\ v_{m^2}$(m)；
③ 井道顶的最低部件与
a) 固定在轿厢顶上的设备的最高部件(不包括下面②所述及的)之间的自由垂直距离不应小于 $0.3+0.035\ v_{m^2}$(m)；
b) 导靴或滚轮、钢丝绳附件和垂直滑动门的横梁或部件的最高部分之间的自由垂直距离不应小于 $0.1+0.035\ v_{m^2}$(m)；
④ 轿厢上方应当有足够空间能够容纳一个不小于 0.5 m×0.6 m×0.8 m 的长方体；
⑤ 井道顶的最低部件与向上运行的柱塞头部组件的最高部件之间的自由垂直距离应当不小于 0.1 m；
⑥对于直接作用式液压电梯，不必考虑①、②和③中所提到的 $0.035\ v_{m^2}$ 的值；
(2) 当轿厢完全压缩缓冲器时，如有平衡重，其导轨应当提供不小于 $0.1+0.035\ v_d^2$(m)的进一步制导行程。
注 A-5：v_m——上行额定速度；v_d——下行额定速度</td><td>(1) 方法1：轿厢在上端站平层后，短接上限位和极限开关，在轿顶操作，使轿厢点动向上运行，直到不能再向上运行为止，测量检验内容所规定的各项尺寸，计算是否满足要求。
方法2：轿厢在上端站平层位置，测量各项所需尺寸，人员撤离轿顶，在机房短接上限位和极限开关，使轿厢点动向上运行(或采用手动泵)，直到不能再向上运行为止，然后测量轿厢地坎与层门地坎的间距，计算出实际所尺寸。注意留意最高部件的位置，以防损毁；
(2) 用痕迹法或其他有效方法检查平衡重导轨的制导行程</td></tr>
<tr><td>3.4
限速器
B</td><td>(1) 限速器上应当设有铭牌，标明制造单位名称、型号、规格参数和型式试验机构标识，铭牌和型式试验合格证、调试证书内容应当相符；
▲(2) 限速器或者其他装置上应当设有在轿厢下行速度达到限速器动作速度之前动作的电气安全装置，以及验证限速器复位状态的电气安全装置；
▲(3) 使用周期达到2年的液压电梯，或者限速器动作出现异常、限速器各调节部位封记损坏的液压电梯，应当由经许可的液压电梯检验机构或者液压电梯生产单位对限速器进行动作速度校验，并且由该单位出具校验报告</td><td>(1) 对照检查限速器型式试验合格证、调试证书、铭牌；
(2) 目测电气安全装置的设置；
(3) 审查限速器动作速度核验报告，对照限速器铭牌上的相关参数，判断动作速度是否符合要求</td></tr>
</table>

续表

项目及类别		检验内容与要求	检验方法
3 井道及相关设备	3.5 安装在井道内的限速器 C	若限速器装在井道内,则应当能够从井道外面接近它。但是,当下列条件都满足时,则不需要符合上述要求: (1) 能够从井道外用远程控制(除无线方式外)的方式来实现特定的限速器动作(即在检查或测试期间,应当有可能在一个低于额定速度下通过某种安全的方式触发限速器来使安全钳动作),这种方式应当不会造成限速器的意外动作,并且未经过授权的人不能接近远程控制的操纵装置; (2) 能够从轿顶或从底坑接近限速器进行检查和维护; (3) 限速器动作后,提升轿厢或平衡重能够使限速器自动复位	目测检查限速器的安装位置,如果安装在井道内,按照其实际动作方式,在井道外进行限速器动作试验。动作试验后,提升轿厢或平衡重,检查限速器的复位情况
	3.6 井道安全门 C	(1) 当相邻两层门地坎的间距大于 11 m 时,其间应当设置高度不小于 1.80 m、宽度不小于 0.35 m 的井道安全门(使用轿厢安全门时除外); (2) 不得向井道内开启; ▲(3) 门上应当装设用钥匙开启的锁,当门开启后不用钥匙能够将其关闭和锁住,在门锁住后,不用钥匙能够从井道内将门打开; ▲(4) 应当设置电气安全装置以验证门的关闭状态	(1) 测量相关数据; (2) 打开、关闭安全门,检查门的启闭和液压电梯启动情况
	3.7 井道检修门 C	(1) 高度不小于 1.40 m,宽度不小于 0.60 m; (2) 不得向井道内开启; ▲(3) 应当装设用钥匙开启的锁,当门开启后不用钥匙能够将其关闭和锁住,在门锁住后,不用钥匙也能够从井道内将门打开; ▲(4) 应当设置电气安全装置以验证门的关闭状态	(1)测量相关数据; (2) 打开、关闭检修门,检查门的启闭和液压电梯启动情况
	3.8 导轨 C	(1) 每根导轨应当至少有 2 个导轨支架,其间距一般不大于 2.50 m(如果间距大于 2.50 m 应当有计算依据),端部短导轨的支架数量应当满足设计要求; (2) 支架应当安装牢固,焊接支架的焊缝满足设计要求,锚栓(如膨胀螺栓)固定只能在井道壁的混凝土构件上使用; (3) 每列导轨工作面每 5 m 铅垂线测量值间的相对最大偏差,轿厢导轨和设有安全钳的 T 型平衡重导轨不大于 1.2 mm,不设安全钳的 T 型对重导轨不大于 2.0 mm; (4) 两列导轨顶面的距离偏差,轿厢导轨为 0 mm～+2 mm,平衡重导轨为 0 mm～+3 mm	目测或者测量相关数据

续表

项目及类别		检验内容与要求	检验方法
3 井道及相关设备	3.9 轿厢与井道壁距离 B	轿厢与面对轿厢入口的井道壁的间距不大于 0.15 m，对于局部高度不大于 0.50 m 或者采用垂直滑动门的液压载货电梯，该间距可以增加到 0.20 m。 如果轿厢装有机械锁紧的门并且门只能在开锁区内打开时，则上述间距不受限制	测量相关数据；观察轿厢门锁设置情况
	3.10 层门地坎下端的井道壁 C	每个层门地坎下的井道壁应当符合以下要求：形成一个与层门地坎直接连接的连续垂直表面，由光滑而坚硬的材料构成(如金属薄板)；其高度不小于开锁区域的一半加上 50 mm，宽度不小于门入口的净宽度两边各加 25 mm	目测或者测量相关数据
	3.11 井道内防护 C	(1) 平衡重的运行区域应当采用刚性隔障保护，该隔障从底坑地面上不大于 0.30 m 处，向上延伸到离底坑地面至少 2.50 m 的高度，宽度应当至少等于平衡重宽度两边各加 0.10 m； (2) 在装有多台电梯的井道中，不同电梯的运动部件之间应当设置隔障，隔障应当至少从轿厢、平衡重行程的最低点延伸到最低层站楼面以上 2.50 m 高度，并且有足够的宽度以防止人员从一个底坑通往另一个底坑，如果轿厢顶部边缘和相邻电梯的运动部件之间的水平距离小于 0.50 m，隔障应当贯穿整个井道，宽度至少等于运动部件或者运动部件的需要保护部分的宽度每边各加 0.10 m	目测或者测量相关数据

续表

<table>
<tr><th colspan="2">项目及类别</th><th>检验内容与要求</th><th>检验方法</th></tr>
<tr><td rowspan="2">3
井道及相关设备</td><td>3.12
柱塞极限开关
B</td><td>(1) 液压电梯应当在相应于轿厢行程上极限的柱塞位置处设置极限开关。极限开关应:
① 设置在尽可能接近上端站时起作用而无误动作危险的位置上;
② 在柱塞接触缓冲停止装置之前起作用;
③ 当柱塞位于缓冲停止范围内,极限开关应当保持其动作状态;
(2) 对于直接作用式液压电梯,极限开关的动作应当由下述方式实现:
① 直接利用轿厢或柱塞的作用;或
② 间接利用一个与轿厢连接的装置,例如,钢丝绳、皮带或链条。当绳、皮带或链断裂或松弛时,应当借助一个电气安全装置使液压电梯驱动主机停止运转;
(3) 对于间接作用式液压电梯,极限开关的动作应当由下述方式实现:
① 直接利用柱塞的作用;或
② 间接利用一个与柱塞连接的装置,例如,钢丝绳、皮带或链条。该连接装置一旦断裂或松弛,应当借助一个电气安全装置使液压电梯驱动主机停止运转;
(4) 极限开关应当是一个电气安全装置;
▲(5) 当极限开关动作时,应当使液压电梯驱动主机停止运转并保持其停止状态。当轿厢离开其作用区域时,极限开关应当自动闭合</td><td>(1) 轿厢在上端站平层后,短接上限位(如果有)和极限开关,轿厢以检修速度向上运行,直到无法再向上运行为止,观察液压电梯在行程上端停止时有无缓冲效果;
(2) 液压电梯在上端站平层后,短接上限位开关(如果有),轿厢点动向上运行,碰撞极限开关后,液压电梯应当停止运行,然后短接极限开关,液压电梯应当仍能继续向上运行,当达到柱塞伸出极限位置时,取掉极限开关短接线,液压电梯应当不能向下运行,此时极限开关仍处于动作状态,操作手动下降阀,使轿厢下降至离开极限开关动作区后,极限开关应自动复位;
(3) 目测极限开关的操作方式,对于间接操作的,还应当检查连接装置断裂或松弛时电气开关动作的可靠性。液压电梯以检修速度运行,人为使电气开关动作,液压电梯应当停止运行</td></tr>
<tr><td>▲3.13
随行电缆
C</td><td>随行电缆应当避免与限速器绳、选层器钢带、限位与极限开关等装置干涉,当轿厢压实在缓冲器上时,电缆不得与地面和轿厢底边框接触</td><td>目测</td></tr>
</table>

续表

<table>
<tr><th colspan="2">项目及类别</th><th>检验内容与要求</th><th>检验方法</th></tr>
<tr><td rowspan="4">3
井道及相关设备</td><td>▲3.14
井道照明
C</td><td>井道应当装设永久性电气照明。对于部分封闭井道，如果井道附近有足够的电气照明，井道内可以不设照明</td><td>目测</td></tr>
<tr><td>3.15
底坑设施与装置
C</td><td>▲(1) 底坑底部应当平整，不得渗水、漏水；
(2) 如果没有其他通道，应当在底坑内设置一个从层门进入底坑的永久性装置(如梯子)，该装置不得凸入液压电梯的运行空间；
▲(3) 底坑内应当设置在进入底坑时和底坑地面上均能方便操作的停止装置，停止装置的操作装置为双稳态、红色并标以“停止”字样，并且有防止误操作的保护；
(4) 底坑内应当设置 2P＋PE 型或者以安全特低电压供电(当确定无须使用 220 V 的电动工具时)的电源插座，以及在进入底坑时能方便操作的井道灯开关</td><td>目测；操作验证停止装置和井道灯开关功能</td></tr>
<tr><td>3.16
底坑空间
C</td><td>当轿厢完全压在缓冲器上时，底坑空间尺寸应当同时满足下列五个条件：
(1) 底坑中有一个不小于 0.50 m×0.60 m×1.0 m 的空间(任一面朝下即可)；
(2) 底坑底面和轿厢最低部件之间的自由垂直距离不小于 0.50 m。①当夹紧装置钳块、棘爪装置、护脚板或垂直滑动门的部件和相邻的井道壁之间，轿厢最低部件与导轨之间的水平距离在 0.15 m 之内时，此垂直距离允许减少到 0.10 m；②当轿厢最低部件和导轨之间的水平距离大于 0.15 m 但不大于 0.50 m，此垂直距离可按线性关系增加至 0.50 m；
(3) 固定在底坑的最高部件，例如液压缸支座、管路和其他附件，与轿厢的最低部件(上述②①除外)之间的自由垂直距离应当不小于 0.30 m；
(4) 底坑底或安装在底坑的设备顶部与一个倒装的液压缸的向下运行的柱塞头部组件的最低部件之间的自由垂直距离，不应小于 0.50 m。但如不可能误入柱塞头部组件下面(如按照 3.11(1)设置隔障防护)，该垂直距离就可从 0.50 m 减至最低 0.10 m；
(5) 底坑底与直接作用式液压电梯轿厢下的多级式液压缸最低导向架之间的自由垂直距离不应小于 0.50 m</td><td>测量轿厢在下端站平层位置时的相应数据，计算确认是否满足要求</td></tr>
<tr><td>3.17
限速器绳张紧装置
B</td><td>(1) 限速器绳应当用张紧轮张紧，张紧轮(或者其配重)应当有导向装置；
▲(2) 当限速器绳断裂或者过分伸长时，应当通过一个电气安全装置的作用，使液压电梯停止运转</td><td>(1) 目测张紧和导向装置；
(2) 液压电梯以检修速度运行，使电气安全装置动作，观察液压电梯运行状况</td></tr>
</table>

续表

<table>
<tr><th colspan="2">项目及类别</th><th>检验内容与要求</th><th>检验方法</th></tr>
<tr><td rowspan="4">3
井道及相关设备</td><td>3.18
缓冲器
B</td><td>(1) 轿厢和平衡重(如有)行程底部极限位置应当设置缓冲器;
(2) 缓冲器上应当设有铭牌或者标签,标明制造单位名称、型号、规格参数和型式试验机构标识,铭牌或者标签和型式试验合格证内容应当相符;
▲(3) 缓冲器应当固定可靠;
▲(4) 耗能型缓冲器液位应当正确,有验证柱塞复位的电气安全装置</td><td>(1) 对照检查缓冲器型式试验合格证和铭牌或者标签;
(2) 目测缓冲器的固定、液位和电气安全装置</td></tr>
<tr><td>3.19
平衡重下部空间
C</td><td>如果平衡重(如果有)之下有人能够到达的空间,应当将平衡重缓冲器安装于一直延伸到坚固地面上的实心桩墩,或者在平衡重上装设安全钳</td><td>目测</td></tr>
<tr><td>3.20
液压缸的设置
C</td><td>液压缸的安装应当符合安装说明书资料的要求。如果使用若干个液压缸顶升轿厢,则这些液压缸管路应当相互连接以保证压力的均衡。如果液压缸延伸至地下,则应当安装在保护管中。如果延伸入其他空间,则应当给以适当的保护</td><td>查阅资料,并现场检查</td></tr>
<tr><td>3.21
破裂阀、节流阀和单向节流阀的安装设置、手动操作装置和标识
C</td><td>(1) 破裂阀、节流阀或单向节流阀的安装位置应当便于进行调整和检查。并且应当满足下列要求之一:
① 与液压缸成为一个整体;
② 直接用法兰盘与液压缸刚性连接;
③ 将其放置在液压缸附近,用一根短硬管与液压缸相连,采用焊接、法兰连接或螺纹连接均可;
④ 用螺纹直接连接到液压缸上,其端部应当加工成螺纹并具有台阶,台阶应当紧靠液压缸端面。
液压缸与破裂阀、节流阀或单向节流阀之间使用其他的连接型式,例如压入连接或锥形连接都是不允许的。如液压电梯具有若干个并行工作的液压缸,可以共用一个破裂阀。否则,若干个破裂阀应当相互连接使之同时关闭,以防止轿厢地板由其正常位置倾斜超过5%;
(2) 在机房内应当有一种手动操作方法,在无需使轿厢超载的情况下,使破裂阀、节流阀或单向节流阀达到动作流量。该种方法应当防止误操作,且不应使靠近液压缸的安全装置失效(制造厂家出厂时在其附近应当有该方法的明显标识);
(3) 破裂阀和单向节流阀上应当有铭牌,标明:
——制造单位名称;
——型式试验标志和试验单位;
——调整的动作流量值</td><td>目测;并手动试验</td></tr>
</table>

续表

<table>
<tr><th colspan="2">项目及类别</th><th>检验内容与要求</th><th>检验方法</th></tr>
<tr><td rowspan="3">4
轿
厢
与
平
衡
重</td><td>4.1
轿顶
电气
装置
C</td><td>▲(1) 轿顶应当装设一个易于接近的检修运行控制装置,并且符合以下要求:
① 由一个符合电气安全装置要求,能够防止误操作的双稳态开关(检修开关)进行操作;
② 一经进入检修运行时,即取消正常运行(包括任何自动门操作)、电气防沉降运行、对接操作运行,只有再一次操作检修开关,才能使液压电梯恢复正常工作;
③ 依靠持续揿压按钮来控制轿厢运行,此按钮有防止误操作的保护,按钮上或其近旁标出相应的运行方向;
④ 该装置上设有一个停止装置,停止装置的操作装置为双稳态、红色并标以“停止”字样,并且有防止误操作的保护;
⑤ 检修运行时,安全装置仍然起作用;
▲(2) 轿顶应当装设一个从入口处易于接近(距层站入口水平距离不大于 1 m)的停止装置,停止装置的操作装置为双稳态、红色并标以“停止”字样,并且有防止误操作的保护。如果检修运行控制装置设在从入口处易于接近的位置,该停止装置也可以设在检修运行控制装置上;
(3) 轿顶应当装设 2P+PE 型或者以安全特低电压供电(当确定无须使用 220 V 的电动工具时)的电源插座</td><td>(1)目测检修运行控制装置、停止装置和电源插座的设置,必要时测量;
(2) 操作验证检修运行控制装置、安全装置和停止装置的功能</td></tr>
<tr><td>4.2
轿顶
护栏
C</td><td>井道壁离轿顶外侧水平方向自由距离超过 0.30 m 时,轿顶应当装设护栏,并且满足以下要求:
(1) 由扶手、0.10 m 高的护脚板和位于护栏高度一半处的中间栏杆组成;
(2) 当自由距离不大于 0.85 m 时,扶手高度不小于 0.70 m,当自由距离大于 0.85 m 时,扶手高度不小于 1.10 m;
(3) 护栏装设在距轿顶边缘最大为 0.15 m 之内,并且其扶手外缘和井道中的任何部件之间的水平距离不小于 0.10 m;
(4) 护栏上有关于俯伏或斜靠护栏危险的警示符号或须知</td><td>目测或者测量相关数据</td></tr>
<tr><td>▲4.3
轿厢
安全
窗
(门)
C</td><td>如果轿厢设有安全窗(门),应当符合以下要求:
(1) 设有手动上锁装置,能够不用钥匙从轿厢外开启,用规定的三角钥匙从轿厢内开启;
(2) 轿厢安全窗不能向轿厢内开启,并且开启位置不超出轿厢的边缘,轿厢安全门不能向轿厢外开启,并且出入路径没有平衡重或者固定障碍物;
(3) 其锁紧由电气安全装置予以验证</td><td>操作验证</td></tr>
</table>

续表

项目及类别		检验内容与要求	检验方法
4 轿厢与平衡重	4.4 轿厢和平衡重间距 C	轿厢及关联部件与平衡重(如果有)之间的距离应当不小于 50 mm	测量相关数据
	▲4.5 平衡重的固定 C	如果平衡重(如果有)由重块组成,应当可靠固定	目测
	4.6 轿厢面积 C	(1) 液压乘客电梯和液压载货电梯的额定载重量和最大有效面积之间关系应当分别符合附表 1 和附表 2 的规定; (2) 对于专供批准的且受过训练的使用者使用的非商用汽车液压电梯,额定载重量应当按单位轿厢有效面积不小于 200 kg(即 200 kg/m^2)计算	测量计算轿厢有效面积
	4.7 轿厢铭牌 C	轿厢内应当设置铭牌,标明额定载重量及乘客人数(液压载货电梯只标额定载重量)、制造厂名称或商标;改造后的液压电梯,铭牌上应当标明额定载重量及乘客人数(液压载货电梯只标额定载重量)、改造单位名称、改造竣工日期等	目测
	▲4.8 紧急照明和报警装置 B	轿厢内应当装设符合下述要求的紧急报警装置和应急照明: (1) 正常照明电源中断时,能够自动接通紧急照明电源; (2) 紧急报警装置采用一个双向对讲系统以便保持与救援服务的持续联系,如果在机房和井道之间不可能进行直接对讲,在轿厢和机房之间应设置对讲系统,紧急报警装置的供电来自前条所述的紧急照明电源或者等效电源;在启动对讲系统后,被困乘客不必再做其他操作	断开正常照明供电电源,分别验证紧急照明系统、紧急报警装置的功能
	▲4.9 地坎护脚板 C	轿厢地坎下应装设护脚板,其垂直部分的高度不小于 0.75 m,宽度不小于层站入口宽度	目测或者测量相关数据

续表

项目及类别		检验内容与要求	检验方法
4 轿厢与平衡重	▲ 4.10 超载保护装置 C	液压电梯应当设置轿厢超载保护装置，在轿厢内的载荷超过110%额定载重量(超载量不少于75 kg)时，能够防止液压电梯正常启动但不包括再平层动作，并且轿内有音响或者发光信号提示，动力驱动的自动门完全打开，手动门保持在未锁状态	进行加载试验，验证超载保护装置的功能
	4.11 安全钳 B	(1) 安全钳上应当设有铭牌，标明制造单位名称、型号、规格参数和型式试验机构标识，铭牌、型式试验合格证、调试证书内容与实物应当相符； (2) 轿厢应当装设一个在轿厢安全钳动作以前或同时动作的电气安全装置	(1) 对照检查安全钳型式试验合格证、调试证书和铭牌； (2) 目测电气安全装置的设置
5 悬挂装置及旋转部件防护	▲5.1 悬挂装置的磨损、断丝、变形等情况 C	出现下列情况之一时，悬挂钢丝绳应当报废： (1) 出现笼状畸变、绳芯挤出、扭结、部分压扁、弯折； (2) 断丝分散出现在整条钢丝绳，任何一个捻距内单股的断丝数大于4根；或者断丝集中在钢丝绳某一部位或一股，一个捻距内断丝总数大于12根(对于股数为6的钢丝绳)或者大于16根(对于股数为8的钢丝绳)； (3) 磨损后的钢丝绳直径小于钢丝绳公称直径的90%。 采用其他类型悬挂装置的，悬挂装置的磨损、变形等应当不超过制造单位设定的报废指标	(1) 用钢丝绳探伤仪或者放大镜全长检测或者分段抽测；测量并判断钢丝绳直径变化情况。测量时，以相距至少1 m的两点进行，在每点相互垂直方向上测量两次，四次测量值的平均值，即为钢丝绳的实测直径； (2) 采用其他类型悬挂装置的，按照制造单位提供的方法进行检验
	▲5.2 端部固定 C	悬挂钢丝绳绳端固定应当可靠，弹簧、螺母、开口销等连接部件无缺损。 采用其他类型悬挂装置的，其端部固定应当符合制造单位的规定	目测；或者按照制造单位的规定进行检验
	▲5.3 松绳(链)保护 B	如果轿厢悬挂在两根钢丝绳或链条上，则应当设置一个电气安全装置，当钢丝绳或链条发生异常相对伸长时液压电梯应当停止运行。 对于具有两个或多个液压缸的液压电梯，这一要求适用于每一组悬挂装置	手动模拟松绳(或松链)状态，检查保护装置动作情况

续表

项目及类别		检验内容与要求	检验方法
5 悬挂装置及旋转部件防护	▲5.4 旋转部件的防护 C	滑轮、链轮、限速器，张紧轮等与钢丝绳、链条形成传动的旋转部件，均应设置防护装置，以避免人身伤害、钢丝绳或链条因松弛而脱离绳槽或链轮、异物进入绳与绳槽或链与链轮之间	目测
6 轿门与层门	6.1 门地坎距离 C	轿厢地坎与层门地坎的水平距离不得大于 35 mm	测量相关尺寸
	▲6.2 门间隙 C	门关闭后，应当符合以下要求： (1) 门扇之间及门扇与立柱、门楣和地坎之间的间隙，对于液压乘客电梯不大于 6 mm；对于液压载货电梯不大于 8 mm，使用过程中由于磨损，允许达到 10 mm； (2) 在水平移动层门和折叠层门主动门扇的开启方向，以 150 N 的人力施加在一个最不利的点，前条所述的间隙允许增大，但对于旁开层门不大于 30 mm，对于中分层门其总和不大于 45 mm	测量相关尺寸
	▲6.3 玻璃门 C	层门和轿门采用玻璃门时，应当符合以下要求： (1) 玻璃门上有供应商名称或者商标、玻璃的型式等永久性标记； (2) 玻璃门上的固定件，即使在玻璃下沉的情况下，也能够保证玻璃不会滑出； (3) 有防止儿童的手被拖曳的措施	目测
	▲6.4 防止门夹人的保护装置 B	动力驱动的自动水平滑动门应当设置防止门夹人的保护装置，当人员通过层门入口被正在关闭的门扇撞击或者将被撞击时，该装置应当自动使门重新开启	模拟动作试验

续表

项目及类别		检验内容与要求	检验方法
6 轿门与层门	▲6.5 门运行和导向 C	层门和轿门正常运行时不得出现脱轨、机械卡阻或者在行程终端时错位；由于磨损、锈蚀或者火灾可能造成层门导向装置失效时，应当设置应急导向装置，使层门保持在原有位置	目测
	▲6.6 自动关闭层门装置 B	在轿门驱动层门的情况下，当轿厢在开锁区域之外时，如果层门开启(无论何种原因)，应当有一种装置能够确保该层门自动关闭。自动关闭装置采用重块时，应当有防止重块坠落的措施	抽取基站、端站以及20%其他层站的层门，将轿厢运行至开锁区域外，打开层门，观察层门关闭情况及防止重块坠落措施的有效性
	▲6.7 紧急开锁装置 B	每个层门均应当能够被一把符合要求的钥匙从外面开启；紧急开锁后，在层门闭合时门锁装置不应保持开锁位置	抽取基站、端站以及20%其他层站的层门，用钥匙操作紧急开锁装置，验证其功能
	▲6.8 门的锁紧 B	(1) 每个层门都应当设置门锁装置，其锁紧动作应当由重力、永久磁铁或者弹簧来产生和保持，即使永久磁铁或者弹簧失效，重力亦不能导致开锁； (2) 轿厢应当在锁紧元件啮合不小于7 mm时才能启动； (3) 门的锁紧应当由一个电气安全装置来验证，该装置应当由锁紧元件强制操作而没有任何中间机构，并且能够防止误动作； (4) 如果轿门采用了门锁装置，该装置也应当符合以上有关要求	(1) 目测门锁及电气安全装置的设置； (2) 目测锁紧元件的啮合情况，认为啮合长度可能不足时测量电气触点刚闭合时锁紧元件的啮合长度； (3) 使液压电梯以检修速度运行，打开门锁，观察液压电梯是否停止

续表

项目及类别		检验内容与要求	检验方法
6 轿门与层门	▲ 6.9 门的闭合 B	(1) 正常运行时应当不能打开层门，除非轿厢在该层门的开锁区域内停止或停站；如果一个层门或者轿门(或者多扇门中的任何一扇门)开着，在正常操作情况下，应当不能启动液压电梯或者不能保持继续运行； (2) 每个层门和轿门的闭合都应当由电气安全装置来验证，如果滑动门是由数个间接机械连接的门扇组成，则未被锁住的门扇上也应当设置电气安全装置以验证其闭合状态	(1) 使液压电梯以检修速度运行，打开层门，检查液压电梯是否停止； (2) 将液压电梯置于检修状态，层门关闭，打开轿门，观察液压电梯能否运行； (3) 对于由数个间接机械连接的门扇组成的滑动门，抽取轿门和基站、端站以及 20% 其他层站的层门，短接被锁住门扇上的电气安全装置，使各门扇均打开，观察液压电梯能否运行
	▲ 6.10 门刀、门锁滚轮与地坎间隙 C	轿门门刀与层门地坎，层门锁滚轮与轿厢地坎的间隙应当不小于 5 mm；液压电梯运行时不得互相碰擦	测量相关数据
7 试验	▲ 7.1 沉降试验 B (C)	装有额定载重量的轿厢停在上端站，10 min 内的下沉距离应当不超过 10 mm	将轿厢停在上端站，切断主电源，轿厢装均匀分布的额定载重量，用尺测量轿厢地坎与层门地坎之间的垂直距离，保持 10 min，再在相同位置测量轿厢地坎与层门地坎之间的距离，两者相减。由施工单位或维护保养单位现场试验，检验人员观察、确认

续表

项目及类别		检验内容与要求	检验方法
7 试 验	7.2 缓冲器试验 C	▲(1) 耗能缓冲器动作后,回复至其正常伸长位置液压电梯才能正常运行;缓冲器完全复位的最大时间限度为120 s; (2) 缓冲器应当将载有额定载重量的轿厢在最低停靠站下不超过0.12 m的距离处保持静止状态	(1) 将限位开关(如果有)短接,以检修速度下降空载轿厢,将缓冲器压缩,观察电气安全装置动作情况;测量从轿厢开始提起到缓冲器回复原状的时间; (2) 将载有额定载重量的轿厢停在下端站,置于检修状态,短接下限位开关和缓冲器开关(如果有),然后向下运行,直到轿厢完全压在缓冲器上,用尺测量层门地坎与轿门地坎在开门宽度1/2处的垂直距离
	▲7.3 破裂阀动作试验 B	对于配置破裂阀作为超速保护的液压电梯,轿厢装有额定载重量超速下行,当达到破裂阀的动作速度时,轿厢应当能被可靠制停	监督检验:装有均匀分布额定载重量的轿厢停在适当的楼层(足以使破裂阀动作,但尽量低的楼层),在机房操作破裂阀的手动试验装置,检查破裂阀能否动作,从而将轿厢可靠制停;定期检验时以试验功能有效性为主,即不需要在满载情况下验证。由施工单位或维护保养单位现场试验,检验人员观察、确认。 注A-6:企业自检时需要满载试验

续表

项目及类别		检验内容与要求	检验方法
7 试验	▲7.4 轿厢和平衡重（如有）限速器—安全钳动作试验 B	(1) 轿厢限速器—安全钳（如果有）动作试验：以检修速度下行，进行限速器—安全钳联动试验，限速器—安全钳动作应当可靠，轿厢有效制停。监督检验时，对于液压乘客电梯，轿厢内装均匀分布的额定载重量；对于液压载货电梯，当轿厢有效面积与额定载重量的关系符合附表 1 规定时，轿厢内装均匀分布的额定载重量；当轿厢有效面积大于附表 1 规定的值时，对于瞬时式安全钳轿厢内装均匀分布的根据轿厢实际面积按附表 1 规定所对应的额定载重量；对于渐进式安全钳轿厢内装均匀分布的 125％额定载重量与根据轿厢实际面积按附表 1 规定所对应的额定载重量两者中的较大值；定期检验时轿厢空载； (2) 平衡重（如果有）限速器—安全钳动作试验：轿厢空载，以检修速度上行，进行限速器—安全钳联动试验，限速器—安全钳动作应当可靠	(1) 短接限速器和安全钳的电气安全装置，以检修速度向下运行，人为动作限速器，观察轿厢制停情况； (2) 短接限速器和安全钳的电气安全装置（如果有），轿厢空载以检修速度向上运行，人为动作限速器，观察平衡重制停情况。由施工单位或维护保养单位现场试验，检验人员观察、确认
	▲7.5 其他类防止轿厢坠落措施试验 B	采用附表 3 中除破裂阀或限速器—安全钳联动以外的防止轿厢坠落措施，参照 7.3 和 7.4 的相应载荷要求进行试验。 注 A-7：其试验方法应当由制造厂家在其附近明显标识	由施工单位或维护保养单位按照制造单位规定的方法进行试验，检验人员观察、确认
	▲7.6 防沉降系统试验 B	(1) 采取电气防沉降系统，则应当符合如下要求： ① 当轿厢位于平层位置以下最大 0.12 m 至开锁区下端的区间内时，无论层门和轿门处于任何位置，液压电梯的驱动主机都应当驱动轿厢上行； ② 液压电梯在前次正常运行后停止使用 15 min 内，轿厢应当自动运行到最低停靠层站； ③ 轿厢内装有停止装置的液压电梯应当在轿厢内提供声音信号装置。当停止装置处于停止位置时，该声讯装置应当工作。该声讯装置的供电可以来自紧急照明电源或其他等效电源； ④ 如果采用手动门，或关门过程在使用人员的持续控制下进行的动力操纵门，轿厢内应当有以下须知：“请关门”； (2) 采用非电气防沉降系统，则应当符合 GB 21240 中的相应要求。 注 A-8：其试验方法应当由制造厂家在其附近明显标识	监督检验时轿厢装载均匀分布的额定载重量，定期检验时空载。 (1) 操作手动下降阀使液压电梯进入检验内容规定的区域，检查轿厢能否自动向上移动至平层位置； (2) 由施工单位或维护保养单位按照制造单位规定的方法进行试验，检验人员观察、确认

续表

项目及类别		检验内容与要求	检验方法
7 试验	7.7 超压静载试验 C	在单向阀与液压缸之间的液压系统中施加200%的满载压力,保持5 min,液压系统的压力下降值不应超过企业设计要求,液压系统仍保持其完整性。该试验应当在防坠落保护装置试验成功后进行	液压电梯在上端站平层,将带有溢流阀的手动泵接入液压系统中单向阀与截止阀之间的压力检测点上(如系统已含手动泵除外),调节手动泵上的溢流阀工作压力为满载压力值的200%,操作手动泵使轿厢上行直至柱塞完全伸出,并且系统压力升至手动泵溢流阀的工作压力,停止操作,保持5 min,观察并且记录液压系统压力的下降值。由施工单位或维护保养单位现场试验,检验人员观察、确认
	▲7.8 运行试验 C	轿厢分别空载、满载,以正常运行速度上、下运行,呼梯、楼层显示等信号系统功能有效、指示正确、动作无误,轿厢平层良好,无异常现象发生	轿厢分别空载、满载,以正常运行速度上、下运行,观察运行情况
	▲7.9 消防返回功能试验 B	如果液压电梯设有消防返回功能,应当符合以下要求: (1) 消防开关应当设在基站或者撤离层,防护玻璃应当完好,并且标有“消防”字样; (2) 消防功能启动后,液压电梯不响应外呼和内选信号,轿厢直接返回指定撤离层,开门待命	液压电梯在停止或者运行过程中,选择一些楼层呼梯,动作消防开关,检查液压电梯运行和开门状况
	7.10 液压电梯速度 C	空载轿厢上行的速度不应超过额定上行速度 v_m 的8%,载有额定载重量的轿厢下行速度不应超过额定下行速度 v_d 的8%。 以上两种情况下,速度均与液压油的正常温度有关。对于上行方向运行,假设供电电源频率为额定频率,电动机电压为设备的额定电压	在液压电梯平稳运行区段(不包括加、减速度区段),事先确定一个不少于2 m的试验距离,液压电梯启动以后,用行程开关或接近开关和电秒表分别测出通过上述试验距离时,空载轿厢向上运行所需要的时间和装有额定载重量轿厢向下运行所需要的时间(试验分别进行3次,取平均值),计算出上行速度和下行速度以及与其额定速度的偏差或采用其他等效的方法测量

附表 1

液压乘客电梯额定载重量与对应的轿厢最大有效面积之间的关系

额定载重量 kg	轿厢最大有效面积 m^2	额定载重量 kg	轿厢最大有效面积 m^2
100[1]	0.37	900	2.20
180[2]	0.58	975	2.35
225	0.70	1 000	2.40
300	0.90	1 050	2.50
375	1.10	1 125	2.65
400	1.17	1 200	2.80
450	1.30	1 250	2.90
525	1.45	1 275	2.95
600	1.60	1 350	3.10
630	1.66	1 425	3.25
675	1.75	1 500	3.40
750	1.90	1 600	3.56
800	2.00	2 000	4.20
825	2.05	2 500[3]	5.00

[1] 表示一人液压电梯的最小值。

[2] 表示二人液压电梯的最小值。

[3] 表示额定载重量超过 2 500 kg 时，每增加 100 kg，面积增加 0.16 m^2。

注：对中间的载重量，其面积由线性插值法确定。

附表 2

液压载货电梯额定载重量与对应的轿厢最大有效面积之间的关系

额定载重量 kg	轿厢最大有效面积 m^2	额定载重量 kg	轿厢最大有效面积 m^2
400	1.68	1 000	3.60
450	1.84	1 050	3.72
525	2.08	1 125	3.90
600	2.32	1 200	4.08
630	2.42	1 250	4.20
675	2.56	1 275	4.26
750	2.80	1 350	4.44
800	2.96	1 425	4.62
825	3.04	1 500	4.80
900	3.28	1 600	5.04
975	3.52		

注 1：额定载重量超过 1 600 kg 时，每增加 100 kg，面积增加 0.40 m^2。
注 2：对中间的载重量，其面积由线性插值法确定。

附表 3

防止轿厢坠落、超速下降和沉降的组合措施

<table>
<tr><td colspan="3" rowspan="2"></td><td colspan="4">防止沉降的措施</td></tr>
<tr><td>由轿厢下行运动使安全钳动作</td><td>由轿厢下行运行触发夹紧装置动作</td><td>棘爪装置</td><td>电气防沉降系统</td></tr>
<tr><td rowspan="6">防止轿厢自由坠落或超速下降的预防措施</td><td rowspan="3">直接作用式液压电梯</td><td>由限速器触发的安全钳</td><td>√</td><td></td><td>√</td><td>√</td></tr>
<tr><td>破裂阀</td><td></td><td>√</td><td>√</td><td>√</td></tr>
<tr><td>节流阀</td><td></td><td>√</td><td>√</td><td></td></tr>
<tr><td rowspan="3">间接作用式液压电梯</td><td>由限速器触发的安全钳</td><td>√</td><td></td><td>√</td><td>√</td></tr>
<tr><td>破裂阀、由悬挂机构失效或安全绳触发的安全钳两者同时作用</td><td>√</td><td></td><td>√</td><td>√</td></tr>
<tr><td>节流阀、由悬挂机构失效或安全绳触发的安全钳两者同时作用</td><td>√</td><td></td><td>√</td><td></td></tr>
<tr><td colspan="7">注：√表示可供选择的一种组合措施。</td></tr>
</table>

附件 B

报告编号：

液压电梯监督检验报告

（格式）

使 用 单 位：________________

设 备 代 码：________________

设 备 名 称：________________

设 备 类 型：________________

设 备 型 式：________________

施 工 类 别：（安装、改造、重大维修）

施 工 单 位：________________

检 验 机 构：________________

检 验 日 期：________________

（印制检验机构名称）

注 意 事 项

1. 本报告依据《电梯监督检验和定期检验规则——液压电梯》(TSG T7004—2012)制定，适用于液压电梯安装、改造、重大维修监督检验。

2. 本报告应当由计算机打印输出，或者用钢笔、签字笔填写，字迹应当工整，修改无效。

3. 本报告无检验、编制、审核、批准人员签字和检验机构的核准证号、检验专用章或者公章无效。

4. 本报告一式三份，由检验机构、施工单位和使用单位分别保存。

5. 受检单位对本报告结论如有异议，请在收到报告书之日起 15 日内，向检验机构提出书面意见。

检验机构地址：

邮政编码：

联系电话：

液压电梯监督检验报告

报告编号：

<table>
<tr><td colspan="2">设备名称</td><td></td><td>规格型号</td><td></td></tr>
<tr><td colspan="2">制造单位</td><td colspan="3"></td></tr>
<tr><td colspan="2">产品编号</td><td></td><td>制造日期</td><td></td></tr>
<tr><td colspan="2">施工单位</td><td colspan="3"></td></tr>
<tr><td colspan="2">施工单位许可证编号</td><td></td><td>施工类别</td><td>（安装、改造、重大维修）</td></tr>
<tr><td colspan="2">安装地点</td><td></td><td>使用登记编号</td><td></td></tr>
<tr><td colspan="2">使用单位</td><td colspan="3"></td></tr>
<tr><td colspan="2">维护保养单位</td><td colspan="3"></td></tr>
<tr><td rowspan="3">设备技术参数</td><td>额定载重量</td><td>kg</td><td>额定速度</td><td>上行 m/s
下行 m/s</td></tr>
<tr><td>层站数</td><td>层 站</td><td>控制方式</td><td></td></tr>
<tr><td>油缸数量</td><td></td><td>顶升型式</td><td></td></tr>
<tr><td>检验依据</td><td colspan="4">《电梯监督检验和定期检验规则——液压电梯》(TSG T7004—2012)</td></tr>
<tr><td>主要检验仪器设备</td><td colspan="4"></td></tr>
<tr><td>检验结论</td><td colspan="4"></td></tr>
<tr><td>备注</td><td colspan="4"></td></tr>
<tr><td colspan="2">检验日期</td><td></td><td>下次检验日期</td><td></td></tr>
<tr><td colspan="2">检验人员</td><td colspan="3"></td></tr>
<tr><td colspan="2">编 制：</td><td>日期：</td><td colspan="2" rowspan="3">检验机构核准证号：

（检验机构公章或检验专用章）
年 月 日</td></tr>
<tr><td colspan="2">审 核：</td><td>日期：</td></tr>
<tr><td colspan="2">批 准：</td><td>日期：</td></tr>
</table>

共 页 第 页

报告编号：

<table>
<tr><th>序号</th><th>检验类别</th><th colspan="3">检验项目及其内容</th><th>检验结果</th><th>检验结论</th></tr>
<tr><td rowspan="8">1</td><td rowspan="8">A</td><td rowspan="25">1
技术资料</td><td rowspan="8">1.1
制造资料</td><td>(1) 制造许可证明文件</td><td></td><td rowspan="8"></td></tr>
<tr><td>(2) 整机型式试验合格证或报告书</td><td></td></tr>
<tr><td>(3) 产品质量证明文件</td><td></td></tr>
<tr><td>(4) 安全装置、主要部件型式试验合格证及有关资料</td><td></td></tr>
<tr><td>(5) 机房和井道布置图</td><td></td></tr>
<tr><td>(6) 电气原理图</td><td></td></tr>
<tr><td>(7) 液压系统原理图</td><td></td></tr>
<tr><td>(8) 安装使用维护说明书</td><td></td></tr>
<tr><td rowspan="6">2</td><td rowspan="6">A</td><td rowspan="6">1.2
安装资料</td><td>(1) 安装许可证和告知书</td><td></td><td rowspan="6"></td></tr>
<tr><td>(2) 施工方案</td><td></td></tr>
<tr><td>(3) 特种设备作业人员证件</td><td></td></tr>
<tr><td>(4) 施工过程记录和自检报告</td><td></td></tr>
<tr><td>(5) 设计变更证明文件</td><td></td></tr>
<tr><td>(6) 安装质量证明文件</td><td></td></tr>
<tr><td rowspan="6">3</td><td rowspan="6">A</td><td rowspan="6">1.3
改造、重大维修资料</td><td>(1) 改造(维修)许可证和告知书</td><td></td><td rowspan="6"></td></tr>
<tr><td>(2) 施工方案</td><td></td></tr>
<tr><td>(3) 更换的安全装置和主要部件的型式试验合格证及有关资料</td><td></td></tr>
<tr><td>(4) 特种设备作业人员证件</td><td></td></tr>
<tr><td>(5) 施工过程记录和自检报告</td><td></td></tr>
<tr><td>(6) 改造质量证明文件</td><td></td></tr>
<tr><td rowspan="5">4</td><td rowspan="5">B</td><td rowspan="5">1.4
使用资料</td><td>(1) 使用登记资料</td><td></td><td rowspan="5"></td></tr>
<tr><td>(2) 安全技术档案</td><td></td></tr>
<tr><td>(3) 管理规章制度</td><td></td></tr>
<tr><td>(4) 日常维护保养合同</td><td></td></tr>
<tr><td>(5) 特种设备作业人员证</td><td></td></tr>
<tr><td rowspan="3">5</td><td rowspan="3">C</td><td rowspan="4">2
机房及相关设备</td><td rowspan="3">2.1
通道和通道门</td><td>(1) 通道设置</td><td></td><td rowspan="3"></td></tr>
<tr><td>(2) 通道照明</td><td></td></tr>
<tr><td>(3) 通道门</td><td></td></tr>
<tr><td>6</td><td>C</td><td colspan="2">2.2　机房专用和消防设施</td><td></td><td></td></tr>
</table>

共　页　第　页

报告编号：

<table>
<tr><th>序号</th><th>检验类别</th><th colspan="4">检验项目及其内容</th><th>检验结果</th><th>检验结论</th></tr>
<tr><td rowspan="3">7</td><td rowspan="3">C</td><td rowspan="18">2
机房及相关设备</td><td rowspan="3">2.3
安全空间</td><td colspan="2">(1) 控制屏(柜)前的净空面积</td><td></td><td rowspan="3"></td></tr>
<tr><td colspan="2">(2) 维修、操作处的净空面积</td><td></td></tr>
<tr><td colspan="2">(3) 楼梯(台阶)、护栏</td><td></td></tr>
<tr><td rowspan="3">8</td><td rowspan="3">C</td><td rowspan="3">2.4
照明与插座</td><td colspan="2">(1) 机房照明、照明开关</td><td></td><td rowspan="3"></td></tr>
<tr><td colspan="2">(2) 电源插座</td><td></td></tr>
<tr><td colspan="2">(3) 井道、轿厢照明和插座电源开关</td><td></td></tr>
<tr><td>9</td><td>C</td><td colspan="3">2.5 断错相保护</td><td></td><td></td></tr>
<tr><td rowspan="4">10</td><td rowspan="4">B</td><td rowspan="4">2.6
主开关</td><td colspan="2">(1) 主开关设置</td><td></td><td rowspan="4"></td></tr>
<tr><td colspan="2">(2) 与照明等电路的控制关系</td><td></td></tr>
<tr><td colspan="2">(3) 防止误操作装置</td><td></td></tr>
<tr><td colspan="2">(4) 标志</td><td></td></tr>
<tr><td>11</td><td>B</td><td colspan="3">2.7 溢流阀的设置和调定压力</td><td></td><td></td></tr>
<tr><td>12</td><td>B</td><td colspan="3">2.8 停电状态下紧急下降阀的设置和功能</td><td></td><td></td></tr>
<tr><td>13</td><td>B</td><td colspan="3">2.9 手动泵的功能</td><td></td><td></td></tr>
<tr><td>14</td><td>C</td><td colspan="3">2.10 液压系统油温监控装置功能</td><td></td><td></td></tr>
<tr><td rowspan="2">15</td><td rowspan="2">C</td><td colspan="2" rowspan="2">2.11 液压管路及附件</td><td>(1) 液压管路及附件设置</td><td></td><td rowspan="2"></td></tr>
<tr><td>(2) 软管上永久性标注</td><td></td></tr>
<tr><td>16</td><td>C</td><td colspan="3">2.12 油箱中的油位检查</td><td></td><td></td></tr>
<tr><td rowspan="2">17</td><td rowspan="2">C</td><td rowspan="2">2.13
接地</td><td colspan="2">(1) 中性线与保护线的设置</td><td></td><td rowspan="2"></td></tr>
<tr><td colspan="2">(2) 接地连接</td><td></td></tr>
<tr><td>18</td><td>C</td><td colspan="3">2.14 电气绝缘</td><td></td><td></td></tr>
<tr><td>19</td><td>B</td><td rowspan="15">3
井道及相关设备</td><td colspan="3">3.1 防止坠落、超速下降和沉降组合措施</td><td></td><td></td></tr>
<tr><td>20</td><td>C</td><td colspan="3">3.2 井道封闭</td><td></td><td></td></tr>
<tr><td rowspan="2">21</td><td rowspan="2">C</td><td rowspan="2">3.3
井道顶部空间</td><td colspan="2">(1) 顶部行程和导向</td><td></td><td rowspan="2"></td></tr>
<tr><td colspan="2">(2) 平衡重导轨的制导行程</td><td></td></tr>
<tr><td rowspan="3">22</td><td rowspan="3">B</td><td rowspan="3">3.4
限速器</td><td colspan="2">(1) 限速器铭牌</td><td></td><td rowspan="3"></td></tr>
<tr><td colspan="2">(2) 电气安全装置</td><td></td></tr>
<tr><td colspan="2">(3) 动作速度校验</td><td></td></tr>
<tr><td rowspan="3">23</td><td rowspan="3">C</td><td rowspan="3">3.5 安装在井道内的限速器</td><td colspan="2">(1) 限速器的“远程”控制</td><td></td><td rowspan="3"></td></tr>
<tr><td colspan="2">(2) 检查和维护</td><td></td></tr>
<tr><td colspan="2">(3) 限速器的复位</td><td></td></tr>
<tr><td rowspan="4">24</td><td rowspan="4">C</td><td rowspan="4">3.6
井道安全门</td><td colspan="2">(1) 安全门设置</td><td></td><td rowspan="4"></td></tr>
<tr><td colspan="2">(2) 门的开启方向</td><td></td></tr>
<tr><td colspan="2">(3) 门锁</td><td></td></tr>
<tr><td colspan="2">(4) 电气安全装置</td><td></td></tr>
</table>

共 页 第 页

报告编号：

<table>
<tr><th>序号</th><th>检验类别</th><th colspan="3">检验项目及其内容</th><th>检验结果</th><th>检验结论</th></tr>
<tr><td rowspan="4">25</td><td rowspan="4">C</td><td rowspan="32">3 井道及相关设备</td><td rowspan="4">3.7 井道检修门</td><td>(1) 门的尺寸</td><td></td><td rowspan="4"></td></tr>
<tr><td>(2) 门的开启方向</td><td></td></tr>
<tr><td>(3) 门锁</td><td></td></tr>
<tr><td>(4) 电气安全装置</td><td></td></tr>
<tr><td rowspan="4">26</td><td rowspan="4">C</td><td rowspan="4">3.8 导轨</td><td>(1) 支架个数与间距</td><td></td><td rowspan="4"></td></tr>
<tr><td>(2) 支架安装</td><td></td></tr>
<tr><td>(3) 导轨工作面铅垂度</td><td></td></tr>
<tr><td>(4) 导轨顶面距离偏差</td><td></td></tr>
<tr><td>27</td><td>B</td><td colspan="2">3.9 轿厢与井道壁距离</td><td></td><td></td></tr>
<tr><td>28</td><td>C</td><td colspan="2">3.10 层门地坎下端井道壁</td><td></td><td></td></tr>
<tr><td rowspan="2">29</td><td rowspan="2">C</td><td rowspan="2">3.11 井道内防护</td><td>(1) 平衡重运行区域防护</td><td></td><td rowspan="2"></td></tr>
<tr><td>(2) 多台电梯运动部件之间防护</td><td></td></tr>
<tr><td rowspan="5">30</td><td rowspan="5">B</td><td rowspan="5">3.12 柱塞极限开关</td><td>(1) 极限开关的设置</td><td></td><td rowspan="5"></td></tr>
<tr><td>(2) 直顶式极限开关的动作</td><td></td></tr>
<tr><td>(3) 间接式极限开关的动作</td><td></td></tr>
<tr><td>(4) 电气安全装置</td><td></td></tr>
<tr><td>(5) 极限开关的功能</td><td></td></tr>
<tr><td>31</td><td>C</td><td colspan="2">3.13 随行电缆</td><td></td><td></td></tr>
<tr><td>32</td><td>C</td><td colspan="2">3.14 井道照明</td><td></td><td></td></tr>
<tr><td rowspan="4">33</td><td rowspan="4">C</td><td rowspan="4">3.15 底坑设施与装置</td><td>(1) 底坑底部</td><td></td><td rowspan="4"></td></tr>
<tr><td>(2) 进入底坑通道</td><td></td></tr>
<tr><td>(3) 停止装置</td><td></td></tr>
<tr><td>(4) 电源插座与井道灯开关</td><td></td></tr>
<tr><td rowspan="5">34</td><td rowspan="5">C</td><td rowspan="5">3.16 底坑空间</td><td>(1) 底坑空间尺寸</td><td></td><td rowspan="5"></td></tr>
<tr><td>(2) 底坑底面与轿厢部件距离</td><td></td></tr>
<tr><td>(3) 轿厢最低部件与底坑最高部件距离</td><td></td></tr>
<tr><td>(4) 倒装的液压缸柱塞头部组件下部自由垂直距离</td><td></td></tr>
<tr><td>(5) 多级式液压缸导向架与底坑底距离</td><td></td></tr>
<tr><td rowspan="2">35</td><td rowspan="2">B</td><td rowspan="2">3.17 限速器绳张紧装置</td><td>(1) 张紧形式、导向装置</td><td></td><td rowspan="2"></td></tr>
<tr><td>(2) 电气安全装置</td><td></td></tr>
</table>

共 页 第 页

报告编号：

序号	检验类别	检验项目及其内容			检验结果	检验结论
36	B	3 井道及相关设备	3.18 缓冲器	(1) 缓冲器设置		
				(2) 缓冲器铭牌或者标签		
				(3) 缓冲器固定		
				(4) 缓冲器液位和电气安全装置		
37	C		3.19 平衡重(如有)下方空间的防护			
38	C		3.20 液压缸的设置			
39	C		3.21 破裂阀、节流阀和单向节流阀	(1) 安装设置要求		
				(2) 手动操作装置		
				(3) 破裂阀和单向节流阀的标识		
40	C	4 轿厢与平衡重	4.1 轿顶电气装置	(1) 检修装置		
				(2) 停止装置		
				(3) 电源插座		
41	C		4.2 轿顶护栏	(1) 护栏的组成		
				(2) 扶手高度		
				(3) 装设位置		
				(4) 警示标志		
42	C		4.3 安全窗(门)	(1) 手动上锁装置		
				(2) 安全门(窗)开启		
				(3) 电气安全装置		
43	C		4.4 轿厢和平衡重间距			
44	C		4.5 平衡重的固定			
45	C		4.6 轿厢面积	(1) 有效面积		
				(2) 非商用汽车液压电梯轿厢超面积		
46	C		4.7 轿厢内铭牌			
47	B		4.8 紧急照明和报警装置	(1) 紧急照明		
				(2) 紧急报警装置		
48	C		4.9 地坎护脚板			
49	C		4.10 轿厢超载保护装置			
50	B		4.11 安全钳	(1) 安全钳铭牌		
				(2) 电气安全装置		

共　页　第　页

报告编号：

序号	检验类别	检验项目及其内容			检验结果	检验结论
51	C	5 悬挂装置及旋转部件防护	5.1 磨损、断丝、变形			
52	C		5.2 绳端固定			
53	B		5.3 松绳(链)保护			
54	C		5.4 旋转部件的防护			
55	C	6 轿门与层门	6.1 门地坎距离			
56	C		6.2 门间隙	(1) 门扇间隙		
				(2) 人力施加在最不利点时间隙		
57	C		6.3 玻璃门	(1) 标记		
				(2) 固定件		
				(3) 防拖曳措施		
58	B		6.4 防止门夹人的保护装置			
59	C		6.5 门的运行与导向			
60	B		6.6 自动关闭层门装置			
61	B		6.7 紧急开锁装置			
62	B		6.8 门的锁紧	(1) 锁紧型式		
				(2) 锁紧元件啮合长度		
				(3) 电气安全装置		
				(4) 轿门锁紧装置		
63	B		6.9 门的闭合	(1) 机电联锁		
				(2) 电气安全装置		
64	C		6.10 门刀、门锁滚轮与地坎间隙			
65	B	7 试验	7.1 沉降试验			
66	C		7.2 缓冲器	(1) 耗能缓冲器复位状况		
				(2) 轿厢完全压缩距离		
67	B		7.3 破裂阀动作试验			
68	B		7.4 安全钳	(1) 轿厢限速器—安全钳试验		
				(2) 平衡重限速器—安全钳试验		
69	B		7.5 其他类防止轿厢坠落措施试验			
70	B		7.6 防沉降系统试验			

共 页 第 页

报告编号：

序号	检验类别	检验项目及其内容		检验结果	检验结论
71	C	7 试验	7.7 超压静载试验		
72	C		7.8 运行试验		
73	B		7.9 消防返回功能试验		
74	C		7.10 液压电梯速度		

共 页 第 页

注 B-1：检验报告中的“检验项目及其内容”一栏中所表述具体项目和内容前面的条文序号[如 1、1.1、(1)]与《电梯监督检验和定期检验规则——液压电梯》(TSG T7004—2012)附件 A“液压电梯监督检验和定期检验内容、要求与方法”中的条文序号一致。

附件 C

报告编号：

液压电梯定期检验报告

（格式）

使 用 单 位：____________________________________

设 备 代 码：____________________________________

设 备 名 称：____________________________________

设 备 类 型：____________________________________

设 备 型 式：____________________________________

检 验 机 构：____________________________________

检 验 日 期：____________________________________

（印制检验机构名称）

注 意 事 项

1. 本报告依据《电梯监督检验和定期检验规则——液压电梯》(TSG T7004—2012)制定,适用于液压电梯定期检验。

2. 本报告应当由计算机打印输出,或者用钢笔、签字笔填写,字迹应当工整,修改无效。

3. 本报告无检验、编制、审核、批准人员签字和检验机构的核准证号、检验专用章或者公章无效。

4. 本报告一式三份,由检验机构、使用单位、日常维护保养单位分别保存。

5. 受检单位对本报告结论如有异议,请在收到报告书之日起 15 日内,向检验机构提出书面意见。

检验机构地址:

邮政编码:

联系电话:

液压电梯定期检验报告

报告编号：

<table>
<tr><td colspan="2">设备名称</td><td></td><td>使用登记编号</td><td></td></tr>
<tr><td colspan="2">使用单位</td><td colspan="3"></td></tr>
<tr><td colspan="2">设备使用地点</td><td colspan="3"></td></tr>
<tr><td colspan="2">使用单位代码</td><td></td><td>使用单位设备编号</td><td></td></tr>
<tr><td colspan="2">安全管理人员</td><td></td><td>制造日期</td><td></td></tr>
<tr><td colspan="2">制造单位</td><td colspan="3"></td></tr>
<tr><td colspan="2">规格型号</td><td></td><td>产品编号</td><td></td></tr>
<tr><td colspan="2">维护保养单位</td><td colspan="3"></td></tr>
<tr><td rowspan="3">设备
技术
参数</td><td>额定载重量</td><td>kg</td><td>额定速度</td><td>上行 m/s
下行 m/s</td></tr>
<tr><td>层站数</td><td>层 站</td><td>控制方式</td><td></td></tr>
<tr><td>油缸数量</td><td></td><td>顶升型式</td><td></td></tr>
<tr><td>检验
依据</td><td colspan="4">《电梯监督检验和定期检验规则——液压电梯》(TSG T7004—2012)</td></tr>
<tr><td>主要
检验
仪器
设备</td><td colspan="4"></td></tr>
<tr><td>检验
结论</td><td colspan="4"></td></tr>
<tr><td>备注</td><td colspan="4"></td></tr>
<tr><td colspan="2">检验日期</td><td></td><td>下次检验日期</td><td></td></tr>
<tr><td colspan="2">检验人员</td><td colspan="3"></td></tr>
<tr><td colspan="2">编　制：</td><td>日期：</td><td colspan="2" rowspan="3">检验机构核准证号：

（检验机构公章或检验专用章）
年　月　日</td></tr>
<tr><td colspan="2">审　核：</td><td>日期：</td></tr>
<tr><td colspan="2">批　准：</td><td>日期：</td></tr>
</table>

共　页　第　页

报告编号：

<table>
<tr><th>序号</th><th>检验类别</th><th colspan="3">检验项目及其内容</th><th>检验结果</th><th>检验结论</th></tr>
<tr><td rowspan="5">1</td><td rowspan="5">B</td><td rowspan="5">1
技术资料</td><td rowspan="5">1.4
使用资料</td><td>(1) 使用登记资料</td><td></td><td rowspan="5"></td></tr>
<tr><td>(2) 安全技术档案</td><td></td></tr>
<tr><td>(3) 管理规章制度</td><td></td></tr>
<tr><td>(4) 日常维护保养合同</td><td></td></tr>
<tr><td>(5) 特种设备作业人员证</td><td></td></tr>
<tr><td rowspan="3">2</td><td rowspan="3">C</td><td rowspan="14">2
机房及相关设备</td><td rowspan="3">2.1
通道和通道门</td><td>(1) 通道设置</td><td></td><td rowspan="3"></td></tr>
<tr><td>(2) 通道照明</td><td></td></tr>
<tr><td>(3) 通道门</td><td></td></tr>
<tr><td>3</td><td>C</td><td colspan="2">2.2 机房专用和消防设施</td><td></td><td></td></tr>
<tr><td>4</td><td>C</td><td colspan="2">2.4 (1)机房照明、照明开关</td><td></td><td></td></tr>
<tr><td>5</td><td>C</td><td colspan="2">2.5 断错相保护</td><td></td><td></td></tr>
<tr><td>6</td><td>B</td><td colspan="2">2.6 (2)主开关与照明等电路的控制关系</td><td></td><td></td></tr>
<tr><td>7</td><td>B</td><td colspan="2">2.7 溢流阀的设置和调定压力</td><td></td><td></td></tr>
<tr><td>8</td><td>B</td><td colspan="2">2.8 停电状态下紧急下降阀的设置和功能</td><td></td><td></td></tr>
<tr><td>9</td><td>B</td><td colspan="2">2.9 手动泵的功能</td><td></td><td></td></tr>
<tr><td>10</td><td>C</td><td colspan="2">2.10 液压系统油温监控装置功能</td><td></td><td></td></tr>
<tr><td>11</td><td>C</td><td colspan="2">2.12 油箱中的油位检查</td><td></td><td></td></tr>
<tr><td>12</td><td>C</td><td colspan="2">2.13 (2)接地连接</td><td></td><td></td></tr>
<tr><td>13</td><td>C</td><td colspan="2">2.14 电气绝缘</td><td></td><td></td></tr>
<tr><td rowspan="2">14</td><td rowspan="2">B</td><td rowspan="11">3
井道及相关设备</td><td rowspan="2">3.4
限速器</td><td>(2) 电气安全装置</td><td></td><td rowspan="2"></td></tr>
<tr><td>(3) 动作速度校验</td><td></td></tr>
<tr><td rowspan="2">15</td><td rowspan="2">C</td><td rowspan="2">3.6
井道安全门</td><td>(3) 门锁</td><td></td><td rowspan="2"></td></tr>
<tr><td>(4) 电气安全装置</td><td></td></tr>
<tr><td rowspan="2">16</td><td rowspan="2">C</td><td rowspan="2">3.7
井道检修门</td><td>(3) 门锁</td><td></td><td rowspan="2"></td></tr>
<tr><td>(4) 电气安全装置</td><td></td></tr>
<tr><td>17</td><td>B</td><td colspan="2">3.12 (5) 柱塞极限开关的功能</td><td></td><td></td></tr>
<tr><td>18</td><td>C</td><td colspan="2">3.13 随行电缆</td><td></td><td></td></tr>
<tr><td>19</td><td>C</td><td colspan="2">3.14 井道照明</td><td></td><td></td></tr>
<tr><td rowspan="2">20</td><td rowspan="2">C</td><td rowspan="2">3.15 底坑设施与装置</td><td>(1) 底坑底部</td><td></td><td rowspan="2"></td></tr>
<tr><td>(3) 停止装置</td><td></td></tr>
</table>

共 页 第 页

报告编号：

序号	检验类别	检验项目及其内容			检验结果	检验结论
21	B	3 井道及相关设备	3.17 (2)限速器绳张紧装置的电气安全装置			
22	B		3.18 缓冲器	(3) 缓冲器固定		
				(4) 缓冲器液位和电气安全装置		
23	C	4 轿厢与平衡重	4.1 轿顶电气装置	(1) 检修装置		
				(2) 停止装置		
24	C		4.3 安全窗(门)	(1) 手动上锁装置		
				(2) 安全门(窗)开启		
				(3) 电气安全装置		
25	C		4.5 平衡重的固定			
26	B		4.8 紧急照明和报警装置	(1) 紧急照明		
				(2) 紧急报警装置		
27	C		4.9 地坎护脚板			
28	C		4.10 轿厢超载保护装置			
39	C	5 悬挂装置及旋转部件防护	5.1 磨损、断丝、变形			
30	C		5.2 绳端固定			
31	B		5.3 松绳(链)保护			
32	C		5.4 旋转部件的防护			
33	C	6 轿门与层门	6.2 门间隙	(1) 门扇间隙		
				(2) 人力施加在最不利点时间隙		
34	C		6.3 玻璃门	(1) 标记		
				(2) 固定件		
				(3) 防拖曳措施		
35	B		6.4 防止门夹人的保护装置			
36	C		6.5 门的运行与导向			
37	B		6.6 自动关闭层门装置			
38	B		6.7 紧急开锁装置			
39	B		6.8 门的锁紧	(1) 锁紧型式		
				(2) 锁紧元件啮合长度		
				(3) 电气安全装置		
				(4) 轿门锁紧装置		

共　页　第　页

报告编号：

<table>
<tr><th>序号</th><th>检验类别</th><th colspan="3">检验项目及其内容</th><th>检验结果</th><th>检验结论</th></tr>
<tr><td rowspan="2">40</td><td rowspan="2">B</td><td rowspan="3">6
轿门与层门</td><td rowspan="2">6.9
门的闭合</td><td>（1）机电联锁</td><td></td><td rowspan="2"></td></tr>
<tr><td>（2）电气安全装置</td><td></td></tr>
<tr><td>41</td><td>C</td><td colspan="2">6.10 门刀、门锁滚轮与地坎间隙</td><td></td><td></td></tr>
<tr><td>42</td><td>C</td><td rowspan="9">7
试验</td><td colspan="2">7.1 沉降试验</td><td></td><td></td></tr>
<tr><td>43</td><td>C</td><td colspan="2">7.2 (1)耗能缓冲器复位状况</td><td></td><td></td></tr>
<tr><td>44</td><td>B</td><td colspan="2">7.3 破裂阀动作试验</td><td></td><td></td></tr>
<tr><td rowspan="2">45</td><td rowspan="2">B</td><td rowspan="2">7.4
安全钳</td><td>（1）轿厢限速器—安全钳试验</td><td></td><td rowspan="2"></td></tr>
<tr><td>（2）平衡重限速器—安全钳试验</td><td></td></tr>
<tr><td>46</td><td>B</td><td colspan="2">7.5 其他类防止轿厢坠落措施试验</td><td></td><td></td></tr>
<tr><td>47</td><td>B</td><td colspan="2">7.6 防沉降系统试验</td><td></td><td></td></tr>
<tr><td>48</td><td>C</td><td colspan="2">7.8 运行试验</td><td></td><td></td></tr>
<tr><td>49</td><td>B</td><td colspan="2">7.9 消防返回功能试验</td><td></td><td></td></tr>
</table>

共　页　第　页

注 C-1：检验报告中的“检验项目及其内容”一栏中所表述具体项目和内容前面的条文序号[如 1、1.4、(1)]与《电梯监督检验和定期检验规则——液压电梯》(TSG T7004—2012)附件 A“液压电梯监督检验和定期检验内容、要求与方法”中的条文序号一致。

附件 D

特种设备检验意见通知书

（格式）

编号：

______（填写受检单位名称）______：

经检验，你单位______（填写设备名称）______（产品编号：______，使用登记编号：______，使用单位设备编号：______，使用地点：______），存在以下问题，请于　　年　　月　　日前将处理结果报送我机构：

<table>
<tr><td>问题和意见：

检验人员：　　　　　　　　　　日期：
（检验机构公章或检验专用章）
年　　月　　日

受检单位接受人：　　　　　　　日期：</td></tr>
<tr><td>处理结果：

受检单位主管负责人：
（受检单位公章）
年　　月　　日</td></tr>
</table>

注 D-1：本通知书一式三份。一份检验机构存档，两份送受检单位，其中一份受检单位应当在要求的日期内返回检验机构。如果定期检验时存在 B 类或者超过 5 项 C 类项目不合格，或者受检单位未在要求的日期内返回检验机构，检验机构还应当报负责设备使用登记的特种设备安全监察机构。

附

TSG T7004—2012《电梯监督检验和定期检验规则——液压电梯》第1号修改单

（对2012年3月第1版的修改）

一、正文修改

1. 第五条修改为："实施液压电梯安装、改造或者重大维修的施工单位（以下简称施工单位）应当在按照规定履行告知后、开始施工前（不包括设备开箱、现场勘测等准备工作），向检验机构申请监督检验；液压电梯使用单位应当在电梯使用标志所标注的下次检验日期届满前1个月，向检验机构申请定期检验。"

2. 第八条第（二）项修改为："对于液压电梯改造和重大维修过程，除对改造和重大维修涉及的附件B中所列的项目进行检验之外，还需对附件C所列项目（前述改造和重大维修涉及的项目除外）进行检验，检验的内容、要求和方法按照附件A的规定"。

3. 第十七条第一款第（三）项修改为："要求测试数据项目的检验结果与自检结果存在多处较大偏差，或者其他项目的自检结果与实物状态不一致，质疑相应单位自检能力时"。

4. 第十八条第一款修改为："检验工作（包括第十七条规定的对整改情况的确认）完成后，或者达到《通知书》提出时限而受检单位未反馈整改报告等见证材料的，检验机构必须在10个工作日内出具检验报告。检验结论为"合格"的，还应当同时出具电梯使用标志"。

5. 第二十四条修改为："对于判定为"不合格"或者"复检不合格"的液压电梯、未执行《通知书》提出的整改要求并且已经超过电梯使用标志所标注的下次检验日期的液压电梯，检验机构应当将检验结果、检验结论及有关情况报告负责设备使用登记的特种设备安全监察机构；对于定期检验判定为"不合格"的液压电梯，检验机构还应当告知使用单位立即停止使用"。

二、附件A修改

（一）"项目及类别"栏修改

3.9项前增加"▲"标识。

（二）"检验内容与要求"栏修改

1. 1.2(4)修改为："施工过程记录和由整机制造单位出具或者确认的自检报告，检查和试验项目齐全、内容完整，施工和验收手续齐全"。

2. 3.3(1)③a)修改为："固定在轿厢顶上的设备的最高部件（不包括下面b)所述及的）之间的自由垂直距离不应小于$0.3+0.035v^2$(m)"。

3. 3.3“注 A-5：v_m——上行额定速度；v_d——下行额定速度”修改为“注 A-6：v_m——上行额定速度；v_d——下行额定速度”。

4. 3.16(3)修改为：“固定在底坑的最高部件，例如液压缸支座、管路和其他附件，与轿厢的最低部件(上述(2)①除外)之间的自由垂直距离应当不小于 0.30 m”。

5. 3.18(3)修改为：“缓冲器应当固定可靠、无明显倾斜，并且无断裂、塑性变形、剥落、破损等现象”。

其中“▲”仍然保留。

6. 4.6(1)修改为：“液压乘客电梯和液压载货电梯的额定载重量和最大有效面积之间关系应当分别符合附表 1 和附表 2 的规定，其中液压乘客电梯的各额定载重量对应的轿厢最大有效面积允许增加不大于所列值 5%的面积”。

7. 4.8 中的“轿厢内应当装设符合下述要求的紧急报警装置和应急照明：”修改为“轿厢内应当装设符合下述要求的紧急报警装置和紧急照明”。

8. 7.3 修改为：“对于配置破裂阀作为防止轿厢坠落、超速下降的液压电梯，轿厢装有额定载重量下行，当达到破裂阀的动作速度时，轿厢应当能被可靠制停。

注 A-7：对间接作用式的液压电梯，如采用限速器触发安全钳来防止轿厢坠落、超速下降，不进行本项目的检验”。

9. 7.5 修改为：“采用附表 3 中除破裂阀或限速器—安全钳联动以外的防止轿厢坠落、超速下降措施，参照 7.3 和 7.4 的相应载荷要求进行试验。

注 A-9：其试验方法应当由制造厂家在其附近明显标识”。

10. 7.6“注 A-8：其试验方法应当由制造厂家在其附近明显标识”修改为：

“注 A-10：其试验方法应当由制造厂家在其附近明显标识。

注 A-11：本规则颁布前安装的液压电梯，对于采用电气防沉降系统的，只对(1)①进行检验，②～④项不进行检验；对于采用非电气防沉降系统的，不对(2)进行检验”。

(三)“检验方法”栏修改

1. 3.1 修改为：“目测检查，记录相应的组合措施。对于同等安全性的判定应当按照国家质检总局的相关规定执行”。

2. 3.18 修改为：

“(1) 对照检查缓冲器型式试验合格证和铭牌或者标签；

(2) 目测缓冲器的固定和完好情况；必要时，将限位开关(如果有)、极限开关短接，以检修速度运行空载轿厢，将缓冲器充分压缩后，观察缓冲器有无断裂、塑性变形、剥落、破损等现象；

(3) 目测耗能型缓冲器的液位和电气安全装置”。

3. 4.8 修改为：“接通和断开紧急报警装置的正常供电电源，分别验证紧急报警装置的功能；断开正常照明供电电源，验证紧急照明的功能”。

4. 7.2(1)修改为：“将限位开关(如果有)、极限开关短接，以检修速度运行空载轿厢，将缓冲器压缩，观察电气安全装置动作情况；然后短接该电气安全装置，将缓冲器完全压缩，测量缓冲器回复原状的时间”。

5. 7.3“注 A-6”修改为“注 A-8”。

6. 7.4 修改为：“(1)轿厢以检修速度运行，人为分别使限速器和安全钳的电气安全装置动作，观察轿厢是否停止运行；然后短接限速器和安全钳的电气安全装置，轿厢以检修速度向下运行，人为动作限速器，观察轿厢制停情况；

(2) 轿厢以检修速度运行，人为分别使限速器和安全钳的电气安全装置(如果有)动作，观察轿厢是否停止运行；然后短接限速器和安全钳的电气安全装置(如果有)，人为动作限速器，观察平衡重制停情况。

由施工单位或者维护保养单位现场试验，检验人员观察、确认”。

三、附件 B 修改

1. 检验结论页(即第 35 页)中的“规格型号”修改为“型号”。

2. 3.18(3)修改为“缓冲器固定和完好情况”。

3. 增加“注 B-2：检验机构可以根据不同的液压电梯类型和“防止坠落、超速下降和沉降的组合措施”，按照实际的项目及其内容编排检验报告。”

4. 增加“注 B-3：检验报告中的下次检验日期精确到月，只填写至检验日期下一年度的当月。下次检验日期以安装、改造、重大维修监督检验的检验合格日期为基准计算。”

四、附件 C 修改

1. 检验结论页(即第 44 页)中的“规格型号”修改为“型号”。

2. 在序号 16 栏目之后，增加序号 17 一栏“3.9 轿厢与井道壁距离”，检验类别为“B”，见表 1 所示。

表 1

<table>
<tr><td rowspan="2">16</td><td rowspan="2">C</td><td rowspan="4"></td><td rowspan="2">3.7
井道检修门</td><td>(3) 门锁</td><td></td><td rowspan="2"></td></tr>
<tr><td>(4) 电气安全装置</td><td></td></tr>
<tr><td>17</td><td>B</td><td colspan="2">3.9 轿厢与井道壁距离</td><td></td><td></td></tr>
<tr><td>18</td><td>B</td><td colspan="2">3.12 (5)柱塞极限开关的功能</td><td></td><td></td></tr>
</table>

3. 3.18(3)修改为“缓冲器固定和完好情况”。

4. 增加“注 C-2：检验机构可以根据不同的液压电梯类型和“防止坠落、超速下降和沉降的组合措施”，按照实际的项目及其内容编排检验报告。”

5. 增加“注 C-3：检验报告中的下次检验日期精确到月，只填写至检验日期下一年度的当月。”

6. 序号增加，其他序号也以此相应进行改动。

五、附件 D 修改

1. 附件 D 表格中的内容修改为：

<table>
<tr><td>问题和意见：

检验人员：　　　　　　　　　　　　　　　　日期：　　年　月　日
（检验机构公章或检验专用章）

受检单位接受人：　　　　　　　　　　　　　日期：　　年　月　日
受检单位联系电话：</td></tr>
<tr><td>处理结果：

受检单位负责人：　　　　　　　　　　　　　（受检单位公章）
维护保养单位负责人(如涉及)：　　　　　　　（维护保养单位公章）
年　月　日</td></tr>
</table>

2. 检验报告格式(附件 B、C)根据修订内容做相应编辑调整和修改。

附

TSG T7004—2012《电梯监督检验和定期检验规则——液压电梯》第2号修改单

（2013年第1次修改）

一、正文修改

1. 第一条修改为：

“为了加强液压电梯安装、改造、修理、日常维护保养、使用和检验工作的监督管理，规范液压电梯安装、改造、重大修理监督检验和定期检验行为，提高检验工作质量，促进液压电梯运行安全保障工作的有效落实，根据《中华人民共和国特种设备安全法》《特种设备安全监察条例》，制定本规则。”

2. 第六条第一款修改为：

“施工单位应当按照设计文件和标准的要求，对液压电梯机房、井道、层站等涉及液压电梯施工的土建工程进行检查，对液压电梯制造质量（包括零部件和安全保护装置等）进行确认，并且作出记录，符合要求后方可以进行液压电梯施工。”

二、附件A修改

1. 删除2.5、3.13 、7.9，后续的有关序号作相应调整。

2. 将1.1(2)修改为：

“液压电梯整机型式试验证书，其参数范围和配置表适用于受检液压电梯；”

3. 将1.1(3)修改为：

“产品质量证明文件，注有制造许可证明文件编号、产品编号、主要技术参数（包括满载压力设计值和液压油的特性和类型），安全保护装置（如果有，包括门锁装置、限速器、安全钳、缓冲器、破裂阀、具有机械移动部件的单向节流阀、含有电子元件的安全电路、可编程电子安全相关系统）和主要部件（包括液压泵站、控制柜、层门和玻璃轿门）的型号和编号（门锁装置、层门和玻璃轿门的编号可不标注），以及悬挂装置（如果有）的名称、型号、主要参数（如直径、数量），并且有液压电梯整机制造单位的公章或者检验专用章以及制造日期；”

4. 将1.1(4)修改为：

“安全保护装置和主要部件的型式试验证书，以及高压软管的产品质量证明文件、限速器和渐进式安全钳的调试证书、破裂阀的调试证书及其制造单位提供的调整图表；”

5. 将1.1(5)调整为1.2(4)，并修改为：

“用于安装该液压电梯的机房、井道的布置图或者土建工程勘测图，有安装单位确认符合要求的声明和公章或者检验专用章，表明其通道、通道门、井道顶部空间、底坑空间、楼层间距、井道内防护、安全距离、井道下方人可以到达的空间等满足安全要求；”

6. 将 1.2 的检验方法修改为：

“审查相应资料。(1)～(4)在报检时审查，(3)、(4)在其他项目检验时还应当审查；(5)、(6)在试验时审查；(7)在竣工后审查”

7. 将 1.3(3)修改为：

“加装或者更换的安全保护装置或者主要部件产品质量证明文件、型式试验证书、限速器和渐进式安全钳的调试证书(如发生更换)以及破裂阀的调试证书及其制造单位提供的调整图表(如发生更换)；”

8. 将 1.3 的检验内容与要求增加：

“(4) 拟加装 IC 卡系统的下述资料(属于改造时)：”

“① 加装方案(含电气原理图和接线图)；”

“② 产品质量证明文件，标明产品型号、产品编号、主要技术参数，并且有产品制造单位的公章或者检验专用章以及制造日期；”

“③ 安装使用维护说明书，包括安装、使用、日常维护保养和与应急救援操作方面有关的说明。”

9. 将 1.3 的检验方法修改为：

“审查相应资料。(1)～(5)在报检时审查，(5)在其他项目检验时还应当审查；(6)在试验时审查；(7)在竣工后审查”

10. 将 2.1(3)中的“门外侧应当标明‘机房重地，闲人免进’，或者有其他类似警示标志”修改为：

“门外侧有下述或者类似的警示标志：‘电梯机器——危险　未经允许禁止入内’”

11. 增加：

“2.5　控制柜 B”

“(1) 控制柜上应当设有铭牌，标明制造单位名称、型号、编号、技术参数和型式试验机构的名称或者标志，铭牌和型式试验证书内容相符；”

“▲(2) 断相、错相保护功能有效，液压电梯运行与相序无关时，可以不设错相保护；”

“▲(3) 层门和轿门旁路装置应当符合以下要求：”

“① 在层门和轿门旁路装置上或者其附近标明‘旁路’字样，并且标明旁路装置的‘旁路’状态或者‘关’状态；”

“② 旁路时取消正常运行(包括动力操作的自动门的任何运行)；只有在检修运行或者紧急电动运行状态下，轿厢才能够运行；运行期间，轿厢上的听觉信号和轿底的闪烁灯起作用；”

“③ 能够旁路层门关闭触点、层门门锁触点、轿门关闭触点、轿门门锁触点；不能同时旁路层门和轿门的触点；对于手动层门，不能同时旁路层门关闭触点和层门门锁触点；”

“④ 提供独立的监控信号证实轿门处于关闭位置”

“▲(4) 应当具有门回路检测功能，当轿厢在开锁区域内、轿门开启并且层门门锁释放时，监测检查轿门关闭位置的电气安全装置、检查层门门锁锁紧位置的电气安全装置和轿门监控信号的正确动作；如果监测到上述装置的故障，能够防止电梯的正常运行”

检验方法为：

“(1) 对照检查控制柜型式试验证书和铭牌；”

“(2) 断开主开关，在其输出端，分别断开三相交流电源的任意一根导线后，闭合主开关，检查液压电梯能否启动；断开主开关，在其输出端，调换三相交流电源的两根导线的相互位置后，闭合主开关，检查液压电梯能否启动；”

“(3) 目测旁路装置设置及标识；通过模拟操作检查旁路装置功能；”

“(4) 通过模拟操作检查门回路检测功能”

12. 增加：

“2.7 液压泵站铭牌 B”

“液压泵站上应当设有铭牌，标明制造单位名称、型号、编号、技术参数和型式试验机构的名称或者标志，铭牌和型式试验证书内容相符”

检验方法为：“对照检查液压泵站型式试验证书和铭牌”

13. 将 3.4 的检验内容与要求修改为：

“(1) 限速器上设有铭牌，标明制造单位名称、型号、编号、技术参数和型式试验机构的名称或者标志，铭牌和型式试验证书、调试证书内容相符，并且铭牌上标注的限速器动作速度与受检电梯相适应；”

“▲(2) 限速器或者其他装置上设有在轿厢下行速度达到限速器动作速度之前动作的电气安全装置，以及验证限速器复位状态的电气安全装置；”

“▲(3) 限速器各调节部位封记完好，运转时不得出现碰擦、卡阻、转动不灵活等现象，动作正常；”

“▲(4) 受检液压电梯的维护保养单位应当每 2 年进行一次限速器动作速度校验，校验结果应当符合要求”

检验方法修改为：

“(1) 对照检查限速器型式试验证书、调试证书和铭牌；”

“(2) 目测电气安全装置的设置；”

“(3) 目测调节部位封记和限速器运转情况，结合 7.4 的试验结果，判断限速器动作是否正常；”

“(4) 审查限速器动作速度校验记录，对照限速器铭牌上的相关参数，判断校验结果是否符合要求”

14. 将“3.19 平衡重下部空间 C”修改为

“3.18 井道下部空间防护 B”。

检验内容与要求修改为：

“对于设有平衡重的液压电梯，如果井道下方有人能够到达的空间，应当在平衡重运行区域下设置一个一直延伸到坚固地面上的实心桩墩，或者在平衡重上装设安全钳”

15. 将“▲4.5　平衡重的固定 C”修改为：

“▲4.5　平衡重块 B”。

检验内容与要求修改为：

“(1) 平衡重块可靠固定；”

“(2) 具有能够快速识别平衡重块数量的措施(例如标明平衡重块的数量或者总高度)”

16. 将“4.7　轿厢铭牌 C”修改为：

“4.7　轿厢内铭牌和标识 C”。

检验内容与要求修改为：

“(1) 轿厢内应当设置铭牌，标明额定载重量及乘客人数(液压载货电梯只标载重量)、制造单位名称或者商标；改造后的液压电梯，铭牌上应当标明额定载重量及乘客人数(液压载货电梯只标载重量)、改造单位名称、改造竣工日期等；”

“(2) 设有 IC 卡系统的液压电梯，轿厢内的出口层按钮应当采用凸起的星形图案予以标识，或者采用比其他按钮明显凸起的绿色按钮”

17. 将 4.10 的检验内容与要求修改为：

“设置当轿厢内的载荷超过额定载重量时，能够发出警示信号并且使轿厢不能运行的超载保护装置。该装置最迟在轿厢内的载荷达到 110％额定载重量(对于额定载重量小于 750 kg 的液压电梯，最迟在超载量达到 75 kg)时动作，防止液压电梯正常启动及再平层，并且轿内有音响或者发光信号提示，动力驱动的自动门完全打开，手动门保持在未锁状态”

18. 将 5.1 的检验内容与要求修改为：

“出现下列情况之一时，悬挂钢丝绳应当报废：”

“① 出现笼状畸变、绳股挤出、扭结、部分压扁、弯折；”

“② 一个捻距内出现的断丝数大于下表列出的数值时：”

断丝的形式	钢丝绳类型		
	6×19	8×19	9×19
均布在外层绳股上	24	30	34
集中在一或者两根外层绳股上	8	10	11
一根外层绳股上相邻的断丝	4	4	4
股谷(缝)断丝	1	1	1
注：上述断丝数的参考长度为一个捻距，约为 6 d(d 表示钢丝绳的公称直径，mm)。			

“③ 钢丝绳直径小于其公称直径的90%；”

“④ 钢丝绳严重锈蚀，铁锈填满绳股间隙。”

“采用其他类型悬挂装置的，悬挂装置的磨损、变形等不得超过制造单位设定的报废指标”

19. 增加：

“6.2　门标识 C”

“层门和玻璃轿门上设有标识，标明制造单位名称、型号，并且与型式试验证书内容相符”

检验方法修改为：

“对照检查层门和玻璃轿门型式试验证书和标识”

20. 将“6.3　玻璃门 C”修改为：

“6.4　玻璃门防拖曳措施 C”

检验内容与要求修改为：

“层门和轿门采用玻璃门时，应当有防止儿童的手被拖曳的措施”

21. 将“6.5　门的运行和导向 C”修改为：

“6.6　门的运行和导向 B”

检验方法修改为：

“目测（对于层门，抽取基站、端站以及至少20%其他层站的层门进行检查）”

22. 将“6.8　门的锁紧 B”修改为：

“6.9　门的锁紧 B”

检验内容与要求修改为：

“(1) 每个层门都应当设有符合下述要求的门锁装置：”

“① 门锁装置上设有铭牌，标明制造单位名称、型号和型式试验机构的名称或者标志，铭牌和型式试验证书内容相符；”

“② 锁紧动作由重力、永久磁铁或者弹簧来产生和保持，即使永久磁铁或者弹簧失效，重力亦不能导致开锁；”

“③ 轿厢在锁紧元件啮合不小于7 mm时才能启动；”

“④ 门的锁紧由一个电气安全装置来验证，该装置由锁紧元件强制操作而没有任何中间机构，并且能够防止误动作；”

“(2) 如果轿门采用了门锁装置，该装置应当符合本条(1)的要求”

检验方法中的(1)修改为：

“对照检查门锁型式试验证书和铭牌（对于层门，抽取基站、端站以及至少20%其他层站的层门进行检查），目测门锁及电气安全装置的设置；”

23. 增加：

“▲6.11　轿门开门限制装置及轿门的开启 B”

“(1) 应当设置轿门开门限制装置，当轿厢停在开锁区域外时，能够防止轿厢内的人员打开轿门离开轿厢；”

“(2) 轿厢停在开锁区域时，打开对应的层门后，能够不用工具(三角钥匙或者永久性设置在现场的工具除外)从层站处打开轿门”

检验方法为：“模拟试验；操作检查”

24. 将 7.2 的检验内容与要求修改为：

“缓冲器应当将载有额定载重量的轿厢在最低停靠站下不超过 0.12 m 的距离处保持静止状态”

检验方法修改为：

“将载有额定载重量的轿厢停在下端站，置于检修状态，短接下限位开关和缓冲器开关(如果有)，然后向下运行，直到轿厢完全压在缓冲器上，用尺测量层门地坎与轿门地坎在开门宽度 1/2 处的垂直距离”

25. 将 7.8 的内容与要求修改为：

“轿厢分别空载、满载，以正常运行速度上、下运行，呼梯、楼层显示等信号系统功能有效、指示正确、动作无误，轿厢平层良好，无异常现象发生。设有 IC 卡系统的电梯，轿厢内的人员无需通过 IC 卡系统即可到达建筑物的出口层，并且在电梯退出正常服务时，自动退出 IC 卡功能”

检验方法修改为：

“(1) 轿厢分别空载、满载，以正常运行速度上、下运行，观察运行情况；”

“(2) 将电梯置于检修状态以及紧急电动运行、火灾召回、地震运行状态(如果有)，验证 IC 卡功能是否退出”

三、附件 B 修改

1. 附件 B 中的序号、检验类别、检验项目及其内容按照修改后的附录 A 进行对应调整。

2. 删除检验报告封页中的“设备名称”“设备类型”和“设备型式”，增加“设备类别”和“设备品种”，将报告中的“单位”“机构”，后面加“名称”。

3. 检验结论页中的“层站数”修改为“层站门数”。

四、附件 C 修改

1. 附件 C 中的序号、检验类别、检验项目及其内容按照修改后的附录 A 进行对应调整。

2. 删除检验报告封页中的“设备名称”“设备类型”和“设备型式”，增加“设备类别”和“设备品种”，将报告中的“单位”“机构”，后面加“名称”。

3. 检验结论页中的“层站数”修改为“层站门数”。

4. 检验结论页中增加“改造单位名称”和“改造日期”。

5. 增加：

注 C-3：“标有☆的项目，已经按照 TSG T7004—2012《电梯监督检验和定期检验规则——液压电梯》（含第 2 号修改单）进行过监督检验的，定期检验时应当进行检验。”

此外，部分不影响技术要求的文字修订（如将“维修”修改为“修理”，“特种设备检验检测机构”修改为“特种设备检验机构”，“型式试验合格证书”修改为“型式试验证书”，“型式试验机构标识”修改为“型式试验机构的名称或者标志”，“检验合格章”改为“检验专用章”）以及编辑性修改等，修改单中未一一列入。

附

TSG T7004—2012《电梯监督检验和定期检验规则——液压电梯》第3号修改单

(2017年第2次修改)

一、正文修改

1. 将正文中出现的"国家质量监督检验检疫总局"和"国家质检总局"分别修改为"国家市场监督管理总局"和"市场监管总局"(第二十六条除外)。

二、附件A修改

1. 删除1.2(3),序号1.2(4)、1.2(5)、1.2(6)、1.2(7)相应地调整为1.2(3)、1.2(4)、1.2(5)、1.2(6);

2. 将1.2的检验方法修改为"审查相应资料。(1)～(3)在报检时审查,(3)在其他项目检验时还应当审查;(4)、(5)在试验时审查;(6)在竣工后审查";

3. 将1.3(4)中的"拟加装IC卡系统的下述资料(属于改造时):"修改为"拟加装IC卡系统的下述资料(属于重大修理时):";

4. 将1.4(2)中的"安全技术档案,至少包括1.1、1.2、1.3所述文件资料[1.2(3)和1.3(5)除外],"修改为"安全技术档案,至少包括1.1、1.2、1.3所述文件资料[1.3(5)除外],";

5. 将1.4(5)修改为"按照规定配备的电梯安全管理人员的特种设备作业人员证"。

三、附件B修改

将1.2按照修改后的附件A作对应调整。

四、附件C修改

1. 将6.9(1)修改为"层门门锁装置[不含6.9(1)①]";

2. 将6.9(2)修改为"轿门门锁装置[不含6.9(1)①]"。

TSG 特种设备安全技术规范 TSG T7005—2012

电梯监督检验和定期检验规则
——自动扶梯与自动人行道

Regulation for Lift Supervisory Inspection and Periodical Inspection—Escalators and Moving Walks

中华人民共和国国家质量监督检验检疫总局颁布
2012 年 3 月 23 日

前　　言

2009年12月，国家质量监督检验检疫总局（以下简称国家质检总局）特种设备安全监察局（以下简称特种设备局）向中国特种设备检测研究院（以下简称中国特检院）下达了本规则的起草任务书。2010年3月中国特检院组织有关专家成立了起草组，并在苏州召开了本规则的首次工作会议。2010年6月，起草组在苏州召开第二次工作会议，对本规则初稿进行审议、修订，并于2010年7月形成征求意见稿。2011年3月，根据征求到的意见，起草组在南京召开第三次会议，对本规则征求意见稿进行了修改并形成送审稿。2011年9月，根据审议意见，起草组在上海召开了第四次工作会议，对本规则审定稿进行了讨论和修改，并形成报批稿。2012年3月23日，由国家质检总局批准颁布。

本规则的编制工作，遵循了在满足国家有关法律、法规要求的前提下，兼顾我国电梯相关工作现状的原则。本规则明确规定了自动扶梯与自动人行道的安装、改造、重大维修监督检验和定期检验的目的、性质、依据、适用范围、检验条件、检验周期、程序与要求、内容和方法以及检验结论的合格判定条件，规定了自动扶梯与自动人行道设计、制造、安装、改造、维修、日常维护保养和使用单位以及从事电梯监督检验和定期检验的特种设备检验检测机构的职责要求，以指导和规范自动扶梯与自动人行道安装、改造、重大维修监督检验和定期检验行为，提高检验工作质量，促进自动扶梯与自动人行道运行安全保障工作的有效落实。

本规则主要起草单位和人员如下：

国家质检总局特种设备局	何　毅　夏　勇
上海市特种设备监督检验技术研究院	李　炜　薛季爱　徐国强　黄文和
广东省特种设备检测院	何永胜
北京市特种设备检测中心	吕德海
北京市海淀区特种设备检测所	李　赵
深圳市特种设备安全检验研究院	庄小雄
辽宁省安全科学研究院	宋　帆
广州奥的斯电梯有限公司	林曼青
西子奥的斯电梯有限公司	温爱民
上海三菱电梯有限公司	徐卫玉
迅达（中国）电梯有限公司	张晓松

电梯监督检验和定期检验规则——自动扶梯与自动人行道

第一条 为了加强对自动扶梯与自动人行道安装、改造、维修、日常维护保养、使用和检验工作的监督管理，规范自动扶梯与自动人行道安装、改造、重大维修监督检验和定期检验行为，提高检验工作质量，促进自动扶梯与自动人行道运行安全保障工作的有效落实，根据《特种设备安全监察条例》，制定本规则。

第二条 本规则适用于自动扶梯与自动人行道的安装、改造、重大维修监督检验和定期检验。

前款所述自动扶梯与自动人行道的生产（含自动扶梯与自动人行道的设计、制造、安装、改造、维修、日常维护保养，下同）和使用单位，以及从事自动扶梯与自动人行道监督检验和定期检验的特种设备检验检测机构，应当遵守本规则规定。

第三条 本规则所称监督检验是指由国家质量监督检验检疫总局（以下简称国家质检总局）核准的特种设备检验检测机构（以下简称检验机构），根据本规则规定，对自动扶梯与自动人行道安装、改造、重大维修过程进行的监督检验（以下简称监督检验）；本规则所称定期检验是指检验机构根据本规则规定，对在用自动扶梯与自动人行道定期进行的检验。

监督检验和定期检验（以下统称检验）是对自动扶梯与自动人行道生产和使用单位执行相关法规标准规定、落实安全责任，开展为保证和自主确认自动扶梯与自动人行道安全的相关工作质量情况的查证性检验。自动扶梯与自动人行道生产单位的自检记录或者报告中的结论，是对设备安全状况的综合判定；检验机构出具检验报告中的检验结论，是对自动扶梯与自动人行道生产和使用单位落实相关责任、自主确定设备安全等工作质量的判定。

第四条 如果出现了有关自动扶梯与自动人行道生产和检验的新技术、新材料、新工艺等影响本规则技术指标和要求的特殊情况，国家质检总局可以根据具体情况，提出相应要求。

第五条 实施自动扶梯与自动人行道安装、改造或者重大维修的施工单位（以下简称施工单位）应当在按照规定履行告知后、开始施工前（不包括设备开箱、现场勘测等准备工作），向检验机构申请监督检验；自动扶梯与自动人行道使用单位应当在安全检验标志所标注的下次检验日期届满前1个月，向检验机构申请定期检验。

第六条 施工单位应当按照设计文件和标准的要求，对自动扶梯与自动人行道机房和转向站等涉及自动扶梯与自动人行道施工的土建工程进行检查，对自动扶梯与自动人行道制造质量（包括零部件和安全保护装置等）进行确认，并且做好记录，符合要求后方可以进行自动扶梯与自动人行道施工。

施工单位或者维护保养单位应当按照相关安全技术规范和标准的要求，保证施工或者日常维护保养质量，真实、准确地填写施工或者日常维护保养的相关记录或者报告，对施工或者日常维护保养质量以及提供的相关文件、资料的真实性及其与实物的一致性负责。

第七条 施工单位、维护保养单位和使用单位应当向检验机构提供符合附件A要求的有关文件、资料，安排相关的专业人员配合检验机构实施检验。其中，施工自检报告、日常维护保养年度自行检查记录或者报告还须另行提交复印件备存。

第八条 检验机构应当在施工单位自检合格的基础上实施监督检验，在维护保养单位自检合格的基础上实施定期检验。实施监督检验和定期检验，应当遵守以下规定：

（一）对于自动扶梯与自动人行道安装过程，按照附件A规定的检验内容、要求和方法，对附件B所列项目进行检验；

（二）对于自动扶梯与自动人行道改造和重大维修过程，按照附件A规定的检验内容、要求和方法，对改造和重大维修涉及的相关项目及其内容进行检验，其他项目按照本条第（三）项的规定进行检验；

（三）对于在用自动扶梯与自动人行道，按照附件A规定的检验内容、要求和方法，对附件C所列项目每年进行1次定期检验；

（四）对于在1个检验周期内特种设备安全监察机构接到故障实名举报达到3次以上（含3次）的自动扶梯与自动人行道，并且经确认上述故障的存在影响自动扶梯与自动人行道运行安全时，特种设备安全监察机构可以要求提前进行维护保养单位的年度自行检查和定期检验；

（五）对于由于发生自然灾害或者设备事故而使其安全技术性能受到影响的自动扶梯与自动人行道以及停止使用1年以上的自动扶梯与自动人行道，再次使用前，应当按照本条第（三）项的规定进行检验。但如果对自动扶梯与自动人行道实施改造或者重大维修，应当按照本条第（二）项的规定进行检验。

第九条 自动扶梯与自动人行道检验项目分为A、B、C三个类别。各类别检验程序如下：

（一）A类项目，检验机构按照附件A的相应规定，对提供的文件、资料进行审查，对该类项目进行检验，并与自检记录或者报告对应项目的检验结果（以下简称自检结果）进行对比，按照第二十条的规定对项目的检验结论做出判定；不经检验机构审查、检验，或者审查、检验结论为不合格，施工单位不得进行下道工序的施工；

（二）B类项目，检验机构按照附件A的相应规定，对提供的文件、资料进行审查，对该类项目进行检验，并与自检结果进行对比，按照第二十条的规定对项目的检验结论做出判定；

（三）C类项目，检验机构按照附件A的相应规定，对提供的文件、资料进行审查，认为自检记录或者报告等文件和资料完整、有效，对自检结果无质疑（以下简称资料审查无质疑），可以确认为合格；如果文件和资料欠缺、无效或者对自检结果有质疑（以下简称资料审查有质疑），应当按照附件A规定的检验方法，对该类项目进行检验，并与自检结果进行对比，按照第二十条的规定对项目的检验结论做出判定。

各检验项目的类别见附件 A、附件 B、附件 C，具体的检验方法见附件 A。

第十条 检验机构应当根据本规则规定，制定包括检验程序和检验流程图在内的自动扶梯与自动人行道检验作业指导文件，并已按照相关法规、本规则和检验作业指导文件的规定，对自动扶梯与自动人行道检验质量实施严格控制，对检验结果及检验结论的正确性负责，对检验工作质量负责。

第十一条 检验机构应当统一制定自动扶梯与自动人行道检验原始记录格式及其要求，在本单位正式发布使用。原始记录内容应当不少于相应检验报告(见附件 B、附件 C)规定的内容。必要时，相关项目应当另列表格或者附图，以便数据的记录和整理。

第十二条 检验机构应当配备能够满足本规则附件 A 所述检验要求和方法的检验检测仪器设备、计量器具和工具。

第十三条 检验人员应当按照国家有关特种设备检验人员资格考核的规定，取得国家质检总局颁发的相应资格证书后，方可以从事批准项目的电梯检验工作。现场检验至少由 2 名具有电梯检验员或者以上资格的人员进行，检验人员应当向申请检验的自动扶梯与自动人行道施工或者使用单位(以下简称受检单位)出示检验资格标识。现场检验时，检验人员不得进行自动扶梯与自动人行道的修理、调整等工作。

第十四条 现场检验时，检验人员应当配备和穿戴必需的防护用品，并且遵守施工现场或者使用单位明示的安全管理规定。

第十五条 对自动扶梯与自动人行道整机进行检验时，检验现场应放置表明正在进行检验的警示标识，并在出入口设置围栏。

特殊情况下，自动扶梯与自动人行道设计文件对温度、湿度、电压、环境空气条件等进行了专门规定的，检验现场的温度、湿度、电压、环境空气条件等应当符合自动扶梯与自动人行道设计文件的规定。

对于不具备现场检验条件的自动扶梯与自动人行道，或者继续检验可能造成危险，检验人员可以中止检验，但应当向受检单位书面说明原因。

第十六条 检验过程中，检验人员应当认真审查相关文件、资料，将检验情况如实记录在原始记录上(包括已审查文件、资料的名称及编号)，不得漏检、漏记。可以使用统一规定的简单标记，表明“符合”“不符合”“合格”“不合格”“无此项”等；要求测试数据的项目(即附件 A 所述检验方法中要求测试数据的项目，下同)必须填写实测数据；未要求测试数据但有需要说明情况的项目，应当用简单的文字予以说明；遇特殊情况，可以填写“因……(原因)未检”“待检”“见附页”等。

原始记录应当注明现场检验日期，有执行本次检验的检验人员签字，并且有其中一名检验人员的校核签字。

检验机构应当长期保存监督检验原始记录和施工自检报告。对于定期检验原始记录和日常维护保养年度自行检查记录或者报告，检验机构应当至少保存 2 个检验周期。

第十七条 检验过程中，如果发现下列情况，检验机构应当在现场检验结束时，向受检单位或及维护保养单位出具《特种设备检验意见通知书》(见附件 D，以下简称《通知书》)，提出整改要求：

（一）施工或者维护保养单位的施工过程记录或者日常维护保养记录不完整；

（二）自动扶梯与自动人行道存在不合格项目；

（三）要求测试数据项目的检验结果与自检结果存在多处较大偏差，或者其他项目的检验结果与实物状态不一致，质疑相应单位自检能力时；

（四）使用单位存在不符合电梯相关法规、规章、安全技术规范的问题。

定期检验时，对于存在不合格项目但不属于按照本规则第二十一条规定直接判定为不合格的自动扶梯与自动人行道，《通知书》中应当要求使用单位在整改完成前及时采取安全措施，对该自动扶梯与自动人行道进行监护使用。

受检单位或者和维护保养单位应当按照《通知书》的要求及时整改，并且在规定的时限内向检验机构提交填写了处理结果的《通知书》以及整改报告等见证资料。

检验人员应当对整改情况进行确认，可以根据情况采取现场验证或者查看填写了处理结果的《通知书》以及整改报告等见证资料的方式，确认其是否符合要求。

对于定期检验的自动扶梯与自动人行道，如果使用单位拟实施改造或重大维修进行整改，或者拟做停用、报废处理，则应当在《通知书》上签署相应的意见，并且在规定的时限内反馈给检验机构，同时按照相关规定，办理对应的相关手续。

第十八条 检验工作（包括第十七条规定的对整改情况的确认）完成后，或者达到《通知书》提出时限而受检单位未反馈整改报告等见证材料的，检验机构应当在10个工作日内出具检验报告。检验结论为“合格”的，还应当同时出具安全检验标志。

检验报告的内容、格式应当符合本规则的规定（见附件B、附件C），结论页应当有检验、编制、审核、批准人员的签字和检验机构检验专用章或者公章。

检验机构、施工和使用单位应当长期保存监督检验报告。对于定期检验报告，检验机构和使用单位应当至少保存2个检验周期。

第十九条 检验报告中，检验项目的“检验结果”和“检验结论”应当按照如下要求进行填写：

（一）对于要求测试数据的项目，在“检验结果”栏中填写实测或者计算处理后的数据；

（二）对于未要求测试数据的项目，如果经检验符合要求，在“检验结果”栏中填写“符合”；如果经检验不符合要求，填写“不符合”；

（三）对于C类项目，如果资料审查无质疑，在“检验结果”栏中填写“资料确认符合”；如果资料审查有质疑，并且进行了现场检验，分别按照本条第（一）项或者第（二）项要求填写相应内容；

（四）对于需要说明情况的项目，在“检验结果”栏中做简要说明，难以表述清楚的，在检验报告中另加附页描述，“检验结果”栏中填写“见附页××”；

（五）对于不适用的项目，在“检验结果”栏中填写“无此项”；

（六）“检验结论”栏只填写“合格”“不合格”“—”（表示无此项）等单项结论。

第二十条 各类检验项目的合格判定条件如下：

（一）A、B类检验项目，审查、检验结果符合附件A中的检验要求；

（二）C类检验项目，资料审查无质疑并且符合附件A中的检验要求，或者审查、检验结果符合附件 A 中的检验要求。

第二十一条 监督检验和定期检验的合格判定条件如下:

(一)安装监督检验,检验项目全部合格,并且经检验人员确认相关单位已经针对第十七条所述问题进行了有效整改;

(二)改造或者重大维修监督检验,检验项目全部合格,或者改造和重大维修涉及的相关检验项目全部合格,对于按照定期检验规定进行的项目,除了上次定期检验后使用单位采取安全措施进行监护使用的 C 类项目之外(使用单位继续对这些项目采取安全措施,在《通知书》上签署了监护使用的意见),其他项目全部合格,并且经检验人员确认相关单位已经针对第十七条所述问题进行了有效整改;

(三)定期检验,检验项目全部合格,或者 B 类检验项目全部合格,C 类检验项目应整改项目不超过 3 项(含 3 项),相关单位已在《通知书》规定的时限内向检验机构提交填写了处理结果的《通知书》以及整改报告等见证资料,使用单位已经对上述应整改项目采取了相应的安全措施,在《通知书》上签署了监护使用的意见,并且经检验人员确认相关单位已经针对第十七条所述问题进行了有效整改。

第二十二条 经检验,凡不符合本规则第二十一条规定的合格判定条件的自动扶梯与自动人行道,应当判定为“不合格”,检验机构应当按照第十八条规定的时限等要求出具检验报告。对于检验结论为不合格的自动扶梯与自动人行道,受检单位组织相应整改或者修理后可以申请复检。

第二十三条 检验报告只允许使用“合格”“不合格”“复检合格”“复检不合格”四种检验结论。

第二十四条 对于判定为“不合格”或者“复检不合格”的自动扶梯与自动人行道、未执行《通知书》提出的整改要求并且已经超过安全检验标志所标注的下次检验日期的自动扶梯与自动人行道,检验机构应当将检验结果、检验结论及有关情况报告负责设备使用登记的特种设备安全监察机构;对于定期检验判定为不合格的自动扶梯与自动人行道,检验机构还应当建议使用单位立即停止使用。

第二十五条 本规则由国家质检总局负责解释。

第二十六条 本规则自 2012 年 7 月 1 日起施行,2002 年 12 月 13 日国家质检总局发布的《自动扶梯和自动人行道监督检验规程》(国质检锅[2002]360 号)同时废止。

附件 A

自动扶梯与自动人行道监督检验和定期检验内容、要求与方法

<table>
<tr><th colspan="2">项目及类别</th><th>检验内容与要求</th><th>检验方法</th></tr>
<tr><td rowspan="2">1
技术
资料</td><td>1.1
制造资料
A</td><td>自动扶梯与自动人行道制造单位提供了以下用中文描述的出厂随机文件：
(1) 制造许可证明文件，其范围能够覆盖所提供自动扶梯与自动人行道的相应参数；
(2) 自动扶梯与自动人行道整机型式试验合格证书或者报告书，其内容能够覆盖所提供的自动扶梯与自动人行道的相应参数；
(3) 产品质量证明文件，注有制造许可证明文件编号、该自动扶梯与自动人行道的产品出厂编号、主要技术参数，以及含有电子元件和(或)可编程电子系统的安全电路(如果有)、梯级、踏板、梯级踏板链、驱动主机、滚轮、扶手带、控制屏等安全保护装置和主要部件的型号等内容，采用玻璃作护壁板，应当采用钢化玻璃。并且在证明文件上有整机制造单位的公章或者检验合格章以及出厂日期；
(4) 含有电子元件的安全电路(如果有)、可编程电子安全相关系统(如果有)、梯级、踏板、梯级踏板链、驱动主机、滚轮、扶手带、控制屏等主要部件的型式试验合格证；
(5) 驱动或者转向站及总体布置图；
(6) 电气原理图，包括动力电路和连接电气安全装置的电路；
(7) 安装使用维护说明书，包括安装、使用、日常维护保养和应急救援等方面操作说明的内容。注 A-1：上述文件如为复印件则应当经整机制造单位加盖公章或者检验合格章；对于进口自动扶梯与自动人行道，则应当加盖国内代理商的公章</td><td>自动扶梯与自动人行道安装施工前审查相应资料</td></tr>
<tr><td>1.2
安装资料
A</td><td>安装单位提供了以下安装资料：
(1) 安装许可证和安装告知书，许可证范围能够覆盖所施工自动扶梯与自动人行道的相应参数；
(2) 施工方案，审批手续齐全；
(3) 施工现场作业人员持有的特种设备作业人员证；
(4) 施工过程记录和自检报告，检查和试验项目齐全、内容完整、真实准确，施工和验收手续齐全，自检报告经审核人员签字和施工单位盖章；
(5) 变更设计证明文件(如安装中变更设计时)，履行了由使用单位提出、经整机制造单位同意的程序；</td><td>审查相应资料。第(1)～(3)项在报检时审查，第(3)项在其他项目检验时还应查验；第(4)、(5)项在试验时查验；第(6)项在竣工后审查</td></tr>
</table>

续表

<table>
<tr><th colspan="2">项目及类别</th><th>检验内容与要求</th><th>检验方法</th></tr>
<tr><td rowspan="3">1
技术
资料</td><td>1.2
安装资料
A</td><td>(6) 安装质量证明文件，包括自动扶梯与自动人行道安装合同编号、安装单位安装许可证编号、产品出厂编号、主要技术参数等内容，并且有安装单位公章或者检验合格章以及竣工日期。
注 A-2：上述文件如为复印件则应当经安装单位加盖公章或者检验合格章</td><td>审查相应资料。第(1)～(3)项在报检时审查，第(3)项在其他项目检验时还应查验；第(4)、(5)项在试验时查验；第(6)项在竣工后审查</td></tr>
<tr><td>1.3
改造、
重大维
修资料
A</td><td>改造或者重大维修单位提供了以下改造或者重大维修资料：
(1) 改造或者维修许可证和改造或者重大维修告知书，许可证范围能够覆盖所施工自动扶梯和自动人行道的相应参数；
(2) 改造或者重大维修的清单以及施工方案，施工方案的审批手续齐全；
(3) 所更换的安全保护装置或者主要部件产品合格证、型式试验合格证书；
(4) 施工现场作业人员持有的特种设备作业人员证；
(5) 施工过程记录和自检报告，检查和试验项目齐全、内容完整、真实准确，施工和验收手续齐全，自检报告经审核人员签字和施工单位盖章；
(6) 改造后的整机合格证或者重大维修质量证明文件，包括自动扶梯或自动人行道的改造或者重大维修合同编号、改造或者重大维修单位的施工许可证编号、自动扶梯与自动人行道使用登记编号、主要技术参数等内容，并且有改造或者重大维修单位的公章或者检验合格章以及竣工日期。
注 A-3：上述文件如为复印件则应当经改造或者重大维修单位加盖公章或者检验合格章</td><td>审查相应资料。第(1)～(4)项在报检时审查，第(4)项在其他项目检验时还应查验；第(5)项在试验时查验；第(6)项在竣工后审查</td></tr>
<tr><td>1.4
使用资料
B</td><td>使用单位提供了以下资料：
(1) 使用登记资料，内容与实物相符；
(2) 安全技术档案，至少包括 1.1、1.2、1.3 项所述文件资料[1.2 的(3)项和 1.3 的(4)项除外]，以及监督检验报告、定期检验报告、日常检查与使用状况记录、日常维护保养记录、年度自行检查记录或者报告、运行故障和事故记录等，保存完好(本规则实施前已经完成安装、改造或重大维修的，1.1、1.2、1.3 项所述文件资料如有缺陷，应当由使用单位联系相关单位予以完善，可不作为本项审核结论的否决内容)；
(3) 以岗位责任制为核心的自动扶梯与自动人行道运行管理规章制度，包括事故与故障的应急措施和救援预案等；
(4) 与取得相应资格单位签订的日常维护保养合同；
(5) 按照规定配备的电梯安全管理人员的特种设备作业人员证</td><td>定期检验和改造、重大维修过程的监督检验时查验(1)～(7)；新安装电梯的监督检验进行试验时查验(3)、(4)、(5)项，以及(2)项中所需记录表格制定情况[如试验时使用单位尚未确定，应当由安装单位提供(2)、(3)、(4)项查验内容范本，(5)项相应要求交接备忘录]</td></tr>
</table>

续表

<table>
<tr><th colspan="2">项目及类别</th><th>检验内容与要求</th><th>检验方法</th></tr>
<tr><td rowspan="8">2
驱动与转向站</td><td>2.1
维修空间
C</td><td>(1) 在机房，尤其是在桁架内部的驱动站和转向站内，应具有一个没有任何永久固定设备的、站立面积足够大的空间，站立面积不小于 0.3 m^2，其较短一边的长度不小于 0.5 m；
(2) 当主驱动装置或制动器装在梯级、踏板或胶带的载客分支和返回分支之间时，在工作区段应提供一个水平的立足区域，其面积不小于 0.12 m^2，最小边尺寸不小于 0.3 m</td><td>目测；必要时测量相关数据</td></tr>
<tr><td>2.2
防护
C</td><td>如果转动部件易接近或对人体有危险，应当设置有效的防护装置，特别是必须在内部进行维修工作的驱动站或转向站的梯级和踏板转向部分</td><td>目测</td></tr>
<tr><td>2.3
照明
C</td><td>分离机房的电气照明应当是永久固定的。
在桁架内的驱动站、转向站以及机房中应提供可移动的电气照明装置</td><td>目测</td></tr>
<tr><td>2.4
电源插座
C</td><td>桁架内的驱动站、转向站以及机房中应配备电源插座：
(1) 2P＋PE 型 250 V，由主电源直接供电；或者
(2) 符合安全特低电压的供电要求(当确定无须使用 220 V 的电动工具时)</td><td>目测；万用表检测；查验插座型号</td></tr>
<tr><td>2.5
主开关
B</td><td>在驱动主机附近，转向站中或控制装置旁，应当设置一个能切断电动机、制动器释放装置和控制电路电源的主开关。
该开关应不能切断电源插座或检修及维修所必须的照明电路的电源。
主开关处于断开位置时应可被锁住或处于“隔离”位置，在打开门或者活板门后能够方便操纵</td><td>目测；断开主开关，检查照明、插座是否被切断</td></tr>
<tr><td>2.6
辅助设备开关
C</td><td>当辅助设备(例如：加热装置、扶手照明和梳齿板照明)分别单独供电时，应能单独切断。各相应开关应当位于主开关近旁并且应有明显的标志</td><td>目测；操作试验</td></tr>
<tr><td>2.7
停止开关设置
B</td><td>在驱动站和转向站都应设有停止开关，如果驱动站已经设置了主开关，可不设停止开关。对于驱动装置安装在梯级、踏板或胶带的载客分支和返回分支之间或者设置在转向站外面的自动扶梯与自动人行道，则应在驱动装置区段另设停止开关。停止开关应是红色双稳态的，应有清晰并且永久的标识</td><td>目测；操作试验</td></tr>
<tr><td>2.8
电气绝缘
C</td><td>动力电路、照明电路和电气安全装置电路的绝缘电阻值应当符合下述要求：<table><tr><th>标称电压/V</th><th>测试电压(直流)/V</th><th>绝缘电阻/MΩ</th></tr><tr><td>安全电压</td><td>250</td><td>≥0.25</td></tr><tr><td>≤500</td><td>500</td><td>≥0.50</td></tr><tr><td>>500</td><td>1 000</td><td>≥1.00</td></tr></table></td><td>由施工或者维护保养单位测量，检验人员现场观察、确认。
分别测量动力电路、照明电路和电气安全装置电路的绝缘电阻值</td></tr>
</table>

续表

项目及类别		检验内容与要求	检验方法
2 驱动与转向站	2.9 接地 C	供电电源自进入机房或者驱动站、转向站起，中性线(N)与保护线(PE)应当始终分开	目测；必要时测量验证
	2.10 断错相保护 C	自动扶梯或自动人行道应设断相、错相保护装置；当运行与相序无关时，可以不装设错相保护装置	断开主开关，在电源输出端分别断开各相电源，再闭合主开关，启动自动扶梯或自动人行道，观察其能否运行；调换各相位，重复上述试验
	2.11 中断驱动主机电源的控制 C	(1) 驱动主机的电源应由两个独立的接触器来切断，接触器的触头应当串接于供电电路中，如果自动扶梯或自动人行道停止时，接触器的任一主触头未断开，应当不能重新启动； (2) 交流或直流电动机由静态元件供电和控制时，可采用一个由以下元件组成的系统： ① 切断各相(极)电流的接触器。当自动扶梯或自动人行道停止时，如果接触器未释放，则自动扶梯或自动人行道应不能重新启动； ② 用来阻断静态元件中电流流动的控制装置； ③ 用来检验自动扶梯或自动人行道每次停止时电流流动阻断情况的监控装置。在正常停止期间，如果静态元件未能有效阻断电流的流动，监控装置应使接触器释放并应防止自动扶梯或自动人行道重新启动	(1) 检查电气原理图是否符合要求； (2) 人为按住其中一个主接触头不释放、停车，检查自动扶梯或自动人行道是否重新启动
	2.12 释放制动器 C	能用手释放的制动器，应由手的持续力使制动器保持松开的状态	操作试验
	2.13 手动盘车装置 C	如提供手动盘车装置，该装置应容易接近，操作安全可靠。盘车装置不得采用曲柄或多孔手轮。 ★如果手动盘车装置是拆卸式的，那么该装置安装上驱动主机之前或装上时，电气安全装置应起作用	目测；操作试验
	2.14 紧急停止装置 B	(1) 紧急停止装置应设置在位于自动扶梯或自动人行道出入口附近、明显并且易于接近的位置。紧急停止装置应为红色，应有清晰并且永久的中文标识； (2) 为方便接近，必要时应当增设附加急停装置。附加急停装置之间的距离： ① 自动扶梯不应超过 30 m； ② 自动人行道不应超过 40 m	目测；操作试验

续表

项目及类别		检验内容与要求	检验方法
3 相邻 区域	3.1 周边照明 C	自动扶梯或自动人行道周边，特别是在梳齿板的附近应有足够的照明。在地面测出的梳齿相交线处的光照度至少为 50 lx	目测；必要时测量
	3.2 出入口 C	(1) 在自动扶梯和自动人行道的出入口，应有充分畅通的区域。该畅通区的宽度至少等于扶手带外缘距离加上每边各 80 mm，该畅通区纵深尺寸从扶手装置端部算起至少为 2.50 m；如果该区域的宽度不小于扶手带外缘之间距离的两倍加上每边各 80 mm，则其纵深尺寸允许减少至 2 m； (2) 如果人员在出入口可能接触到扶手带的外缘并且引起危险，则应采取适当的预防措施。例如： ① 设置固定的阻挡装置以阻止乘客进入该空间； ② 在危险区域内，由建筑结构形成的固定护拦至少增加到高出扶手带 100 mm，并且位于扶手带外缘的 80 mm 至 120 mm 之间	目测；测量相关数据
	3.3 垂直 净高度 C	自动扶梯的梯级或自动人行道的踏板或胶带上方，垂直净高度不应小于 2.30 m。该净高度应当延续到扶手转向端端部	目测；测量相关数据
	3.4 防护挡板 B	如果建筑物的障碍物会引起人员伤害时，则应采取相应的预防措施。特别是在与楼板交叉处以及各交叉设置的自动扶梯或自动人行道之间，应当设置一个高度不应小于 0.30 m，无锐利边缘的垂直固定封闭防护挡板，位于扶手带上方，并且延伸至扶手带外缘下至少 25 mm(扶手带外缘与任何障碍物之间距离大于等于 400 mm 的除外)	目测，测量相关数据
	3.5 扶手带 外缘距离 C	墙壁或其他障碍物与扶手带外缘之间的水平距离在任何情况下均不得小于 80 mm，与扶手带下缘的垂直距离均不得小于 25 mm	目测；测量相关数据
	3.6 扶手带 距离 C	相互邻近平行或交错设置的自动扶梯或自动人行道，扶手带之间的距离应不小于 160 mm	目测；测量相关数据
4 扶手 装置 和围 裙板	4.1 扶手带 C	扶手带开口处与导轨或扶手支架之间的距离在任何情况下均不允许超过 8 mm	目测；测量相关数据
	4.2 扶手防攀 爬设置 C	(1) 扶手装置应当没有任何部位可供人员正常站立； ★(2)为防止人员跌落，在自动扶梯与自动人行道的外盖板上应当装设防爬装置： ① 防爬装置位于地平面上方(1 000±50)mm，下部与外盖板相交，平行于外盖板方向上的延伸长度不应小于 1 000 mm，并应当确保在此长度范围内无踩脚处。该装置的高度应当至少与扶手带表面齐平；	目测；检查在扶手装置两侧上、下边区段内与扶手装置平行或垂直的，阻止人们攀爬扶手装置的设施

续表

项目及类别		检验内容与要求	检验方法
4 扶手装置和围裙板	4.2 扶手防攀爬设置 C	② 当自动扶梯或自动人行道与墙相邻，并且外盖板的宽度大于 125 mm 时，在上、下端部应当安装阻挡装置防止人员进入外盖板区域。当自动扶梯或自动人行道为相邻平行布置，并且共用外盖板的宽度大于 125 mm 时，也应安装这种阻挡装置。该装置应延伸到高度距离扶手带下缘 25 mm～150 mm； ③ 当自动扶梯或倾斜式自动人行道和相邻的墙之间装有接近扶手带高度的扶手盖板，并且建筑物（墙）和扶手带中心线之间的距离大于 300 mm 时，应在扶手盖板上装设防滑行装置。该装置应包含固定在扶手盖板上的部件，与扶手带的距离不应小于 100 mm，并且防滑行装置之间的间隔距离不应大于 1 800 mm，高度不应小于 20 mm。该装置应无锐角或锐边； ④ 对相邻自动扶梯或倾斜式自动人行道，扶手带中心线之间的距离大于 400 mm 时，也应满足上述要求	目测；检查在扶手装置两侧上、下边区段内与扶手装置平行或垂直的，阻止人们攀爬扶手装置的设施
	4.3 扶手装置要求 C	朝向梯级、踏板或胶带一侧扶手装置部分应光滑、平齐。其压条或镶条的装设方向与运行方向不一致时，其凸出高度不应大于 3 mm，应当坚固并且具有圆角或倒角的边缘。围裙板与护壁板之间的连接处的结构应无产生勾绊的危险	目测；测量相关数据
	4.4 护壁板之间的空隙 C	护壁板之间的间隙不应大于 4 mm，其边缘应呈圆角或倒角状	目测；必要时测量
	4.5 围裙板接缝 B	自动扶梯或自动人行道的围裙板应当垂直、平滑，板与板之间的接缝应是对接缝。对于长距离的自动人行道，在其跨越建筑伸缩缝部位的围裙板的接缝处可以采取其他特殊连接方法来替代对接缝	目测
	4.6 梯级、踏板或胶带与围裙板间隙 B	自动扶梯或自动人行道的围裙板设置在梯级、踏板或胶带的两侧，任何一侧的水平间隙不应大于 4 mm，并且两侧对称位置处的间隙总和不应大于 7 mm。 如果自动人行道的围裙板设置在踏板或胶带之上时，则踏板表面与围裙板下端所测得的垂直间隙不应超过 4 mm；踏板或胶带产生横向移动时，不允许踏板或胶带的侧边与围裙板垂直投影间产生间隙	目测；测量相关数据

续表

项目及类别		检验内容与要求	检验方法
4 扶手装置和围裙板	4.7 防夹装置 C	在自动扶梯的围裙板上应当装设围裙板防夹装置。 (1) 由刚性和柔性部件(例如:毛刷、橡胶型材)组成; (2) 从围裙板垂直表面起的突出量应最小为 33 mm,最大为 50 mm; (3) 刚性部件应有 18 mm 到 25mm 的水平突出,柔性部件的水平突出应为最小 15 mm,最大 30 mm; (4) 在倾斜区段,围裙板防夹装置的刚性部件最下缘与梯级前缘连线的垂直距离应在 25 mm 和 30 mm 之间; (5) 在过渡区段和水平区段,围裙板防夹装置的刚性部件最下缘与梯级表面最高位置的距离应在 25 mm 和 55 mm 之间; (6) 刚性部件的下表面应与围裙板形成向上不小于 25°的倾斜角,其上表面应与围裙板形成向下不小于 25°倾斜角; (7) 围裙板防夹装置的末端部分应当逐渐缩减并与围裙板平滑相连。围裙板防夹装置的端点应当位于梳齿与踏面相交线前(梯级侧)不小于 50 mm,最大 150 mm 的位置	目测;测量相关数据
5 梳齿与梳齿板	5.1 梳齿、啮合 C	梳齿板梳齿或踏面齿应当完好,不得有缺损。梳齿板梳齿与踏板面齿槽的啮合深度应至少为 4 mm,间隙不应超过 4 mm	目测
6 监控和安全装置	6.1 扶手带入口保护 B	在扶手转向端的扶手带入口处应当设置手指和手的保护装置,该装置动作时,驱动主机应当不能启动或者立即停止	模拟动作试验
	6.2 梳齿板保护 B	当有异物卡入,梳齿板与梯级或踏板发生碰撞时,自动扶梯或自动人行道应当自动停止运行	拆下梳齿板中间部位的梳齿,用工具使梳齿板向后或向上移动(或前后、上下),检查安全开关是否动作,自动扶梯或自动人行道能否启动
	6.3 超速保护 B	(1) 自动扶梯和自动人行道应在速度超过名义速度的 1.2 倍之前自动停止运行。如果采用速度限制装置,该装置应能在速度超过名义速度的 1.2 倍之前切断自动扶梯或自动人行道的电源。 如果自动扶梯或自动人行道的设计能防止超速,则可不考虑上述要求; ★(2)该装置动作后,只有手动复位故障锁定,并且操作开关或检修控制装置才能重新启动自动扶梯和自动人行道。即使电源发生故障或恢复供电,此故障锁定应当始终保持有效	(1) 对于未设置超速保护装置的,审查整机型式试验报告; (2) 对于设置超速保护装置的,由施工单位或维护保养单位按制造厂提供的方法进行试验,检验人员现场观察、确认

续表

项目及类别		检验内容与要求	检验方法
6 监控和安全装置	6.4 非操纵逆转保护 B	(1) 自动扶梯或倾斜角不小于 6°的倾斜式自动人行道应设置一个装置，使其在梯级、踏板或胶带改变规定运行方向时，自动停止运行； ★(2) 该装置动作后，只有手动复位故障锁定，并且操作开关或者检修控制装置才能重新启动自动扶梯和自动人行道。即使电源发生故障或者恢复供电，此故障锁定应当始终保持有效	由施工单位或维护保养单位按制造厂提供的方法进行试验，检验人员现场观察、确认
6 监控和安全装置	6.5 梯级踏板或胶带的驱动元件保护 B	(1) 直接驱动梯级、踏板或胶带的元件(如：链条或齿条)断裂或者过分伸长，自动扶梯或自动人行道应自动停止运行； ★(2) 该装置动作后，只有手动复位故障锁定，并且操作开关或者检修控制装置才能重新启动自动扶梯和自动人行道。即使电源发生故障或者恢复供电，此故障锁定应当始终保持有效	模拟驱动元件断裂或者过分伸长的状况，检查动作装置能否使安全开关动作，并且使设备停止运行
6 监控和安全装置	6.6 驱动装置与转向装置之间的距离缩短保护 B	驱动装置与转向装置之间的距离发生过分伸长或缩短时，自动扶梯或自动人行道应当自动停止运行	模拟驱动装置与转向装置之间的距离伸长或者缩短的状况，检查动作装置能否使安全开关动作，并且使设备停止运行
6 监控和安全装置	6.7 梯级或踏板的下陷保护 B	(1) 当梯级或踏板的任何部分下陷导致不再与梳齿啮合，应当有安全装置使自动扶梯或自动人行道停止运行。该装置应当设置在每个转向圆弧段之前，并在梳齿相交线之前有足够距离的位置，以保证下陷的梯级或踏板不能到达梳齿相交线； ★(2) 该装置动作后，只有手动复位故障锁定，并且操作开关或者检修控制装置才能重新启动自动扶梯和自动人行道。即使电源发生故障或者恢复供电，此故障锁定应当始终保持有效。 本条不适用于胶带式自动人行道	卸除 1～2 个梯级或踏板，检修运行至安全装置处： (1) 检查安全开关装置设置的位置离梳齿相关线的距离是否大于工作制动器最大的制停距离； (2) 手动试验检测杆是否能使安全开关动作
6 监控和安全装置	6.8 梯级或踏板的缺失保护 B	★(1) 自动扶梯和自动人行道应当能够通过装设在驱动站和转向站的装置检测梯级或踏板的缺失，并应在缺口(由梯级或踏板缺失而导致的)从梳齿板位置出现之前停止； ★(2) 该装置动作后，只有手动复位故障锁定，并操作开关或者检修控制装置才能重新启动自动扶梯和自动人行道。即使电源发生故障或者恢复供电，此故障锁定应当始终保持有效	卸除 1 个梯级或踏板，通过钥匙开关操纵设备上行和下行，检查空档到达梳齿板位置之前，设备是否停止运行

续表

项目及类别		检验内容与要求	检验方法
6 监控和安全装置	6.9 扶手带速度偏离保护 B	★应当设置扶手带速度监控装置,在自动扶梯和自动人行道运行时,当扶手带速度偏离梯级、踏板或者胶带实际速度大于－15％且持续时间大于15 s时,该装置应当使自动扶梯或自动人行道停止运行	由施工单位或维护保养单位按照制造厂提供的方法进行试验,检验人员现场观察、确认
	6.10 多台连续且无中间出口的自动扶梯或自动人行道停止保护 B	多台连续且无中间出口或中间出口被建筑出口(例如闸门、防火门)阻挡的自动扶梯或自动人行道,其中的任意一台停止运行时其他各台应当同时停止	停止其中一台自动扶梯或自动人行道,其他应当同时停止,或由施工单位或维护保养单位按照制造厂提供的方法进行试验,检验人员现场观察、确认
	6.11 检修盖板和上下盖板开启监控 B	★检修盖板和楼层板应当配备一个监控装置,当打开桁架区域的检修盖板和(或)移去或打开楼层板时,驱动主机应当不能启动或者立即停止	打开盖板,应不能启动
	6.12 制动器松闸故障保护 B	★(1) 应当设置制动系统监控装置,当自动扶梯和自动人行道启动后制动系统没有松闸,驱动主机应当立即停止; ★(2) 该装置动作后,即使电源发生故障或者恢复供电,此故障锁定应当始终保持有效	由施工单位或者维护保养单位按照制造厂提供的方法进行试验,检验人员现场观察、确认
	6.13 附加制动器 B	(1) 在下列任何一种情况下,自动扶梯和倾斜式自动人行道应当设置一个或多个机械式(利用摩擦原理)附加制动器: ① 工作制动器和梯级、踏板或者胶带驱动装置之间不是用轴、齿轮、多排链条、多根单排链条连接的; ② 工作制动器不是机—电式制动器; ③ 提升高度超过6 m。 (2) 附加制动器应当功能有效	目测;由施工单位或者维护保养单位按照制造厂提供的方法,进行试验,检验人员现场观察、确认
7 检修装置	7.1 检修控制装置的设置 C	自动扶梯或自动人行道应当设置检修控制装置: (1) 在驱动站和转向站内至少应当提供一个用于便携式控制装置连接的检修插座,检修插座的设置应能使检修控制装置到达自动扶梯或自动人行道的任何位置; (2) 每个检修控制装置应当配置一个停止开关,停止开关应当: ① 手动操作; ② 有清晰的位置标记; ③ 符合安全触点要求的安全开关; ④ 需要手动复位。 (3)检修控制装置上应当有明显识别运行方向的标识	目测检查

续表

项目及类别		检验内容与要求	检验方法
7 检修装置	7.2 检修控制装置的操作 C	(1) 控制装置的操作元件应能防止发生意外动作，自动扶梯或自动人行道的运行应当依靠持续操作； (2) 当使用检修控制装置时，其他所有启动开关都应不起作用； ★(3) 当连接一个以上的检修控制装置时，所有检修控制装置都应不起作用； ★(4) 检修运行时，电气安全装置(除了6.7,6.8,6.9,6.10,6.11和6.12提到的以外)应当有效	手动试验
8 自动启动、停止	8.1 待机运行 C	采用待机运行(自动启动或加速)的自动扶梯或自动人行道，当乘客到达梳齿和踏面相交线之前，应当已经启动和加速	目测检查
	8.2 运行时间 C	采用自动启动的自动扶梯或自动人行道，当乘客从预定运行方向相反的方向进入时，自动扶梯或自动人行道仍应按照预先确定的方向启动，运行时间应当不少于10 s。 当乘客通过后，自动扶梯或自动人行道应当有足够的时间(至少为预期乘客输送时间再加上10 s)才能自动停止运行	测量检查
9 标识	9.1 使用须知 B	在自动扶梯或自动人行道入口处应当设置使用须知的标牌，标牌须包括以下内容： ① 应拉住小孩； ② 应抱住宠物； ③ 握住扶手带； ④ 禁止使用非专用手推车(无坡度自动人行道除外)。 这些使用须知，应尽可能用象形图表示	外观检查
	9.2 产品标识 C	自动扶梯或自动人行道至少在一个出入口的明显位置，应当有产品标识： ① 制造厂的名称； ② 产品型号； ③ 产品编号； ④ 制造年份； ⑤ 安全检验标识	目测检查，安装监督检验检查①、②、③、④
10 运行检查	10.1 速度偏差 C	在额定频率和额定电压下，梯级、踏板或胶带沿运行方向空载时所测的速度与名义速度之间的最大允许偏差为±5%	用秒表、卷尺、同步率测试仪等仪器测量或计算梯级踏板或胶带的速度，检查是否符合要求
	10.2 扶手带的运行速度偏差 C	扶手带的运行速度相对于梯级、踏板或胶带实际速度的允许偏差为0～+2%	用同步率测试仪等仪器分别测量左右扶手带和梯级速度，检查是否符合要求

续表

项目及类别		检验内容与要求	检验方法
10 运行 检查	10.3 制停距离 B	自动扶梯或自动人行道的制停距离： (1) 空载和有载向下运行的自动扶梯： 名义速度　制停距离范围 0.50 m/s　0.20 m～1.00 m 0.65 m/s　0.30 m～1.30 m 0.75 m/s　0.40 m～1.50 m (2) 空载和有载水平运行或者有载向下运行的自动人行道： 名义速度　制停距离范围 0.50 m/s　0.20 m～1.00 m 0.65 m/s　0.30 m～1.30 m 0.75 m/s　0.40 m～1.50 m 0.90 m/s　0.55 m～1.70 m	制停距离应从电气制动装置动作时开始测量。 (1) 仪器测量； (2) 标记测量自动扶梯监督检验时进行有载制动试验，自动人行道的监督检验仅进行空载制动试验即可； 定期检验只做空载试验

注 A-4：标有★的项目为根据有关规定，对于允许按照 GB 16899—1997 及更早期标准生产的自动扶梯和自动人行道，可以按照《自动扶梯和自动人行道监督检验规程》(国质检锅[2002]360 号)中的有关规定进行检验的项目。

附件 B

报告编号：

自动扶梯与自动人行道
监督检验报告

（格式）

使 用 单 位：____________________

设 备 代 码：____________________

设 备 名 称：____________________

设 备 类 型：____________________

设 备 型 式：____________________

施 工 类 别：（安装、改造、重大维修）

施 工 单 位：____________________

检 验 机 构：____________________

检 验 日 期：____________________

（印制检验机构名称）

注 意 事 项

1. 本报告依据《电梯监督检验和定期检验规则——自动扶梯与自动人行道》(TSG T7005—2012)制定，适用于自动扶梯与自动人行道的安装、改造、重大维修监督检验。

2. 本报告应当由计算机打印输出，或者用钢笔、签字笔填写，字迹应当工整，修改无效。

3. 本报告无检验、编制、审核、批准人员签字和检验机构的核准证号、检验专用章或者公章无效。

4. 本报告一式三份，由检验机构、施工单位和使用单位分别保存。

5. 受检单位对本报告结论如有异议，请在收到报告书之日起15日内，向检验机构提出书面意见。

检验机构地址：

邮政编码：

联系电话：

自动扶梯与自动人行道监督检验报告

报告编号：

<table>
<tr><td colspan="2">设备名称</td><td></td><td>规格型号</td><td></td></tr>
<tr><td colspan="2">制造单位</td><td colspan="3"></td></tr>
<tr><td colspan="2">产品编号</td><td></td><td>制造日期</td><td></td></tr>
<tr><td colspan="2">施工单位</td><td colspan="3"></td></tr>
<tr><td colspan="2">施工单位许可证编号</td><td></td><td>施工类别</td><td>（安装、改造、重大维修）</td></tr>
<tr><td colspan="2">安装地点</td><td></td><td>使用登记编号</td><td></td></tr>
<tr><td colspan="2">使用单位</td><td colspan="3"></td></tr>
<tr><td colspan="2">维护保养单位</td><td colspan="3"></td></tr>
<tr><td rowspan="3">设备技术参数</td><td>名义速度</td><td>m/s</td><td>名义宽度</td><td>mm</td></tr>
<tr><td>倾斜角</td><td>(°)</td><td>输送能力</td><td>P/h</td></tr>
<tr><td>提升高度</td><td>m</td><td>使用区长度</td><td>m</td></tr>
<tr><td>检验依据</td><td colspan="4">《电梯监督检验和定期检验规则——自动扶梯与自动人行道》(TSG T7005—2012)</td></tr>
<tr><td>主要检验仪器设备</td><td colspan="4"></td></tr>
<tr><td>检验结论</td><td colspan="4"></td></tr>
<tr><td>备注</td><td colspan="4"></td></tr>
<tr><td colspan="2">检验日期</td><td></td><td>下次检验日期</td><td></td></tr>
<tr><td colspan="2">检验人员</td><td colspan="3"></td></tr>
<tr><td colspan="2">编　制：</td><td>日期：</td><td colspan="2" rowspan="3">检验机构核准证号：

（检验机构公章或检验专用章）
年　月　日</td></tr>
<tr><td colspan="2">审　核：</td><td>日期：</td></tr>
<tr><td colspan="2">批　准：</td><td>日期：</td></tr>
</table>

共　页　第　页

报告编号：

<table>
<tr><th>序号</th><th>检验类别</th><th colspan="3">检验项目及其内容</th><th>检验结果</th><th>检验结论</th></tr>
<tr><td rowspan="7">1</td><td rowspan="7">A</td><td rowspan="24">1
技术资料</td><td rowspan="7">1.1
制造资料</td><td>（1）制造许可证明文件</td><td></td><td rowspan="7"></td></tr>
<tr><td>（2）整机型式试验合格证或报告书</td><td></td></tr>
<tr><td>（3）产品质量证明文件</td><td></td></tr>
<tr><td>（4）安全装置、主要部件型式试验合格证及有关资料</td><td></td></tr>
<tr><td>（5）驱动或者转向站及总体布置图</td><td></td></tr>
<tr><td>（6）电气原理图</td><td></td></tr>
<tr><td>（7）安装使用维护说明书</td><td></td></tr>
<tr><td rowspan="6">2</td><td rowspan="6">A</td><td rowspan="6">1.2
安装资料</td><td>（1）安装许可证和告知书</td><td></td><td rowspan="6"></td></tr>
<tr><td>（2）施工方案</td><td></td></tr>
<tr><td>（3）特种设备作业人员证</td><td></td></tr>
<tr><td>（4）施工过程记录和自检报告</td><td></td></tr>
<tr><td>（5）设计变更证明文件</td><td></td></tr>
<tr><td>（6）安装质量证明文件</td><td></td></tr>
<tr><td rowspan="6">3</td><td rowspan="6">A</td><td rowspan="6">1.3
改造、重大维修资料</td><td>（1）改造（重大维修）许可证和告知书</td><td></td><td rowspan="6"></td></tr>
<tr><td>（2）施工方案</td><td></td></tr>
<tr><td>（3）更换的安全装置和主要部件的型式试验合格证及有关资料</td><td></td></tr>
<tr><td>（4）特种设备作业人员证</td><td></td></tr>
<tr><td>（5）施工过程记录和自检报告</td><td></td></tr>
<tr><td>（6）改造质量证明文件</td><td></td></tr>
<tr><td rowspan="5">4</td><td rowspan="5">B</td><td rowspan="5">1.4
使用资料</td><td>（1）使用登记资料</td><td></td><td rowspan="5"></td></tr>
<tr><td>（2）安全技术档案</td><td></td></tr>
<tr><td>（3）管理规章制度</td><td></td></tr>
<tr><td>（4）日常维护保养合同</td><td></td></tr>
<tr><td>（5）管理人员特种设备作业人员证</td><td></td></tr>
<tr><td>5</td><td>C</td><td rowspan="3">2
驱动与转向站</td><td colspan="2">2.1 维修空间</td><td></td><td></td></tr>
<tr><td>6</td><td>C</td><td colspan="2">2.2 防护</td><td></td><td></td></tr>
<tr><td>7</td><td>C</td><td colspan="2">2.3 照明</td><td></td><td></td></tr>
</table>

共 页 第 页

报告编号：

序号	检验类别	检验项目及其内容			检验结果	检验结论
8	C	2 驱动与转向站	2.4 电源插座			
9	B		2.5 主开关			
10	C		2.6 辅助设备开关			
11	B		2.7 停止开关设置			
12	C		2.8 电气绝缘			
13	C		2.9 接地			
14	C		2.10 断相、错相保护			
15	C		2.11 电源保护			
16	C		2.12 释放制动器			
17	C		2.13 手动盘车装置			
18	B		2.14 紧急停止装置	(1) 设置要求		
				(2) 附加停止装置要求		
19	C	3 相邻区域	3.1 周边照明			
20	C		3.2 出入口			
21	C		3.3 垂直净高度			
22	B		3.4 防护挡板			
23	C		3.5 扶手带外缘距离			
24	C		3.6 扶手带距离			
25	C	4 扶手装置和围裙板	4.1 扶手带			
26	C		4.2 扶手防攀爬设置			
27	C		4.3 扶手装置要求			
28	C		4.4 护壁板之间的空隙			
29	C		4.5 围裙板接缝			
30	B		4.6 围裙板间隙			
31	C		4.7 防夹装置			
32	C	5 梳齿与梳齿板	5.1 梳齿、啮合			

共　页　第　页

报告编号：

序号	检验类别	检验项目及其内容		检验结果	检验结论
33	B	6 监控和安全装置	6.1 扶手带入口保护		
34	B		6.2 梳齿板保护		
35	B		6.3 超速保护		
36	B		6.4 非操纵逆转保护		
37	B		6.5 梯级、踏板或胶带的驱动元件保护		
38	B		6.6 驱动装置与转向装置之间的距离缩短保护		
39	B		6.7 梯级或踏板的下陷保护		
40	B		6.8 梯级或踏板的缺失保护		
41	B		6.9 扶手带速度偏离保护		
42	B		6.10 多台连续并且无中间出口的自动扶梯或自动人行道停止保护		
43	B		6.11 检修盖板和上下盖板监控		
44	B		6.12 制动器松闸故障保护		
45	B		6.13 附加制动器		
46	C	7 检修装置	7.1 检修控制装置的设置		
47	C		7.2 检修控制装置的操作		
48	C	8 自动启动、停止	8.1 待机运行		
49	C		8.2 运行时间		
50	B	9 标志	9.1 使用须知		
51	C		9.2 产品标识		
52	C	10 运行检查	10.1 速度偏差		
53	C		10.2 扶手带的运行速度偏差		
54	B		10.3 制停距离		

共　页　第　页

注 B-1：检验报告中的“检验项目及其内容”一栏中所表述具体项目和内容前面的条文序号[如 1、1.1、(1)]与《电梯监督检验和定期检验规则——自动扶梯与自动人行道》(TSG T7005—2012)附件 A“自动扶梯与自动人行道监督检验和定期检验内容、要求与方法”中的条文序号一致。

附件 C

报告编号：

自动扶梯与自动人行道
定期检验报告

（格式）

使 用 单 位：________________________________

设 备 代 码：________________________________

设 备 名 称：________________________________

设 备 类 型：________________________________

设 备 型 式：________________________________

检 验 机 构：________________________________

检 验 日 期：________________________________

（印制检验机构名称）

注 意 事 项

1. 本报告依据《电梯监督检验和定期检验规则——自动扶梯与自动人行道》（TSG T7005—2012）制定，适用于自动扶梯与自动人行道的定期检验。

2. 本报告应当由计算机打印输出，或者用钢笔、签字笔填写，字迹应当工整，修改无效。

3. 本报告无检验、编制、审核、批准人员签字和检验机构的核准证号、检验专用章或者公章无效。

4. 本报告一式三份，由检验机构、使用单位、日常维护保养单位分别保存。

5. 受检单位对本报告结论如有异议，请在收到报告书之日起 15 日内，向检验机构提出书面意见。

检验机构地址：

邮政编码：

联系电话：

自动扶梯与自动人行道定期检验报告

报告编号：

<table>
<tr><td colspan="2">设备名称</td><td></td><td>使用登记编号</td><td></td></tr>
<tr><td colspan="2">使用单位</td><td colspan="3"></td></tr>
<tr><td colspan="2">设备使用地点</td><td colspan="3"></td></tr>
<tr><td colspan="2">使用单位代码</td><td></td><td>使用单位设备编号</td><td></td></tr>
<tr><td colspan="2">安全管理人员</td><td></td><td>制造日期</td><td></td></tr>
<tr><td colspan="2">制造单位</td><td colspan="3"></td></tr>
<tr><td colspan="2">规格型号</td><td></td><td>产品编号</td><td></td></tr>
<tr><td colspan="2">维护保养单位</td><td colspan="3"></td></tr>
<tr><td rowspan="3">设备技术参数</td><td>名义速度</td><td>m/s</td><td>名义宽度</td><td>mm</td></tr>
<tr><td>倾斜角</td><td>(°)</td><td>输送能力</td><td>P/h</td></tr>
<tr><td>提升高度</td><td>m</td><td>使用区长度</td><td>m</td></tr>
<tr><td>检验依据</td><td colspan="4">《电梯监督检验和定期检验规则——自动扶梯与自动人行道》(TSG T7005—2012)</td></tr>
<tr><td>主要检验仪器设备</td><td colspan="4"></td></tr>
<tr><td>检验结论</td><td colspan="4"></td></tr>
<tr><td>备注</td><td colspan="4"></td></tr>
<tr><td colspan="2">检验日期</td><td></td><td>下次检验日期</td><td></td></tr>
<tr><td colspan="2">检验人员</td><td colspan="3"></td></tr>
<tr><td colspan="2">编　制：</td><td>日期：</td><td colspan="2" rowspan="3">检验机构核准证号：

（检验机构公章或检验专用章）
年　月　日</td></tr>
<tr><td colspan="2">审　核：</td><td>日期：</td></tr>
<tr><td colspan="2">批　准：</td><td>日期：</td></tr>
</table>

共　页　第　页

报告编号：

<table>
<tr><th>序号</th><th>检验类别</th><th colspan="3">检验项目及其内容</th><th>检验结果</th><th>检验结论</th></tr>
<tr><td rowspan="5">1</td><td rowspan="5">B</td><td rowspan="5">1
技术资料</td><td rowspan="5">1.4
使用资料</td><td>（1）使用登记资料</td><td></td><td rowspan="5"></td></tr>
<tr><td>（2）安全技术档案</td><td></td></tr>
<tr><td>（3）管理规章制度</td><td></td></tr>
<tr><td>（4）日常维护保养合同</td><td></td></tr>
<tr><td>（5）管理人员特种设备作业人员证</td><td></td></tr>
<tr><td>2</td><td>C</td><td rowspan="8">2
驱动与转向站</td><td colspan="2">2.2　防护</td><td></td><td></td></tr>
<tr><td>3</td><td>C</td><td colspan="2">2.3　照明</td><td></td><td></td></tr>
<tr><td>4</td><td>B</td><td colspan="2">2.5　主开关</td><td></td><td></td></tr>
<tr><td>5</td><td>C</td><td colspan="2">2.6　辅助设备开关</td><td></td><td></td></tr>
<tr><td>6</td><td>B</td><td colspan="2">2.7　停止开关设置</td><td></td><td></td></tr>
<tr><td>7</td><td>B</td><td colspan="2">2.8　电气绝缘</td><td></td><td></td></tr>
<tr><td>8</td><td>C</td><td colspan="2">2.9　接地</td><td></td><td></td></tr>
<tr><td>9</td><td>C</td><td colspan="2">★2.13　手动盘车装置</td><td></td><td></td></tr>
<tr><td>10</td><td>C</td><td rowspan="3">3
相邻区域</td><td colspan="2">3.1　周边照明</td><td></td><td></td></tr>
<tr><td>11</td><td>B</td><td colspan="2">3.4　防护挡板</td><td></td><td></td></tr>
<tr><td>12</td><td>C</td><td colspan="2">3.5　扶手带外缘距离</td><td></td><td></td></tr>
<tr><td>13</td><td>C</td><td rowspan="7">4
扶手装置和围裙板</td><td colspan="2">4.1　扶手带</td><td></td><td></td></tr>
<tr><td>14</td><td>C</td><td colspan="2">★4.2　扶手防攀爬设置</td><td></td><td></td></tr>
<tr><td>15</td><td>C</td><td colspan="2">4.3　扶手装置要求</td><td></td><td></td></tr>
<tr><td>16</td><td>C</td><td colspan="2">4.4　护壁板之间的空隙</td><td></td><td></td></tr>
<tr><td>17</td><td>C</td><td colspan="2">4.5　围裙板接缝</td><td></td><td></td></tr>
<tr><td>18</td><td>B</td><td colspan="2">4.6　围裙板间隙</td><td></td><td></td></tr>
<tr><td>19</td><td>C</td><td colspan="2">4.7　防夹装置</td><td></td><td></td></tr>
<tr><td>20</td><td>C</td><td>5
梳齿与梳齿板</td><td colspan="2">5.1　梳齿、啮合</td><td></td><td></td></tr>
</table>

共　页　第　页

报告编号：

序号	检验类别	检验项目及其内容		检验结果	检验结论
21	B	6 监控和安全装置	6.1 扶手带入口保护		
22	B		6.2 梳齿板保护		
23	B		★6.3 超速保护		
24	B		★6.4 非操纵逆转保护		
25	B		★6.5 梯级、踏板或胶带的驱动元件保护		
26	B		6.6 驱动装置与转向装置之间的距离缩短保护		
27	B		★6.7 梯级或踏板的下陷保护		
28	B		★6.8 梯级或踏板的缺失保护		
29	B		★6.9 扶手带速度偏离保护		
30	B		6.10 多台连续并且无中间出口的自动扶梯或自动人行道停止保护		
31	B		★6.11 检修盖板和上下盖板监控		
32	B		★6.12 制动器松闸故障保护		
33	B		6.13 附加制动器		
34	C	7 检修装置	7.1 检修控制装置的设置		
35	C		★7.2 检修控制装置的操作		
36	C	8 自动启动、停止	8.1 待机运行		
37	C		8.2 运行时间		
38	B	9 标志	9.1 使用须知		
39	C	10 运行检查	10.1 速度偏差		
40	C		10.2 扶手带的运行速度偏差		
41	B		10.3 制停距离		

共　页　第　页

注 C-1：检验报告中的“检验项目及其内容”一栏中所表述具体项目和内容前面的条文序号[如 1、1.4、(1)]与《电梯监督检验和定期检验规则——自动扶梯与自动人行道》(TSG T7005—2012)附件 A“自动扶梯与自动人行道监督检验和定期检验内容、要求与方法”(以下简称附件 A)中的条文序号一致。

注 C-2：检验机构可以根据不同的自动扶梯与自动人行道类型和检验情况，按照实际的项目及其内容编排检验报告。

注 C-3：标有★的项目为根据有关规定，对于允许按照 GB 16899—1997 及更早期标准生产的自动扶梯和自动人行道，可以按照《自动扶梯和自动人行道监督检验规程》(国质检锅[2002]360 号)中的有关规定进行检验的项目。

注 C-4：2.2 防护、6.2 梳齿板夹异物保护、6.4 非操纵逆转保护、6.7 梯级或踏板的下陷保护、7.1 检修控制装置的设置、7.2 检修控制装置的操作、10.2 扶手带的运行速度偏差等 7 个项目，对于制造日期为 1998 年 2 月 1 日以前的设备不作为否决项，按 C 项处理。

附件 D

特种设备检验意见通知书

（格式）

编号：

_____（填写受检单位名称）_____：

经检验，你单位_____（填写设备品种）_____（产品编号：_____，使用登记编号：_____，使用单位设备编号：_____，使用地点：_____），存在以下问题，请于　　年　　月　　日前将处理结果报送我机构：

问题和意见：
检验人员：　　　　　　日期： （检验机构公章或检验专用章） 年　　月　　日 受检单位接受人：　　　　　　日期：
处理结果： 受检单位主管负责人：　　　　　　（受检单位公章） 年　　月　　日

注 D-1：本通知书一式三份。一份检验机构存档，两份送受检单位，其中一份受检单位应当在要求的日期内返回检验机构。如果定期检验时存在 B 类或者超过 3 项 C 类项目不合格，或者受检单位未在要求的日期内返回检验机构，检验机构还应当报负责设备使用登记的特种设备安全监察机构。

附

TSG T7005—2012《电梯监督检验和定期检验规则——自动扶梯与自动人行道》第1号修改单

（对2012年3月第1版的修改）

一、正文修改

1. 第五条修改为："实施自动扶梯与自动人行道安装、改造或者重大维修的施工单位（以下简称施工单位）应当在按照规定履行告知后、开始施工前（不包括设备开箱、现场勘测等准备工作），向检验机构申请监督检验；自动扶梯与自动人行道使用单位应当正电梯使用标志所标注的下次检验日期届满前1个月，向检验机构申请定期检验。"

2. 第八条第（二）项修改为："对于自动扶梯与自动人行道改造和重大维修过程，除对改造和重大维修涉及的附件B中所列的项目进行检验之外，还需对附件C所列项目（前述改造和重大维修涉及的项目除外）进行检验，检验的内容、要求和方法按照附件A的规定。"

3. 第十八条第一款修改为："检验工作（包括第十七条规定的对整改情况的确认）完成后，或者达到《通知书》提出时限而受检单位未反馈整改报告等见证材料的，检验机构必须在10个工作日内出具检验报告。检验结论为"合格"的，还应当同时出具电梯使用标志。"

4. 第二十一条第（一）项修改为："安装监督检验，检验项目全部合格，并且经检验人员确认相关单位已经针对第十七条第（一）、（三）、（四）项所述问题进行了有效整改。"

第（二）项修改为："改造或者重大维修监督检验，检验项目全部合格，或者改造和重大维修涉及的相关检验项目全部合格，对于按照定期检验规定进行的项目，除了上次定期检验后使用单位采取安全措施进行监护使用的C类项目之外（使用单位继续对这些项目采取安全措施，在《通知书》上签署了监护使用的意见），其他项目全部合格，并且经检验人员确认相关单位已经针对第十七条第（一）、（三）、（四）项所述问题进行了有效整改。"

第（三）项修改为："定期检验，检验项目全部合格，或者B类检验项目全部合格，C类检验项目应整改项目不超过3项（含3项），相关单位已在《通知书》规定的时限内向检验机构提交填写了处理结果的《通知书》以及整改报告等见证资料，使用单位已经对上述应整改项目采取了相应的安全措施，在《通知书》上签署了监护使用的意见，并且经检验人员确认相关单位已经针对第十七条第（一）、（三）、（四）项所述问题进行了有效整改。"

5. 第二十四条修改为："对于判定为"不合格"或者"复检不合格"的自动扶梯与自动人行道、未执行《通知书》提出的整改要求并且已经超过电梯使用标志所标注的下次检验日期的自动扶梯与自动人行道，检验机构应当将检验结果、检验结论及有关情况报告负责设备使用登记的特种设备安全监察机构；对于定期检验判定为"不合格"的自动扶梯与自动人行道，检验机构还应当告知使用单位立即停止使用。"

二、附件A修改

（一）"项目及类别"栏修改

1. 4.2 修改为“扶手防爬/阻挡/防滑行装置 C。”

2. 4.5 修改为“围裙板接缝 C。”

3. 5.1 修改为“梳齿与梳齿板 C。”

4. “9 标识”修改为：“9 标志。”

（二）“检验内容与要求”栏修改

1. 1.1(3)修改为：“产品质量证明文件，注有制造许可证明文件编号、该自动扶梯与自动人行道的产品出厂编号、主要技术参数，含有电子元件的安全电路和(或)可编程电子安全相关系统(如果有)、梯级、踏板、驱动主机、控制柜等安全保护装置和主要部件的型号，以及含有电子元件的安全电路和(或)可编程电子安全相关系统(如果有)、驱动主机、控制柜的编号等内容，并且在证明文件上有整机制造单位的公章或者检验合格章以及出厂日期。”

2. 1.1(4)修改为：“含有电子元件的安全电路(如果有)、可编程电子安全相关系统(如果有)、梯级、踏板、驱动主机、控制柜等安全保护装置和主要部件的型式试验合格证；对于玻璃护壁板，还应当提供采用了钢化玻璃的证明。”

3. 1.2(4)修改为：“施工过程记录和由整机制造单位出具或者确认的自检报告，检查和试验项目齐全、内容完整、真实准确，施工和验收手续齐全。”

4. 2.8 修改为：动力电路、照明电路和电气安全装置电路的绝缘电阻值应当符合下述要求：

标称电压/V	测试电压(直流)/V	绝缘电阻/MΩ
安全电压	250	≥0.25
≤500	500	≥1.00
>500	1 000	≥1.00

5. 2.13 修改为：“(1)如提供手动盘车装置，该装置应当容易接近，操作安全可靠。盘车装置不得采用曲柄或多孔手轮；

★(2) 如果手动盘车装置是拆卸式的，那么该装置安装上驱动主机之前或装上时，电气安全装置应当起作用。”

6. 2.14(2)修改为：“为方便接近，必要时应当增设附加急停装置。急停装置之间的距离应当符合下述要求：

① 自动扶梯，不超过 30 m；

② 自动人行道，不超过 40 m。”

7. 4.2 修改为：“★(1)为防止人员跌落而在自动扶梯和自动人行道的外盖板上装设的防爬装置应当符合：防爬装置位于地平面上方(1 000±50)mm，下部与外盖板相交，平行于外盖板方向上的延伸长度不应小于 1 000 mm，并确保在此长度范围内无踩脚处。该装置的高度至少与扶手带表面齐平；

★(2) 当自动扶梯或者自动人行道与墙相邻，并且外盖板的宽度大于 125 mm 时，在上、下端部应当安装阻挡装置以防止人员进入外盖板区域。当自动扶梯或者自动人行道为相邻平行布置，并且共用外盖板的宽度大于 125 mm 时，也应当安装这种阻挡装置。该装置应当延伸到高度距离扶手带下缘 25 mm～150 mm；

★(3) 当自动扶梯或者倾斜式自动人行道和相邻的墙之间装有接近扶手带高度的扶手盖板，并且建筑物(墙)和扶手带中心线之间的距离大于 300 mm 时，或者相邻自动扶梯或者倾斜式自动人行道的扶手带中心线之间的距离大于 400 mm 时，应当在扶手盖板上装设防滑行装置。该装置应当包含固定在扶手盖板上的部件，与扶手带的距离不小于 100 mm，并且防滑行装置之间的间隔距离不大于 1 800 mm，高度不小于 20 mm。该装置应当无锐角或锐边。”

8. 6.13(1)修改为：“在下列任何一种情况下，自动扶梯和倾斜式自动人行道应当设置一个或多个机械式(利用摩擦原理)附加制动器：

① 工作制动器和梯级、踏板或者胶带驱动装置之间不是用轴、齿轮、多排链条、多根单排链条连接的；

② 工作制动器不是机—电式制动器；

③ 提升高度超过 6 m；

④ 公共交通型。”

9. 7.2 修改为：“(1)控制装置的操作元件应当能防止发生意外动作，自动扶梯或者自动人行道的运行应当依靠持续操作。当使用检修控制装置时，其他所有启动开关都不起作用；

★(2) 当连接一个以上的检修控制装置时，所有检修控制装置都不起作用；

★(3) 检修运行时，电气安全装置(6.7、6.8、6.9、6.10、6.11 和 6.12 所述除外)应当有效。”

10. 9.2 修改为：“应当至少在自动扶梯或者自动人行道的一个出入口的明显位置，设有标注下列信息的产品标识：

① 制造厂的名称；

② 产品型号；

③ 产品编号；

④ 制造年份。”

(三)“检验方法”栏修改

1. 1.4 中的“定期检验和改造、重大维修过程的监督检验时查验(1)～(7)；”修改为“定期检验和改造、重大维修过程的监督检验时查验(1)～(5)。”

2. 2.1 修改为：“审查自检结果，如对其有质疑，按照以下方法进行现场检验(以下 C 类项目只描述现场检验方法)：目测；必要时测量相关数据。”

3. 4.2 修改为“目测；测量相关数据。”

4. 4.4 修改为“目测；测量相关数据。”

5. 5.1 修改为 “目测；测量相关数据。”

6. 6.2 修改为：“拆下中间部位的梳齿板，用工具使梳齿板向后或者向上移动(或者前后、上下)，检查安全装置是否动作，自动扶梯或自动人行道能否启动。”

7. 6.3(1)修改为：“通过审查整机型式试验报告和其他相关随机文件，判断是否需要设置超速保护装置。”

8. 6.5 修改为：“模拟驱动元件断裂或者过分伸长的状况，检查动作装置能否使安全装置动作,并且使设备停止运行;根据故障锁定原理,检查故障锁定功能是否有效。"

9. 6.6 修改为:"模拟驱动装置与转向装置之间的距离伸长或者缩短的状况,检查动作装置能否使安全装置动作,并且使设备停止运行。"

10. 6.7 修改为:"卸除 1~2 个梯级或踏板,将缺口检修运行至安全装置处:

(1) 检查安全装置离梳齿相交线的距离是否大于工作制动器的最大制停距离;

(2) 检查动作装置能否使安全装置动作,并且使设备停止运行;

(3) 根据故障锁定原理,检查故障锁定功能是否有效。"

11. 6.8 修改为:"(1)卸除 1 个梯级或踏板,将缺口运行至返回分支内与回转段下部相接的直线段位置,正常启动设备上行和下行,分别检查缺口到达梳齿板位置之前,设备是否停止运行;

(2) 根据故障锁定原理,检查故障锁定功能是否有效。"

12. 9.2 修改为:"目测检查。"

(四) 注 A-4 修改

注 A-4 修改为:"标有★的项目,对于允许按照 GB 16899—1997 及更早期标准生产的自动扶梯和自动人行道,相应项目可以不检验、或者可以按照《自动扶梯及自动人行道监督检验规程》(国质检锅[2002]360 号)进行检验。"

三、附件 B 修改

1. 检验结论页"规格型号"修改为"型号。"

2. 序号 5(即 2.1 维修空间)检验项目细化,如表 1 所示。

表 1

5	C		2.1 维修车间	(1) 机房面积		
				(2) 工作区段立足区域面积		

3. 序号 17(即 2.13 手动盘车装置)检验项目细化,如表 2 所示。

表 2

17	C		2.13 手动盘车装置	(1) 设置		
				(2) 电气安全装置		

4. 序号 18(即 2.14 紧急停止装置)检验分项目名称调整,如表 3 所示。

表 3

18	B		2.13 紧急停止装置	(1) 设置		
				(2) 附加停止装置		

5. 序号 20(即 3.2 出入口)检验项目细化,如表 4 所示。

表 4

20	C		3.2 出入口	(1) 畅通区域		
				(2) 阻挡装置		

6. 序号 26(即 4.2)项目设置改变且检验项目细化,如表 5 所示。

表 5

26	C		4.2 扶手防爬/阻挡/防滑行装置	(1) 防爬装置		
				(2) 阻挡装置		
				(3) 防滑行装置		

7. 序号35、36、37检验项目细化，如表6所示。

表 6

35	B		6.3 超速保护	(1) 设置		
				(2) 故障锁定		
36	B		6.4 非操纵逆转保护	(1) 设置		
				(2) 故障锁定		
37	B		6.5 梯级、踏板或胶带的驱动元件保护	(1) 设置		
				(2) 故障锁定		

8. 序号39、40检验项目细化，如表7所示。

表 7

39	B		6.7 梯级或踏板的下陷保护	(1) 设置		
				(2) 故障锁定		
40	B		6.8 梯级或踏板的缺失保护	(1) 设置		
				(2) 故障锁定		

9. 序号44、45、46、47检验项目细化，如表8。

表 8

44	B		6.12 制动器松闸故障保护	(1) 设置		
				(2) 故障锁定		
45	B		6.13 附加制动器	(1) 设置		
				(2) 动能		
46	C	7 检修装置	7.1 检修控制装置的设置	(1) 检修插座设置		
				(2) 停止开关		
				(3) 标识		
47	C		7.2 检修控制装置的操作	(1) 检修功能		
				(2) 多个检修装置		
				(3) 电气安全装置		

10. 增加“注B-2：检验报告中的下次检验日期精确到月，只填写至检验日期下一年度的当月。下次检验日期以安装、改造、重大维修监督检验的检验合格日期为基准计算。”

四、附件C修改

1. 检验结论页“规格型号”修改为“型号。”

2. 序号7(即2.8电气绝缘)检验类别修改为“C。”

3. 序号9检验项目细化,如表9所示。

表 9

9	C		2.13 手动盘车装置	(1) 设置		
				★(2) 电气安全装置		

4. 在序号9之后增加“2.14 紧急停止装置(1)设备”一项,检验类别为B,作为序号10内容,如表10所示。

表 10

10	B		2.14 紧急停止装置	(1) 设置		

5. 在序号11(原序号10)之后增加“3.2 出入口”一项,检验类别为C,作为序号12内容,如表11所示。

表 11

12	C		3.2 出入口	(1) 畅通区域		
				(2) 阻挡装置		

6. 序号16(原序号14即检验项目4.2)项目设置改变且检验项目细化,如表12所示。

表 12

16	C		★4.2 扶手防爬/阻挡/防滑行装置	(1) 防爬装置		
				(2) 阻挡装置		
				(3) 防滑行装置		

7. 序号25、26、27(原序号23、24、25,即检验项目6.3、6.4、6.5)检验项目细化,如表13所示。

表 13

25	B		6.3 超速保护	(1) 设置		
				★(2) 故障锁定		
26	B		6.4 非操纵逆转保护	(1) 设置		
				★(2) 故障锁定		
27	B		6.5 梯级、踏板或胶带的驱动元件保护	(1) 设置		
				★(2) 故障锁定		

8. 序号29、30(原序号27、28,即检验项目6.7、6.8)检验项目细化,如表14所示。

表 14

29	B		6.7 梯级或踏板的下陷保护	(1) 设置		
				★(2) 故障锁定		
30	B		6.8 梯级或踏板的缺失保护	(1) 设置		
				★(2) 故障锁定		

9. 序号34、35、36、37(原序号32、33、34、35,即检验项目6.12、6.13、7.1、7.2)检验项目细化,如表15所示。

表 15

34	B		★6.12 制动器松闸故障保护	(1) 设置		
				(2) 故障锁定		
35	B		6.13 附加制动器	(1) 设置		
				(2) 动能		
36	C	7 检修装置	7.1 检修控制装置的设置	(1) 检修插座设置		
				(2) 停止开关		
				(3) 标识		
37	C		7.2 检修控制装置的操作	(1) 检修功能		
				★(2) 多个检修装置		
				★(3) 电气安全装置		

10. 将原序号39内容删除。

11. 注C-3修改为:“标有★的项目,对于允许按照GB 16899—1997及更早期标准生产的自动扶梯和自动人行道,相应项目可以不检验或者可以按照《自动扶梯及自动人行道监督检验规程》(国质检锅[2002]360号)进行检验。”

12. 增加“注C-5:检验报告中的下次检验日期精确到月,只填写至检验日期下一年度的当月。”

13. 序号增加,其他序号也以此相应进行改动。

五、附件D修改

1. 附件D表格中的内容修改为:

问题和意见: 检验人员: 日期: 年 月 日 (检验机构公章或检验专用章) 受检单位接受人: 日期: 年 月 日 受检单位联系电话:
处理结果: 受检单位负责人: (受检单位公章) 维护保养单位负责人(如涉及): (维护保养单位公章) 年 月 日

2. 检验报告格式(附件B、C)根据修订内容做相应编辑调整和修改。

附

TSG T7005—2012《电梯监督检验和定期检验规则——自动扶梯与自动人行道》第2号修改单

（2013年第1次修改）

一、正文修改

第一条修改为：

“为了加强自动扶梯与自动人行道安装、改造、修理、日常维护保养、使用和检验工作的监督管理，规范自动扶梯与自动人行道安装、改造、重大修理监督检验和定期检验行为，提高检验工作质量，促进自动扶梯与自动人行道运行安全保障工作的有效落实，根据《中华人民共和国特种设备安全法》《特种设备安全监察条例》，制定本规则。”

二、附件A修改

1. 将1.1(2)修改为：

“自动扶梯或者自动人行道整机型式试验证书，其参数范围和配置表适用于受检自动扶梯或者自动人行道；”

2. 将1.1(3)修改为：

“产品质量证明文件，注有制造许可证明文件编号、产品编号、主要技术参数，含有电子元件的安全电路(如果有)、可编程电子安全相关系统（如果有)、驱动主机、控制柜的型号和编号，以及梯级或者踏板等承载面板、梯级(踏板)链的型号，并且在证明文件上有自动扶梯与自动人行道整机制造单位的公章或者检验专用章以及制造日期；”

3. 将1.1(4)修改为：

“含有电子元件的安全电路(如果有)、可编程电子安全相关系统(如果有)、梯级或者踏板等承载面板、驱动主机、控制柜、梯级(踏板)链的型式试验证书；对于玻璃护壁板，还应当提供采用了钢化玻璃的证明；”

4. 将1.1(5)调整为1.2(4)，并修改为：

“用于安装该自动扶梯或者自动人行道的驱动站、转向站及总体布置图或者土建工程勘测图，有安装单位确认符合要求的声明和公章或者检验专用章，表明其出入口、高度等满足安全要求；”

5. 将1.2的检验方法修改为：

“审查相应资料。(1)～(4)在报检时审查，(3)、(4)在其他项目检验时还应当审查；(5)、(6)在试验时审查；(7)在竣工后审查”

6. 将1.3(3)修改为：

“加装或者更换的安全保护装置或者主要部件产品质量证明文件、型式试验证书；”

7. 增加：

“2.8　主要部件铭牌 B”

“(1) 驱动主机上设有铭牌，标明制造单位名称、型号、编号、技术参数和型式试验机构的名称或者标志，铭牌和型式试验证书内容相符；”

“(2) 控制柜上设有铭牌，标明制造单位名称、型号、编号、技术参数和型式试验机构的名称或者标志，铭牌和型式试验证书内容相符”

检验方法为：“对照检查驱动主机、控制柜型式试验证书和铭牌”

8. 将“2.10　断错相保护 C”修改为：

“2.11　断错相保护 B”

9. 将“2.14　紧急停止装置 B”调整为：

“2.15　紧急停止装置 B”

检验内容与要求修改为：

“(1) 紧急停止装置应当设置在自动扶梯或者自动人行道出入口附近、明显并且易于接近的位置。紧急停止装置应当为红色，有清晰的永久性中文标识；如果紧急停止装置位于扶手装置高度的 1/2 以下，应当在扶手装置 1/2 高度以上的醒目位置张贴直径至少为 80 mm 的红底白字“急停”指示标记，箭头指向紧急停止装置；”

“(2) 为方便接近，必要时应当增设附加紧急停止装置。紧急停止装置之间的距离应当符合下列要求：”

“① 自动扶梯，不超过 30 m；”

“② 自动人行道，不超过 40 m”

10. 将“4.2　扶手防爬/阻挡/防滑行装置 C”修改为：

“4.2　扶手防爬/阻挡/防滑行装置 B”

11. 将 6.2 的检验内容与要求修改为：

“当有异物卡入，并且梳齿与梯级或者踏板不能正常啮合，导致梳齿板与梯级或者踏板发生碰撞时，自动扶梯或者自动人行道应当自动停止运行”

12. 将 6.9 的检验内容与要求修改为：

“应当设置扶手带速度监测装置，当扶手带速度与梯级(踏板、胶带)实际速度偏差最大超过 15%，并且持续时间达到 5 s～15 s 时，使自动扶梯或者自动人行道停止运行”

13. 将“6.11　检修盖板和上下盖板开启监控 B”修改为：

“6.11　检修盖板和楼层板 B”

检验内容与要求修改为：

“(1) 应当采取适当的措施(如安装楼层板防倾覆装置、螺栓固定等)，防止楼层板因人员踩踏或者自重的作用而发生倾覆、翻转；”

“(2) 监控检修盖板和楼层板的电气安全装置的设置应当符合下列要求之一：”

“① 移除任何一块检修盖板或者楼层板时，电气安全装置动作；”

“② 如果机械结构能够保证只能先移除某一块检修盖板或者楼层板时，至少在移除该块检修盖板或者楼层板后，电气安全装置动作”。

检验方法修改为：

“目测；开启检修盖板、楼层板，观察驱动主机能否启动”

14. 将 6.12(2)修改为：

“该装置动作后，只有手动复位故障锁定，并且操作开关或者检修控制装置才能重新启动自动扶梯或者自动人行道。即使电源发生故障或者恢复供电，此故障锁定应当始终保持有效”

15. 在 7.2 的检验内容与要求中增加：

“对于允许按照 GB 16899—1997 及更早期标准生产的自动扶梯与自动人行道，可以按照以下要求检验：”

“(1) 控制装置的操作元件应当能够防止发生意外动作，自动扶梯或者自动人行道的运行应当依靠持续操作。使用检修控制装置时，其他所有启动开关都不起作用；”

“(2) 所有检修插座应当这样设置：即当连接一个以上的检修控制装置时，或者都不起作用，或者需要同时都启动才能起作用；”

“(3) 安全开关和安全电路应当仍起作用”

16. 删除所有的“★”。

17. 删除注 A-4。

三、附件 B 修改

1. 附件 B 中的序号、检验类别、检验项目及其内容按照修改后的附录 A 进行对应调整。

2. 删除检验报告封页中的“设备名称”“设备类型”和“设备型式”，增加“设备类别”和“设备品种”将报告中的“单位”“机构”，后面加“名称”。

四、附件 C 修改

1. 附件 C 中的序号、检验类别、检验项目及其内容按照修改后的附录 A 进行对应调整。

2. 删除检验报告封页中的“设备名称”“设备类型”和“设备型式”，增加“设备类别”和“设备品种”，将报告中的“单位”“机构”，后面加“名称”。

3. 检验结论页中增加“改造单位名称”和“改造日期”。

4. 删除注 C-2。

5. 将注 C-3 修改为：

“注 C-2：对于允许按照 GB 16899—1997 及更早期标准生产的自动扶梯与自动人行道，标有★的项目可以不检验。”

对于部分不影响技术要求的文字修订(如将“维修”修改为“修理”，“特种设备检验检测机构”修改为“特种设备检验机构”，“型式试验合格证书”修改为“型式试验证书”，“型式试验机构标识”修改为“型式试验机构的名称或者标志”，“检验合格章”修改为“检验专用章”)以及编辑性修改等，修改单中未予一一列入。

附

TSG T7005—2012《电梯监督检验和定期检验规则——自动扶梯与自动人行道》第3号修改单

（2017年第2次修改）

一、正文修改

将正文中出现的“国家质量监督检验检疫总局”和“国家质检总局”分别修改为“国家市场监督管理总局”和“市场监管总局”（第二十六条除外）。

二、附件A修改

1. 删除1.2(3)，序号1.2(4)、1.2(5)、1.2(6)、1.2(7)相应地调整为1.2(3)、1.2(4)、1.2(5)、1.2(6)；

2. 将1.2的检验方法修改为“审查相应资料。(1)～(3)在报检时审查，(3)在其他项目检验时还应当审查；(4)、(5)在试验时审查；(6)在竣工后审查”；

3. 将1.4(2)中的“安全技术档案，至少包括1.1、1.2、1.3所述文件资料[1.2的(3)项和1.3的(4)项除外]，”修改为“安全技术档案，至少包括1.1、1.2、1.3所述文件资料[1.3(4)除外]，”。

三、附件B修改

将1.2按照修改后的附件A作对应调整。

TSG 特种设备安全技术规范 TSG T7006—2012

电梯监督检验和定期检验规则
——杂物电梯

Regulation for Lift Supervisory Inspection and Periodical Inspection—Service Lift

中华人民共和国国家质量监督检验检疫总局颁布

2012 年 3 月 23 日

前　言

2009 年 10 月，国家质量监督检验检疫总局（以下简称国家质检总局）特种设备安全监察局（以下简称特种设备局）向中国特种设备检测研究院（以下简称中国特检院）下达了本规则的起草任务书。2010 年 3 月，中国特检院组织有关专家成立了起草组并在苏州召开首次编制工作会议。2010 年 3～6 月，起草组召开了多次编制修订工作会议，提出修改意见，形成征求意见稿。2010 年 11 月，国家质检总局以质检特函[2010]84 号文征求基层、有关部门、单位和专家及公民的意见。2011 年 3 月，根据征求到的意见和审议反馈的意见，起草组在南京召开会议对规则进行了修改并形成报批稿。2012 年 3 月 23 日，由国家质检总局批准颁布。

本规则的编制工作，遵循了在满足国家法律、法规要求的前提下，兼顾我国杂物电梯相关工作现状的原则。本规则明确规定了曳引式、强制式杂物电梯和液压杂物电梯安装、改造、重大维修监督检验和定期检验的目的、性质、依据、适用范围、检验条件、检验周期、程序与要求、内容和方法，以及检验结论的合格判定条件，规定了杂物电梯设计、制造、安装、改造、维修、日常维护保养和使用单位以及从事杂物电梯监督检验和定期检验检测机构的职责要求，以指导和规范杂物电梯安装、改造、重大维修监督检验和定期检验行为，提高检验工作质量，促进杂物电梯运行安全保障工作的有效落实。

本规则主要起草单位和人员如下：

国家质检总局特种设备局	何　毅　夏　勇
江苏省特种设备安全监督检验研究院苏州分院	李　宁　陈　驰　李杰锋
南京市特种设备安全监督检验研究院	冯月贵
深圳市特种设备安全检验研究院	潘海宁
安徽省特种设备检测院	王　旭
北京市海淀区特种设备检测所	李　赵
北京希望电梯有限责任公司	刘　萍
沈阳亿成电梯有限公司	陶世全
西子奥的斯电梯有限公司	温爱民

电梯监督检验和定期检验规则——杂物电梯

第一条 为了加强对杂物电梯安装、改造、维修、日常维护保养、使用和检验工作的监督管理，规范杂物电梯安装、改造、重大维修监督检验和定期检验行为，提高检验工作质量，促进杂物电梯运行安全保障工作的有效落实，根据《特种设备安全监察条例》，制定本规则。

第二条 本规则适用于电力驱动的曳引式或者强制式杂物电梯和液压杂物电梯（防爆杂物电梯除外）的安装、改造、重大维修监督检验和定期检验。

前款所述电力驱动的曳引式或者强制式杂物电梯和液压杂物电梯（以下简称杂物电梯）的生产（含杂物电梯的设计、制造、安装、改造、维修、日常维护保养，下同）和使用单位，以及从事杂物电梯监督检验和定期检验的特种设备检验检测机构，应当遵守本规则规定。

第三条 本规则所称监督检验是指由国家质量监督检验检疫总局（以下简称国家质检总局）核准的特种设备检验检测机构（以下简称检验机构），根据本规则规定，对杂物电梯安装、改造、重大维修过程进行的监督检验（以下简称监督检验）；本规则所称定期检验是指检验机构根据本规则规定，对在用杂物电梯定期进行的检验。

监督检验和定期检验（以下统称检验）是对杂物电梯生产和使用单位执行相关法规标准规定、落实安全责任，开展为保证和自主确认杂物电梯安全的相关工作质量情况的查证性检验。杂物电梯生产单位的自检记录或者报告中的结论，是对设备安全状况的综合判定；检验机构出具检验报告中的检验结论，是对杂物电梯生产和使用单位落实相关责任、自主确定设备安全等工作质量的判定。

第四条 如果出现了有关杂物电梯生产和检验的新技术、新材料、新工艺等影响本规则技术指标和要求的特殊情况，国家质检总局可以根据具体情况，提出相应要求。

第五条 实施杂物电梯安装、改造或者重大维修的施工单位（以下简称施工单位）应当在按照规定履行告知后、开始施工前（不包括设备开箱、现场勘测等准备工作），向检验机构申请监督检验；杂物电梯使用单位应当在安全检验标志所标注的下次检验日期届满前1个月，向检验机构申请定期检验。

第六条 施工单位应当按照设计文件和标准的要求，对杂物电梯机房、井道、底坑等涉及杂物电梯施工的土建工程进行检查，对杂物电梯制造质量（包括零部件和安全保护装置等）进行确认，并且做好记录，符合要求后方可以进行杂物电梯施工。

施工单位或者维护保养单位应当按照相关安全技术规范和标准的要求，保证施工或者日常维护保养质量，真实、准确地填写施工或者日常维护保养的相关记录或者报告，对施工或者日常维护保养质量以及提供的相关文件、资料的真实性及其与实物的一致性负责。

第七条 施工单位、维护保养单位和使用单位应当向检验机构提供符合附件A要求的有关文件、资料，安排相关的专业人员配合检验机构实施检验。其中，施工自检报告、日常维护保养年度自行检查记录或者报告还须另行提交复印件备存。

第八条 检验机构应当在施工单位自检合格的基础上实施监督检验，在维护保养单位自检合格的基础上实施定期检验。实施监督检验和定期检验，应当遵守以下规定：

（一）对于杂物电梯安装过程，按照附件A规定的检验内容、要求和方法，对附件B所列项目进行检验；

（二）对于杂物电梯改造和重大维修过程，除按照附件A规定的检验内容、要求和方法对改造和重大维修涉及的附件B中所列的项目进行检验之外，还需对附件C所列项目（前述改造和重大维修涉及的项目除外），按照附件A规定的检验内容、要求和方法进行检验；

（三）对于在用杂物电梯，按照附件A规定的检验内容、要求和方法，对附件C所列项目每年进行1次定期检验；

（四）对于由于发生自然灾害或者设备事故而使其安全技术性能受到影响的杂物电梯以及停止使用1年以上的杂物电梯，再次使用前，应当按照本条第（三）项的规定进行检验。但如果对杂物电梯实施改造或者重大维修，应当按照本条第（二）项的规定进行检验。

第九条 杂物电梯检验项目分为A、B、C三个类别。各类别检验程序如下：

（一）A类项目，检验机构对提供的文件、资料（按照附件A具体规定的内容和要求执行，下同）进行审查，对该类项目进行检验，并与自检记录或者报告对应项目的检验结果（以下简称自检结果）进行对比，按照第二十条的规定对项目的检验结论做出判定；不经检验机构审查、检验，或者审查、检验结论为不合格，施工单位不得进行下道工序的施工；

（二）B类项目，检验机构对提供的文件、资料进行审查，对该类项目进行检验，并与自检结果进行对比，按照第二十条的规定对项目的检验结论做出判定；

（三）C类项目，检验机构对提供的文件、资料进行审查，认为自检记录或者报告等文件和资料完整、有效，对自检结果无质疑（以下简称资料审查无质疑），可以确认为合格；如果文件和资料欠缺、无效或者对自检结果有质疑（以下简称资料审查有质疑），应当按照附件A规定的检验方法，对该类项目进行检验，并与自检结果进行对比，按照第二十条的规定对项目的检验结论做出判定。

各检验项目的类别见附件A、附件B、附件C，具体的检验方法见附件A。

第十条 检验机构应当根据本规则规定，制定包括检验程序和检验流程图在内的杂物电梯检验作业指导文件，并且按照相关法规、本规则和检验作业指导文件的规定，对杂物电梯检验质量实施严格控制，对检验结果及检验结论的正确性负责，对检验工作质量负责。

第十一条 检验机构应当统一制定杂物电梯检验原始记录格式及其要求，在本单位正式发布使用。原始记录内容应当不少于相应检验报告（见附件B、附件C）规定的内容。必要时，相关项目应当另列表格或者附图，以便数据的记录和整理。

第十二条 检验机构应当配备能够满足附件A所述检验要求和方法的检验检测仪器设备、计量器具和工具。

第十三条 检验人员应当按照国家有关特种设备检验人员资格考核的规定，取得国家质检总局颁发的相应资格证书后，方可以从事批准项目的杂物电梯检验工作。现场检验至少由2名具有电梯检验员或者以上资格的人员进行，检验人员应当向申请检验的施工、或者使用单位(以下统称受检单位)出示检验资格标识。现场检验时，检验人员不得进行杂物电梯的修理、调整等工作。

第十四条 现场检验时，检验人员应当配备和穿戴必需的防护用品，并且遵守施工现场或者使用单位明示的安全管理规定。

第十五条 对杂物电梯整机进行检验时，检验现场应当具备以下检验条件：

(一) 机房温度、电压符合杂物电梯设计文件的规定；

(二) 环境空气中没有腐蚀性和易燃性气体及导电尘埃；

(三) 检验现场(主要指机房、井道、轿顶、底坑)清洁，没有与杂物电梯工作无关的物品和设备，相关现场(例如层站门口)放置表明正在进行检验的警示牌；

(四) 对井道进行了必要的封闭。

对于不具备现场检验条件的杂物电梯，或者继续检验可能造成危险，检验人员可以中止检验，但必须向受检单位书面说明原因。

第十六条 检验过程中，检验人员应当认真审查相关文件、资料，将检验情况如实记录在原始记录上(包括已审查文件、资料的名称及编号)，不得漏检、漏记。可以使用统一规定的简单标记，表明“符合”“不符合”“合格”“不合格”“无此项”等；要求测试数据的项目(即附件A所述检验方法中要求测试数据的项目，下同)必须填写实测数据；未要求测试数据但有需要说明情况的项目，应当用简单的文字予以说明，例如“×层层门紧急开锁装置失效”；遇特殊情况，可以填写“因……(原因)未检”“待检”“见附页”等。

原始记录应当注明现场检验日期，有执行当次检验的检验人员签字，并且有其中一名检验人员的校核签字。

检验机构应当长期保存监督检验原始记录和施工自检报告。对于定期检验记录和日常维护保养年度自检记录或者报告，检验机构应当至少保存2个检验周期。

第十七条 检验过程中，如果发现下列情况，检验机构应当在现场检验结束时，向受检单位或原维护保养单位出具《特种设备检验意见通知书》(见附件D，以下简称《通知书》)，提出整改要求：

(一) 施工或者维护保养单位的施工过程记录或者日常维护保养记录不完整；

(二) 杂物电梯存在不合格项目；

(三) 要求测试数据项目的检验结果与自检结果存在多处较大偏差，或者其他项目的检验结果与实物状态不一致，质疑相应单位自检能力时；

(四) 使用单位存在不符合电梯相关法规、规章、安全技术规范的问题。

定期检验时，对于存在不合格项目但不属于按照本规则第二十一条规定直接判定为不合格的杂物电梯，《通知书》中应当要求使用单位在整改完成前及时采取安全措施，对该杂物电梯进行监护使用。

受检单位或者和维护保养单位应当按照《通知书》的要求及时整改，并且在规定的时限内向检验机构提交填写了处理结果的《通知书》以及整改报告等见证资料。

检验人员应当对整改情况进行确认，可以根据情况采取现场验证或者查看填写了处理结果的《通知书》以及整改报告等见证资料的方式，确认其是否符合要求。

对于定期检验的杂物电梯，如果使用单位拟实施改造或重大维修进行整改，或者拟做停用、报废处理，则应当在《通知书》上签署相应的意见，并且在规定的时限内反馈给检验机构，同时按照相关规定，办理对应的手续。

第十八条 检验工作（包括第十七条规定的对整改情况的确认）完成后，或者达到《通知书》提出时限而受检单位未反馈整改报告等见证材料的，检验机构应当在10个工作日内出具检验报告。检验结论为“合格”的，还应当同时出具安全检验标志。

检验报告的内容、格式应当符合本规则的规定（见附件B、附件C），结论页应当有检验、编制、审核、批准人员的签字和检验机构检验专用章或者公章。

检验机构、施工和使用单位应当长期保存监督检验报告。对于定期检验报告，检验机构和使用单位应当至少保存2个检验周期。

第十九条 检验报告中，检验项目的“检验结果”和“检验结论”应当按照如下要求填写：

（一）对于要求测试数据的项目，在“检验结果”栏中填写实测或者计算处理后的数据；

（二）对于未要求测试数据的项目，如果经检验符合要求，在“检验结果”栏中填写“符合”；如果经检验不符合要求，填写“不符合”；

（三）对于C类项目，如果资料审查无质疑，在“检验结果”栏中填写“资料确认符合”；如果资料审查有质疑，并且进行了现场检验，分别按照本条第（一）项或者第（二）项要求填写相应内容；

（四）对于需要说明情况的项目，在“检验结果”栏中做简要说明，难以表述清楚的，在检验报告中另加附页描述，“检验结果”栏中填写“见附页××”；

（五）对于不适用的项目，在“检验结果”栏中填写“无此项”；

（六）“检验结论”栏只填写“合格”“不合格”“—”（表示无此项）等单项结论。

第二十条 各类检验项目的合格判定条件如下：

（一）A、B类检验项目，资料审查、检验结果符合附件A中的检验要求；

（二）C类检验项目，资料审查无质疑并且符合附件A中的检验要求，或者审查、检验结果符合附件A中的检验要求。

第二十一条 监督检验和定期检验的合格判定条件如下：

（一）安装监督检验，检验项目全部合格，并且经检验人员确认相关单位已经针对第十七条第（一）、（三）、（四）项所述问题进行了有效整改；

（二）改造或者重大维修监督检验，检验项目全部合格，或者改造和重大维修涉及的相关检验项目全部合格，对于按照定期检验规定进行的项目，除了上次定期检验后使用单位采取安全措施进行监护使用的C类项目之外（使用单位继续对这些项目采取安全措施，在《通知书》上签署了监护使用的意见），其他项目全部合格，并且经检验人员确认相关单位已经针对第十七条第（一）、（三）、（四）项所述问题进行了有效整改；

（三）定期检验，检验项目全部合格，或者B类检验项目全部合格，C类检验项目应整改项目不超过5项（含5项），相关单位已在《通知书》规定的时限内向检验机构提交填写了处理结果的《通知书》以及整改报告等见证资料，使用单位已经对上述应整改项目采取了相应的安全措施，在《通知书》上签署了监护使用的意见，并且经检验人员确认相关单位已经针对第十七条第（一）、（三）、（四）项所述问题进行了有效整改。

第二十二条 经检验，凡不符合本规则第二十一条规定的合格判定条件的杂物电梯，应当判定为“不合格”，检验机构应当按照第十八条规定的时限等要求出具检验报告。对于检验结论为不合格的杂物电梯，受检单位组织相应整改或者修理后可以申请复检。

第二十三条 检验报告只允许使用“合格”“不合格”“复检合格”“复检不合格”四种检验结论。

第二十四条 对于判定为“不合格”或者“复检不合格”的杂物电梯、未执行《通知书》提出的整改要求并且已经超过安全检验标志所标注的下次检验日期的杂物电梯，检验机构应当将检验结果、检验结论及有关情况报告负责设备使用登记的特种设备安全监察机构；对于定期检验判定为不合格的杂物电梯，检验机构还应当建议使用单位立即停止使用。

第二十五条 本规则由国家质检总局负责解释。

第二十六条 本规则自2012年7月1日起施行，2003年2月9日国家质检总局发布的《杂物电梯监督检验规程》（国质检锅[2003]33号）同时废止。

附件 A

杂物电梯监督检验和定期检验
内容、要求与方法

<table>
<tr><th colspan="2">项目及类别</th><th>检验内容与要求</th><th>检验方法</th></tr>
<tr><td rowspan="2">1
技术
资料</td><td>1.1
制造
资料
A</td><td>制造单位提供了以下用中文描述的出厂随机文件：
(1) 制造许可证明文件，其范围能够覆盖所提供杂物电梯的相应参数；
(2) 杂物电梯整机型式试验合格证书或者报告书，其内容能够覆盖所提供杂物电梯的相应参数；
(3) 产品质量证明文件，注有制造许可证明文件编号、该杂物电梯的产品出厂编号、主要技术参数，以及门锁装置、限速器(如果有)、安全钳(如果有)、破裂阀/节流阀(如果有)、含有电子元件的安全电路(如果有)、驱动主机、控制柜等安全保护装置和主要部件的型号等内容，并且有杂物电梯整机制造单位的公章或者检验合格章以及出厂日期；
(4) 门锁装置、限速器(如果有)、安全钳(如果有)、破裂阀(如果有)、含有电子元件的安全电路(如果有)、驱动主机、控制柜等安全保护装置和主要部件的型式试验合格证，以及限速器(如果有)调试证书；
(5) 电气原理图或者液压系统图，电气原理图包括动力电路和连接电气安全装置的电路；
(6) 安装使用维护说明书，包括安装、使用、日常维护保养和应急救援等方面操作说明的内容；
(7) 机房及井道布置图，其井道顶部和底坑内的净空间、机房主要尺寸、层门和检修门及检修活板门的布置与尺寸、安全距离等满足安全要求；
(8) 其他必要的资料，例如：杂物电梯的轿厢、对重(平衡重)之下确有人能够到达的空间，或者采用一根钢丝绳(链条)悬挂的情况下的防护说明；是否允许人员进入杂物电梯机房、井道、底坑和轿顶的说明。
注 A-1：上述文件如为复印件则必须经杂物电梯整机制造单位加盖公章或者检验合格章；对于进口杂物电梯，则应当加盖国内代理商的公章</td><td>杂物电梯安装施工前审查相应资料，必要时结合实物审查</td></tr>
<tr><td>1.2
安装
资料
A</td><td>安装单位提供了以下安装资料：
(1) 安装许可证和安装告知文件；
(2) 施工方案，审批手续齐全；
(3) 施工现场作业人员持有的特种设备作业人员证；
(4) 施工过程记录和自检报告，检查和试验项目齐全、内容完整，施工和验收手续齐全；</td><td>审查相应资料。第(1)～(3)项在报检时审查，第(3)项在其他项目检验时还应当查验；第(4)、(5)项在试验时查验；第(6)项在竣工后审查</td></tr>
</table>

续表

<table>
<tr><th colspan="2">项目及类别</th><th>检验内容与要求</th><th>检验方法</th></tr>
<tr><td rowspan="3">1
技术
资料</td><td>1.2
安装
资料
A</td><td>(5) 变更设计证明文件(如安装中变更设计时),履行了由使用单位提出、经整机制造单位同意的程序;
(6) 安装质量证明文件,包括安装合同编号、安装单位安装许可证编号、产品出厂编号、主要技术参数等内容,并且有安装单位公章或者检验合格章以及竣工日期。
注 A-2:上述文件如为复印件则必须经安装单位加盖公章或者检验合格章</td><td>审查相应资料。第(1)～(3)项在报检时审查,第(3)项在其他项目检验时还应当查验;第(4)、(5)项在试验时查验;第(6)项在竣工后审查</td></tr>
<tr><td>1.3
改造、
重大
维修
资料
A</td><td>改造或者重大维修单位提供了以下改造或者重大维修资料:
(1) 改造或者维修许可证和改造或者重大维修告知文件;
(2) 改造或者重大维修的清单以及施工方案,施工方案的审批手续齐全;
(3) 所更换的安全保护装置或者主要部件的产品合格证、型式试验合格证书以及限速器调试证书;
(4) 施工现场作业人员持有的特种设备作业人员证;
(5) 施工过程记录和自检报告,检查和试验项目齐全、内容完整,施工和验收手续齐全;
(6) 改造后的整梯合格证或者重大维修质量证明文件,合格证或者证明文件中包括改造或者重大维修合同编号、改造或者重大维修单位的许可证编号、杂物电梯使用登记编号、主要技术参数等内容,并且有改造或者重大维修单位的公章或者检验合格章以及竣工日期。
注 A-3:上述文件如为复印件则必须经改造或者重大维修单位加盖公章或者检验合格章</td><td>审查相应资料。第(1)～(4)项在报检时审查;第(4)项在其他项目检验时还应当查验;第(5)项在试验时查验;第(6)项在竣工后审查</td></tr>
<tr><td>1.4
使用
资料
B</td><td>使用单位提供了以下资料:
(1) 使用登记资料,内容与实物相符;
(2) 安全技术档案,至少包括 1.1、1.2、1.3 所述文件资料[1.2 的(3)项和 1.3 的(4)项除外],以及监督检验报告、定期检验报告、日常检查与使用状况记录、日常维护保养记录、年度自行检查记录或者报告、运行故障和事故记录等,保存完好(本规则实施前已经完成安装、改造或者重大维修的,1.1、1.2、1.3 项所述文件资料如有缺陷,应当由使用单位联系相关单位予以完善,可不作为本项审核结论的否决内容);
(3) 以岗位责任制为核心的杂物电梯运行管理规章制度,包括事故与故障的应急措施和救援预案、杂物电梯钥匙使用管理制度等;
(4) 与取得相应资格单位签订的日常维护保养合同;
(5) 电梯安全管理人员的特种设备作业人员证</td><td>定期检验和改造、重大维修过程的监督检验时查验;新安装杂物电梯的监督检验进行试验时查验(3)、(4)、(5)项,以及(2)项中所需记录表格制定情况[如试验时使用单位尚未确定,应当由安装单位提供(2)、(3)、(4)项查验内容范本及(5)项相应要求交接备忘录]</td></tr>
</table>

续表

<table>
<tr><th colspan="2">项目及类别</th><th>检验内容与要求</th><th>检验方法</th></tr>
<tr><td rowspan="5">2
机房及相关设备</td><td>2.1
通道及检修门、检修活板门
C</td><td>(1) 通往机房或者驱动主机及其附件的检修门和检修活板门的通道应当安全、无阻碍，并且设有固定照明装置；
(2) 对于人员可进入的机房，检修门和检修活板门应当设置用钥匙开启的锁，当门打开后，不用钥匙也能将其关闭和锁住；门锁住后，不用钥匙也能够从机房内部将门打开；
(3) 门外侧应当标明“机房重地，闲人免进”，或者有其他类似警示标志</td><td>审查自检结果，如对其有质疑，按照以下方法进行现场检验(以下C类项目只描述现场检验方法)：目测</td></tr>
<tr><td>2.2
机房专用
C</td><td>机房应当专用，不得用于杂物电梯以外的其他用途</td><td>目测</td></tr>
<tr><td>2.3
断错相保护
C</td><td>每台杂物电梯应当配备断相、错相保护装置。当杂物电梯运行与相序无关时，可以不装设错相保护装置</td><td>(1) 断开主开关，在其输出端，分别断开三相交流电源的任意一根导线后，闭合主开关，检查杂物电梯能否启动；
(2) 断开主开关，在其输出端，调换三相交流电源的两根导线的相互位置后，闭合主开关，检查杂物电梯能否启动</td></tr>
<tr><td>2.4
主开关
B</td><td>(1) 每台杂物电梯应当单独装设一只能切断该杂物电梯所有供电电路的主开关，主开关应当易于接近和操作；
(2) 主开关不得切断轿厢照明(如果有)、驱动主机照明(如果有)和机房内、底坑中电源插座的供电电路；
(3) 主开关应当具有稳定的断开和闭合位置，并且在断开位置时能用挂锁或者其他等效装置锁住，以防止误操作；
(4) 如果几台杂物电梯和(或)电梯共用一个机房，则各台杂物电梯主开关的操作机构应当易于识别</td><td>目测主开关的设置、标识等；断开主开关，观察、检查照明、插座的供电电路是否被切断</td></tr>
<tr><td>2.5
插座
C</td><td>机房应当至少设置一个2P+PE型或者以安全特低电压供电(当确定无须使用220 V的电动工具时)的电源插座</td><td>目测</td></tr>
</table>

续表

项目及类别		检验内容与要求	检验方法
2 机房及相关设备	2.6 电力驱动杂物电梯驱动主机 C	(1) 驱动主机工作时应当无异常噪声和振动，油量适当，无明显漏油。制动器动作灵活、工作可靠； (2) 切断制动器电流至少应当用两个独立的电气装置来实现，当杂物电梯停止时，如果其中一个接触器的主触点未打开，最迟到下一次运行方向改变时，应当防杂物电梯再运行； (3) 曳引轮槽、卷筒绳槽、链轮齿等不得有过度磨损(适用于改造、维修监督检验和定期检验)，如果曳引式杂物电梯曳引轮槽的磨损可能影响曳引能力时，应当进行曳引能力验证试验； (4) 曳引式杂物电梯应当设有电动机运转时间限制器，在电动机运转时间超过设计值时使驱动主机停止运转并保持在停止状态	目测；根据电气原理图和实物状况，结合模拟操作检查制动器的电气控制；认为轮槽的磨损可能影响曳引杂物电梯的曳引能力时，结合7.5项试验结果验证轮槽磨损是否影响曳引能力；根据电气原理图和实物状况，检查是否设置电动机运转时间限制器，按照制造单位提供的方法进行动作试验
	2.7 液压杂物电梯驱动主机 C	(1) 用于液压缸与单向阀或者下行方向阀之间的软管上应当标注制造商名或者商标、允许的弯曲半径、试验压力和试验日期；软管固定时，其弯曲半径不应小于制造商标明的弯曲半径； (2) 承受压力的管路和附件(管接头、阀等)，应当适当固定；如果管路穿过墙或者地面，应当使用套管保护，套管内不得有管路的接头； (3) 溢流阀应当调节到系统压力不大于满载压力的140%。由于管路较高的内部损耗，必要时溢流阀可调节到较高的压力值，但不大于满载压力的170%，此时应当提供液压设备(包括液压缸)的计算说明； (4) 破裂阀应当设有铭牌，标明制造商名称、型式试验标志及其试验单位和已调节好的触发流量	目测；由施工单位或者维护保养单位进行溢流阀压力测试，检验人员现场观察、确认
	2.8 电力驱动杂物电梯的紧急操作 B	(1) 对于可拆卸盘车手轮，设有一个电气安全装置，最迟在盘车手轮装上杂物电梯驱动主机时动作； (2) 松闸扳手涂成红色，盘车手轮应是无辐条并应涂成黄色，可拆卸盘车手轮放置在机房内容易接近的明显部位； (3) 在驱动主机上接近盘车手轮处，明显标出轿厢运行方向，如手轮是不能拆卸的可以在手轮上标出； (4) 能够通过操纵手动松闸装置松开制动器，并且需要以一持续力保持其松开状态	目测；通过模拟操作检查电气安全装置和手动松闸功能

续表

项目及类别		检验内容与要求	检验方法
2 机房及相关设备	2.9 液压杂物电梯的紧急操作 B	机房内应当设置手动紧急下降阀，并且标示“注意—紧急下降”或者有类似标识，即使在失电情况下，使用该阀亦能使轿厢以较低的速度向下运行至平层位置；该阀的操作应是持续的手动揿压，并防止误动作；手动操纵该阀应当不能使柱塞产生的下降引起间接作用式液压杂物电梯的松绳或者松链	目测；通过操作手动紧急下降阀检查其功能
	2.10 限速器 B	(1) 限速器上应当设有铭牌，标明制造单位名称、型号、规格参数和型式试验机构标识，铭牌和型式试验合格证、调试证书内容应当相符； (2) 使用周期达到5年的杂物电梯，或者限速器动作出现异常、限速器各调节部位封记损坏的杂物电梯，应当由经许可的电梯检验机构或者电梯生产单位对限速器进行动作速度校验，并且由该单位出具校验报告	(1) 对照检查限速器型式试验合格证、调试证书、铭牌； (2) 审查限速器动作速度校验报告，对照限速器铭牌上的相关参数，判断动作速度是否符合要求
	2.11 接地 C	(1) 供电电源自进入主开关起，中性线(N)与保护线(PE)应当始终分开； (2) 所有电气设备及线管、线槽的外露可以导电部分应当与保护线(PE)可靠连接	目测；必要时测量验证
3 井道及相关设备	3.1 井道封闭 C	除必要的开口外，井道应当由无孔的墙、井道底板和顶板完全封闭	目测
	3.2 顶部空间 C	(1) 顶部间距应当满足下述要求： ① 对于曳引式杂物电梯，当轿厢或者对重停在其限位挡块上或者其完全压在缓冲器上时，对重或者轿厢导轨的进一步制导行程不小于0.1 m； ② 对于强制式杂物电梯： a) 轿厢从顶层层站向上直到撞击井道顶部最低部件时，轿厢导轨的进一步制导行程不小于0.2 m； b) 当轿厢停在其限位挡块上或者其完全压在缓冲器上时，平衡重(如果有)导轨的进一步制导行程不小于0.1 m； ③ 对于液压杂物电梯： a) 当柱塞到达其最高极限位置时，轿厢导轨的进一步制导行程不小于0.1 m； b) 当轿厢停在其限位挡块上或者其完全压在缓冲器上时，平衡重(如果有)导轨的进一步制导行程不小于0.1 m； (2) 如果人员可进入轿顶，则当防止轿厢移动的装置在顶层高度范围内停止轿厢时，在轿顶以上应当有不小于1.80 m的自由垂直距离	(1) 测量、计算相应数据； (2) 用痕迹法或者其他有效方法检验对重(平衡重)导轨的制导行程

续表

项目及类别		检验内容与要求	检验方法
3 井道及相关设备	3.3 检修门和检修活板门 C	(1) 检修门和垂直铰接的检修活板门不得向井道内部开启； (2) 门上应当装设用钥匙开启的锁，当门开启后，不用钥匙也能将其关闭和锁住；门锁住后，不用钥匙也能够从井道内将门打开； (3) 应当设置用以验证门关闭的电气安全装置	打开、关闭检修门，检查门的启闭和杂物电梯启动情况
	3.4 导轨 C	轿厢、对重(或平衡重)各自应当至少由两根刚性的钢质导轨导向。对于额定速度大于 0.4 m/s 的杂物电梯，导轨应当由冷拉钢材制成，或工作表面采用机械加工方法制成。导轨与导轨支架的安装应当防止因导轨附件的转动造成导轨的松动	目测
	3.5 极限开关 B	对于电力驱动的杂物电梯，极限开关应设置在尽可能接近端站时起作用而无误动作危险的位置上。该开关应当在轿厢或者对重(如果有)接触缓冲器或者限位挡块之前起作用，并且在缓冲器被压缩期间或者轿厢与限位挡块接触期间始终保持动作状态。 对于液压杂物电梯，应当在与轿厢行程上端对应的柱塞位置设置一个极限开关，该开关应当在柱塞接触到其行程终端缓冲停止装置之前动作，并且在柱塞与其行程终端缓冲停止装置接触期间保持动作状态	模拟动作试验
	3.6 井道内的防护 C	(1) 在人员可进入的井道下部，对重(平衡重)运行的区域应当具有下述防护措施之一： ① 采用刚性隔障防护，该隔障从底坑地面上不大于 0.3 m 处向上延伸到距底坑地面至少 2.5 m 的高度，其宽度至少等于对重(平衡重)宽度再在两边各加 0.1 m； ② 在井道内设置可移动装置，该装置将对重(平衡重)的运行行程限制在底坑地面以上不小于 1.8 m 的高度处； (2) 装有多台杂物电梯和(或)电梯的井道中，不同杂物电梯和(或)电梯的运动部件之间以及在杂物电梯与电梯之间应当设置隔障。这种隔障应当至少从轿厢、对重(平衡重)行程的最底点延伸至最低层站楼面以上 2.5 m 高度，宽度应当能防止人员从一个底坑通往另一个底坑。如轿顶边缘与相邻杂物电梯或者电梯的运动部件之间的水平距离小于 0.5 m，则这种隔障应当延伸到整个井道高度，隔障的宽度不小于运动部件或者运动部件的需要防护部分的宽度再在两边各加 0.1 m	目测或者测量相关数据
	3.7 底坑设施与装置 C	(1) 底坑地面应当平整、清洁，无渗水或者漏水； (2) 对于人员可进入的井道，应当在井道内设有可移动的装置，当轿厢停在其上面时，该装置保证在 0.2 m×0.2 m 的区域内，底坑地面与轿厢的最低部件之间有 1.8 m 的自由垂直距离；	目测；用痕迹法或者其他有效方法测量相关数据

续表

项目及类别		检验内容与要求	检验方法
3 井道及相关设备	3.7 底坑设施与装置 C	(3) 对于人员可进入的井道，底坑内应当设置停止装置和2P+PE型或者以安全特低电压供电(当确定无须使用220 V的电动工具时)的电源插座； (4) 对于人员不可进入的井道，底坑地面应当能从井道外部进行清扫	目测；用痕迹法或者其他有效方法测量相关数据
	3.8 缓冲器或限位挡块 C	(1) 应当采用缓冲器或者限位挡块来限制轿厢和对重的下部行程。如果在杂物电梯的轿厢、对重(平衡重)之下确有人能够到达的空间，则应当在轿厢和对重的行程底部极限位置设置缓冲器。对于液压杂物电梯，当缓冲器完全压缩或者当轿厢停在限位挡块上时，柱塞不得触及缸筒的底座； (2) 耗能型缓冲器液位应当正确，有验证柱塞复位的电气安全装置	目测；模拟动作试验
	3.9 限速器绳或安全绳 B	(1) 限速器绳应当用张紧轮张紧，张紧轮或者其配重应当有导向装置； (2) 当限速器绳或者安全绳断裂或者过分伸长时，应当通过电气安全装置的作用，使驱动主机停止运转	目测；动作电气安全装置，观察杂物电梯运行状况
4 轿厢与对重(平衡重)	4.1 轿厢尺寸 B	轿底面积不得大于1.0 m^2，轿厢深度不得大于1.0 m，轿厢高度不得大于1.20 m。 如果轿厢由几个固定的间隔组成，且每一间隔都满足上述要求，则轿厢总高度允许大于1.20 m	目测或者测量相关数据
	4.2 轿厢铭牌 C	轿厢内应当设置铭牌，标明制造厂名称或者商标； 改造后的杂物电梯，铭牌上应当标明改造单位名称、改造竣工日期等	目测
	4.3 防止轿厢移动装置 B	如果允许人员进入轿顶，则轿厢应当设置机械停止装置以使其停在指定位置上，并且在轿顶上或者井道内每一层门旁设置停止装置	目测；通过模拟操作以及使停止装置动作，检查机械制停装置和停止装置的功能
	4.4 护脚板和自动搭接地坎 C	(1) 轿厢地坎下应当装设护脚板，其垂直部分的高度不小于有效开锁区域的高度，宽度不小于层站入口宽度； (2) 如果杂物电梯采用垂直滑动门且其服务位置与层站等高，可用固定在层站上的自动搭接地坎取代护脚板，自动搭接地坎应当满足下述要求： ① 层门开启时，自动移动到服务位置；在层门关闭作用下收起； ② 宽度不小于轿厢入口宽度； ③ 长度不小于开锁区域的一半加50 mm或者轿底至层门地坎的距离加20 mm； ④ 无论轿厢在何位置，都与轿底有不小于20 mm的重叠	目测或者测量相关数据

续表

<table>
<tr><th colspan="2">项目及类别</th><th>检验内容与要求</th><th>检验方法</th></tr>
<tr><td rowspan="3">4
轿厢与对重(平衡重)</td><td>4.5
轿厢入口
C</td><td>(1) 轿厢入口处设置的挡板、栅栏、卷帘以及轿门等,应当配有用来验证其关闭的电气安全装置;
(2) 轿门运行时不得出现脱轨、机械卡阻或者在行程终端时错位</td><td>目测;使电气安全装置动作,观察杂物电梯运行状况</td></tr>
<tr><td>4.6
对重(平衡重的固定
C</td><td>如果对重(平衡重)由重块组成,应当可靠固定</td><td>目测</td></tr>
<tr><td>4.7
安全钳
B</td><td>(1) 安全钳上应当设有铭牌,标明制造单位名称、型号、规格参数和型式试验机构标识,铭牌、型式试验合格证内容与实物应当相符;
(2) 轿厢上应当装设一个在轿厢安全钳动作以前或者同时动作的电气安全装置</td><td>(1) 对照检查安全钳型式试验合格证、调试证书和铭牌;
(2) 目测电气安全装置的设置</td></tr>
<tr><td rowspan="2">5
悬挂装置及旋转部件防护</td><td>5.1
悬挂装置的磨损、断丝、变形等情况
C</td><td>出现下列情况之一时,悬挂钢丝绳应当报废:
① 出现笼状畸变、绳芯挤出、扭结、部分压扁、弯折;
② 断丝分散出现在整条钢丝绳,任何一个捻距内单股的断丝数大于4根;或者断丝集中在钢丝绳某一部位或者一股,一个捻距内断丝总数大于12根(对于股数为6的钢丝绳)或者大于16根(对于股数为8的钢丝绳);
③ 磨损后的钢丝绳直径小于钢丝绳公称直径的90%。
采用其他类型悬挂装置的,悬挂装置的磨损、变形等应当不超过制造单位设定的报废指标</td><td>(1) 用钢丝绳探伤仪或者放大镜全长检测或者分段抽测;测量并判断钢丝绳直径变化情况。测量时,以相距至少1 m的两点进行,在每点相互垂直方向上测量两次,四次测量值的平均值,即为钢丝绳的实测直径;
(2) 采用其他类型悬挂装置的,按照制造单位提供的方法进行检验</td></tr>
<tr><td>5.2
端部固定
C</td><td>悬挂钢丝绳绳端固定应当可靠,连接部件无缺损。钢丝绳在卷筒上的固定应当采用带楔块的压紧装置,或者至少用2个绳夹或者具有同等安全的其他装置。
采用其他类型悬挂装置的,其端部固定应当符合制造单位的规定</td><td>目测;或者按照制造单位的规定进行检验</td></tr>
</table>

续表

项目及类别		检验内容与要求	检验方法
5 悬挂装置及旋转部件防护	5.3 钢丝绳的卷绕 C	对于强制驱动杂物电梯，钢丝绳的卷绕应当符合以下要求： (1) 轿厢停在完全压缩的缓冲器或者限位挡块上时，卷筒的绳槽中应当至少保留一圈半钢丝绳； (2) 卷筒上只能卷绕一层钢丝绳	目测
	5.4 松绳(链)保护 B	强制驱动杂物电梯应当设置检查悬挂绳(链)松弛的电气安全装置，当悬挂绳(链)发生松弛时，驱动主机应当停止运行。 如果间接作用式液压杂物电梯设置了检查悬挂绳(链)松弛的电气安全装置，也应当符合上述要求	使松绳(链)电气安全装置动作，观察杂物电梯运行状况
	5.5 旋转部件防护 C	在机房内、轿厢和对重(平衡重)上、井道内、液压缸上的曳引轮、滑轮、链轮，以及限速器及张紧轮等与钢丝绳、链条形成传动的旋转部件，均应当设置防护装置，以避免人身伤害、钢丝绳或者链条因松弛而脱离绳槽或者链轮、异物进入绳与绳槽或者链与链轮之间	目测
6 层门与层站	6.1 轿厢与层门的间隙 C	在层门全开状态下，轿厢与层门或者层门框架之间的间隙不得大于 30 mm	测量相关尺寸
	6.2 门间隙 C	门关闭后，门扇之间及门扇与立柱、门楣和地坎之间的间隙，不应大于 6 mm；使用过程中由于磨损，允许达到 10 mm	测量相关尺寸
	6.3 门重开装置 B	动力驱动的层门在关闭过程中，当人员或者货物被撞击或者将被撞击时，一个装置应当自动使门重新开启	模拟动作试验
	6.4 门的运行和导向 C	层门运行时不得出现脱轨、机械卡阻或者在行程终端时错位	目测
	6.5 自动关闭层门装置 B	在轿门驱动层门的情况下，当轿厢在开锁区域之外时，如果层门开启(无论何种原因)，应当有一种装置能够确保该层门自动关闭。该装置采用重块时，应当有防止重块坠落的措施	将轿厢运行至开锁区域外，打开层门，观察层门关闭情况及防止重块坠落措施的有效性

续表

<table>
<tr><th colspan="2">项目及类别</th><th>检验内容与要求</th><th>检验方法</th></tr>
<tr><td rowspan="4">6
层门
与
层站</td><td>6.6
紧急
开锁
装置
B</td><td>每个层门均应当能够被一把符合要求的钥匙从外面开启；紧急开锁后，在层门闭合时门锁装置不应当保持开锁位置</td><td>用钥匙操作紧急开锁装置，验证其功能</td></tr>
<tr><td>6.7
门的
锁紧
B</td><td>(1) 每个层门都应当设置门锁装置，其锁紧动作应当由重力、永久磁铁或者弹簧来产生和保持，即使永久磁铁或者弹簧失效，重力亦不能导致开锁；
(2) 锁紧元件的啮合应能满足在沿开门方向施加 300 N 力的情况下，不会降低锁紧有效性；
(3) 门的锁紧应当由电气安全装置电气证实，只有在层门锁紧后杂物电梯才能运行，当杂物电梯安装在允许公众进入的区域内时，该电气装置必须为电气安全装置。
对于同时满足下列条件的杂物电梯：
① 额定速度不大于 0.63 m/s；
② 开门高度不大于 1.20 m；
③ 层站地坎距地面高度不小于 0.70 m。
门的锁紧可以不由电气装置电气证实。但当轿厢驶离开锁区域时，锁紧元件应自动关闭，而且除了正常锁紧位置外，无论证实层门关闭的电气装置是否起作用，都应至少有第二个锁紧位置</td><td>(1) 目测门锁的设置；
(2) 在门锁紧的情况下以人力开门试验锁紧有效性；
(3) 目测；用钥匙操作紧急开锁装置，使门锁脱离锁紧位置，启动杂物电梯，观察其能否运行</td></tr>
<tr><td>6.8
门的
闭合
B</td><td>(1) 如果一个层门或者多扇门中的任何一扇门开着，在正常操作情况下，应当不能启动杂物电梯或者不能保持继续运行；
(2) 每个层门的闭合都应当由电气安全装置来验证，如果滑动门是由数个间接机械连接的门扇组成，则未被锁住的门扇上也应当设置电气安全装置以验证其闭合状态</td><td>(1) 层门打开，杂物电梯置于正常操作状态，启动杂物电梯，观察其能否运行；
(2) 对于由数个间接机械连接的门扇组成的滑动门，抽取轿门和基站、端站以及20%其他层站的层门，短接被锁住门扇上的电气安全装置，使各门扇均打开，观察杂物电梯能否运行</td></tr>
<tr><td>6.9
层站
标识
C</td><td>每个层门或者其附近位置，应当标示杂物电梯的额定载重量和“禁止进入轿厢”字样或相应的符号</td><td>目测</td></tr>
</table>

续表

<table>
<tr><th colspan="2">项目及类别</th><th>检验内容与要求</th><th>检验方法</th></tr>
<tr><td rowspan="5">7
功能试验</td><td>7.1
轿厢安全钳动作试验
B</td><td>(1) 监督检验:轿厢装有额定载荷,以额定速度或者检修速度下行,进行限速器—安全钳联动试验;对于采用悬挂装置断裂或者安全绳触发的轿厢安全钳,轿厢装有额定载荷,模拟悬挂装置断裂或者安全绳被触发的状态进行试验。限速器、安全钳动作应当可靠;
(2) 定期检验:轿厢空载,以额定速度或者检修速度下行,进行限速器—安全钳联动试验;对于采用悬挂装置断裂或者安全绳触发的轿厢安全钳,轿厢空载,模拟悬挂装置断裂或者安全绳被触发的状态进行试验。限速器、安全钳动作应当可靠</td><td>由施工单位或者维护保养单位进行试验,检验人员现场观察、确认</td></tr>
<tr><td>7.2
对重(平衡重)安全钳动作试验
B</td><td>轿厢空载,以额定速度或者检修速度上行,进行限速器—安全钳联动试验;对于采用悬挂装置断裂或者安全绳触发的安全钳,轿厢空载,模拟悬挂装置断裂或者安全绳被触发的状态进行试验。限速器、安全钳动作应当可靠</td><td>由施工单位或者维护保养单位进行试验,检验人员现场观察、确认</td></tr>
<tr><td>7.3
空载曳引试验
B</td><td>对于曳引式杂物电梯,当对重压在缓冲器或者限位挡块上,而曳引机按杂物电梯上行方向旋转时,应当不能提升空载轿厢</td><td>由施工单位或者维护保养单位进行试验,检验人员现场观察、确认</td></tr>
<tr><td>7.4
运行试验
C</td><td>轿厢分别空载、满载,以正常运行速度上、下运行,呼梯、楼层显示等信号系统功能有效、指示正确、动作无误,轿厢平层良好,无异常现象发生</td><td>轿厢分别空载、满载,以正常运行速度上、下运行,观察运行情况</td></tr>
<tr><td>7.5
制动试验
A
(B)</td><td>对于电力驱动杂物电梯:
(1) 在轿厢装载125%额定载荷,以正常运行速度下行至行程下部,切断电动机与制动器供电,制动器应当能使驱动主机停止运转;对于曳引式杂物电梯,轿厢还应当完全停止;
(2) 对于曳引式杂物电梯,轿厢空载以正常运行速度上行至行程上部,切断电动机与制动器供电,轿厢应当完全停止</td><td>由施工单位或者维护保养单位进行试验,检验人员现场观察、确认。
注 A-4:对于定期检验,此项目按 B 类项目进行</td></tr>
</table>

续表

项目及类别		检验内容与要求	检验方法
7 功能试验	7.6 沉降试验 C	对于液压杂物电梯，载有额定载重量的轿厢停靠在最高服务站，停止 10 min，下沉应当不超过 10 mm	由施工或者维护保养单位按照制造单位规定的方法进行试验，检验人员现场观察、确认
	7.7 破裂阀动作试验 B	对于液压杂物电梯，轿厢载有均匀分布的额定载重量，超速下行，使破裂阀动作，轿厢应当可靠制停	由施工或者维护保养单位按照制造单位规定的方法进行试验，检验人员现场观察、确认

附件 B

报告编号：

杂物电梯监督检验报告

（格式）

使 用 单 位：＿＿＿＿＿＿＿＿＿＿＿＿＿＿＿＿

设 备 代 码：＿＿＿＿＿＿＿＿＿＿＿＿＿＿＿＿

设 备 名 称：＿＿＿＿＿＿＿＿＿＿＿＿＿＿＿＿

设 备 类 型：＿＿＿＿＿＿＿＿＿＿＿＿＿＿＿＿

设 备 型 式：＿＿＿＿＿＿＿＿＿＿＿＿＿＿＿＿

施 工 类 别：（安装、改造、重大维修）

施 工 单 位：＿＿＿＿＿＿＿＿＿＿＿＿＿＿＿＿

检 验 机 构：＿＿＿＿＿＿＿＿＿＿＿＿＿＿＿＿

检 验 日 期：＿＿＿＿＿＿＿＿＿＿＿＿＿＿＿＿

（印制检验机构名称）

注 意 事 项

1. 本报告依据《电梯监督检验和定期检验规则——杂物电梯》(TSG T7006—2012)制定,适用于杂物电梯安装、改造、重大维修监督检验。

2. 本报告应当由计算机打印输出,或者用钢笔、签字笔填写,字迹应当工整,修改无效。

3. 本报告无检验、编制、审核、批准人员签字和检验机构的核准证号、检验专用章或者公章无效。

4. 本报告一式三份,由检验机构、施工单位和使用单位分别保存。

5. 受检单位对本报告结论如有异议,请在收到报告之日起 15 日内,向检验机构提出书面意见。

检验机构地址:

邮政编码:

联系电话:

杂物电梯监督检验报告

报告编号：

设备名称			规格型号	
制造单位				
产品编号			制造日期	
施工单位				
施工单位许可证编号			施工类别	（安装、改造、重大维修）
安装地点			使用登记编号	
使用单位				
维护保养单位				
设备技术参数	额定载重量	kg	额定速度	m/s
	层站数	层　站	控制方式	
检验依据	《电梯监督检验和定期检验规则——杂物电梯》（TSG T7006—2012）			
主要检验仪器设备				
检验结论				
备注				
检验日期			下次检验日期	
检验人员				
编　制：	日期：		检验机构核准证号：	
审　核：	日期：			
批　准：	日期：		（检验机构公章或检验专用章） 年　月　日	

共　页　第　页

报告编号：

<table>
<tr><th>序号</th><th>检验类别</th><th colspan="3">检验项目及其内容</th><th>检验结果</th><th>检验结论</th></tr>
<tr><td rowspan="8">1</td><td rowspan="8">A</td><td rowspan="25">1
技术资料</td><td rowspan="8">1.1
制造资料</td><td>(1) 制造许可证明文件</td><td></td><td rowspan="8"></td></tr>
<tr><td>(2) 整机型式试验合格证或报告书</td><td></td></tr>
<tr><td>(3) 产品质量证明文件</td><td></td></tr>
<tr><td>(4) 安全装置、主要部件型式试验合格证及有关资料</td><td></td></tr>
<tr><td>(5) 机房和井道布置图</td><td></td></tr>
<tr><td>(6) 电气原理图或者液压系统图</td><td></td></tr>
<tr><td>(7) 安装使用维护说明书</td><td></td></tr>
<tr><td>(8) 其他必要的资料</td><td></td></tr>
<tr><td rowspan="6">2</td><td rowspan="6">A</td><td rowspan="6">1.2
安装资料</td><td>(1) 安装许可证和告知文件</td><td></td><td rowspan="6"></td></tr>
<tr><td>(2) 施工方案</td><td></td></tr>
<tr><td>(3) 特种设备作业人员证</td><td></td></tr>
<tr><td>(4) 施工过程记录和自检报告</td><td></td></tr>
<tr><td>(5) 设计变更证明文件</td><td></td></tr>
<tr><td>(6) 安装质量证明文件</td><td></td></tr>
<tr><td rowspan="6">3</td><td rowspan="6">A</td><td rowspan="6">1.3
改造、重大维修资料</td><td>(1) 改造(维修)许可证和告知书</td><td></td><td rowspan="6"></td></tr>
<tr><td>(2) 施工方案</td><td></td></tr>
<tr><td>(3) 更换的安全装置和主要部件的型式试验合格证及有关资料</td><td></td></tr>
<tr><td>(4) 特种设备作业人员证</td><td></td></tr>
<tr><td>(5) 施工过程记录和自检报告</td><td></td></tr>
<tr><td>(6) 改造质量证明文件</td><td></td></tr>
<tr><td rowspan="5">4</td><td rowspan="5">B</td><td rowspan="5">1.4
使用资料</td><td>(1) 使用登记资料</td><td></td><td rowspan="5"></td></tr>
<tr><td>(2) 安全技术档案</td><td></td></tr>
<tr><td>(3) 管理规章制度</td><td></td></tr>
<tr><td>(4) 日常维护保养合同</td><td></td></tr>
<tr><td>(5) 特种设备作业人员证</td><td></td></tr>
<tr><td rowspan="3">5</td><td rowspan="3">C</td><td rowspan="3">2
机房及相关设备</td><td rowspan="3">2.1
通道及检修门、检修活板门</td><td>(1) 通道</td><td></td><td rowspan="3"></td></tr>
<tr><td>(2) 门锁</td><td></td></tr>
<tr><td>(3) 警示标志</td><td></td></tr>
</table>

共 页 第 页

报告编号：

<table>
<tr><th>序号</th><th>检验类别</th><th colspan="3">检验项目及其内容</th><th>检验结果</th><th>检验结论</th></tr>
<tr><td>6</td><td>C</td><td rowspan="17">2
机房
及
相关
设备</td><td colspan="2">2.2　机房专用</td><td></td><td></td></tr>
<tr><td>7</td><td>C</td><td colspan="2">2.3　断错相保护</td><td></td><td></td></tr>
<tr><td rowspan="4">8</td><td rowspan="4">B</td><td rowspan="4">2.4
主开关</td><td>（1）主开关设备</td><td></td><td rowspan="4"></td></tr>
<tr><td>（2）与照明等电路的控制关系</td><td></td></tr>
<tr><td>（3）防止误操作装置</td><td></td></tr>
<tr><td>（4）标志</td><td></td></tr>
<tr><td>9</td><td>C</td><td colspan="2">2.5　电源插座</td><td></td><td></td></tr>
<tr><td rowspan="4">10</td><td rowspan="4">C</td><td rowspan="4">2.6
电力驱动主机</td><td>（1）主机、制动器工作状况</td><td></td><td rowspan="4"></td></tr>
<tr><td>（2）制动器电气装置设备</td><td></td></tr>
<tr><td>（3）轮槽、卷筒、链轮齿磨损</td><td></td></tr>
<tr><td>（4）曳引电梯的电动机运转时间限制器</td><td></td></tr>
<tr><td rowspan="4">11</td><td rowspan="4">C</td><td rowspan="4">2.7
液压驱动主机</td><td>（1）液压软管的标记</td><td></td><td rowspan="4"></td></tr>
<tr><td>（2）管路和附件的敷设</td><td></td></tr>
<tr><td>（3）溢流阀</td><td></td></tr>
<tr><td>（4）破裂阀铭牌</td><td></td></tr>
<tr><td rowspan="4">12</td><td rowspan="4">B</td><td rowspan="4">2.8
电力驱动电梯的紧急操作</td><td>（1）电气安全装置</td><td></td><td rowspan="4"></td></tr>
<tr><td>（2）紧急操作装置安全色</td><td></td></tr>
<tr><td>（3）轿厢运行方向标记</td><td></td></tr>
<tr><td>（4）手动松闸装置</td><td></td></tr>
<tr><td>13</td><td>B</td><td colspan="2">2.9　液压电梯的紧急操作</td><td></td><td></td></tr>
<tr><td rowspan="2">14</td><td rowspan="2">B</td><td rowspan="2">2.10
限速器</td><td>（1）限速器铭牌</td><td></td><td rowspan="2"></td></tr>
<tr><td>（2）动作速度校验</td><td></td></tr>
<tr><td rowspan="2">15</td><td rowspan="2">C</td><td rowspan="2">2.11
接地</td><td>（1）N线与PE线的设置</td><td></td><td rowspan="2"></td></tr>
<tr><td>（2）接地连接</td><td></td></tr>
<tr><td>16</td><td>C</td><td rowspan="6">3
井道
及
相关
设备</td><td colspan="2">3.1　井道封闭</td><td></td><td></td></tr>
<tr><td rowspan="2">17</td><td rowspan="2">C</td><td rowspan="2">3.2
顶部空间</td><td>（1）顶部间距</td><td></td><td rowspan="2"></td></tr>
<tr><td>（2）轿顶上方自由垂直距离</td><td></td></tr>
<tr><td rowspan="3">18</td><td rowspan="3">C</td><td rowspan="3">3.3
检修门和检修活板门</td><td>（1）门的开启方向</td><td></td><td rowspan="3"></td></tr>
<tr><td>（2）门锁</td><td></td></tr>
<tr><td>（3）电气安全装置</td><td></td></tr>
</table>

共　页　第　页

报告编号：

序号	检验类别	检验项目及其内容			检验结果	检验结论
19	C	3 井道及相关设备	3.4 导轨			
20	B		3.5 极限开关			
21	C		3.6 井道内的防护	(1) 对重(平衡重)运行区域防护		
				(2) 多台电梯运动部件之间的防护		
22	C		3.7 底坑设施与装置	(1) 底坑地面		
				(2) 底坑安全空间		
				(3) 底坑停止装置和电源插座		
				(4) 底坑地面的清扫		
23	C		3.8 缓冲器或限位挡块	(1) 缓冲器或限位挡块的设置		
				(2) 缓冲器液位和电气安全装置		
24	B		3.9 限速绳或安全绳	(1) 张紧形式、导向装置		
				(2) 电气安全装置		
25	B	4 轿厢与对重(平衡重)	4.1 轿厢尺寸			
26	C		4.2 轿厢铭牌			
27	B		4.3 防止轿厢移动装置			
28	C		4.4 护脚板和自动搭接地坎	(1) 轿厢地坎护脚板		
				(2) 自动搭接地坎		
29	C		4.5 轿厢入口	(1) 电气安全装置		
				(2) 门的运行和导向		
30	C		4.6 对重(平衡重)的固定			
31	B		4.7 安全钳	(1) 铭牌		
				(2) 电气安全装置		
32	C	5 悬挂装置及旋转部件防护	5.1 悬挂装置的磨损、断丝、变形等情况			
33	C		5.2 端部固定			
34	C		5.3 钢丝绳的卷绕	(1) 钢丝绳余留圈数		
				(2) 钢丝绳卷绕层数		

共　页　第　页

报告编号：

<table>
<tr><th>序号</th><th>检验类别</th><th colspan="3">检验项目及其内容</th><th>检验结果</th><th>检验结论</th></tr>
<tr><td>35</td><td>B</td><td rowspan="2">5
悬挂装置及旋转部件防护</td><td colspan="2">5.4　松绳(链)保护</td><td></td><td></td></tr>
<tr><td>36</td><td>C</td><td colspan="2">5.5　旋转部件防护</td><td></td><td></td></tr>
<tr><td>37</td><td>C</td><td rowspan="11">6
层门与层站</td><td colspan="2">6.1　轿厢与层门的间隙</td><td></td><td></td></tr>
<tr><td>38</td><td>C</td><td colspan="2">6.2　门间隙</td><td></td><td></td></tr>
<tr><td>39</td><td>B</td><td colspan="2">6.3　门重开装置</td><td></td><td></td></tr>
<tr><td>40</td><td>C</td><td colspan="2">6.4　门的运行与导向</td><td></td><td></td></tr>
<tr><td>41</td><td>B</td><td colspan="2">6.5　自动关闭层门装置</td><td></td><td></td></tr>
<tr><td>42</td><td>B</td><td colspan="2">6.6　紧急开锁装置</td><td></td><td></td></tr>
<tr><td rowspan="3">43</td><td rowspan="3">B</td><td rowspan="3">6.7
门的锁紧</td><td>(1) 锁紧型式</td><td></td><td rowspan="3"></td></tr>
<tr><td>(2) 锁紧有效性</td><td></td></tr>
<tr><td>(3) 电气安全装置或第二锁紧位置</td><td></td></tr>
<tr><td rowspan="2">44</td><td rowspan="2">B</td><td rowspan="2">6.8
门的闭合</td><td>(1) 机电联锁</td><td></td><td rowspan="2"></td></tr>
<tr><td>(2) 电气安全装置</td><td></td></tr>
<tr><td>45</td><td>C</td><td colspan="2">6.9　层站标识</td><td></td><td></td></tr>
<tr><td>46</td><td>B</td><td rowspan="8">7
功能试验</td><td colspan="2">7.1　(1)轿厢安全钳动作试验</td><td></td><td></td></tr>
<tr><td>47</td><td>B</td><td colspan="2">7.2　对重(平衡重)安全钳动作试验</td><td></td><td></td></tr>
<tr><td>48</td><td>B</td><td colspan="2">7.3　空载曳引试验</td><td></td><td></td></tr>
<tr><td>49</td><td>C</td><td colspan="2">7.4　运行试验</td><td></td><td></td></tr>
<tr><td>50</td><td>A</td><td rowspan="2">7.5
制动试验</td><td>(1) 下行制动试验</td><td></td><td rowspan="2"></td></tr>
<tr><td>51</td><td>A</td><td>(2) 上行制动试验</td><td></td></tr>
<tr><td>52</td><td>C</td><td colspan="2">7.6　沉降试验</td><td></td><td></td></tr>
<tr><td>53</td><td>B</td><td colspan="2">7.7　破裂阀动作试验</td><td></td><td></td></tr>
</table>

共　页　第　页

注 B-1：检验报告中的“检验项目及其内容”一栏中所表述具体项目和内容前面的条文序号[如 1、1.1、(1)]与《电梯监督检验和定期检验规则——杂物电梯》(TSG T7006—2012)附件 A“杂物电梯监督检验和定期检验内容、要求与方法”中的条文序号一致。

注 B-2：条文序号为 1.1～1.4、2.1～2.6、2.8、2.10、2.11、3.1～3.9、4.1～4.7、5.1、5.2、5.5、6.1～6.9、7.1～7.5 的检验项目(共 46 项)，适用于曳引驱动杂物电梯；条文序号为 1.1～1.4、2.1～2.6、2.8、2.10、2.11、3.1～3.9、4.1～4.7、5.1～5.5、6.1～6.9、7.1、7.2、7.4、7.5(1)的检验项目(共 47 项)，适用于强制驱动杂物电梯；条文序号为 1.1～1.4、2.1～2.5、2.7、2.9、2.10、2.11、3.1～3.9、4.1～4.7、5.1、5.2、5.4、5.5、6.1～6.9、7.1、7.2、7.4、7.6、7.7 的检验项目(共 47 项)，适用于液压杂物电梯。检验机构可以根据不同的杂物电梯类型，按照实际的项目及其内容编排检验报告。

附件 C

报告编号：

杂物电梯定期检验报告

（格式）

使 用 单 位：______________________________

设 备 代 码：______________________________

设 备 名 称：______________________________

设 备 类 型：______________________________

设 备 型 式：______________________________

检 验 机 构：______________________________

检 验 日 期：______________________________

（印制检验机构名称）

注 意 事 项

1. 本报告依据《电梯监督检验和定期检验规则——杂物电梯》(TSG T7006—2012)制定，适用于杂物电梯定期检验。

2. 本报告应当由计算机打印输出，或者用钢笔、签字笔填写，字迹应当工整，修改无效。

3. 本报告无检验、编制、审核、批准人员签字和检验机构的核准证号、检验专用章或者公章无效。

4. 本报告一式三份，由检验机构、使用单位、日常维护保养单位分别保存。

5. 受检单位对本报告结论如有异议，请在收到报告之日起15日内，向检验机构提出书面意见。

检验机构地址：

邮政编码：

联系电话：

杂物电梯定期检验报告

报告编号：

<table>
<tr><td colspan="2">设备名称</td><td></td><td>使用登记编号</td><td></td></tr>
<tr><td colspan="2">使用单位</td><td colspan="3"></td></tr>
<tr><td colspan="2">设备使用地点</td><td colspan="3"></td></tr>
<tr><td colspan="2">使用单位代码</td><td></td><td>使用单位设备编号</td><td></td></tr>
<tr><td colspan="2">安全管理人员</td><td></td><td>制造日期</td><td></td></tr>
<tr><td colspan="2">制造单位</td><td colspan="3"></td></tr>
<tr><td colspan="2">规格型号</td><td></td><td>产品编号</td><td></td></tr>
<tr><td colspan="2">维护保养单位</td><td colspan="3"></td></tr>
<tr><td rowspan="2">设备
技术
参数</td><td>额定载重量</td><td>kg</td><td>额定速度</td><td>m/s</td></tr>
<tr><td>层站数</td><td>层　站</td><td>控制方式</td><td></td></tr>
<tr><td>检验
依据</td><td colspan="4">《电梯监督检验和定期检验规则——杂物电梯》(TSG T7006—2012)</td></tr>
<tr><td>主要
检验
仪器
设备</td><td colspan="4"></td></tr>
<tr><td>检验
结论</td><td colspan="4"></td></tr>
<tr><td>备注</td><td colspan="4"></td></tr>
<tr><td colspan="2">检验日期</td><td></td><td>下次检验日期</td><td></td></tr>
<tr><td colspan="2">检验人员</td><td colspan="3"></td></tr>
<tr><td colspan="2">编　制：</td><td>日期：</td><td colspan="2" rowspan="3">检验机构核准证号：

（检验机构公章或检验专用章）
年　月　日</td></tr>
<tr><td colspan="2">审　核：</td><td>日期：</td></tr>
<tr><td colspan="2">批　准：</td><td>日期：</td></tr>
</table>

共　页　第　页

报告编号：

<table>
<tr><th>序号</th><th>检验类别</th><th colspan="3">检验项目及其内容</th><th>检验结果</th><th>检验结论</th></tr>
<tr><td rowspan="5">1</td><td rowspan="5">B</td><td rowspan="5">1
技术资料</td><td rowspan="5">1.4　使用资料</td><td>(1) 使用登记资料</td><td></td><td rowspan="5"></td></tr>
<tr><td>(2) 安全技术档案</td><td></td></tr>
<tr><td>(3) 管理规章制度</td><td></td></tr>
<tr><td>(4) 日常维护保养合同</td><td></td></tr>
<tr><td>(5) 特种设备作业人员证</td><td></td></tr>
<tr><td rowspan="3">2</td><td rowspan="3">C</td><td rowspan="13">2
机房及相关设备</td><td rowspan="3">2.1　通道及检修门、检修活板门</td><td>(1) 通道</td><td></td><td rowspan="3"></td></tr>
<tr><td>(2) 门锁</td><td></td></tr>
<tr><td>(3) 警示标志</td><td></td></tr>
<tr><td>3</td><td>C</td><td colspan="2">2.3　断错相保护</td><td></td><td></td></tr>
<tr><td>4</td><td>B</td><td colspan="2">2.4(2)　主开关与照明等电路的控制关系</td><td></td><td></td></tr>
<tr><td rowspan="2">5</td><td rowspan="2">C</td><td rowspan="2">2.6　电力驱动主机</td><td>(1) 主机、制动器工作状况</td><td></td><td rowspan="2"></td></tr>
<tr><td>(3) 轮槽、卷筒、链轮齿磨损</td><td></td></tr>
<tr><td>6</td><td>C</td><td colspan="2">2.7　(3)溢流阀</td><td></td><td></td></tr>
<tr><td rowspan="2">7</td><td rowspan="2">B</td><td rowspan="2">2.8　电力驱动电梯的紧急操作</td><td>★(1) 电气安全装置</td><td></td><td rowspan="2"></td></tr>
<tr><td>(4) 手动松闸装置</td><td></td></tr>
<tr><td>8</td><td>B</td><td colspan="2">2.9　液压电梯的紧急操作</td><td></td><td></td></tr>
<tr><td>9</td><td>B</td><td colspan="2">2.10(2)　限速器动作速度校验</td><td></td><td></td></tr>
<tr><td>10</td><td>C</td><td colspan="2">2.11(2)　接地连接</td><td></td><td></td></tr>
<tr><td rowspan="2">11</td><td rowspan="2">C</td><td rowspan="7">3
井道及相关设备</td><td rowspan="2">3.3　检修门和检修活板门</td><td>(2) 门锁</td><td></td><td rowspan="2"></td></tr>
<tr><td>(3) 电气安全装置</td><td></td></tr>
<tr><td>12</td><td>B</td><td colspan="2">3.5　极限开关</td><td></td><td></td></tr>
<tr><td rowspan="2">13</td><td rowspan="2">C</td><td rowspan="2">3.7　底坑设施与装置</td><td>(1) 底坑地面</td><td></td><td rowspan="2"></td></tr>
<tr><td>(3) 底坑停止装置和电源插座</td><td></td></tr>
<tr><td>14</td><td>C</td><td colspan="2">3.8(2)　缓冲器液位和电气安全装置</td><td></td><td></td></tr>
<tr><td>15</td><td>B</td><td colspan="2">★3.9(2)　限速绳或安全绳的电气安全装置</td><td></td><td></td></tr>
<tr><td>16</td><td>B</td><td rowspan="3">4
轿厢与对重（平衡重）</td><td colspan="2">★4.3　防止轿厢移动装置</td><td></td><td></td></tr>
<tr><td rowspan="2">17</td><td rowspan="2">C</td><td rowspan="2">4.4　护脚板和自动搭接地坎</td><td>★(1) 轿厢地坎护脚板</td><td></td><td rowspan="2"></td></tr>
<tr><td>★(2) 自动搭接地坎</td><td></td></tr>
</table>

共　页　第　页

报告编号：

序号	检验类别	检验项目及其内容			检验结果	检验结论
18	C	4 轿厢与对重（平衡重）	4.5　轿厢入口	(1) 电气安全装置		
				(2) 门的运行和导向		
19	C		4.6　对重（平衡重）的固定			
20	B		★4.7(2)　安全钳电气安全装置			
21	C	5 悬挂装置及旋转部件防护	5.1　悬挂装置的磨损、断丝、变形等情况			
22	C		5.2　端部固定			
23	B		5.4　松绳（链）保护			
24	C		★5.5　旋转部件的防护			
25	C	6 轿门与层门	6.2　门间隙			
26	B		6.3　门重开装置			
27	C		6.4　门的运行与导向			
28	B		6.5　自动关闭层门装置			
29	B		★6.6　紧急开锁装置			
30	B		6.7　门的锁紧	(1) 锁紧型式		
				(2) 锁紧元件的啮合		
				★(3)电气安全装置或第二锁紧位置		
31	B		6.8　门的闭合	(1) 机电联锁		
				★(2) 电气安全装置		
32	B	7 功能试验	7.1(2)　轿厢安全钳动作试验			
33	B		7.2　对重（平衡重）动作试验			
34	C		7.4　空载运行试验			
35	B		7.5(2)　上行制动试验			
36	C		7.6　沉降试验			
37	B		7.7　破裂阀动作试验			

共　页　第　页

注 C-1：检验报告中的“检验项目及其内容”一栏中所表述具体项目和内容前面的条文序号[如 1、1.4、(1)]与《电梯监督检验和定期检验规则——杂物电梯》(TSG T7006—2012)附件 A“杂物电梯监督检验和定期检验内容、要求与方法”(以下简称附件 A)中的条文序号一致。

注 C-2：除条文序号为 2.7(3)、2.9、5.4、7.6、7.7 的检验项目之外，其余项目(共 32 项)适用于曳引驱动杂物电梯；除条文序号为2.7(3)、2.9、7.5(2)、7.6、7.7的检验项目之外，其余项目(共32项)适用于强制驱动杂物电梯；除条文序号为2.6、2.8、7.5(2)的检验项目之外，其余项目(共34项)适用于液压杂物电梯。

如果检验中发现曳引轮绳槽的磨损可能影响曳引能力时(见附件A第2.6(3)项)，应当进行附件A第7.5(1)项试验，在此情况下，应当将该项目列入检验报告。

检验机构可以根据不同的电梯类型和检验情况，按照实际的项目及其内容编排检验报告。

注C-3：对于按照JG 135—2000及更早期标准生产的电梯，条文序号为6.6的项目可以仅检查端站层门是否设置紧急开锁装置；条文序号为6.8(2)的项目，间接机械连接的门扇中未被锁住门扇上的电气安全装置可以不检验；其他标有★的项目，可以不检验。

附件 D

特种设备检验意见通知书

（格式）

编号：

______（填写受检单位名称）______：

经检验，你单位____（填写设备名称）____（产品编号：________，使用登记编号：________，使用单位设备编号：________，使用地点：________），存在以下问题，请于　　年　　月　　日前将处理结果报送我机构：

<table>
<tr><td>问题和意见：

检验人员：　　　　　　　　　　　　　日期：
（检验机构公章或检验专用章）
年　　月　　日

受检单位接受人：　　　　　　　　　　日期：</td></tr>
<tr><td>处理结果：

受检单位主管负责人：
（受检单位公章）
年　　月　　日</td></tr>
</table>

注 D-1：本通知书一式三份。一份检验机构存档，两份送受检单位，其中一份受检单位应当在要求的日期内返回检验机构。如果定期检验时存在 B 类或者超过 5 项 C 类项目不合格，或者受检单位未在要求的日期内返回检验机构，检验机构还应当报负责设备使用登记的特种设备安全监察机构。

附

TSG T7006—2012《电梯监督检验和定期检验规则——杂物电梯》第 1 号修改单

（对 2012 年 3 月第 1 版的修改）

一、正文修改

1. 第五条修改为："实施杂物电梯安装、改造或者重大维修的施工单位（以下简称施工单位）应当在按照规定履行告知后、开始施工前（不包括设备开箱、现场勘测等准备工作），向检验机构申请监督检验；杂物电梯使用单位应当在电梯使用标志所标注的下次检验日期届满前 1 个月，向检验机构申请定期检验。"

2. 第八条第（二）项修改为："对于杂物电梯改造和重大维修过程，除对改造和重大维修涉及的附件 B 中所列的项目进行检验之外，还需对附件 C 所列项目（前述改造和重大维修涉及的项目除外）进行检验，检验的内容、要求和方法按照附件 A 的规定；"

3. 第十八条第一款修改为："检验工作（包括第十七条规定的对整改情况的确认）完成后，或者达到《通知书》提出时限而受检单位未反馈整改报告等见证材料的，检验机构必须在 10 个工作日内出具检验报告。检验结论为"合格"的，还应当同时出具电梯使用标志。"

4. 第二十四条修改为："对于判定为"不合格"或者"复检不合格"的杂物电梯、未执行《通知书》提出的整改要求并且已经超过电梯使用标志所标注的下次检验日期的杂物电梯，检验机构应当将检验结果、检验结论及有关情况报告负责设备使用登记的特种设备安全监察机构；对于定期检验判定为"不合格"的杂物电梯，检验机构还应当告知使用单位立即停止使用。"

二、附件 A 修改

（一）"检验内容与要求"栏修改

1. 1.2(4)修改为："施工过程记录和由整机制造单位出具或者确认的自检报告，检查和试验项目齐全、内容完整，施工和验收手续齐全。"

2. 在 2.1 中增加"(4)对人员不可进入的机房，从检修门或检修活板门门槛到需要维护、调节或检修的任一部件的距离不大于 600 mm。"

2.1(3)最后加"；"

3. 2.2 修改为"机房应当专用，不得用于电梯以外的其他用途。"

4. 4.5(2)修改为"轿门、栅栏、卷帘等运行时不得出现脱轨、机械卡阻或者在行程终端时错位。"

5. 将 6.7(3)"门的锁紧应当由电气安全装置电气证实，只有在层门锁紧后杂物电梯才能运行，当杂物电梯安装在允许公众进入的区域内时，该电气装置必须为电气安全装置。"修改为:“门的锁紧应当由电气安全装置电气证实,只有在层门锁紧后杂物电梯才能运行。”

(二)“检验方法”栏修改

1. 将2.1中的“目测”修改为“目测或者测量相关数据。”

2. 3.7修改为“目测:测量相关数据。”

(三)增加的内容

1. 增加3.10项,即:“项目及类别”为“警示标识C”,“检验要求与内容”为“对人员不可进入的杂物电梯井道,如果通往井道的门的尺寸超过0.30 m,应当设置警示标识”,“检验方法”为“目测。”

2. 增加4.8项,即:“项目及类别”为“警示标识C”,“检验要求与内容”为“对人员不可进入的杂物电梯井道,如果通向井道的门的尺寸超过0.30 m×0.40 m,轿顶应当设置警示标识”,“检验方法”为“目测。”

三、附件B修改

1. 检验结论页(即第22页)中的“规格型号”修改为“型号。”

2. 在序号5(即2.1通道及检修门、检修活板门)中增加一栏检验项目:“(4)维修距离。”

3. 在序号24(即3.9限速绳或安全绳)之后增加序号25一栏“3.10警示标识”,检验类别为“C。”

4. 在序号32(原序号31,即4.7安全钳)之后增加序号33一栏“4.8警示标识”,检验类别为“C。”

5. 注B-2修改为“条文序号为1.1～1.4、2.1～2.6、2.8、2.10、2.11、3.1～3.10、4.1～4.8、5.1、5.2、5.5、6.1～6.9、7.1～7.5的检验项目(共48项),适用于曳引驱动杂物电梯;条文序号为1.1～1.4、2.1～2.6、2.8、2.10、2.11、3.1～3.10、4.1～4.8、5.1～5.5、6.1～6.9、7.1、7.2、7.4、7.5(1)的检验项目(共49项),适用于强制驱动杂物电梯;条文序号为1.1～1.4、2.1～2.5、2.7、2.9、2.10、2.11、3.1～3.10、4.1～4.8、5.1、5.2、5.4、5.5、6.1～6.9、7.1、7.2、7.4、7.6、7.7的检验项目(共49项),适用于液压杂物电梯。检验机构可以根据不同的杂物电梯类型,按照实际的项目及其内容编排检验报告。”

6. 增加注B-3:“检验报告中的下次检验日期精确到月,只填写至检验日期下一年度的当月。下次检验日期以安装、改造、重大维修监督检验的检验合格日期为基准计算。”

7. 序号增加,其他序号也以此相应进行改动。

四、附件C修改

1. 检验结论页(即第29页)中的“规格型号”修改为“型号。”

2. 在序号14增加“(1)缓冲器或限位挡块的设置”,如下表1所示。

表1

<table>
<tr><td rowspan="2">14</td><td rowspan="2">C</td><td rowspan="2"></td><td rowspan="2">3.8 缓冲器或限位挡块</td><td>(1)缓冲器或限位挡块的设置</td><td></td><td></td></tr>
<tr><td>(2)缓冲器液位和电气安全装置</td><td></td><td></td></tr>
</table>

3. 序号33修改为:“7.2对重(平衡重)安全钳动作试验。”

4. 增加注 C-4："检验报告中的下次检验日期精确到月，只填写至检验日期下一年度的当月。"

五、附件 D 修改

1. 附件 D 表格中的内容修改为：

<table>
<tr><td>问题和意见：

检验人员：　　　　　　　　　　日期：　　　　　　　　　　年　　月　　日
（检验机构公章或检验专用章）

受检单位接受人：　　　　　　　日期：　　　　　　　　　　年　　月　　日
受检单位联系电话：</td></tr>
<tr><td>处理结果：

受检单位负责人：　　　　　　　　　　　　　　　　（受检单位公章）
维护保养单位负责人（如涉及）：　　　　　　　　（维护保养单位公章）
年　　月　　日</td></tr>
</table>

2. 检验报告格式（附件 B、C）根据修订内容做相应编辑调整和修改。

附

TSG T7006—2012《电梯监督检验和定期检验规则——杂物电梯》第2号修改单

（2013年第1次修改）

一、正文修改

1. 第一条修改为：

“为了加强杂物电梯安装、改造、修理、日常维护保养、使用和检验工作的监督管理，规范杂物电梯安装、改造、重大修理监督检验和定期检验行为，提高检验工作质量，促进杂物电梯运行安全保障工作的有效落实，根据《中华人民共和国特种设备安全法》《特种设备安全监察条例》，制定本规则。”

2. 第六条第一款修改为：

“施工单位应当按照设计文件和标准的要求，对杂物电梯机房、井道、层站等涉及杂物电梯施工的土建工程进行检查，对杂物电梯制造质量（包括零部件和安全保护装置等）进行确认，并且作出记录，符合要求后方可以进行杂物电梯施工。”

二、附件A修改

1. 删除2.3、2.8、2.9，后续的有关序号作相应调整。

2. 将1.1(2)修改为：

“杂物电梯整机型式试验证书，其参数范围和配置表适用于受检杂物电梯；”

3. 将1.1(3)修改为：

“产品质量证明文件，注有制造许可证明文件编号、产品编号、主要技术参数，限速器（如果有）、安全钳（如果有）、破裂阀/节流阀（如果有）、含有电子元件的安全电路（如果有）、可编程电子安全相关系统（如果有）、驱动主机/液压泵站、控制柜的型号和编号，门锁装置的型号，并且有杂物电梯整机制造单位的公章或者检验专用章以及制造日期；”

4. 将1.1(4)修改为：

“门锁装置（层门锁紧需要电气证实时）、限速器（如果有）、安全钳（如果有）、破裂阀（如果有）、含有电子元件的安全电路（如果有）、可编程电子安全相关系统（如果有）、驱动主机/液压泵站、控制柜的型式试验证书，以及限速器（如果有）调试证书；”

5. 将1.1(7)调整为1.2(4)，并修改为：

“用于安装该杂物电梯的机房及井道布置图或者土建勘测图，有安装单位确认符合要求的声明和公章或者检验专用章，表明其井道顶部和底坑内的净空间、机房主要尺寸、层门和检修门及检修活板门的布置与尺寸、安全距离等满足安全要求；”

6. 将1.2的检验方法修改为：

“审查相应资料。(1)～(4)在报检时审查，(3)、(4)在其他项目检验时还应当审查；(5)、(6)在试验时审查；(7)在竣工后审查”

7. 将1.3(3)修改为：

“加装或者更换的安全保护装置或者主要部件的产品质量证明文件、型式试验证书以及限速器调试证书(如发生更换)；”

8. 将2.1(1)修改为：

“通往机房或者驱动主机/液压泵站及其附件的检修门和检修活板门的通道应当安全、无阻碍，并且设有固定照明装置；”

9. 将2.1(3)中的“门外侧应当标明‘机房重地，闲人免进’，或者有其他类似警示标志”修改为：

“门外侧有下述或者类似的警示标志：‘电梯机器——危险　未经允许禁止入内’”

10. 将“2.6　电力驱动杂物电梯驱动主机C”修改为：

“2.5　电力驱动杂物电梯驱动主机B”，检验内容与要求修改为：

“(1) 驱动主机上应当设有铭牌，标明制造单位名称、型号、编号、技术参数和型式试验机构的名称或者标志，铭牌和型式试验证书内容应当相符；”

“(2) 驱动主机工作时应当无异常噪声和振动，油量适当，无明显漏油；制动器动作灵活、工作可靠；”

“(3) 曳引轮槽、卷筒绳槽、链轮齿等不得有过度磨损(适用于改造、重大修理监督检验和定期检验)，如果曳引式杂物电梯曳引轮槽的磨损可能影响曳引能力时，应当进行曳引能力验证试验；”

“(4) 手动紧急操作装置应当符合以下要求：

“① 对于可拆卸盘车手轮，设有一个电气安全装置，最迟在盘车手轮装上杂物电梯驱动主机时动作；”

“② 松闸扳手涂成红色，盘车手轮是无辐条的并且涂成黄色，可拆卸盘车手轮放置在机房内容易接近的明显部位；”

“③ 在驱动主机上接近盘车手轮处，明显标出轿厢运行方向，如果手轮是不可拆卸的可以在手轮上标出；”

“④ 能够通过操纵手动松闸装置松开制动器，并且需要以一个持续力保持其松开状态”

检验方法修改为：

“(1) 对照检查驱动主机型式试验证书和铭牌；”

“(2) 目测驱动主机工作情况、制动器工作情况；”

“(3) 目测曳引轮槽等的磨损情况；认为轮槽的磨损可能影响曳引杂物电梯的曳引能力时，结合7.5要求的试验结果验证轮槽磨损是否影响曳引能力；”

“(4) 通过模拟操作检查电气安全装置和手动松闸功能”

11. 将“2.7 液压杂物电梯驱动主机 C”修改为:

“2.6 液压杂物电梯液压泵站 B”

检验内容与要求修改为:

“(1) 液压泵站上应当设有铭牌,标明制造单位名称、型号、编号、技术参数和型式试验机构的名称或者标志,铭牌和型式试验证书内容应当相符;”

“(2) 用于液压缸与单向阀或者下行方向阀之间的软管上应当标注制造商名称或者商标、允许的弯曲半径、试验压力和试验日期;软管固定时,其弯曲半径不得小于制造商标明的弯曲半径;”

“(3) 承受压力的管路和附件(管接头、阀等)应当适当固定;如果管路穿过墙或者地面,应当使用套管保护,套管内不得有管路的接头;”

“(4) 溢流阀应当调节到系统压力不大于满载压力的140%。由于管路较高的内部损耗,必要时溢流阀可以调节到较高的压力值,但不大于满载压力的170%,此时应当提供液压设备(包括液压缸)的计算说明;”

“(5) 破裂阀应当设有铭牌,标明制造单位名称、型号、编号、型式试验机构的名称或者标志和已调节好的触发流量;”

“(6) 手动紧急下降阀上应当标示‘注意—紧急下降’或者有类似标识;即使在失电情况下,使用该阀也能够使轿厢以较低的速度向下运行至平层位置;该阀的操作应当是持续的手动揿压,并且防止误动作;手动操纵该阀应当不能使柱塞产生的下降引起间接作用式液压杂物电梯的松绳或者松链”

检验方法为:

“(1) 对照检查液压泵站型式试验证书和铭牌;”

“(2) 目测软管、管路和附件;”

“(3) 由施工单位或者维护保养单位进行溢流阀压力测试,检验人员现场观察、确认;”

“(4) 通过操作手动紧急下降阀检查其功能”

12. 增加:

“2.7 控制柜 B

“(1) 控制柜上应当设有铭牌,标明制造单位名称、型号、编号、技术参数和型式试验机构的名称或者标志,铭牌和型式试验证书内容应当相符;”

“(2) 切断制动器电流至少应当用两个独立的电气装置来实现,当杂物电梯停止时,如果其中一个接触器的主触点未打开,最迟到下一次运行方向改变时,应当防止杂物电梯再运行;”

“(3) 曳引式杂物电梯应当设有电动机运转时间限制器,在电动机运转时间超过设计值时使驱动主机停止运转并且保持在停止状态;”

“(4) 每台杂物电梯应当配备断相、错相保护装置。当杂物电梯运行与相序无关时,可以不装设错相保护装置”

检验方法为：

“(1) 对照检查控制柜型式试验证书和铭牌；”

“(2) 根据电气原理图和实物状况，结合模拟操作检查制动器的电气控制；”

“(3) 根据电气原理图和实物状况，检查是否设置电动机运转时间限制器，按照制造单位提供的方法进行动作试验；”

“(4) 断开主开关，在其输出端，分别断开三相交流电源的任意一根导线后，闭合主开关，检查杂物电梯能否启动；断开主开关，在其输出端，调换三相交流电源的两根导线的相互位置后，闭合主开关，检查杂物电梯能否启动”

13. 将 2.10 调整为 2.8，检验内容与要求修改为：

“(1) 限速器上应当设有铭牌，标明制造单位名称、型号、编号、技术参数和型式试验机构的名称或者标志，铭牌和型式试验证书、调试证书内容应当相符；”

“(2) 限速器各调节部位封记完好，运转时不得出现碰擦、卡阻、转动不灵活等现象，动作正常；”

“(3) 受检电梯的维护保养单位应当每 5 年进行一次限速器动作速度校验，校验结果应当符合要求”

检验方法修改为：

“(1) 对照检查限速器型式试验证书、调试证书、铭牌；

“(2) 目测调节部位封记和限速器运转情况，结合 7.1、7.2 的试验结果，判断限速器动作是否正常；”

“(3) 审查限速器动作速度校验记录，对照限速器铭牌上的相关参数，判断校验结果是否符合要求”

14. 将 5.1 的检验内容与要求修改为：

“出现下列情况之一时，悬挂钢丝绳应当报废：”

“① 出现笼状畸变、绳股挤出、扭结、部分压扁、弯折；”

“② 一个捻距内出现的断丝数大于下表列出的数值时：”

断丝的形式	钢丝绳类型		
	6×19	8×19	9×19
均布在外层绳股上	24	30	34
集中在一或者两根外层绳股上	8	10	11
一根外层绳股上相邻的断丝	4	4	4
股谷(缝)断丝	1	1	1
注：上述断丝数的参考长度为一个捻距，约为 6 d(d 表示钢丝绳的公称直径，mm)			

“③钢丝绳直径小于其公称直径的 90%；”

“④钢丝绳严重锈蚀，铁锈填满绳股间隙。”

“采用其他类型悬挂装置的，悬挂装置的磨损、变形等不得超过制造单位设定的报废指标”

15. 将“6.4　门的运行和导向 C”修改为：

“6.4　门的运行和导向 B”

三、附件 B 修改

1. 附件 B 中的序号、检验类别、检验项目及其内容按照修改后的附录 A 进行对应调整。

2. 删除检验报告封页中的“设备名称”“设备类型”和“设备型式”，增加“设备类别”和“设备品种”，将报告中的“单位”“机构”，后面加“名称”。

3. 检验结论页中的“层站数”修改为“层站门数”。

4. 注 B-2 修改为：

“一般情况下，条文序号为 1.1～1.4、2.1～2.5、2.7～2.9、3.1～3.10、4.1～4.8、5.1、5.2、5.5、6.1～6.9、7.1(1)、7.2～7.5 的检验项目(共 47 项)，适用于曳引驱动杂物电梯；条文序号为 1.1～1.4、2.1～2.5、2.7～2.9、3.1～3.10、4.1～4.8、5.1～5.5、6.1～6.9、7.1(1)、7.2、7.4、7.5(1)的检验项目(共 48 项)，适用于强制驱动杂物电梯；条文序号为 1.1～1.4、2.1～2.4、2.6～2.9、3.1～3.10、4.1～4.8、5.1、5.2、5.4、5.5、6.1～6.9、7.1(1)、7.2、7.4、7.6、7.7 的检验项目(共 48 项)，适用于液压杂物电梯。检验机构可以根据不同的杂物电梯类型和配置，按照实际的项目及其内容编排检验报告。”

四、附件 C 修改

1. 附件 C 中的序号、检验类别、检验项目及其内容按照修改后的附录 A 进行对应调整。

2. 删除检验报告封页中的“设备名称”“设备类型”和“设备型式”，增加“设备类别”和“设备品种”，将报告中的“单位”“机构”，后面加“名称”。

3. 检验结论页中的“层站数”修改为“层站门数”。

4. 检验结论页中增加“改造日期”和“改造单位名称”。

5. 注 C-2 修改为：

“一般情况下，除条文序号为 2.6、5.4、7.6、7.7 的检验项目之外，其余项目(共 30 项)适用于曳引驱动杂物电梯；除条文序号为 2.6、7.5(2)、7.6、7.7 的检验项目之外，其余项目(共 30 项)适用于强制驱动杂物电梯；除条文序号为 2.5、7.5(2)的检验项目之外，其余项目(共 32 项)适用于液压杂物电梯。

“如果检验中发现曳引轮绳槽的磨损可能影响曳引能力时[见附件 A，2.5(3)]，应当进行附件 A 中 7.5(1)要求的试验，在此情况下，应当将该项目列入检验报告。

“检验机构可以根据不同的电梯类型、配置和检验情况，按照实际的项目及其内容编排检验报告。”

6. 注C-3修改为：

“对于按照JG 135—2000及更早期标准生产的电梯，条文序号为6.6的项目可以仅检查端站层门是否设置紧急开锁装置；条文序号为6.8(2)的项目，间接机械连接的门扇中未被锁住门扇上的电气安全装置可以不检验；其他标有★的项目，可以不检验，其中条文序号为2.5(4)的项目，仅指可拆卸盘车手轮的电气安全装置可以不检验。”

此外，对于部分不影响技术要求的文字修订(如将“维修”修改为“修理”，“特种设备检验检测机构”修改为“特种设备检验机构”，“型式试验合格证书”修改为“型式试验证书”，“型式试验机构标识”修改为“型式试验机构的名称或者标志”，“检验合格章”修改为“检验专用章”)以及编辑性修改等，修改单中未一一列入。

附

TSG T7006—2012《电梯监督检验和定期检验规则——杂物电梯》第3号修改单

（2017年第2次修改）

一、正文修改

将正文中出现的“国家质量监督检验检疫总局”和“国家质检总局”分别修改为“国家市场监督管理总局”和“市场监管总局”（第二十六条除外）。

二、附件A修改

1. 删除1.2(3)，序号1.2(4)、1.2(5)、1.2(6)、1.2(7)相应地调整为1.2(3)、1.2(4)、1.2(5)、1.2(6)；

2. 将1.2的检验方法修改为“审查相应资料。(1)～(3)在报检时审查，(3)在其他项目检验时还应当审查；(4)、(5)在试验时审查；(6)在竣工后审查”；

3. 将1.4(2)中的“安全技术档案，至少包括1.1、1.2、1.3所述文件资料[1.2(3)和1.3(4)除外]，”修改为“安全技术档案，至少包括1.1、1.2、1.3所述文件资料[1.3(4)除外]，”。

三、附件B修改

将1.2按照修改后的附件A作对应调整。

TSG 特种设备安全技术规范　　TSG T7007—2016

电梯型式试验规则

Regulation for Type Test of Lifts

中华人民共和国国家质量监督检验检疫总局颁布

2016 年 6 月 6 日

前　　言

2004 年以来，根据国家质量监督检验检疫总局（以下简称国家质检总局）特种设备安全监察局（以下简称特种设备局）的有关要求，中国特种设备检测研究院（以下简称中国特检院）技术法规部组织有关专家开展了电梯型式试验规则及相关电梯整机、部件和安全保护装置型式试验细则的起草工作。至 2011 年，基本形成了电梯型式试验规则及相关细则的草案。根据安全监察工作思路调整以及将规则与细则合并等新要求，2011 年 6 月，国家质检总局特种设备局向中国特检院下达了《电梯型式试验规则》起草任务书。中国特检院接到任务后，组织有关专家成立起草组，并在上海市召开了首次工作会议。之后，起草组召开了多次工作会议，于 2014 年 9 月形成征求意见稿。2014 年 10 月，国家质检总局以质检特函〔2014〕32 号文征求基层、有关部门、单位和专家及公民的意见。根据征求到的意见，起草组对征求意见稿进行了修改并形成送审稿。2014 年 11 月，送审稿提交国家质检总局特种设备安全技术委员会审议。根据审议意见和典型事故案例，起草组又召开多次专题会议，对送审稿进行了修改，于 2015 年 11 月形成报批稿。2016 年 6 月 6 日，由国家质检总局批准颁布。

本规则明确了电梯型式试验的总体原则，程序和要求，电梯整机、部件及安全保护装置的型式试验内容、方法和要求等，为规范电梯型式试验工作，提高电梯型式试验工作质量提供了依据。

本规则主要起草单位和人员如下：

国家电梯质量监督检验中心　马培忠　周春明
上海交通大学电梯检测中心　朱昌明　张晓峰　冯宏景
深圳市特种设备安全检验研究院　刘锡奎　张怀继　陈桂洲
广东省特种设备检测研究院　罗志群　佘　昆
中国特种设备检测研究院　李　赵
西子奥的斯电梯有限公司　温爱民
上海三菱电梯有限公司　何新民
日立电梯（中国）有限公司　鲁国雄
迅达（中国）电梯有限公司　张晓松
巨人通力电梯有限公司　蒋　灏
东南电梯股份有限公司　马凌云
江苏省特种设备安全监督检验研究院苏州分院　李　宁
上海市质量技术监督局　彭　力

此外，国家电梯质量监督检验中心王衡、李新龙、冯云、耿建，深圳市特种设备安全检验研究院刘东洋、邢箭、丘彬、李灌辉，广东省特种设备检测研究院张捷、李楚锋，浙江省特种设备检验研究院王学斌，中国特种设备检测研究院沈勇、鄂立军，辽宁省质量技术监督局杨跃存，华升富士达电梯有限公司陈路阳等同志参加了本规则的编写和研讨工作。

电梯型式试验规则

1 总 则

1.1 目的和依据

为规范电梯型式试验工作，根据《中华人民共和国特种设备安全法》《特种设备安全监察条例》，制定本规则。

1.2 型式试验含义

本规则所称的电梯型式试验是指在制造单位完成产品全面试验验证的基础上，由经核准的承担型式试验工作的检验机构（以下简称型式试验机构）根据本规则的规定，对产品是否符合安全技术规范而进行的技术资料审查、安全性能试验，以验证其安全可靠性所进行的活动。

1.3 适用范围

本规则适用于《电梯型式试验产品目录》（见附件 A，以下简称《目录》）所列产品的型式试验。

《目录》所列产品有下列情况之一的，应当进行型式试验：

（1）制造单位首次制造或者境外制造在境内首次投入使用的；

（2）产品主要参数超出适用范围的；

（3）产品型式试验要求中规定的产品配置发生变更的；

（4）出现其他影响产品安全性能，国家质量监督检验检疫总局（以下简称国家质检总局）提出型式试验要求的。

2 程序与要求

2.1 一般要求

2.1.1 型式试验场地

2.1.1.1 整机

电梯整机型式试验（以下简称整机试验）应当在制造单位或者型式试验机构的试验井道（试验场地）内进行。

《超常规电梯参数表》（见附件 B）中所列电梯或者仅为单个项目使用结构特殊的电梯，确需在使用现场进行整机试验时，制造单位应当向使用单位明示，并且征得使用单位书面同意后向型式试验机构提出申请，经型式试验机构书面确认后，持《特种设备制造许可证》或者《特种设备行政许可受理决定书》（复印件加盖申请单位公章），按照规定办理施工告知，方可在使用现场安装 1 台用于型式试验的整机（用于型式试验的整机以下统称样机）。型式试验完成后，制造单位应当对其进行全面检查，更换磨损的零部件并且重新调试。

样机型式试验与安装监督检验过程中的性能试验可以同时进行，数据共享。安装监督检验报告应当在型式试验通过后出具。

2.1.1.2　安全保护装置和主要部件

安全保护装置和主要部件（以下统称样品）的型式试验应当在型式试验机构内进行。样品确需结合整机或者在制造单位试验场地内进行试验的，应当在型式试验报告中说明原因。

2.1.2　型式试验现场条件

实施型式试验时应当具备下列试验条件：

（1）整机试验时，样机工作场所的温度、湿度和供电系统电压等环境条件符合产品标准相关规定；试验现场整洁，无影响试验的物品、设施，并且放置表明现场正在进行试验的警示标示；

（2）样品试验时，样品试验场所的温度、湿度和供电系统电压等环境条件符合产品标准相关规定。

2.1.3　制造单位与申请单位义务

型式试验前，制造单位应当对产品进行全面试验验证，确认产品安全可靠性符合相关安全技术规范要求。

申请型式试验的单位（境内是指制造单位，境外是指制造单位在中国境内的授权代理机构，以下统称为申请单位）应当对型式试验样机（样品）及所提供相关资料的真实性负责。

整机试验时，申请单位应当委派相关专业人员到试验现场配合试验工作。

2.1.4　型式试验机构职责

2.1.4.1　机构资质及人员资格

型式试验机构应当经国家质检总局核准，型式试验人员应当具有相应的特种设备型式试验人员资格。

2.1.4.2　工作要求

（1）型式试验机构应当在其核准范围内，按照本规则要求进行型式试验；型式试验人员实施型式试验过程中，如发现异常或者特殊情况，可以参照相关标准增加试验项目，但应当征得申请单位同意，并且经本机构技术负责人批准；

（2）型式试验样机（样品）及所提供相关资料涉及商业或者技术秘密的，型式试验机构应当按照申请单位要求予以保密；

（3）型式试验机构进行电梯型式试验所用的检测仪器设备和计量器具，应当按照有关规定，经检定或者校准合格，并且在有效期内。

2.1.5　劳动保护和安全

试验过程中，型式试验人员和配合人员应当配备和穿戴试验作业必需的防护用品，并且遵守安全作业规程。

不具备试验条件或者继续试验可能造成安全和健康损害时，试验人员应当中止试验，并且向申请单位书面说明原因。

2.2　型式试验程序

电梯型式试验工作程序，包括申请、抽样、技术资料审查、检查与试验、出具报告和证书、信息发布。

2.2.1　申请

申请单位向型式试验机构提出申请时，应当提交以下资料：

(1)《电梯型式试验申请表》(格式见附件 C)；

(2) 制造单位经营资格证明文件；

(3) 境外制造单位在中国境内授权代理机构的经营资格和授权证明文件；

(4) 产品型式试验要求中规定提供的技术资料。

申请单位应当在产品型式试验要求中规定的适用范围内提出型式试验证书的适用范围申请，并且提交适用产品与试验样机(样品)差异部分的有关技术资料。

型式试验机构收到申请单位申请资料后，应当对其所提交的资料进行确认，并且在10个工作日内作出是否接受申请的决定，同时予以书面回复。提交资料不全的，应当一次性告知补正。

2.2.2　抽样

样品由型式试验机构在申请单位内经自检合格的产品中随机抽取，抽样的具体要求见附件 D《电梯安全保护装置和主要部件型式试验抽样要求》。

2.2.3　技术资料审查

型式试验机构应当按照本规则附件 H 至附件 AB 的要求，对申请单位提交的技术资料进行审查。

2.2.4　样机(样品)检查与试验

型式试验机构应当按照本规则附件 H 至附件 AB 的要求，对样机(样品)进行检查与试验。

2.2.5　出具报告和证书

2.2.5.1　记录

试验过程中，试验人员应当详细记录各个项目的试验情况及试验结果。有测试数据要求的项目应当记录实测数据；无测试数据要求的项目，应当用文字简单说明现场试验状况和结果。必要时，试验记录可以另列表格或者附图。

试验记录的项目及内容应当完整，并且具有可追溯性。其格式由型式试验机构统一制定，在本机构正式发布使用。

2.2.5.2　结论判定

型式试验结论应当按照以下要求判定：

(1) 所有适用项目都符合本规则要求的，判定为“合格”；

(2) 样机型式试验项目出现不合格时，在 6 个月之内完成整改、经复检符合本规则要求的，判定为“合格”；超过 6 个月未完成整改或者整改后经复检仍不符合本规则要求的，判定为“不合格”；

(3) 样品型式试验项目出现不合格时，判定为“不合格”；其中技术资料审查等出现不合格时，按照本条第(2)项处理。

2.2.5.3　不合格处理

(1) 型式试验存在不合格项时，型式试验人员应当向申请单位出具《电梯型式试验意见书》(以下简称型式试验意见书，格式见附件 E)。

(2) 型式试验结论为不合格，申请单位需要重新进行型式试验的，应当向原型式试验机构提出申请。

2.2.5.4 报告和证书

型式试验工作完成后，型式试验机构应当在 15 个工作日内向申请单位出具《特种设备型式试验报告(电梯)》(以下简称型式试验报告)。型式试验合格的，型式试验机构还应当同时出具《特种设备型式试验证书(电梯)》(以下简称型式试验证书)，型式试验证书上应当给出根据申请单位的适用范围申请以及适用产品技术资料审查情况所确定的适用范围。

型式试验报告和型式试验证书的内容、格式应当符合本规则附件 F 和附件 G，以及相应型式试验要求的规定。

2.2.5.5 结果异议处理

申请单位在收到型式试验意见书、型式试验报告或者型式试验证书后，对试验结果存在异议的应当在 15 个工作日内，向型式试验机构提出书面意见，型式试验机构应当在 15 个工作日内予以书面回复。对型式试验机构回复意见仍有异议的，申请单位可以向型式试验机构核准部门提出申诉。

2.2.6 信息发布

型式试验机构应当在出具型式试验证书后 5 个工作日内，按照特种设备信息化管理的规定，及时将型式试验的有关数据输入特种设备信息化管理系统，并且对上传数据的真实性和正确性负责。

2.3 一致性核查

首次型式试验合格后，对于取得制造许可证的电梯整机制造单位自制自用的安全保护装置和主要部件，型式试验机构应当每四年对制造单位进行一次一致性核查；对其他制造单位的安全保护装置和主要部件，应当每两年对制造单位进行一次一致性核查。

一致性核查的主要内容如下：

(1) 产品与其型式试验样品基本信息是否一致；

(2) 产品与其型式试验样品主要配置是否一致；

(3) 产品主要安全性能是否合格。

型式试验机构应当按照相应产品型式试验要求对所核查的产品进行检查和试验，对核查结论合格的产品更新型式试验证书。

一致性核查发现产品主要安全性能存在问题的，型式试验机构应当及时报告制造单位所在地省级特种设备安全监督管理部门。

2.4 变更

申请单位和境外制造单位名称或者地址发生变更时，申请单位应当及时持相应的证明资料向原型式试验机构提出变更申请，型式试验机构确认后在型式试验报告的“变更情况页”上注明变更情况，同时收回原型式试验证书并且换发新型式试验证书。

变更完成后型式试验机构应当在 5 个工作日内，将变更情况上传到特种设备信息化管理系统。

3 附　　则

3.1 有关情况处理

申请单位自行申请注销，或者申请单位存在下列违规情况之一的，型式试验机构应当及时收回原型式试验报告和型式试验证书，并且在特种设备信息化管理系统上公布其相关信息：

（1）提供虚假资料和样机（样品）的；

（2）伪造、涂改型式试验报告、型式试验证书的；

（3）无正当理由拒绝，或者不予配合、拖延、阻碍一致性核查的；

（4）一致性核查不符合要求的；

（5）因自身原因在规定期限内未完成一致性核查的；

（6）其他违法、违规行为的。

3.2 解释权

本规则由国家质检总局负责解释。

3.3 实施日期

本规则自 2016 年 7 月 1 日起施行。

附件 A

电梯型式试验产品目录

类别	品种	设备基本代码
曳引与强制驱动电梯	曳引驱动乘客电梯	3110
	曳引驱动载货电梯	3120
	强制驱动载货电梯	3130
液压驱动电梯	液压乘客电梯	3210
	液压载货电梯	3220
自动扶梯与自动人行道	自动扶梯	3310
	自动人行道	3320
其他类型电梯	防爆电梯	3410
	消防员电梯	3420
	杂物电梯	3430
电梯安全保护装置	限速器	F310
	安全钳	F320
	缓冲器	F330
	门锁装置	F340
	轿厢上行超速保护装置(制动减速装置)	F350
	含有电子元件的安全电路和可编程电子安全相关系统	F360
	限速切断阀	F370
	轿厢意外移动保护装置	F380
电梯主要部件	绳头组合	F310
	控制柜	B320
	层门	B330
	玻璃轿门	B340
	玻璃轿壁	B350
	液压泵站	B360
	驱动主机	B370
	梯级、踏板等承载面板	B380
	滚轮	B390
	梯级(踏板)链	B3A0

附件 B

超常规电梯参数表

序号	设备品种	额定参数
1	曳引驱动乘客电梯、消防员电梯	额定速度 $V \geqslant 6$ m/s，或者 额定速度 $V > 3$ m/s，且额定载重量 $Q > 3\,000$ kg
2	曳引驱动载货电梯、强制驱动载货电梯、液压载货电梯、防爆电梯	额定载重量 $Q \geqslant 5\,000$ kg
3	自动扶梯	提升高度 $H \geqslant 12$ m
4	自动人行道	使用区段长度 $L \geqslant 60$ m

附件 C

电梯型式试验申请表

申请单位名称			
申请单位通讯地址			
申请单位注册地址			
申请单位负责人		申请单位邮政编码	
申请单位联系人		申请单位固定电话	
联系人移动电话		申请单位传真	
联系人电子邮箱		样机(样品)制造日期	
制造单位名称			
制造单位注册地址			
制造地址			
制造单位负责人		制造单位联系电话	
设备类别		设备品种	
产品名称		产品型号	
主要技术参数			
试验依据	《电梯型式试验规则》(TSG T7007—2016)		
拟试验地点		拟试验日期	

声明：

1. 本单位承诺遵守《电梯型式试验规则》的相关规定和要求，保持所制造产品的一致性。

2. 本单位提供的型式试验样机(样品)及相关资料真实有效，符合对应产品的型式试验要求，并自检合格。

(申请单位公章或者专用章)
年　月　日

型式试验机构受理意见：

型式试验机构受理人：　　　　日期：

附件 D

电梯安全保护装置和主要部件型式试验抽样要求

D1 型式试验抽样要求

（1）抽样人员填写《电梯型式试验抽样单》(格式见表 D-1)，抽样单经抽样人员与申请单位代表双方签字确认；

（2）抽样人员对所抽取样品在抽样现场进行有效封样，以保证样品真实性；

（3）需要在型式试验机构内进行试验的样品，由申请单位负责寄(送)达型式试验机构指定的试验地点；

（4）试验必须的辅助部件及材料等由申请单位提供。

D2 一致性核查抽样要求

抽样人员应当首先核对制造用技术资料和现场产品与型式试验时的一致性，然后按照本附件 D1 的要求进行抽样，抽样基数至少为 5 倍型式试验所需样品数量(对于型式或者规格特殊的部件，抽样基数可以不作要求)。供抽样产品的制造日期应当在上次型式试验证书发(换)证日期之后。

D3 试验后样品处置

型式试验机构进行型式试验所用的样品，在试验结束后，除试验损耗或者另有规定的以外，型式试验机构应当及时通知申请单位取回。自型式试验机构通知发出之日起 30 日后，申请单位不取回样品且不提出处理意见的，由型式试验机构自行处理。

表 D-1　电梯型式试验抽样单

申请单位名称			
申请单位通讯地址			
申请单位注册地址			
申请单位联系人		申请单位固定电话	
联系人移动电话		申请单位传真	
申请单位邮编		联系人电子邮箱	
制造单位名称			
制造单位注册地址			
制造地址			

产品名称	型号规格	产品编号	制造日期	样品数量/抽样基数
				/
				/
				/
				/
				/

抽样地点	（生产线、成品库等）	封样方式	
收样机构			
收样地址			
收样联系人		收样人固定电话	
收样人移动电话		收样人传真	
收样人邮编		收样人电子邮箱	
抽样人： （型式试验机构专用章或者公章） 年　月　日		申请单位代表： （申请单位公章或者专用章） 年　月　日	

注：本抽样单一式两份，一份交型式试验机构，一份交申请单位。

附件 E

电梯型式试验意见书

<table>
<tr><td>申请单位名称</td><td colspan="3"></td></tr>
<tr><td>制造单位名称</td><td colspan="3"></td></tr>
<tr><td>设备品种</td><td></td><td>产品名称</td><td></td></tr>
<tr><td>产品型号</td><td></td><td>产品编号</td><td></td></tr>
<tr><td>主要技术参数</td><td colspan="3"></td></tr>
<tr><td>试验地点</td><td></td><td>试验日期</td><td></td></tr>
<tr><td colspan="4">问题和意见：

型式试验人员：　　　　日期：　　　　（型式试验机构专用章或者公章）
年　月　日

申请单位代表：　　　　日期：</td></tr>
</table>

注：申请单位代表签字仅适用于电梯整机。

附件 F

报告编号：

特种设备型式试验报告

（电梯）

设　备　类　别：________________

设　备　品　种：________________

产　品　名　称：________________

产　品　型　号：________________

制造单位名称：________________

申请单位名称：________________

型式试验类别：（首次、第 X 次核查）

型式试验日期：________________

（印制型式试验机构名称）

注 意 事 项

1．本报告是依据《电梯型式试验规则》（TSG T7007—2016）进行型式试验的报告。

2．本报告由计算机打印输出，或者用钢笔、签字笔填写，字迹要工整，涂改无效。

3．本报告无试验、审核、批准人员签字以及型式试验机构的核准证号、公章（或者专用章）和骑缝章无效。

4．本报告一式三份，一份型式试验机构存档，两份申请单位保存。

5．申请单位对型式试验结论有异议时，应当在收到本报告之日起15个工作日内向型式试验机构提出书面意见。

6．本报告仅对样机（样品）有效。

型式试验机构地址：

邮政编码：

联系电话：

电子邮箱：

目　录

电梯型式试验报告

报告编号：

<table>
<tr><td>设备类别</td><td></td><td>设备品种</td><td></td></tr>
<tr><td>产品名称</td><td></td><td>产品型号</td><td></td></tr>
<tr><td>产品编号</td><td></td><td>制造日期</td><td></td></tr>
<tr><td>申请单位名称</td><td colspan="3"></td></tr>
<tr><td>申请单位注册地址</td><td colspan="3"></td></tr>
<tr><td>制造单位名称</td><td colspan="3"></td></tr>
<tr><td>制造单位注册地址</td><td colspan="3"></td></tr>
<tr><td>制造地址</td><td colspan="3"></td></tr>
<tr><td>试验地点</td><td colspan="3"></td></tr>
<tr><td>样机(样品)状态</td><td></td><td>试验日期</td><td></td></tr>
<tr><td>试验条件</td><td></td><td>型式试验类别</td><td>(首次、第X次核查)</td></tr>
<tr><td>试验依据</td><td colspan="3">《电梯型式试验规则》(TSG T7007—2016)</td></tr>
<tr><td>试验结论</td><td colspan="3"></td></tr>
<tr><td colspan="2">试验：　　　　日期：</td><td colspan="2" rowspan="3">型式试验机构核准证编号：

(型式试验机构专用章或者公章)
年　月　日</td></tr>
<tr><td colspan="2">审核：　　　　日期：</td></tr>
<tr><td colspan="2">批准：　　　　日期：</td></tr>
</table>

共　页　第　页

型式试验报告变更情况页

报告编号：

序号	项目	变更前	变更后	变更日期	承办人签章

注：变更日期处应当由型式试验机构盖章。

共　页　第　页

附件 G

特种设备型式试验证书
（电梯）

证书编号：TS× ××××××××××××××××

申 请 单 位 名 称：

申请单位注册地址：

制 造 单 位 名 称：

制造单位注册地址：（适用于整机）

制　造　地　址：（适用于安全保护装置和主要部件）

设　备　类　别：　　　　　　　　设备品种：

产　品　名　称：　　　　　　　　产品型号：

型式试验报告编号：（安全保护装置和主要部件列出并注明首次或者本次核查报告）

经型式试验，确认该样机（样品）符合《电梯型式试验规则》（TSG T7007—2016）的规定。

本证书适用的产品型号：

本证书适用的产品参数范围和配置见附表。

（型式试验机构盖章）

（首次）发证日期：　　　　年　月　日

（安全保护装置和主要部件）本次换证日期：　　　　年　月　日

（安全保护装置和主要部件）下次核查日期：　　　　年　月　日前

（印制型式试验机构名称）

注 1：申请单位有责任保证产品符合安全技术规范及相关标准的规定，以及与型式试验样机（样品）的一致性。

注 2：本证书不适用于下次核查日期后制造出厂的安全保护装置和主要部件产品。

注 3：证书附表为本规则附件 H 至附件 AB 规定的相应产品的适用参数范围和配置表。（本注不印制）。

附件 g

型式试验证书编号方法和有关说明

g1 编号基本方法

特种设备型式试验证书编号，由型式试验标志、设备基本代码、型式试验机构核准证编号中的流水编号、型式试验年份和型式试验流水编号 5 部分组成，应当具有唯一性，型式试验标志与设备基本代码之间用一个空格隔开，其他部分之间不用空格，其编号方法如下：

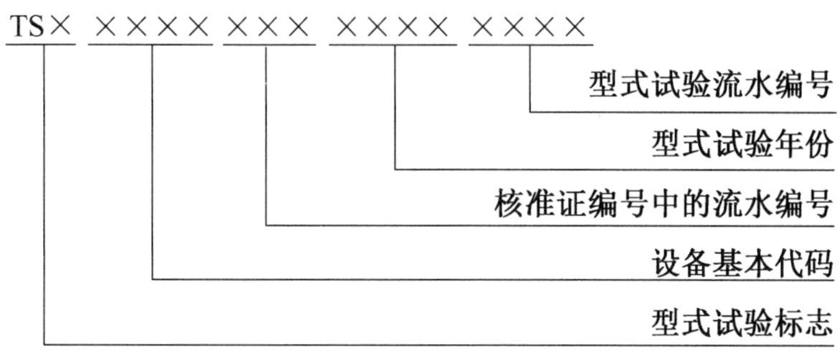

g2 编号含义

g2.1 型式试验标志

用“TSX”表示。

g2.2 设备基本代码

电梯及其安全保护装置、主要部件的设备基本代码用 4 位阿拉伯数字（拼音字母）表示，编写方法详见附件 A《电梯型式试验产品目录》。

g2.3 核准证编号中的流水编号

型式试验机构核准证编号中的流水编号（核准顺序号），用 3 位阿拉伯数字表示，也作为各型式试验机构代码一种表示。

g2.4 型式试验年份

型式试验年份代码，用公元纪年的 4 位阿拉伯数字表示。

g2.5 型式试验流水编号

型式试验流水编号，表示型式试验机构当年发出该品种产品型式试验证书的流水编号（顺序号），用 4 位阿拉伯数字表示，从 0001 顺序编排。

g3 申请单位说明

对境外制造单位，申请单位为其授权的中国境内代理机构；对境内制造单位，申请单位即为制造单位。

附件 H

乘客和载货电梯型式试验要求

H1 适用范围

本附件适用于曳引驱动乘客电梯、液压驱动乘客电梯、曳引驱动载货电梯、强制驱动载货电梯、液压驱动载货电梯、消防员电梯和防爆电梯的型式试验。

H2 引用标准

(1) GB 7588—2003《电梯制造与安装安全规范》(含第 1 号修改单);
(2) GB/T 10058—2009《电梯技术条件》;
(3) GB/T 10059—2009《电梯试验方法》;
(4) GB/T 10060—2011《电梯安装验收规范》;
(5) GB 21240—2007《液压电梯制造与安装安全规范》;
(6) GB/T 24479—2009《火灾情况下的电梯特性》;
(7) GB 26465—2011《消防电梯制造与安装安全规范》;
(8) GB 31094—2014《防爆电梯制造与安装安全规范》。

H3 名词术语

本附件采用 H2 引用标准和本章规定的术语。

H3.1 机器设备

是指控制柜、驱动主机、主开关、紧急操作和动态测试装置等设备。

H3.2 机器设备间

是指井道内部或者外部放置全部或者部分机器设备的空间。

H3.3 电梯 IC 卡系统

利用集成电路(IC)卡身份认证技术对电梯乘客进行识别并授权的电子系统或者网络,例如召唤电梯、开放权限层的使用权限或者自动登录权限层的功能。

IC 卡系统的身份认证方式包括且不限于密码、磁卡、移动支付、指纹、掌形、面部、虹膜、静脉等。

H4 主要参数和配置的适用原则

H4.1 主要参数变化

H4.1.1 乘客电梯、消防员电梯

主要参数变化符合下列之一时,应当重新进行型式试验:
(1) 额定速度增大;
(2) 额定载重量大于 1 000 kg,且增大。

H4.1.2 载货电梯

主要参数变化符合下列之一时,应当重新进行型式试验:
(1) 额定载重量增大;
(2) 额定速度大于 0.5 m/s,且增大。

H4.1.3 防爆电梯

额定载重量和额定速度参数适用原则同 H4.1.1 和 H4.1.2。

用于爆炸性气体环境的防爆电梯(Ⅱ类)和用于爆炸性粉尘环境的防爆电梯(Ⅲ类)没有相互适用关系。防爆等级具体适用原则见表 H-1。

表 H-1 防爆等级适用原则

适用环境类型	等级 (自下向上适用)	温度组别 (自下向上适用或者最高表面温度值向上适用)	设备保护级别 (自下向上适用)
Ⅱ类	A B C	T1 T2 T3 T4 T5 T6	Gc Gb Ga
Ⅲ类	A B C	表面温度值	Dc Db Da

H4.2 配置变化

配置变化符合下列之一时,应当重新进行型式试验:

(1) 驱动方式(曳引驱动、强制驱动、液压驱动)改变;

(2) 调速方式(交流变极调速、交流调压调速、交流变频调速、直流调速、节流调速、容积调速等)改变;

(3) 驱动主机布置方式(井道内上置、井道内下置、上置机房内、侧置机房内等)、液压泵站布置方式(井道内、井道外)改变;

(4)悬挂比(绕绳比)、绕绳方式改变;

(5) 轿厢悬吊方式(顶吊式、底托式等)、轿厢数量、多轿厢之间的连接方式(可调节间距、不可调节间距等)改变;

(6) 轿厢导轨列数减少;

(7) 控制柜布置区域(机房内、井道内、井道外等)改变;

(8) 适应工作环境由室内型向室外型改变;

(9) 轿厢上行超速保护装置、轿厢意外移动保护装置型式改变;

(10) 液压电梯顶升方式(直接式、间接式)改变;

(11) 防止液压电梯轿厢坠落、超速下行或者沉降装置型式改变;

(12) 控制装置、调速装置、驱动主机、液压泵站的制造单位改变(注 H-1);

(13) 用于电气安全装置的可编程电子安全相关系统(PESSRAL)的功能、型号或者制造单位改变(注 H-1);

(14) 防爆电梯的防爆型式(外壳和限制表面温度保护型、隔爆型、增安型、本质安全型、浇封型、油浸型、正压外壳型等或者某几种型式的复合)改变。

注 H-1:仅对相关项目重新进行型式试验,相关项目由申请单位和型式试验机构双方商定并且在型式试验报告中予以说明。

H4.3 适用范围

乘客和载货电梯适用的参数范围和配置见表 H-2。

表 H-2 乘客和载货电梯适用参数范围和配置表

额定速度	m/s	额定载重量	kg
设备保护级别	(适用于防爆电梯)	防爆等级	(适用于防爆电梯)
调速方式		调速装置制造单位名称	
驱动方式		控制装置制造单位名称	
驱动主机布置方式		驱动主机制造单位名称	
液压泵站布置方式	(适用于液压电梯)	液压泵站制造单位名称	(适用于液压电梯)
悬挂比(绕绳比)		绕绳方式	
轿厢悬吊方式		轿厢导轨列数	
轿厢数量		多轿厢之间的连接方式	
控制柜布置区域		工作环境	
轿厢上行超速保护装置型式		轿厢意外移动保护装置型式	
顶升方式	(适用于液压电梯)	防止轿厢沉降装置	(适用于液压电梯)
防止轿厢自由坠落或者超速下降的措施	(适用于液压电梯)	防爆型式	(适用于液压电梯)
PESSRAL 功能		PESSRAL 型号	
PESSRAL 制造单位名称		特殊用途产品	

注 H-2：适用参数范围和配置表，由申请单位提供申请资料时提出，型式试验机构型式试验确认后，作为型式试验证书的附件，并且加上包括设备类别、设备品种、产品名称、产品型号等表头内容(本规则所有附件均同)。

H5 技术资料要求与审查

型式试验机构应当对申请单位按照本章要求提交的技术资料进行审查，确认是否符合本规则和相关标准的要求。

H5.1 产品合格证明及说明文件

(1) 产品质量合格证明文件，包括合格证(含数据报告，注 H-3)、产品质量证明书等；
(2) 安装自检合格报告(或者竣工验收报告)；
(3) 安装使用维护说明书；
(4) 制动器间隙调整说明、制动器维护保养说明；
(5) 电梯停在开锁区域外时的救援程序；
(6) 报警装置的产品功能及安装使用维护说明；
(7) 电气故障防护说明；
(8) 布置在井道内的驱动主机、控制柜和限速器的安装、维保保养作业方案；
(9) 井道外紧急操作和动态测试装置的功能和操作说明；

(10) 配置建筑物火灾报警探测系统的电梯，其关于电梯的预定用途、火灾信号的输入方式、火灾报警系统和电梯控制系统之间的接口情况、电梯通过何种方式恢复到正常服务状态、电梯层门类型等设计说明；

(11) 电梯 IC 卡系统设备布置图、电气原理图、安装使用维护说明书；

(12) 液压电梯防止轿厢坠落、超速下降或者沉降的保护措施；

(13) 轿厢有效面积超出对应标准规定值的说明；

(14) 观光电梯设计和结构的特别说明；

(15) 汽车电梯设计和结构的特别说明；

(16) 消防员电梯优先召回阶段和消防服务阶段的功能说明；

(17) 消防员电梯从内部和外部救援消防员的方法、救援程序说明；

(18) 消防员电梯涉及消防服务的电气控制部分的说明；

(19) 其他特殊环境使用要求的说明。

注 H-3：产品数据报告，可以按照样机(样品)技术参数及配置编排，加上包括设备类别、设备品种、产品名称、产品型式、产品编号等内容的表头(本规则所有附件的产品数据报告均同)。

H5.2 设计计算书

(1) 限速器选型计算，限速器绳或者安全绳安全系数计算；

(2) 安全钳选型计算；

(3) 缓冲器选型计算；

(4) 轿厢上行超速保护装置选型计算；

(5) 轿厢意外移动保护装置选型计算；

(6) 驱动主机选型计算(应当能确保电梯在 110％额定载重量和额定速度下运行的能力)、制动器制动力选型计算、盘车力计算；

(7) 控制柜选型计算(应当能确保电梯在 110％额定载重量和额定速度下运行的能力)；

(8) 悬挂装置安全系数计算，曳引轮、滑轮或者卷筒的节圆直径与钢丝绳直径的比值计算；

(9) 曳引条件计算，平衡系数计算；

(10) 轿架的强度计算及安全系数计算(应当考虑电梯正常运行、安全钳动作、限速切断阀动作、夹紧装置动作、棘爪装置动作或者轿厢撞击缓冲器的工况)；

(11) 导轨计算；

(12) 布置在井道内的驱动主机和悬挂装置固定处承载构件的受力计算；

(13) 轿厢有效面积计算，轿厢上、下部位通风孔面积计算；

(14) 电梯层门和轿门装置在平均关门速度下的动能计算；

(15) 垂直滑动层门悬挂件的安全系数、悬挂绳轮直径与绳径比值的计算；

(16) 液压电梯满载压力计算；

(17) 液压电梯缸筒和柱塞安全系数计算(在由 2.3 倍满载压力所产生的力的作用下，或者在悬挂机构断裂工况形成的力的作用下，材料屈服强度为 $R_{p0.2}$)；

(18) 液压电梯液压缸稳定性安全系数计算(当柱塞处于全部伸出的位置，在由 1.4 倍满载压力所产生的力的作用下)；

（19）液压电梯液压缸在拉伸载荷作用下的安全系数计算（在由 1.4 倍满载压力所产生的力的作用下，材料屈服强度为 $R_{p0.2}$）；

（20）液压电梯硬管和附件安全系数计算（液压缸和单向阀或者下行方向阀之间的硬管和附件在 2.3 倍满载压力作用下，材料屈服强度为 $R_{p0.2}$）；

（21）液压电梯软管安全系数计算（液压缸与单向阀或者下行方向阀之间的软管相对于满载压力和破裂压力）；

（22）液压电梯用于套筒式液压缸机械同步的钢丝绳或者链条安全系数计算；

（23）液压电梯和强制驱动电梯的平衡重计算。

H5.3 主要设计图样

（1）产品图纸目录、总图、主要受力结构件图、机构部件装配图；

（2）电气原理图、接线图，包括井道照明和插座、应急电源供电、制动器有效动作监控、电气符号说明（元器件代号表）等；

（3）液压电梯液压系统原理图、液压元件代号说明。

H5.4 部件证明文件

H5.4.1 型式试验证明文件

限速器、安全钳、缓冲器、门锁装置、驱动主机、控制柜、绳头组合、层门、玻璃轿门、玻璃轿壁、轿厢上行超速保护装置（制动减速装置）、轿厢意外移动保护装置（完整系统，不含液压驱动电梯和防爆电梯）、含有电子元件的安全电路和可编程电子安全相关系统、液压泵站、限速切断阀的型式试验报告和型式试验证书（复印件）及其产品合格证。

对于防爆电梯，控制柜、驱动主机、液压泵站、限速器、安全钳、门锁装置、轿厢上行超速保护装置的型式试验报告和型式试验证书及其产品合格证应当是适用于对应防爆环境的。

H5.4.2 其他证明文件

（1）随行电缆结构型式的证明；

（2）悬挂装置产品合格证或者试验报告；

（3）限速器和渐进式安全钳调试证书；

（4）液压电梯软管的产品合格证，软管总成能够承受 5 倍满载压力而不被破坏的试验记录；

（5）部件外壳防护等级证明（需要一定外壳防护等级时）；

（6）电梯 IC 卡系统产品质量合格证明文件。

H5.4.3 防爆电梯部件

H5.4.3.1 防爆合格证

（1）通用部件，包括控制柜、门电机、安全栅、风扇、照明灯具、照明开关、接线盒（箱）、断路器、对讲机、电铃、电缆填料函；

（2）曳引或者强制驱动电梯，包括电阻箱、制动器、电动机、旋转编码器（如旋转编码器设计在电动机内，可以不需要防爆合格证）；

（3）液压驱动电梯，包括液压泵站、电磁阀。

H5.4.3.2 非电气部件点燃危险评定报告

非电气部件（减速箱、制动器、限速器、安全钳、钢丝绳制动器、门系统、缓冲器、导靴、门锁装置、曳引轮等)点燃危险评定报告。

H5.4.3.3 材质证明文件

(1) 设备外部部件所含轻金属材料成分证明文件;

(2) 限速器夹绳块表面、安全钳楔块表面、钢丝绳制动器夹绳板表面、门锁装置锁钩表面等喷涂或者使用的防止机械火花的材料;

(3) 液压电梯液压油牌号、型号和理化性能指标;

(4) 油浸型部件保护液的牌号、型号和理化性能指标(着火点、闭杯闪点、动粘度、电气击穿强度、体积电阻、凝固点、酸度)。

H5.5 机器设备间、井道

H5.5.1 布置说明及图示

机器设备间、滑轮间的位置和主要尺寸,检修门、检修活板门和井道安全门的布置和尺寸,井道平面布置和井道立面,井道下方存在的任何可以进入空间的布置,驱动主机或者液压泵站的布置方式,曳引悬挂系统的布置,控制柜的安装位置等,机器设备间和维护保养作业空间的位置和尺寸计算示意,曳引轮、导向轮和链轮的防护措施。

H5.5.2 结构受力

机器设备间地板受力要求,底坑地面受力要求,使用膨胀螺栓时对井道壁的要求。

H5.5.3 井道内各部件之间的间隙和保护

轿厢与对重或者平衡重(含相关零部件)之间的水平运动间隙,井道内其他运动部件之间的运动间隙,电梯井道内表面与轿厢地坎、轿厢门框架或者滑动门的最近门口边缘的水平距离,对重或者平衡重运行区域防护的要求和简图,同一井道内相邻电梯间的防护措施。

H5.5.4 导轨

导轨型号、摩擦面的尺寸和表面加工方式,导轨润滑的要求。

H5.6 悬挂、补偿系统

悬挂装置的型号、直径、根数和破断载荷,悬挂链条的型号规格、节距和破断载荷,悬挂比(绕绳比)和绕绳方式(单绕或者复绕)示意图,悬挂系统端接方式、张力平衡和异常伸长检查装置的安装或者设计图,补偿绳或者链的型号、规格和数量,补偿绳张紧装置安装图。

H5.7 轿厢系统

轿厢悬吊方式示意图,轿厢内部净尺寸,轿厢安全门的说明和简图,轿顶护栏的说明和简图,轿厢上护板和护脚板的安装和尺寸图。

H5.8 门系统

轿门和层门安装固定方式,轿门型式和开门净尺寸,层门型式、开门方式和净尺寸,玻璃门防拖曳措施,轿门与关闭后的层门间的水平距离,开锁区域的尺寸说明图示,门板悬挂装置、保持装置、导向装置简图,层门门锁装置的结构和安装示意图,轿门门锁装置、轿门开启保护装置的结构和安装示意图。

H5.9 消防员电梯附加要求

(1) 工作温度,对防火前室(环境)的要求,井道和底坑的防水、排水要求;

(2) 对供电电源的要求,供电的转换要求;

(3) 对消防服务通讯系统的要求；

(4) 轿厢和层站的控制装置要求；

(5) 对于放置驱动主机和相关设备的任何区间，以及防火分区外的所有电梯设备区间之间的连接保护要求。

H5.10 相关标准或者产品技术条件

按照本附件 H6.28 要求的 200% 满载压力试验时液压系统压力下降的允许值，以及含有本附件 H6.16.1、H6.17、H6.18、H6.19 要求的乘客电梯运行性能指标的企业标准或者产品技术条件。

H5.11 整机的连续运行试验记录和报告

制造单位自行完成的曳引或者强制驱动型式试验样机 60 000 次，液压驱动型式试验样机 10 000 次连续运行的试验方案、记录、报告及其真实性声明。连续运行试验方案、详细记录、总结报告应当符合本附件 H5.11.1 和 H5.11.2 的要求。

H5.11.1 连续运行试验方案

连续运行试验方案至少包括以下内容：

(1) 试验起止时间、具体试验日程；

(2) 试验人员配置；

(3) 试验工况；

(4) 试验记录内容；

(5) 建议的抽查见证点。

试验方案在试验开始前应当取得型式试验机构的确认。

H5.11.2 连续运行试验技术要求

制造单位在开始试验前应当书面通知型式试验机构，在制造单位进行连续运行试验过程中，应当至少约请型式试验机构到现场抽查 1 次，型式试验机构应当记录其见证试验情况。连续运行试验结束后，型式试验机构应当在同一台样机上进行其他项目的试验。

连续运行试验至少符合以下要求：

(1) 内容不少于 GB/T 10059 中表 A.19 所规定的内容；

(2) 试验前，应当在控制线路中安装计数器，记录电梯运行次数，以电梯每完成一个全过程运行为一次，即启动(关门)—运行—停止(开门)；

(3) 试验期间，电梯应当按照使用说明书的规定进行保养，不允许带故障运行；

(4) 对于曳引驱动和强制驱动电梯，以额定载重量和额定速度上行试验次数不少于 15 000 次。除正常维护保养和故障恢复时间之外试验应当连续进行，60 000 次试验应当在 60 日内完成；

(5) 对于液压驱动电梯，以额定载重量和额定速度上行试验次数不少于 2 500 次。除正常维护保养和故障恢复时间之外试验应当连续进行，10 000 次试验应当在 30 日内完成；

(6) 运行期间故障次数应当不超过 5 次，每次故障修复时间应当不超过 1 小时。由于电梯本身原因造成的停机或者不符合本附件规定的整机性能要求的非正常运行，均视为故障。

H6 样机检查与试验

H6.1 电气装置及保护

H6.1.1 主开关

主开关应当设置在下列位置之一，并且易于接近：

(1) 机房内(如有机房时)；

(2) 控制柜内(如控制柜没有安装在机房内并且没有安装在井道内时)；

(3) 紧急操作和动态测试屏上(如控制柜安装在井道内时)；如果紧急操作屏和动态测试屏是分立的，此开关设置在紧急操作屏上。

主开关应当符合 GB 7588 中 13.4 或者 GB 21240 中 13.4 除设置位置外的其他规定。

H6.1.2 停止装置

应当符合 GB 7588 中 14.2.2 或者 GB 21240 中 14.2.2 的规定。当驱动主机未安装在机房内，在电梯驱动主机附近和紧急操作和动态测试屏上也应当设置停止装置，除非在其附近 1 m 之内有可以直接接近的主开关或者另一个停止装置。

H6.1.3 极限开关

应当符合 GB 7588 中 10.5 或者 GB 21240 中 10.5 的规定。检查与试验方法应当符合 GB/T 10059 中 4.1.4 的规定。

H6.1.4 断相、错相保护

(1) 电梯应当具备供电系统断相和错相保护功能。当电梯供电电路出现断相或者错相时，电梯应当停止运行并保持停止状态；

(2) 电梯运行与相序无关时，可以不设错相保护功能；

检查与试验方法应当符合 GB/T 10059 中 4.1.1 的规定。

H6.1.5 停止驱动主机及检查其停止状态

应当符合 GB 7588 中 12.7 或者 GB 21240 中 12.4 的规定。

H6.1.6 制动器的供电

应当符合 GB 7588 中 12.4.2.3 的规定。

H6.1.7 安全回路接地故障防护

应当符合 GB 7588 中 14.1.1.3 或者 GB 21240 中 14.1.1.3 的规定。

H6.1.8 电气安全装置

H6.1.8.1 总体要求

电气安全装置应当符合 GB 7588 中 14.1.2.1.3、14.1.2.1.5、14.1.2.1.7、14.1.2.4、14.1.2.5 或者 GB 21240 中 14.1.2.1.3、14.1.2.1.5、14.1.2.1.7、14.1.2.4、14.1.2.5 的规定。

H6.1.8.2 安全触点

应当符合 GB 7588 中 14.1.2.2 或者 GB 21240 中 14.1.2.2 的要求。

H6.1.8.3 安全电路

应当符合 GB 7588 中 14.1.2.3 或者 GB 21240 中 14.1.2.3 的要求，包括以下一项或者几项：

(1) 一个或者几个符合 GB 7588 中 14.1.2.2 或者 GB 21240 中 14.1.2.2 要求的安全

触点；

（2）不符合 GB 7588 中 14.1.2.2 或者 GB 21240 中 14.1.2.2 要求的触点；

（3）符合 GB 7588 中附录 H 或者 GB 21240 中附录 H 要求的元件；

（4）可编程电子安全相关系统（PESSRAL），用于电梯时其最低安全完整性等级（SIL）见表 H-3。

表 H-3 PESSRAL 的最低安全完整性等级

PESSRAL 所检查的装置	最低安全完整性等级（SIL）
底坑停止装置	3
滑轮间停止装置	3
检查底坑梯子的存放位置	1
检查通道门、安全门和检修门的关闭位置	2
检查轿门的锁紧状况	2
检查机械装置的非工作位置	3
检查检修门的锁紧位置	2
检查所有进入底坑的门的打开状态	2
检查机械装置的非工作位置	3
检查机械装置的工作位置	3
检查工作平台的收回位置	3
检查可移动止停装置的收回位置	3
检查可移动止停装置的伸展位置	3
检查层门锁紧装置的锁紧位置	3
检查层门的关闭位置	3
检查无锁门扇的关闭位置	3
检查轿门的关闭位置	3
检查轿厢安全窗和轿厢安全门的锁紧状况	2
轿顶停止装置	3
检查轿厢或者对重的提升	1
检查钢丝绳或者链条的异常相对伸长（使用两根钢丝绳或者链条时）	1
检查强制驱动和液压电梯的钢丝绳或者链条的松弛	2
检查防跳装置	3
检查补偿绳的张紧	3
检查轿厢安全钳的动作	1

续表H-3

PESSRAL 所检查的装置	最低安全完整性等级(SIL)
检查限速器的超速	2
检查限速器的复位	3
检查限速器绳的张紧	3
检查安全绳的断裂或者松弛	3
检查棘爪装置的收回位置	1
采用具有耗能型缓冲装置的棘爪装置的电梯，检查缓冲器恢复至其正常伸出位置	3
检查轿厢上行超速保护装置	2
检测门开启情况下轿厢的意外移动	2
检查门开启情况下轿厢意外移动保护装置的动作	1
检查缓冲器恢复至其正常伸长位置	3
检查可拆卸盘车手轮的位置	1
用电流型断路接触器的主开关的控制	2
检查减行程缓冲器的减速状况	3
检查平层、再平层和预备操作	2
检修运行开关	3
检查与检修运行配合使用的按钮	1
紧急电动运行开关	3
层门和轿门触点旁路装置	3
检修运行停止装置	3
电梯驱动主机上的停止装置	3
动态测试和紧急操作面板上的停止装置	3
检查轿厢位置传递装置的张紧(极限开关)	1
检查液压缸柱塞位置传递装置的张紧(极限开关)	1
极限开关	1

H6.1.9 电动机运转时间限制器

应当符合 GB 7588 中 12.10 或者 GB 21240 中 12.12 的规定。电动机运转时间限制器起作用的时间 T 应当符合以下要求：

(1)电梯全程运行时间不小于 35 s 时，$T \leqslant 45$s；

(2)电梯全程运行时间小于 35 s，且大于 10 s 时，$T \leqslant$全程运行时间加 10 s；

(3)电梯全程运行时间不大于 10 s 时，$T \leqslant 20$ s。

检查与试验方法应当符合 GB/T 10059 中 4.1.12 的规定。

H6.1.10　电动机的保护

应当符合 GB 7588 中 13.3 或者 GB 21240 中 13.3 的规定。

H6.1.11　电气防护

（1）在机器设备间和滑轮间内的电气设备，必须采用防护罩壳以防止直接触电。所用外壳防护等级不低于 IP2X；

（2）电气安装的绝缘电阻应当符合 GB 7588 中 13.1.3 或者 GB 21240 中 13.1.3 的规定；

（3）控制电路和安全电路的电压值应当符合 GB 7588 中 13.1.4 或者 GB 21240 中 13.1.4 的规定；

（4）电梯供电的中性导体（N，零线）和保护导体（PE，地线）应当始终分开；

（5）门电气安全装置导线的截面积应当不小于 0.75 mm^2；

（6）主开关断开后带电端子的标志应当符合 GB 7588 中 13.5.3.3 或者 GB 21240 中 13.5.3.3 的规定；

（7）安全电路的连接器件和插接式装置应当符合 GB 7588 中 13.5.4 或者 GB 21240 中 13.5.4 的规定。

H6.1.12　接触器和接触器式继电器

应当符合 GB 7588 中 13.2.1 或者 GB 21240 中 13.2.1 的规定。

H6.1.13　照明与插座

应当符合 GB 7588 中 13.6 或者 GB 21240 中 13.6 的规定。

H6.1.14　超载保护装置

应当最迟在轿厢内载荷达到额定载重量的 110%（如额定载重量不大于 750 kg，最大超载量取 75 kg）时检测出超载；进入超载保护时应当符合 GB 7588 中 14.2.5.3 或者 GB 21240 中 14.2.5.3 的规定。

注 H-4：超载是指轿厢内载荷超过额定载重量。

H6.1.15　应急报警装置

应当符合 GB 7588 中 14.2.3、5.10 或者 GB 21240 中 14.2.3、5.10 的规定。检查与试验方法应当符合 GB/T 10059 中 4.1.10 的规定。

H6.1.16　间接作用式液压电梯的松绳（或者松链）安全装置

应当符合 GB 21240 中 12.13 的规定。

H6.1.17　液压系统液压油的过热保护

应当符合 GB 21240 中 12.14 的规定。

H6.2　电梯运行控制

H6.2.1　正常运行控制

应当符合 GB 7588 中 14.2.1.1 或者 GB 21240 中 14.2.1.1 的规定。

H6.2.2　门未关闭和未锁紧情况下的平层、再平层和防沉降控制

应当符合 GB 7588 中 14.2.1.2 或者 GB 21240 中 14.2.1.2 的规定。

H6.2.3　检修运行控制

轿顶应当设置一个检修控制装置，如果需要在轿厢内、底坑或者平台上移动轿厢，则应当在相应位置上设置附加检修控制装置。检修控制装置应当符合 GB 7588 中 14.2.1.3 或者 GB 21240 中 14.2.1.3 的规定。

如果多个检修控制装置切换到“检修”状态，操作任一检修控制装置，均不能使轿厢运行，除非同时操作所有切换到“检修”状态的检修控制装置上的相同方向按钮。

H6.2.4 紧急电动运行控制

应当符合 GB 7588 中 14.2.1.4 的规定。

H6.2.5 层门和轿门旁路装置

为了维护层门和轿门的触点(含门锁触点)，在控制柜或者紧急和测试操作屏上应当设置旁路装置。该装置应当为通过永久安装的可移动的机械装置(如盖、防护罩等)防止意外使用的开关，或者插头插座组合。在层门和轿门旁路装置上或者其附近应当标明“旁路”字样。此外，被旁路的触点应当根据原理图标明标志符。旁路装置还应当符合以下要求：

(1) 使正常运行控制无效，正常运行包括动力操作的自动门的任何运行；

(2) 能旁路层门关闭触点、层门门锁触点、轿门关闭触点和轿门门锁触点；

(3) 不能同时旁路层门和轿门的触点；

(4) 为了允许旁路轿门关闭触点后轿厢运行，应当提供独立的监控信号来证实轿门处于关闭位置；该要求也适用于轿门关闭触点和轿门门锁触点共用的情况；

(5) 对于手动层门，不能同时旁路层门关闭触点和层门门锁触点；

(6) 只有在检修运行或者紧急电动运行模式下，轿厢才能运行；

(7) 应当在轿厢上设置发音装置，在轿底设置闪烁灯。在运行期间，应当有听觉信号和闪烁灯光；轿厢下部 1 m 处的听觉信号不小于 55 dB(A)。

H6.2.6 电气防沉降系统

应当符合 GB 21240 中 14.2.1.5 的规定。

H6.2.7 应急救援

手动紧(应)急操作装置应当符合 GB 7588 中 12.5.1 或者 GB 21240 中 12.9 的规定。

在空载、半载、满载等装载工况(含轿厢与对重平衡的工况)下，按照应急救援程序操作，能够使处于停电和停梯故障状态的电梯轿厢慢速移动到开锁区域。所有用于应急救援的工具应当放置在机房(机器设备间)内或者紧急操作和动态测试装置附近，并且能供救援人员方便使用。

H6.3 安全保护装置和安全防护

H6.3.1 限速器

应当符合 GB 7588 中 9.9.1、9.9.4、9.9.5、9.9.6、9.9.8、9.9.9、9.9.10、9.9.11 或者 GB 21240 中 9.10.1、9.10.2 的规定。

H6.3.2 液压电梯安全钳其他触发方式

应当符合 GB 21240 中 9.10.3、9.10.4 或者 9.10.5 的规定。

H6.3.3 防止轿厢超速下降、沉降及轿厢或者平衡重坠落的措施

应当符合 GB 21240 中 9.5、9.6 的规定。

H6.3.4 安全钳

应当符合 GB 7588 中 9.8 或者 GB 21240 中 9.8 的规定。

H6.3.5 棘爪装置

应当符合 GB 2124 中 9.11 的规定。

H6.3.6 缓冲器

应当符合 GB 7588 中 10.3 或者 GB 21240 中 10.3 的规定。采用减行程缓冲器时，对电梯驱动主机正常减速的监控应当符合 GB 7588 中 12.8 的规定，缓冲器行程应当符合 GB 7588 中 10.4.3.2 的规定。

H6.3.7 轿厢上行超速保护装置

应当符合 GB 7588 中 9.10 的规定，其中动作速度下限按照限速器的要求。制动试验时，空载轿厢以不低于额定速度上行，人为触发速度监控部件，仅用轿厢上行超速保护装置使轿厢减速或者制停。

H6.3.8 轿厢意外移动保护装置

除液压驱动电梯和防爆电梯外，应当符合 GB 7588 中 9.11、附录 D2 中 o)的规定。

H6.3.9 驱动主机

应当符合 GB 7588 中 12.1、12.2.1 或者 GB 21240 中第 12 章的规定；其制动能力应当符合 GB 7588 中 12.4.2.1 规定。试验方法应当符合 GB/T 10059 中 4.1.11 的规定。

H6.3.10 液压控制及安全装置

H6.3.10.1 截止阀

应当符合 GB 21240 中 12.5.1 的规定。

H6.3.10.2 单向阀

应当符合 GB 21240 中 12.5.2 的规定。

H6.3.10.3 溢流阀

应当符合 GB 21240 中 12.5.3 的规定。

H6.3.10.4 方向阀

应当符合 GB 21240 中 12.5.4 的规定。

H6.3.10.5 限速切断阀(破裂阀)

应当符合 GB 21240 中 12.5.5 的规定。

H6.3.10.6 节流阀、单向节流阀

应当符合 GB 21240 中 12.5.6 的规定。

H6.3.10.7 滤油器

应当符合 GB 21240 中 12.5.7 的规定。

H6.3.10.8 液压系统压力检查

应当符合 GB 21240 中 12.6 的规定。

H6.3.10.9 油箱

应当符合 GB 21240 中 12.7 的规定。

H6.3.11 机械部件的防护

应当符合 GB 7588 中 9.7、12.11 或者 GB 21240 中 9.4、12.11 的规定。

H6.3.12 安全标志及警告(示)说明

H6.3.12.1 总体要求

应当符合 GB 7588 中 15.1 或者 GB 21240 中 15.1 的规定。

H6.3.12.2 轿厢内标志

应当符合 GB 7588 中 15.2.3、15.2.4 或者 GB 21240 中 15.2.3、15.2.4、15.2.5 的规定。

H6.3.12.3 玻璃标志

对于使用玻璃层门、轿门和轿壁，还应当在玻璃上标明以下内容：

(1) 玻璃制造单位名称或者商标；

(2) 玻璃的类型；

(3) 厚度[如(8＋0.76＋8)mm]。

H6.3.12.4 轿顶标志

应当符合 GB 7588 中 15.3 或者 GB 21240 中 15.3 的规定。

H6.3.12.5 各电梯主开关及照明开关的标志

(1) 各电梯主开关及照明开关应当设置标志以便于区分；

(2) 如在主开关断开后某些部分仍然保持带电(如电梯之间互联及照明部分等)，应当设置适当的警示标志。

H6.3.12.6 应急救援程序

在机房内或者紧急操作和动态试验装置上应当设置明晰的应急救援程序。

H6.3.12.7 承重标志

在承重梁、吊钩和工作平台上应当标明最大允许载荷。

H6.3.12.8 停止装置标志

在停止装置上或者其近旁，应当标有“停止”字样，设置在不会有误操作危险的地方。

H6.3.12.9 门或者活板门的标志

应当符合 GB 7588 中 15.4.1 或者 GB 21240 中 15.4.1 的规定。

H6.3.12.10 检修门上的标志

应当符合 GB 7588 中 15.5.1 或者 GB 21240 中 15.5.1 的规定。

H6.3.12.11 报警装置的标志

应当符合 GB 7588 中 15.12 或者 GB 21240 中 15.12 的规定。

H6.3.12.12 手动开启层门的标志

应当符合 GB 7588 中 15.5.2 或者 GB 21240 中 15.5.2 的规定。

H6.3.12.13 额定载重量的标志

应当符合 GB 7588 中 15.5.3 或者 GB 21240 中 15.5.3 的规定。

H6.3.12.14 产品铭牌

(1) 电梯产品铭牌应当符合 GB 7588 中 15.2.1、15.2.2 以及 GB/T 10058 中 6.1.1 的规定。

(2) 限速器、安全钳、缓冲器、门锁装置、轿厢上行超速保护装置、含有电子元件的安全电路、可编程电子安全相关系统、限速切断阀、轿厢意外移动保护装置、控制柜、层门、液压泵站、驱动主机的产品铭牌应当符合本规则的规定。

(3) 在控制柜、紧急操作屏或者对应装置上应当标明轿厢上行超速保护装置和轿厢意外移动保护装置的试验方法。

H6.3.12.15 井道内的操作说明

电梯井道内有下列之一的装置时，应当在井道内适当位置设置包括所有必需的操作说明：

(1) 可缩回的平台和(或者)可移动的停止装置；

(2) 手动操作的机械装置。

H6.3.12.16 群控电梯

应当符合 GB 7588 中 15.15 或者 GB 21240 中 15.17 的规定。

H6.3.12.17 油箱

应当符合 GB 21240 中 15.18 的规定。

H6.3.12.18 紧急下降阀

应当符合 GB 21240 中 15.15 的规定。

H6.3.12.19 手动泵

应当符合 GB 21240 中 15.16 的规定。

H6.4 悬挂和补偿装置

H6.4.1 悬挂装置

应当符合 GB 7588 中 9.1 或者 GB 21240 中 9.1 的规定。采用其他类型悬挂装置的，应当符合制造单位的设计要求。

H6.4.2 端接装置

(1) 钢丝绳端接装置应当符合 GB 7588 中 9.2.3.1 或者 GB 21240 中 9.2.4 的规定，绳夹和套环式端接装置应当符合 GB/T 10060 中 5.5.1.7 的规定，钢丝绳在卷筒上的固定应当符合 GB 7588 中 9.2.3.2 的规定；

(2) 每根链条的端部应当用合适的端接装置固定在轿厢、对重(或者平衡重)或者系结链条固定部件的悬挂装置上；

(3) 采用其他类型悬挂装置的，应当符合制造单位的设计要求。

H6.4.3 强制驱动电梯钢丝绳的卷绕

应当符合 GB 7588 中 9.4 的规定。

H6.4.4 悬挂装置载荷分布

应当符合 GB 7588 中 9.5 或者 GB 21240 中 9.3 的规定。

H6.4.5 补偿绳

应当符合 GB 7588 中 9.6 的规定。

H6.5 层门和轿门系统

H6.5.1 间隙

(1) 层门间隙应当符合 GB 7588 中 7.1 或者 GB 21240 中 7.1 的规定；

(2) 轿门间隙应当符合 GB 7588 中 8.6.3 或者 GB 21240 中 8.6.3 的规定。

H6.5.2 尺寸

(1) 层门入口的最小净高度为 2 m；

(2) 层门入口净宽度比轿厢入口净宽度在任一侧的超出部分均不大于 50 mm；

(3) 使用人员正常出入的轿厢入口的净高度不小于 2 m。

H6.5.3 地坎间的距离

轿厢地坎与层门地坎间的水平距离不大于 35 mm。

H6.5.4 门之间的距离

轿门与关闭的层门间的水平距离，或者各门之间在整个正常操作期间的通行距离，不得大于0.12 m。

H6.5.5 层门机械强度

层门的机械强度应当符合GB 7588中7.2.3.1的规定。

H6.5.6 轿门

应当符合GB 7588中8.5、8.6.1、8.6.2、8.6.7或者GB 21240中8.5、8.6.1、8.6.2、8.6.7的规定。

H6.5.7 自动水平滑动门运动的保护

H6.5.7.1 剪切危险的防护

应当符合GB 7588中7.5.1或者GB 21240中7.5.1的规定。

H6.5.7.2 阻止关门的力

(1) 动力驱动的水平滑动自动层门或者轿门，阻止关门的力应当不大于150 N，这个力的测量不得在关门行程开始的1/3之内进行；

(2) 对动力驱动的水平滑动自动门，在轿门和层门联动的情况下仍然符合该要求。

H6.5.7.3 层门、轿门再开启保护装置

(1) 对动力驱动的水平滑动自动门，当乘客在层、轿门关闭过程中，通过入口时被门扇撞击或者将被撞击，一个保护装置应当自动地使门重新开启；在层门、轿门联动的情况下，该保护装置可以只是轿门的保护装置；

(2) 此保护装置的作用可以在每个主动门扇最后50 mm的行程中被消除。

H6.5.7.4 垂直滑动层门

应当符合GB 7588中7.5.2.2或者GB 21240中7.5.2.2的规定。

H6.5.7.5 其他型式的门

应当符合GB 7588中7.5.2.3或者GB 21240中7.5.2.3的规定。

H6.5.7.6 关门过程中的反开

应当符合GB 7588中8.8或者GB 21240中8.8的规定。

H6.5.7.7 手动开启的层门

如果层门是手动开启的，应当符合GB 7588中7.6.2或者GB 21240中7.6.2的规定。

H6.5.8 层门锁紧和闭合检查

H6.5.8.1 对坠落危险的保护

应当符合GB 7588中7.7.1或者GB 21240中7.7.1的规定。

H6.5.8.2 层门开启时的电梯状态

应当符合GB 7588中7.7.2.1或者GB 21240中7.7.2.1的规定。

H6.5.8.3 层门的锁紧

应当符合GB 7588中7.7.3.1或者GB 21240中7.7.3.1的规定。

H6.5.8.4 门回路检测

当轿厢在开锁区域内，轿门开启且层门门锁释放时，应当监测检查轿门关闭位置的电气安全装置、检查层门锁紧装置的锁紧位置的电气安全装置和监控信号的正确动作。如

果监测到故障，应当防止电梯的正常运行。

H6.5.8.5　锁紧元件啮合

轿厢应当在锁紧元件啮合不小于 7 mm 时才能启动。

H6.5.8.6　锁紧电气安全装置

应当符合 GB 7588 中 7.7.3.1.2 或者 GB 21240 中 7.7.3.1.2 的规定。

H6.5.8.7　锁紧状态的保持

应当符合 GB 7588 中 7.7.3.1.7 或者 GB 21240 中 7.7.3.1.7 的规定。

H6.5.8.8　防护和检查

应当符合 GB 7588 中 7.7.3.1.8、7.7.3.1.9、7.7.3.1.10 或者 GB 21240 中 7.7.3.1.8、7.7.3.1.9、7.7.3.1.10 的规定。

H6.5.8.9　紧急开锁

应当符合 GB 7588 中 7.7.3.2 或者 GB 21240 中 7.7.3.2 的规定。

H6.5.8.10　闭合证实装置

应当符合 GB 7588 中 7.7.4 或者 GB 21240 中 7.7.4 的规定。

H6.5.8.11　用来验证层门锁紧状态和闭合状态装置的共同要求

应当符合 GB 7588 中 7.7.5 或者 GB 21240 中 7.7.5 的规定。

H6.5.8.12　机械连接的多扇层门

应当符合 GB 7588 中 7.7.6 或者 GB 21240 中 7.7.6 的规定。

H6.5.8.13　自动门的关闭

应当符合 GB 7588 中 7.8 或者 GB 21240 中 7.8 的规定。

H6.5.9　轿门的锁紧和闭合检查

H6.5.9.1　验证轿门闭合的电气装置

应当符合 GB 7588 中 8.9 或者 GB 21240 中 8.9 的规定。

H6.5.9.2　机械连接的多扇轿门

应当符合 GB 7588 中 8.10 或者 GB 21240 中 8.10 的规定。

H6.5.9.3　轿门的开启

应当符合 GB 7588 中 8.11.1、8.11.2 或者 GB 21240 中 8.11 的规定。

对于曳引驱动或者强制驱动电梯，当轿厢运行时，需要施加大于 50 N 的力才能开启轿门，当轿厢在开锁区域之外时，在开门限制装置处施加 1 000 N 的力，此时轿门开启不能超过 50 mm。

H6.5.9.4　垂直滑动轿门

应当符合 GB 7588 中 8.7.2.2 或者 GB 21240 中 8.7.2.2 的规定。

H6.6　轿厢、对重及导轨系统

H6.6.1　轿厢

H6.6.1.1　轿厢高度

轿厢内部净高度不小于 2 m。

H6.6.1.2　乘客数量

应当符合 GB 7588 中 8.2.3 或者 GB 21240 中 8.2.3 的规定。

H6.6.1.3　载货电梯额定载重量和有效面积的关系

应当符合 GB 7588 中 8.2.2 或者 GB 21240 中 8.2.2 的规定，对于汽车电梯，额定载重量应当按照单位轿厢有效面积不小于 200 kg/m^2 计算。

H6.6.1.4 乘客电梯额定载重量和有效面积的关系

应当符合 GB 7588 中 8.2.1 或者 GB 21240 中 8.2.1 的规定。

H6.6.1.5 轿厢的封闭要求

应当符合 GB 7588 中 8.3.1 或者 GB 21240 中 8.3.1 的规定。

H6.6.1.6 轿壁的机械强度

应当符合 GB 7588 中 8.3.2.1 或者 GB 21240 中 8.3.2.1 的规定。

H6.6.1.7 玻璃轿壁

应当符合 GB 7588 中 8.3.2.2、8.3.2.3、8.3.2.4 或者 GB 21240 中 8.3.2.2、8.3.2.3、8.3.2.4 的规定。

H6.6.1.8 轿厢地坎的护脚板

应当符合 GB 7588 中 8.4 或者 GB 21240 中 8.4 的规定。

H6.6.1.9 轿厢安全窗和安全门

应当符合 GB 7588 中 8.12 或者 GB 21240 中 8.12 的规定。

H6.6.1.10 轿顶及其上的装置

应当符合 GB 7588 中 8.13、8.15 或者 GB 21240 中 8.13、8.15 的规定。

H6.6.1.11 轿厢上护板

应当符合 GB 7588 中 8.14 或者 GB 21240 中 8.14 的规定。

H6.6.1.12 轿厢通风

应当符合 GB 7588 中 8.16 或者 GB 21240 中 8.16 的规定。

H6.6.1.13 轿厢照明

应当符合 GB 7588 中 8.17 或者 GB 21240 中 8.17 的规定。

H6.6.1.14 轿厢和对重（或者平衡重）的距离

轿厢及其关联部件与对重（或者平衡重）及其关联部件之间的距离不小于 50 mm。

H6.6.2 对重和平衡重

应当符合 GB 7588 中 8.18 或者 GB 21240 中 8.18 的规定。

H6.6.3 导轨系统

(1) 应当符合 GB 7588 中 10.2 或者 GB 21240 中 10.2 的规定；

(2) 导轨与导轨支架在建筑物上的固定，应当能自动的或者采用简单调节的方法，对建筑物的正常沉降和混凝土收缩的影响予以补偿；每根导轨至少有 2 个导轨支架，端部短导轨的支架数量应当符合设计要求。

H6.7 消防返回功能

如果电梯设有消防返回功能，在该功能启动后，电梯应当不响应外呼和内选信号，直接运行到指定撤离层，打开轿门和层门（手动门解锁），退出正常服务。

H6.8 机器设备没有安装在机房内的附加要求

H6.8.1 安全空间和修理空间

应当符合 GB/T 10060 中 5.1.2 的规定。

H6.8.2 机器设备在井道内

H6.8.2.1 轿厢内或者轿顶上的工作区域

应当符合 GB/T 10060 中 5.3.1 的规定。

H6.8.2.2 底坑内的工作区域

应当符合 GB/T 10060 中 5.3.2 的规定。

H6.8.2.3 平台上的工作区域

应当符合 GB/T 10060 中 5.3.3 的规定。

H6.8.2.4 井道外的工作区域

应当符合 GB/T 10060 中 5.3.4 的规定。

H6.8.2.5 门和检修活板门

应当符合 GB/T 10060 中 5.3.5 的规定。

H6.8.3 紧急操作和动态测试装置

应当符合 GB/T 10060 中 5.6.4 的规定。

H6.9 火灾情况下电梯附加要求

H6.9.1 输入信号

应当符合 GB/T 24479 中 5.1.1 的规定。

H6.9.2 电梯的停止位置

应当符合 GB/T 24479 中 5.1.2 的规定。

H6.9.3 禁止标志

应当符合 GB/T 24479 中 5.1.3 的规定。

H6.9.4 火灾报警系统和电梯控制系统间的接口要求

应当符合 GB/T 24479 中 5.2 的规定。

H6.9.5 电梯收到火灾探测信号时的特性

应当符合 GB/T 24479 中 5.3 的规定。

H6.9.6 指定层

应当符合 GB/T 24479 中 5.4 的规定。

H6.10 消防员电梯附加要求

H6.10.1 消防员电梯基本要求

H6.10.1.1 消防楼层

消防员电梯应当服务于建筑物的每一楼层。

H6.10.1.2 轿厢尺寸

应当符合 GB 26465 中 5.2.3 的规定。

H6.10.2 电气设备防水保护

H6.10.2.1 井道内或者轿厢上电气设备的防水保护

应当符合 GB 26465 中 5.3.1 的规定。

H6.10.2.2 底坑内电气设备

应当符合 GB 26465 中 5.3.2 的规定。

H6.10.2.3 井道外的机器区间内和消防员电梯底坑内的设备的防水措施

应当符合 GB 26465 中 5.3.3 的规定。

H6.10.2.4 建筑物防水措施

应当符合 GB 26465 中 5.3.4、5.3.5 的规定。

H6.10.3 消防员被困在轿厢内的救援

H6.10.3.1 应急轿厢安全窗尺寸

应当符合 GB 26465 中 5.4.1 的规定。

H6.10.3.2 应急轿厢安全窗设置

应当符合 GB 26465 中 5.4.2 的规定。

H6.10.3.3 轿厢外救援方法

应当符合 GB 26465 中 5.4.3 的规定。

H6.10.3.4 轿厢内自救方法

应当符合 GB 26465 中 5.4.4 的规定。

H6.10.3.5 轿厢外部的刚性梯子设置

应当符合 GB 26465 中 5.4.5 的规定。

H6.10.4 轿门和层门

应当使用自动操作水平滑动的(联动的)轿门和层门。

H6.10.5 消防员电梯主机和相关设备

H6.10.5.1 机器设备间防火等级

应当符合 GB 26465 中 5.6.1 的规定。

H6.10.5.2 井道外和防火分区外的机器区间

应当符合 GB 26465 中 5.6.2 的规定。

H6.10.6 控制系统

H6.10.6.1 消防员电梯开关设置

应当符合 GB 26465 中 5.7.1 的规定。

H6.10.6.2 消防员电梯开关型式

应当符合 GB 26465 中 5.7.2 的规定。

H6.10.6.3 安全保护装置的有效性

应当符合 GB 26465 中 5.7.3 的规定。

H6.10.6.4 消防员电梯开关控制权限

应当符合 GB 26465 中 5.7.4 的规定。

H6.10.6.5 电气故障的影响

应当符合 GB 26465 中 5.7.5 的规定。

H6.10.6.6 开门超时报警

应当符合 GB 26465 中 5.7.6 的规定。

H6.10.6.7 消防员电梯的优先召回(阶段 1)

应当符合 GB 26465 中 5.7.7 的规定。

H6.10.6.8 外部控制或者输入接口

附加的外部控制或者输入仅能用于使消防员电梯自动返回到消防员服务通道层并保持开门状态停在该层。消防员电梯开关仍必须被操作到位置“1”,才能完成阶段 1 的运行。

H6.10.6.9 在消防员控制下消防员电梯的使用(阶段 2)

应当符合 GB 26465 中 5.7.8 的规定，其中 5.7.8 g)的保持时间应当为至少 5 s。

H6.10.6.10　两个入口的要求

应当符合 GB 26465 中 5.7.9 的规定。

H6.10.7　系统供电及转换

H6.10.7.1　系统供电设置

应当符合 GB 26465 中 5.8.1 的规定。

H6.10.7.2　第二电源容量

应当符合 GB 26465 中 5.8.2 的规定。

H6.10.7.3　供电转换

应当符合 GB 26465 中 5.9 的规定。

H6.10.8　轿厢和层站的控制装置

应当符合 GB 26465 中 5.10 的规定。

H6.10.9　消防服务通讯系统

应当符合 GB 26465 中 5.11 的规定。

H6.11　防爆电梯附加要求

H6.11.1　建筑与环境要求

应当符合 GB 31094 中 5.1 的规定。

H6.11.2　基本要求

应当符合 GB 31094 中 5.2.1 的规定。

H6.11.3　部件选用

应当符合 GB 31094 中 5.2.2 的规定。

H6.11.4　电气部件防爆要求

应当符合 GB 31094 中 5.3 的规定。

H6.11.5　非电气部件防爆要求

应当符合 GB 31094 中 5.4 的规定。

H6.11.6　安装要求

应当符合 GB 31094 中 5.5 的规定。

H6.11.7　使用信息

应当符合 GB 31094 中第 6 章的规定。

H6.12　电梯 IC 卡系统

如果电梯配置有电梯 IC 卡系统，电梯 IC 卡系统应当认为是电梯的零部件之一，应当不影响电梯正常使用，应当不影响电梯适应火灾、无障碍等特殊情况下的功能和性能。

H6.12.1　供电控制

电梯 IC 卡系统应当由电梯主开关控制。如果 IC 卡系统独立供电，则应当由独立的专用开关控制，并且电梯控制系统的电源与 IC 卡系统的电源应当相互隔离。

H6.12.2　自动退出功能

在电梯设备进入故障、检修、紧急电动、消防、地震等特殊状态时，应当自动退出 IC 卡功能。

H6.12.3 使用和防范操作功能

轿厢内的人员无需通过 IC 卡系统即可到达建筑的出口层。建筑的受限层，需要刷卡进行权限认证后才能乘坐电梯到达。电梯在非乘客指令的自动运行时(如自动分散运行等)，如在受限层停层，电梯不开门，并且开门按钮等无效。

H6.12.4 标志

电梯 IC 卡系统读卡设备处应当有图文标志，指引乘客在指定位置刷 IC 卡。

轿厢操纵箱上的出口层选层按钮应当采用凸出的星形图案予以标识，或者采用比其他按钮明显凸起并且为绿色的按钮。

H6.13 曳引驱动电梯平衡系数

曳引驱动电梯测得的平衡系数应当在 0.4～0.5 范围内。试验方法宜符合 GB/T 10059 中 4.2.1.2 的规定。

H6.14 轿厢运行速度

电源为额定频率和额定电压时，对曳引驱动和强制驱动电梯，载有 50%额定载重量的轿厢向上和向下运行至行程中段(除去加速和减速段)时的速度，分别不大于其对应运行方向额定速度的 105%，且不小于其对应运行方向额定速度的 92%；对液压驱动电梯，上行额定速度和下行额定速度不大于 1.0 m/s，空载轿厢上行的速度和载有额定载重量的轿厢下行速度与对应额定速度的偏差不大于 8%。

H6.15 曳引能力

应当符合 GB 7588 附录 D2 中 h)1)、2)的规定。每个工况各进行一次试验。

H6.16 运行噪声

H6.16.1 曳引驱动和强制驱动电梯运行噪声

运行噪声采用 GB/T 10059 中 4.2.5 规定的方法，检测的乘客电梯机房内平均噪声值(驱动主机噪声值)、开关门噪声值、轿内运行噪声值应当符合 GB/T 10058 表 2 的规定。对额定速度大于 6.0 m/s 的乘客电梯，机房内平均噪声值(驱动主机噪声值)和轿内运行噪声值不得大于电梯制造单位给出的限值。制造单位没有给出限值指标时，按照额定速度为 6.0 m/s 的电梯限值指标来判定。

H6.16.2 液压电梯运行噪声

机房内噪声(液压泵站噪声)的最大值不大于 85 dB(A)，对液压客梯，运行中轿厢内噪声值和自动门开关门噪声值分别不大于 55 dB(A)和 65 dB(A)。

H6.17 曳引驱动和强制驱动电梯加、减速度

采用 GB/T 10059 中 4.2.2 规定的方法，测得的乘客电梯起动加速度和制动减速度最大值不大于 1.5 m/s^2，A95 加、减速度应当符合 GB/T 10058 中 3.3.3 的规定。对额定速度大于 6.0 m/s 的乘客电梯，应当符合电梯制造单位给出的限值指标。制造单位没有给出限值指标时，按照额定速度为 6.0 m/s 的电梯限值指标来判定。

H6.18 曳引驱动和强制驱动电梯轿厢振动加速度

采用 GB/T 10059 中 4.2.6 规定的方法，测得的乘客电梯轿厢振动加速度应当符合 GB/T 10058 中 3.3.5 的规定。对额定速度大于 6.0 m/s 的乘客电梯，应当符合电梯制造单位给出的限值指标。制造单位没有给出限值指标时，按照额定速度为 6.0 m/s 的电梯限值指标来判定。

H6.19 开关门时间

采用 GB/T 10059 中 4.2.4 规定的方法，测得的乘客电梯开关门时间应当符合 GB/T 10058 中 3.3.4 的规定。对开门宽度超过 1 300 mm 的乘客电梯，应当符合电梯制造单位给出的限值指标。制造单位没有给出限值指标时，按照开门宽度为 1 300 mm 的电梯限值指标来判定。

H6.20 平层准确度和平层保持精度

曳引驱动和强制驱动电梯应当符合 GB 7588 中 12.12 的规定，液压电梯平层准确度应当在±15 mm 的范围内。试验方法应当符合 GB/T 10059 中 4.2.3 的规定。

H6.21 安全钳制动试验

H6.21.1 曳引驱动和强制驱动电梯

应当符合 GB 7588 中附录 D2 中 j）和 k）的规定，对于渐进式安全钳，动作需在不小于额定速度下进行。

H6.21.2 液压电梯

应当符合 GB 21240 附录 D2 中 h）和 i）的规定。

H6.22 超载运行试验

轿厢内载有 110％额定载重量的载荷，启动-全程运行-停止-正常开关门，连续正常运行 60 次，电梯应当无故障。

H6.23 轿厢超面积载货电梯的附加试验

对于轿厢超面积的载货电梯，静态曳引检查应当符合 GB 7588 附录 D2 中 h）的规定，安全钳制动试验应当符合 GB 7588 附录 D2 中 j）的规定，缓冲器试验应当符合 GB 7588 附录 D2 中 l）的规定。

H6.24 汽车电梯的附加试验

对于按照 200 kg/m^2 来限定轿厢面积的汽车电梯，需轿厢内装载 150％额定载重量进行静态曳引试验，当电梯采用渐进式安全钳时，轿厢内载有 150％额定载重量，按照 H6.21 进行安全钳制动试验。

H6.25 夹紧装置试验

应当符合 GB 21240 中附录 D2 中 j）规定。

H6.26 棘爪装置试验

应当符合 GB 21240 中附录 D2 中 m）规定。

H6.27 限速切断阀动作试验

应当符合 GB 21240 中附录 D2 中 r）规定。

H6.28 液压电梯压力试验

在单向阀与液压缸之间的液压系统中施加 200％的满载压力，保持 5 分钟，液压系统的压力下降值应当不超过电梯制造单位给出的限值指标。

H6.29 液压电梯沉降试验

装有额定载重量的轿厢停在顶层端站，10 分钟内的下沉距离应当不超过 10 mm。

H7 样机技术参数及配置

见表 H-4。

表 H-4 样机技术参数及配置表

<table>
<tr><td colspan="2">产品品种</td><td></td><td>产品名称</td><td></td></tr>
<tr><td colspan="2">产品型号</td><td></td><td>额定速度</td><td>上行:下行:m/s</td></tr>
<tr><td colspan="2">额定载重量</td><td>kg</td><td>防爆等级</td><td>(适用于防爆电梯)</td></tr>
<tr><td colspan="2">防止轿厢坠落或者超速下降的措施</td><td>(适用于液压电梯)</td><td>防沉降的措施</td><td>(适用于防爆电梯)</td></tr>
<tr><td colspan="2">防爆型式</td><td>(适用于防爆电梯)</td><td>设备保护级别</td><td>(适用于防爆电梯)</td></tr>
<tr><td colspan="2">适用工作环境</td><td></td><td>乘客人数</td><td></td></tr>
<tr><td colspan="2">消防员从轿厢内自救的方式</td><td>(适用于消防员电梯)</td><td>轿厢内消防员钥匙开关设置</td><td>(适用于消防员电梯)</td></tr>
<tr><td colspan="2">优先召回方式</td><td>(适用于消防员电梯)</td><td>特殊用途产品</td><td></td></tr>
<tr><td colspan="2">层门型式</td><td></td><td>轿门型式</td><td></td></tr>
<tr><td colspan="2">轿厢尺寸</td><td>mm</td><td>井道尺寸</td><td>mm</td></tr>
<tr><td colspan="2">轿厢数量</td><td></td><td>多轿厢之间的连接方式</td><td></td></tr>
<tr><td colspan="2">层/站/门数</td><td>/ /</td><td>提升高度</td><td>m</td></tr>
<tr><td rowspan="2">工作区域位置</td><td>驱动主机</td><td></td><td>控制柜</td><td></td></tr>
<tr><td>紧急操作屏</td><td></td><td>动态测试屏</td><td></td></tr>
<tr><td rowspan="11">驱动主机(液压泵站)</td><td>驱动方式</td><td></td><td>整体结构型式</td><td></td></tr>
<tr><td>型号</td><td></td><td>制造单位名称</td><td></td></tr>
<tr><td>布置方式和位置</td><td></td><td>紧急操作时打开制动器的方式</td><td></td></tr>
<tr><td>输出轮节径</td><td>mm</td><td>减速比</td><td></td></tr>
<tr><td>电机型号</td><td></td><td>制造单位名称</td><td></td></tr>
<tr><td>额定功率</td><td>kW</td><td>额定转速</td><td>r/min</td></tr>
<tr><td>额定电压</td><td>V</td><td>额定电流</td><td>A</td></tr>
<tr><td>额定频率</td><td>Hz</td><td>绝缘等级</td><td></td></tr>
<tr><td>满载工作压力</td><td>MPa</td><td>液压油液牌号</td><td></td></tr>
<tr><td>油箱容量</td><td>L</td><td>冷却方式</td><td></td></tr>
<tr><td colspan="0" style="display:none"></td></tr>
<tr><td rowspan="3">悬挂系统</td><td>悬挂绳数量</td><td></td><td>悬挂比(绕绳比)</td><td></td></tr>
<tr><td>悬挂绳结构(型号)</td><td></td><td>绕绳方式</td><td></td></tr>
<tr><td>轿厢悬吊方式</td><td colspan="3"></td></tr>
</table>

续表 H-4

<table>
<tr><td rowspan="6">拖动及
控制系统</td><td>控制柜型号</td><td></td><td>制造单位名称</td><td></td></tr>
<tr><td>控制柜布置位置</td><td></td><td>紧急和动态测试
装置安装位置</td><td></td></tr>
<tr><td>调速装置型号</td><td></td><td>制造单位名称</td><td></td></tr>
<tr><td>控制装置型号</td><td></td><td>制造单位名称</td><td></td></tr>
<tr><td>控制装置</td><td></td><td>调速方式</td><td></td></tr>
<tr><td>控制方式</td><td></td><td>通讯方式</td><td></td></tr>
<tr><td rowspan="3">顶升机构</td><td>液压缸型号</td><td></td><td>制造单位名称</td><td></td></tr>
<tr><td>液压缸类型</td><td></td><td>柱塞直径</td><td></td></tr>
<tr><td>液压缸数量</td><td></td><td>顶升方式</td><td></td></tr>
<tr><td rowspan="2">层门门锁</td><td>型　号</td><td></td><td>规　格</td><td></td></tr>
<tr><td>制造单位名称</td><td colspan="3"></td></tr>
<tr><td rowspan="2">轿门门锁</td><td>型　号</td><td></td><td>规　格</td><td></td></tr>
<tr><td>制造单位名称</td><td colspan="3"></td></tr>
<tr><td rowspan="2">限速器</td><td>型　号</td><td></td><td>规　格</td><td></td></tr>
<tr><td>制造单位名称</td><td colspan="3"></td></tr>
<tr><td rowspan="2">限速
切断阀</td><td>型号名称</td><td></td><td>规　格</td><td></td></tr>
<tr><td>制造单位名称</td><td colspan="3"></td></tr>
<tr><td rowspan="2">安全钳</td><td>型　号</td><td></td><td>规　格</td><td></td></tr>
<tr><td>制造单位名称</td><td colspan="3"></td></tr>
<tr><td rowspan="2">安全电路</td><td>型　号</td><td></td><td>安全功能</td><td></td></tr>
<tr><td>制造单位名称</td><td colspan="3"></td></tr>
<tr><td rowspan="2">可编程电子安
全相关系统</td><td>型　号</td><td></td><td>安全功能及
SIL 等级</td><td></td></tr>
<tr><td>制造单位名称</td><td colspan="3"></td></tr>
<tr><td rowspan="2">上行超速
保护装置</td><td>型　号</td><td></td><td>型　式</td><td></td></tr>
<tr><td>制造单位名称</td><td colspan="3"></td></tr>
<tr><td rowspan="2">轿厢意外移动
保护装置</td><td>型　号</td><td></td><td>型　式</td><td></td></tr>
<tr><td>制造单位名称</td><td colspan="3"></td></tr>
</table>

续表 H-4

<table>
<tr><td rowspan="6">缓冲器</td><td rowspan="3">轿厢</td><td>型　号</td><td></td><td>数　量</td><td>只</td></tr>
<tr><td>型　式</td><td></td><td>规　格</td><td></td></tr>
<tr><td>制造单位名称</td><td colspan="3"></td></tr>
<tr><td rowspan="3">对重
(平衡重)</td><td>型　号</td><td></td><td>数　量</td><td>只</td></tr>
<tr><td>型　式</td><td></td><td>规　格</td><td></td></tr>
<tr><td>制造单位名称</td><td colspan="3"></td></tr>
<tr><td rowspan="4">导轨</td><td rowspan="2">轿厢</td><td>型号</td><td></td><td>数量</td><td>列</td></tr>
<tr><td>制造单位名称</td><td colspan="3"></td></tr>
<tr><td rowspan="2">对重
(平衡重)</td><td>型号</td><td></td><td>数量</td><td>列</td></tr>
<tr><td>制造单位名称</td><td colspan="3"></td></tr>
</table>

附件 J

自动扶梯和自动人行道型式试验要求

J1 适用范围

本附件适用于自动扶梯和自动人行道的型式试验。

J2 引用标准

(1) GB 16899—2011《自动扶梯和自动人行道的制造与安装安全规范》;

(2) GB/Z 31822—2015《公共交通型自动扶梯和自动人行道的安全要求指导文件》。

J3 名词术语

本附件采用J2引用标准和本章规定的术语。

J3.1 额定速度

是指自动扶梯或者自动人行道设计所规定的速度。对有多个运行段速度的自动扶梯和自动人行道,应当分别表述。

J3.2 工作类型

是指按照自动扶梯和自动人行道的用途与预期的使用场合进行的分类,可以分为普通型和公共交通型。

J3.3 主机布置型式

是指驱动主机布置在自动扶梯和自动人行道内的位置。

驱动主机布置在桁架外部的,布置型式为独立机房。驱动主机布置在桁架上、下端部或者中部内的,分别称为上置机房内、下置机房内或者中置机房内。对于水平式自动人行道,若驱动主机布置在端部内,也称为上置机房内。若有多个驱动主机,分别布置在不同的位置上,应当分别表述。

J3.4 梯路传动方式

是指直接传动梯级(踏板、胶带)的方式。可以分为链条传动、齿条传动等方式。

J3.5 启动方式

是指启动自动扶梯和自动人行道的方式。

只能通过钥匙开关启动自动扶梯和自动人行道的启动方式,称为手动启动。对于可以通过由使用者的进入而自动启动的启动方式,称为自动启动。

J3.6 工作环境

是指自动扶梯和自动人行道使用时的环境。可以分为室内型和室外型。

J3.7 使用区段长度

沿自动人行道踏板或者胶带运行方向,桁架最外端两个支撑点之间的折线距离之和。

J3.8 桁架支撑距离

是指桁架支撑点之间的水平距离。若有2个以上的支撑点,是指最外端两个支撑点间的距离。表述时可先写明最大支撑距离,然后加括号写明各段支撑距离。

J3.9 节能运行方式

是由自动扶梯和自动人行道控制柜配置和设置决定的,整机日常运行时具有的节能方式。常见的有待机停止运行、待机低速运行、能量回馈等多种方式。

J4 主要参数和配置的适用原则

J4.1 主要参数变化

主要参数变化符合下列之一时，应当重新进行型式试验：

（1）名义速度增大；

（2）倾斜角增大；

（3）自动扶梯提升高度大于 6 m 的，提升高度增大超过 20%；

（4）自动扶梯提升高度小于或者等于 6 m 的，提升高度增大超过 20%或者超过 6 m；

（5）自动人行道使用区段长度大于 30 m 的，使用区段长度增大超过 20%；

（6）自动人行道使用区段长度小于或者等于 30 m 的，使用区段长度增大超过 20%或者超过 30 m。

J4.2 配置变化

配置变化符合下列之一时，应当重新进行型式试验：

（1）驱动主机布置型式和数量、梯路传动方式改变；

（2）工作类型由普通型向公共交通型改变；

（3）工作环境由室内型向室外型改变；

（4）附加制动器型式（棘轮棘爪式、重锤式、制动靴式等）改变；

（5）驱动主机与梯级（踏板、胶带）之间连接方式的改变；

（6）自动人行道踏面类型（踏板、胶带）改变。

J4.3 适用范围

自动扶梯和自动人行道适用参数范围和配置见表 J-1。

表 J-1 适用参数范围和配置表

名义速度	m/s	倾斜角	(°)
提升高度	（适用于自动扶梯） m	使用区段长度	（适用于自动人行道） m
驱动主机布置型式和数量		梯路传动方式	
工作类型		工作环境	（见注 J-1）
附加制动器型式		驱动主机与梯级（踏板、胶带）之间连接方式	
踏面类型			

注 J-1：对于局部部位采用室外型设计的自动扶梯和自动人行道，应当在产品配置表中明确室外型设计的部位。

J5 技术资料要求与审查

型式试验机构应当对申请单位按照本章要求提交的技术资料进行审查，确认是否符合本规则和相关标准的要求。

J5.1 产品合格证明及说明文件

（1）产品质量合格证明文件，包括合格证（含数据报告）、产品质量证明书等；

（2）安装自检合格报告（或者竣工验收报告）；

（3）安装使用维护说明书；

（4）工作制动器、附加制动器、驱动系统、梯路传动系统的检查调整说明；

（5）输送购物车和行李车的有关说明，若用于输送购物车和行李车的自动扶梯和自动人行道，应当说明对于购物车和行李车的要求。

J5.2 设计计算书

（1）直接驱动梯级（踏板、胶带）的传动部件［如梯级（踏板）链、牵引齿条等］要具有足够的抗断裂强度的计算；

（2）工作制动器和梯级（踏板、胶带）驱动装置之间的所有驱动元件，包括减速齿轮、联轴器、驱动链条、扶手带驱动链等，安全系数不小于5的静力计算；

（3）公共交通型自动扶梯和自动人行道驱动主机和控制柜的功率计算，应当能确保整机在100％制动载荷工况下正常工作且持续时间与载荷条件相匹配；

（4）桁架挠度计算或者测试报告；

（5）有载自动人行道制动距离计算；

（6）自动人行道胶带及接头强度计算及试验报告。

J5.3 主要设计图样

（1）产品图样目录、总图、主要受力结构件图、机构部件装配图；

（2）围裙板防夹装置、梳齿板、梯级（踏板）总装图，桁架各主要断面和桁架过渡段图样；

（3）土建布置图（含与建筑物的接口要求）；

（4）电气原理图、端子连接图及符号说明；

（5）楼层板的防倾覆机械装置设计图样（如有）；

（6）自动扶梯和倾斜式自动人行道倾斜段到水平段过渡处曲线段导轨图。

J5.4 部件证明文件

（1）驱动主机、控制柜、梯级（踏板）、梳齿支撑板、楼层板、梯级（踏板）链、滚轮、含有电子元件的安全电路和可编程电子安全相关系统型式试验报告和证书复印件；

（2）驱动主机、控制柜、梯级（踏板、胶带）、驱动链、梯级（踏板）链、滚轮、扶手带、扶手玻璃、接触器、接触器式继电器、电线电缆、各安全开关、含有电子元件的安全电路和可编程电子安全相关系统的出厂合格证复印件或者其他合格证明文件；

（3）用于公共交通型自动扶梯和自动人行道的扶手带破断强度试验报告。

J5.5 室外型自动扶梯和自动人行道附加要求

对于室外型自动扶梯和自动人行道，应当提供证明采取了特殊措施的资料。这些资料应当包括以下内容：

（1）机械结构的防锈措施；

（2）电气元器件外壳防护等级；

（3）防冻措施（适用于寒冷地区）；

（4）零部件和材料的选择；

（5）防积水措施；

（6）防油污染措施；

（7）导线选择及布置；

（8）重要部件的防水或者密封措施；

（9）防漏电保护措施；

（10）根据使用环境条件采取的其他措施。

J5.6 整机的连续运行试验记录与报告

J5.6.1 试验基本要求

（1）普通型自动扶梯、自动人行道连续运行试验累计运行时间为240小时，并且单次运行时间不小于12小时；公共交通型自动扶梯和自动人行道连续运行试验累计运行时间为480小时，并且单次运行时间不小于24小时；

（2）试验运行期间不允许出现故障停梯，上、下行运行时间各为一半，最长每隔24小时切换一次，切换时停止运行时间不能超过5分钟；

（3）试验应当在空载和名义速度工况下进行。

连续运行试验由申请单位自行负责进行，在试验前应当制订连续运行试验方案，方案至少包括试验起止时间、具体试验日程、人员配置、试验工况、试验记录内容、建议的抽查见证点、真实性声明、故障停机后的应急处理方案等。

J5.6.2 试验抽查

申请单位向型式试验机构提交试验记录和报告，型式试验机构进行抽查。抽查按照以下要求进行：

（1）试验前审查连续运行试验方案，确认试验样机情况；

（2）在试验期间现场抽查1次；若型式试验机构能实时获得该样机连续运行的图像等信息，也可以不到现场进行抽查；

（3）在试验结束后现场检查连续运行试验的情况，该次检查可以和其他安全及性能项目的试验同时进行；

（4）试验过程中不允许对样机进行任何调整、修理和保养；试验过程中若发生故障停机，则应当终止试验，判定该样机连续运行试验的结果为不合格。

J6 样机检查与试验

自动扶梯和带附加制动器的自动人行道试验时应当处于正常工作位置，不带附加制动器的自动人行道可在水平状态时进行试验。

J6.1 电气设备

J6.1.1 通用要求

应当符合GB 16899中5.11.1的要求。

J6.1.2 接触器、接触器式继电器、安全电路元件

应当符合GB 16899中5.11.2的要求。

J6.1.3 电动机的保护

应当符合GB 16899中5.11.3的要求。

J6.1.4 主开关

应当符合GB 16899中5.11.4的要求。

J6.1.5 电气配线

应当符合GB 16899中5.11.5的要求。

J6.1.6　静电保护

应当符合 GB 16899 中 5.11.7 的要求。

J6.2　电气故障的防护与控制

J6.2.1　电气故障的防护

应当符合 GB 16899 中 5.12.1.1 的要求。

J6.2.2　电气安全装置的通用要求

应当符合 GB 16899 中 5.12.1.2.1 的要求。

J6.2.3　安全开关

应当符合 GB 16899 中 5.12.1.2.2 的要求。

J6.2.4　安全电路

应当符合 GB 16899 中 5.12.1.2.3～5.12.1.2.5 的要求。

J6.2.5　可编程电子安全相关系统(PESSRAE)

应当符合 GB 16899 中 5.12.1.2.6 的要求。可编程电子安全相关系统应当经过型式试验,整机上所用的元器件的种类、型号规格、制造单位和数量等应当和可编程电子安全相关系统型式试验合格证的描述一致,最低安全完整性等级(SIL)见表 J-2。

表 J-2　PESSRAE 的最低安全完整性等级

PESSRAE 所检查的装置	最低安全完整性等级(SIL)
检查超速并在速度超过名义速度 1.2 倍之前起作用;向上运行时,检查非操纵逆转	2
检查附加制动器的动作	1
直接驱动梯级(踏板、胶带)的元件(如链条或者齿条)断裂或者过分伸长	1
驱动装置与转向装置之间的距离(无意性)伸长或者缩短	1
梯级(踏板、胶带)进入梳齿板处有异物夹住	1
多台连续且无中间出口的自动扶梯或者自动人行道中的一台停止运行或者自动扶梯和自动人行道出口被建筑结构(如闸门、防火门)阻挡	2
扶手带入口夹入异物	1
梯级(踏板)的下陷(本条不适用于胶带式自动人行道)	2
梯级(踏板)的缺失	2
自动扶梯或者自动人行道启动后,制动系统未释放	1
扶手带速度与梯级(踏板、胶带)实际速度偏差最大超过 15%,并且持续时间达到 5 s～15 s	1
打开桁架区域的检修盖板和(或者)移去或者打开楼层板	1
装上可拆卸的手动盘车装置	1
驱动链松弛及断裂	1

J6.2.6　自动扶梯或者自动人行道的启动和投入使用

应当符合 GB 16899 中 5.12.2.1 的要求。

J6.2.7　停止运行

应当符合 GB 16899 中 5.12.2.2 的要求。逐一检查监测装置和电气安全装置(或者功能),使其符合 GB 16899 表 6 的要求。

如果紧急停止开关位于扶手带高度的 1/2 以下,应当在扶手带 1/2 高度以上的醒目位置张贴直径至少 80 mm 的红底白字急停指示标志,箭头指向紧急停止开关。指示标志示意见图 J-1。

图 J-1　急停指示标志示意图

J6.2.8　运行方向的转换

应当符合 GB 16899 中 5.12.2.3 的要求。

J6.2.9　再启动

应当符合 GB 16899 中 5.12.2.4 的要求。

J6.2.10　检修控制

应当符合 GB 16899 中 5.12.2.5 的要求。

J6.3　支撑结构(桁架)和围板

J6.3.1　支撑结构(桁架)和围板通用要求

应当符合 GB 16899 中 5.2.1 的要求。

J6.3.2　倾斜角

应当符合 GB 16899 中 5.2.2 的要求。检查设计图纸,必要时现场测量。

J6.3.3　内部入口

应当符合 GB 16899 中 5.2.3 的要求。

J6.3.4　检修盖板和楼层板

应当符合 GB 16899 中 5.2.4 的要求。

为防止自动扶梯和自动人行道楼层板因乘客踩踏或者自重的作用而发生倾覆、翻转，应当采取适当的措施，如安装楼层板防倾覆装置、螺栓固定等。

检修盖板和楼层板设置的电气安全装置应当符合下列要求之一：

(1) 当移除任何一块检修盖板或者楼层板后，电气安全装置动作；

(2) 若机械结构能够保证只能先移除某一块检修盖板或者楼层板时，至少在移除该块检修盖板或者楼层板后，电气安全装置动作。

J6.3.5 支撑结构设计

应当符合 GB 16899 中 5.2.5 的要求。审查申请单位提供的支撑结构计算书或者试验报告。

J6.4 梯级(踏板、胶带)

J6.4.1 梯级基本要求

在自动扶梯的载客区域，梯级踏面应当是水平的，允许在运行方向上有±1°的偏差。

J6.4.2 梯级(踏板、胶带)尺寸

应当符合 GB 16899 中 5.3.2 的要求。

J6.4.3 胶带强度

为了确定胶带及其支承系统的尺寸，应当以其有效宽度乘以 1.0 m 长的面积作为指定载荷的基础，此外还应当符合 GB 16899 中 5.3.3.2.4 的规定。胶带的强度应当经过试验确认。

J6.4.4 连接

装配梯级(踏板)的所有零部件(如嵌入件或者固定件)应当可靠连接。嵌入件和固定件应当能承受使梳齿板或者梳齿支撑板的电气安全装置动作所产生的反作用力。

J6.4.5 梯级(踏板、胶带)的导向

应当符合 GB 16899 中 5.3.4 的要求。

J6.4.6 梯级(踏板)间的间隙

应当符合 GB 16899 中 5.3.5 的要求。

J6.4.7 梯级(踏板)缺失监测装置

在自动扶梯和自动人行道的上下端部均应当装设梯级(踏板)缺失监测装置，该装置应当装设在尽可能靠近梳齿板而又能防止缺口从梳齿板位置出现的位置上(考虑最大制停距离的影响)。当自动扶梯和自动人行道运行时，最迟应当在缺口从端部梳齿板位置出现之前停止运行。

试验时卸除 1 个梯级(踏板)，将缺口运行至返回分支内与回转段下部相接的直线段位置，正常启动设备运行，分别检查缺口到达梳齿板位置之前，设备是否停止运行。

J6.4.8 梯级(踏板)下陷监测装置

应当符合 GB 16899 中 5.7.2.5 的要求。

J6.5 驱动装置

J6.5.1 基本要求

一台驱动主机不应当驱动一台以上的自动扶梯或者自动人行道。

J6.5.2 速度

应当符合 GB 16899 中 5.4.1.2 的要求。

J6.5.3 工作制动器和梯级(踏板、胶带)驱动装置之间的连接

应当符合 GB 16899 中 5.4.1.3 的要求。

J6.5.4 手动盘车装置

应当符合 GB 16899 中 5.4.1.4 的要求。

J6.5.5 停机及停止状态检查

应当符合 GB 16899 中 5.4.1.5 的要求。

J6.5.6 工作制动器通用要求

应当符合 GB 16899 中 5.4.2.1.1 的要求。

J6.5.7 机-电式制动器

应当符合 GB 16899 中 5.4.2.1.2 的要求。

J6.5.8 附加制动器

J6.5.8.1 设置条件

在下列任何一种情况下，自动扶梯和倾斜式自动人行道应当设置附加制动器：

(1) 工作制动器与梯级(踏板、胶带)驱动装置之间不是用轴、齿轮、多排链条或者多根单排链条连接的；

(2) 工作制动器不是规定的机-电式制动器；

(3) 提升高度大于 6 m；

(4) 公共交通型自动扶梯或者倾斜角不小于 6°的公共交通型自动人行道。

J6.5.8.2 制动原理和连接方式

(1) 附加制动器应当为机械式的(利用摩擦原理)；切断附加制动器电源后，附加制动器应当处于制动状态；

(2) 附加制动器与梯级(踏板、胶带)驱动装置之间应当用轴、齿轮、多排链条或者多根单排链条连接，不允许采用摩擦传动元件(如离合器)构成的连接；

(3) 附加制动器应当能防止因驱动系统的移位、倾覆或者断裂而造成的梯级(踏板)逆转。

J6.5.8.3 作用条件

附加制动器在下列任何一种情况下都应当起作用：

(1) 在速度超过名义速度 1.4 倍之前；

(2) 在梯级(踏板、胶带)改变其规定运行方向时。

附加制动器在动作开始时应当强制地切断控制电路。

J6.5.9 超速保护和非操纵逆转保护

J6.5.9.1 超速保护

应当符合 GB 16899 中 5.4.2.3.1 的要求。

超速保护可以装设在梯级(踏板、胶带)及其驱动装置上。若驱动主机与梯级(踏板、胶带)驱动装置之间是用轴、齿轮、多排链条或者多根单排链条连接的，则超速保护装置也可以装设在驱动主机轴或者与其刚性连接的附件上。

J6.5.9.2 非操纵逆转保护

应当符合 GB 16899 中 5.4.2.3.2 的要求。装设位置要求和超速保护装置的要求相同。

J6.5.10　梯级（踏板）的驱动

应当符合 GB 16899 中 5.4.3 的要求。

J6.5.11　胶带的驱动

应当符合 GB 16899 中 5.4.4 的要求。

J6.5.12　驱动链松弛及断裂的电气安全保护装置

应当装设防止驱动主机驱动链过度松弛和断裂的电气安全保护装置。当该装置动作时，应当使自动扶梯和自动人行道停止运行。该装置应当符合 GB 16899 中 5.12.1.2.2、5.12.1.2.3 或者 5.12.1.2.6(SIL1)的要求。

J6.6　扶手装置

J6.6.1　扶手装置通用要求

自动扶梯或者自动人行道的两侧应当装设扶手装置。

J6.6.2　扶手装置尺寸

应当符合 GB 16899 中 5.5.2 的要求。

J6.6.3　围裙板

应当符合 GB 16899 中 5.5.3 的要求。

J6.6.4　扶手转向端

应当符合 GB 16899 中 5.5.4 的要求。

J6.6.5　梯级（踏板、胶带）与围裙板之间的间隙

应当符合 GB 16899 中 5.5.5 的要求。

J6.7　扶手带系统

J6.7.1　扶手带系统基本要求

(1) 每一扶手装置的顶部应当设置运行的扶手带，其运行方向应当与梯级（踏板、胶带）相同；

(2) 应当有扶手带速度监测装置，在自动扶梯和自动人行道运行时，当扶手带速度与梯级（踏板、胶带）实际速度偏差最大超过 15%，且持续时间达到 5 s～15 s 时使自动扶梯或者自动人行道停止运行。

J6.7.2　扶手带截面和位置

应当符合 GB 16899 中 5.6.2 的要求。

J6.7.3　扶手带中心线之间距离

应当符合 GB 16899 中 5.6.3 的要求。

J6.7.4　扶手带入口

应当符合 GB 16899 中 5.6.4 的要求。

J6.7.5　导向

应当符合 GB 16899 中 5.6.5 的要求。

J6.8　出入口

J6.8.1　表面特性

应当符合 GB 16899 中 5.7.1 的要求。防滑性能经过型式试验认证合格。

J6.8.2　梯级（踏板、胶带）的位置

应当符合 GB 16899 中 5.7.2 的要求。

J6.8.3　梳齿板设计

应当符合 GB 16899 中 5.7.3.1 和 5.7.3.2 的要求。

J6.8.4　梳齿啮合深度

应当符合 GB 16899 中 5.7.3.3 的要求。

J6.9　机房、驱动站和转向站

J6.9.1　机房、驱动站和转向站通用要求

应当符合 GB 16899 中 5.8.1 的要求。

J6.9.2　尺寸和装置

应当符合 GB 16899 中 5.8.2 的要求。

J6.9.3　照明和插座

应当符合 GB 16899 中 5.8.3 的要求。

J6.9.4　维护和修理用停止开关

应当符合 GB 16899 中 5.8.4 的要求。

J6.10　搬运运输便利性

应当符合 GB 16899 中 5.10 的要求。

J6.11　标志、说明及使用须知

J6.11.1　标志、说明及使用须知通用要求

应当符合 GB 16899 中 7.2.1.1 的要求。

J6.11.2　在自动扶梯或者自动人行道入口处的安全标志

应当符合 GB 16899 中 7.2.1.2 的要求。

J6.11.3　手动盘车装置的使用说明

应当符合 GB 16899 中 7.2.1.3 的要求。

J6.11.4　分离机房、驱动站和转向站入口门上的须知

应当符合 GB 16899 中 7.2.1.4 的要求。

J6.11.5　自动扶梯和自动人行道自动启动的特殊指示信息

应当符合 GB 16899 中 7.2.2 的要求。

J6.11.6　铭牌

至少在一个出入口的明显位置，设置至少注明以下信息的产品铭牌：

(1) 产品名称、型号；

(2) 自动扶梯提升高度或者自动人行道使用区段长度；

(3) 产品编号；

(4) 制造日期；

(5) 制造单位名称及其制造地址；

(6) 型式试验机构名称或者标志。

J6.12　公共交通型自动扶梯和自动人行道的特殊要求

J6.12.1　倾斜角

公共交通型自动扶梯的倾斜角应当不大于 30°。

J6.12.2　防滑等级

公共交通型自动扶梯和自动人行道的梯级(踏板)、梳齿支撑板和楼层板等承载面板

的防滑等级应当达到 GB 16899 中附录 J 规定的 R10 级。

J6.12.3 扶手带强度

扶手带的破断强度应当不小于 25 kN。

J6.12.4 梯级的水平移动距离

梯级从梳齿板出来的梯级前缘和进入梳齿板的梯级后缘应当有一段不小于 1.2 m 长的水平移动距离。如果公共交通型自动扶梯的名义速度大于 0.65 m/s，则该水平移动距离应当不小于 1.6 m。

测量方法见 GB 16899 中 5.7.2.1。

J6.12.5 倾斜区段到水平区段过渡的曲率半径

公共交通型自动扶梯从倾斜区段到上水平区段过渡的曲率半径应当符合以下规定：

(1) 名义速度 $V \leqslant 0.65$ m/s 时，不小于 1.50 m；

(2) 名义速度 $V > 0.65$ m/s 时，不小于 2.60 m。

J6.13 特殊功能和环境下性能

J6.13.1 用于输送购物车和行李车的自动扶梯的要求

J6.13.1.1 出入口区域

在两端出入口区域，自动扶梯水平段梯级的运行距离宜为 1.6 m，过渡曲率半径上部最小为 2.6 m，下部最小为 2.0 m，额定速度限制在 0.5 m/s 以内，倾斜角限制在 30°以内。

梳齿板宜设计成其倾斜角 β 最大不超过 19°。

J6.13.1.2 附加紧急停止开关

在梯级到达梳齿与踏面相交线前 2.0 m～3.0 m 处，在扶手带高度位置宜安装附加紧急停止开关。位于过渡曲线区域附近的紧急停止开关宜能从自动扶梯乘客站立区域操作，在出口处的紧急停止开关宜能从自动扶梯外部操作。

J6.13.2 用于输送购物车和行李车的自动人行道的要求

J6.13.2.1 速度限制和梳齿板倾斜角

对于倾斜角大于 6°的自动人行道，其额定速度应当限制在 0.5 m/s 以内。

梳齿板应当设计成其倾斜角 β 最大不超过 19°。

J6.13.2.2 附加紧急停止开关

在踏板到达梳齿与踏面相交线前 2.0 m～3.0 m 处，在扶手带高度位置应当装设附加紧急停止开关。位于过渡曲线区域附近的紧急停止开关应当能从自动人行道乘客站立区域操作，在出口处的紧急停止开关应当能从自动人行道外部操作。

J6.13.3 室外型自动扶梯和自动人行道的特殊要求

(1) 对于室外型自动扶梯和自动人行道，所采取的措施应当适合于使用的环境并符合企业规定的要求；

(2) 若样机局部部位采用室外型设计的，则应当检查这些部位是否能符合要求，并且应当考虑对整梯的影响。采取室外型设计的部位应当在型式试验报告和合格证中予以明确。

J6.14 自动扶梯制动距离

应当符合 GB 16899 中 5.4.2.1.3.1 和 5.4.2.1.3.2 的要求。

J6.15　自动人行道制动距离

应当符合 GB 16899 中 5.4.2.1.3.3 和 5.4.2.1.3.4 的要求。现场应当进行空载制动试验。如申请单位提供了完整正确的满载制动计算书，可以不必进行满载试验。

J6.16　附加制动器

J6.16.1　制动要求

(1) 附加制动器应当能使具有制动载荷向下运行的自动扶梯和自动人行道有效地减速停止，并且使其保持静止状态；减速度应当不超过 1 m/s^2；

(2) 附加制动器动作时，不必保证对工作制动器所要求的制停距离；

(3) 如果电源发生故障或者安全回路失电，允许附加制动器和工作制动器同时动作，此时仍应当符合工作制动器独立制动时的制动距离的要求；否则，附加制动器和工作制动器只允许在 GB 16899 中 5.4.2.2.4 规定的情况下同时动作；

(4) 在自动扶梯和自动人行道正常停机时，允许附加制动器滞后于工作制动器动作；

(5) 附加制动器动作时，不应当造成制动盘、驱动主轴等部件的损坏或者安装位置的变化。

J6.16.2　试验要求

(1) 附加制动器试验时的制动载荷和减速度数据处理方法和工作制动器试验相同；

(2) 如果电源发生故障或者安全回路失电，允许附加制动器和工作制动器同时动作，则应当进行 2 次附加制动器单独试验和 1 次附加制动器及工作制动器同时动作试验，否则应当进行 3 次附加制动器单独试验；试验间隔时间至少为 10 分钟，以允许摩擦件恢复到正常温度；试验期间，可以按照产品说明书的要求对附加制动器进行调整，但是不允许更换任何零部件，包括摩擦件；如果装有电气开关检测附加制动器摩擦件的磨损量，以保证摩擦件磨损到最大磨损设计值之前能防止自动扶梯和自动人行道的启动，则允许在试验期间更换摩擦件；

(3) 对需要检查和调整的附加制动器，产品说明书应当规定详细的检查和调整方法，并且可据此操作。

J6.17　扶手带系统速度偏差

空载上下运行时扶手带的运行速度相对于梯级(踏板、胶带)实际速度的允许偏差为 0%～+2%。

J6.18　楼层板强度

楼层板应当能够承受以下要求确定的载荷的较大值：

(1) 楼层板踏面面积(m^2)乘以 6 000 N/m^2；

(2) 每块楼层板 2 200 N。

试验时，在自动扶梯和自动人行道的上下部楼层板上，分别放置均匀分布的载荷，在楼层板踏面测得的变形应当不大于 4 mm，且永久变形不大于 1 mm。

J7　样机技术参数及配置

见表 J-3。

表 J-3 样机技术参数及配置表

<table>
<tr><td colspan="3">产品品种</td><td></td><td>产品名称</td><td></td></tr>
<tr><td colspan="3">名义速度</td><td>m/s</td><td>倾斜角</td><td>(°)</td></tr>
<tr><td colspan="3">提升高度</td><td>(适用于自动扶梯) m</td><td>使用区段长度</td><td>(适用于自动人行道) m</td></tr>
<tr><td colspan="3">梯路传动方式</td><td></td><td>工作类型</td><td></td></tr>
<tr><td colspan="3">工作环境</td><td></td><td>踏面类型</td><td></td></tr>
<tr><td colspan="3">特殊功能</td><td></td><td></td><td></td></tr>
<tr><td rowspan="9">驱动主机</td><td colspan="2">型号</td><td></td><td>布置型式和数量</td><td></td></tr>
<tr><td colspan="2">减速器型式</td><td></td><td>减速比</td><td></td></tr>
<tr><td colspan="2">电机型号</td><td></td><td>额定功率</td><td>kW</td></tr>
<tr><td colspan="2">额定电压</td><td>V</td><td>额定电流</td><td>A</td></tr>
<tr><td colspan="2">额定转速</td><td>r/min</td><td>绝缘等级</td><td></td></tr>
<tr><td colspan="2">驱动主机与梯级(踏板、胶带)之间连接方式</td><td></td><td></td><td></td></tr>
<tr><td rowspan="3">制造单位名称</td><td>驱动主机</td><td colspan="3"></td></tr>
<tr><td>减速装置</td><td colspan="3"></td></tr>
<tr><td>电动机</td><td colspan="3"></td></tr>
<tr><td rowspan="2">附加制动器</td><td colspan="2">型号</td><td></td><td>结构型式及数量</td><td></td></tr>
<tr><td colspan="2">制造单位名称</td><td colspan="3"></td></tr>
<tr><td rowspan="4">控制系统</td><td colspan="2">启动方式</td><td></td><td>节能运行方式</td><td></td></tr>
<tr><td colspan="2">控制柜型号</td><td></td><td>制造单位名称</td><td></td></tr>
<tr><td colspan="2">调速器型号</td><td></td><td>制造单位名称</td><td></td></tr>
<tr><td colspan="2">控制装置型号</td><td></td><td>制造单位名称</td><td></td></tr>
<tr><td rowspan="4">电气安全装置</td><td colspan="2">安全电路型号</td><td></td><td>功能</td><td></td></tr>
<tr><td colspan="2">制造单位名称</td><td colspan="3"></td></tr>
<tr><td colspan="2">可编程电子安全相关系统型号(注 J-2)</td><td></td><td>功能</td><td></td></tr>
<tr><td colspan="2">SIL 等级</td><td></td><td>制造单位名称</td><td></td></tr>
<tr><td rowspan="2">桁架</td><td colspan="2">材料型号</td><td></td><td>主弦杆型式</td><td></td></tr>
<tr><td colspan="2">制造单位名称</td><td></td><td>支撑距离</td><td>m</td></tr>
</table>

续表 J-3

驱动链	型号规格		设计抗拉强度	kN
	制造单位名称			
梯级（踏板、胶带）	型号规格		设计抗拉强度	kN
	制造单位名称			
扶手带	型号规格		设计抗拉强度	kN
	制造单位名称			
梯级（踏板、胶带）	宽度		材料名称	
	型式		防滑等级	
	制造单位名称			
滚轮	主轮型号规格		制造单位名称	
	辅轮型号规格		制造单位名称	
围裙板	表面材质		表面处理方式	
	制造单位			
梳齿支撑板	表面材质		防滑等级	
	制造单位名称			
楼层板	表面材质		防滑等级	
	制造单位名称			

注 J-2：为准确描述可编程电子安全相关系统，使用本表时可以依据各功能和 SIL 等级展开描述。

附件 K

杂物电梯型式试验要求

K1 适用范围

本附件适用于杂物电梯的型式试验。

K2 引用标准

GB 25194—2010《杂物电梯制造与安装安全规范》。

K3 名词术语

本附件采用 K2 引用标准和本章规定的术语。

K3.1 开门型式

是指杂物电梯门开启的方式，包括手动垂直滑动门、自动垂直滑动门、手动水平滑动门和自动水平滑动门等。

K4 主要参数和配置的适用原则

K4.1 主要参数变化

杂物电梯额定载重量增大时，应当重新进行型式试验。

K4.2 配置变化

配置变化符合下列之一时，应当重新进行型式试验：

(1) 驱动方式(曳引、强制、液压驱动)改变；

(2) 控制柜布置区域(井道内、井道外)改变。

K4.3 适用范围

杂物电梯适用的参数范围和配置见表 K-1。

表 K-1 杂物电梯适用参数范围和配置表

额定载重量	kg	驱动方式	
控制柜布置区域			

K5 技术资料要求与审查

型式试验机构应当对申请单位按照本节要求提交的技术资料进行审查，确认是否符合本规则及相关标准的要求。

K5.1 设计计算书

(1) 限速器选型计算，限速器绳或者安全绳安全系数计算；

(2) 安全钳选型计算；

(3) 缓冲器选型计算；

(4) 限速切断阀的选型计算;

(5) 悬挂装置安全系数计算,曳引轮、滑轮或者卷筒的节圆直径与钢丝绳直径的比值计算,手动盘车力计算,卷筒放绳角计算;

(6) 曳引条件计算;

(7) 轿架的受力强度计算(应当考虑电梯正常运行、安全钳动作、限速切断阀动作、夹紧装置动作和棘爪装置动作);

(8) 导轨计算;

(9) 轿厢有效面积计算,自动搭接地坎受力强度计算;

(10) 垂直滑动层门悬挂件的安全系数、悬挂绳轮直径与绳径比值的计算;

(11) 液压杂物电梯满载压力计算;

(12) 液压杂物电梯缸筒和柱塞安全系数计算;

(13) 液压杂物电梯硬管和附件安全系数计算;

(14) 液压杂物电梯软管安全系数计算;

(15) 液压杂物电梯用于套筒式液压缸机械同步的钢丝绳或者链条安全系数计算。

K5.2 主要设计图样

(1) 产品图纸目录、主要受力结构件图、机构部件装配图;

(2) 电气原理图、接线图、电气符号说明(元器件代号表)等;

(3) 液压杂物电梯液压系统原理图、液压元件代号说明。

K5.3 产品合格证明及说明文件

(1) 产品质量合格证明文件,包括合格证(含数据报告)、产品质量证明书等;

(2) 安装自检合格报告(或者竣工验收报告);

(3) 安装使用维护说明书;

(4) 电气故障防护说明;

(5) 限速器和渐进式安全钳调试证书;

(6) 防止轿厢坠落、超速下行和沉降的保护措施;

(7) 是否允许人员进入杂物电梯机房、井道、底坑和轿顶的说明。

K5.4 部件证明文件

K5.4.1 型式试验证明文件

限速器、安全钳、门锁装置(若符合层门锁紧无需电气证实的条件,则不需要型式试验证明)、驱动主机、控制柜、绳头组合(或者链条端接装置)、液压泵站、缓冲器、限速切断阀、含有电子元件的安全电路与可编程电子安全相关系统等部件的型式试验报告和证书复印件。

K5.4.2 其他证明文件

(1) 随行电缆结构型式的证明;

(2) 悬挂装置产品合格证或者试验报告;

(3) 液压杂物电梯的软管产品合格证,软管总成能够承受5倍满载压力而不被破坏的试验记录;

(4) 液压杂物电梯液压油牌号、型号;

(5) 部件外壳防护等级证明(需要一定外壳防护等级时)。

K5.5　机器设备间、井道

K5.5.1　布置说明及图示

机房的位置和主要尺寸，检修门和检修活板门的布置和尺寸，井道平面布置图和井道立面图，井道顶层和底坑空间计算示意图，井道下方存在的任何可以进入空间的布置图，进入机房、底坑的通道，底坑地面的设计要求，机房和维护保养作业空间的位置和尺寸计算示意图，驱动主机的布置位置，悬挂系统的布置，控制柜的安装位置。

K5.5.2　结构受力

机房地板受力要求，底坑地面受力要求，使用膨胀螺栓时对井道壁的要求。

K5.5.3　井道内各部件之间的间隙和保护

井道内需维护、调节或者检修的任一部件到层门地坎的距离，若需设置 GB 25194 中 5.2.4.2 所规定的装置，要确认该装置是否符合 GB 25194 中 9.7.4 的规定，同时该装置在顶层高度范围停止轿厢时，应当保证在轿顶以上有 1.80 m 的自由垂直距离。轿厢与层门或者层门框架之间的间隙，对重(或者平衡重)运行区域防护的要求和简图。

K5.5.4　导轨

导轨型号、摩擦面的尺寸和表面加工方式，导轨润滑的要求。

K5.5.5　机房、井道的其他要求

机房、井道和底坑的专用要求，同一井道内杂物电梯之间或者杂物电梯与相邻电梯间的防护措施，底坑下部空间的防护措施，对重运行区域的防护措施，轿厢与面对轿厢入口的井道壁的间距要求，井道的通风要求，机房的照明、电源插座和起吊设施的要求和示意图。

K5.6　悬挂装置

悬挂钢丝绳的型号、直径、根数、破断载荷，悬挂链条的型号规格、节距和破断载荷，悬挂系统端接方式和张力平衡的安装或者设计图。

K5.7　轿厢和门系统

轿厢内部尺寸图，轿厢护脚板的安装和尺寸图，自动搭接地坎的安装和尺寸图，轿门型式和开门净尺寸，层门型式、开门方式和净尺寸，开锁区域的尺寸说明图示，门系统剪切危险的防护设计文件，门导向装置结构，层门、轿门地坎设计及安装，门板悬挂装置和导向装置简图，层门门锁装置的结构和安装示意图。

K5.8　整机的连续运行试验记录和报告

制造单位自行完成的，试验样机 10 000 次连续运行的试验方案、记录、报告及其真实性声明。连续运行试验方案、详细记录、总结报告等应当符合本规则 K5.8.1 和 K5.8.2 的要求。

K5.8.1　连续运行试验方案

连续运行试验方案至少包括以下内容：

(1) 试验起止时间、具体试验日程；

(2) 试验人员配置；

(3) 试验工况；

(4) 试验记录内容；

(5) 建议的抽查见证点。

试验方案在试验开始前应当取得型式试验机构的确认。

K5.8.2　连续运行试验技术要求

制造单位在开始试验前应当书面通知型式试验机构，在制造单位进行连续运行试验过程中，应当申请型式试验机构到现场抽查1次(若型式试验机构能实时获得该样机运行试验的图像等信息，也可以不到现场进行抽查)，型式试验机构应当记录其见证试验情况，连续运行试验结束后，型式试验机构应当在同一台样机上进行其他项目的试验。

连续运行试验至少符合以下要求：

(1) 内容不少于本规则附件H中H5.11.2(1)所规定的内容；

(2) 试验前，应当在控制线路中安装计数器，记录杂物电梯运行次数，以杂物电梯每完成一个全过程运行为一次，即启动-运行-停止；

(3) 试验期间，杂物电梯应当按照使用说明书的规定进行保养，不允许带故障运行；

(4) 以额定载重量和额定速度进行上行试验的次数应当不少于2 500次；除正常维护保养和故障恢复时间之外试验应当连续进行，10 000次试验应当在30日内完成；

(5) 运行期间故障次数应当不超过5次，每次故障修复时间应当不超过1小时。由于杂物电梯本身原因造成的停机或者不符合本附件规定的整机性能要求的非正常运行，均视为故障。

K6　样机检查与试验

K6.1　电气装置及保护

K6.1.1　主开关

应当符合GB 25194中13.4的规定。

K6.1.2　停止装置

应当符合GB 25194中14.2.2的规定。

K6.1.3　极限开关

应当符合GB 25194中10.5的规定。

K6.1.4　断相错相保护

(1) 电梯应当具备供电系统断相和错相保护功能；当电梯供电电路出现断相或者错相时，电梯应当停止运行并保持停止状态；

(2) 电梯运行与相序无关时，可以不设错相保护功能。

K6.1.5　停止驱动主机以及检查其停止状态

应当符合本规则附件H中H6.1.5的规定。

K6.1.6　制动器的供电

应当符合GB 25194中12.2.3的规定。

K6.1.7　安全回路接地故障防护

应当符合GB 25194中14.1.1.3的规定。

K6.1.8　电气安全装置及其动作

应当符合GB 25194中14.1.2.1.1、14.1.2.1.3、14.1.2.1.5、14.1.2.1.7、14.1.2.4和14.1.2.5的规定。

K6.1.9　电动机运转时间限制器

应当符合 GB 25194 中 12.2.8 或者 12.3.12 的规定。

K6.1.10 电动机的保护

应当符合 GB 25194 中 13.3 的规定。

K6.1.11 松绳检查

应当符合 GB 25194 中 12.2.7 或者 12.3.13 的规定。

K6.1.12 电气防护

(1) 在机房内，应当采用防护罩壳以防止直接触电；所用外壳防护等级不低于 IP2X；

(2) 电气安装的绝缘电阻应当符合 GB 25194 中 13.1.3 的规定；

(3) 控制电路和安全电路的电压值应当符合 GB 25194 中 13.1.4 的规定；

(4) 电梯供电的中性导体(N，零线)和保护导体(PE，地线)应当始终分开；

(5) 门电气安全装置导线的截面积应当不小于 0.75 mm^2；

(6) 主开关断开后带电端子的标志应当符合 GB 25194 中 13.5.3.3 的规定；

(7) 安全电路的连接器件和插接式装置应当符合 GB 25194 中 13.5.4 的规定。

K6.1.13 安全触点

应当符合 GB 25194 中 14.1.2.2 的规定。

K6.1.14 安全电路

应当符合 GB 25194 中 14.1.2.3 的规定。

K6.1.15 接触器和接触器式继电器

应当符合 GB 25194 中 13.2.1 的规定。

K6.1.16 连接在电气安全装置之后的装置

应当符合 GB 25194 中 13.2.2.3 的规定。

K6.1.17 照明与插座电源

应当符合 GB 25194 中 13.6 的规定。

K6.1.18 液压系统液压油的过热保护

应当符合 GB 25194 中 12.3.14 的规定。

K6.2 杂物电梯运行控制

K6.2.1 正常运行控制

应当符合 GB 25194 中 14.2.1.1 的规定。

K6.2.2 门未关闭和未锁紧情况下的平层、再平层和防沉降控制

应当符合 GB 25194 中 14.2.1.2 和 14.2.1.3 的规定。

K6.2.3 优先权控制

应当符合 GB 25194 中 14.2.3 的规定。

K6.2.4 紧急操作

应当符合 GB 25194 中 12.2.4 或者 12.3.9 的规定。

K6.3 安全保护装置和安全防护

K6.3.1 防止轿厢坠落、超速下降、沉降及防止对重或者平衡重自由坠落的保护措施应当符合 GB 25194 中 9.7 的规定。

K6.3.2 安全钳

应当符合 GB 25194 中 9.8 的规定。

K6.3.3 由限速器触发

应当符合 GB 25194 中 9.9.1、9.9.2 和 9.9.4 的规定。

K6.3.4 由安全绳触发

应当符合 GB 25194 中 9.9.1、9.9.3 和 9.9.4 的规定。

K6.3.5 由悬挂装置断裂触发

应当符合 GB 25194 中 9.9.1 和 9.9.5 的规定。

K6.3.6 缓冲器和限位挡块

应当符合 GB 25194 中 10.3 或者 10.4 的规定。

K6.3.7 驱动主机

(1) 电力驱动杂物电梯的驱动主机应当符合 GB 25194 中 12.1、12.2.1 和 12.2.3.1 的规定;

(2) 液压杂物电梯的驱动主机应当符合 GB 25194 中 12.1 和 12.3.1 的规定。

K6.3.8 安全防护

(1) 曳引轮、滑轮和链轮的防护应当符合 GB 25194 中 9.6 的规定;

(2) 机械部件的防护应当符合 GB 25194 中 12.2.9 的规定。

K6.3.9 液压控制及安全装置

K6.3.9.1 截止阀

应当符合 GB 25194 中 12.3.5.1 的规定。

K6.3.9.2 单向阀

应当符合 GB 25194 中 12.3.5.2 的规定。

K6.3.9.3 溢流阀

应当符合 GB 25194 中 12.3.5.3 的规定。

K6.3.9.4 方向阀

应当符合 GB 25194 中 12.3.5.4 的规定。

K6.3.9.5 限速切断阀(破裂阀)

应当符合 GB 25194 中 12.3.5.5 的规定。

K6.3.9.6 节流阀、单向节流阀

应当符合 GB 25194 中 12.3.5.6 的规定。

K6.3.9.7 滤油器

应当符合 GB 25194 中 12.3.5.7 的规定。

K6.3.9.8 液压系统压力检查

应当符合 GB 25194 中 12.3.6 的规定。

K6.3.9.9 油箱

应当符合 GB 25194 中 12.3.7 的规定。

K6.3.10 液压缸和管路配置

K6.3.10.1 液压缸

应当符合 GB 25194 中 12.3.2.2.1、12.3.2.2.4、12.3.2.2.5、12.3.2.3.1、12.3.2.3.2、12.3.2.4 和 12.3.2.5 的规定。

K6.3.10.2 管路配置

应当符合 GB 25194 中 12.3.3.1、12.3.3.3.3 和 12.3.3.3.4 的规定。

K6.3.11 安全标志及警示说明

应当符合 GB 25194 中第 15 章的规定。

K6.4 悬挂系统

K6.4.1 悬挂装置

应当符合 GB 25194 中 9.1 的规定。

K6.4.2 悬挂系统端接装置

应当符合 GB 25194 中 9.2.2 的规定。

K6.4.3 强制驱动杂物电梯钢丝绳卷绕

应当符合 GB 25194 中 9.4 的规定。

K6.4.4 钢丝绳或者链条之间的载荷分布

应当符合 GB 25194 中 9.5 的规定。

K6.5 层门和轿门系统

K6.5.1 层门间隙

应当符合 GB 25194 中 7.1 的规定。

K6.5.2 层门及其框架的强度

应当符合 GB 25194 中 7.2 的规定。

K6.5.3 层门入口的高度和宽度

轿厢入口净尺寸应当不小于所对应的层门入口净尺寸。

K6.5.4 层站地坎

应当符合 GB 25194 中 7.4.1 的规定。

K6.5.5 层门导向装置

应当符合 GB 25194 中 7.4.2 的规定。

K6.5.6 垂直滑动层门的悬挂装置

应当符合 GB 25194 中 7.4.3 的规定。

K6.5.7 与层门运动相关的保护

应当符合 GB 25194 中 7.5 的规定。

K6.5.8 层站局部照明和“轿厢在此”信号

应当符合 GB 25194 中 7.6 的规定。

K6.5.9 层门锁紧和关闭的检查

应当符合 GB 25194 中 7.7 的规定。

K6.5.10 轿厢入口

应当符合 GB 25194 中 8.5 的规定。

K6.5.11 轿门

应当符合 GB 25194 中 8.6 的规定。

K6.5.12 轿门运动过程中的保护

应当符合 GB 25194 中 8.7 的规定。

K6.6 轿厢、对重、平衡重及导轨系统

K6.6.1 轿厢

K6.6.1.1 轿厢尺寸及额定载重量

应当符合 GB 25194 中 8.1 和 8.2 的规定。

K6.6.1.2 轿壁、轿厢地板和轿顶

应当符合 GB 25194 中 8.3 的规定。

K6.6.1.3 护脚板和自动搭接地坎

应当符合 GB 25194 中 8.4 的规定。

K6.6.2 对重和平衡重

应当符合 GB 25194 中 8.8 的规定。

K6.6.3 导轨系统

应当符合 GB 25194 中 10.1.2 和 10.2 的规定。

K6.7 轿厢运行速度

应当符合 GB 25194 中 12.2.5 和 12.3.8 的规定。对于强制驱动杂物电梯，额定速度不应当大于 0.63 m/s。

K6.8 制动系统

应当符合 GB 25194 附录 D.2 中 d)的规定。

K6.9 曳引能力

应当符合 GB 25194 附录 D.2 中 h)1)和 2)的规定。

K6.10 防坠落装置机构联动试验

K6.10.1 轿厢限速器-安全钳联动试验

应当符合 GB 25194 附录 D.2 中 j)的规定。

K6.10.2 对重限速器-安全钳联动试验

应当符合 GB 25194 附录 D.2 中 k)的规定。

K6.10.3 悬吊机构失效或者安全绳触发的安全钳联动试验

轿厢均匀装有额定载重量的载荷，人为触发悬吊机构或者安全绳使安全钳动作，轿厢应当可靠制停。

K6.11 液压杂物电梯的附加试验

K6.11.1 溢流阀

应当符合 GB 25194 附录 D.2 中 n)的规定。

K6.11.2 限速切断阀(破裂阀)动作试验

应当符合 GB 25194 附录 D.2 中 o)的规定。

K6.11.3 压力试验

应当符合 GB 25194 附录 D.2 中 q)的规定。

K6.11.4 沉降试验

应当符合 GB 25194 附录 D.2 中 r)的规定。

K6.11.5 电气防沉降系统

应当符合 GB 25194 附录 D.2 中 u)的规定。

K6.12 产品铭牌

(1) 整机产品铭牌应当符合 GB 25194 中 15.1、15.2.1、15.2.2 的规定；

(2) 限速器、耗能型缓冲器、安全钳、门锁装置、限速切断阀、驱动主机、液压泵站、控制柜、

含有电子元件的安全电路、可编程电子安全相关系统设置的产品铭牌应当符合本规则的规定。

K7 样机技术参数及配置

见表 K-2。

表 K-2 样机技术参数及配置表

<table>
<tr><td colspan="2">产品品种</td><td></td><td>产品名称</td><td></td></tr>
<tr><td colspan="2">产品型号</td><td></td><td>额定速度</td><td>m/s</td></tr>
<tr><td colspan="2">额定载重量</td><td>kg</td><td>适用工作环境</td><td></td></tr>
<tr><td colspan="2">防止轿厢坠落或者超速下降的措施</td><td></td><td>防沉降的措施</td><td>(适用于液压电梯)</td></tr>
<tr><td colspan="2">层门型式</td><td></td><td>轿门型式</td><td></td></tr>
<tr><td colspan="2">轿厢尺寸</td><td>mm</td><td>井道尺寸</td><td>mm</td></tr>
<tr><td colspan="2">层/站/门数</td><td>/ /</td><td>提升高度</td><td>m</td></tr>
<tr><td rowspan="11">驱动主机(液压泵站)</td><td>驱动方式</td><td></td><td>整体结构型式</td><td></td></tr>
<tr><td>驱动主机型号</td><td></td><td>制造单位名称</td><td></td></tr>
<tr><td>布置方式和位置</td><td></td><td>紧急操作时打开制动器的方式</td><td></td></tr>
<tr><td>输出轮节径</td><td>mm</td><td>减速比</td><td></td></tr>
<tr><td>电机型号</td><td></td><td>制造单位名称</td><td></td></tr>
<tr><td>额定功率</td><td>kW</td><td>额定转速</td><td>r/min</td></tr>
<tr><td>额定电压</td><td>V</td><td>额定电流</td><td>A</td></tr>
<tr><td>额定频率</td><td>Hz</td><td>绝缘等级</td><td></td></tr>
<tr><td>满载工作压力</td><td>MPa</td><td>液压油液牌号</td><td></td></tr>
<tr><td>油箱容量</td><td>L</td><td>冷却方式</td><td></td></tr>
<tr><td colspan="4"></td></tr>
<tr><td rowspan="3">悬挂系统</td><td>悬挂装置数量</td><td></td><td>悬挂比(绕绳比)</td><td></td></tr>
<tr><td>悬挂装置结构(型号)</td><td></td><td>绕绳方式</td><td></td></tr>
<tr><td>轿厢悬吊方式</td><td colspan="3"></td></tr>
<tr><td rowspan="6">拖动及控制系统</td><td>控制柜型号</td><td></td><td>控制柜布置区域</td><td></td></tr>
<tr><td>制造单位名称</td><td colspan="3"></td></tr>
<tr><td>调速装置型号</td><td></td><td>制造单位名称</td><td></td></tr>
<tr><td>控制装置型号</td><td></td><td>制造单位名称</td><td></td></tr>
<tr><td>控制装置</td><td></td><td>调速方式</td><td></td></tr>
<tr><td>控制方式</td><td></td><td>通讯方式</td><td></td></tr>
</table>

续表 K-2

<table>
<tr><td rowspan="3">顶升机构</td><td colspan="2">液压缸型号</td><td></td><td>制造单位名称</td><td></td></tr>
<tr><td colspan="2">液压缸类型</td><td></td><td>柱塞直径</td><td></td></tr>
<tr><td colspan="2">液压缸数量</td><td></td><td>顶升方式</td><td></td></tr>
<tr><td rowspan="2">层门门锁</td><td colspan="2">型　号</td><td></td><td>规　格</td><td></td></tr>
<tr><td colspan="2">制造单位名称</td><td colspan="3"></td></tr>
<tr><td rowspan="2">轿门门锁</td><td colspan="2">型　号</td><td></td><td>规　格</td><td></td></tr>
<tr><td colspan="2">制造单位名称</td><td colspan="3"></td></tr>
<tr><td rowspan="2">限速器</td><td colspan="2">型　号</td><td></td><td>规　格</td><td></td></tr>
<tr><td colspan="2">制造单位名称</td><td colspan="3"></td></tr>
<tr><td rowspan="2">限速切断阀</td><td colspan="2">型　号</td><td></td><td>规　格</td><td></td></tr>
<tr><td colspan="2">制造单位名称</td><td colspan="3"></td></tr>
<tr><td rowspan="2">安全钳</td><td colspan="2">型　号</td><td></td><td>规　格</td><td></td></tr>
<tr><td colspan="2">制造单位名称</td><td colspan="3"></td></tr>
<tr><td rowspan="2">安全电路</td><td colspan="2">型　号</td><td></td><td>安全功能</td><td></td></tr>
<tr><td colspan="2">制造单位名称</td><td colspan="3"></td></tr>
<tr><td rowspan="2">可编程电子安全相关系统</td><td colspan="2">型　号</td><td></td><td>安全功能及 SIL 等级</td><td></td></tr>
<tr><td colspan="2">制造单位名称</td><td colspan="3"></td></tr>
<tr><td rowspan="6">缓冲器</td><td rowspan="3">轿厢</td><td>型　号</td><td></td><td>数　量</td><td>只</td></tr>
<tr><td>型　式</td><td></td><td>规　格</td><td></td></tr>
<tr><td>制造单位名称</td><td colspan="3"></td></tr>
<tr><td rowspan="3">对重（平衡重）</td><td>型　号</td><td></td><td>数　量</td><td>只</td></tr>
<tr><td>型　式</td><td></td><td>规　格</td><td></td></tr>
<tr><td>制造单位名称</td><td colspan="3"></td></tr>
<tr><td rowspan="4">导轨</td><td rowspan="2">轿厢</td><td>型　号</td><td></td><td>数　量</td><td>列</td></tr>
<tr><td>制造单位名称</td><td colspan="3"></td></tr>
<tr><td rowspan="2">对重（平衡重）</td><td>型　号</td><td></td><td>数　量</td><td>列</td></tr>
<tr><td>制造单位名称</td><td colspan="3"></td></tr>
</table>

附件 L

限速器型式试验要求

L1 适用范围

本附件适用于限速器的型式试验。

L2 引用标准

(1) GB 7588—2003《电梯制造与安装安全规范》(含第 1 号修改单);
(2) GB 21240—2007《液压电梯制造与安装安全规范》;
(3) GB 25194—2010《杂物电梯制造与安装安全规范》。

L3 名词术语

本附件采用 L2 引用标准和本章规定的术语。

L3.1 限速器绳张紧力

仅在张紧装置作用下限速器单侧钢丝绳所受到的力。

L3.2 限速器绳的提拉力

限速器动作后限速器绳所输出的提拉安全钳的力。

L3.3 夹持式限速器

动作后通过夹绳装置夹持限速器绳以产生提拉力的限速器。

L3.4 机械火花

因摩擦、碰撞、冲击等非电气原因产生的火花。

L4 主要参数和配置的适用原则

L4.1 主要参数变化

适用的电梯额定速度发生变化时,应当重新进行型式试验。

L4.2 配置变化

配置变化符合下列之一时,应当重新进行型式试验:
(1) 结构型式(离心甩块式、离心甩球式等)改变;
(2) 产生提拉力的结构型式(夹持式、非夹持式等)改变;
(3) 绳轮节圆直径改变;
(4) 适用钢丝绳直径改变;
(5) 绳轮绳槽类型改变;
(6) 限速器绳张紧力超出范围;
(7) 增设或减少机械方式触发钢丝绳制动器功能;
(8) 增加触发上行动作的安全钳功能;
(9) 增设或减少机械方式触发轿厢上行超速保护装置其他型式的制动部件;

(10) 增设在本附件中有检验要求的电气安全装置或电气触发装置；

(11) 增设远程控制功能；

(12) 工作环境由室内型向室外型改变；

(13) 防爆型式改变。

注 L-1：相同型号规格的限速器，适用的额定速度不变仅动作速度调试值（如安装于对重侧的限速器等）有差异时，不需重新进行型式试验。

L4.3　适用范围

适用的参数范围和配置见表 L-1。

表 L-1　产品适用参数范围和配置表

<table>
<tr><td colspan="2">额定速度</td><td>m/s</td><td>结构型式</td><td></td></tr>
<tr><td colspan="2">产生提拉力的结构型式</td><td></td><td>绳轮节圆直径</td><td>mm</td></tr>
<tr><td colspan="2">钢丝绳直径</td><td>mm</td><td>绳轮绳槽类型</td><td></td></tr>
<tr><td colspan="2">限速器绳张紧力</td><td>N</td><td>提拉力范围</td><td>N</td></tr>
<tr><td rowspan="4">机械触发装置</td><td colspan="3">触发轿厢或者对重(平衡重)下行动作的安全钳</td><td></td></tr>
<tr><td colspan="3">触发钢丝绳制动器</td><td></td></tr>
<tr><td colspan="3">触发轿厢上行动作的安全钳</td><td></td></tr>
<tr><td colspan="3">触发轿厢上行超速保护装置其他型式的制动部件</td><td></td></tr>
<tr><td rowspan="5">电气安全装置或电气触发装置</td><td colspan="3">超速检查电气安全装置</td><td></td></tr>
<tr><td colspan="3">复位检查电气安全装置</td><td></td></tr>
<tr><td rowspan="3">触发轿厢上行超速保护装置</td><td colspan="2">触发驱动主机制动器</td><td></td></tr>
<tr><td colspan="2">触发钢丝绳制动器或曳引轮上制动部件</td><td></td></tr>
<tr><td colspan="2">触发其他型式的制动部件</td><td></td></tr>
<tr><td colspan="2">远程控制方式</td><td></td><td>工作环境</td><td></td></tr>
<tr><td colspan="2">防爆型式</td><td colspan="3"></td></tr>
</table>

L5　技术资料要求与审查

型式试验机构应当对申请单位按照本章要求提交的技术资料进行审查，确认是否符合本规则和相关标准的要求。

L5.1　合格证明及说明书

(1) 产品质量证明文件，包括产品合格证（含数据表）、产品质量证明书等；

(2) 出厂调试证书；

(3) 安装、调试、使用、维护说明书。

L5.2　主要结构参数技术资料

(1) 限速器的额定速度及动作速度；

(2) 限速器绳轮节圆与外圆直径；

(3) 限速器动作时所产生的限速器绳提拉力的范围；

（4）张紧装置的结构、张紧力范围及其悬挂方式；

（5）具有以机械方式触发钢丝绳制动器功能的，其机械触发机构的拉索（以下简称拉索）的长度范围及其最小弯曲半径；

（6）机械方式触发钢丝绳制动器的触发力和触发行程的设计值；

（7）有防爆功能的限速器防止机械火花材料的材质证明和所使用附着方法的说明。

L5.3　相关技术资料

（1）产品图纸目录、总图、机构部件装配图；

（2）非夹持式限速器绳轮的槽型和摩擦力的设计计算；

（3）非夹持式限速器绳轮热处理硬度参数；

（4）限速器用钢丝绳结构、直径和最小破断负荷，限速器绳轮的节圆直径与钢丝绳的公称直径之比计算，限速器绳安全系数计算（对于非夹持式限速器，则宜考虑摩擦系数 $\mu_{max}=0.2$ 时的情况）；

（5）拉索最小破断负荷证明文件；

（6）限速器钢丝绳质量证明文件；

（7）远程控制动作和复位方式的说明；

（8）特殊工作环境（室外、防爆等）适用情况及措施说明。

L6　样品检查与试验

试验样品应当配备一根与正常安装使用相同的限速器钢丝绳，长度由型式试验机构确定，以及一套与限速器配套的张紧装置；具有以机械方式触发钢丝绳制动器功能的，还应当提供一根拉索，长度由型式试验机构确定。

L6.1　动作速度

L6.1.1　操纵轿厢安全钳的限速器的动作速度

操纵轿厢安全钳的限速器的动作速度应当不小于轿厢运行额定速度的115%，但是应当小于下列各值：

（1）对于除了不可脱落滚柱式以外的瞬时式安全钳为0.8 m/s；

（2）对于不可脱落滚柱式瞬时式安全钳为1.0 m/s；

（3）对于额定速度不大于1.0 m/s的渐进式安全钳为1.5 m/s；

（4）对于额定速度大于1.0 m/s的渐进式安全钳为 $1.25v+0.25/v$，m/s；

（5）对于杂物电梯安全钳，当 $v\leqslant0.63$ m/s时，为0.8 m/s；当 $v>0.63$ m/s时，为 $1.25v$。

至少进行20次动作试验。

注L-2：v——额定速度，m/s。

L6.1.2　操纵对重（或平衡重）安全钳的限速器的动作速度

操纵对重（或平衡重）安全钳的限速器动作速度应当不超过L6.1.1规定的限速器最大动作速度的10%。

至少进行20次动作试验。

L6.1.3　操纵轿厢上行超速保护装置的动作速度

操纵轿厢上行超速保护装置的限速器动作速度其下限是电梯额定速度的115%，上限是 GB 7588 中 9.9.3 规定的速度。

至少进行 20 次动作试验。

注 L-3：该动作速度是指轿厢上行超速保护装置速度监控元件的动作速度，可以是机械触发装置的机械动作速度，也可以是电气触发装置的电气动作速度；当采用 L6.2 规定的检查超速的电气安全装置兼作电气触发装置时，该动作速度按 L6.2(1)规定执行。

L6.2　检查超速的电气安全装置

(1) 安装在限速器上的检查超速的电气安全装置的电气检查速度应当小于限速器动作速度，但对于额定速度不大于 1.0 m/s 的电梯，检查超速的电气安全装置电气检查速度应当不大于限速器动作速度；

(2) 应当符合 GB 7588 中 14.1.2 的规定，安装牢固，其功能不应当由于运转和动作而发生改变。

至少进行 20 次动作试验。

注 L-4：电气安全装置的电气检查速度不宜小于电梯额定速度的 1.05 倍。

L6.3　提拉力

(1) 限速器动作时，限速器绳的提拉力不得小于 300 N，且在申请单位的提拉力设计范围内；

(2) 对于夹持式限速器，动作试验后钢丝绳及其附件应当保持完整无损；

(3) 对于防爆型限速器，动作试验后表面喷涂或使用的防机械火花的材料应当完好。

至少进行 3 次试验。

注 L-5：非夹持式限速器提拉力试验时，如果考虑了限速器绳自重对张紧力的影响，则应当在报告中予以说明。

L6.4　限速器绳

(1) 限速器应当由与之相配的钢丝绳驱动，钢丝绳的公称直径应当不小于 6 mm；

(2) 限速器绳的最小破断载荷与限速器动作时限速器绳上的张力有关，其安全系数应当不小于 8。

注 L-6：验证安全系数时应当考虑限速器绳张紧力的影响。

L6.5　机械触发机构

限速器动作时，触发上行超速保护装置的机械触发机构的触发力和触发行程应当不小于申请单位提供的设计值，试验后拉索元件不应当出现拉脱或拉断的现象。

L6.6　绳轮、轮槽和张紧装置

(1) 限速器绳轮的节圆直径与绳的公称直径之比应当不小于 30；

(2) 对于只靠限速器绳和绳轮的摩擦力来产生提拉力的非夹持式限速器，限速器轮槽应当经过附加的硬化处理，或者轮槽底部应当有一个符合 GB 7588 中 M2.2.1 要求的切口槽；

(3) 非夹持式限速器至少规定仅在张紧装置作用下最小限速器绳张紧力。

注 L-7：张紧装置包括张紧轮（含附件）和悬挂重块。

L6.7　复位检查

(1) 如果安全钳装置释放后，限速器未能够自动复位，则应当设置一个电气安全装置来阻止在限速器处于动作状态期间电梯的启动，如果离心甩块式限速器在棘爪装置复位前未设置该功能时，则限速器上应当有复位操作的说明；

(2) 复位检查电气安全装置应当符合 GB 7588 中 14.1.2 的规定，安装牢固，其功能不应当由于运转和动作而发生改变。

L6.8 远程控制

如果限速器可以通过远程控制方式操作，应当符合以下要求：

(1) 使用远程控制的方式(除无线方式外)来实现 GB 7588 中 9.9.9 所述的限速器动作，这种方式不造成限速器的意外动作；

(2) 限速器动作后，沿着其动作方向的反方向拉动限速器绳时，能够使限速器自动复位；

(3) 如果用远程控制的方式使限速器的电气部分复位，不会影响限速器的正常功能。

L6.9 限速器动作的可能性

在检查和测试期间，应当有可能在一个低于 L6.1.1 规定的速度下通过某种安全的方式使限速器动作来使安全钳动作。

L6.10 标志与封记

限速器上应当标明与安全钳动作相应的旋转方向；可调部件在调整后应当加封记。

L6.11 铭牌

限速器应当设置铭牌，标明以下信息：

(1) 产品型号、名称；

(2) 制造单位名称及其制造地址；

(3) 型式试验机构的名称或者标志；

(4) 适用的电梯额定速度；

(5) 已整定的动作速度；

(6) 适用的钢丝绳直径；

(7) 限速器绳张紧力(仅适用于非夹持式限速器)；

(8) 限速器的提拉力；

(9) 产品编号；

(10) 制造日期。

L6.12 特殊使用环境要求

L6.12.1 室外环境

应用于室外型电梯时，采取的措施应当适合于使用的环境并符合制造单位给定的要求。

L6.12.2 防爆环境

应用于防爆电梯时，应当采取相应的保护措施，如夹绳块和绳槽表面喷涂或者使用防机械火花的材料，对产品在防爆环境下安全使用进行风险评价，从而能够确定产品在应用中可能出现的危险，并且在设计与制造中充分考虑这一风险评价的结果。

L7 样品技术参数及配置

见表 L-2。

表 L-2　样品技术参数及配置表

<table>
<tr><td colspan="3">产品名称</td><td></td><td colspan="2">产品型号</td><td></td></tr>
<tr><td colspan="3">额定速度</td><td>m/s</td><td colspan="2">结构型式</td><td></td></tr>
<tr><td colspan="3">产生提拉力的结构型式</td><td></td><td colspan="2">绳轮节圆直径</td><td>mm</td></tr>
<tr><td colspan="3">钢丝绳直径</td><td>mm</td><td colspan="2">绳轮绳槽类型</td><td></td></tr>
<tr><td colspan="3">张紧装置悬挂方式</td><td></td><td colspan="2">张紧装置重量</td><td>kg</td></tr>
<tr><td colspan="3">限速器绳张紧力</td><td>N</td><td colspan="2">提拉力范围</td><td>N</td></tr>
<tr><td colspan="3">复位检查电气安全装置</td><td></td><td colspan="2">电气检查速度</td><td>m/s</td></tr>
<tr><td rowspan="2">操纵安全钳</td><td colspan="2">触发轿厢安全钳机械动作速度</td><td>m/s</td><td colspan="2">触发对重(平衡重)安全钳机械动作速度</td><td>m/s</td></tr>
<tr><td colspan="2">提拉力</td><td>N</td><td colspan="2"></td><td></td></tr>
<tr><td rowspan="6">触发轿厢上行超速保护装置制动部件</td><td colspan="2" rowspan="2">触发驱动主机制动器电气动作速度</td><td rowspan="2">m/s</td><td rowspan="2">触发轿厢上行动作的安全钳</td><td>提拉力</td><td>N</td></tr>
<tr><td>动作速度</td><td>m/s</td></tr>
<tr><td rowspan="3">机械方式触发钢丝绳制动器</td><td>动作速度</td><td>m/s</td><td colspan="2" rowspan="3">电气方式触发钢丝绳制动器或曳引轮上制动部件电气动作速度</td><td rowspan="3">m/s</td></tr>
<tr><td>触发力</td><td>N</td></tr>
<tr><td>触发行程</td><td>mm</td></tr>
<tr><td colspan="2">触发其他型式的制动部件</td><td></td><td colspan="2"></td><td></td></tr>
<tr><td colspan="3">远程控制功能</td><td></td><td colspan="2">工作环境</td><td></td></tr>
<tr><td colspan="3">防爆型式</td><td colspan="4"></td></tr>
</table>

附件 M

安全钳型式试验要求

M1 适用范围

本附件适用于安全钳的型式试验。

M2 引用标准

(1) GB 7588—2003《电梯制造与安装安全规范》(含第 1 号修改单);
(2) GB 21240—2007《液压电梯制造与安装安全规范》;
(3) GB 25194—2010《杂物电梯制造与安装安全规范》。

M3 名词术语

本附件采用 M2 引用标准和本章规定的术语。

M3.1 总质量$(P+Q)$

是指制造单位预期的安全钳所能制停的总质量,单位 kg。

M3.2 允许质量$(P+Q)_1$

是指型式试验得出的安全钳所能制停的允许质量,单位 kg。

M4 主要参数和配置的适用原则

M4.1 主要参数变化

M4.1.1 瞬时式安全钳

主要参数变化符合下列之一时,应当重新进行型式试验:

(1) 允许质量改变;
(2) 限速器最大动作速度改变;
(3) 几何尺寸(指瞬时式安全钳的钳体主要尺寸)改变;
(4) 夹紧(制动)元件数量改变;
(5) 夹紧(制动)元件摩擦面尺寸(如果摩擦面是矩形,尺寸即为长×宽)改变;
(6) 适用导轨导向面宽度改变;
(7) 适用导轨导向面硬度超出范围。

M4.1.2 渐进式安全钳

主要参数变化符合下列之一时,应当重新进行型式试验:

(1) 允许质量改变,或者允许质量超出范围(仅对适用不同质量的渐进式安全钳);
(2) 额定速度改变,或者额定速度超出范围(仅对适用不同额定速度的渐进式安全钳);
(3) 限速器动作速度超出范围;
(4) 夹紧(制动)元件数量改变;

(5) 夹紧(制动)元件摩擦面尺寸改变;

(6) 适用导轨导向面硬度超出范围。

M4.2 配置变化

配置变化符合下列之一时,应当重新进行型式试验:

(1) 提拉方式改变;

(2) 夹紧(制动)元件型式(平面、齿形、槽形楔块,滚柱及相互组合等)改变;

(3) 夹紧(制动)元件材质改变;

(4) 弹性元件型式("U"型弹簧、"π"型弹簧、碟型弹簧、板簧、螺旋弹簧等)改变;

(5) 适用导轨导向面加工方式改变(仅对渐进式安全钳);

(6) 适用导轨导向面润滑状况(干燥、润滑等)改变;

(7) 适用导轨材料牌号改变;

(8) 工作环境改变;

(9) 防爆型式改变。

注 M-1:不同质量或者不同额定速度的渐进式安全钳是指通过分级调整或者连续调整的方式,可以适用多个允许质量或者多个额定速度的渐进式安全钳。

M4.3 适用范围

安全钳适用参数范围和配置见表 M-1。

表 M-1 安全钳适用参数范围和配置表

安全钳型式		防爆型式	
允许质量	kg	额定速度	m/s
限速器最大动作速度/限速器动作速度范围	/ m/s	瞬时式安全钳几何尺寸	(可以附图说明)
提拉方式		弹性元件型式	
夹紧(制动)元件型式		夹紧(制动)元件材质	
夹紧(制动)元件数量		夹紧(制动)元件摩擦面尺寸	mm
适用导轨导向面硬度	HBW	适用导轨导向面宽度	mm
适用导轨导向面加工方式	(适用于渐进式安全钳)	适用导轨导向面润滑状况	
适用导轨材料牌号		工作环境	

M5 技术资料要求与审查

型式试验机构应当对申请单位按照本章要求提交的技术资料进行审查,确认是否符合本规则及相关标准的要求。

M5.1 合格证明及说明书

(1) 产品质量合格证明文件,包括合格证(含数据报告)、产品质量证明书等;

(2) 出厂调试证书(仅对渐进式安全钳);

(3) 安装、调试、使用、维护说明书。

M5.2 主要结构参数技术资料

M5.2.1 适用允许质量和速度

(1) 安全钳适用的最小和最大允许质量;

(2) 安全钳适用的最小和最大额定速度以及相应的限速器的最小和最大动作速度。

M5.2.2 适用导轨的主要参数:

(1) 导轨型号;

(2) 导轨的主要尺寸(导向面宽度、导向面高度、导轨宽度、导轨高度);

(3) 导轨的材料牌号;

(4) 导轨导向面的加工方式(刨削、冷拔、轧制、磨削等);

(5) 导轨导向面硬度;

(6) 导轨导向面粗糙度;

(7) 导轨导向面润滑情况(干燥或者润滑等)和导轨润滑剂的牌号(参见 GB/T 7631.1—2008《润滑剂、工业用油和有关产品(L类)的分类 第1部分:总分组》);

(8) 导轨防锈剂和清洁剂的牌号。

注 M-2:对于导轨导向面表面润滑的安全钳试验,应当在型式试验报告中注明试验时所使用的导轨润滑剂的牌号。

M5.3 相关技术资料

(1) 产品图纸目录、总图、主要受力结构件图、机构部件装配图;

(2) 对于渐进式安全钳装置,应当提供有关弹性零件的载荷图,对于适用不同总质量和(或者)不同限速器动作速度的渐进式安全钳应当说明调整方式(分级或者连续调整),并且提供一个公式或者一张图表说明与某一给定参数成函数关系的制动力的变化;

(3) 安全钳适用总质量的计算;

(4) 导轨材质证明文件;

(5) 试验用导轨防锈剂的清洁方法;

(6) 特殊工作环境(室外、防爆等)适用情况及措施说明。

M6 样品检查与试验

M6.1 样品要求

M6.1.1 瞬时式安全钳:

(1) 一套安全钳,包括楔块或者夹紧件;

(2) 型式试验机构指定长度的底部之间可靠焊接的两段导轨。

M6.1.2 渐进式安全钳:

(1) 一套完整的安全钳装置总成,包括试验所需要的所有制动元件;

(2) 试验所需要导轨;

(3) 试验所需要的润滑油(如有)。

M6.2 瞬时式安全钳

M6.2.1 安全钳吸收能量的能力

M6.2.1.1　静压试验

安全钳吸收能量的能力由静压试验来测定，静压试验应当符合以下要求：

(1) 使用一台速度无突变的压力机或者类似设备进行静压试验；

(2) 使导轨从夹紧的安全钳制动元件上滑动通过，试验过程中要测量钳体的横向变形；测量点沿着楔块横向受力的方向在钳体外侧约一半钳体高度处选取，并做好标记；

(3) 试验在一段未使用过的导轨上进行，试验中模拟安全钳实际工作的导轨状态，包括导轨导向面宽度、表面硬度和表面润滑状态(干燥、润滑)；

(4) 记录试验数据并且绘制两张图表，第一张图表绘出与力成函数关系的运行距离(力-位移图表)；第二张图表绘出钳体的横向变形，并且必须与第一张图表相对应(力-变形图表或者位移-变形图表)；

(5) 试验后检查钳体、楔块和导轨局部变形，并记录状况，如果有必要需要拍摄照片作为变形或者裂纹的证据。

当导轨发生严重的整体弯曲、扭曲变形时，可以认为试验失败。

注 M-3：试验中要注意分析安全钳发生弹性变形的真实性。

M6.2.1.2　安全钳吸收能量的能力确定

安全钳吸收能量的能力由“力-位移图表”积分得到的面积确定。

对于未超出弹性极限的情况，安全钳无永久变形，为总面积，确定允许质量时安全系数取 2。

对于超出弹性极限的情况，应当按照以下下两种方法计算，并且选择两者计算结果的较大值：

(1) 安全钳发生永久变形或者断裂，取达到弹性极限值时的面积，确定允许质量时安全系数取 2；

(2) 安全钳发生永久变形或者断裂，取与最大力相对应的面积，确定允许质量时安全系数取 3.5。

M6.2.2　一套安全钳的允许质量的确定

一套安全钳允许质量的大小取决于安全钳吸收能量的能力，一套安全钳需要吸收的能量按照公式(M-1)计算：

$$(P+Q)_1=\frac{2K}{\xi\times g_n\times h} \tag{M-1}$$

式中：

ξ ——安全系数；

K ——一只安全钳体吸收的能量，J；

g_n ——标准重力加速度，9.81 m/s²；

h ——自由落体距离，m，按照公式(M-2)计算：

$$h=\frac{v_1^2}{2g_n}+0.10+0.03 \tag{M-2}$$

v_1 ——限速器动作速度，m/s；

0.10 ——相当于响应时间内的运行距离，m；

0.03 ——相当于夹紧的制动元件与导轨接触期间的运行距离，m。

M6.2.3　特殊情况下允许质量的调整

试验后安全钳钳体、楔块和导轨的变形检查，按照以下要求进行：

(1) 如果在试验中试验导轨变形过大或者钳体上的夹紧元件变形太大，可能导致安全钳释放困难，应当适当减少允许质量；

(2) 允许质量减少的情况由型式试验机构确定，如果有必要可以重新进行试验。

M6.3　渐进式安全钳

M6.3.1　安全钳制动力的测试

M6.3.1.1　适用单一质量的安全钳

应当对申请单位申请的总质量($P+Q$)进行4次最大动作速度和1次最小动作速度的自由落体试验，试验共需进行5次，每次试验前应当使制动元件达到正常温度。

在试验期间可以使用数套制动元件，但是每套制动元件应当能够承受以下试验次数：

(1) 三次试验，当额定速度不大于4 m/s时；

(2) 两次试验，当额定速度大于4 m/s时。

应当对自由降落的高度进行计算，使其和申请单位指明的安全钳装置相应的限速器的动作速度相适应。

每一次试验测定的平均减速度应当在[$0.2\ g_n$，$1.0\ g_n$]范围内，减速度信号选择低通滤波后的值，低通滤波截止频率为30 Hz。

应当检查试验期间测定的平均制动力，不超出四次最大动作速度试验平均制动力的平均值的±25%范围。

注M-4：最大动作速度指对应于最大额定速度时的最大动作速度值，最小动作速度指对应于最小额定速度时的最小动作速度值；如果是单一额定速度，则分别指该额定速度对应的最大动作速度值和最小动作速度值。

M6.3.1.2　适用不同质量的安全钳

适用不同质量的安全钳是指可以通过分级调整或者连续调整改变允许质量的安全钳。申请单位应当提供一个公式或者图表，以显示与某一给定参数成函数关系的制动力的变化。试验机构必须至少对申请的最大允许质量、中间质量和最小允许质量分别按照M6.3.1.1的规定进行一系列的4次最大动作速度和1次最小动作速度试验，共需至少进行15次试验，以核实所给出公式或者图表的有效性。

M6.3.1.3　试验方法

(1) 使用试验塔架、减速度测试仪和辅助件进行安全钳的自由落体试验；

(2) 应当以申请的质量值或者将安全钳的预期制动力除以$1.6\ g_n$来确定试验的总质量($P+Q$)；

(3) 每一次试验应当在一段未使用过的导轨上进行；试验中应当模拟安全钳实际工作的导轨状态，包括导轨的加工方式、导向面宽度、表面硬度和表面润滑状态(干燥、润滑)；

(4) 每一次试验期间应当直接或者间接记录自由下落的高度、制动元件在导轨上的制动距离、触发机构钢丝绳的滑动距离、弹性元件的总行程，还需要直接或者间接测量平均制动力和最大瞬时制动力。

M6.3.1.4　试验后的检查

(1) 动作试验后钳体和制动元件应当无裂纹和影响功能的变形，如有必要应当拍摄照片；

（2）动作试验后允许对制动元件表面进行清理，但是不允许对钳体和弹性元件进行修理和调整；

（3）对于防爆型安全钳，动作试验后应当检查楔块表面喷涂或者使用的防机械火花的材料是否仍完好。

M6.3.2　允许质量的确定

（1）安全钳的允许质量通过四次最大动作速度试验的试验数据按照公式（M-3）计算，制动力为四次试验的平均制动力的平均值；

$$(P+Q)_1=\frac{\text{制动力}}{1.6\,g_n} \tag{M-3}$$

（2）如果试验得到的允许质量$(P+Q)_1$与申请单位预期的总质量$(P+Q)$相差超过20%以上，对于适用单一质量的安全钳，由申请单位调整后可以重新进行试验，对于适用不同质量的安全钳，由申请单位整改后重新申请试验；

（3）对于渐进式安全钳，实际应用的总质量不超过允许质量的±7.5%。

M6.4　杂物电梯安全钳的要求

瞬时式安全钳按照本附件M6.1进行静压试验；渐进式安全钳按照本附件M6.2进行自由落体试验，即使每一次试验测定的平均减速度超出$[0.2g_n,1.0g_n]$的范围，安全钳也应当能夹紧导轨，使试验轿架制停并保持静止状态，试验后可以不按照公式（M-3）计算允许质量。

M6.5　铭牌

在安全钳上应当设置铭牌，标明以下信息：

（1）产品名称、型号；

（2）安全钳制造单位名称及其制造地址；

（3）型式试验机构名称或者标志；

（4）适用的额定速度范围；

（5）允许质量范围；

（6）产品编号；

（7）制造日期。

M6.6　特殊使用环境要求

M6.6.1　室外环境

应用于室外型电梯时，采取的措施应当适合于使用的环境，并且符合申请单位给定的要求。

M6.6.2　防爆环境

应用于防爆电梯时，应当采取相应的保护措施并对产品在防爆环境下安全使用进行风险评价，从而能够确定产品在应用中可能出现的危险，并且在设计与制造中充分考虑这一风险评价的结果。

M7　样品技术参数及配置

见表M-2。

表 M-2　样品技术参数及配置表

产品名称		产品型号	
安全钳型式		防爆型式	（适用于防爆电梯）
允许质量	kg	额定速度	m/s
限速器最大动作速度/限速器动作速度范围	m/s	瞬时式安全钳几何尺寸	（可以附图说明）
提拉方式		弹性元件型式	
夹紧(制动)元件型式		夹紧(制动)元件材质	
夹紧(制动)元件数量		夹紧(制动)摩擦面尺寸	mm
适用导轨导向面硬度	HBW	适用导轨导向面宽度	mm
适用导轨导向面加工方式	（适用于渐进式安全钳）	适用导轨导向面润滑状况	
适用导轨材料牌号		工作环境	

附件 N

缓冲器型式试验要求

N1 适用范围

本附件适用于(线性、非线性)蓄能型缓冲器、耗能型缓冲器的型式试验。

N2 引用标准

(1) GB 7588—2003《电梯制造与安装安全规范》;
(2) GB 21240—2007《液压电梯制造与安装安全规范》;
(3) GB 25194—2010《杂物电梯制造与安装安全规范》。

N3 名词术语

本附件采用 N2 引用标准规定的术语。

N4 主要参数和配置的适用原则

N4.1 主要参数变化

N4.1.1 线性蓄能型缓冲器

主要参数变化符合下列之一时,应当重新进行型式试验:
(1) 额定速度增大;
(2) 最大缓冲行程改变;
(3) 最小允许质量或者最大允许质量改变;
(4) 弹簧的自由高度改变;
(5) 弹簧中径改变;
(6) 弹簧钢丝直径改变;
(7) 弹簧有效圈数改变。

N4.1.2 耗能型缓冲器

主要参数变化符合下列之一时,应当重新进行型式试验:
(1) 额定速度增大;
(2) 最大撞击速度增大;
(3) 最小允许质量或者最大允许质量改变;
(4) 最大缓冲行程改变;
(5) 液体规格或者容量改变。

N4.1.3 非线性蓄能型缓冲器

主要参数变化符合下列之一时,应当重新进行型式试验:
(1) 额定速度增大;
(2) 最大撞击速度增大;

(3) 最小允许质量或者最大允许质量改变；

(4) 自由高度和外径改变；

(5) 表面硬度范围改变；

(6) 缓冲器设计使用年限增加。

注 N-1：提出设计使用年限时，必须指明允许的工作条件；允许的工作条件变化时，需要重新进行型式试验。

N4.2 配置变化

N4.2.1 线性蓄能型缓冲器

配置变化符合下列之一时，应当重新进行型式试验：

(1) 结构形式(圆柱螺旋、圆锥螺旋)改变；

(2) 适用工作环境由室内型向室外型改变。

N4.2.2 耗能型缓冲器

配置变化符合下列之一时，应当重新进行型式试验：

(1) 节流方式(如环形缝隙节流等)改变；

(2) 复位方式(如外部上置弹簧复位、内部上置弹簧复位或者惰性气体复位等)改变；

(3) 工作环境由室内型向室外型改变。

N4.2.3 非线性蓄能型缓冲器

配置变化符合下列之一时，应当重新进行型式试验：

(1) 结构形式(圆柱状聚氨酯、圆锥状聚氨酯)改变；

(2) 固定方式(如下部螺柱固定、内部中空固定、法兰四角固定等)改变；

(3) 材质(聚酯型、聚醚型)改变；

(4) 工作环境由室内型向室外型改变。

N4.3 适用范围

线性蓄能型缓冲器、耗能型缓冲器和非线性蓄能型缓冲器适用的参数范围和配置见表 N-1、表 N-2、表 N-3。

表 N-1 线性蓄能型缓冲器适用参数范围和配置表

额定速度	m/s	最大缓冲行程	mm
最小允许质量	kg	最大允许质量	kg
弹簧的自由高度	mm	弹簧中径	mm
弹簧钢丝直径	mm	弹簧有效圈数	
结构型式		工作环境	

表 N-2 耗能型缓冲器适用参数范围和配置表

额定速度	m/s	最大撞击速度	m/s
最小允许质量	kg	最大允许质量	kg
最大缓冲行程	mm	液体规格和容量	L
节流方式		复位方式	
工作环境			

表 N-3 非线性蓄能型缓冲器适用参数范围和配置表

额定速度	m/s	最大撞击速度	m/s
最小允许质量	kg	最大允许质量	kg
自由高度	mm	外径	mm
表面硬度范围	HA	结构型式	
材质		固定方式	
工作环境		设计使用年限	年

N5 技术资料要求与审查

型式试验机构应当对申请单位按照本章要求提交的技术资料进行审查，确认是否符合本规则和相关标准的要求。

N5.1 合格证明及说明书

(1) 产品质量合格证明文件，包括合格证(含数据报告)、产品质量证明书等；

(2) 安装、调试、使用、维护说明书。

N5.2 主要结构参数技术资料

(1) 缓冲器的额定速度和最大撞击速度；

(2) 缓冲器的允许质量范围(最大和最小允许质量)；

(3) 缓冲器的最大缓冲行程(非线性蓄能型缓冲器除外)；

(4) 缓冲器的适用环境条件(温度、湿度、污染等)；

(5) 线性蓄能型缓冲器的自由高度、弹簧中径和有效圈数等；

(6) 耗能型缓冲器容量和缓冲介质(如液压油)的规格；

(7) 非线性蓄能型缓冲器的自由高度、外径、表面硬度范围。

N5.3 相关技术资料

(1) 产品图纸目录、总图、主要受力结构件图、机构部件装配图，能够显示缓冲器的结构、动作、使用的材料、构件的尺寸和配合公差；

(2) 缓冲器的缓冲行程(非线性蓄能型缓冲器除外)计算；

(3) 线性蓄能型缓冲器的静载荷设计计算；

(4) 耗能型缓冲器的“液体通道的开口度”与“缓冲器行程”的函数关系计算；

(5) 特殊工作环境(室外、防爆等)适用情况、防护措施及风险评价说明材料[用于室外型或者防爆环境时，对在室外、防爆、严重污染、高温、严寒、易燃以及高海拔(2 000 m 以上)环境等特殊情况下使用的缓冲器，根据使用条件，应当采取措施并把风险降低到可以接受的程度]；

(6) 非线性蓄能型缓冲器设计使用年限分析计算和自我声明文件。

N6 样品检查与试验

申请单位应当为型式试验机构提供一个能够正常使用的缓冲器样品，耗能型缓冲器需要单独提供缓冲器所需的介质(如液压油)。

N6.1 线性蓄能型缓冲器

N6.1.1 压缩试验

对线性蓄能型缓冲器进行完全压缩试验，试验期间应当记录缓冲器的“力-压缩行程”载荷图。在进行两次完全压缩试验后，缓冲器部件不得有损坏。

N6.1.2 缓冲行程和额定速度范围的确定

N6.1.2.1 线性蓄能型缓冲器缓冲行程应当满足以下要求：

(1) 液压电梯，符合 GB 21240 中 10.4.1.1.1 的要求；

(2) 曳引式或者强制式电梯，符合 GB 7588 中 10.4.1.1.1 的要求；

(3) 在任何情况下，线性蓄能缓冲器可能的总行程不得小于 65 mm。

N6.1.2.2 额定速度范围

所能应用的电梯额定速度范围由缓冲器的总压缩量(F_L)来确定，其计算方法如下：

(1) 装有节流阀(或者单向节流阀)的液压电梯按照公式(N-1)计算；

$$v_d \leqslant \sqrt{\frac{F_L}{0.102}}\,0.3 \quad 且\ v_d \leqslant 1.0 \tag{N-1}$$

(2) 除(1)之外的电梯按照公式(N-2)计算。

$$v \leqslant \sqrt{\frac{F_L}{0.135}} \quad 且\ v \leqslant 1.0 \tag{N-2}$$

式中：

F_L——总压缩量，m；

v_d、v 的单位为 m/s。

N6.1.3 允许质量范围的确定

线性蓄能型缓冲器的允许质量设计应当符合 GB 7588 中 10.4.1.1.2 或者 GB 21240 中 10.4.1.1.2 的要求。

允许质量范围按照公式(N-3)计算。

$$C_r\ \ 4 \leqslant (P+Q) \leqslant C_r\ \ 2.5 \tag{N-3}$$

式中：C_r——完全压缩缓冲器所需要的质量(重量)，kg。

N6.2 耗能型缓冲器

N6.2.1 缓冲行程

耗能型缓冲器的缓冲行程应当满足以下要求：

(1) 液压电梯，符合 GB 21240 中 10.4.3.1 的要求；

(2) 曳引或者强制驱动电梯，符合 GB 7588 中 10.4.3.1 的要求；

(3) 采用符合 GB 7588 中 12.8 减行程缓冲器的电梯，符合 GB 7588 中 10.4.3.2 的要求。

N6.2.2 电气安全装置

(1) 液压电梯，应当符合 GB 21240 中 10.4.3.3 的要求；

(2) 曳引或者强制驱动电梯，应当符合 GB 7588 中 10.4.3.4 的要求；

(3) 杂物电梯，应当符合 GB 25194 中 10.4.1 的要求。

N6.2.3 撞击试验

N6.2.3.1 试验方法和要求

耗能型缓冲器应当进行撞击试验，撞击试验借助重物模拟装有额定载重量的轿厢或者对重自由降落对耗能型缓冲器(包括电气安全装置及其固定支架)进行。

缓冲器安放和固定方式应当与正常工作时相同。对于曳引或者强制驱动电梯和液压电梯，进行最大允许质量1次和最小允许质量1次的撞击试验。对于杂物电梯仅进行最大允许质量1次撞击试验。

撞击试验应当符合以下要求：

(1) 在撞击瞬间达到115%额定速度的最大撞击速度；

(2) 每次试验后，缓冲器保持完全压缩状态5分钟；

(3) 每次试验间隔至少为30分钟；

(4) 试验环境温度在15 ℃～25 ℃之间；

(5) 先进行最大允许质量试验，再进行最小允许质量试验。

曳引或者强制驱动电梯和液压电梯耗能型缓冲器，试验期间记录下落距离、速度、加速度、减速度，所用设备应当符合GB 7588中附录F5.3.2.2.2、F5.3.2.2.3、F5.3.2.2.4、F5.3.2.2.5规定，减速度信号选择低通滤波后的值，低通滤波截止频率为30 Hz。试验前后应当记录试验环境和液体温度。

N6.2.3.2 试验结果

撞击试验后，缓冲器应当无永久变形。

对于曳引或者强制驱动电梯和液压电梯耗能型缓冲器，撞击试验的试验结果还应当符合下列要求：

(1) 缓冲器作用期间内的平均减速度不大于$1.0g_n$；

(2) 减速度峰值超过$2.5g_n$的时间不大于0.04 s；

(3) 每次试验后，缓冲器保持完全压缩状态5分钟，然后释放缓冲器使其恢复至正常位置缓冲器完全复位时间不大于120 s；

(4) 液压式耗能型缓冲器的结构便于检查其液位；每次试验结束30分钟后，液面再次达到能够确保缓冲器性能的位置。

N6.3 非线性蓄能型缓冲器

N6.3.1 温湿老化试验

非线性蓄能型缓冲器应当进行温湿老化试验，以检测非线性蓄能型缓冲器的防水解性能。试验条件应当符合下列要求：

(1) 温度，(85±1)℃；

(2) 相对湿度，(85±5)%；

(3) 试验时间，96小时。

温湿老化试验应当在试验前后测量样品的外观尺寸和硬度，并且在试验过程中的24小时、48小时、72小时、96小时观察样品外观是否有明显水解现象，试验前后样品的尺寸公差和硬度应当符合图纸要求，试验过程中外观应当无明显水解现象。

N6.3.2 撞击试验

N6.3.2.1 撞击试验方法和要求

撞击试验应当在温湿老化试验合格后进行，即借助重物模拟装有额定载重量的轿厢或者对重对非线性蓄能型缓冲器进行自由落体撞击试验。缓冲器应当按照正常工作的同样方式安放和固定，先后进行最大允许质量10次和最小允许质量10次的撞击试验。

试验条件应当符合以下要求：

(1) 在撞击瞬间达到115％额定速度的最大撞击速度，且不低于0.8 m/s；

(2) 在摩擦力尽可能小的情况下，垂直地导引重物，保证撞击瞬间的加速度至少达到0.9g_n以上；

(3) 每次试验间隔为5分钟～30分钟；

(4) 试验环境温度在15 ℃～25 ℃之间。

N6.3.2.2 试验结果

试验期间记录下落距离、速度、加速度、减速度等，所用设备应符合GB 7588附录中F5.3.2.2.2、F5.3.2.2.3、F5.3.2.2.4、F5.3.2.2.5规定，减速度信号选择低通滤波后的值，低通滤波截止频率为30 Hz。

撞击试验的试验结果均应当符合下列要求：

(1) 从达到115％额定速度起的平均减速度不大于1.0g_n，计算平均减速度的时间为首次出现两个绝对值最小减速度的时间差(见GB 7588附录中F5.3.3.6.1)；

(2) 减速度峰值超过2.5g_n的时间不大于0.04 s；

(3) 重物反弹的速度不超过1.0 m/s；

(4) 进行最大允许质量试验时，当缓冲行程等于缓冲器实际高度的50％时，对应10次试验测得的缓冲力坐标值之间的变化不大于5％；在进行最小允许质量试验时也能符合这一要求；若实际缓冲行程小于缓冲器实际高度的50％时，该试验要求不适用；

(5) 撞击试验后，缓冲器无永久变形。

N6.4 杂物电梯限位挡块

若杂物电梯采用限位挡块，应当能承受满载轿厢或者对重以115％额定速度的撞击，并且撞击试验后应当无永久变形。

N6.5 铭牌

缓冲器上应当设置铭牌或者标签，标明以下信息：

(1) 产品型号、名称；

(2) 缓冲器制造单位名称及其制造地址；

(3) 型式试验机构名称或者标志；

(4) 适用额定速度；

(5) 允许质量范围；

(6) 液体规格(对于耗能型缓冲器)；

(7) 产品编号；

(8) 制造日期；

(9) 设计使用年限(适用于非线性蓄能型缓冲器)。

N7 样品技术参数及配置

见表N-4、表N-5和表N-6。

表 N-4　线性蓄能型缓冲器样品技术参数及配置表

产品名称		产品型号	
额定速度	m/s	最大缓冲行程	mm
最小允许质量	kg	最大允许质量	kg
弹簧的自由高度	mm	弹簧中径	mm
弹簧钢丝直径	mm	弹簧有效圈数	
结构型式		工作环境	

表 N-5　耗能型缓冲器样品技术参数及配置表

产品名称		产品型号	
额定速度	m/s	最大撞击速度	m/s
最小允许质量	kg	最大允许质量	kg
最大缓冲行程	mm	液体规格和容量	L
节流方式		复位方式	
工作环境			

表 N-6　非线性蓄能型缓冲器样品技术参数及配置表

产品名称		产品型号	
额定速度	m/s	最大撞击速度	m/s
最小允许质量	kg	最大允许质量	kg
自由高度	mm	外径	mm
表面硬度范围	HA	设计使用年限	年
结构型式		材质	
固定方式		工作环境	

附件 P

门锁装置型式试验要求

P1 适用范围

本附件适用于门锁装置的型式试验。

P2 引用标准

(1) GB/T 4207—2012《固体绝缘材料耐电痕化指数和相比电痕化指数的测定方法》;

(2) GB 7588—2003《电梯制造与安装安全规范》(含第1号修改单);

(3) GB 14048.4—2010《低压开关设备和控制设备 第4-1部分:接触器和电动机起动器 机电式接触器和电动机起动器(含电动机保护器)》;

(4) GB 14048.5—2008《低压开关设备和控制设备 第5-1部分:控制电路电器和开关元件 机电式控制电路电器》;

(5) GB 21240—2007《液压电梯制造与安装安全规范》;

(6) GB 25194—2010《杂物电梯制造与安装安全规范》。

P3 名词术语

本附件采用P2引用标准和本章规定的术语。

P3.1 门锁装置

所有参与层门或者轿门锁紧和检查锁紧状态的部件。

P4 主要参数和配置的适用原则

P4.1 主要参数变化

主要参数变化符合下列之一时,应当重新进行型式试验:

(1) 额定电压增大;

(2) 额定电流增大;

(3) 外壳防护等级降低。

P4.2 配置变化

配置变化符合下列之一时,应当重新进行型式试验:

(1) 结构型式(上勾式、下勾式等)改变;

(2) 锁紧方式改变;

(3) 电路类型改变;

(4) 防爆型式改变;

(5) 工作环境由室内型向室外型改变。

P4.3 适用范围

门锁适用参数范围和配置见表P-1。

表 P-1 门锁适用参数范围和配置表

额定电压	V	额定电流	A
结构型式		锁紧方式	
电路类型		外壳防护等级	
防爆型式		工作环境	

P5 技术资料要求与审查

型式试验机构应当对申请单位按照本节要求提交的技术资料进行审查，确认是否符合本规则和相关标准的要求。

P5.1 合格证明及说明书

(1) 产品质量合格证明文件，包括合格证(含数据报告)、产品质量证明书等；

(2) 安装、调试、使用、维护说明书。

P5.2 主要结构参数技术资料

(1) 结构型式、锁紧方式、电气安全装置的电路类型、额定电压、额定电流、外壳防护等级；

(2) 轴承(如有)的型号规格。

P5.3 相关技术资料

(1) 产品图纸目录、总图、机构部件装配图，其中装配图应当符合 GB 7588 中附录 F1.1.3.2 的要求；

(2) 带操作说明的结构示意图，应符合 GB 7588 中附录 F1.1.3.1 的要求；

(3) 门锁装置电气接线图；

(4) 电气安全装置的外壳防护等级证明文件；

(5) 特殊工作环境(室外、防爆等)适用情况、防护措施及风险评价说明材料。

P6 样品检查与试验

P6.1 样品要求

(1) 试验样品应当包括试验所需要的门锁装置及全部附件(层门和轿门锁紧和检查锁闭情况的部件)；如果门锁装置的试验只能在将该装置安装在相应门上(如有数扇门扇的滑动门或者数扇门扇的铰链门)的条件下进行，应当按照工作状况将门锁装置安装在一个完整的门上；在不影响测试结果的条件下，此门的尺寸可以比实际生产的门小；

(2) 门锁装置的电气安全装置的绝缘件应当单独提供，绝缘件试样应当符合 GB/T 4207 中第 5 章的要求；

(3) 如果门锁装置同时适用于交流电路和直流电路，需要提供两套门锁装置作为试验样品。

P6.2 锁紧

P6.2.1 锁紧动作

应当符合 GB 7588 中 7.7.3.1.7 的要求。

P6.2.2 锁紧元件

锁紧元件及其附件应当是耐冲击的，用金属制造或者金属加固。

P6.2.3 锁紧元件的啮合情况

曳引驱动式和强制驱动式电梯、液压电梯门锁装置和 GB 25194 中 7.7.3.1.1 中规定的应当符合 GB 7588 和 GB 21240 的杂物电梯门锁装置应当设置一个电气安全装置来证实锁紧元件的有效锁紧位置，并且符合以下要求：

（1）在电气安全装置作用之前，锁紧元件的最小啮合长度为 7 mm；

（2）证实门扇锁闭状态的电气安全装置的元件，应当由锁紧元件强制操作而没有任何中间机构，应当能防止误动作，必要时可以调节；

（3）电气安全装置应当符合 GB 7588 中 14.1.2 的要求；

（4）对于铰链门，锁紧应当尽可能接近门的垂直闭合边缘处；即使在门下垂时，也能保持正常；

（5）电气安全装置连接导线的截面积应当不小于 0.75 mm^2。

P6.2.4 锁紧装置保护

锁紧装置应当予以保护，以避免可能妨碍正常功能的积尘危险，并且符合以下要求：

（1）应当易于检查工作部件，如可以使用透明板以便于观察；

（2）当电气安全装置的触点放在盒中时，盒盖的螺钉应当为不可脱落式的；在打开盒盖时螺钉应当保留在盒或者盖的孔中。

P6.3 机械耐久试验

门锁装置机械耐久试验，应当符合 GB 7588 中附录 F1.2.2.1 的要求。

试验时，处于正常操作状态的门锁装置样品由其操作装置控制，样品应当按照门锁装置制造商的要求进行润滑。当存在数种可能的控制方式和操纵位置时，试验应当在元件处于最不利的受力状态下进行，操作循环次数和锁紧元件的行程应当用机械或者电气的计数器记录。

试验后不应当产生可能影响安全的磨损、变形或者断裂。

P6.4 机械静态试验

沿门的开启方向，在尽可能的接近使用人员试图开启门扇时施加力的位置上，施加一个静态力。对于铰链门，此静态力在 300 s 的时间内，逐渐增加到 3 000 N；对于滑动门，此静态力为 1 000 N，作用 300 s 的时间。

试验后不应当产生可能影响安全的磨损、变形或者断裂。

P6.5 机械动态试验

处于锁紧位置的门锁装置应当沿门的开启方向进行一次冲击试验。其冲击相当于一个 4 kg 的刚性体从 0.5 m 高度自由落体所产生的效果。

试验后不应当产生可能影响安全的磨损、变形或者断裂。

P6.6 电气耐久试验

在机械耐久试验的同时进行门锁装置的电气触点的电气耐久试验，电气触点在额定电压和两倍额定电流的条件下接通一个电阻电路。试验应当在门锁装置处于工作位置的情况下进行；如果有数个可能的位置，则应当在型式试验机构判定为最不利的位置上进行。

试验后，电气触点不应当产生影响安全的电蚀和痕迹。

P6.7 接通和分断能力试验

P6.7.1 电气触点的接通和分断能力试验

(1) 在电气耐久试验后进行门锁装置电气触点的接通和分断能力试验；试验按照 GB 14048.4 和 GB 14048.5 的规定程序进行；

(2) 作为试验基准的电流值和额定电压应当由试验申请单位指明；如果没有具体规定，对于交流电为 230 V，2 A；对于直流电为 200 V，2 A；

(3) 在未说明电路类型的情况下，则应当分别试验交流电和直流电两种条件下的接通和分断能力；

(4) 试验应当在门锁装置处于锁紧状态时进行，如果存在数种可能的位置，则试验应当在最不利的位置上进行；试验样品应当与正常使用时一样装有罩壳和电气布线；

(5) 试验期间门锁装置应当无电气和机构的故障，不应当发生电气触头的熔焊或者持续燃弧；

(6) 试验后门锁装置的电气安全装置应当能够承受 2 倍额定电压，但是不低于 1 000 V 的工频试验电压。

P6.7.2 交流电路接通和分断能力试验

(1) 在正常速度和时间间隔为 5 s～10 s 的条件下，门锁装置的电气触点应当能接通和断开一个电压等于 110%额定电压的电路 50 次，触点应当保持闭合至少 0.5 s；

(2) 试验电路应当符合电路功率因数等于 0.7±0.05，试验电流值等于 11 倍申请单位指明的额定电流；

(3) 试验电路应当串联一个空芯电感和一个电阻作为负载，使电路功率因数符合试验要求。

P6.7.3 直流电路接通和分断能力试验

(1) 在正常速度和时间间隔为 5 s～10 s 的条件下，门锁装置的电气触点应当能接通和断开一个电压为 110%额定电压的电路 20 次；触点应当保持闭合至少 0.5 s；

(2) 电路的电流应当在 300 ms 内达到试验电流稳定值的 95%，试验电路时间常数 $T_{0.85}=6P\leqslant 300$ ms(P 为门锁装置电气触点控制的直流电磁铁负载的最大稳态消耗功率的绝对值)；试验电流值为 1.1 倍申请单位指明的额定电流；

(3) 试验电路应当串联一个铁芯电感和一个电阻作为负载，使电路时间常数符合试验要求。

P6.8 漏电流电阻试验

(1) 门锁装置的电气安全装置的绝缘材料应当进行耐漏电起痕试验，试验按照 GB/T 4207 规定的程序进行；

(2) 绝缘材料应当通过 PTI175 试验，即试验各个电极连接在一个 175 V、50 Hz 的交流电源上。

P6.9 门锁装置的电气间隙和爬电距离

电气间隙和爬电距离应当符合 GB 7588 中 14.1.2.2.3 的规定。

P6.10 有数扇门扇的水平或者垂直滑动门的门锁装置试验

对于有数扇门扇的水平或者垂直滑动门的门锁装置，门扇间采用直接或者间接机械连接装置均应当看作是门锁装置的组成部分，这些装置应当按照本附件 P6.1～P6.9 述及的合理方式进行试验。在其耐久试验中，每分钟的循环次数应当与其结构的尺寸相适应。

P6.11 用于铰链门的舌块式门锁装置试验

如果该装置有一个用来检查门锁舌块可能变形的电气安全装置，并且在经过机械静态试验后，对此门锁装置的强度存在任何怀疑，则需逐步地增加载荷，直至舌块发生永久变形后、安全装置开始打开为止，门锁装置或者层门的其他部件不得破坏或者产生变形。在静态试验后，如果尺寸和结构都不会引起对门锁装置强度的怀疑，就没有必要对舌块进行耐久试验。

P6.12 铭牌

在门锁装置上应当设置铭牌，标明以下信息：

(1) 产品名称、型号；

(2) 制造单位名称及其制造地址；

(3) 型式试验机构名称或者标志；

(4) 产品编号；

(5) 制造日期。

P7 样品技术参数及配置

见表 P-2。

表 P-2 样品技术参数及配置表

产品名称		产品型号	
额定电压	V	额定电流	A
结构型式		锁紧方式	
电路类型		外壳防护等级	
防爆型式		工作环境	

附件 Q

轿厢上行超速保护装置(制动减速装置)型式试验要求

Q1 适用范围

本附件适用于曳引驱动电梯的轿厢上行超速保护装置制动减速装置的型式试验。

Q2 引用标准

GB 7588—2003《电梯制造与安装安全规范》。

Q3 名词术语

本附件采用 Q2 引用标准和本章规定的术语。

Q3.1 系统质量

指轿厢空载时电梯移动系统的质量总和,包括轿厢质量、对重(平衡重)质量、悬挂装置质量和由轿厢支承的零部件的质量,如部分随行电缆、补偿绳或者链等的质量。

Q4 主要参数和配置的适用原则

Q4.1 主要参数变化

Q4.1.1 作用于电梯导轨的制动减速装置(如安全钳)

主要参数变化符合下列之一时,应当重新进行型式试验:

(1) 系统质量超出范围;

(2) 电梯额定载重量超出范围;

(3) 额定速度超出范围;

(4) 夹紧(制动)元件数量改变;

(5) 夹紧(制动)元件摩擦面尺寸改变;

(6) 适用导轨导向面宽度改变;

(7) 适用导轨导向面硬度超出范围。

Q4.1.2 钢丝绳制动器式制动减速装置

主要参数变化符合下列之一时,应当重新进行型式试验:

(1) 系统质量超出范围;

(2) 电梯额定载重量超出范围;

(3) 额定速度超出范围。

Q4.1.3 曳引机制动器式制动减速装置

主要参数变化符合下列之一时,应当重新进行型式试验:

(1) 系统质量超出范围;

(2) 电梯额定载重量超出范围;

(3) 额定速度超出范围。

注 Q-1:在钢丝绳制动器式和曳引机制动器式制动减速装置的型式试验报告和证书上,应当说明试验时的悬挂比。用于其他悬挂比时系统质量、电梯额定载重量和额定速度的适用范围可根据悬挂比直接进行换算。

Q4.2　配置变化

Q4.2.1　作用于电梯导轨的制动减速装置(如安全钳)

配置变化符合下列之一时,应当重新进行型式试验:

(1) 提拉方式改变;

(2) 夹紧(制动)元件型式(平面、齿形、槽形楔块,滚柱及相互组合等)改变;

(3) 夹紧(制动)元件材质改变;

(4) 弹性元件型式("U"型弹簧、"π"型弹簧、碟型弹簧、板簧、螺旋弹簧等)改变;

(5) 适用导轨导向面加工方式改变;

(6) 适用导轨导向面润滑状况(干燥、润滑等)改变;

(7) 适用导轨材料牌号改变;

(8) 工作环境改变;

(9) 防爆型式改变。

Q4.2.2　钢丝绳制动器式制动减速装置

配置变化符合下列之一时,应当重新进行型式试验:

(1) 作用部位改变;

(2) 弹性元件型式改变;

(3) 动作触发方式改变(见注 Q-2);

(4) 复位方式改变(见注 Q-2);

(5) 摩擦元件型式改变;

(6) 摩擦元件材料改变;

(7) 工作环境改变;

(8) 防爆型式改变。

注 Q-2:动作触发方式或者复位方式不同的钢丝绳制动器,只需补充 4 次其触发机构或者复位机构的动作试验,不需要补充制动试验。

Q4.2.3　曳引机制动器式制动减速装置

配置变化符合下列之一时,应当重新进行型式试验:

(1) 结构型式改变;

(2) 数量改变;

(3) 作用部位改变;

(4) 动作触发方式改变(见注 Q-3);

(5) 摩擦元件材料改变;

(6) 弹性元件型式改变;

(7) 工作环境改变;

(8) 防爆型式改变。

注 Q-3:动作触发方式不同的曳引机制动器,只需补充 4 次其触发机构的动作试验,不需要补充制动试验。

Q4.3　适用范围

作用于电梯导轨的制动减速装置、钢丝绳制动器、曳引机制动器适用的参数范围和配置见表 Q-1、Q-2、Q-3。

表 Q-1　作用丁电梯导轨的制动减速装置适用参数范围和配置表

系统质量范围	kg	额定载重量范围	kg
额定速度范围	m/s	制动减速装置型式	
提拉方式		弹性元件型式	
夹紧(制动)元件型式		夹紧(制动)元件材质	
夹紧(制动)元件数量		夹紧(制动)元件摩擦面尺寸	mm
适用导轨导向面硬度	HBW	适用导轨导向面宽度	mm
适用导轨导向面加工方式		适用导轨导向面润滑状况	
适用导轨材料牌号		工作环境	
防爆型式			

表 Q-2　钢丝绳制动器适用参数范围和配置表

系统质量范围	kg	额定载重量范围	kg
额定速度范围	m/s	工作环境	
作用部位		弹性元件型式	
动作触发方式		复位方式	
摩擦元件型式		摩擦元件材料	
防爆型式			

表 Q-3　曳引机制动器适用参数范围和配置表

系统质量范围	kg	额定载重量范围	kg
结构型式		额定速度范围	m/s
数量		工作环境	
防爆型式		作用部位	
动作触发方式		弹性元件型式	
摩擦元件材料			

Q5　技术资料要求与审查

型式试验机构应当对申请单位按照本节要求提交的技术资料进行审查，确认是否符合本规则和相关标准的要求。

Q5.1　产品合格证明及相关技术资料

(1) 产品质量合格证明文件，包括合格证(含数据报告)、产品质量证明书等；

(2) 安装使用、维护保养说明书；

(3) 制动减速装置所作用部件的型式、材料及表面状态详细情况；

(4) 作用于电梯导轨和钢丝绳制动器式制动减速装置的调试证书复印件；

(5) 速度监控装置和制动减速装置的配套方案。

Q5.2　技术参数

（1）适用的系统质量范围、轿厢自重范围、对重自重范围、额定载重量范围、额定速度范围、动作速度范围、平衡系数范围、悬挂绳质量、补偿绳（链）的质量、张紧轮的质量；

（2）特殊工作环境（室外、防爆等）适用情况及措施说明；

（3）机械触发式制动减速装置触发其动作所需触发力和触发行程的限值指标；

（4）所作用部件为 T 型导轨时，导轨的型号和导向面宽度；

（5）适用于不同系统质量或者额定载重量的制动减速装置，如果需要调整，则需说明调整是分级还是连续进行的，还需提供制动力与某个给定参数成函数关系的公式或者图表；

（6）适用于不同动作速度的制动减速装置，如果需要调整，则需说明调整是分级还是连续进行的，以及提供速度与某个给定参数成函数关系的公式或者图表。

Q5.3　主要设计图样

产品图纸目录、总图、主要受力结构件图、机构部件装配图。

Q6　样品检查与试验

试验样品应当包括一套完整的轿厢上行超速保护装置制动减速装置、足够的被制动部件以及试验必需的数套夹紧摩擦元件；如有必要，还应当提供速度监控装置。

Q6.1　作用部位

应当符合 GB 7588 中 9.10.4 的规定。瞬时式安全钳不能用作轿厢上行超速保护装置的制动减速装置。

Q6.2　制动减速装置制动试验

Q6.2.1　一般要求

（1）当速度监控装置动作时，制动减速装置应当能使轿厢制停，或者至少使其速度降低至对重缓冲器的设计范围内；

（2）该装置在制动期间，其最大减速度值应当不大于 $1g_n$；

（3）释放后，该装置应当处于正常工作状态；

（4）试验后应当检查是否有断裂损坏、变形和其他变化情况（如夹紧件的裂纹、变形或者磨损，摩擦表面的情况）；

（5）对适用于不同质量（系统质量或者额定载重量）的上行超速保护装置制动减速装置，型式试验机构应当对最大质量和最小质量分别进行 4 次试验；如果需要调整，型式试验机构应当采用合适的方法（如果没有更好的方法，可以使用中间质量进行试验）验证所给出公式或者图表的有效性，验证试验可以只进行 1 次；如果不需要调整，则不用进行验证试验；

（6）对适用于不同动作速度的上行超速保护装置制动减速装置，型式试验机构应当对最大动作速度和最小动作速度分别进行 4 次试验；如果需要调整，型式试验机构应当采用合适的方法（如果没有更好的方法，可以使用中间动作速度进行试验）验证所给出公式或者图表的有效性，验证试验可以只进行 1 次；如果不需要调整，则不用进行验证试验；

（7）对适用于不同质量（系统质量或者额定载重量）、不同动作速度的上行超速保护装置制动减速装置，型式试验机构应当对最大质量、最大动作速度和最小质量、最小动作速度分别进行 4 次试验；如果需要调整，型式试验机构应当采用合适的方法（如果没有更好的方法，可以使用中间质量进行试验）验证所给出公式或者图表的有效性，验证试验应当在最大动作速度和最小动作速度下各进行 1 次;如果不需要调整,则不用进行验证试验。

Q6.2.2 作用于电梯导轨的制动减速装置(如上行安全钳和对重安全钳)

可以采用下述两种方法之一进行试验:

(1) 将制动减速装置安装于专用试验塔架的模拟轿架上,调整该轿架的质量为申请单位给出的空载轿厢的质量;通过悬挂绳、导向轮把该轿架与另一模拟对重架连接,整个系统的质量等于申请单位给定的系统质量;把模拟轿架放到最低处后释放,在模拟对重的拉动下该轿架会向上加速滑行,当滑行速度达到速度监控装置的最大设定速度时,触发制动减速装置动作;利用加速度测试仪记录下整个过程的加速度和减速度,同时可以通过对加速度或者减速度相对时间的积分得出速度和制动距离曲线;

(2) 将制动减速装置安装于专用试验塔架的模拟轿架上,调整该轿架质量为根据申请单位给出的额定载重量、轿厢质量、对重质量以及系统质量换算得到的试验质量;将轿架提升到一定高度,释放轿架使其在重力作用下加速下行,当滑行速度达到速度监控装置的最大设定速度时,触发制动减速装置动作;利用加速度测试仪记录下整个过程的减速度;通过制动力的等效计算,得到该样品在申请工况下的制动减速度。

Q6.2.3 作用于钢丝绳系统的钢丝绳制动器

试验时应当根据钢丝绳制动器的具体结构,把其和速度监控装置一起安装到专用试验塔架上,用钢丝绳制动器适用的钢丝绳把上述的模拟轿架和模拟对重架连接起来,然后按照 Q6.2.2(1)的方法进行试验。

Q6.2.4 直接作用于曳引轮或者最靠近曳引轮的曳引轮轴上的曳引机制动器

可以在电梯整机(含模拟系统)或者专用试验台上进行试验,采用下述两种方法之一:

(1) 在电梯整机上试验时,空载轿厢位于最低层站,加速度测试仪置于轿厢内;测试人员通过溜车或者其他方法使轿厢速度达到申请单位要求的监控元件最大设定速度时,触发制动器制动,用加速度测试仪记录下整个过程的加速度和减速度,同时可以通过对加速度或者减速度相对时间的积分得出速度和制动距离曲线;

(2) 在试验台上试验时,将被测曳引机及制动器安装于配置有模拟系统惯量和质量差的试验台上,利用驱动装置驱动曳引轮旋转;当曳引轮线速度(或者转速)达到申请单位要求的监控元件最大设定速度时,触发制动器动作,记录整个过程力矩曲线并计算最大减速度曲线。

Q6.3 外部驱动能量

应当符合 GB 7588 中 9.10.9 的规定。

Q6.4 电气安全装置

制动减速装置动作时,应当使一个电气安全装置动作。

注 Q-4:采用对重限速器-安全钳系统时,该电气安全装置可以装在对重限速器上;用曳引机制动器作为上行超速保护装置的制动减速装置时,该电气安全装置可以装在其速度监控装置上。

Q6.5 释放

该装置释放时,应当不需要接近轿厢或者对重。

Q6.6 触发方式

制动减速装置适用于不同触发方式时,对其他触发方式应当补充 4 次触发机构的触发动作试验,每次试验都应当动作正常、可靠。

Q6.7 复位方式

制动减速装置适用于不同复位方式时，对其他复位方式应当补充 4 次复位机构的复位动作试验，每次试验都应当动作正常、可靠。

Q6.8 触发力

机械触发式制动减速装置，在被触发而动作时，所需的触发力不能大于制造单位给定的指标。试验进行 3 次，每次都应当符合要求。

Q6.9 触发行程

机械触发式制动减速装置，在被触发而动作时，所需的触发行程不能大于制造单位给定的指标。试验进行 3 次，每次都应当符合要求。

Q6.10 铭牌

在轿厢上行超速保护装置上应当设置铭牌，标明以下内容：

（1）产品名称、型号；

（2）制造单位名称及其制造地址；

（3）型式试验机构名称或者标志；

（4）允许系统质量范围；

（5）允许额定载重量范围；

（6）动作速度范围；

（7）产品编号；

（8）制造日期。

Q7 样品技术参数及配置

见表 Q-4。

表 Q-4 样品技术参数及配置表

产品名称		产品型号	
适用工作环境		适用防爆型式	
允许系统质量范围	kg	额定载重量范围	kg
所作用部件类型		轿厢自重范围	kg
平衡系数范围		悬挂比	
动作时被制动部件的速度（转速）范围	m/s(r/min)	平衡链或者绳的使用	

超速监控装置	名称		型号	
	额定速度范围	m/s	动作速度范围	m/s

续表

<table>
<tr><td rowspan="5">钢丝绳制动器</td><td>型号</td><td></td><td>作用部位</td><td></td></tr>
<tr><td>弹性元件型式</td><td></td><td>弹性元件规格</td><td></td></tr>
<tr><td>动作触发方式</td><td></td><td>复位方式</td><td></td></tr>
<tr><td>摩擦元件形状</td><td></td><td>摩擦元件材料</td><td></td></tr>
<tr><td>钢丝绳型号规格</td><td></td><td>钢丝绳数量</td><td></td></tr>
<tr><td rowspan="7">作用于电梯导轨的制动减速装置</td><td>名称</td><td></td><td>型号</td><td></td></tr>
<tr><td>结构型式</td><td></td><td>适用导轨材料牌号</td><td></td></tr>
<tr><td>提拉方式</td><td></td><td>弹性元件型式</td><td>mm</td></tr>
<tr><td>夹紧(制动)元件型式</td><td></td><td>夹紧(制动)元件材质</td><td>mm</td></tr>
<tr><td>夹紧(制动)元件数量</td><td></td><td>夹紧(制动)元件
摩擦面尺寸</td><td></td></tr>
<tr><td>适用导轨导向面硬度</td><td>HBW</td><td>适用导轨导向面宽度</td><td></td></tr>
<tr><td>适用导轨导向面
加工方式</td><td>(适用于渐进式
安全钳)</td><td>适用导轨导向面
润滑状况</td><td></td></tr>
<tr><td rowspan="4">曳引机制动器</td><td>型号</td><td></td><td>结构型式</td><td></td></tr>
<tr><td>作用部位</td><td></td><td>数量</td><td></td></tr>
<tr><td>摩擦元件材料</td><td></td><td>动作触发方式</td><td></td></tr>
<tr><td>弹性元件型式</td><td></td><td></td><td></td></tr>
</table>

附件 R

含有电子元件的安全电路和可编程电子安全相关系统型式试验要求

R1 适用范围

本附件适用于曳引与强制驱动电梯、液压驱动电梯、其它类型电梯、自动扶梯和自动人行道电气安全装置(功能)的含有电子元件的安全电路(以下简称“安全电路”)和可编程电子安全相关系统(以下简称“可编程系统”)的型式试验。

R2 引用标准

(1) GB 7588—2003《电梯制造与安装安全规范》(含第 1 号修改单);

(2) GB 16899—2011《自动扶梯和自动人行道的制造与安装安全规范》;

(3) GB/T 20438. 1—2006《电气/电子/可编程电子安全相关系统的功能安全　第 1 部分:一般要求》;

(4) GB/T 20438. 3—2006《电气/电子/可编程电子安全相关系统的功能安全　第 3 部分:软件要求》;

(5) GB/T 20438. 4—2006《电气/电子/可编程电子安全相关系统的功能安全　第 4 部分:定义和缩略语》;

(6) GB/T 20438. 7—2006《电气/电子/可编程电子安全相关系统的功能安全　第 7 部分:技术和措施概述》;

(7) GB 21240—2007《液压电梯制造与安装安全规范》;

(8) GB/T 24808—2009《电磁兼容　电梯、自动扶梯和自动人行道的产品系列标准　抗扰度》;

(9) GB 28526—2012《机械电气安全　安全相关电气、电子可编程电子控制系统的功能安全》。

R3 名词术语

本附件采用 R2 引用标准和本章规定的术语。

R3.1 可编程电子安全相关系统

用于安全应用的,基于可编程电子装置的用于控制、防护、监测的系统,包括系统中所有元素(如电源、传感器和其他输入装置,数据高速公路和其他通信途径,以及执行器和其他输出装置)。

用于曳引与强制驱动电梯、液压驱动电梯、其它类型电梯的可编程电子安全相关系统简称 PESSRAL。用于自动扶梯和自动人行道的可编程电子安全相关系统简称 PESS-RAE。

R4 主要参数和配置的适用原则

R4.1 主要参数和配置变化

安全电路和可编程系统的型式试验无适用要求。

注 R-1:对于已经取得型式试验合格证并在有效期内,安全电路和可编程系统的设计和制造发生变更或者变化的情况，申请单位应当书面告知原型式试验机构，并提供相关技术资料，由原型式试验机构决定型式试验报告和型式试验合格证的有效性。

R4.2　适用范围

安全电路适用的参数范围和配置见表 R-1。

表 R-1　含有电子元件的安全电路产品适用参数范围和配置表

产品功能	［电气安全装置(功能)种类和安全功能描述］	型号	
结构型式		工作电压	V
污染等级		工作条件	

可编程系统适用的参数范围和配置见表 R-2。

表 R-2　可编程电子安全相关系统产品适用参数范围和配置表

产品功能	［电气安全装置(功能)种类和安全功能描述］	对应安全功能的安全完整性等级	
型号		结构型式	
工作电压	V	工作条件	
硬件版本		软件版本	
系统说明			

R5　技术资料要求与审查

型式试验机构应当对申请单位按照本节要求提交的技术资料进行审查，确认是否符合本规则及相关标准的要求。

R5.1　技术资料要求

R5.1.1　合格证明及说明书

(1) 产品质量合格证明文件，包括合格证(含数据报告)、产品质量证明书等；

(2) 对于安全电路，安装、调试、使用、维护说明书；

(3) 对于可编程系统，用户手册和安装调试维保手册。

用户手册包括产品介绍，使用条件、环境和寿命，对预期使用的限制，输入输出规定，安全功能和安全状态；安装调试维保手册包括安装调试维保人员工作所需的信息，特别要求和/或者预防措施，验证试验及例行保养的方法和周期、故障诊断和修理方法、恢复正常后的确认方法，报废与处理说明等。

R5.1.2　主要结构参数技术资料

(1) 电路板的类别、型号、工作电压和工作条件；

(2) 电气/电子元件清单(包括输入元件或者单元)。

R5.1.3　相关技术资料

R5.1.3.1　安全电路

(1) 电路板的布线图和布置说明(应当说明工作原理、输入、输出定义，电气间隙、爬电距离等)；混合电路布线图和布置说明(应当说明安全电路与其他控制电路的电气间隙，布线标志等）；

（2）安全功能、运行模式和安全状态实现方式等详细描述；

（3）故障（失效）模式、影响或者诊断分析（FMEA 或者 FMEDA）。

R5.1.3.2 可编程系统

应当提供能够说明产品符合表 R-7“设计和实现过程通用措施”规定的管理文件和相关资料。包括功能、环境和接口方面的应用评估，安全管理资料（含产品改动，复制和更新，以及版本编号等管理规范），安全要求规范（SRS）和检查规范，设计开发资料。

其中，设计开发资料包括以下内容：

（1）硬件、软件和系统结构设计和相互关系的详细描述；

（2）电路板的布线图和布置说明（应当说明工作原理、输入、输出定义，电气间隙、爬电距离等）；混合电路布线图和布置说明（应当说明安全电路与其他控制电路的电气间隙，布线标志等）；

（3）故障（失效）模式、影响或者诊断分析（FMEA 或者 FMEDA）；

（4）随机硬件失效引起的安全功能失效的概率（PFH）和子系统安全失效分数（SFF）分析和估算说明；

（5）功能和程序流程描述的软件说明（包括字组、模块、数据、变量和接口描述）；

（6）软件流程图和软件源代码；

（7）编程软件的总体说明（如编程规则，语言、编译器、模块）；

（8）系统、硬件和软件的版本控制及其兼容性说明；

（9）设计开发过程中相关工作记录。

R5.1.3.3 检查、测试和确认资料

包括以下内容：

（1）设计、开发的检查报告；

（2）验证和确认计划；

（3）测试规范和测试记录（包括硬件及故障插入、软件编码规则、软件动态单元、软件模块、系统集成）；

（4）制造单位的测试规范、测试报告和现场测试报告。

R5.2 技术资料审查

安全电路功能、运行模式和安全状态实现方式等详细描述和安全电路故障（失效）模式、影响或者诊断分析（FMEA 或者 FMEDA）技术资料和资料应当完整，产品设计和实现符合要求。故障分析参考 GB 7588 中 14.1.2.3 安全电路的要求。

可编程系统产品设计、实现阶段的技术资料和资料应当完整，产品设计和实现符合下列要求。

R5.2.1 可编程系统安全功能的安全完整性

可编程系统安全功能的安全完整性等级（SIL）应当符合本规则附件 G 表 G-3 或者附件 H 表 H-2 中的规定。

当本规则附件 H 表 H-3 中规定的电气安全装置（功能）为保证安全而动作时，应当防止驱动主机启动或者立即使其停止运转，工作制动器的电源也应当被切断；当本规则附件 H 表 H-2 中规定的电气安全装置（功能）为保证安全而动作时，在按照 GB 16899 中

5.12.2.4 重新启动之前，驱动主机应当不能启动或者立即停止，工作制动器的电源也应当被切断。

安全功能的安全完整性包括系统安全完整性、硬件安全完整性和软件安全完整性。

对用于实现不同安全功能的可编程系统，除非有充分证据显示这些安全功能的实现之间是充分独立的，否则硬件和软件应当作为具有最高安全完整性等级的安全功能来对待，对最高安全完整性等级的要求适用于所有这些部分。

对于 PESSRAL 或者 PESSRAE 既执行安全功能又执行非安全功能的情况，除非有充分证据表明这两部分是充分独立的(即非安全功能的失效不会引起安全功能的危险失效)，否则所有的软硬件都应当被视为与安全相关。

R5.2.2 可编程系统硬件安全完整性的结构约束

审查安全功能所声明的硬件最高安全完整性等级，包括：硬件故障裕度(HFT)和执行该安全功能的子系统的安全失效分数(SFF)。

PESSRAL 或者 PESSRAE 硬件子系统安全完整性的结构约束应当符合表 R-3 的规定。

表 R-3 硬件子系统安全完整性的结构约束

安全失效分数(SFF)	硬件故障裕度(HFT)		
	0	1	2
A 类安全相关子系统的结构约束(见注 R-2)			
<60%	SIL1	SIL2	SIL3
60%～<90%	SIL2	SIL3	未定义
90%～<99%	SIL3	未定义	未定义
≥99%	SIL3	未定义	未定义
B 类安全相关子系统的结构约束(见注 R-3)			
<60%	不允许	SIL1	SIL2
60%～<90%	SIL1	SIL2	SIL3
90%～<99%	SIL2	SIL3	未定义
≥99%	SIL3	未定义	未定义

注 R-2：符合以下条件，其部件被要求达到安全功能的一个子系统可以视为 A 类安全相关子系统：

(1) 所有组成部件的失效模式都被很好地定义；

(2) 故障状况下子系统的行为能够完全确定；

(3) 通过现场经验获得充足而可靠的数据，可显示出符合所声明的检测到的和未检测到的危险失效的失效率。

注 R-3：符合下列之一的条件，其部件被要求达到安全功能的一个子系统可以视为 B 类安全相关子系统：

(1) 至少一个组成部件的失效模式未被很好地定义；

(2) 故障状况下子系统的行为不能完全确定；

(3) 通过现场经验获得的可靠的数据不够充分，不足以显示出符合所声明的检测到的和未检测到的危险失效的失效率。

如果子系统中只要有一个组成部分符合 B 类的条件，那么这个子系统应当被视为 B 类。

R5.2.3 可编程系统安全完整性等级的目标失效量

PESSRAL 或者 PESSRAE 安全功能的安全完整性等级分为 3 个等级，SIL3 为安全完整性最高等级，SIL1 为最低等级。

PESSRAL 或者 PESSRAE 安全功能的安全完整性等级应当符合下列要求：

（1）按照高要求或者连续操作模式来进行安全完整性等级设计和确认；

（2）不同安全完整性等级，随机硬件失效引起的安全功能失效的概率——每小时危险失效概率（PFH），应当符合表 R-4 的规定。

表 R-4 可编程系统（PESSRAL 或者 PESSRAE）安全功能的安全完整性等级的目标失效量

安全完整性等级（SIL）	每小时危险失效概率（PFH）
3	$\geqslant 10^{-8} \sim < 10^{-7}$
2	$\geqslant 10^{-7} \sim < 10^{-6}$
1	$\geqslant 10^{-6} \sim < 10^{-5}$

R5.2.4 可编程系统设计和实现的通用措施

与硬件设计相关的避免和检测故障的通用措施，与软件设计相关的避免和检测故障的通用措施应当分别符合表 R-5 和表 R-6 规定的要求；设计和实现过程的通用措施应当符合表 R-7 规定的要求。

表 R-5 与硬件设计相关的避免和检测故障的通用措施

序号	对象	措施	GB/T 20438.7—2006 条款号
1	处理单元	使用看门狗	A.9
2	元器件选择	使用的元器件仅在规格说明（清单）范围内	—
3	I/O 单元和通讯接口	电源失效或者重启时进入已定义的安全状态	—
4	电源	过电压或者欠电压时进入已定义的安全关闭状态	A.8.2
5	可变的存储区	仅使用固态存储器	—
6	可变的存储区	启动过程中对可变数据存储的读写测试	—
7	可变的存储区	仅对资料性数据（如统计数据）可使用远程访问	—
8	不变的存储区	不可能改变程序代码，无论是系统自动改变还是远程介入改变	—
9	不变的存储区	启动过程中对程序代码存储器和固定数据存储器进行测试，方法至少等同于和数校验	A.4.2

表 R-6　与软件设计相关的避免和检测故障的通用措施

序号	对象	措施	GB/T 20438.7—2006 条款号
1	结构	根据技术水平(见 GB/T 20438.3)的程序结构(如模块化、数据操作、接口定义)	B.3.4/C.2.1 C.2.9/C.2.7
2	启动过程	启动过程中必须保持电梯处于安全状态	—
3	中断	限制中断的使用,仅当所有可能的中断次序可预测时才能使用中断嵌套	C.2.6.5
4	中断	中断过程不得触发看门狗,除非与其他程序序列组合	A.9.4
5	掉电	为了安全相关功能,不允许有掉电过程,如数据的保存过程	—
6	内存管理	硬件和/或者软件中带有适当反馈过程的堆栈管理	C.2.6.4/ C.5.4
7	程序	多重循环时间短于系统反应时间,如通过限制循环次数或者检查执行时间	—
8	程序	数组指针偏移量检查,如果使用的编程语言没有包括	C.2.6.C
9	程序	被定义的异常操作(如除以零、溢出、变量范围检查等)出现时强制系统进入预定的安全状态	—
10	程序	不使用递归编程,除非在使用良好的标准库中、在被认可的操作系统中、或者在高水平语言编译器中。对于这些例外,内存管理单元应当为独立的任务提供独立的堆栈并控制它	C.2.6.7
11	程序	程序库接口和操作系统的文档至少和用户程序本身一样详尽	—

续表 R-6

序号	对象	措施	GB/T 20438.7—2006 条款号
12	程序	对与安全功能相关数据的合理性检查，如输入模式，输入范围，内部数据	C. 2. 5/C. 3. 1
13	程序	如果任一操作模式可因测试或者验证目的被运行，则直到该模式运行结束才能恢复电梯正常操作模式	GB/T 20438.1—2006 7. 7. 2. 1
14	通讯系统（外部和内部）	在执行安全功能的总线通讯系统内，发生通讯错误或者与总线相关的故障后，应当达到安全状态并考虑系统反应时间	A. 7/A. 9
15	总线系统	除启动过程外不得重新配置 CPU 总线系统	C. 3. 13
16	I/O 处理	除启动过程外不得重新配置 I/O 线	C. 3. 13

注 R-4：周期性地刷新 CPU 总线系统不认为是重新配置。

注 R-5：周期性地刷新 I/O 配置寄存器不认为是重新配置。

表 R-7 设计和实现过程的通用措施

序号	措施	GB/T 20438.7—2006 条款号
1	功能、环境和接口方面的应用评估	A. 14 / B. 1
2	结构化的规范(安全要求规范)	B. 2. 1
3	规范的检查	B. 2. 6
4	相关设计文档以及： ——包括系统结构和硬件(软件)的相互关系的功能描述 ——包括功能和程序流程描述的软件文档	C. 5. 9
5	设计、开发的检查报告	B. 3. 7/B. 3. 8，C5. 16
6	失效分析，如失效模式和影响分析(FMEA)方法的可靠性检查	B. 6. 6
7	制造商的测试规范、测试报告和现场测试报告	B. 6. 1
8	指导文档，包括对预期使用的限制	B. 4. 1
9	产品有改动，复制和更新以上所提及的措施	C. 5. 23
10	执行硬件和软件的版本控制及其兼容性	C. 5. 24

R5. 2. 5 可编程系统 SIL 要求的设计和实现的特定措施

SIL1 要求的特定措施见表表 R-8；SIL2 要求的特定措施见表 R-9；SIL3 要求的特定措施见表 R-10；不同 SIL 要求特定措施的失效控制的可以用措施描述见表 R 11。

表 R-8 SIL1 要求的特定措施

序号	元器件和功能	要求（注 R-6）	措施（注 R-7）	GB/T 20438.7—2006 条款号
1	结构	结构应当是一旦检测到任何一个随机故障，则系统就应当进入一个安全状态	（1）具有自检功能的单通道结构	A. 3. 1
			（2）具有比较功能的双通道或者多通道结构	A. 2. 5
2	处理单元	处理单元中能导致错误结果的故障应当能被检测出来； 如果这样的故障会导致危险状态，那么系统应当进入一个安全状态	（1）故障更正的硬件	A. 3. 4
			（2）软件自检	A. 3. 1
			（3）双通道结构的比较器	A. 1. 3
			（4）双通道结构的软件相互比较	A. 3. 5
3	不变的存储区	不正确的信息修改，如所有的 1 位或者 2 位故障，以及部分 3 位和多位故障应当最迟在电梯下一次运行之前被检测到	（1）一位冗余（奇偶校验位，注 R-8）	A. 5. 5
			（2）具有一字冗余的块安全（注 R-8）	A. 4. 3
4	可变的存储区	在寻址、写入、存储和读出期间的全局性故障，以及所有 1 位、2 位故障，部分 3 位和多位故障应当最迟在电梯下一次运行之前被检测到	（1）具有多位冗余的字保存（注 R-8）	A. 5. 6
			（2）通过测试模式检测静态或者动态故障（注 R-8）	A. 5. 2
5	I/O 单元和包括通讯连接的接口	I/O 线上的静态故障和干扰以及数据流中的随机和系统故障应当最迟在电梯下一次运行之前被检测到	（1）代码安全，或者	A. 6. 2
			（2）测试模式	A. 6. 1

续表 R-8

序号	元器件和功能	要求(注 R-6)	措施(注 R-7)	GB/T 20438.7—2006 条款号
6	时钟	用于处理单元的时钟发生器故障,如频率改变或者停顿,应当最迟在电梯下一次运行之前被检测到	(1) 具备独立时钟基准的看门狗	A.9.4
			(2) 相互监控功能	
7	程序序列	安全相关功能错误的程序序列和不恰当的执行时序最迟应当在下次运行前被检测到	程序序列的时序和逻辑监视的组合	A.9.4

注 R-6:检测出故障之后,电梯、自动扶梯和自动人行道应当维持在某一安全状态。

注 R-7:措施中有若干项的,其中之一即可。

注 R-8:该措施仅针对单通道结构。

表 R-9 SIL2 要求的特定措施

序号	元器件和功能	要求(注 R-6)	措施(注 R-7)	GB/T 20438.7—2006 条款号
1	结构	结构应当是在考虑了系统反应时间的前提下,一旦检测到任何一个随机故障,则系统就应当进入一个安全状态	(1) 具有自检和监控功能的单通道结构	A.3.3
			(2) 具有比较功能的双通道或者多通道结构	A.2.5
2	处理单元	处理单元中能导致错误结果的故障应当在考虑了系统反应时间的前提下能被检测出来。 如果这样的故障会导致危险状态,那么系统应当进入一个安全状态	(1) 可更正故障的硬件	A.3.4
			(2) 和单通道结构的有硬件支持的软件自检	A.3.3
			(3) 双通道结构的比较器	A.1.3
			(4) 双通道结构的软件相互比较	A.3.5
3	不变的存储区	不正确的信息修改,如所有的 1 位或者 2 位故障,以及部分 3 位和多位故障应当在考虑了系统反应时间的前提下被检测到	(1) 具有一字冗余的块安全(注 R-8)	A.4.3
			(2) 具有多位冗余的字保存(注 R-8)	A.5.6

续表 R-9

序号	元器件和功能	要求(注 R-6)	措施(注 R-7)	GB/T 20438.7—2006 条款号
4	可变的存储区	在寻址、写入、存储和读出期间的全局性故障,以及所有 1 位、2 位故障,部分 3 位和多位故障应当在考虑了系统反应时间的前提下被检测到	(1) 具有多位冗余的字保存(注 R-8)	A. 5. 6
			(2)通过测试模式检测静态或者动态故障(注 R-8)	A. 5. 2
5	I/O 单元和包括通讯连接的接口	I/O 线上的静态故障和干扰以及数据流中的随机和系统故障应当最迟在电梯下一次运行之前被检测到(注 R-9)	(1) 代码安全	A. 6. 2
			(2) 测试模式	A. 6. 1
6	时钟	用于处理单元的时钟发生器故障,如频率改变或者停顿,应当在考虑了系统反应时间的前提下被检测到	(1) 具备独立时钟基准的看门狗	A. 6. 1
			(2) 相互监控功能	A. 9. 4
7	程序序列	安全相关功能错误的程序序列和不恰当的执行时序应当在考虑了系统反应时间的前提下被检测到	程序序列的时序和逻辑监视的组合	A. 9. 4

注 R-9:不适用于驱动装置,如安全回路中的安全继电器或者类似的电气方式。

表 R-10 SIL3 要求的特定措施

序号	元器件和功能	要求(注 R-10)	措施(注 R-7)	GB/T 20438.7—2006 条款号
1	结构	结构应当是在考虑了系统反应时间的前提下,一旦检测到任何一个随机故障,则系统就应当进入一个安全状态	具有比较功能的双通道或者多通道结构	A. 2. 5

续表 R-10

序号	元器件和功能	要求(注 R-10)	措施(注 R-7)	GB/T 20438.7—2006 条款号
2	处理单元	处理单元中能导致错误结果的故障应当在考虑了系统反应时间的前提下能被检测出来。 如果这样的故障会导致危险状态,那么系统应当进入一个安全状态	(1)双通道结构的比较器	A. 1. 3
			(2) 双通道结构的软件相互比较	A. 3. 5
3	不变的存储区	不正确的信息修改,如所有的 1 位或者多位故障应当在考虑了系统反应时间的前提下被检测到	(1) 有复制块的块安全过程	A. 4. 5
			(2) 具有多字冗余的块安全	A. 4. 4
4	可变的存储区	在寻址、写入、存储和读出期间的全局性故障,以及所有静态位故障和动态耦合应当在考虑了系统反应时间的前提下被检测到	有复制块的块安全过程	A5. 7
			监视检查,如 Galpat 法	A. 5. 3
5	I/O 单元和包括通讯连接的接口	I/O 线上的静态故障和干扰以及数据流中的随机和系统故障应当在考虑了系统反应时间的前提下被检测到(注 R-11)	多通道并行输入	A. 6. 5
			和多通道并行输出	A. 6. 3
			输出读回	A. 6. 4
			代码安全	A. 6. 2
			测试模式	A. 6. 1
6	时钟	用于处理单元的时钟发生器故障,如频率改变或者停顿,应当在考虑了系统反应时间的前提下被检测到	具备独立时钟基准的看门狗	A. 9. 4
			相互监控功能	
7	程序序列	安全相关功能错误的程序序列和不恰当的执行时序应当在考虑了系统反应时间的前提下被检测到	程序序列的时序和逻辑监视的组合	A. 9. 4

注 R-10：检测出故障之后,电梯应当维持在某一安全状态。

注 R-11：这不适用于驱动装置,如安全链中的安全继电器或者类似的电气方式。

表 R-11　不同 SIL 要求特定措施的失效控制的可用措施描述

序号	元器件和功能	措施描述	
		项目及编号	描述
1	结构	1.1 具有自检功能的单通道结构	(1) 即使结构由单通道组成，也应当提供冗余的输出途径以确保安全关机；自检(周期性的)以一定的时间间隔(该间隔根据应用而定)在 PESSRAL 或者 PESSRAE 的子单元内执行。这些检查(如 CPU 或者存储器检查)被设计用以检测独立于数据流的潜在故障； (2) 检测到故障后，系统应当进入某一安全状态
		1.2 具有自检和监控功能的单通道结构	一个带自检和监控的单通道结构由单独的硬件监控单元组成，该单元不依赖于具体应用，周期性地从系统接受自检过程产生的数据。如有错误数据，系统应当进入某一安全状态。至少有两种独立的关机途径，使得关机可以由处理器自身或者监控单元实现
		1.3 具有比较功能的双通道或者多通道结构	双通道安全相关设计由两个独立的无反馈功能单元组成。规定的功能在每个通道内被独立地处理。对于一个专为安全装置的功能设计的双通道 PESSRAL 或者 PESSRAE，各通道的设计在软硬件方面可以完全相同。若双通道 PESSRAL 或者 PESSRAE 用于复杂的解决方案(如多个安全功能的组合)和过程或者条件不是明确可证实的场合，应当考虑对软硬件的差异性设计。 该结构具有比较与安全功能相关的内部信号(如总线比较)和/或者输出信号的功能，以帮助故障检测。 至少有两种独立的关机途径，使得关机可以由通道本身或者比较器实现。比较本身也应当遵守故障识别
2	处理单元	2.1 可更正故障的硬件	这样的单元可以使用专门的故障识别或者故障更正电路技术实现。对于简单结构，这些技术是被熟知的
		2.2 软件自检	用于安全相关应用的处理器单元的所有功能都应当进行周期性测试。这些测试可以与子部件(如存储器、I/O 等)的测试组合在一起
		2.3 有硬件支持的软件自检	一个专用的硬件设施用于支持自检功能的故障检测。如，一个检查特定位组合模式的周期性输出的监控单元
		2.4 双通道结构的比较器	

续表 R-11

<table>
<tr><th rowspan="2">序号</th><th rowspan="2">元器件和功能</th><th colspan="2">措施描述</th></tr>
<tr><th>项目及编号</th><th>描述</th></tr>
<tr><td rowspan="2">2</td><td rowspan="2">处理单元</td><td rowspan="2">2.5
带硬件比较器的双通道</td><td>(1) 使用硬件单元循环地或者连续地对两个处理器的信号进行比较。比较器可以是一个外部的检测单元或者被设计为一个自监控设备；
(2) 使用处理器对两个通道的信号进行比较。比较器可以是一个外部的检测单元或者被设计为一个自监控设备。双通道结构的软件相互比较</td></tr>
<tr><td>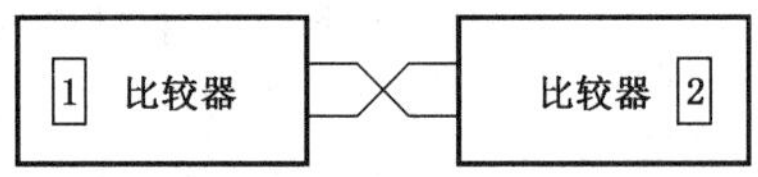

使用两个冗余处理器，二者相互交换与安全相关的数据。
每个处理器内都对数据进行比较</td></tr>
<tr><td rowspan="4">3</td><td rowspan="4">不变的存储区(ROM，EPROM等)</td><td>3.1
1 字冗余的块安全过程(如 ROM 中的一个字宽的签名结构)</td><td>在本测试中，ROM 的内容被特定的算法压缩为至少一个存储字。该算法，如循环冗余校验(CRC)，可以使用硬件或者软件实现</td></tr>
<tr><td>3.2
具有多位冗余的字保存(如修正的海明码)</td><td>存储器每个字被扩展若干冗余位以形成一个海明距离至少为 4 的修正的海明码。每次读一个字时，通过校验冗余位可以确定是否发生了错误。如发现有差异，系统应当进入某一安全状态</td></tr>
<tr><td>3.3
有复制块的块安全过程</td><td>地址空间被分为两个存储器。第一个存储器以正常方式工作，第二个存储器包含同样的信息并同第一个并行存取。比较两者的输出，当检测到差异时就认为出现故障。为检测特定类型的位错误，应当在两个存储器中的一个存储取反后的数据，读取的时候再次取反。在软件过程中，应用程序对两个存储区域的内容进行循环比较</td></tr>
<tr><td>3.4
具有多字冗余的块安全过程</td><td>本程序使用 CRC 算法来计算一个签名，而结果值至少有两个字长。扩展的签名像单字情况中那样被存储、重新计算和比较。当有差异时就产生一条错误消息</td></tr>
</table>

续表 R-11

<table>
<tr><td rowspan="2">序号</td><td rowspan="2">元器件和功能</td><td colspan="2">措施描述</td></tr>
<tr><td>项目及编号</td><td>描述</td></tr>
<tr><td>3</td><td>不变的存储区(ROM,EPROM等)</td><td>3.5
1位冗余的字保存(如带奇偶校验位的ROM监控)</td><td>存储器的每个字都扩展1位(奇偶校验位),此位给每个字补齐偶数个或者奇数个逻辑1。每次读数据字时都检验奇偶性,如发现1的个数有错时,就产生一条错误信息。奇偶校验的选择,应当使得在失效事件中,无论是0字(全0)还是1字(全1)都是不适宜的,此时该字也不是有效代码。当数据字和其地址连起来计算奇偶性时,奇偶校验也可以用来检测寻址失效</td></tr>
<tr><td rowspan="3">4</td><td rowspan="3">可变的存储区</td><td>4.1
通过测试模式检测静态和动态错误,如RAM测试“漫步路径”法</td><td>用一个统一不变的位流初始化要测试的存储区。第一个单元被反向并检查其余的存储区以确保背景是正确的。此后第一单元再次反向从而使其回复到初始值,对下面的单元也重复整个操作过程。在反向的背景预分配情况下执行“漂移位模型”的第二次运行。如有差异,系统应当进入一个安全状态</td></tr>
<tr><td>4.2
有复制块的块安全过程,如带硬件或者软件比较的双RAM</td><td>地址空间被分为两个存储器。第一个存储器以正常方式工作,第二个存储器包含同样的信息并同第一个并行存取。比较两者的输出,当检测到差异时就认为出现故障。为检测特定类型的位错误,应当在两个存储器中的一个存储取反后的数据,读取的时候再次取反。在软件过程中,应当用程序对两个存储区域的内容进行循环比较</td></tr>
<tr><td>4.3
对静态和动态故障的监视检查,如Galpat法</td><td>下列之一:
(1)“Galpat”RAM检查法,在将一个取反的要素写入标准预分配的存储空间中,并检查所有剩余单元以确保其内容的正确。每读取一个剩余单元后,都检查一次被取反的单元。每个单元重复这样的操作。在存储空间预分配与第一轮相反的值后执行第二轮。出现差异就认为存在故障;
(2)透明的“Galpat”测试,首先,使用软件或者软硬件一起形成一个关于被测试存储区容量的“签名”,并将其存入寄存器中。这与Galpat测试中的内存预分配是一致的。这个内容现在被反向写入测试单元中,并检查剩余单元中的内容。每次读取一个剩余单元后也读取该反向单元的内容。由于剩余单元的内容是未知的,其内容不能被逐一地测试,而是再次形成一个签名。第一个单元的第一次运行之后,该单元的内容反转数次后(如内容再次为真)又启动第二次运行。这样,存储器的原始内容被重建了。按照同样的方法测试所选存储范围内的所有单元;如果出现差异就认为存在故障</td></tr>
</table>

续表 R-11

序号	元器件和功能	措施描述	
		项目及编号	描述
5	I/O单元和包括通讯连接的接口	5.1 多通道并行输入	这是一种依赖于数据流的独立的输入比较,以确保符合定义的偏差范围(时间值)
		5.2 输出读回(输出监控)	这是一种依赖于数据流的具有独立输入的输出比较,以确保符合定义的偏差范围(时间值)。故障并不总是和输出缺陷有关
		5.3 多通道并行输出	一种依赖于数据流的输出冗余。直接通过技术处理或者通过外部比较器识别故障
		5.4 代码安全	本程序保护输入和输出信息免受随机故障和系统故障的影响。其通过信息冗余和(或者)时间冗余实现了依赖于数据流的输入和输出单元的故障识别
		5.5 测试模式(模型)	这是一种不依赖于数据流的输入和输出单元的循环测试,用定义的测试模式来比较观测值和对应的预计值。测试模式信息、测试模式接收和测试模式评价必须是相互独立的。应当假定所有可能的输入模式是经过测试的
6	时钟	6.1 具备独立时钟基准的看门狗	具有单独时基的硬件定时器被程序的正确操作触发
		6.2 相互监控	具有单独时基的硬件定时器被其他处理器程序的正确操作触发
7	程序序列	7.1 程序序列的时序和逻辑监视的组合	仅当各程序部分的时序执行正确时,一个时基的程序序列监控设施才会被重新触发

R6 样品检查与试验

R6.1 样品要求

申请单位应当提供以下样品:

(1)一块印制电路板;

（2）一块印制电路裸板（不含电气元件）；

（3）非印制电路板方式的安全电路，应当假设为等效印制电路板的形式；

（4）安全电路或者可编程系统的输入元件或者输入单元。

如有必要，申请单位还应当提供能够模拟安全电路和可编程系统正常工作的其他外围装置。

R6.2 安全电路功能检查

安全电路功能应当符合产品设计要求，其安全功能应当符合本附件的要求和产品安全要求规范。

R6.3 可编程系统的功能和安全检查

可编程系统功能应当符合产品设计要求，其安全功能应当符合本附件的要求和产品安全要求规范。

可编程系统安全检查，除了需要确认表 R-5～表 R-11 所定义措施以外，还应当进行以下验证：

（1）软件设计与编码，审查软件的静态分析和动态分析报告，可靠性块图；

（2）软件与硬件检查，如利用故障插入测试等方法，对表 R-5、表 R-6 所列各项措施及从表 R-11 等表中所选措施进行验证。

R6.4 温度和机械应力试验

用于曳引与强制驱动电梯、液压驱动电梯、其它类型电梯的安全电路或者可编程系统应当符合 GB 7588 中 F6.3 的规定；用于自动扶梯和自动人行道的安全电路或者可编程系统应当符合 GB 16899 中附录 D.4 和 D.5 的规定。

试验样品在试验中和试验后必须工作正常，不应当发生元件破损，不应当有不安全的的反应和状态显示。试验后，电气间隙和爬电距离应当不小于最小允许值。如果试验样品除了安全电路或者可编程系统外，还包含其他控制电路，则这些控制电路也必须在试验中处于工作状态，但是其故障可以不考虑。

R6.5 电磁兼容（性）测试

可编程系统应当进行符合 GB/T 24808 规定的安全电路的电磁兼容（性）抗扰度测试，且均应当达到性能标准 D，即 PESSRAL 或者 PESSRAE 按照设计连续运行，除非因故障进入安全模式，不允许有任何性能降低和功能损失。

R6.5.1 外壳端口

可编程系统存在外壳端口，应当按照 GB/T 24808 表 1 中“安全电路”的相关要求进行测试。

R6.5.2 信号和控制线端口

可编程系统存在信号和控制线端口，应当按照 GB/T 24808 表 2 中“安全电路”的相关要求进行测试。

R6.5.3 直流电源输入输出端口

可编程系统存在额定电流小于或者等于 100 A 的直流电源输入输出端口（不适用于连接到专用的非充电电源输入口），应当按照 GB/T 24808 表 4 中“安全电路”的相关要求进行测试。

R6.5.4 交流电源输入输出端口

可编程系统存在每相额定电流≤100 A 的交流电源输入输出端口(不适用于连接到专用的非充电电源输入口),应当按照 GB/T 24808 表 6 中“安全电路”的相关要求进行测试。

R6.6 铭牌

在安全电路和可编程系统(含其组件)上应当设有铭牌(可识别标志),标明以下内容:

(1) 产品型号;

(2) 制造单位名称或者商标;

(3) 产品编号或者制造批次号;

(4) 制造日期。

R7 样品技术参数及配置

见表 R-12、表 R-13

表 R-12 含有电子元件的安全电路样品技术参数及配置表

产品功能	电气安全装置(功能)种类和安全功能描述		
型号		结构型式	
工作电压	V	污染等级	
工作条件			

表 R-13 可编程电子安全相关系统样品技术参数及配置表

产品功能	电气安全装置(功能)种类和安全功能描述		
型号		结构型式	
工作电压	V	对应安全功能的安全完整性等级	
工作条件		硬件版本	
软件版本		系统说明	

附件 S

限速切断阀型式试验要求

S1 适用范围

本附件适用于限速切断阀的型式试验。

S2 引用标准

(1) GB 21240—2007《液压电梯制造与安装安全规范》;

(2) GB 25194—2010《杂物电梯制造与安装安全规范》。

S3 名词术语

本附件采用 S2 引用标准和本章规定的术语。

S3.1 限速切断阀

包括破裂阀、具有机械移动部件的单向节流阀。

S4 主要参数和配置的适用原则

S4.1 主要参数变化

主要参数变化符合下列之一时,应当重新进行型式试验:

(1) 压力超出范围;

(2) 流量超出范围;

(3) 温度超出范围;

(4) 粘度超出范围;

(5) 动作流量超出范围。

S4.2 配置变化

配置变化符合下列之一时,应当重新进行型式试验:

(1) 结构型式(直线式、直角式)改变;

(2) 入口内腔尺寸改变;

(3) 出口内腔尺寸改变;

(4) 安装方式(整体式、法兰式、管螺纹式)改变。

注 S-1:在限速切断阀动作状态时,入口指液体流入阀体的接口,出口指液体流出阀体的接口。

注 S-2:阀体入口和出口处管接头的尺寸改变不需要重新进行型式试验。

S4.3 适用范围

限速切断阀适用的参数范围和配置见表 S-1。

表 S-1 限速切断阀适用参数范围和配置表

压力范围	MPa	流量范围	L/min
温度范围	℃	粘度范围	cSt
结构型式		动作流量	L/min
入口内腔尺寸	mm	出口内腔尺寸	mm
安装方式			

S5 技术资料要求与审查

型式试验机构应当对申请单位按照本节要求提交的技术资料进行审查，确认是否符合本规则和相关标准的要求。

S5.1 合格证明及说明书

(1) 产品质量合格证明文件，包括合格证(含数据报告)、产品质量证明书等；

(2) 安装、调试、使用、维护说明书。

S5.2 主要结构参数技术资料

(1) 限速切断阀结构、动作、所用材料、部件尺寸和配合公差；动作流量调试证明文件；

(2) 流量范围、压力范围、粘度范围、温度范围。

S5.3 相关技术资料

(1) 产品图纸目录、总图、机构部件装配图；

(2) 特殊工作环境适用情况及措施说明。

S6 样品检查与试验

型式试验应当在限速切断阀试验液压系统中进行。

S6.1 动作速度

限速切断阀应当在轿厢下降速度达到额定速度加上 0.3 m/s 之前动作。

在试验系统上测量出限速切断阀动作时的流量值，计算与之对应的电梯速度值。

S6.2 关断试验

模拟全部管路失效时，在以下两种条件下，限速切断阀应当可以承受各 10 次的关断试验：

(1) 在最大额定压力、最小额定流量和最小介质粘度条件下；

(2) 在最小额定压力、最大额定流量和最大介质粘度条件下。

每一次试验，限速切断阀都应当可靠关断，试验完成后限速切断阀不应当发生损坏。

S6.3 抗压强度试验

限速切断阀应当能够承受相当于 5 倍最大额定压力的试验压力，历时 2 分钟，试验后不应当发生永久性地损坏。

S6.4 铭牌

在限速切断阀上应当设置铭牌，标明以下信息：

(1) 产品名称、型号；

(2) 制造单位名称及其制造地址；

(3) 型式试验机构名称或者标志；

(4) 压力范围；

(5) 流量范围;
(6) 温度范围;
(7) 粘度范围;
(8) 动作流量;
(9) 产品编号;
(10) 制造日期。

S7 样品技术参数及配置

见表S-2。

表S-2 样品技术参数及配置表

产品名称		产品型号	
压力范围	MPa	流量范围	L/min
温度范围	℃	粘度范围	cSt
结构型式		动作流量	L/min
入口内腔尺寸	mm	出口内腔尺寸	mm
安装方式			

附件 T

轿厢意外移动保护装置型式试验要求

T1 适用范围

本附件适用于轿厢意外移动保护装置的型式试验。

注 T-1：可以对检测子系统、制停子系统和自监测子系统组成的轿厢意外移动保护装置完整系统进行型式试验，也可以对检测子系统、制停子系统和自监测子系统单独进行型式试验。已单独进行了型式试验的检测子系统、制停子系统和自监测子系统的相互适配性及完整系统的适用范围需经型式试验机构审查确认，并出具完整系统的型式试验报告。

T2 引用标准

GB 7588—2003《电梯制造与安装安全规范》(含第 1 号修改单)。

T3 名词术语

本附件采用 T2 引用标准和本章规定的术语。

T3.1 检测子系统

是指用于检测轿厢意外移动并向制停子系统发出动作信号的装置，主要包括检测轿厢意外移动的变换器或者传感器、对检测到的信号进行逻辑处理和运算电路等。

T3.2 制停距离

是指在制停子系统(即制停部件)制停过程中，轿厢从开始减速到完全停止所经过的距离。

T4 主要参数和配置的适用原则

T4.1 主要参数变化

T4.1.1 制停子系统

T4.1.1.1 采用作用于轿厢或者对重上的制停部件(如安全钳)

主要参数变化符合下列之一时，应当重新进行型式试验：

(1) 系统质量超出范围；
(2) 额定载重量超出范围；
(3) 所预期的轿厢减速前最高速度增大；
(4) 响应时间增大；
(5) 用于最终检验的试验速度改变；
(6) 对应试验速度的允许移动距离增大；
(7) 夹紧(制动)元件数量改变；
(8) 夹紧(制动)元件摩擦面尺寸改变；
(9) 适用导轨导向面宽度改变；
(10) 适用导轨导向面硬度超出范围。

T4.1.1.2 采用作用于悬挂绳或者补偿绳系统上的制停部件

主要参数变化符合下列之一时，应当重新进行型式试验：

(1) 系统质量超出范围；

(2) 额定载重量超出范围；
(3) 所预期的轿厢减速前最高速度增大；
(4) 响应时间增大；
(5) 用于最终检验的试验速度改变；
(6) 对应试验速度的允许移动距离增大。

T4.1.1.3 采用作用于曳引轮或者只有两个支撑的曳引轮轴上的制停部件

主要参数变化符合下列之一时，应当重新进行型式试验：
(1) 系统质量超出范围；
(2) 额定载重量超出范围；
(3) 所预期的轿厢减速前最高速度增大；
(4) 响应时间增大；
(5) 用于最终检验的试验速度改变；
(6) 对应试验速度的允许移动距离增大。

注 T-2：在钢丝绳制动器式和曳引机制动器式制停部件型式试验报告和合格证书上，应当说明试验时的悬挂比，用于其他悬挂比时系统质量、电梯额定载重量可根据悬挂比直接进行换算。

T4.1.2 检测子系统

主要参数变化符合下列之一时，应当重新进行型式试验：
(1) 检测到意外移动时轿厢离开层站的距离增大；
(2) 响应时间增大。

T4.2 配置变化

T4.2.1 制停子系统

T4.2.1.1 采用作用于轿厢或者对重上的制停部件（如安全钳）

配置变化符合下列之一时，应当重新进行型式试验：
(1) 适用电梯驱动方式改变；
(2) 作用部位改变；
(3) 动作触发方式改变；
(4) 触发装置硬件组成改变；
(5) 提拉方式改变；
(6) 夹紧（制动）元件型式（平面、齿形、槽形楔块，滚柱及相互组合等）改变；
(7) 夹紧（制动）元件材质改变；
(8) 弹性元件型式（“U”型弹簧、“π”型弹簧、碟型弹簧、板簧、螺旋弹簧等）改变；
(9) 适用导轨导向面加工方式改变；
(10) 适用导轨导向面润滑状况（干燥、润滑等）改变；
(11) 适用导轨材料牌号改变；
(12) 工作环境改变。

T4.2.1.2 采用作用于悬挂绳或者补偿绳系统上的制停部件

配置变化符合下列之一时，应当重新进行型式试验：
(1) 适用电梯驱动方式改变；
(2) 作用部位改变；

(3) 动作触发方式改变;
(4) 触发装置硬件组成改变;
(5) 复位方式改变;
(6) 弹性元件型式改变;
(7) 摩擦元件型式改变;
(8) 摩擦元件材料改变;
(9) 工作环境改变。

T4.2.1.3 采用作用于曳引轮或者只有两个支撑的曳引轮轴上的制停部件

配置变化符合下列之一时,应当重新进行型式试验:
(1) 适用电梯驱动方式改变;
(2) 作用部位改变;
(3) 动作触发方式改变;
(4) 触发装置硬件组成改变;
(5) 结构型式改变;
(6) 数量改变;
(7) 摩擦元件材料改变;
(8) 弹性元件型式改变;
(9) 工作环境改变。

T4.2.2 检测子系统

配置变化符合下列之一时,应当重新进行型式试验:
(1) 硬件版本改变;
(2) PESSRAL 软件版本改变;
(3) 硬件组成改变;
(4) 检测元件安装位置改变;
(5) 适用的制停子系统型式改变;
(6) 工作环境改变。

T4.2.3 自监测子系统

配置变化符合下列之一时,应当重新进行型式试验:
(1) 自监测方式改变;
(2) 硬件组成改变;
(3) 自监测元件型号改变;
(4) 自监测元件安装位置改变;
(5) 工作环境改变。

T4.3 适用范围

不同型式的制停部件适用的参数范围和配置见表 T-1、T-2、T-3,此外,制停子系统产品参数范围和配置的其他内容见表 T-4,检测子系统参数范围和配置见表 T-5,自监测子系统参数范围和配置见表 T-6。

表 T-1　作用于轿厢或者对重上的制停部件适用参数范围和配置表

提拉方式		弹性元件型式	
夹紧(制动)元件型式		夹紧(制动)元件材质	
夹紧(制动)元件数量		夹紧(制动)元件摩擦面尺寸	mm
适用导轨导向面硬度	HBW	适用导轨导向面宽度	mm
适用导轨导向面加工方式		适用导轨导向面润滑状况	
适用导轨材料牌号			

表 T-2　作用于悬挂绳或者补偿绳系统上的制停部件适用参数范围和配置表

复位方式		弹性元件型式	
摩擦元件型式		摩擦元件材料	

表 T-3　作用于曳引轮或者只有两个支撑的曳引轮轴上的制停部件适用参数范围和配置表

结构型式		数量	
摩擦元件材料		弹性元件型式	

表 T-4　制停子系统适用参数范围和配置表

系统质量范围	kg	额定载重量范围	kg
制停部件型式		适用电梯驱动方式	
作用部位		动作触发方式	
所预期的轿厢减速前最高速度	m/s	响应时间	ms
用于最终检验的试验速度	m/s	对应试验速度的允许移动距离	m
工作环境		触发装置硬件组成	

注 T-3：在型式试验证书中，根据制停部件的不同型式，表 T-1、表 T-2 或者表 T-3 应当与表 T-4 合并使用。

注 T-4：在型式试验证书中，应当给出用于最终检验在试验速度下触发制停部件的方法等信息。

表 T-5　检测子系统适用参数范围和配置表

硬件版本		软件版本	（适用于 PESSRAL）
硬件组成			
检测元件安装位置		检测到意外移动时轿厢离开层站的距离	mm
制停子系统型式		响应时间	ms
工作环境			

表 T-6　自监测子系统适用参数范围和配置表

自监测方式		硬件组成	
自监测元件型号		自监测元件安装位置	
工作环境			

T5　技术资料要求与审查

型式试验机构应当对申请单位按照本节要求提交的技术资料进行审查，确认是否符合本规则和相关标准的要求。

T5.1　产品合格证明及相关技术资料

（1）产品质量合格证明文件，包括合格证（含数据报告）、产品质量证明书等；

（2）产品图纸目录、总图、主要受力结构件图、机构部件装配图；

（3）安装使用维护说明书。

T5.2　主要结构参数

（1）整体结构型式、适用工作环境；

（2）制停子系统，标明结构、构件尺寸和公差的装配详图；制动衬材质；制动轮/盘直径；制动臂杠杆长度和杠杠比；夹紧（制动）元件和弹性元件型式、规格、尺寸、数量；所作用部件的型式、数量、规格、材料及表面状态详细情况；所作用部件为 T 型导轨时，适用导轨型号、导向面宽度、硬度和表面润滑状况；

（3）检测子系统，硬件版本和组成、软件版本、检测元件安装位置、传感器型式和数量、与制停子系统的配套方案、适用的制停子系统型式、电气元件型号及制造单位。

（4）自监测子系统，硬件版本和组成、软件版本、自监测方式、监测元件安装位置及数量、所监测的元件及其结构、电气元件型号及制造单位。

T5.3　适用范围及设计文件

（1）预期功能说明；

（2）制停子系统的作用部位；

（3）适用电梯的额定载重量范围；

（4）适用电梯的系统质量范围；

（5）适用电梯的悬挂比；

（6）适用电梯的轿厢自重范围；

（7）适用电梯的平衡系数范围或者平衡重质量范围；

(8) 所预期的轿厢减速前最高速度及对应的平均加速度，以及对于如何确定最高速度的说明；

(9) 制停子系统触发时对应的轿厢速度及达到该速度的平均加速度；

(10) 检测子系统和制停子系统的响应时间；

(11) 检测元件安装位置、检测到意外移动时轿厢离开层站的距离；

(12) 用于最终检验的试验速度及对应试验速度下允许移动距离的相关计算；

(13) 开锁区域的具体尺寸；

(14) 弹性元件负载曲线图(如需要调整)；

(15) 检测子系统、制停子系统、自监测子系统的电气原理图、所使用的电气(电子)元件清单；

(16) 检测子系统软件清单及版本号(仅适用于 PESSRAL)；

(17) 工作环境要求，包括设计极限温度、极限湿度和其他任何相关的信息；

(18) 对于需要调整制动力以适用于不同额定载重量的装置，应当提供公式或者图表，以说明制动力或者力矩与给定调整量之间的函数关系，结果用移动距离表示；

(19) 含有电子元件的安全电路或者可编程电子安全相关系统的型式试验报告和证书复印件；

(20) 符合 T6.1.3 要求的制动器动作试验报告复印件；

(21) 特殊工作环境(室外等)适用情况及防护措施。

T6 样品检查与试验

T6.1 制停子系统

制停部件的作用部位应当符合 GB 7588 中 9.11.4 的规定。

T6.1.1 适用单一质量的制停子系统

T6.1.1.1 一般要求

按照申请的系统质量、额定载重量、轿厢自重、平衡系数等参数配置试验工况。每次试验，允许制停部件的摩擦件恢复到其正常温度，一套摩擦件至少可以进行 5 次试验。试验流程如下：

(1) 使轿厢位于平层位置，调整系统质量、轿厢质量、对重质量等相当于空载轿厢位于顶层端站平层情况下的设计值(即考虑最不利工况)，进行 5 次上行制动试验；

(2) 使轿厢位于平层位置，调整系统质量、额定载重量、轿厢质量、对重质量等相当于满载轿厢位于底层端站平层情况下的设计值(即考虑最不利工况)，进行 5 次下行制动试验；

(3) 试验时，应当达到所预期的轿厢减速前最高速度；如提供的预期最高速度值小于 0.5 m/s，满载轿厢下行制停试验时的速度应当至少达到电梯额定速度值与 0.5 m/s 的较小值；

(4) 测量和记录平均减速度、最大减速度、最高速度、制停距离、运行总距离(加速和制停距离之和)；

(5) 检查制停部件断裂、变形或者其他变化(如夹紧元件的裂纹、变形或者磨损，摩擦表面的状况)；

(6) 在进行制停试验时利用记录仪器记录制停子系统的响应时间，即轿厢在制停部件作用下开始减速的时间与制停子系统得到制动信号的时间差；

(7) 检查轿厢意外移动保护装置的复位操作以及复位后的工作状态。

各次试验均应当符合 GB 7588 中 9.11.5、9.11.6 的规定，制停部件在试验后应当没有任何影响功能的断裂和变形情况；对于相同工况的试验，每次试验的运行总距离或者制停距离（对于仅是制停子系统的试验）数据均应当在试验数据算术平均值的±20%以内。

T6.1.1.2 作用于轿厢或者对重的制停子系统

根据申请单位给出的额定载重量、轿厢自重以及系统质量换算得到的质量作为试验质量，使用等效方法进行制动试验，并得出对应的平均减速度、最大减速度和制停距离。其他要求同 T6.1.1.1。

T6.1.1.3 作用于曳引轮或者只有两个支撑的曳引轮轴的制停子系统

可以将被测驱动主机及制动器安装于配置有模拟系统惯量和质量差的试验台上，利用驱动装置驱动曳引轮旋转。当曳引轮线速度（或者转速）达到设定速度时，触发制停子系统动作，记录整个过程的速度（转速）和力矩曲线并计算平均减速度、最大减速度和制停距离，计算平均减速度、最大减速度和制停距离时应当考虑曳引条件产生滑移时的情况。其他要求同 T6.1.1.1。

T6.1.2 适用不同质量的制停子系统

在最大质量工况与最小质量工况下各进行 10 次试验（空载轿厢上行和满载轿厢下行各 5 次），试验方法和要求同 T6.1.1。如提供的预期最高速度值小于 0.5 m/s，最大质量工况满载轿厢下行制停试验时的速度至少达到电梯额定速度值与 0.5 m/s 的较小值。

对于制停部件需根据不同质量工况进行调整的，试验机构应当选取调整图表或者公式的中间点（至少 1 点）在上行、下行方向上各进行 2 次试验，以验证公式或者图表的有效性。若制停部件不需要调整的，则不需要进行中间点的验证试验。

T6.1.3 制动器动作试验

使用电梯驱动主机制动器作为制停部件的，应当依据本规则附件 Y 中 Y6.2.9 的要求进行动作试验，或者提供证明其符合该要求的试验报告。

T6.1.4 对应试验速度的移动距离

型式试验机构应当对申请单位所提供的对应试验速度下允许移动距离的相关计算是否符合 GB 7588 中 9.11.5 的要求进行确认。

在最大质量工况试验完毕后，保持空载试验工况不变，使轿厢上行移动，在轿厢达到申请单位提供的用于最终检验的试验速度时，按照申请单位提供的方式触发制停子系统动作，测量和记录轿厢总的移动距离。试验进行 3 次，移动距离应当均不超过申请单位提供且经过型式试验机构确认的允许移动距离。

对于上行方向和下行方向采用不同制停部件的轿厢意外移动保护装置，还应当进行最大质量工况下的满载下行制停试验。

T6.2 检测子系统

检测子系统最迟应当在轿厢离开开锁区域时检测到轿厢的意外移动。

模拟进行轿厢意外移动，使检测传感器发出检测信号，观察电路的动作顺序及动作输出情况是否正确，进行 10 次试验；利用时间记录仪器记录检测子系统的响应时间，即检测子系统向制停子系统发出制动信号的时间与检测传感器发出检测信号的时间差。

T6.3　自监测子系统

应当符合 GB 7588 中 9.11.3 的规定。逐一模拟制停子系统元件和自监测子系统元件的故障，观察自监测子系统的动作顺序及动作输出情况是否正确，进行 10 次验证试验。

T6.4　铭牌

在轿厢意外移动保护装置或者其子系统上应当设有铭牌，标明以下内容：

(1) 产品名称、型号；

(2) 制造单位名称及其制造地址；

(3) 型式试验机构名称或者标志；

(4) 允许系统质量范围；

(5) 允许额定载重量范围；

(6) 所预期的轿厢减速前最高速度范围；

(7) 产品编号；

(8) 制造日期。

T7　样品技术参数及配置

见表 T-7。

表 T-7　样品技术参数及配置表

<table>
<tr><td colspan="3">产品名称</td><td></td><td>产品型号</td><td></td></tr>
<tr><td colspan="3">适用工作环境</td><td></td><td></td><td></td></tr>
<tr><td rowspan="11">制停子系统</td><td rowspan="7">适用范围</td><td>系统质量范围</td><td>kg</td><td>额定载重量范围</td><td>kg</td></tr>
<tr><td>平衡系数/平衡重质量范围</td><td></td><td>轿厢自重范围</td><td>kg</td></tr>
<tr><td>所预期的轿厢减速前最高速度</td><td>m/s</td><td>悬挂比</td><td></td></tr>
<tr><td>用于最终检验的试验速度</td><td>m/s</td><td>对应试验速度的允许移动距离</td><td>m</td></tr>
<tr><td>制停部件型式</td><td></td><td>适用电梯驱动方式</td><td></td></tr>
<tr><td>作用部位</td><td></td><td>动作触发方式</td><td></td></tr>
<tr><td>响应时间</td><td>m/s</td><td>制造单位确定的轿厢意外移动时可能的最大平均加速度</td><td>m/s^2</td></tr>
<tr><td rowspan="4">触发装置</td><td>名称</td><td></td><td>型号</td><td></td></tr>
<tr><td>硬件版本</td><td></td><td>软件版本</td><td></td></tr>
<tr><td>硬件组成</td><td></td><td>触发方式</td><td></td></tr>
<tr><td>额定功率</td><td>W</td><td>工作电压</td><td>V</td></tr>
</table>

续表 T-7

<table>
<tr><td rowspan="18">制停子系统</td><td rowspan="5">作用于悬挂绳或者补偿绳系统上的制停部件</td><td>名称</td><td></td><td>型号</td><td></td></tr>
<tr><td>结构型式</td><td></td><td></td><td></td></tr>
<tr><td>钢丝绳型号规格</td><td></td><td>钢丝绳数量</td><td></td></tr>
<tr><td>复位方式</td><td></td><td>弹性元件型式</td><td></td></tr>
<tr><td>摩擦元件型式</td><td></td><td>摩擦元件材料</td><td></td></tr>
<tr><td rowspan="8">作用于轿厢或者对重上的制停部件</td><td>名称</td><td></td><td>型号</td><td></td></tr>
<tr><td>结构型式</td><td></td><td>作用部件</td><td></td></tr>
<tr><td>动作触发方式</td><td></td><td>适用导轨材料牌号</td><td></td></tr>
<tr><td>提拉方式</td><td></td><td>弹性元件型式</td><td></td></tr>
<tr><td>夹紧(制动)元件型式</td><td></td><td>夹紧(制动)元件材质</td><td></td></tr>
<tr><td>夹紧(制动)元件数量</td><td></td><td>夹紧(制动)元件
摩擦面尺寸</td><td>mm</td></tr>
<tr><td>适用导轨导向面硬度</td><td>HBW</td><td>适用导轨导向面宽度</td><td>mm</td></tr>
<tr><td>适用导轨导向面
加工方式</td><td>(使用于渐进式安全钳)</td><td>适用导轨导向面
润滑状况</td><td></td></tr>
<tr><td rowspan="5">作用于曳引轮或者只有两个支撑的曳引轮轴上的制停部件</td><td>名称</td><td></td><td>型号</td><td></td></tr>
<tr><td>结构型式</td><td></td><td>数量</td><td></td></tr>
<tr><td>摩擦元件材料</td><td></td><td>弹性元件型式</td><td></td></tr>
<tr><td>制动臂杠杆长度</td><td>m</td><td>杠杆比</td><td></td></tr>
<tr><td>制动论(盘)直径</td><td>mm</td><td>制动器用弹簧型号
规格及数量</td><td></td></tr>
<tr><td colspan="2" rowspan="6">检测子系统</td><td>名称</td><td></td><td>型号</td><td></td></tr>
<tr><td>硬件版本</td><td></td><td>软件版本</td><td>(适用于PESSRAL)</td></tr>
<tr><td>硬件组成</td><td></td><td>检测元件安装位置</td><td></td></tr>
<tr><td>传感器型式</td><td></td><td>数量</td><td></td></tr>
<tr><td>检测到意外移动时
轿厢离开层站的距离</td><td>mm</td><td>响应时间</td><td>ms</td></tr>
<tr><td>适用制停子系统型式</td><td></td><td></td><td></td></tr>
</table>

续表 T-7

自监测子系统	名称		型号	
	硬件版本		软件版本	
	自监测方式		硬件组成	
	所监测的元件 及其结构		监测元件安装位置 及数量	

注 T-5：若只进行一个或者几个子系统的型式试验，或者在制停子系统中只进行一种或者几种制停部件的型式试验，配置表只需根据所进行的型式试验样品选择其中的对应项目即可。

附件 U

绳头组合型式试验要求

U1　适用范围

适用于本规则附件 A 所列电梯绳头组合的型式试验。

U2　引用标准

GB 7588—2003《电梯制造与安装安全规范》(含第 1 号修改单)

U3　名词术语

本附件采用 U2 引用标准和本章规定的术语:

U3.1　绳头组合

是指悬挂装置与其端接装置的组合。

U4　主要参数和配置的适用原则

U4.1　主要参数变化

主要参数变化符合下列之一时,应当重新进行型式试验:

(1) 与端接装置相配的钢丝绳直径或者钢带、链条等悬挂装置规格改变;

(2) 适用钢丝绳(钢带、链条等)最小破断负荷增大。

U4.2　配置变化

配置变化符合下列之一时,应当重新进行型式试验:

(1) 结构型式(填充绳套、自锁紧楔形绳套、鸡心环套、手工捻接绳环、压紧式绳环等)改变;

(2) 绳套、环套、绳环、填充物、楔块、拉杆材料牌号改变;

(3) 楔块楔形角改变;

(4) 拉杆直径变小;

(5) 工作环境由室内型向室外型改变。

U4.3　适用范围

绳头组合适用的参数范围和配置见表 U-1。

表 U-1 绳头组合适用参数范围和配置表

结构型式		绳套、环套或者绳环材料牌号	
填充物或者楔块材料牌号	（适用于对填充或者自锁紧楔形绳套）	拉杆材料牌号	
楔块楔形角	（适用于对自锁紧楔形）	拉杆直径	mm
与端接装置相配的钢丝绳直径或者钢带、链条等悬挂装置规格		适用钢丝绳（钢带、链条等）最小破断负荷	kN
工作环境			

U5 技术资料要求与审查

型式试验机构应当对申请单位按照本章要求提交的技术资料进行审查，确认是否符合本规则和相关标准的要求。

U5.1 合格证明及说明书

（1）产品质量合格证明文件，包括合格证（含数据报告）、产品质量证明书等；

（2）安装、使用、维护说明书。

U5.2 主要结构参数技术资料

（1）结构型式；

（2）绳头组合所用材质牌号和结构型式说明；

（3）楔块楔形角度；

（4）拉杆直径；

（5）适用悬挂装置的型式、结构和直径；

（6）钢丝绳（钢带、链条等）最小破断负荷。

U5.3 相关技术资料

（1）产品图纸目录、总图、机构部件装配图；

（2）特殊工作环境（室外、防爆等）适用情况及措施说明。

U6 样品检查与试验

试验样品的长度应当与型式试验机构协商确定，以保证在试验装置的工作范围内。

U6.1 静拉试验

绳头组合至少能够承受所适用钢丝绳（钢带、链条等）最小破断负荷的80%。

（1）钢丝绳绳头组合，试验时，钢丝绳两端应当根据设计的固定方式进行连接，端接装置之间的钢丝绳长度应当符合表U-2的规定；确认钢丝绳规格符合要求后，使用万能试验机或者其他类似的试验装置进行拉伸破断试验；

（2）钢带、链条等绳头组合，试验按照制造单位提供的方法进行。

表 U-2　钢丝绳公称直径与最小有效长度对照表

钢丝绳公称直径 d(mm)	钢丝绳最小有效长度 L(mm)
$d \leqslant 6$	300
$6 < d \leqslant 20$	600
$d > 20$	$30d$(一般不超过 2 000)

U7　样品技术参数及配置

见表 U-3。

表 U-3　样品技术参数及配置表

产品名称		型号	
结构型式		绳套、环套或者绳环材料牌号	
填充物或者楔块材料牌号	(适用于填充或者自锁紧楔形绳套)	拉杆材料牌号	
楔块楔形角	(适用于自锁紧楔形绳套)	拉杆直径	mm
与端接装置相配的钢丝绳(钢带、链条等)规格		适用钢丝绳(钢带、链条等)最小破断负荷	kN
工作环境			

附件 V

控制柜型式试验要求

V1 适用范围

适用于本附件 A 所列控制柜的型式试验。

V2 引用标准

(1) GB 4208—2008《外壳防护等级(IP 代码)》;

(2) GB 7588—2003《电梯制造与安装安全规范》(含第 1 号修改单);

(3) GB/T 10058—2009《电梯技术条件》;

(4) GB/T 10060—2011《电梯安装验收规范》;

(5) GB 16895.21—2012《低压电气装置 第 4-41 部分:安全防护 电击防护》;

(6) GB 16899—2011《自动扶梯和自动人行道的制造与安装安全规范》;

(7) GB 21240—2007《液压电梯制造与安装安全规范》;

(8) GB/T 24479—2009《火灾情况下的电梯特性》;

(9) GB 25194—2010《杂物电梯制造与安装安全规范》;

(10) GB 26465—2011《消防电梯制造与安装安全规范》;

(11) GB 31094—2014《防爆电梯制造与安装安全规范》。

V3 名词术语

本附件采用 V2 引用标准和本章规定的术语。

V3.1 垂直电梯

是指本规则附件 A 所列的除自动扶梯和自动人行道以外的电梯。

V3.2 调速方式

是指在电梯启动、运行和停止的过程中,控制电梯速度的方式,如交流单速、交流变极调速、交流(直流)调压调速、交流变频调速、节流调速、容积调速等。

V3.3 启动方式

是指启动自动扶梯和自动人行道的方式。

只能通过钥匙开关启动自动扶梯和自动人行道的启动方式,称为手动启动;可以通过由使用者的进入而自动启动的启动方式,称为自动启动。

V3.4 控制方式

是指电梯控制系统响应当来自操作装置信号的方式,如按钮控制、信号控制和集选控制(包括单台控制、并联控制和群控控制)等。

V3.5 速度反馈装置

是指反馈电梯运行速度的装置,如编码器、测速发电机等。

V3.6 位置信号反馈装置

是指反馈轿厢位置信号的装置,如编码器、平层感应器等。

V3.7 分体式能量回馈装置

是指独立于电梯控制与驱动系统,将电梯处于能量再生状态时产生的电能回馈到电网的装置，不包括电梯控制与驱动系统中具有可控整流功能的变频装置。

V4 主要参数和配置的适用原则

V4.1 主要参数变化

主要参数变化符合下列之一时，应当重新进行型式试验：

（1）适用除液压电梯外的垂直电梯额定速度和驱动主机额定功率增大；

（2）适用液压电梯的额定速度和液压泵站满负荷工作压力增大。

V4.2 配置变化

V4.2.1 垂直电梯控制柜

配置变化符合下列之一时，应当重新进行型式试验：

（1）布置区域（井道内、井道外）改变；

（2）调速方式的改变；

（3）控制装置类型（继电器、可编程控制器、微机等）的改变；

（4）控制方式（按钮、信号、集选）的改变（集选控制可以适用信号控制）；

（5）控制装置型号或者制造单位、调速装置型号或者制造单位改变；

（6）工作环境由室内型向室外型的改变；

（7）增设紧急和测试操作装置；

（8）增设自动救援操作装置或者自动救援操作装置型号改变；

（9）增设能量回馈装置；

（10）增设电梯采用减行程缓冲器时对电梯驱动主机正常减速的监控功能；

（11）增设门开着情况下的平层和再平层控制功能；

（12）增设用于电气安全装置的PESSRAL或者配置的PESSRAL功能、型号、制造单位改变（不含同一产品升级或者设计变更）；

（13）防爆型式改变；

（14）防爆等级提高；

（15）适用电梯设备品种范围改变。

V4.2.2 自动扶梯和自动人行道控制柜

配置变化符合下列之一时，应当重新进行型式试验：

（1）调速方式（交流星-三角拖动、交流变频变压等）改变；

（2）启动方式（手动启动、自动启动等）改变；

（3）控制装置类型（可编程控制器、微机等）的改变；

（4）控制装置型号或者制造单位、调速装置型号或者制造单位改变；

（5）增设用于电气安全装置的PESSRAE或者配置的PESSRAE功能、型号、制造单位改变（不含同一产品升级或者设计变更）；

（6）工作环境由室内型向室外型的改变。

V4.3 适用范围

垂直电梯控制柜适用的参数范围和配置见表V-1，自动扶梯和自动人行道控制柜适用的参数范围和配置见V-2。

表 V-1 垂直电梯控制柜适用参数范围和配置表

适用电梯额定速度	m/s	适用驱动主机额定功率	kW
调速方式		控制方式	
布置区域		工作环境	
控制装置类型		控制装置型号	
控制装置制造单位名称		防爆型式	
防爆等级		液压泵站满负荷工作压力	MPa
调速装置型号		调速装置制造单位名称	
适用电梯设备品种范围		紧急和测试操作装置设置	
能量回馈装置设置		自动救援操作装置型号	
门开着情况下的平层和再平层控制功能		采用减行程缓冲器时对电梯驱动主机正常减速的监控功能	

PESSRAL	型号		功能	
	制造单位名称			

表 V-2 自动扶梯和自动人行道控制柜适用参数范围和配置表

调速方式		启动方式	
控制装置类型		工作环境	
控制装置型号		控制装置制造单位名称	
调速装置型号		调速装置制造单位名称	

PESSRAE	型号		功能	
	制造单位名称			

V5 技术资料要求与审查

型式试验机构应当对申请单位按照本章要求提交的技术资料进行审查，确认是否符合本规则和相关标准的要求。

V5.1 合格证明及说明书

(1) 产品质量合格证明文件，包括合格证(含数据报告)、产品质量证明书等；

(2) 安装、调试、使用、维护说明书。

V5.2 主要参数配置技术资料

(1) 适用电梯设备类别；

(2) 适用电梯设备品种；

(3) 适用电梯的额定速度范围；

（4）适用电梯的驱动主机额定功率范围；

（5）适用电梯的液压泵站满负荷工作压力范围；

（6）特殊工作环境（如室外型、防爆型）适用情况。

V5.3　相关技术资料

（1）电气原理图，电气接线图，电气元件代号说明，元器件安装布置图；

（2）设计计算资料，包括调速装置选型计算、接触器选型计算、变压器选型计算；

（3）运行控制功能说明，如电梯采用减行程缓冲器时对电梯驱动主机正常减速的监控、门开着情况下的平层和再平层控制、检修运行控制、紧急电动运行控制、对接操作运行控制、消防员电梯优先召回阶段和消防服务阶段的功能说明，自动扶梯和自动人行道自动启动控制说明、防止非操纵逆转说明等；

（4）含有电子元件的安全电路、可编程电子安全相关系统型式试验报告和证书；

（5）紧急和测试操作装置说明；

（6）消防员操作模式说明；

（7）调速装置、控制装置产品合格证、说明书；

（8）接触器、接触器式继电器、继电器的类型证明；

（9）安全触点开关的额定绝缘电压和外壳防护等级的证明文件；

（10）针对电气故障防护的说明；

（11）配置火灾报警探测系统的说明；

（12）特殊工作环境（如室外型、防爆型）措施说明。

V5.4　连续运行试验

V5.4.1　一般要求

V5.4.1.1　曳引与强制驱动电梯、液压驱动电梯、消防员电梯和防爆电梯

曳引与强制驱动电梯、液压驱动电梯、消防员电梯、防爆电梯控制柜可靠运行 60 000 次，运行工况按照 GB/T 10058 的规定，允许的故障次数为 2 次。

V5.4.1.2　杂物电梯

杂物电梯控制柜可靠运行 10 000 次，允许的故障次数为 5 次。

V5.4.1.3　自动扶梯与自动人行道

除拖动方式为交流星-三角拖动的控制柜外，其他型式的自动扶梯与自动人行道控制柜连续运行试验运行时间为 240 小时，且单次运行时间不小于 12 小时，试验运行期间不允许出现故障，上、下行运行时间各为一半，最长每隔 24 小时切换一次，切换时停止运行时间不能超过 5 分钟。

V5.4.2　试验抽查

连续运行试验在进行其他试验内容前由申请方自行开展，型式试验机构在连续运行试验过程中至少现场抽查 1 次，试验结束后在同一台样品上进行其他安全及性能项目的试验。制造单位应当提交自行完成连续运行试验的方案、详细记录、总结报告及其真实性声明。

连续运行试验方案应当包括以下内容：

（1）连续运行试验起止时间、具体试验日程；

（2）连续运行试验人员配置；

(3) 连续运行试验工况；

(4) 连续运行试验记录内容；

(5) 建议的抽查见证点、真实性声明。

V5.5 适用产品技术资料

申请单位可以在本附件规定的范围内提出适用申请，并提交被适用产品与试验样品存在不同的本附件 V5.1 和 V5.3 的所有技术资料。

型式试验机构根据适用产品技术资料审查情况决定所能给出的适用范围。

V6 样品检查与试验

试验样品应当为一台调试完毕、能够正常工作的控制柜及相关的电线电缆、开关、按钮等。

V6.1 一般要求

V6.1.1 电气设备及安装

V6.1.1.1 主接触器的选择

使电梯驱动主机停止运转的主接触器应当为 GB 14048 中规定的下列类型：

(1) AC-3，用于交流电动机的接触器；

(2) DC-3，用于直流电源的接触器。

此外，接触器应当允许启动次数的 10%为点动运行。

V6.1.1.2 接触器式继电器的选择

由于承受功率的原因，必须使用接触器式继电器去操作主接触器时，这些接触器式继电器应当为 GB 14048.5 中规定的以下类型：

(1) AC-15，用于控制交流电磁铁；

(2) DC-13，用于控制直流电磁铁。

V6.1.1.3 接触器和接触器式继电器的要求

V6.1.1.1 和 V6.1.1.2 所述的主接触器和接触器式继电器的辅助触点，如果设计成确保动合触点和动断触点不能同时处于闭合位置，就可以认为是防止 V6.1.3.1 所述的相关电气故障的措施。

V6.1.1.4 电压

对于控制回路和安全回路，导体之间或者导体对地之间的直流电压平均值和交流电压有效值均应当不大于 250 V。

V6.1.1.5 中性导体和保护导体的布置

中性导体和保护导体应当始终分开。

V6.1.1.6 带电端子的处理

如果电梯的主开关或者其他开关断开后，一些连接端子仍然带电，则他们应当与不带电的端子明显地隔开，如带电端子电压超过 50 V，应当注上适当标志。

偶然互接将导致电梯危险故障的连接端子，应当被明显地隔开，除非其结构形式能避免这种危险。

V6.1.1.7 连接器件和插接式装置

设置在安全电路中的连接器件和插接式装置，如果不需使用工具就能将其拔出，或者错误的连接能导致电梯的危险故障时，应当保证重新插入时绝对不会插错。

V6.1.1.8　插座

控制柜内若有插座，应当是下列型式之一：

(1) 2P＋PE型(2极＋地线)，250 V，由主电源直接供电；

(2) 由符合GB 16895.21规定的安全特低电压供电的类型。

V6.1.1.9　器件标志

接触器、继电器、熔断器及控制柜中电路的连接端子板均应当依据线路图做出标志，熔断器的必要数据(如型号、参数)应当标注在熔断器或者其底座上，或者在其近旁。

使用多路连接器时，只需要在连接器而不必在各导线上做出标志。

V6.1.2　绝缘电阻、耐压及电磁兼容

V6.1.2.1　绝缘

(1) 液压电梯，应当符合GB 21240中13.1.3的要求；

(2) 曳引或者强制驱动电梯，符合GB 7588中13.1.3的要求；

(3) 杂物电梯，应当符合GB 25194中13.1.3的要求；

(4) 自动扶梯和自动人行道，应当符合GB 16899中5.11.1.4的要求。

V6.1.2.2　耐压

对控制柜主回路(动力)部分对地之间施以电路最高电压的2倍，再加1 000 V，历时1分钟，不能有击穿或者闪络现象。

V6.1.2.3　防护等级

垂直电梯控制柜外壳的防护等级不低于IP2X。

V6.1.3　电气故障的防护

V6.1.3.1　电气故障的防护

电梯电气设备中可能出现的下列任何一种故障，其本身应当不成为导致电梯危险故障的原因：

(1) 无电压；

(2) 电压降低；

(3) 导线(体)中断；

(4) 对地或者对金属构件的绝缘损坏；

(5) 电气元件的短路或者断路以及参数或者功能的改变，如电阻器、电容器、晶体管、灯等；

(6) 接触器或者继电器的可动衔铁不吸合或者不完全吸合；

(7) 接触器或者继电器的可动衔铁不释放；

(8) 触点不断开；

(9) 触点不闭合；

(10) 断、错相。

V6.1.3.2　接地故障的防护

(1) 液压电梯，应当符合GB 21240中14.1.1.3的要求；

(2) 曳引或者强制驱动电梯，应当符合GB 7588中14.1.1.3的要求；

(3) 杂物电梯，应当符合GB 25194中14.1.1.3的要求；

(4) 自动扶梯和自动人行道，应当符合GB 16899中5.12.1.1.4的要求。

V6.1.3.3　断相、错相保护

（1）控制柜应当具备供电系统断相和错相保护功能；当供电电路出现断相或者错相时，驱动主机应当停止运行并保持停止状态；

（2）驱动主机运行方向与供电系统相序无关的，可以不设错相保护功能。

V6.1.4　电气安全装置

V6.1.4.1　类型

电气安全装置应当是以下类型：

（1）一个或者几个安全触点；

（2）安全电路；

（3）可编程电子安全相关系统。

垂直电梯控制柜若使用可编程电子安全相关系统，最低安全完整性等级（SIL）见附件 H 中表 H-3。自动扶梯和自动人行道控制柜若使用可编程电子安全相关系统，最低安全完整性等级（SIL）见附件 J 中表 J-2。

V6.1.4.2　并联

（1）液压电梯，应当符合 GB 21240 中 14.1.2.1.3 的要求；

（2）曳引或者强制驱动电梯，应当符合 GB 7588 中 14.1.1.3 的要求；

（3）杂物电梯，应当符合 GB 25194 中 14.1.1.3 的要求；

（4）自动扶梯和自动人行道，应当符合 GB 16899 中 5.12.1.2.1.2 的要求。

V6.1.4.3　电气安全装置的动作

（1）液压电梯，应当符合 GB 21240 中 14.1.2.4 的要求；

（2）曳引或者强制驱动电梯，应当符合 GB 7588 中 14.1.2.4 的要求；

（3）对于杂物电梯，应当符合 GB 25194 中 14.1.2.4 的要求；

（4）自动扶梯和自动人行道，应当符合 GB 16899 中 5.12.1.2.4 的要求。

V6.1.4.4　安全电路的要求

（1）液压电梯，应当符合 GB 21240 中 14.1.2.3 的要求；

（2）曳引或者强制驱动电梯，应当符合 GB 7588 中 14.1.2.3 的要求；

（3）杂物电梯，应当符合 GB 25194 中 14.1.2.3 的要求；

（4）自动扶梯和自动人行道，应当符合 GB 16899 中 5.12.1.2.3 的要求。

V6.1.4.5　可编程电子安全相关系统的要求

可编程电子安全相关系统应当符合本规则附件 R 的规定。

如果可编程电子安全相关系统和一个与安全无关的系统共用同一硬件，则该硬件应当符合 PESSRAL 或者 PESSRAE 的规定。

V6.1.5　电动机的保护

（1）液压电梯，应当符合 GB 21240 中 13.3 的要求；

（2）曳引或者强制驱动电梯，应当符合 GB 7588 中 13.3 的要求；

（3）杂物电梯，应当符合 GB 25194 中 13.3 的要求；

（4）自动扶梯和自动人行道，应当符合 GB 16899 中 5.11.3 的要求。

V6.2　垂直电梯的控制要求

V6.2.1　对驱动电机及下降控制阀供电的控制

V6.2.1.1　直接供电控制

曳引与强制驱动电梯、其他类型电梯采用直接供电应当符合 GB 7588 中 12.7.1 的要求。

V6.2.1.2　静态元件供电和控制

(1)液压电梯,应当符合 GB 21240 中 12.4.2 的要求;

(2)对于曳引或者强制驱动电梯、其他类型电梯,应当符合 GB 7588 中 12.7.3 的要求。

V6.2.1.3　直流发电机电动机组驱动

曳引与强制驱动电梯、其他类型电梯采用直流发电机-电动机组驱动应当符合 GB 7588 中 12.7.2 的要求。

V6.2.1.4　液压驱动电梯的上行控制

应当符合 GB 21240 中 12.4.1 的要求。

V6.2.1.5　液压电梯的下行控制

应当符合 GB 21240 中 12.4.1.2 的要求。

V6.2.1.6　液压电梯电气装置保护

当液压电梯停止时,若其中某一个接触器的主触点没有打开或者某一个电气装置没有断开,最迟到下一次运行方向改变时,必须防止轿厢再运行。

V6.2.2　制动器供电的控制

V6.2.2.1　供电和控制

(1) 切断制动器电流,至少用两个独立的电气装置来实现,不论这些装置与用来切断电梯驱动主机电流的电气装置是否为一体;

(2) 当电梯停止时,如果其中一个接触器的主触点未打开,最迟到下一次运行方向改变时,应当防止电梯再运行。

V6.2.2.2　释放电路

使制动器制动的释放电路的断开应当无任何延迟。使用二极管或者电容器与制动器线圈两端直接连接不被看作延时装置。

V6.2.3　电动机运转时间限制器

V6.2.3.1　设置

电梯应当设有电动机运转时间限制器。当启动电梯时,驱动主机不转的情况下应当使电梯驱动主机停止转动并保持在停止状态。

曳引驱动的电梯,轿厢或者对重向下运动时由于障碍物而停住,导致曳引绳在曳引轮上打滑的情况下也应当使电梯驱动主机停止转动并保持在停止状态。

V6.2.3.2　动作时间

电动机运转时间限制器起作用的时间(T)应当符合以下要求:

(1) 电梯全程运行时间不小于 35 s 时,$T \leqslant 45$ s;

(2) 电梯全程运行时间小于 35 s,且大于 10 s 时,$T \leqslant$ 全程运行时间加 10 s;

(3) 电梯全程运行时间不大于 10 s 时,$T \leqslant 20$ s。

(4) 液压驱动的杂物电梯,T 小于或者等于载有额定载重量的轿厢向上全程运行所需要的时间加 60 s。

V6.2.3.3　复位

电机运转时间限制器动作后，只能用手动复位恢复正常运行。恢复断开的电源后，曳引机无需保持在停止位置。

V6.2.3.4　与其他运行的关系

电动机运转时间限制器不应当影响到轿厢检修运行、紧急电动运行和电气防沉降系统的工作。

V6.2.4　门开着情况下的平层和再平层运行控制

(1) 液压电梯，应当符合 GB 21240 中 14.2.1.2 的要求；

(2) 曳引或者强制驱动电梯，应当符合 GB 7588 中 14.2.1.2 的要求；

(3) 杂物电梯，应当符合 GB 25194 中 14.2.1.2 的要求。

V6.2.5　检修运行控制

(1) 液压电梯，应当符合 GB 21240 中 14.2.1.3 的要求；

(2) 曳引或者强制驱动电梯，应当符合 GB 7588 中 14.2.1.3 的要求。

V6.2.6　对接操作运行控制

(1) 液压电梯，应当符合 GB 21240 中 14.2.1.4 的要求；

(2) 对于曳引或者强制驱动电梯，应当符合 GB 7588 中 14.2.1.4 的要求。

V6.2.7　载重量控制

V6.2.7.1　超载保护装置

(1) 对于液压电梯，应当符合 GB 21240 中 14.2.5.1 的要求；

(2) 对于曳引或者强制驱动电梯，应当符合 GB 7588 中 14.2.5.1 的要求。

V6.2.7.2　超载情况下电梯的状态

(1) 对于液压电梯，应当符合 GB 21240 中 14.2.5.3 的要求；

(2) 对于曳引或者强制驱动电梯，应当符合 GB 7588 中 14.2.5.3 的要求。

V6.2.8　其他控制及优先权

V6.2.8.1　极限开关的控制方式

对极限开关应当采用下列方式控制：

(1) 强制驱动的电梯，用强制的机械方法直接切断电动机和制动器的供电回路；

(2) 曳引驱动的单速或者双速电梯，极限开关能够按照本条(1)切断电路，或者通过一个电气安全装置，切断向两个接触器线圈直接供电的电路；

(3) 可变电压或者连续调速电梯，极限开关能够迅速地，即在与系统相适应的最短时间内使电梯主机停止运转；

(4) 直接作用式液压电梯，极限开关的动作能够由直接利用轿厢或者柱塞的作用，或者间接利用一个与轿厢连接的装置，如钢丝绳、皮带或者链条方式实现(当绳、皮带或者链断裂或者松弛，能够借助一个电气安全装置使液压电梯驱动主机停止运转)；

(5) 间接作用式液压电梯，极限开关的动作能够由直接利用柱塞的作用，或者间接利用一个与轿厢连接的装置，如钢丝绳、皮带或者链条方式实现(当绳、皮带或者链断裂或者松弛，能够借助一个电气安全装置使液压电梯驱动主机停止运转)。

V6.2.8.2　减行程缓冲器控制系统

适用于减行程缓冲器的曳引驱动电梯控制柜，检查曳引机减速的装置，其功能及控制方式应当与正常的速度调节系统结合起来获得一个符合电气安全装置要求的减速控制系统。

V6.2.8.3　手动门控制

适用于手动门电梯（杂物电梯除外）的控制系统，在电梯停止后不小于 2 s 内，应当防止轿厢离开停靠站；手动门杂物电梯应当有一种装置，在电梯停止后不小于 3 s 内，防止轿厢离开停靠站。

V6.2.8.4　非集选控制

从门关闭后到外部呼梯按钮起作用之前，应当有不小于 2 s 的时间让进入轿厢的使用人员能揿压其选择的按钮（该要求不适用于杂物电梯）。

V6.2.8.5　紧急电动运行控制

应当符合 GB 7588 中 14.2.1.4 的要求。

V6.2.8.6　层门和轿门旁路装置

为了维护层门、轿门和门锁触点，在控制屏或者紧急和测试屏上应当提供一个旁路装置。该装置应当为一个永久安装的，能防止通过机械移动方式（如罩壳、安全帽）意外使用的开关，或者一个符合电气安全装置要求的插头插座组合。应当在层门和轿门旁路装置上或者其附近标注“旁路”字样，旁路装置的动作状态应当易于识别，被旁路的触点也应当根据原理图上的标志符进行标志。旁路装置还应当符合以下条件：

（1）能够终止包括任何自动门操作的正常运行控制；

（2）允许旁路层门闭合触点、层门锁紧触点、轿门闭合触点和轿门锁紧触点；

（3）能够无法同时旁路层门触点和轿门触点；

（4）为了允许旁路轿门后轿厢运行，能够提供一个独立的监视信号来检查轿门处于关闭位置；该要求也适用于轿门闭合触点和轿门锁紧触点结合在一起的情况；

（5）手动层门，能够无法同时旁路层门闭合触点和层门锁紧触点；

（6）仅在检修操作或者紧急电动运行模式下轿厢才能运行；

（7）运行时，轿厢能够发出一听觉信号，轿底的闪光灯闪亮。

V6.2.8.7　层门锁装置的电气防护

当轿厢停在开锁区域内，轿门开启、层门锁释放时，应当检查轿门关闭位置的电气安全装置和验证层门锁紧装置锁紧位置的电气安全装置及其回路的正确动作。如果检测到这些装置失效，应当防止电梯的正常运行。

V6.2.8.8　液压电梯电气防沉降

应当符合 GB 21240 中 14.2.1.5 的规定。

V6.2.8.9　紧急操作和动态测试装置

应当符合 GB/T 10060 中 5.6.4 的规定。

V6.2.8.10　消防员操作模式

应当符合 GB 26465 中 5.7 的规定。

V6.2.8.11　自动救援操作装置（如有）

V6.2.8.11.1　投入运行

当电网电源断电或者电网电源缺相时，该装置在判断电梯状态稳定后，至少等待 3 s 才能自动投入救援运行。以下情况下，该装置不得投入运行：

(1) 电梯处在检修运行、紧急电动运行、对接操作状态时；

(2) 人为切断电梯的主开关时；

(3) 电梯的电气安全装置动作时。

完成自动救援运行后，应当维持动力驱动的自动门开门状态不小于 10 s，此后应当退出自动救援工作状态，关闭电梯层轿门，恢复主电源回路。

V6.2.8.11.2　切换开关

应当设置一个非自复位控制开关。开关处于关闭状态时，该装置不能启动应急运行，只能对电池充电。

V6.2.8.11.3　电源隔离

该装置投入使用后，必须自动隔断外电网对电梯系统的供电，防止外电源与应急电源造成冲突。如果使用符合接触器触点隔断电网电源，那么该接触器发生故障时，应当防止电梯的再启动。

V6.2.8.11.4　对电梯的控制

该装置工作时，对电动机和制动器的控制应当符合 V6.2.1、V6.2.2 的要求，电动机运行时间限制器也应当起作用，且应当在轿厢以自动救援运行速度运行最大楼层间距行程的时间加 10 s 前起作用。

V6.2.8.11.5　绝缘电阻

该装置的输入电路对地、输出电路对地以及输入电路与输出电路间的绝缘电阻应当不小于 0.5 MΩ。

V6.2.8.11.6　耐压

该装置的输入电路对地、输出电路对地以及输入电路对输出电路应当承受 50 Hz 的正弦交流电 1 分钟，试验电压为 1 500 V，不能有击穿或者闪络现象，漏电流小于 30 mA。

V6.2.8.11.7　外壳防护等级

IP 等级应当不低于 IP20。

V6.2.8.11.8　噪声

该装置工作时噪声应当不大于 80 dB(A)。

V6.2.8.11.9　运行速度

该装置在轿厢半载时的自动救援运行速度应当不大于 0.3 m/s。

V6.2.8.12　分体式能量回馈装置

V6.2.8.12.1　接入原则

接入该装置时，不能破坏或者改变电梯原有的设计和配置。

V6.2.8.12.2　分离

该装置与电梯供电低压配电网在任何时候都可以可靠分离，分离装置可以安全、方便地手动操作。

V6.2.8.12.3　防反放电保护

当该装置输入端直流电压低于允许工作范围或者回馈装置处于关机状态时，应当不向电梯反向供电。

V6.2.8.12.4　极性反接保护

当该装置输入侧极性接反时，装置应当不损坏。

V6.2.8.12.5　直流电压过压保护

当直流母线电压超过回馈装置的工作电压上限时，回馈装置应当能停止工作，并向电梯提供相应的故障信号。

V6.2.8.12.6　短路保护

该装置应当设置内部短路保护，当内部发生短路时，不会影响电梯其他设备的安全，并向电梯提供相应的报警信号。

V6.2.8.12.7　断路保护

该装置应当设置内部断路保护，当内部发生断路时，不会影响电梯其他设备的安全，并向电梯提供相应的报警信号。

V6.2.8.12.8　绝缘电阻

该装置的输入电路对地、输出电路对地以及输入电路与输出电路间的绝缘电阻应当不小于 0.5 MΩ。

V6.2.8.12.9　耐压

该装置的输入电路应当承受 50 Hz 的正弦交流电 1 分钟，试验电压为 1 500 V，不能有击穿或者闪络现象，漏电流小于 30 mA。

V6.2.8.12.10　外壳防护等级

IP 等级应当不低于 IP2X。

V6.2.8.12.11　噪声

该装置工作时噪声应当不大于 70 dB(A)。

V6.2.9　消防员电梯的附加要求

V6.2.9.1　控制柜的防水保护

设置在距设有层门的任一井道壁 1 m 的范围内的控制柜应当设计成能防滴水和防淋水，或者装备有防护等级至少为 GB 4208 规定的 IPX3 级的外壳。

设置在消防员电梯底坑地面以上 1 m 以内的控制柜防护等级应当为 IP67。

V6.2.9.2　安全保护装置的有效性

在消防员电梯开关处于有效状态期间，除反开门装置外，消防员电梯的所有安全装置都应当保持有效状态。

V6.2.9.3　消防员电梯开关控制权限

应当符合 GB 26465 中 5.7.4 的规定。

V6.2.9.4　井道外电气系统对消防运行的影响

当处于消防员服务状态时，层站召唤控制或者设置在消防员电梯井道外的消防员电梯控制系统其他部分的电气故障应当不影响消防员电梯的功能。

V6.2.9.5　群控电梯电气故障的影响

与消防员电梯在同一群组中的其他任一台电梯的电气故障，都应当不影响消防员电梯的运行。

V6.2.9.6　开门超时报警

消防员电梯应当设置一个音响信号，当门开着的实际停顿时间超过 2 分钟时在轿厢内鸣响。在超过 2 分钟后，此门将试图以递减的动力关闭，在门完全关闭后音响信号解除。

V6.2.9.7　消防员电梯的优先召回(阶段 1)

消防员电梯的优先召回(阶段 1)功能应当符合 GB 26465 中 5.7.7 的规定。

V6.2.9.8　外部召回信号的控制

附加的外部控制或者输入仅能用于使消防员电梯自动返回到消防员服务通道层并保持开门状态停在该层。消防员电梯开关仍必须被操作到位置“1”,才能完成阶段 1 的运行。

V6.2.9.9　在消防员控制下消防员电梯的使用(阶段 2)

应当符合 GB 26465 中 5.7.8 的规定,其中中 5.7.8 g)的保持时间应当至少 5 s。

V6.2.10　电气防爆附加试验

应当符合 GB 31094 中 5.2.1.1、5.2.1.3、5.3、5.5.2、5.5.3、5.5.4、5.5.5 的规定。

V6.3　自动扶梯和自动人行道的要求

V6.3.1　对驱动电机供电的控制

V6.3.1.1　直接供电控制

应当符合 GB 16899 中 5.4.1.5.2 的要求。

V6.3.1.2　静态元件供电和控制

应当符合 GB 16899 中 5.4.1.5.3 的要求。

V6.3.2　启动和投入使用

V6.3.2.1　启动条件

任何一个电气设备故障,如果在 GB 16899 中 5.12.1.1.3 和附录 B 所述的条件下不能排除,应当不导致自动扶梯与自动人行道的启动。

V6.3.2.2　自动启动或者加速

(1) 由使用者的进入而自动启动或者加速的自动扶梯或者自动人行道(待机运行),其运行方向应当预先设定,其明显标志、清晰可见;

(2) 在由使用者进入而自动启动的自动扶梯或者自动人行道上,如果使用者能从与预定运行方向相反的方向进入时,自动扶梯或者自动人行道仍应当按照预先设定的方向启动并符合本条(1)的规定,运行时间应当不少于 10 s。

V6.3.3　停止运行

V6.3.3.1　自动操作停止运行

控制系统应当能使自动扶梯或者自动人行道在使用者启动了控制元件之后,经过一段足够的时间(至少为预期输送使用者的时间再加上 10 s)才能自动停止。

V6.3.3.2　手动操作紧急停止开关

控制屏内若设置了紧急停止开关,开关应当为电气安全装置。

V6.3.3.3　由监测装置或者电气安全装置触发的停止运行

(1) 当发生由 GB 16899 中表 6 所列监测装置或者电气安全装置(或者功能)检测到的事件时,在重新启动之前,驱动主机应当不能启动或者立即停止;

(2) 断开安全回路中的监测装置和电气安全装置的执行装置(如检修控制装置)应当符合 GB 16899 附录 B 的规定。

V6.3.4　运行方向的转换

只有当自动扶梯或者自动人行道处于停机状态,并符合 GB 16899 中 5.12.2.1.1、

5.12.2.1.2、5.12.2.1.3 和 5.12.2.2.2 的规定时，才能转换运行方向。

V6.3.5 再启动

V6.3.5.1 使用开关进行再启动

每次停止运行之后，除自动操作停止运行外，只有通过启动开关或者检修控制装置才可能重新启动。如在 GB 16899 中表 6 的 a)、c)、e)、j)、k)、l)、o)、p)和 q)情况下停止运行，则只有在故障锁定被手动复位之后，才能重新启动。

即使电源失电或者电源恢复，故障锁定应当始终保持有效。

V6.3.5.2 自动再启动的重复使用

如果由紧急停止开关实现停止，自动扶梯或者自动人行道在以下情况下，可以不使用启动开关而重复使用自动再启动：

(1) 在两端梳齿与踏面相交线，包括其外侧 0.30 m 的附加距离之间，应当对梯级、踏板或者胶带进行监测，且只有当这个区域内没有人和物时，自动再启动的重复使用才是有效的；该装置应当能探测到在该区域内任何位置，直径为 0.30 m、高度为 0.30 m 的不透明直立圆柱；

(2) 使用者进入时使自动扶梯或者自动人行道启动；至少在 10 s 时间段内，监测装置在规定的区段内没有检测到人或者物时，启动才是有效的；

(3) 控制自动再启动的重复使用的应当是电气安全装置，自检测传感元件允许单通道设计。

V6.3.6 检修控制

当使用便携式控制装置时，其他所有启动装置都应当不起作用，并且符合电气安全装置的规定。

所有检修插座应当设置为，即当连接一个以上的便携式控制装置时，所有便携式控制装置都不起作用；除了 GB 16899 中表 6 的 h)、j)、k)、l)、m)和 n)提及的以外，电气安全装置应当仍有效。

V6.3.7 超速保护和非操纵逆转保护

V6.3.7.1 超速保护

自动扶梯和自动人行道应当在速度超过名义速度的 1.2 倍之前自动停止运行。如果采用速度限制装置，该装置应当能在速度超过名义速度的 1.2 倍之前切断自动扶梯或者自动人行道的电源。

如果自动扶梯或者自动人行道的设计能防止超速，则可以不考虑前款的要求。

V6.3.7.2 非操纵逆转保护

自动扶梯倾斜角度 $\alpha \geqslant 6^\circ$的倾斜式自动人行道应当设置一个装置，使其在梯级、踏板或者胶带改变规定运行方向时自动停止运行。

超速或者运行方向的非操纵逆转应当通过电气安全装置实现。

V6.4 标志和铭牌

V6.4.1 停止开关标志

停止开关上或者其附近应当标出“停止”字样，设置在不会出现误操作危险的地方。

V6.4.2 操作标志

在紧(应)急电动运行的上、下行按钮上或者其近旁应当标出运行方向。

V6.4.3 铭牌

V6.4.3.1 垂直电梯控制柜

应当设有铭牌，标明以下内容：

(1) 名称；

(2) 制造单位名称及其制造地址；

(3) 电梯层站数(必要时)；

(4) 控制方式；

(5) 调速方式；

(6) 产品编号；

(7) 制造日期；

(8) 型式试验机构名称或者标志。

V6.4.3.2 自动扶梯与自动人行道控制柜

应当设有铭牌，标明以下内容：

(1) 名称；

(2) 制造单位名称及其制造地址；

(3) 启动方式；

(4) 调速方式；

(5) 产品编号；

(6) 制造日期；

(7) 型式试验机构名称或者标志。

V7 样品技术参数及配置

见表 V-3、表 V-4。

表 V-3 垂直电梯控制柜样品技术参数及配置表

<table>
<tr><td colspan="2">产品名称</td><td></td><td>型号</td><td></td></tr>
<tr><td colspan="2">适用垂直电梯额定速度</td><td>m/s</td><td>适用电梯驱动主机额定功率</td><td>kW</td></tr>
<tr><td colspan="2">适用液压泵站满负荷工作压力</td><td>MPa</td><td>外壳防护等级</td><td></td></tr>
<tr><td colspan="2">工作环境</td><td></td><td>安放位置</td><td></td></tr>
<tr><td colspan="2">防爆型式</td><td></td><td>防爆等级</td><td></td></tr>
<tr><td colspan="2">紧急和测试操作装置设置</td><td></td><td>消防员操作模式设置</td><td></td></tr>
<tr><td colspan="2">自动救援操作装置型号</td><td></td><td>能量回馈装置设置</td><td></td></tr>
<tr><td colspan="2">适用电梯设备品种范围</td><td colspan="3"></td></tr>
<tr><td colspan="2">电梯运行控制功能</td><td colspan="3"></td></tr>
<tr><td rowspan="2">调速器</td><td>型号</td><td></td><td>调速方式</td><td></td></tr>
<tr><td>额定电压</td><td>V</td><td>额定功率</td><td>kW</td></tr>
</table>

续表 V-3

<table>
<tr><td colspan="3">产品名称</td><td colspan="2"></td><td colspan="2">型号</td><td></td></tr>
<tr><td rowspan="2">调速器</td><td colspan="2">额定频率</td><td colspan="2">Hz</td><td colspan="2">额定电流</td><td>A</td></tr>
<tr><td colspan="2">制造单位名称</td><td colspan="5"></td></tr>
<tr><td rowspan="4">控制装置</td><td colspan="2">型号</td><td colspan="2"></td><td colspan="2">控制方式</td><td></td></tr>
<tr><td colspan="2">通讯方式</td><td colspan="2"></td><td colspan="2">最大层站数</td><td></td></tr>
<tr><td colspan="2">控制装置类型</td><td colspan="5"></td></tr>
<tr><td colspan="2">制造单位名称</td><td colspan="5"></td></tr>
<tr><td rowspan="5">电气安全装置</td><td rowspan="2">安全电路</td><td colspan="2">型号</td><td colspan="2"></td><td>功能</td><td></td></tr>
<tr><td colspan="2">制造单位名称</td><td colspan="4"></td></tr>
<tr><td rowspan="3">可编程电子安全相关系统</td><td colspan="2">型号</td><td colspan="2"></td><td>功能</td><td></td></tr>
<tr><td colspan="2">SIL 等级</td><td colspan="4"></td></tr>
<tr><td colspan="2">制造单位名称</td><td colspan="4"></td></tr>
</table>

表 V-4 自动扶梯与自动人行道控制柜样品技术参数及配置表

<table>
<tr><td colspan="3">产品名称</td><td colspan="2"></td><td colspan="2">型号</td><td></td></tr>
<tr><td colspan="3">工作环境</td><td colspan="5"></td></tr>
<tr><td colspan="3">启动方式</td><td colspan="2"></td><td colspan="2">节能运行方式</td><td></td></tr>
<tr><td rowspan="4">调速装置</td><td colspan="2">型号</td><td colspan="2"></td><td colspan="2">调速方式</td><td></td></tr>
<tr><td colspan="2">额定电压</td><td colspan="2">V</td><td colspan="2">额定功率</td><td>kW</td></tr>
<tr><td colspan="2">额定频率</td><td colspan="2">Hz</td><td colspan="2">额定电流</td><td>A</td></tr>
<tr><td colspan="2">制造单位名称</td><td colspan="5"></td></tr>
<tr><td rowspan="2">控制装置</td><td colspan="2">类型</td><td colspan="2"></td><td colspan="2">型号</td><td></td></tr>
<tr><td colspan="2">制造单位名称</td><td colspan="5"></td></tr>
<tr><td rowspan="2">电气安全装置</td><td rowspan="2">安全电路</td><td colspan="2">型号</td><td colspan="2"></td><td>功能</td><td></td></tr>
<tr><td colspan="2">制造单位名称</td><td colspan="4"></td></tr>
<tr><td rowspan="3">电气安全装置</td><td rowspan="3">可编程电子安全相关系统</td><td colspan="2">型号</td><td colspan="2"></td><td>功能</td><td></td></tr>
<tr><td colspan="2">SIL 等级</td><td colspan="4"></td></tr>
<tr><td colspan="2">制造单位名称</td><td colspan="4"></td></tr>
</table>

附件 W

层门、玻璃轿门和玻璃轿壁型式试验要求

W1 适用范围

本附件适用于以下电梯(杂物电梯除外)部件的型式试验:

(1) 带玻璃面板的电梯层门和轿门;

(2) 无玻璃面板的水平滑动层门;

(3) 宽度大于 150 mm 的层门侧门框(门框侧边用来封闭井道的附加面板视为侧门框);

(4) 带玻璃面板的轿壁(玻璃轿壁)。

注 W-1:符合 GB 7588 中附录 J7“例外情况”规定的平板玻璃轿壁和平板玻璃轿门,不需要进行型式试验。

W2 引用标准

GB 7588—2003《电梯制造与安装安全规范》(含第 1 号修改单)。

W3 名词术语

本附件采用 W2 引用标准和本章规定的术语。

W3.1 导向装置

是指门挂轮、门导靴等为层门或者轿门导向的机械装置,对于水平滑动门,包括上部导向装置和下部导向装置。

W3.2 玻璃宽度和高度

是指带平板玻璃面板的门或者轿壁上可见部分玻璃的宽度和高度。

W3.3 玻璃厚度

是指包含各单层玻璃厚度及夹胶层厚度的尺寸,如(6+0.76+4)mm。

W4 主要参数和配置的适用原则

W4.1 主要参数变化

W4.1.1 层门、轿门

主要参数变化符合下列之一时,应当重新进行型式试验:

(1) 门扇高度增大;

(2) 门扇宽度超出试验样品最小及最大宽度范围;

(3) 门扇板材厚度减小;

(4) 加强筋板材厚度、宽度减小;

(5) 加强筋数量减少;

(6) 导向装置或者保持装置允许的最小啮合深度减小。

W4.1.2 带玻璃面板的层门和轿门

除本附件 W4.1.1 之外,主要参数变化符合下列之一时,应当重新进行型式试验:

(1) 玻璃高度增大;

(2) 玻璃宽度超出试验样品最小及最大宽度范围;

(3) 玻璃厚度(各单层及夹胶层)任一参数减小。

W4.1.3　层门侧门框

主要参数变化符合下列之一时,应当重新进行型式试验:

(1) 高度增大;

(2) 宽度增大;

(3) 侧门框板材厚度减小;

(4) 加强筋板材厚度、宽度减小;

(5) 加强筋数量减少。

W4.1.4　玻璃轿壁

主要参数变化符合下列之一时,应当重新进行型式试验:

(1) 最大内切圆直径增大(适用于平板玻璃);

(2) 圆弧直径改变或者弧长增大(适用于圆弧面玻璃);

(3) 玻璃厚度(各单层及夹胶层)任一参数减小。

W4.2　配置变化

W4.2.1　层门、轿门

配置变化符合下列之一时,应当重新进行型式试验:

(1) 开门方式(水平中分滑动门、水平旁开滑动门、垂直滑动门、铰链门等)改变;

(2) 结构型式(无玻璃面板的门、带有较小玻璃面板的门等)改变;

(3) 门扇或者加强筋材质改变且材质抗拉强度减小;

(4) 加强筋布置方式(纵向、横向等)改变;

(5) 导向装置或者保持装置的结构改变;

(6) 导向装置或者保持装置的材质改变且材质抗拉强度减小;

(7) 工作环境由室内型向室外型改变。

注 W-2:如果水平中分滑动门与水平旁开滑动门的结构和导向装置相同,可以相互适用。

W4.2.2　带玻璃面板的层门、轿门

除本附件 W4.2.1 之外,配置变化符合下列之一时,应当重新进行型式试验:

(1) 玻璃类型由夹层钢化向夹层改变;

(2) 玻璃面板固定方式由较多边固定改变为较少边固定;

(3) 玻璃材质改变。

注 W-3:如果层门与轿门的结构和导向装置相同,层门可以适用于轿门。

W4.2.3　层门侧门框

配置变化符合下列之一时,应当重新进行型式试验:

(1) 侧门框或者加强筋材质改变且材质抗拉强度减小;

(2) 加强筋布置方式(纵向、横向等)改变;

(3) 工作环境由室内型向室外型改变。

W4.2.4　玻璃轿壁

配置变化符合下列之一时,应当重新进行型式试验:

(1) 玻璃类型由夹层钢化向夹层改变;

(2) 玻璃面板形状(平面、圆弧面)改变;

(3) 玻璃面板固定方式由较多边固定改变为较少边固定；

(4) 玻璃材质改变；

(5) 工作环境由室内型向室外型改变。

W4.3 适用范围

适用的参数范围和配置见表 W-1、表 W-2 和表 W-3。

表 W-1 层门或者轿门适用参数范围和配置表

门扇高度	mm	门扇宽度范围	mm
门扇板材厚度	mm	加强筋板材厚度	mm
加强筋板材宽度	mm	加强筋数量	
导向装置允许的最小啮合深度	mm	保持装置允许的最小啮合深度	mm
玻璃高度	mm	玻璃宽度范围	mm
玻璃厚度	mm	工作环境	
开门方式		结构型式	
门扇材质牌号		加强筋材质牌号	
导向装置结构		导向装置材质牌号	
保持装置结构		保持装置材质牌号	
加强筋布置方式		玻璃类型	
玻璃固定方式		玻璃材质	

表 W-2 层门侧门框适用参数范围和配置表

侧门框高度	mm	侧门框宽度	mm
板材厚度	mm	加强筋板材厚度	mm
加强筋板材宽度	mm	加强筋数量	
侧门框材质牌号		加强筋材质牌号	
加强筋布置方式		工作环境	

表 W-3 玻璃轿壁适用参数范围和配置表

最大内切圆直径	(适用于平板玻璃)mm	圆弧直径或者弧长	(适用于圆弧面玻璃)mm
玻璃厚度	mm	工作环境	
玻璃类型		玻璃面板固定方式	
玻璃面板形状		玻璃材质	

W5 技术资料要求与审查

型式试验机构应当对申请单位按照本节要求提交的技术资料进行审查，确认是否符合本规则和相关标准的要求。

W5.1　产品合格证明及相关技术资料

（1）产品出厂合格证明；

（2）产品图纸目录、总图、主要受力结构件图、机构部件装配图、安装简图；

（3）玻璃合格证明文件；

（4）特殊环境使用要求的说明资料。

W5.2　配置参数

（1）层门、轿门，开门方式、结构型式、门扇高度、门扇宽度、门扇厚度、门挂板板材厚度及材质牌号、导向装置（包括上部导向、下部导向、垂直导向等）和门保持装置的尺寸、结构、材质牌号及允许的最小啮合深度、门扇板材厚度和材质牌号、加强筋板材厚度、宽度、高度和材质牌号、门间隙、加强筋连接方式（粘接、焊接等）、布置方式（纵向、横向等）及数量；

（2）层门侧门框，层门侧宽度、高度、板材厚度和材质牌号、加强筋的宽度、高度、板材厚度、材质牌号、连接方式、布置方式及数量；

（3）玻璃面板，玻璃宽度和高度（对门上的玻璃）、玻璃厚度、类型、材质牌号、形状、最大内切圆直径（对平板玻璃）、外层圆弧直径和弧长（对圆弧面玻璃）、固定方式及制造单位名称。

W6　样品检查与试验

试验样品应当为一套完整且完成装配的电梯层门、玻璃轿门、层门侧门框或者玻璃轿壁，包括导向装置、保持装置和固定件。

试验装置应当符合 GB 7588 中附录 J2 的规定，试验程序应当符合 GB 7588 中附录 J4 的规定。试验时应当按制造单位的要求调整门间隙。

W6.1　层门和层门侧门框

W6.1.1　静态强度

应当符合 GB 7588 中 7.2.3.1 的规定。

W6.1.2　层门冲击试验

应当符合 GB 7588 中 7.2.3.7 的规定。冲击试验应当在考虑门系统产生磨损、锈蚀后的最不利条件下进行；当磨损、锈蚀、火灾等原因可能导致正常导向装置失效时，则冲击试验应当在模拟正常导向装置失效后的状态下进行。

W6.1.3　带有玻璃面板的层门和宽度大于 150 mm 的层门侧门框冲击试验

应当符合 GB 7588 中 7.2.3.8 的规定。

W6.2　玻璃轿门和玻璃轿壁

应当符合 GB 7588 中附录 J4、J5 的规定。

W6.3　铭牌（可识别标志）

在层门上应当标明以下内容：

（1）产品型号；

（2）制造单位名称或者商标；

（3）产品编号或者制造批次号；

（4）制造日期。

对于使用玻璃的层门、轿门和轿壁，还应当在玻璃上标明本规则 H6.3.12.3 规定的内容。

W7 样品技术参数及配置

见表 W-4、表 W-5 和表 W-6。

表 W-4 层门或者轿门口技术参数及配置表

产品名称		产品型号	
门扇高度	mm	门扇宽度	mm
开门方式		结构型式	
导向装置结构		导向装置材质牌号	
保持装置结构		保持装置材质牌号	
导向装置尺寸	mm	保持装置尺寸	mm
导向装置允许的最小啮合尺寸	mm	保持装置允许的最小啮合尺寸	mm
门扇板材厚度	mm	门扇材质牌号	
门扇厚度	mm	门挂板板材厚度	mm
门挂板材质牌号		加强筋连接方式	
加强筋板材厚度	mm	加强筋宽度	mm
加强筋高度	mm	加强筋材质牌号	
加强筋布置方式		玻璃类型	
玻璃高度	mm	玻璃宽度	mm
玻璃固定方式		玻璃厚度	mm
玻璃材质		玻璃制造单位名称	
门间隙	mm	适用工作环境	

表 W-5 层门侧门框技术参数及配置表

产品名称		产品型号	
侧门框高度	mm	侧门框宽度	mm
侧门框板材厚度	mm	侧门框材质牌号	
加强筋板材厚度	mm	加强筋宽度	mm
加强筋高度	mm	加强筋材质牌号	
加强筋布置方式		加强筋连接方式	
适用工作环境			

表 W-6 玻璃轿壁技术参数及配置表

产品名称		产品型号	
玻璃面板形状		玻璃类型	
玻璃面板固定方式		玻璃厚度	mm
最大内切圆直径	(适用于平板玻璃)mm	圆弧直径	(适用于圆弧面玻璃)mm
圆弧弧长	(适用于圆弧面玻璃)mm	玻璃制造单位名称	
适用工作环境			

附件 X

液压泵站型式试验要求

X1 适用范围

本附件适用于液压驱动电梯、液压杂物电梯泵站的型式试验。

X2 引用标准

(1) GB 21240—2007《液压电梯制造与安装安全规范》;

(2) GB 25194—2010《杂物电梯制造与安装安全规范》。

X3 名词术语

本附件采用 X2 引用标准规定的术语。

X4 主要参数和配置的适用原则

X4.1 主要参数变化

电机额定功率增大,应当重新进行型式试验。

X4.2 配置变化

配置变化符合下列之一时,应当重新进行型式试验:

(1) 调速方式(节流调速、容积调速等)改变;

(2) 工作环境向防爆型改变。

X4.3 适用范围

液压泵站适用的参数范围和配置见表 X-1。

表 X-1 液压泵站适用参数范围和配置表

电机额定功率	kW	调速方式	
工作环境			

X5 技术资料要求与审查

型式试验机构应当对申请单位按照本章要求提交的技术资料进行审查,确认是否符合本规则及相关标准的要求。

X5.1 合格证明及说明书

(1) 产品质量合格证明文件,包括合格证(含数据报告)、产品质量证明书等;

(2) 安装、调试、使用、维护说明书。

X5.2 主要结构参数技术资料

(1) 液压泵站的调速方式、额定流量、油箱容量和额定工作压力;

(2) 电机额定功率、额定转速;

(3) 企业标准规定的液压泵站调速特性要求。

X5.3 相关技术资料

(1) 产品图纸目录、总图、机构部件装配图;

(2) 部件安装图,液压系统冷却方式及冷却系统安装图等;

(3) 特殊工作环境(防爆)适用情况及措施说明。

X5.4　适用产品技术资料

申请单位可以在本附件规定的范围内提出适用申请，并提交适用产品与试验样品存在不同的本附件 X5.1 至 X5.3 的所有技术资料。

型式试验机构根据适用产品技术资料审查情况决定所能给出的适用范围。

X6　样品检查与试验

X6.1　保压试验

将压力管路的压力调至液压泵站额定工作压力的 1.5 倍，运转 10 分钟，液压泵站各处应当无外泄漏现象。

X6.2　调速特性试验

根据液压泵站额定输出压力、流量的要求，测定启动、加速、运行、减速、平层、停止的特性参数是否达到设计要求。

X6.3　噪声试验

在液压泵站正常运行状态时，在其上、前、后方和左、右两侧离地面和箱体 1 m 处所测的噪声值应当不大于 85 dB(A)。

X6.4　铭牌

液压泵站应当设置铭牌，标明以下信息：

(1) 产品名称、型号；
(2) 制造单位名称及其制造地址；
(3) 型式试验机构名称或者标志；
(4) 电机功率；
(5) 额定工作压力；
(6) 额定流量；
(7) 油箱容量；
(8) 液压油牌号；
(9) 产品编号；
(10) 制造日期。

X7　样品技术及参数配置

见表 X-2。

表 X-2　样品技术及参数配置表

<table>
<tr><td colspan="2">产品名称</td><td colspan="2"></td><td colspan="2">产品型号</td><td></td></tr>
<tr><td colspan="2">调速方式</td><td colspan="2"></td><td colspan="2">额定流量</td><td>L/min</td></tr>
<tr><td colspan="2">额定工作压力</td><td colspan="2">MPa</td><td colspan="2">油箱容量</td><td>L</td></tr>
<tr><td colspan="2">液压油牌号</td><td colspan="2"></td><td colspan="2">工作环境</td><td></td></tr>
<tr><td rowspan="2">开关阀或者
电液比例阀</td><td colspan="2">型号</td><td colspan="2"></td><td>规格</td><td></td></tr>
<tr><td colspan="2">制造单位名称</td><td colspan="4"></td></tr>
<tr><td rowspan="2">电机</td><td colspan="2">规格</td><td colspan="2"></td><td>功率</td><td>kW</td></tr>
<tr><td colspan="2">制造单位名称</td><td colspan="4"></td></tr>
</table>

附件 Y

驱动主机型式试验要求

Y1 适用范围

本附件适用于电梯(含曳引驱动乘客电梯、曳引驱动载货电梯、强制驱动载货电梯、防爆电梯、消防员电梯)驱动主机、杂物电梯驱动主机、自动扶梯和自动人行道驱动主机的型式试验。

Y2 引用标准

GB/T 24478—2009《电梯曳引机》。

Y3 名词术语

本附件采用 Y2 引用标准和本章规定的术语。

Y3.1 热稳定状态

是指发热部件的温升在60分钟内的变化不超过2 K的状态。

Y4 主要参数和配置的适用原则

Y4.1 主要参数变化

Y4.1.1 电梯和杂物电梯驱动主机

主要参数变化符合下列之一时,应当重新进行型式试验:

(1) 电动机额定功率增大;

(2) 驱动主机额定速度增大;

(3) 防爆等级提高。

Y4.1.2 自动扶梯和自动人行道驱动主机

主要参数变化符合下列之一时,应当重新进行型式试验:

(1) 额定输出转速增大;

(2) 额定输出转矩增大。

Y4.2 配置变化

配置变化符合下列之一时,应当重新进行型式试验:

(1) 驱动方式(曳引驱动、强制驱动)改变;

(2) 整体结构型式(指外形结构,含输出轴支撑点数量)改变;

(3) 减速装置的型式、中心(锥)距和轴交角标称值、传动副接触面材料牌号改变;

(4) 无减速装置的主机输出轴中心线高度标称值改变;

(5) 电动机的结构和型式(指直流或者交流、单相或者三相、同步或者异步、永磁或者励磁、内转子或者外转子等主要配置)改变;

(6) 制动器的数量、结构型式、作用部位、适用的防爆型式改变;

(7) 适用工作环境由室内型向室外型改变。

Y4.3 适用范围

驱动主机适用的参数范围和配置见表 Y-1。

表 Y-1 驱动主机适用参数范围和配置表

电动机额定功率	(适用于电梯和杂物电梯主机) kW	驱动主机额定速度	(适用于电梯和杂物电梯主机) m/s
额定转速	(适用于自动扶梯和和动人行道主机)r/min	额定转矩	(适用于自动扶梯和自动人行道主机)N·m
驱动方式		整体结构型式	
制动器数量、结构型式		电动机结构型式	
制动器作用部位		减速装置型式	
传动副接触面材料牌号			
减速装置中心(锥)距	mm	减速装置轴交角	(°)
输出轴中心线高度	(适用于无减速装置主机) mm	工作环境	
防爆型式		防爆等级	

Y5 技术资料要求与审查

型式试验机构应当对申请单位按照本章要求提交的技术资料进行审查,确认是否符合本规则和相关标准的要求。

Y5.1 产品合格证明及相关技术资料

(1) 产品质量合格证明文件,包括合格证(含数据报告)、产品质量证明书等;

(2) 曳引轮材质、形状(节径、槽形)尺寸图及轮槽面硬度;

(3) 传动副接触面材质的证明材料;

(4) 永磁同步驱动主机所适用的调速器的类型;

(5) 永磁同步驱动主机所适用的速度反馈装置类型;

(6) 编码器设置的防干扰屏蔽及机械防护措施;

(7) 制动衬的材质证明文件(需包括易燃性说明与是否含有石棉的说明);

(8) 型式试验机构出具的制动器 200 万次动作试验报告(如有);

(9) 过载保护方式的设定说明;

(10) 制动响应时间技术指标,额定速度大于 8 m/s 的电梯驱动主机空载噪声允许值,额定转矩大于 3 000 N·m 的电梯驱动主机制动器噪声允许值,自动扶梯和自动人行道驱动主机空载运行噪声和减速箱油最高温度允许值;

(11) 特殊工作环境(室外、防爆等)适用情况及防护措施;

(12) 防爆部件的防爆合格证。

Y5.2 计算资料

(1) 额定输出转矩计算;

(2) 电梯和杂物电梯驱动主机输出轮轴受力(强度、刚度)计算;

(3) 对自动扶梯和自动人行道驱动主机,工作制动器和输出轴之间的所有驱动元件静力计算资料。

Y5.3　主要设计图样

(1) 产品图纸目录、总图、主要受力结构件图、机构部件装配图；

(2) 整机装配图、安装简图；

(3) 制动器和手动松闸装置的结构简图、电梯驱动主机制动器工作状态监测装置安装简图；

(4) 钢丝绳在卷筒上的固定结构简图；

(5) 驱动主机的防护设计或者装配简图；

(6) 手动盘车装置安装图；

(7) 电气接线图。

Y6　样品检查与试验

试验样品应当为装配调试完毕、能够正常运行的驱动主机及其随机附件一套(含运行所需的润滑油、盘车装置、松闸扳手、防护装置、编码器等)，对变频器有特殊要求的变频驱动主机以及其运行要依靠专用控制器控制的驱动主机，还应当提供配套的变频器和控制器。

Y6.1　电动机

Y6.1.1　定子绕组的绝缘电阻

应当符合 GB/T 24478 中 4.2.1.2 的规定。

Y6.1.2　耐压试验

应当符合 GB/T 24478 中 4.2.1.3 的规定。

Y6.2　制动系统

Y6.2.1　型式

制动系统应当具有一个机电式制动器(摩擦型)，制动器应当在持续通电下保持松开状态，驱动主机被制动部件应当以机械方式与曳引轮、卷筒或者链轮直接刚性连接。

电梯和杂物电梯驱动主机不得采用带式制动器。

Y6.2.2　分组设置

对于电梯和杂物电梯驱动主机，所有参与向制动轮(盘)施加制动力的制动器机械部件(电磁线圈的铁芯被视为机械部件，而线圈则不是)至少分两组装设。对于电梯驱动主机，应当有监测每组机械部件动作状态的装置。

Y6.2.3　制动压力

制动闸瓦或者衬垫的压力应当用有导向的压缩弹簧或者重砣施加；能用手释放的制动器，应当由手的持续力使制动器保持打开状态。

Y6.2.4　电梯驱动主机制动力矩

应当符合 GB/T 24478 中 4.2.2.2 的规定。试验方法应当符合 GB/T 24478 中 5.3 的规定。

Y6.2.5　电磁铁式制动器的启动和释放电压

在符合 Y6.2.4 的情况下，制动器电磁铁的最低启动电压和最高释放电压，应当分别低于额定电压的 80%和 55%，最低释放电压应当不低于额定电压的 10%。

Y6.2.6　电梯驱动主机制动响应时间

制动器制动响应时间(制动器电源断电时间与制动器达到额定制动力矩或者制动器

到达完全制动位置时间的差值)应当不大于 0.5 s,对于兼作轿厢上行超速保护装置和轿厢意外移动保护装置制动减速元件的电梯驱动主机制动器,其响应时间应当同时符合制造单位的设计值。

试验方法应当符合 GB/T 24478 中 5.8 的规定。

Y6.2.7 制动器线圈耐压试验

对制动器线圈导电部分与地之间施加 AC 1 000 V 的电压,历时 1 分钟,不得有击穿现象。

Y6.2.8 使用皮带

如果使用皮带将单台或者多台电动机连接到机电式制动器所作用的部件上,皮带不得少于两条。

Y6.2.9 制动器动作试验

电梯驱动主机制动器总成(包括电磁铁、制动弹性元件、机械制动部件、被制动部件、基体部件、电源及控制板、状态检测装置等)应当进行不少于 200 万次的动作试验,自动扶梯和自动人行道驱动主机制动器总成应当进行不少于 6 万次的动作试验。试验过程中不得进行任何维护,试验期间制动器不允许出现任何故障,试验结束后,仍应当符合本附件 Y6.2.4～Y6.2.6 的要求。

制动器安装在驱动主机或者能完全模拟实际工作状态的试验工装上,进行周期为(5±1)s 的连续不间断的动作试验,试验时通电持续率取 40%和电梯驱动主机通电持续率的较大值。试验完成后需按 Y6.2.5 进行验证,必要时按 Y6.2.4～Y6.2.6 进行验证。

Y6.2.10 制动器噪声

电梯驱动主机制动器噪声应当符合 GB/T 24478 中 4.2.3.3 的规定。对于额定转矩大于 3 000 N·m 的电梯驱动主机,制动器噪声应当不大于电梯驱动主机制造单位给出的指标值,制造单位没有给出指标值时,按照 80 dB(A)进行判定。

试验方法应当符合 GB/T 24478 中 5.4.2 的规定。

Y6.3 曳引轮

Y6.3.1 曳引轮绳槽槽面法向跳动

对于曳引驱动电梯主机,曳引轮绳槽槽面法向跳动允差为曳引轮节圆直径的 1/2 000。

Y6.3.2 曳引轮各绳槽节圆直径之差

对于曳引驱动电梯主机,曳引轮绳槽各槽节圆直径之间的差值不得大于 0.10 mm。

Y6.3.3 曳引轮绳槽硬度

曳引轮绳槽面材质应当均匀,其硬度差不大于 15 HBW。

Y6.4 减速箱

驱动主机的箱体分割面、观察窗(孔)盖等处应当紧密连接,不允许渗漏油。温升试验时,减速箱轴伸出端每小时渗漏油面积应当不超过 25 cm^2。

Y6.5 驱动主机整机

Y6.5.1 温升试验

在设计规定的工作制、负载持续率、启(制)动次数的运行条件下,无减速装置主机的电动机线圈或者有减速装置主机减速箱油到达热稳定状态时,应当符合下列要求:

(1) 电动机定子绕组和制动器线圈在采用 B 级或者 F 级绝缘时,温升分别不超过

80 K 或者 105 K；

(2) 电梯和杂物电梯驱动主机减速箱的油温不超过 85 ℃，自动扶梯和自动人行道驱动主机减速箱的油温不超过提供的油温指标值；

(3) 驱动主机仍能正常运行。

Y6.5.2 驱动主机噪声

电梯驱动主机噪声应当符合 GB/T 24478 中 4.2.3.3 的规定；对于额定速度大于 8 m/s 的电梯驱动主机，噪声应当不大于电梯驱动主机制造单位给出的指标值，制造单位没有给出指标值时，按照 8 m/s 电梯驱动主机的指标值进行判定。杂物电梯驱动主机带风机时应当不超过 70 dB(A)，不带风机时应当不超过 68 dB(A)。自动扶梯和自动人行道驱动主机应当不超过制造单位提供的噪声指标值。

试验方法应当符合 GB/T 24478 中 5.4.1 的规定。

Y6.5.3 曳引驱动电梯驱动主机空载振动速度

应当符合 GB/T 24478 中 4.2.3.4 的规定。对于额定速度大于 8 m/s 的电梯驱动主机，振动速度应当不大于电梯驱动主机制造单位给出的指标值，制造单位没有给出指标值时，按照 8 m/s 电梯驱动主机的指标值进行判定。

试验方法应当符合 GB/T 24478 中 5.5 的规定。

Y6.5.4 速度

对电梯和杂物电梯驱动主机，在额定电压和额定频率下，空载运行时驱动轮节径处的线速度应当不超过驱动主机额定速度的 105%，且不小于 92%。

对自动扶梯和自动人行道驱动主机，在额定电压和额定频率下，空载运行时所测得的输出转速与额定输出转速之间的最大允许偏差为±5%。

Y6.5.5 外观

减速装置油位应当易于观测。盘车手轮应当至少部分涂成黄色，制动器的手动松闸扳手应当至少部分涂成红色。

Y6.5.6 驱动主机铭牌

产品铭牌应当设置在明显位置，铭牌应当是永久性的并至少注明下列信息(含电动机铭牌)：

(1) 产品名称、型号；

(2) 额定速度(或者电梯额定速度，适用于电梯和杂物电梯驱动主机)；

(3) 额定输出转速(适用于自动扶梯和自动人行道驱动主机)；

(4) 额定功率；

(5) 额定电压；

(6) 额定电流；

(7) 额定频率；

(8) 额定输出转矩(或者额定载重量)；

(9) 外壳防护等级；

(10) 产品编号；

(11) 制造日期；

(12) 制造单位名称及其制造地址；

（13）型式试验机构的名称或者标志。

Y7 样品技术参数及配置

见表 Y-2。

表 Y-2 样品技术参数及配置表

<table>
<tr><td colspan="2">产品名称</td><td></td><td>产品型号</td><td></td></tr>
<tr><td colspan="2">工作环境</td><td></td><td>整体结构型式</td><td></td></tr>
<tr><td colspan="2">额定速度</td><td>（对电梯和杂物电梯主机） m/s</td><td>额定输出转速</td><td>（对自动扶梯和自动人行道主机） r/min</td></tr>
<tr><td colspan="2">额定输出转矩</td><td>N・m</td><td>驱动轮轴许用径向载荷</td><td>（对电梯和杂物电梯主机） kg</td></tr>
<tr><td colspan="2">输出轴中心线高度</td><td>（无减速装置时） mm</td><td>手动紧急操作装置</td><td></td></tr>
<tr><td colspan="2">防爆等级</td><td></td><td>防爆型式</td><td></td></tr>
<tr><td rowspan="7">电动机</td><td>电动机型号</td><td></td><td>结构型式</td><td></td></tr>
<tr><td>额定功率</td><td>kW</td><td>额定转速</td><td>r/min</td></tr>
<tr><td>额定电压</td><td>V</td><td>额定电流</td><td>A</td></tr>
<tr><td>额定频率</td><td>Hz</td><td>绝缘等级</td><td></td></tr>
<tr><td>工作制</td><td></td><td>外壳防护等级</td><td></td></tr>
<tr><td>过载保护方式</td><td></td><td>启(制)动次数</td><td></td></tr>
<tr><td>防爆标志</td><td></td><td>制造单位名称</td><td></td></tr>
<tr><td rowspan="4">减速装置</td><td>结构型式</td><td></td><td>减速比</td><td></td></tr>
<tr><td>减速级数</td><td></td><td>中心(锥)距</td><td>mm</td></tr>
<tr><td>轴交角</td><td>(°)</td><td>润滑油的规格、标号</td><td></td></tr>
<tr><td>传动副接触面材料牌号</td><td colspan="3"></td></tr>
<tr><td rowspan="3">驱动轮</td><td>绳槽数量</td><td></td><td>绳槽类型</td><td></td></tr>
<tr><td>悬挂绳直径</td><td>mm</td><td>槽面热处理要求</td><td></td></tr>
<tr><td>节圆直径</td><td>mm</td><td>绕绳方式</td><td></td></tr>
<tr><td rowspan="4">制动器</td><td>型号</td><td></td><td>作用部位</td><td></td></tr>
<tr><td>数量、结构型式</td><td></td><td>绝缘等级</td><td></td></tr>
<tr><td>电磁铁额定工作电压</td><td>V</td><td>制动轮/盘直径</td><td>mm</td></tr>
<tr><td>防爆标志</td><td></td><td></td><td></td></tr>
<tr><td rowspan="2">适用的拖动系统</td><td>调速方式</td><td></td><td>调速器类型</td><td></td></tr>
<tr><td>速度反馈装置类型</td><td></td><td></td><td></td></tr>
</table>

附件 Z

梯级、踏板等承载面板型式试验要求

Z1 适用范围

本附件适用于自动扶梯和自动人行道梯级，以及踏板、梳齿支撑板和楼层板等承载面板的型式试验。

Z2 引用标准

GB 16899—2011《自动扶梯和自动人行道的制造与安装安全规范》。

Z3 名词术语

本附件采用 Z2 引用标准和本章规定的术语。

Z3.1 梯级滚轮轴距

是指梯级的主轮和辅轮轴中心线之间的距离。

Z3.2 梯级主轮轨距

是指梯级的两个主轮宽度方向中心面之间的距离。

Z3.3 梯级辅轮轨距

是指梯级的两个辅轮宽度方向中心面之间的距离。

Z3.4 踏板滚轮轨距

是指踏板两个滚轮宽度方向中心面之间的距离。

Z4 主要参数和配置的适用原则

Z4.1 主要参数变化

Z4.1.1 自动扶梯梯级和自动人行道踏板

主要参数变化符合下列之一时，应当重新进行型式试验：

(1) 名义宽度、深度改变；

(2) 梯级的主轮轨距、辅轮轨距、踏板滚轮轨距改变；

(3) 滚轮轴距改变。

Z4.2 配置变化

Z4.2.1 自动扶梯梯级和自动人行道踏板

配置变化符合下列之一时，应当重新进行型式试验：

(1) 结构型式(整体式或者分体式)改变；

(2) 表面处理方式改变；

(3) 适用自动扶梯倾斜角范围改变；

(4) 材质改变；

(5) 工作环境改变。

Z4.2.2 梳齿支撑板和楼层板

配置变化符合下列之一时，应当重新进行型式试验：

(1) 表面材质改变；

(2) 承载面板种类改变；

(3) 表面处理方式改变;

(4) 工作环境改变。

Z4.3 适用范围

自动扶梯梯级参数范围和配置见表 Z-1,自动人行道踏板参数范围和配置见表 Z-2,梳齿支撑板和楼层板参数范围和配置见表 Z-3。

表 Z-1 自动扶梯梯级适用参数范围和配置表

结构型式		材质	
名义宽度	mm	深度	mm
主轮轨距	mm	滚轮轴距	mm
表面处理方式		辅轮轨距	mm
适用自动扶梯倾斜角范围	(°)	工作环境	

表 Z-2 自动人行道踏板适用参数范围和配置表

结构型式		材质	
滚轮轨距	mm	深度	mm
表面处理方式		名义宽度	mm
工作环境			

表 Z-3 梳齿支撑板和楼层板适用参数范围和配置表

承载面板种类		表面材质	
表面处理方式		工作环境	

Z5 技术资料要求与审查

型式试验机构应当对申请单位按照本节要求提交的技术资料进行审查,确认是否符合本规则和相关标准的要求。

Z5.1 合格证明及说明书

(1) 产品质量合格证明文件,包括合格证(含数据报告)、产品质量证明书等;

(2) 产品使用说明书。

Z5.2 主要结构参数技术资料

(1) 梯级结构型式、材质和适用自动扶梯倾斜角;

(2) 梯级滚轮轴距、主轮轨距、辅轮轨距;

(3) 踏板结构型式、材质和适用自动人行道倾斜角;

(4) 踏板滚轮轨距;

(5) 承载面表面材质、表面加工工艺、表面处理方式、工作环境。

Z5.3 设计图样

产品图纸目录、总图、机构部件装配图。

Z6 样品检查与试验

梯级和踏板试验时,至少有 2 个自动扶梯梯级或者自动人行道踏板以及匹配的若干个滚轮作为型式试验样品。其中 1 个样品专用于扭转试验,另 1 个样品用于其他项目的试验。表面防滑性能试验时，承载面板样品尺寸至少为 100 cm×50 cm，由产品拼接或者用同样材料和表面处理方式的材料制作而成，样品固定方式应当和型式试验机构的试验设备相适应。

Z6.1 梯级和踏板几何尺寸

Z6.1.1 梯级深度

梯级深度应当不小于 0.38 m。

Z6.1.2 梯级高度

梯级高度应当不大于 0.24 m。

Z6.1.3 宽度

梯级或者踏板名义宽度应当不小于 0.58 m，并且不大于 1.10 m，对于用于倾斜角不大于 6°的自动人行道踏板，则允许有较大的宽度，但是不能大于 1.65 m。

Z6.1.4 齿槽宽度

梯级或者踏板齿槽的宽度应当不小于 5 mm，并且不大于 7 mm。

Z6.1.5 齿槽深度

梯级或者踏板齿槽的深度应当不小于 10 mm。

Z6.1.6 齿宽

梯级或者踏板齿的宽度应当不小于 2.5 mm，并且不大于 5 mm。

Z6.2 外观检查

Z6.2.1 边缘齿槽

梯级踏面、梯级踢板或者踏板，其两侧边缘不应当是齿槽的槽底部。

Z6.2.2 交接处锐角

梯级踏面与踢板的交接处应当消除锐角

Z6.3 梯级和踏板载荷

Z6.3.1 静载试验

应当符合 GB 16899 中 5.3.3.2 的要求。

Z6.3.2 动载荷和扭转试验

以 5 Hz～20 Hz 之间任一频率的谐振力波进行试验，都应当符合 GB 16899 中 5.3.3.3 的要求。

Z6.4 防滑性能试验

用于室内的承载面板表面覆盖材料防滑等级至少为 R9，用于室外的至少为 R10。

防滑性能的试验和评价应当符合 GB 16899 中附录 J.2 的规定。

Z6.5 铭牌

在梯级、踏板、梳齿支撑板和楼层板上应当设有铭牌(可识别标志)，标明以下内容：

(1) 产品型号；

(2) 制造单位名称或者商标；

(3) 产品编号或者制造批次号；

(4) 制造日期。

Z7 样品技术参数及配置

见表 Z-4、表 Z-5 和表 Z-6。

表 Z-4 梯级样品技术参数及配置表

结构型式		材质	
名义宽度	mm	深度	mm
主轮轨距	mm	滚轮轴距	mm
表面处理方式		辅轮轨距	mm
适用自动扶梯倾斜角	(°)	工作环境	

表 Z-5 踏板样品技术参数及配置表

结构型式		材质	
滚轮轨距	mm	深度	mm
表面处理方式		宽度	mm
工作环境			

表 Z-6 梳齿支撑板和楼层板样品技术参数及配置表

承载面板种类		表面处理方式	
表面材质		工作环境	

附件 AA

滚轮型式试验要求

AA1 适用范围

本附件适用于自动扶梯和自动人行道滚轮的型式试验。

AA2 引用标准

GB 16899—2011《自动扶梯和自动人行道的制造与安装安全规范》。

AA3 名词术语

本附件采用 AA2 引用标准和本章规定的术语。

AA3.1 自动扶梯主轮

是指以自动扶梯上端部为前方，安装在梯级前侧，承载梯级主要载荷的滚轮。

AA3.2 自动扶梯辅轮

是指以自动扶梯下端部为后方，安装在梯级后侧，承载梯级次要载荷的滚轮，也称为自动扶梯随动滚轮。

AA4 主要参数和配置的适用原则

AA4.1 主要参数变化

主要参数变化符合下列之一时，应当重新进行型式试验：

(1) 外径改变；

(2) 轮缘名义宽度改变；

(3) 适用自动扶梯、自动人行道名义速度增大。

AA4.2 配置变化

配置变化符合下列之一时，应当重新进行型式试验：

(1) 轴承或者滑芯型号规格改变；

(2) 轮缘材质改变；

(3) 用途改变；

(4) 工作环境改变。

AA4.3 适用范围

滚轮适用参数范围和配置见表 AA-1。

表 AA-1 滚轮适用参数范围和配置表

外径	mm	轮缘名义宽度	mm
适用自动扶梯、自动人行道名义速度	m/s	轴承或者滑芯型号规格	
轮缘材质		用途(注 AA-1)	
工作环境(注 AA-2)			

注 AA-1：表中的用途是指自动扶梯主轮、自动扶梯辅轮或者自动人行道滚轮。

注 AA-2：表中的工作环境可以分为室内型和室外型。

AA5　技术资料要求与审查

型式试验机构应当对申请单位按照本节要求提交的技术资料进行审查，确认是否符合本规则和相关标准的要求。

AA5.1　产品合格证明及说明文件

(1) 产品质量合格证明文件，包括合格证（含数据报告）、产品质量证明书等；

(2) 产品使用说明书。

AA5.2　设计图样及技术资料

(1) 产品图样目录、总图，包括外观尺寸、轮缘材料、配用轴承或者滑芯型号规格等；

(2) 企业关于滚轮外径偏差、聚氨酯/橡胶硬度和疲劳试验要求的技术资料；

(3) 轮缘材料耐油证明文件；

(4) 对于室外型滚轮，应当提供滚轮轮缘材料耐水和滚轮轴承防水证明/说明文件。

AA6　样品检查与试验

至少有2个样品，其中1个样品用于进行疲劳试验，另1个样品用于进行其他项目试验。

AA6.1　疲劳试验

疲劳试验应当符合制造单位规定的要求（试验线速度、加载压力、试验运行时间），试验后滚轮应当没有局部凹凸、脱胶、开裂等现象。

试验线速度应当等于适用的自动扶梯和自动人行道最大名义速度。

用作自动扶梯主轮的滚轮试验时的加载压力和试验运行时间至少为1 300 N、250小时或者4 000 N、10小时，用作自动扶梯辅轮和自动人行道滚轮的试验加载压力和试验运行时间可以降低至1 000 N、250小时或者2 000 N、10小时，由制造单位任选。若滚轮既用作主轮，也可以用作辅轮，则按照主轮的要求进行疲劳试验。

应当在专门的滚轮疲劳试验机上进行试验，安装滚轮时，应当保证滚轮紧贴均匀，旋转平稳。

室外型滚轮，应当先进行水解试验（温度，75 ℃，试验时间，250小时）。

AA6.2　外观检查

滚轮表面不允许有气泡、砂眼，裂痕等缺陷，应当手感光滑，无粘手现象，色泽应当均匀。

AA6.3　外径偏差

滚轮外径偏差应当符合企业规定的要求。

用尺测量测量轮子表面上均布的5点，取平均值。

AA6.4　轮缘硬度

滚轮聚氨酯/橡胶硬度应当符合企业规定的要求。

用邵尔硬度计测量轮子表面上均布的3点，取平均值。

AA6.5　铭牌

在滚轮上应当设有铭牌（可识别标志），标明以下内容：

(1) 产品型号；

(2) 制造单位名称或者商标；

(3) 产品编号或者制造批次号；

（4）制造日期

AA7 样品技术参数及配置

见表 AA-2。

表 AA-2 样品技术参数及配置表

滚轮外径及偏差	mm	轮缘名义宽度	mm
适用自动扶梯、自动人行道名义速度	m/s	轴承或者滑芯型号规格	
轮缘材质及硬度		用途	
工作环境			

附件 AB

梯级(踏板)链型式试验要求

AB1　适用范围

本附件适用于自动扶梯梯级链、自动人行道踏板链的型式试验。

AB2　引用标准

JB/T 8545—2010《自动扶梯梯级链、附件和链轮》。

AB3　名词术语

本附件采用 AB2 引用标准规定的术语。

AB4　主要参数和配置的适用原则

AB4.1　主要参数变化

主要参数变化符合下列之一时,应当重新进行型式试验:

(1) 节距改变;

(2) 梯级距(踏板)距改变。

AB4.2　配置变化

配置变化符合下列之一时,应当重新进行型式试验:

(1) 链板、滚子、套筒、销轴材质牌号改变;

(2) 工作环境改变。

AB4.3　适用范围

梯级(踏板)链适用参数范围和配置见表 AB-1。

表 AB-1　梯级(踏板)链适用参数范围和配置表

节距	mm	梯级(踏板)距	mm
链板材质牌号		滚子材质牌号	
销轴材质牌号		套筒材质牌号	
工作环境			

AB5　技术资料要求与审查

型式试验机构应当对申请单位按照本节要求提交的技术资料进行审查,确认是否符合本规则和相关标准的要求。

AB5.1　合格证明及说明书

(1) 产品质量合格证明文件,包括合格证(含数据报告)、产品质量证明书等;

(2) 产品使用说明书,包括室外型产品的防锈措施说明。

AB5.2　主要结构参数技术资料

(1) 节距;

(2) 梯级(踏板)距;

(3) 链板、滚子、套筒和销轴材质及硬度;

(4) 最小破断负荷、梯级(踏板)距精度、链长同步精度、梯级距同步精度。

AB5.3 产品设计图样和技术说明书

(1) 产品图纸目录、总图、机构部件装配图;

(2) 梯级(踏板)链材质证明文件。

AB6 样品检查与试验

申请单位应当向型式试验机构提供2个经过预拉的同规格试验样品,样品两端的型式应当和型式试验机构的试验设备相适应。梯级(踏板)链样品应当经配对,且至少包含有3个梯级(踏板)距长度,且两端应当为内链节。

AB6.1 最小破断负荷

梯级(踏板)链最小破断负荷须符合JB/T 8545的规定或者企业制定的技术要求。

链段两端同试验机夹头应当通过销轴进行连接,以保证在链条零件上不产生附加应力。样品如与夹头相连处破坏,则该试验无效。试验加载应当连续缓慢进行,链条破坏定义为当载荷不增加而链条变形继续增加的初始点处,即在抗拉试验记录的载荷变形图上的峰值点。

AB6.2 梯级(踏板)链几何精度

(1) 梯级(踏板)距精度,长度公差为公称长度值的0.1%,或者符合企业制定的技术要求;

(2) 链长同步精度,应当不超过0.3 mm,或者符合企业制定的技术要求;

(3) 梯级(踏板)距同步精度,不应当超过0.3 mm,或者符合企业制定的技术要求。

试验时链条应当在未润滑的状态下,沿全长支撑平直。试验时施加载荷应当符合JB/T 8545的要求,或者符合企业制定的技术要求。

AB6.3 铭牌

在梯级(踏板)链上应当设有铭牌(可识别标志),标明以下内容:

(1) 产品型号;

(2) 制造单位名称或者商标;

(3) 产品编号或者制造批次号;

(4) 制造日期。

AB7 样品技术参数及配置

见表AB-2。

表AB-2 样品技术参及数配置表

节距	mm	梯级(踏板)距	mm
链板材质牌号		滚子材质牌号	
销轴材质牌号		套筒材质牌号	
工作环境			
最小破断负荷	kN	梯级(踏板)距精度	
链长同步精度		梯级(踏板)距同步精度	

附

TSG T7007—2016《电梯型式试验规则》第1号修改单

（对2016年6月第1版的修改）

一、正文修改

将“国家质量监督检验检疫总局”和“国家质检总局”分别修改为“国家市场监督管理总局”和“市场监管总局”。

二、附件A修改

将“玻璃轿门”修改为“玻璃轿门和前置轿门”。

三、附件H修改

在附件H中增加附录h，其内容如下：

附录h

斜行电梯型式试验要求

h1　适用范围

本附录适用于沿倾斜路径运行的曳引驱动乘客电梯、曳引驱动载货电梯、强制驱动载货电梯（以下统称“斜行电梯”）的型式试验。

h2　引用标准

本规则H2(1)～(4)引用标准以及GB/T 35857—2018《斜行电梯制造与安装安全规范》。

h3　名词术语

本附录h2引用标准和本规则H3规定的术语。

h4　主要参数和配置的适用原则

h4.1　斜行电梯主要参数变化

斜行电梯的主要参数变化符合下列之一时，应当重新进行型式试验：

(1) 见H4.1.1和H4.1.2；

(2) 倾斜角小于等于45°的单一倾斜角度斜行电梯的倾斜角改变超过15°，或者改变后倾斜角大于45°；

(3) 倾斜角大于45°的单一倾斜角度斜行电梯的倾斜角改变超过15°，或者改变后倾斜角小于等于45°；

(4) 多倾斜角度斜行电梯的倾斜角度改变。

h4.2　斜行电梯配置变化

斜行电梯配置变化符合下列之一时，应当重新进行型式试验：

(1) 见 h4.2(1)～(5)、(7)～(9)、(12)、(13)；

(2) 斜行电梯的轿门位置(侧置、前置)改变；

(3) 斜行电梯的轿厢与承载架(或悬挂架)的连接方式改变；

(4) 斜行电梯的曳引钢丝绳与运载装置的连接方式(一端、两端)改变；

(5) 斜行电梯的运载装置运行轨道、护轨、导轨、安全钳夹持部件总数量减少；

(6) 斜行电梯的限速器类型(钢丝绳驱动的限速器、非钢丝绳驱动的机械式限速器、可编程电子限速器)改变。

h4.3　适用参数范围及配置

斜行电梯适用的参数范围和配置见表 H-2(不含防爆和液压电梯相关项)和表 h-1。

表 h-1　斜行电梯附加适用参数范围和配置表

倾斜角范围		轿门位置	
轿厢与承载架(或悬挂架)的连接方式		曳引钢丝绳与运载装置的连接方式	
运行轨道、护轨、导轨、安全钳夹持部件总数量		限速器类型	

h5　技术资料要求与审查

型式试验机构应当对申请单位按照本附录要求提交的技术资料进行审查，确认是否符合本规则和相关标准的要求。

h5.1　产品合格证明及说明文件

(1) 见 H5.1(1)～(11)、(14)、(19)；

(2) 斜行电梯的前置轿门设计和结构、救援方法和救援程序、人员可进入斜行电梯运行轨道下方时的防护、与建筑物接口、轿厢地板防滑等级的说明；

(3) 斜行电梯紧急和检修通道、顶层和底坑用于维护的安全空间、障碍物清除装置、钢丝绳支撑部件、随行电缆支撑部件以及多倾斜角度斜行电梯保持轿厢水平的自动调节装置和运行路径中不同角度过渡段的设计说明；

(4) 斜行电梯限速器驱动装置(如钢丝绳、齿形带等)的型号、规格和破断载荷要求，以及张紧方法说明；

(5) 确保斜行电梯轿厢内乘客保持稳定和室外型斜行电梯底坑排水的措施；

(6) 斜行电梯设计预期的使用范围以及禁止使用的情况。

h5.2　设计计算书

(1) 见 H5.2(1)～(15)；

(2) 斜行电梯运行轨道、护轨、安全钳夹持部件以及轿壁机械强度的计算。

h5.3　主要设计图样

见 H5.3(1)、(2)。

h5.4 部件证明文件

h5.4.1 型式试验证明文件

限速器、安全钳、缓冲器、门锁装置、驱动主机、控制柜、绳头组合、层门、玻璃轿门、前置轿门、玻璃轿壁、轿厢上行超速保护装置(制动减速装置)、轿厢意外移动保护装置(完整系统)、含有电子元件的安全电路和可编程电子安全相关系统的型式试验报告和型式试验证书(复印件)及其产品合格证。

h5.4.2 其他证明文件

(1) 见 H5.4.2(1)～(3)、(5)、(6);

(2) 按照 GB/T 35857 附录 P 测定的斜行电梯轿厢地板防滑等级证明。

h5.5 机器设备间、井道

h5.5.1 布置说明及图示

见 H5.5.1。

h5.5.2 结构受力

机器设备间地板受力要求,底坑地面受力要求,使用膨胀螺栓时对井道壁的要求,斜行电梯井道结构的受力要求,斜行电梯运行轨道、导轨和安全钳夹持部件的承载结构受力要求。

h5.5.3 井道内各部件之间的间隙和保护

见 H5.5.3。

h5.5.4 运行轨道、导轨、护轨以及安全钳夹持部件

运行轨道、导轨、护轨以及安全钳夹持部件型号、摩擦面的尺寸和表面加工方式以及表面润滑的要求。

h5.5.5 悬挂、补偿系统

见 H5.6。

h5.5.6 轿厢系统

见 H5.7。

h5.5.7 门系统

见 H5.8。

h5.5.8 相关标准或者产品技术条件

含有本规则 H6.19、h6.23、h6.24、h6.25 要求的斜行电梯运行性能指标的企业标准或者产品技术条件。

h5.5.9 整机的连续运行试验记录和报告

见 H5.11(H5.11.2(5)除外)。

h6 样机检查与试验

斜行电梯应当满足本规则 H6.1～H6.9(其中 H6.1.3、H6.1.16、H6.1.17、H6.2.6、H6.3.1～H6.3.8、H6.3.10、H6.3.12.17～H6.3.12.19、H6.4.3、H6.4.5、H6.5.6、H6.5.7.1、H6.5.8.1、H6.6.1.8、H6.6.1.11、H6.6.3、H6.8.2.1、H6.8.2.2、H6.8.2.3 除外)、H6.12～H6.15、H6.19、H6.20、H6.22 以及 h6.1～h6.28 的规定。

h6.1 斜行电梯的极限开关

应当符合 GB/T 35857 中 5.7.5 的规定。检查与试验方法应当符合 GB/T 10059 中 4.1.4 的规定。

h6.2 斜行电梯的限速器

应当符合 GB/T 35857 中 5.6.9 的规定。

h6.3 斜行电梯的安全钳

应当符合 GB/T 35857 中 5.6.8 的规定。

h6.4 斜行电梯的缓冲器

应当符合 GB/T 35857 中 5.7.3、5.7.4 的规定。采用减行程缓冲器时，对电梯驱动主机正常减速的监控应当符合 GB/T 35857 中 5.9.8 的规定，缓冲器行程应当符合 GB/T 35857 中 5.7.4.2 的规定。

h6.5 斜行电梯的运载装置上行超速保护装置

应当符合 GB/T 35857 中 5.6.10 的规定，其中动作速度下限按照限速器的要求。制动试验时，空载轿厢以不低于额定速度上行，人为触发速度监控部件，仅用轿厢上行超速保护装置使轿厢减速或者制停。

h6.6 斜行电梯的运载装置意外移动保护装置

应当符合 GB/T 35857 中 5.6.11、附录 D.3 p)的规定。

h6.7 强制驱动斜行电梯钢丝绳的卷绕

应当符合 GB/T 35857 中 5.6.4 的规定。

h6.8 斜行电梯的补偿绳和环形钢丝绳

应当符合 GB/T 35857 中 5.6.6 的规定。

h6.9 斜行电梯的轿门

应当符合 GB/T 35857 中 5.5.5、5.5.6 的规定。

h6.10 斜行电梯对剪切危险的防护

应当符合 GB/T 35857 中 5.4.5.1 的规定。

h6.11 斜行电梯对坠落危险的防护

应当符合 GB/T 35857 中 5.4.7.1 的规定。

h6.12 斜行电梯的轿厢地坎护脚板

应当符合 GB/T 35857 中 5.5.4 的规定。

h6.13 斜行电梯的轿厢上护板和侧护板

应当符合 GB/T 35857 中 5.5.14 的规定。

h6.14 斜行电梯轿厢对乘客和货物的保护

应当符合 GB/T 35857 中 5.5.3.2 的规定。

h6.15 斜行电梯轿厢地板和层站之间的连接

应当符合 GB/T 35857 中 5.5.3.4 的规定。

h6.16 导轨系统

(1) 应当符合 GB/T 35857 中 5.7.2 的规定。

(2) 导轨与导轨支架在建筑物上的固定，应当能自动的或者采用简单调节的方法，对建筑物的正常沉降和混凝土收缩的影响予以补偿；每根导轨至少有 2 个导轨支架，端部短导轨的支架数量应当符合设计要求。

h6.17 斜行电梯的运行(滑行)部件

应当符合 GB/T 35857 中 5.5.19 的规定。

h6.18 斜行电梯保持运载装置在动态包络内的部件

应当符合 GB/T 35857 中 5.5.20 的规定。

h6.19 斜行电梯运行路径上障碍物的清除

应当符合 GB/T 35857 中 5.5.21 的规定。

h6.20 斜行电梯轿厢内或者轿顶上的工作区域

应当符合 GB/T 35857 中 5.3.4.3 的规定。

h6.21 斜行电梯底坑或者顶层的工作区域

应当符合 GB/T 10060 中 5.3.2 或者 GB/T 35857 中 5.3.4.4 的规定。

h6.22 斜行电梯井道内平台上的工作区域

应当符合 GB/T 35857 中 5.3.4.5 的规定。

h6.23 斜行电梯的运行噪声

运行噪声采用 GB/T 10059 中 4.2.5 规定的方法，检测的乘客电梯机房内平均噪声值(驱动主机噪声值)、开关门噪声值、轿内运行噪声值应当不大于电梯制造单位给出的限值。

h6.24 斜行电梯的加、减速度

(1) 采用 GB/T 10059 中 4.2.2 规定的方法，测得的斜行电梯运行方向上的起动加速度和制动减速度最大值不大于 1.5 m/s^2，A95 加、减速度应当符合电梯制造单位给出的限值指标。

(2) 斜行电梯在正常运行时(包括缓冲器在行程末端受到撞击的情况)以及在任何载荷情况下，采用 GB/T 10059 中 4.2.2 规定的方法测得的水平方向的起动加速度和制动减速度不大于 $0.1g_n$。

h6.25 斜行电梯的轿厢振动加速度

采用 GB/T 10059 中 4.2.6 规定的方法，测得的乘客电梯轿厢振动加速度应当符合电梯制造单位给出的限值指标。

h6.26 斜行电梯额定载重量与额定速度的关系

应当符合 GB/T 35857 中 1.5 的规定。

h6.27 斜行电梯的安全钳制动试验

应当符合 GB/T 35857 中附录 D.3 中 j)和 k)的规定，安全钳的动作应在不小于额定速度下进行。

h6.28 斜行电梯的驱动主机制动器制动试验

在不超过额定载重量的情况下，不论运载装置以何种方式制停，其水平方向的平均减速度应当小于 $0.25g_n$，垂直方向的平均减速度应当小于 $1.0g_n$。

h7 样机技术参数及配置

见表 H-4(不含适用于防爆电梯、消防员电梯、液压电梯的相关项及导轨栏)和表 h-2。

表 h-2 斜行电梯样机附加技术参数及配置表

<table>
<tr><td>倾斜角</td><td colspan="3"></td><td colspan="2">轿门位置</td><td></td></tr>
<tr><td>轿厢与承载架(或悬挂架)的连接方式</td><td colspan="6"></td></tr>
<tr><td>悬挂系统</td><td colspan="5">曳引钢丝绳与运载装置的连接方式</td><td></td></tr>
<tr><td>限速器</td><td colspan="2">类型</td><td></td><td colspan="2">SIL 等级</td><td></td></tr>
<tr><td rowspan="4">运行轨道、护轨、导轨、安全钳夹持部件(注 h-1)</td><td rowspan="2">运载装置</td><td>型式</td><td colspan="2"></td><td>总数量</td><td>列</td></tr>
<tr><td>制造单位名称</td><td colspan="4"></td></tr>
<tr><td rowspan="2">对重</td><td>型式</td><td colspan="2"></td><td>总数量</td><td>列</td></tr>
<tr><td>制造单位名称</td><td colspan="4"></td></tr>
</table>

注 h-1：运行轨道、护轨、导轨及安全钳夹持部件为不同的部件时，应当分别填写。

h8 斜行电梯安全保护装置及主要部件型式试验专项要求

h8.1 限速器

斜行电梯限速器型式试验要求，除以下涉及项目按照调整后的要求执行外，其他项目按照本规则附件 L 的相应要求执行：

(1) 将 L4.2 增加：

“(14)用于斜行电梯的限速器类型的改变(钢丝绳驱动的限速器、非钢丝绳驱动的机械式限速器、可编程电子限速器)。”

(2) 表 L-1 中增加一栏：

限速器类型		SIL 等级	

(3) 将 L5.3 的第(6)项修改为：“(6)限速器驱动装置(如钢丝绳、齿形带等)质量证明文件，包括型号、规格、破断载荷等；”并且 L5.3 增加：

“(9)对于钢丝绳驱动外的其他类型限速器，允许安全钳动作并确保整个安全钳和限速器联动系统安全动作的参数的极限值(如电气装置的触发力等)的说明。”

(4) 将 L6.2 的(2)修改为：“(2)应当符合 GB 7588 中 14.1.2 的规定，安装牢固，其功能不应当由于运转和动作而发生改变；或者为符合本规则附件 R 的可编程电子安全系统。”

(5) 将 L6.5 修改为：

“(1)见 L6.5；

(2) 对于钢丝绳驱动外的其他类型限速器，允许安全钳动作并确保整个安全钳和限速器联动系统安全动作的参数的极限值(如电气装置的触发力等)满足申请单位提供的设计值。”

(6) 表 L-2 中增加一栏：

限速器类型		SIL 等级	

h8.2 安全钳

斜行电梯安全钳型式试验要求，除以下涉及项目按照调整后的要求执行外，其他项目按照本规则附件 M 的相应要求执行：

(1) 将 M4.1.2 增加：

“(7)适用斜行电梯的倾斜角超出范围。”

(2) 表 M-1 中增加一栏：

适用斜行电梯的倾斜角范围	

(3) 将 M5.3 增加：

“(7) 安全钳设计允许质量在适用斜行电梯倾斜角度范围内，沿运行路径方向、垂直方向和水平方向上的减速度验算；”

(4) 表 M-2 中增加一栏：

适用斜行电梯的倾斜角范围	

h8.3 缓冲器

斜行电梯缓冲器型式试验要求，除以下涉及项目按照调整后的要求执行外，其他项目按照本规则附件 N 的相应要求执行：

(1) 将 N4.1.2 增加：

“(6)适用斜行电梯的倾斜角超出范围；

(7)撞击频次增大(适用于在轿厢行程末端可被压缩的缓冲器)。”

(2) 将 N4.1.3 增加：

“(7)适用斜行电梯的倾斜角超出范围。”

(3) 表 N-2 中增加一栏：

适用斜行电梯的倾斜角范围		撞击频次	次/小时

(4) 表 N-3 中增加一栏：

适用斜行电梯的倾斜角范围	

(5) 将 N5.2 增加：

“(8)适用斜行电梯的倾斜角度范围；

(9)使用条件(是否适用于在轿厢行程末端被压缩情况，如果适用，给出撞击速度和允许撞击频次)。”

(6) 将 N5.3 增加：

“(7)适用斜行电梯倾斜角度沿运行路径方向、垂直方向和水平方向等三个方向上的减速度设计计算。”

(7) 将 N6.2.3.2 的(1)修改为：“(1)缓冲器作用期间内的垂直方向平均减速度不应大于 $1.0g_n$，水平方向的平均减速度不应大于 $0.5g_n$；”将(2)修改为：“(2)垂直方向减速度峰值超过 $2.5g_n$ 的时间不大于 0.04 s，水平方向减速度峰值超过 $1.0g_n$ 的时间不大于 0.04 s;”

(8) 增加 N6.2.4:

“N6.2.4 连续压缩试验

在行程末端受到压缩的缓冲器应在申请单位指定的正常使用条件下试验至少 1 000 个周期,连续压缩试验完成后再按照 N6.2.3 进行撞击试验。”

(9) 将 N6.3.2.2 的(1)修改为:“(1)从达到 115%额定速度起的垂直方向平均减速度不应大于 $1.0g_n$,水平方向的平均减速度不应大于 $0.5g_n$,计算平均减速度的时间为首次出现两个绝对值最小减速度的时间差(见 GB 7588 中附录 F5.3.3.6.1);”将(2)修改为:“(2)垂直方向减速度峰值超过 $2.5g_n$ 的时间不大于 0.04 s,水平方向减速度峰值超过 $1.0g_n$ 的时间不大于 0.04 s;”

(10) 表 N-5 中增以下一栏:

适用斜行电梯的倾斜角范围		撞击频次	次/小时

(11)表 N-6 中增以下一栏:

适用斜行电梯的倾斜角范围	

h8.4 轿厢上行超速保护装置(制动减速装置)

斜行电梯轿厢上行超速保护装置(制动减速装置)型式试验要求,除以下涉及项目按照调整后的要求执行外,其他项目按照本规则附件 Q 的相应要求执行:

(1) 将 Q4.1.1 增加:

“(8)适用于斜行电梯的倾斜角超出范围。”

(2) 将 Q4.1.2 增加:

“(4)适用斜行电梯的倾斜角超出范围。”

(3) 将 Q4.1.3 增加:

“(4)适用斜行电梯的倾斜角超出范围。”

(4) 表 Q-1 中增加一栏:

适用斜行电梯的倾斜角范围	

(5) 表 Q-2 中增加一栏:

适用斜行电梯的倾斜角范围	

(6) 表 Q-3 中增加一栏:

适用斜行电梯的倾斜角范围	

(7) 将 Q5.1 增加:

“(6)适用斜行电梯倾斜角度沿运行路径方向、垂直方向和水平方向等三个方向上的减速度设计计算。”

(8) 将 Q5.2 增加:

“(7)适用斜行电梯的倾斜角度范围。”

(9) 将 Q6.2.1 第(2)项修改为“(2)该装置在制动期间,轿厢在垂直方向的最大减速

度值应当不大于 $1g_n$，水平方向的最大减速度值应当不大于 $0.5g_n$；”并且增加：

“(8)对适用不同倾斜角斜行电梯的钢丝绳制动器和曳引机制动器，在最大和最小倾斜角度情况下分别进行制动试验。”

(10) 表 Q-4 中增加以下一栏：

适用斜行电梯的倾斜角范围	

h8.5 轿厢意外移动保护装置

斜行电梯轿厢意外移动保护装置型式试验要求，除以下涉及项目按照调整后的要求执行外，其他项目按照本规则附件 T 的相应要求执行：

(1) 将 T4.1.1.1 增加：

“(11)适用斜行电梯的倾斜角超出范围。”

(2) 将 T4.1.1.2 增加：

“(7)适用斜行电梯的倾斜角超出范围。”

(3) 将 T4.1.1.3 增加：

“(7)适用斜行电梯的倾斜角超出范围。”

(4) 表 T-4 中增加以下一栏：

适用斜行电梯的倾斜角范围	

(5) 将 T5.3 增加：

“(22)适用斜行电梯的倾斜角度范围

(23)适用斜行电梯倾斜角度沿运行路径方向、垂直方向和水平方向等三个方向上的减速度设计计算。”

(6) 将 T6.1 中的“各次试验均应当符合 GB 7588 中 9.11.5、9.11.6 的规定，”修改为“各次试验均应当符合 GB 7588 中 9.11.5、9.11.6 或者 GB/T 35857 中 5.6.11.5、5.6.11.6 的规定，”并且 T6.1 增加：

“(8)对适用不同倾斜角斜行电梯的钢丝绳制动器和曳引机制动器，在最大和最小倾斜角度情况下分别进行制动试验。”

(7) 将 T6.1.4 中的“型式试验机构应当对申请单位所提供的对应试验速度下允许移动距离的相关计算是否符合 GB 7588 中 9.11.5 的要求进行确认。”修改为“型式试验机构应当对申请所提供的对应试验速度下允许移动距离的相关计算是否符合 GB 7588 中 9.11.5 的要求或者 GB/T 35857 中 5.6.11.5 的要求进行确认。”

(8) 表 T-7 的中“制停子系统”“适用范围”列中增加一栏：

适用斜行电梯的倾斜角范围	

h8.6 层门、玻璃轿门和前置轿门、玻璃轿壁

斜行电梯层门、玻璃轿门和前置轿门、玻璃轿壁型式试验要求，除以下涉及项目按照调整后的要求执行外，其他项目按照本规则附件 W 的相应要求执行：

(1) 将附件 W 的标题“层门、玻璃轿门和玻璃轿壁型式试验要求”修改为“层门、玻璃轿门和前置轿门、玻璃轿壁型式试验要求”。

(2) 将 W1 增加：

“(5)斜行电梯的前置轿门。”

(3) 将 W6 中的“试验样品应当为一套完整且完成装配的电梯层门、玻璃轿门、层门侧门框或者玻璃轿壁，”修改为“试验样品应当为一套完整且完成装配的电梯层门、玻璃轿门、前置轿门、层门侧门框或者玻璃轿壁，”

(4) 将 W6.2 修改为：

“W6.2 玻璃轿门、玻璃轿壁和前置轿门

(1) 玻璃轿门、玻璃轿壁应当符合 GB 7588 中附录 J4、J5；

(2) 前置轿门应当符合 GB/T 35857 中 J.4、J.5 的规定。”

(5) 将 W6.3 中的“在层门上应当标明以下内容”修改为“在层门和前置轿门上应当标明以下内容：”。

h8.7 驱动主机

斜行电梯驱动主机型式试验要求，除以下涉及项目按照调整后的要求执行外，其他项目按照本规则附件 Y 的相应要求执行：

(1) 将 Y4.1.1 增加：

“(4)可倾斜布置的鼓式制动器式驱动主机固定底面与水平面夹角增大；”

(2) 表 Y-1 增加一栏：

固定底面与水平面最小夹角	（仅适用于可倾斜布置的鼓式制动器式驱动主机） ≤ (°)

(3) 将 Y6.2.9 中的“制动器安装在驱动主机或者能完全模拟实际工作状态的试验工装上，进行周期为(5±1)s 的连续不间断的动作试验”修改为“制动器安装在驱动主机或者能完全模拟实际工作状态的试验工装上(可倾斜布置的鼓式制动器式驱动主机应在最大倾斜角度下进行测试)，进行周期为(5±1)s 的连续不间断的动作试验，”

(4) 表 Y-2 增加一栏：

固定底面与水平面最小夹角	（仅适用于可倾斜布置的鼓式制动器式驱动主机） ≤ (°)

Schindler

迅达集团于1874年成立于瑞士，以家族姓氏Schindler命名，是全球知名的电梯、自动扶梯、自动人行道及相关服务的供应商。迅达业务遍布于全球一百多个国家和地区，拥有超过65,000名员工。

迅达于1980年进入中国，成立了中国第一家工业性合资企业，并于2006年完成独资化进程，目前为100%瑞士迅达集团控股。四十年来，迅达中国以优质的产品和服务为中国的城市化发展，尤其是在高层地标、商业地产、公共交通等方面做出了贡献，参与的诸多经典项目包括2008年北京奥运场馆（鸟巢国家体育场）及配套设施、2010年上海世博会中国馆、北京大兴国际机场、上海中心大厦、国贸中心3期、深圳腾讯大厦、深圳平安金融中心、武汉绿地中心等。

2014年、2015年、2018年，位于上海嘉定的迅达扶梯、电梯、扶梯梯级新工厂先后正式投产；2016年9月，迅达电梯中国区迁址嘉定园区，这也是迅达集团史上规模最大的投资项目，见证了企业进一步扎根中国、立足长远的意愿。同年，迅达与华为建立战略合作伙伴关系，推动电梯行业数字化与物联网技术（IoEE）发展。此外，迅达集团于2018、2019年连续受邀参加两届中国国际进口博览会。

迅达的成功源于企业对其核心价值观的贯彻，包括安全，质量，为客户创造价值，致力于员工发展，以及诚实正直。此外，迅达的成功也离不开企业的核心优势：通过创新性与创造力，提供先进的智能解决方案，满足客户的多样性需求，引领电梯行业发展。

迅达产品

- ★ 电梯
- ★ 自动扶梯
- ★ 自动人行道
- ★ 交通动线管理
- ★ 迅达物联网

迅达服务

- ★ 维修保养
- ★ 更新改造

移动解决方案

- ★ 医院
- ★ 酒店
- ★ 购物中心
- ★ 办公楼
- ★ 住宅
- ★ 场馆
- ★ 公共交通

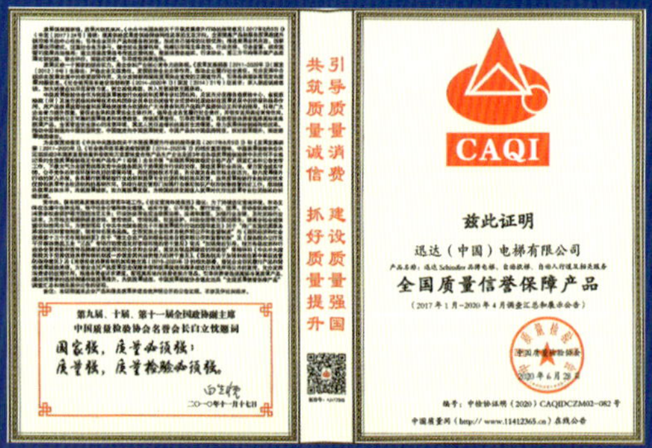

全国质量信誉保障产品

产品分类

迅达移动解决方案为人们提供了便捷的通行。从规划中的第一张草图到运行以及更新升级，我们帮助设计师、业主和建筑商提升各种类型建筑的价值。迅达拥有电梯、自动扶梯和自动人行道等系列产品。我们的产品、技术和服务是公认的质量基准和安全基准。每天，迅达产品承载着十亿人的信任，为他们的每日出行提供便捷。

守合同重信用

2019 电梯企业市场质量信用 A 等用户满意企业

AAA 合同信用等级认定证书

CNAS 国家实验室认证证书中文版

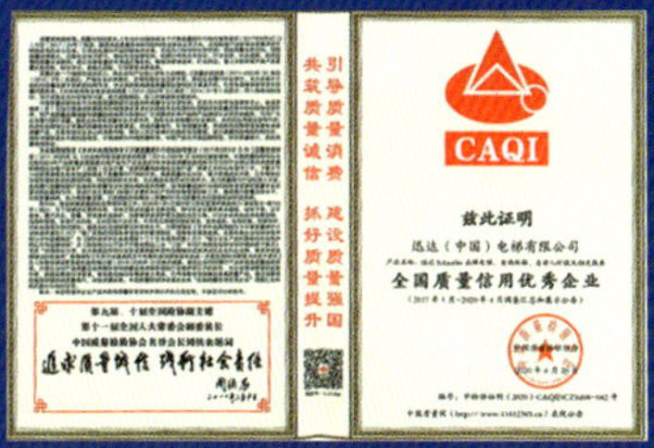

全国质量信用优秀企业

地址：上海市嘉定区兴顺路 555 号 迅达（中国）电梯有限公司
邮编：201815
网址：www.schindler.com.cn
电话：021-67096666

资质证书

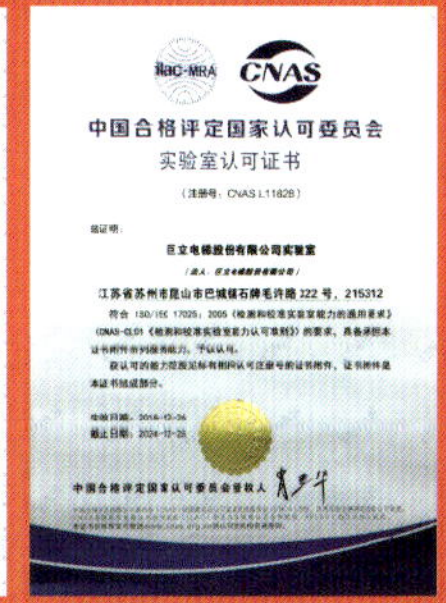

巨立电梯股份有限公司

巨立电梯股份有限公司（股票代码：833481）成立于 2002 年 3 月 12 日，专注电梯制造与服务领域十八年，拥有电梯制造、安装、改造和维修 A 级资质。总部坐落于苏州昆山，工厂占地面积超 10 万 m^2，试验塔高 118m，拥有行业先进的智能制造中心和国家认可 CNAS 实验室。

公司具有雄厚的研发能力，拥有自己的商标、品牌、专利、专有技术，是江苏省著名商标，巨立产品被评为江苏省名牌产品。可为各类场景提供电扶梯整体解决方案，如：住宅交通，行政商务交通，康养医疗中心交通，公共交通，工业物流园区交通，教育、产学园区交通等场景及 Joycloud 巨立云电梯全生命周期管理服务平台，产品和服务网络覆盖欧洲、美洲、大洋洲、非洲、亚洲等 100 多个国家和地区。

公司基于物联网技术，具备完善的售后服务体系。2016 年公司研发了行业内首个拥有完全自主知识产权的电梯全生命周期管理服务平台“巨立云”，为电梯运行提供数字化服务，实现电梯运行的智能监测、智能检测、智能诊断、预测性维保等功能，为电梯安全运行保驾护航，成为行业领先的电梯维保服务提供商。

经过多年努力，巨立电梯先后获得国家认定的重点高新技术企业、国家级两化融合贯标试点企业，江苏省工业互联网发展示范企业（平台类）、AAA 级资信等级、江苏省民营科技企业、江苏省数字化智能化改造优秀企业、江苏省示范智能车间等称号。公司始终坚持以满足顾客需求、追求顾客满意为宗旨，为顾客提供更加安全、环保、舒适的乘梯体验。我们将持续努力，打造成为具有世界竞争力的中国企业，成为值得全球顾客信赖的首选品牌。

巨立电梯总部：江苏省苏州市昆山市巴城镇正仪君子亭西路 615 号
巨立智能制造中心：江苏省苏州市昆山市巴城镇石牌毛许路 322 号
服务热线：400-884-8881

检验检测机构

资质认定证书

编号：170008113977

名称：国家电梯质量监督检验中心（重庆）

地址：重庆市高新区金凤电子信息产业园国家质检基地内(401329)

经审查，你机构已具备国家有关法律、行政法规规定的基本条件和能力，现予批准，可以向社会出具具有证明作用的数据和结果，特发此证。资质认定包括检验检测机构计量认证。

检验检测能力及授权签字人见证书附表。

你机构对外出具检验检测报告或证书的法律责任由 重庆市特种设备检测研究院 承担。

许可使用标志

CMA 170008113977

发证日期：2017年05月15日

有效期至：

发证机关：